U0290128

量子力学的哲学

〔以〕马克斯·雅默 著

秦克诚 译

商务印书馆
The Commercial Press
创于1897

Max Jammer

THE PHILOSOPHY OF QUANTUM MECHANICS:

The Interpretations of Quantum Mechanics

in Historical Perspective

Copyright © 1974 by John Wiley & Sons, Inc.

本书根据约翰·威利出版公司 1974 年版译出

译者前言

本书是一本全面介绍量子力学诠释问题的专著。作者马克斯·雅默[Max Jammer]是德国出生的犹太人，现在美国和以色列工作。他早年在哈佛大学因实验分子光谱方面的工作获博士学位，后来专攻物理学中的哲学问题和物理学史，在国际上有很高的声誉。他的主要著作有：《空间的概念》[*Concepts of Space*，爱因斯坦为这本书作序]、《力的概念》[*Concepts of Force*]、《经典物理学和近代物理学中的质量概念》[*Concepts of Mass in Classica and Modern Physics*]、《量子力学概念发展史》[*The Conceptual Development of Quantum Mechanics*]以及本书*。《量子力学概念发展史》和本书是姐妹篇。本书讨论量子力学的形式体系建立之后，其各种诠释的历史发展，而前者则着重讨论量子力学本身如何在实验事实的基础上，经过旧量子论的阶段，一步步建立起来。

本书的特点，首先在于它全面介绍了关于量子力学的各种诠释。国外出版的有关量子力学哲学的专著也不少，但大多是阐发自己的一家之言或者是讨论其中一方面的问题（如隐变量或量子

---

* 据本书作者最近来信告知，他的新著《相对论概念发展史》（*The Conceptual Development of the Theory of Relativity*）即将出版。

逻辑），像本书这样在一本书内全面介绍从量子力学建立到今日所提出过的各种诠释，并且对于每种主要的诠释，都从哲学史上追溯它的概念的历史根源，然后对其逻辑结构、物理内容和哲学涵义逐一进行分析；对于不同诠释和各个概念之间的关系，各种诠释和主要科学家对量子力学诠释中一些基本问题的回答的异同，各种诠释在认识论基本问题上的分野，分别进行比较；最后并列举对每种诠释的各种反对意见，让读者自己判断；这样的书是比较少见的。

其次，本书包含有极为丰富的资料。作者学识渊博，旁征博引，对文献的收集非常完备，正如原书序言中所说，这可以引导读者进一步自行钻研；并且作者同一些主要的量子物理学家和哲学家有个人接触，书中有许多第一手资料。对于我们了解量子力学诠释问题的基本情况和最近动态，本书是有重要价值的。

至于本书的美中不足之处，在译者看来，主要是某些章节的表述还不够浅显易懂。作为一本综合介绍各种量子力学诠释的书，应当以比较浅显的语言，扼要介绍每种诠释和重要文献的基本内容，抓住其要点，对每个基本概念，交代清楚它的来龙去脉。作者也是注意到了这个问题的，他在序言中表示，要使本书对于那些只是初步懂得量子物理学的一般读者也易于理解。但是就本书的某些章节而言，似乎同作者的上述意向还有一段距离，写成了文献摘要，相当难懂。这种情况也给翻译工作带来很大的困难。有时候，一句孤立的引文，没有上下文，很难判断其准确含义；有时候，一个生僻的概念和某个学派自定的术语突如其来，不附解释，也很难确定它的准确意义和译名。凡是遇到这种情况，译者都尽可能查阅原来的文献，经过和作者核对，改正了一些文献引用不准确之处和印刷错误,在少许地方加了一些译者注,并补充了中文文献,希望对读者能够有些帮助。

除此之外,翻译中遇到的困难,还在于本书涉及的面太广:物理学、数学、逻辑、现代哲学、哲学史、心理学和神学;就语种而论,除英文以外,作者还引用了德文、法文、拉丁文、希腊文,远远超出了译者的学力。译者并不是专业的科学哲学和科学史工作者,而只是业余对物理学中的哲学问题感兴趣。译者是在边学边译的情况下译完这本书的。在翻译过程中曾得到王竹溪教授和许良英研究员的关怀和鼓励;一些疑难问题请教过各方面的专家和作者本人,作者并为中文版刷新了参考文献目录,补充了直至1980年为止的文献,增加了中文版的价值。译者在此向他们致深切的谢意。此外,本书第六章、第十一章两章译文是就吴介子同志的初稿修改而成,一并在此声明。译者虽然对本书的翻译工作付出了很多的时间和作了很大的努力,但是限于水平,译文中错误肯定还有不少,敬希读者提出意见。

本书术语的译名均遵照科学出版社出版的《英汉物理学词汇》和《英汉数学词汇》,个别名词作了修改,如德布罗意双重解理论中的 guidance formula,《物理学词汇》中译作波导公式,有可能同微波器件 waveguide 混淆,今译作导引公式。《词汇》中没有的术语,则由译者斟酌而定,如数理逻辑中的 trivial proposition 译作庸命题,概率的 propensity interpretation 译为倾向性解释。不妥之处,请各方面专家批评指正。

科学哲学是一门很重要的学科。它研究科学的概念基础,对科学的发展作出哲学的概括,同现代科学有密切的联系。它是科学和哲学之间的边缘学科。要开展科学哲学的严肃的研究工作，一方面，如本书丰富的内容表明的那样，要求从事这一工作的人对于哲学和有关的自然科学学科有深厚的素养，熟悉科学发展的最新势态，对其基本概念进行细致的分析，不是贴几个标签或是引几条语录能解决问题的；另一方面，由于哲学的意识形态敏感性，也要求有一个宽松的学术环境。现在，我国已经开始开展这方面的工作。量子力学的诠释是科学哲学中最重大的问题之一，是物理学基础研究中最有争议的问题。国内对这个问题感兴趣的物理学工作者、哲学工作者和一般读者越来越多，希望本书的出版能够有助于开展这方面的讨论和研究。此外，本书是雅默教授的专著中第一本译成中文的，希望以本书为发端，能够把雅默教授更多的著作介绍给中国读者。

本书译稿于 1980 年初完成，由于种种原因，今年才能出版。非常关怀本书出版工作的王竹溪教授，已经于 1982 年去世了。我们永远怀念这位我国物理学界的前辈、治学谨严的学者和仁厚的长者。

秦克诚

1987 年 4 月，初样校后

重 印 说 明

　　此次重印前，译者通读了全书，对译文作了少量修改。本书作者 M. Jammer 已于 2010 年 12 月去世。

秦克诚

2013 年 3 月末

关于参考文献的说明

本书征引文献相当丰富，对每一条文献，原书分别刊出其各种语言版本的书名、出版社、出版地点及年代，条目极为详尽。为了尽量减少篇幅，同时又保持原书提供的信息，从我国读者的实际需要出发，在中译本中，只对所引文献的原文及英译文保留以上条目，其他语言译文一般只刊出出版年代，其余各项均删去。对于非拉丁字母的文字（俄文、阿拉伯文）的文献名称，原书都用拉丁字母拼写，为了读者方便，中译本中将俄文文献均还原为俄文。阿拉伯文文献（共三篇）则一仍其旧。所列文献中凡是译者知道有中译文的，都尽可能补上。

原书引用文献时期刊名称是用全名。中译本按通用习惯把常见期刊的全名改成缩写，以省篇幅。由于引用期刊的面相当广，有物理学方面的，也有哲学方面的，读者不一定熟悉，特将常用期刊的名称及缩写对照如下：

American Journal of Physics	*Am.J.Phys.*
Annalen der Physik	*Ann.Physik*
Annales of Physics	*Ann.Physics*
Archive for History of Exact Sciences	AHES

British Journal for the Philosophy of Science	*BJPS*
Communications in Mathematical Physics	*Com.Math.Phys.*
Journal of Mathematical Physics	*J.Math.Phys.*
Philosophy of Science	*Phil.Sci.*
Physical Review	*Phys.Rev.*
Progress of Theoretical Physics	*Prog.Theor.Phys.*
Reviews of Modern Physics	*Rev.Mod.Phys.*
Zeischrift für Physik	*Z.Physik*
Вопросы Философии	*Воп.Фил.*
Журнал Экспериментальной и Теоретической Физики	*ЖЭТФ*
Усиехи Физических Наук	*УФН*

此外,出版社名称中的 University Press 按通常习惯缩写为 U.P.,如 Oxford U.P. 即牛津大学出版社。

作者为中文版写的前言

孔子在《论语》中说道:"知之为知之,不知为不知,是知也。""为政"第二,第十七款)。这段话虽然是在两千五百多年以前说的,但在今天仍然是对科学的最好的写照之一。因为这段话既宣示了科学家对于他的知识的真理性的信念,同时又承认他的知识还远不是完备的。

在现代科学的各个部门中,没有哪个部门像量子力学那样,把上述事态表现得这么突出。一方面,量子力学的内部自治性以及它与几乎所有的物理学分支部门中的实验证据的一致,加强了物理学家相信它是终极真理的信念;但另一方面,要理解这个理论的真正涵义,要找出它的正确的诠释,却仍然是互相反对的各个学派炽烈争论的一个题目。有这么多种互相对抗的根本不同的答案被提出来,这一事实据醒我们,孔子上面这段话的第二句现在还是不容忽视的。

本书正是致力于讨论量子力学理论的终极意义这个悬而未决的问题。

*　　　　*　　　　*

本书原来是用英文写的,我诚挚地欢迎秦克诚先生把它译成中文出版。科学及其哲学的悠久历史已经表明了它们是国际性的。而且，我坚定地相信，随着科学前进步伐的加速，科学及其为人类造福的功能，其未来完全依赖于我们这个星球上一切国家之间的和谐合作。

孔子在《论语》中用下面这段话表述了这一思想："学而不思则罔，思而不学则殆"。（同上，第十五款）

过去，西方曾经从中国学到了很多东西。炼金术（Alchemy），它是现代化学（Chemistry）的鼻祖，看来发源于古代中国。正如李约瑟（Joseph Needham）一再指出的，西方文字中这个字的字源来自汉语"炼金术"。汉语"炼金术"在广东话中的发音是 Lien kim shok，同中国进行贸易的阿拉伯商人把它转成 al kim 或 alkimiya，后来转为 alchemy。不但火药、烟火、造纸、种痘这些众所周知的发明来自中国，而更重要的还有关于磁性现象的研究。如果我们想到，通过 Peter of Maricourt（他与数学家兼天文学家郭守敬是同时代人）传到西方的磁学知识曾经促使开普勒建立了一个引力理论，他以为引力来源于磁力，而这又有助于牛顿的伟大假设的奠基，那么，中国对西方物理学发展的影响，是怎样估计也不过分的。因此，在过去，西方曾经向东方的中国"学"，而西方同时也"思"。

今天，中国的科学家，像那些在国外留学过的老一辈科学家或者现在派到西方国家来的年轻一代科学家的例子所表明的那样，也在向他人"学"，但同时自己也在"思"。

我们必须感谢秦克诚先生，他承担了把本书译成中文的繁重工作，使得他的同事们以及年轻一代的中国未来的物理学家们可以方便地"学"到别人是怎样提出量子力学理论的种种诠释的，而

通过他们自己的"思"，他们可望对这个困难问题的更完满的理解
作出项献。

马克斯·雅默（Max Jammer）

目 录

作　者　序

在科学史上，还不曾有一种理论像量子力学那样对人类思想　v
发生过如此深远的影响；也从来没有一种理论，对如此大量的现象
（原子物理学、固体物理学、化学等等）的预言赢得了这样惊人的成
功。而且，对今天一切已知的事物而言，量子力学是关于基元过程
的唯一逻辑一贯的理论。

因此，虽然量子力学要求对传统的物理学和认识论的最根本
的基础作重大的修改，但是它的数学工具，或更一般地说它的抽象
形式体系[formalism]，看来已经牢固地建立起来了。事实上，一
直没有别的哪一种具有根本不同的结构的形式体系得到人们的普
遍接受，以作为代替物。然而，这个形式体系的诠释，在提出理论
之后几乎半个世纪的今天，却仍然是一场空前的争论的主题。事
实上，它是当代的物理学基础研究中最有争议的问题，并且把物理
学家们和科学哲学家们分成许多对立的学派。

尽管量子力学的诠释问题对物理学和哲学都很重要，但这个
问题却很少（如果不是完全没有的话）从一种一般的历史的观点不
偏不倚[sine ira et studio]研究过。关于这个题目所发表的大
量文章或专著，通常都只限于在某些专门的方面来为某种特定的
观点辩护；迄今尚未见到过对这个问题的全貌和历史所作的全面、

渊博的分析。这本历史-批判性著作就是用来填补这个空白的。

本书还有另外两个目的。

由于本书不只是量子力学各种诠释的一部编年纪录，而主要是注意分析它们的概念背景、哲学涵义和相互关系，因此它也可以用来作为学习量子力学的逻辑基础和哲学的一本一般性的入门书。这个题目虽然对更深刻地理解现代理论物理学是必不可少的，但是在通常的关于量子力学理论的教科书和讲义中却几乎没有得到足够的考虑。而且历史的讲述方法还有其教学法上的优点，它能减轻那些尚未入门的读者学习这个课题的困难。

最后，由于本书对文献的详细征引，本书也可用作关于这一题目的文献指南。作者费了不少心思，以对所讨论的课题的国际文献提供一个精确的和迄至最近的参考目录。读者当会发现不难追溯他感兴趣的任何特殊细节。为了使本书自成体系，并且使本书不但对专家而且对只是初步懂得量子物理学的一般读者都易于理解，所有对量子力学诠释问题有重要意义的定理都或详或略地给出其证明。此外，对于许多理解本书正文所必需但量子力学教程通常并不包含的材料，或者详尽地说明，或者至少介绍到这种程度，使得对论证的理解不至于出现困难。特别是，为了读者的方便，在书末的附录中概述了格论的基本内容，这门数学分支是物理学家们极少涉猎但对充分理解量子逻辑及有关论题却是不可少的。这个概述尽管很简略，却已包括了为证明正文中有关定理所需的全部预备知识。

如果读者只对问题的哲学方面感兴趣，他也完全可以略去书中一些比较专门的和较为数学性的段落不读，而仍能跟上主要的论证线索,不致有严重的不连续之感。

　　本书采用的记号尽可能在全书统一,并且在正文中都有解释。为了使书的篇幅不至过大,避免脚注中文献名称重复,书中采用了如下的缩写记法。例如第三章的脚注2"参见2-1(1969,p.105;1971,p.73)",意思就是参见第二章脚注1所列的参考文献中的1969年出版的书的第105页和1971年出版的书的第73页。若是参见同一章的,则略去了章号。对于要参见的数学方程也采用了类似的记号。

　　本书源自1968年我在哥伦比亚大学(纽约)关于现代物理学的历史和哲学的一门研究生课程的讲稿。书的头四章是在我访问明尼苏达州科学哲学中心(明尼阿波利斯)、马克斯·普朗克研究所(慕尼黑和施达恩堡)和尼尔斯·玻尔研究所(哥本哈根)期间写成的。第五章以1971年我在国立罗蒙诺索夫大学(莫斯科)举行的第十三届国际科学史会议上宣读的一篇论文为基础。随后两章是我于1972年和1973年在瓦伦那(意大利)的"恩里科·费米"国际物理学讲习班、在弗罗伦斯大学以及在阿姆斯特丹大学的讲演扩充而成。第八章于我访问柏林、哥丁根、汉堡及马尔堡等大学期间写成。最后三章是在西蒙·弗拉塞大学(加拿大的不列颠哥伦比亚)、阿尔贝塔大学(加拿大的埃德蒙顿)和里德学院(俄勒冈州波特兰)完成的,我在1973年担任该学院安德鲁·梅隆[Andrew Mellon]讲座的高级访问教授。

　　这些讲座之约使我有机会查阅许多藏书和档案,而更重要的是,使我得以同当代第一流的量子理论家建立了私人接触。我不顾实用主义者人文学家席勒[F. O. S. Schiller]所称的"奇怪的清

vii

规,即禁忌在一个哲学家在世时提出关于他的意向的问题",而是不客气地向许多杰出的权威询问了关于他们在量子力学基础方面的工作的详情。他们非常乐意和坦率地回答我的问题,使我得到了大量第一手的信息,这对一个搞现代物理学史的人是莫大的幸运。

因此我得向许多人表示谢意。关于哲学在物理学中的作用方面,对我的观点影响最大的是以下几位教授的著作以及同他们的讨论:费格尔[Herbert Feigl]、费耶阿本德[Paul k.Feyerabend]、马格瑙[Henry Margenau]、纳杰尔[Ernst Nagel]和施特格缪勒[Wolfgang Stegmüller]。至于纯物理学方面,我得感谢德布罗意[Louis de Broglie]、狄拉克[Paul A. M. Dirac]、李政道及维格纳[Eugene P. Wigner]等几位教授,他们有的阅读了本书的部分手稿,有的让我有幸同他们讨论本书涉及的许多问题。我也得感谢巴仑泰因[Leslie E. Ballentine]教授和玻姆[David Bohm]教授,他们阅读了大部分打印稿;还有玻普[Friedrich Bopp],巴布[Jeffrey Bub]、弗里德伯格[Richard Friedberg]、许布纳[Kurt Hübner]、洪德[Friedrich Hund]、姚赫[Josef M. Jauch]、约尔丹[Pasonal Jordan]、吕德斯[Gerhart Lüders]、米特尔施特[Peter Mittelstaedt]、厄克斯[Wilhelm Ochs]、派厄尔斯[Rudolf Peierls]、皮朗[Constantin Piron]、伦宁格[Mauritius Renninger]、罗森[Nathan Rosen]、罗森菲尔德[Léon Rosenfeld]、萨克斯[Mendel Sachs]、舍贝[Erhard Scheibe]、希芒尼[Abner Shimony]、祖斯曼[Georg Süssmann]和冯·威扎克[Carl Friedrich von Weizsäcker]等教授,他们在令人兴奋的谈话中耐心地同我讨论了

他们的工作的许多方面。我还要感谢达泽夫［Asséne B. Datzeff］、贝尔［John Stewart Bell］、布洛欣采夫［Димитри И. Блохинцφв］、比歇尔［Wolfgang Büchel］、格伦纳沃德［Hibrand J. Groenewold］、赫尔曼［Grete Henry Hermann］、霍夫曼［Banesh Hoffmann］、肯布尔［Edwin C. Kemble］、兰德［Alfred Landé］、波普尔爵士［Sir Karl R. Popper］和施特劳斯［Martin Strauss］等教授，以及埃弗雷特博士［Dr. Hugh Everett III］、伦敦夫人［Mrs. Edith London］和波多尔斯基夫人［Mrs. Polly Boris Podolsky］，感谢他们的合作，他们用书信提供了资料。最后，我要感谢我的同事卢班［Marshall Luban］教授和格鲁克［Paul Gluck］教授，他们阅读了本书的打印稿并提了批评意见。

　　不用说，若有任何错误或误解之处，责任完全在我。　　　　viii

马克斯·雅默

1974 年 11 月于

巴里兰大学（以色列拉马甘）及纽约市立大学

第一章 形式体系和诠释

1.1 量子力学的形式体系

2   本章是一引论,它的第一部分的目的是简述有限自由度系统的非相对论量子力学的数学形式体系的概要。正如我们在另一书[①]中所指出的,这个形式体系是一个复杂的不断摸索的概念演化过程的产物;可以并不夸张地说,这个形式体系超前于它本身的诠释,这种事态在物理学史上几乎是独一无二的。虽然假定读者都熟悉这个形式体系,我们仍将在这里回顾它的主要特征(但不涉及数学细节),以引入讨论各种诠释所需的实质性内容和术语。

    和别的物理理论一样,量子力学可以用几种公理化陈述来表述。历史上最有影响、因而对量子力学诠释的历史最重要的形式体系是冯·诺伊曼于二十年代末提出的,并在他关于量子力学数

---

①   M. Jammer, *The Conceptual Development of Quantum Mechanics* (McGraw-Hill, New York, 1966, 1968, 1973);日文译本(东京, 1974)。

学基础的名著[①]中得到详细说明。

近年来出版了不少讨论和完善冯·诺伊曼的形式体系的优秀著作[②],读者要了解进一步的细节可以参看。

冯·诺伊曼的思想是把量子力学表述成希尔伯特空间中的一种算符运算,这无疑是现代数理物理学中的一大创新[③]。

按照冯·诺伊曼的抽象定义,一个希尔伯特空间 $\mathscr{H}$ 是一个完备的(相对于由内积生成的度规而言)、可分的线性严格正内积空间(一般是在复数域 $\mathscr{F}$ 上)。这个空间的元素称为矢量,通常用 ψ, φ,…表示,它们的内积或标量积记为 (φ, ψ);而 $\mathscr{F}$ 的元素则称为标量,通常用 a, b,…表示。希尔伯特[D. Hilbert]在其关于线性积

---

① J. von Neumann, *Mathematische Grundlagen der Quanten Mechanik* (Springer, Berlin, 1932, 1969; Dover, New York, 1943);法文译本(1946);西班牙文译本(1949);英译本 *Mathematical Foundations of Quantum Mechanics* (Princeton U. P., Princeton, N. J., 1955);俄译本(1964)。

② G. Fano, *Mathematical Methods of Quantum Mechanics* (Mc Graw-Hill, New York, 1971);意大利文本(1967)。B. Sz.-Nagy, *Spektraldarstellung lineare Transformationen des Hilbertschen Baumes* (Springer, Berlin, Heidelberg, New York, 1967);J. M. Jauch, *Foundations of Quantum Mechanics* (Addison-Wesley, Resding, Mass., 1968);B. A. Lengyel, "Functional analysis for quantum theorists", *Advances in Quantum Chemistry* **1968**, 1—82;J. L. Soulé, *Linear, Operators in Hilbert Space* (Gordon and Breach, New York, 1968);T. F. Jordan *Linear Operators for Quantum Mechanics* (Wiley, New York, 1969);E. Prugovečki, *Quantum Mechanics in Hilbert Space* (Academic Press, New York, London, 1971)。

③ 关于这一发现的数学背景的历史,见文献 1 及 M. Bernkopf, "The development of function spaces with particular reference to their origins in integral equation theory", *AHES* 3, 1—96(1966);"A history of infinite matrices", 同上, **4**, 308—358 (1968);E. E. Kramer, *The Nature and Growth of Modern Mathamatics* (Hawthorn, New York, 1970), pp. 550—576; M. Kline, *Mathematical Thought from Ancient to Modern Times* (Oxford U. P., New York, 1972), pp.1091—1095。

分方程的工作(1904—1910)中,研究过这种空间的两种实现[realization],即定义在实轴 R 的一个区间(或 R 本身)上的全部勒贝格(Lebesgue)可测的平方可积复值函数(类)所构成的勒贝格空间 $\mathscr{L}^2$,和绝对值平方之和收敛的复数序列构成的空间 l^2。根据里兹-菲歇尔[Riesz-Fischer]定理,可以证明这两个空间是同构的(而且是等距的);因此,尽管这两个空间表面上并无相似之处,实质上却是同样的空间。冯·诺伊曼对这一点有深刻的印象,就把所有这种结构的空间命名为希尔伯特空间。这种同构保证了海森伯的矩阵力学与薛定谔的波动力学之间的等价性,这一事实使冯·诺伊曼意识到希尔伯特空间对量子力学的数学表述的重要性。

为了复习这一数学表述,我们来回顾一下它的一些基本观念。希尔伯特空间 $\mathscr{H}$ 的一个(闭)子空间 S 是 $\mathscr{H}$ 中矢量的一个线性流形(即关于矢量加法和乘以标量的乘法是封闭的),并且这个线性流形对于度规是闭合的,因此 S 本身也是一个希尔伯特空间。S 的正交余集 $S^\perp$ 是同 S 中所有矢量正交的全部矢量的集合。一个线性流形 $\mathscr{D}_A$ 到 $\mathscr{H}$ 的映射(mapping)$\psi \to \varphi = A\psi$,若对于 $\mathscr{D}_A$ 中的一切 ψ_1、ψ_2 和 $\mathscr{F}$ 中的一切 a、b 都有 $A(a\psi_1 + b\psi_2) = aA\psi_1 + bA\psi_2$,则 A 是一个线性算符,其定义域为 $\mathscr{D}_A$。$\mathscr{D}_A$ 在 A 作用下的象是 A 的值域 $\mathscr{R}_A$。我们称一个线性算符 A 是连续的,若而且仅若 A 有界[即 $\|A\psi\| / \|\psi\|$ 有界,其中 $\|\psi\|$ 表示 ψ 的范数 $(\psi, \psi)^{1/2}$]。算符 A' 称为 A 的一个开拓,或 $A' \supseteq A$,若 A' 在 $\mathscr{D}_A$ 上与 A 重合而且 $\mathscr{D}_{A'} \supseteq \mathscr{D}_A$。因为每个有界线性算符有一个唯一的到 $\mathscr{H}$ 上的连续开拓,故总可以取其定义域为 $\mathscr{H}$。

一个有界线性算符 A 的伴算符 A^+ 是指对 $\mathscr{H}$ 中的所有 φ、ψ

都满足 $(\varphi,A\psi)=(A^+\varphi,\psi)$ 的唯一的算符 A^+。若 $A=A^+$,则称 A 是自伴算符。若 $AA^+=A^+A=I$,其中 I 为恒等算符,则 A 为幺正算符。若是 S 是 $\mathscr{H}$ 的一个子空间,则每个矢量 ψ 可以唯一地分解为 $\psi=\psi_s+\psi_{S_\perp}$,上式中 ψ_B 属于 S 而 $\psi_{S_\perp}$ 属于 $S_\perp$,因此映射 $\psi\rightarrow\psi_s=P_s\psi$ 所定义的投影算符 P_s 是一有界自伴幂等(即 $P_s^2=P_s$)线性算符。反之,若一线性算符 P 有界、自伴而且幂等,则它是一投影算符。投影算符和子空间是一一对应的。两个子空间 S 和 T 对应的投影算符为 P_s 和 P_T,若而且仅若 $P_sP_T=P_TP_s=0$(零算符)时,S 和 T 才是正交的[即对 S 中的一切 φ 和 T 中一切 ψ 都有 $(\varphi,\psi)=0$],这时也称 P_s 和 P_T 正交;此外,$\sum_{f=1}^{N}P_{Sj}$ 是一投影算符,若而且仅若 $j\neq k$ 时 $P_{Sj}P_{Sk}=0$。

若而且仅若 $P_sP_T=P_TP_s=P_s$ 时,$S\subset T$,即子空间 S 是 T 的一个子空间,这时我们也写作 $P_s\leqslant P_T$。这时 P_T-P_s 是投射到 S 在 T 中的正交余集(即 T 中与 S 的每一矢量正交的一切矢量的集合)上去的一个投影算符。

对于一个无界线性算符 A,根据赫林格-特普立茨(Hellinger-Toeplitz)定理,若 A 是对称的[即对 $\mathscr{D}_A$ 中的一切 φ,ψ 都有 $(\varphi,A\psi)=(A\varphi,\psi)$],则它的定义域不能为 $\mathscr{H}$,但可以有一个在 $\mathscr{H}$ 中稠密的定义域。这时自伴的定义如下:若对应于矢量 φ 存在有一矢量 φ^*,使得对 $\mathscr{D}_A$ 中的一切 ψ 都有 $(\varphi,A\psi)=(\varphi^*,\psi)$,则全部矢量 φ 的集合就称为 A 的伴算符的定义域,而 A 的伴算符 A^+ 本身则由映射 $\varphi\rightarrow\varphi^*=A^+\varphi$ 来定义。若 $A=A^+$,则 A 是自伴的。

根据谱定理[①]，对应于每一个自伴线性算符 A 有一个唯一的恒等分解，即一组依从于实参数 λ 的投影算符 $E^{(A)}(\lambda)$ 或简写为 E_λ，它满足：(1)当 $\lambda \leqslant \lambda'$ 时 $E_\lambda \leqslant E_{\lambda'}$，(2) $E_{-\infty} = 0$，(3) $E_\infty = I$，(4) $E_{\lambda+0} = E_\lambda$，(5) $I = \int_{-\infty}^\infty dE_\lambda$，(6) $A = \int_{-\infty}^\infty \lambda dE_\lambda$ [这是 $(\varphi, A\psi)$ $= \int_{-\infty}^\infty \lambda d(\varphi, E_\lambda \psi)$ 一式的缩写，其中的积分应解释为勒贝格-斯蒂尔杰斯积分[②]]，以及(7)对于所有的 λ 值，E_λ 同任何与 A 对易的算符对易。A 的谱是不使 E_λ 为常数的所有 λ 值的集合。E_λ 不连续("跳变")的那些 λ 值构成点谱*，点谱与连续谱一起组成了谱。

若 $\mathscr{D}_A$ 中存在有一个非零矢量 φ 满足 $A\varphi = \lambda\varphi$，则 λ 就是 A 的一个本征值，而称 φ 为属于 λ 的本征矢量。若属于某一本征值的本征矢量所张成的子空间是一维的[③]，则此本征值是非简并的。A

5

---

① 这个定理是冯·诺伊曼证明的，见"Allgemeine Eigenwerttheorie Hermitischer Funktionaloperatoren," *Mathematische Annalen*, **102**, 49—131(1920)，重印在下书中：J. von Neumann, *Collected Works*, A. H. Taub, ed. (Pergamon Press, New York, 1961), Vol.2, pp.3—85.M. H. Stone 也独立地证明过，所用的方法是 T. Carleman 早先用于具有奇异核的积分方程理论的方法，见 M. H. Stone, *Linear Transformations in Hilbert Space* (American Mathematical Society Colloquium Publications, Vol.15, New York, 1932), Chap.5.其他证明由 F. Riesz 于 1930，B. O. Koopman 和 J. L. Doob 于 1934，B. Lengyel 于 1939，J. L. B. Cooper 于 1945 以及 E. R. Lorch 于 1950 给出。

② $\int_a^b f(\lambda) dg(\lambda)$ 定义为 $\lim \sum_{j=1}^n f(\lambda'_j)[g(\lambda_j + 1) - g(\lambda_j)]$，其中 $\lambda_1, \lambda_2, \cdots, \lambda_n$ 是区间 $[a, b]$ 的一种分割，λ'_j 在第 j 个区间内，极限表示对所有的 j 过渡到
$$\lambda_{f+1} - \lambda_j = 0.$$

* 点谱是数学中常用的名称，物理学中一般称为分立谱。——译者注

③ 一个希尔伯特空间的维数是其中的一个完备正交矢量组的基数。

的点谱中的每个 λ 都是 A 的一个本征值。若算符 A 的谱是非简并的点谱 $\lambda_j (j=1,2,\cdots)$，则 A 的谱分解(6)式化为 $A = \sum \lambda_j P_j$，其中 P_j 是投射到属于 λ_j 的本征矢量("半射线") φ_j 的投影算符。事实上，在此情况下只有当 λ_j，是在 $(\lambda, \lambda+d\lambda)$ 中时才有 $dE_\lambda = E_{\lambda+d\lambda} - E_\lambda \neq 0$，这时 dE_λ 变成 P_j。为了用初等方法来证明这一结论的正确，令 $\psi = \sum \varphi_j (\varphi_j, \psi)$ 为任意矢量 ψ 关于 A 的本征矢量 φ_j 的展开式；于是对一切 ψ 都有 $A\psi = \sum \lambda_j \varphi_j (\varphi_j, \psi) = \sum \lambda_j P_j \psi$。

有了这些数学预备知识之后，我们遵照冯·诺伊曼的办法，来给出量子力学形式体系的一种公理化陈述。未经定义的原始概念是系统、可观察量(在冯·诺伊曼的术语中为"物理量")和态。

公理Ⅰ. 每一系统对应有一希尔伯特空间 $\mathcal{H}$，其矢量(态矢量、波函数)完备地描述了系统的状态。

公理Ⅱ. 每个可观察量 $\mathcal{A}$ 唯一地对应于一个作用于 $\mathcal{H}$ 中的自伴算符 A。

公理Ⅲ. 对于一个处于态 φ 中的系统，对可观察量 $\mathcal{A}$(由 A 代表)的一次测量结果处于 λ_1 与 λ_2 之间的几率 $\mathrm{prob}_A(\lambda_1, \lambda_2 | \varphi)$ 为 $\| (E_{\lambda_2} - E_{\lambda_1})\varphi \|^2$，其中 E_λ 是属于 A 的恒等分解。

公理Ⅳ. 态矢量 φ 的时间演化由方程 $H\varphi = i\hbar \dfrac{\partial \varphi}{\partial t}$(薛定谔方程)决定，其中哈米顿量 H 是演化算符，$\hbar$ 是普朗克常数除

　　以 2π。

公理 V.　若对可观察量 $\mathscr{A}$（由 A 代表）的一次测量所得的结果在
　　　　　λ_1 与 λ_2 之间，则系统在紧接着测量之后的态是 $E_{\lambda_2}-$
　　　　　E_{λ_1} 的一个本征函数。

　　对应公理 I 和 II 把原始概念与数学量联系起来。冯·诺伊曼
原来的假设是：可观察量与自伴算符有——对应的关系，以及希尔
伯特空间的所有非零矢量都是态矢量；鉴于维克（G. C. Wick）、维
格纳（E. P. Wigner）和怀特曼（A. S. Wightman）于 1952 年发现的
超选择定则的存在，原来的这两个假设必须放弃[*]。

　　下述这个通常是作为假定的说法，即测量一个由算符 A 代表
的可观察量 $\mathscr{A}$ 的结果是 A 的谱的一个元素，可作为逻辑结论从公
理 III 导出。此外，在公理 I 至 III 的基础上，也容易证明下述定理：
对于一个处于态 φ 中的系统，$\mathscr{A}$ 的期望值 $\mathrm{Exp}_\varphi A$［由不言自明的
表达式 $\lim_{\Delta=0}\sum_j \lambda_j \mathrm{prob}_A(\lambda_j,\lambda_j+\Delta\mid\varphi)$ 定义］为 $(\varphi,A\varphi)$。反过
来，应用概率论中所用的特征函数方法可以证明，从这个定理也
可以导出公理 III。让我们再加上一句：在简单的非简并分立情
况下，上述 $\mathrm{Exp}_\varphi A$ 的定义变成 $\sum\lambda_j\mathrm{prob}_A(\lambda_j\mid\varphi)$，其中的几率
$\mathrm{prob}_A(\lambda_j\mid\varphi)$ 根据公理 III 由 $|(\varphi_j,\varphi)|^2$ 给出。

　　我们看到，"量子静力学"——量子力学的不考虑随时间的变

---

　　[*]　见 G. C. Wick, A. S. Wightman and E. P. Wigner, The intrinsic parity of ele-
mentary particles, *Phys.Rev.* 88, 101—105, 1952。——译者注

化的那一部分——的基础实质上只有一条公理,即公理Ⅲ。而且,这条公理是在数学与物理数据之间建立某种联系的唯一一条公理,因此对所有的诠释问题都起着主要作用。在它的通常解释中,它把玻恩的著名的波函数的几率诠释作为一个特例包括在内;按照波函数的几率诠释,对位置可观察量 𝒬 进行一次测量,在位置 q 处找到系统的几率密度为 $|\psi(q)|^2$。事实上,若代表可观察量 𝒬 的算符 Q 由 $Q\psi(q)=q\psi(q)$ 定义,那么它的谱分解就是:对于 $q\leqslant\lambda$,$E_\lambda\psi(q)=\psi(q)$;而对于 $q>\lambda$,$E_\lambda\psi(q)=0$。于是按照公理Ⅲ,$\lambda_1\leqslant q<\lambda_2$ 的几率为 $\|(E_{\lambda_2}-E_{\lambda_1})\psi\|^2=\int_1^2|\psi(q)|^2 dq$,前述论题得证。

公理Ⅳ是"量子动力学"的公理,它也可以换成这样:假设有唯一族单参数的幺正算符 $U(t)$ 作用在系统的希尔伯特空间上,使得 $\varphi(t)=U(t)\varphi(0)$,并应用斯通[Stone]定理,根据此定理存在一个唯一的自伴算符 H 使得 $U(t)=\exp(-itH)$,这条公理也可以等价地用统计算符来表述。最后,公理Ⅴ说,在分立情况下,紧接着测量 𝒜 而得到 A 的本征值 λ_j 之后,系统的态是 P_j 的一个本征矢量,而 P_j 是投射到属于 λ_j 的本征矢量的投影算符;由于这个原因,公理Ⅴ被称为"投影假设"。它比其他公理更引起争论,而且的确已被一些理论家根据后面要依次讨论到的理由而否定了。

虽然要完全推导出全部量子力学定理(包括有关同时测量和全同粒子的那些定理)还需要一些补充的假设,但这五条公理对于表征出冯·诺伊曼的量子力学形式体系(这是人们普遍接受的形式体系)的特征这一目的已经足够了。

除了系统、可观察量和态的概念外，上面的公理中还未加解释地使用了几率和测量的概念。在这方面，虽然冯·诺伊曼是在频率解释的意义下使用几率概念的，但人们不时也对量子力学几率提出了别的解释。事实上，几率哲学的所有主要学派，诸如主观论者、先验客观论者、经验论者或频率解释论者、归纳逻辑解释的提出者和倾向性[propensity]解释*的提出者们，都对这个概念提出了自己的主张。甚至可以取对量子力学中的几率的不同解释，作为对量子力学的各种诠释进行分类的一种判据。但是采用这种自成体系的判据会使得我们难以按照历史顺序来介绍量子力学诠释的发展，因此本书将不遵循这种办法[①]。

类似的考虑更适用于量子力学中的测量概念。这个概念不管怎样解释，都必定以某种方式把系统、可观察量和态这些原始概念联合在一起，而且通过公理Ⅲ，也把几率概念包括进来。因此，"测量"这个科学家请求自然界作出最后判决的手段，由于它的关键地位，在量子力学中变成了最成问题和最有争议的概念。

1930 年，狄拉克[P. A. M. Dirac]发表了他的名著[②]，他在该书中为量子力学提出了一个概念最简洁、记号最优美的形式体系；

---

* 关于几率的倾向性解释，在后面第 10.3 节中有很简略的说明，读者可以参看本书第 623 页。——译者注

[①] 对这种分类有兴趣的读者，可在本章末附录的文献选辑Ⅰ中找到对他方便的参考文献。下述文章包含有对如何实行这种分类的有用建议：M. Strauss，"Logics for quantum mechanics"，*Foundations of Physics* **3**，265—276(1973)。

[②] P. A. M. Dirac，*The Principles of Quantum Mechanics*(Clarendon Press Oxford，1930，1935，1947，1958)；德译本(1930)；法译本(1931)；俄译本(1932，1937)；中译本：《量子力学原理》(陈咸亨译，科学出版社，1965)。

但是在此之前,冯·诺伊曼已经完成了希尔伯特空间中算符运算理论的主要工作,特别是它的谱论。虽然冯·诺伊曼承认狄拉克的形式体系"就其简洁和优美而言是很难超过的",但他还是批评它缺乏数学严格性,特别是由于它广泛使用了(当时)数学上不能接受的 δ 函数。后来,施瓦兹[L. Schwartz]的广义函数论[theory of distributions]使得能够把狄拉克的非正规函数纳入严正数学的领域(这是物理学怎样能刺激数学中新分支成长的一个标准例子),但狄拉克的形式体系与冯·诺伊曼的形式体系似乎还是不能融合的[①]。但狄拉克的形式体系由于其直观性和记号的方便,不仅留存了下来,而且成了许多种对理论的阐述爱用的框架。把狄拉克的形式体系与冯·诺伊曼的方法融合起来的可能性,近年来成了一些重要研究工作的题目,例如马尔罗[②]用希尔伯特空间的直接积分分解来表述谱论,罗伯茨[③]应用"装备的"[rigged]希尔伯特空间,以及赫尔曼[④]和安托因[⑤]的研究。

8

───────────────

① 冯·诺伊曼显然否定这种可能性:"应当强调,正确的做法并不是从数学上完善和阐释狄拉克方法,而是必须有一种从一开始就不同的程序,即依靠希尔伯特的算符理论。"7 页注①,序。

② A. R. Marlow,"Unified Dirac-von Neumann formulation of quantum mechanics",*Jour.Math.Phys*,**6**,916—927(1965).

③ J. E. Roberts,"The Dirac bra and ket formalism",*Jour. Math. Phys.***7**,1097—1104(1966);"Rigged Hibert spaces in quantum mechanics,"*Com. Math. Phys.* **3**,98—119(1966).译者按:关于装备的希尔伯特空间,可参看 И. М. 盖勒范德、Н. Я.维列金著,广义函数论,第四册(夏道行译,科学出版社,1965),特别是第一章 §4。

④ R. Herman,"Analytic Continuation of group representations",*Corm.Math.Phys.***5**,157—190(1967).

⑤ P. Antoine,"Dirac formalism and symmetry problems in quantum mechanics",*Jour.Math.Phys.***10**,53—69,2276—2290(1969).

　　量子力学的其他形式体系,例如冯·诺伊曼、维格纳和约尔丹
[P. Jordan]于三十年代初创始,而齐格尔[I. E. Segal]于四十年代
进一步加工的代数方法(它导致量子力学的 C^* 代数理论),或伯
克霍夫[G. Birkhoff]与冯·诺伊曼在 1936 年发端、而马基[G.
Mackey]于五十年代完善的量子逻辑方法(它导致近代量子逻辑
的发展),都将在下文适当的地方讨论到。另一方面,我们觉得没
有必要提惠勒[1]于 1937 年提出、而海森伯[2]于 1942 年加以发展以
用于基本粒子理论的 S 矩阵方法,尽管近年来有人主张[3]它是量
子理论的哥本哈根诠释的一种"实用版本"的最合适的数学框架。
我们也没有多少机会谈到费恩曼[4]在普林斯顿当研究生时发展起
来的有趣的路积分方法,当时他把几率幅叠加的概念加以推广以
定义时空中任何运动或路径的几率幅,并证明了通常的量子力学
可由假设这些几率幅的位相正比于按经典方法算出的关于该路径
的作用量而导出。只要指出这一点就够了:费恩曼的方法近来已
被用来强调"波动理论之于粒子……正如惠更斯的波动说之于光

　　[1]　J. A. Wheeler,"On the mathematical description of light nuclei by the method of resonating group structure", *Phys. Rev.* **52**.1107—1122(1937).

　　[2]　W. Heisenberg, "Beobachtbare Grössen in der Theorie der Elementarteilchen", *Z. Physik* **120**,513—538(1942).

　　[3]　H. P. Stapp,"S-matrix interpretation of quantum mechanics", *Phys. Rev.***D3**, 1303—1320(1971);"The Copenhagen interpretation", *Am. J. Phys.* **40**, 1098—1116 (1972).

　　[4]　B. P. Feynman,"Space-time approach to non-relativistic quantum mechanics", *Rev. Mod. Phys.***20**,367—385(1948).

一样是不可避免的和必要的。"①

由于本书是遵循历史发展的线索来写的,而历史发展主要是受冯·诺伊曼的观念的影响,所以其他的形式体系在我们的讨论中只处于从属地位,在后面各章中,尤其是在讨论测量的量子理论时,更是这样。因此,我们忽略这些别的形式体系并不意味着贬低它们在学术上的重要性。

1.2　诠释

在回顾了量子理论的形式体系之后,我们现在来考虑诠释这个形式体系究竟是什么意思这一问题。这绝不是一个简单问题。事实上,正如物理学家们对什么是量子力学的正确诠释众说纷纭一样,科学哲学家们对诠释这一理论意味着什么也莫衷一是。如果说,数学理论的诠释问题——通常靠应用模型理论[model theory](专门意义下)的语言解决——就已需要一个概念上十分复杂的工具,那么经验理论——它与数学理论的区别更多地是在语义学方面而不是在语法方面——的诠释问题就更要困难得多。要全面介绍对这个争论题目的各种观点,诸如阿钦斯坦[P. Achinstein]、费耶阿本德[P. K. Feyerabend]、舍夫勒[I. Scheffler],或斯佩克脱[M. Spector]等人(我们只提几个这方面的第一流专家)的观点,就需要单写一本和本书篇幅一样大的大部头专著。但是

---

① D. B. Beard and C. B. Beard, *Quantum Mechanics with Applications* (Allyn and Bacon, Boston, 1970), p. Ⅷ.

因为这个问题同我们的主题有重大关系,我们不能完全回避它,而将限于作一些简短的、非专门性的评述。由于两个原因,我们的讨论将以所谓部分解释说[partial interpretation thesis]为基础;一是它提供了表述这个问题的最方便的框架,二是它在科学哲学家中间看来是接受得最广泛的观点。

这种观点已变成逻辑经验论的标准观念,经布雷思韦特[R. B. Braithwaite]、卡尔纳普[R. Carnap]、亨佩尔[C. G. Hempel]、纳杰尔[E. Nagel]及施特格缪勒[W. Stegmüller]等人进行过精细加工,它主张一个物理理论是一个被部分地解释的形式系统。为了说明这是什么意思,我们对一个物理理论 T 至少对其两种成分加以区分:(1)一个抽象的形式体系 F 和(2)一组对应规则 R。形式体系 F 是理论的逻辑骨架,它是一套演绎的、通常是公理化的演算系统,不具有任何经验意义[①];除了逻辑常词[logical constant]和数学表达式之外,它也包含一些非逻辑性的(指述性的)术语,如"粒子"和"态函数",正如它们的名称所表明的,这些术语不属于形式逻辑的词汇,而是表征了讨论对象的具体内容。尽管这些非逻辑性术语的名称一般都强烈地暗示了其物理内容,但这些术语除了它们在 F 的结构中所占的地位所带来的意义之外,别无更多的意义;和希尔伯特关于几何学的公理化的工作中的"点"或"叠合"等术语一样,这些非逻辑性术语也只是被隐含地定义了。

---

① 应当指出,由于有公理Ⅲ,如上所述的"冯·诺伊曼形式体系"已不是一个本文意义下的纯粹形式体系。但是这一事实并不影响我们当前的讨论。在第十一章中谈到所谓多重宇宙理论时,将连带着讨论从纯粹的数学形式体系"推导"出(公理Ⅲ的)诠释性元素或其等价物的一个建议。

于是 F 由一组作为其基本假设的原始公式和按照逻辑规则从原始公式导出的其他公式组成。不应把 F 中无定义的原始术语与通过原始术语定义的非原始术语之间的区别,同理论术语与观察术语之间的区别混淆起来,关于后者下面即将说明。

为了把 F 转换为经验陈述的一个假说性的演绎系统从而使它在物理上有意义,必须把某些非逻辑性术语或出现有非逻辑性术语的某些公式同可观察现象与经验操作发生关联。这种关联是通过对应规则 R 表示的,后者有时又被叫作同格定义[coordinating definition]、操作定义、语义学规则或认识关联[epistemic correlation]等。没有 R 的 F 是一场毫无意义的符号游戏,没有 F 的 R 充其量是对事实的一种支离破碎的、不会带来成果的描述。为某些非逻辑性术语指定意义的对应规则,并不是用这个理论的语言即对象语言[object language]来表示,而是用一种所谓元语言[metalanguage]来表示*,其中包含有假定事先已理解的一些术语。观察术语,即通过 R 获得经验意义的非逻辑性术语,并不一定正好在 F 的公设[postulate]中出现;F 通常是"从底到顶"而不是"从顶到底"来解释的**。我们用符号 F_R 来表示通过对应规则 R 而被这样部分地解释了的形式体系 F。显然,一组不同的对应规则 R',将导致不同的 $F_{R'}$。

某些有实证主义倾向的科学哲学家宣称,一个物理理论就是

＊　对象语言是谈论世界诸对象的一种语言。元语言是在语义学和哲学中用于分析对象语言的语言。可以说,一种元语言是关于另一种语言的语言。——译者注

＊＊　即,首先是把 F 的一些逻辑结论与经验知识联系起来,而不是赋予 F 的基本假定以经验意义。——译者注

这样一个 F_R。在他们看来,一个物理理论并不是一种解释,而是如杜亨[P. Duhem]有一次所说的那样,是"一个数学命题的体系,其目的是尽可能简单、尽可能完备而且尽可能准确地表示一整组实验定律",这些要求是单靠 F 和 R 就可以满足的。

另一些学派却争辩说,一个描述系统,不论它是多么全面和精确,也不构成一个物理理论。亚里士多德曾经说过:"人们在未掌握一事物的'所以然'之前并不认为自己认识了它";像亚里士多德一样,这些学派也坚持认为,一个成熟的理论还必须有一种解释的功能。有些学派还主张,一个科学理论的价值并不是由它表示给定的一类已知经验规律的逼真程度来评定,而是由它预言发现迄今尚未知的事实的能力来评价。在他们看来,对 F_R 还必须补充以某种起连结作用的原理,这种原理在理论的各项描述性特征之间建立了一种内在的关联,从而赋予理论以解释和预言的能力。提出这样一个原理通常也叫作一种"诠释",但是当然应该同引入 R 的意义下的"诠释"明确地区别开来。前者是 F_R 的一个诠释,而后者是 F 的一个诠释。正是对 F_R 的诠释引起了物理学中争论很多的一些哲学问题,诸如关于"物理实在"的本体论问题或关于"决定论还是非决定论"的形而上学争论。

若为理论 T 建造一幅"图像"或一个模型 M,那么探寻解释性原理的工作将要容易得多,这一过程也常常叫作理论的一种"诠释"。实际上,常常把 M 定义为一个已被完全解释了的体系,例如命题体系,它的逻辑结构与 F_R 相似或同构,但其认识论结构则与 F_R 有重大差别,这种差别在于:在 F_R 中是逻辑上居后("在底下")的命题决定出现在它上面的层次中的术语(或命题)的意义,

而在模型 M 中则是逻辑上居先("在顶上")的命题决定出现在它下面的层次中的术语(或命题)的意义。正是这一特性使模型具有统一性和解释作用。M 除了作为一个思维经济的工具帮助人们在"一瞥"中记起理论的一切主要方面之外,还可以有极大的启发作用:指出新的探索的道路,没有 M 这些道路也许就不会显示出来,因此 M 有助于加强 T 的预言能力。但是也应当看到存在着这样的危险性,即可能把 M 的一些非本质的东西错误地当成本质的东西,从而当成是 T 本身的不可缺少的部分,或把 M 与 T 本身等同起来,这种错误在量子力学诠释的历史上是屡见不鲜的。在这方面值得指出的是,哥本哈根诠释由于根本否定了为 T 建立一个 M 的可能性,倒是不可能犯这种错误的。

迄今为止我们已遇到过"诠释"的三种不同的意义:用 R 来解释 F,用补充的原理解释 F_R,以及建立 M。下面我们来看这个词的第四种意义,它同建立 M 有密切的关系。很可能发生这样的情况:由于这样那样的原因,所提议的模型 M 极其显著地显示出 F 或 F_R 的结构的许多主要关系,但却不是它的全部。这时,不是去修改 M,而是修改 F 以得到两种结构之间的同构,可能被证明是一种可取的做法。严格说来,这样一个做法是把原来的理论 T 换为另外一个理论 T'。但是,因为这样引起的修改通常是少量的,新理论 T' 连同其模型 M 也将——与物理学文献中的通常说法一致——被称为是原来理论 T 的一种"诠释",特别是若所提出的修改并不意味着可观察的(或在当时能观察到的)实验效应时,更是如此。一个例子就是玻姆[D. Bohm]、维日尔[J. -P. Vigier]、捷尔列茨基[И. П. Терлепдий]等人在不同场合提出的用一个非线性

12

方程来代替薛定谔方程。如果有必要做出区别,我们将使用不同的术语。例如,在讨论隐变量时,我们用"隐变量诠释"指未修改的形式体系,而用"隐变量理论"来指修改了的形式体系,以资区别。

若 T 能被包摄于一个更普遍的理论 T^* 中作为其一部分,而 T^* 是已被完全或部分解释了的,则得到用一个模型来解释 T 的一种特殊情况。只要有这样一个理论 T^* 存在,使得 T 的形式体系 F 与 T^* 的形式体系 F^* 完全等同或前者为后者的一部分,这就总是可能的。将在第二章讨论的量子力学的半经典诠释的绝大部分,特别是量子理论的流体力学诠释,就是适当的例证。

M 又可以用来检验一个物理理论的逻辑无矛盾性,这一点是狄拉克注意到的,他写道:虽然"物理科学的主要目的并不是提供图像",并且"是否存在一幅图像只是一件次要的事",人们还是可以"推广'图像'一词的意义,让它包括任何看待基本规律的方式,它使基本定律的自治性明显起来"。

在一切物理上重要的理论中,并不是 F 中的所有非逻辑性术语都通过对应规则 R 得到经验的意义。和观察术语相反,那些不是直接通过 R 解释的非逻辑性术语被称为"理论术语"。如前所述,它们只是由它们在 F 的逻辑结构中所起的作用而被隐含地、前后照应地定义。正是由于这个原因,我们说 T 只是一个受到"部分"解释的理论。

这种事态自然会引起这样的问题:有没有可能系统地消除所有的理论术语,从而把一个受到部分解释的理论变成一个得到完全解释的理论,但却不改变其经验内容。逻辑结构论学派对这个问题给了一个肯定的回答,他们如皮尔逊[K. Pearson]和罗素[Bertrand Russell]等人坚持认为,"只要有可能,便应当用逻辑结构来代替所推断的实体"。在他们看来,一切理论术语都是逻辑结构,它们能够被还原为其构成要素,即观察到的客体、事件或属性。因此,T 中每一个含有一理论术语的命题,都可换成一组只含观察术语的命题,而不增减其经验意义。

为了说明引入理论术语如何能导致经验发现以及理论术语如何通过一个纯粹的逻辑程序换成观察术语,让我们考虑下面的简单例子。

我们假定一个理论 T 含有三个观察术语 a , b , c,比方说,它们可以表示若干集论的谓词,还含有三个理论术语 x , y , z,对它们即将做更仔细的说明。我们还假定,T 的形式体系 F 的(原始)"逻辑常词"有相等=(设为自反的、对称的及可递的)和(集论的)相交[intersection]∩(设为结合的、对称的及幂等的),后者是用来在 F 中定义包含[inclusion]⊆的概念的,规定当而且仅当 $m \cap n = m$ 时有 $m \subseteq n (m , n , p$ 用来表示 T 中的任何术语,不论是观察术语还是理论术语)。更进一步假定,相等的术语可以相互替换,比方,若 $m = n$ 且 $n \subseteq P$,则 $m \subseteq P$。于是容易证明,不须再加任何假定,在形式体系 F 中下述定理成立:

定理1. 若 $m \subseteq n$ 且 $n \subseteq m$,则 $m = n$.

定理2. $m \cap n \subseteq m$.

我们最后再假定,关于观察术语,(暂时)只知道下面两条经验定律:

$$(E_1)\ a \cap b \subseteq c\ ;\quad (E_2)\ a \cap c \subseteq b. \qquad (E)$$

我们即将看到,由于有三个理论术语,理论就不只限于说明两条经验定律(E),而且还获得了前述意义下的预言能力。三个理论术语由下面三条理论定律交错地和观察术语联系起来:

$$(U_1)\ a = y \bigcap z; \quad (U_2)\ b = x \bigcap z; \quad (U_3)\ c = x \bigcap y. \quad (U)$$

首先应当明确,x, y, z 是未经解释过的理论术语,因为它们虽然通过前后照应而有意义,但是它们之中一个也不能单单依靠观察术语表示出来,因为方程(U)对 x、y、z 是不可解的。其次,我们的理论现在说明了两条经验定律(E_1)和(E_2)。这两条定律现在可以作为逻辑结论从理论定律推导出来。例如为了推导(E_1),我们看到,由于基本假定和定理 2,有

$$a \bigcap b = (y \bigcap z) \bigcap (x \bigcap z) = x \bigcap y \bigcap z \subseteq x \bigcap y = c.$$

第三,我们的理论提示了新的经验定律

$$b \bigcap c \subseteq a, \quad\quad\quad (E_3)$$

它同(E_1)和(E_2)一样可以从理论定律(U)导出。于是我们看到,由于理论术语,这一理论成了得到新发现的手段。

下面我们来看,通过对形式体系 F 的完善化,即通过对 F 的纯逻辑-数学推广而不增加任何经验定律或理论定律,怎样能够把理论术语变换为观察术语。为了这个目的,我们引入具有结合性、对称性和幂等性的(集论的)相并[union]$\bigcup$,假定它满足分配律 $(m \bigcup n) \bigcap p = (m \bigcap p) \bigcup (n \bigcap p)$ 及包含律 $m \subseteq m \bigcup n$。在推广的形式体系中现在还可以再建立两条定理:

定理 3. $m \bigcup (m \bigcap n) = m$.

定理 4. 若 $n \subseteq m$,则 $m \bigcup n = m$.

借助于新引入的 $\bigcup$,理论术语可定义如下:

$$(D_1)\ x = b \bigcup c;\quad (D_2)\ y = a \bigcup c;\quad (D_3)\ z = a \bigcup b. \quad (D)$$ 15

由于有了这些定义 (D),定律 (U) 现在可从经验定律 (E_1)、(E_2) 和 (E_3) 导出,于是这些原来的理论定律,现在变成了"定理"。我们以 (U_1) 为例来说明这一点:

$$y \bigcap z = (a \bigcup c) \bigcap (a \bigcup b) = (a \bigcap (a \bigcup b)) \bigcup (c \bigcap (a \bigcup b))$$
$$= (a \bigcap a) \bigcup (a \bigcap b) \bigcup (c \bigcap a) \bigcup (c \bigcap b) = a \bigcup (b \bigcup c) = a$$

这里利用了对所包含的运算所假定的性质,利用了定理 3、定理 4 和 (E_3)。我们看到,在以这样推广的形式体系为基础的理论中,所有的理论术语和所有的理论定律都已分别还原为观察术语和观察定律。当然,我们的例子完全不表明这样一种程序是否总是可以实现。但是看来它暗示出,实行这样一步将会窒息理论的创造力,使之不适于发现新的事实。

我们的例子虽然是以极其简化的方式,但却典型地表示出普遍情况,即,在实际上一切已知的科学理论均能满足的很宽的条件下,理论术语都可以被系统地消除而无损于其经验内容。兰西[①] 在约五十年前就证明了这一点,三十年之后,克赖格[②] 又以不同的

---

① F. P. Ramsey, *The Foundations of Mathematics and Other Logical Essays* (Routledge and Kegan Paul, London; Harcourt Rrace, New York, 1931; Littlefield Patterson, N. J., 1960), Ch. Ⅸ.

② W. Craig, "On axiomatizability within a system", *Journal of Symbolic Logic* **18**, 30—32(1953); "Replacement of auxiliary expressions", *Philosophical Review* **65**, 38—55(1956).

方法证明了这一点。大致说来,克赖格的可消除性定理说的是,对于每一个含有观察术语和理论术语的理论 T,存在一个理论 T',它给出 T 的每一个观察的(经验的)定理,但在它的超逻辑[extra-logical]词汇中只含有观察术语。克赖格的结果尽管对理论逻辑是重要的,但却并不对诠释问题提供一个实际的解答,因为人们发现 T' 的结构臃肿不堪,难以处理。兰西的消除程序在技术上没有那么复杂,它也导致一个替代的理论 T^*,T^* 不含 T 的一切理论术语,但保留了 T 的全部观察结果。但是,正如兰西的遗著的编者布雷思韦特所指出的,它容易遭到反对,说它牺牲了启发式的富有成果性、创造性以及人们通常所称的理论的"开放性素质"[open texture]。

16　　　布雷思韦特的争议,即"只有以理论不能适用于新情况为条件,才能通过可观察属性来定义理论术语",前面在我们的例子的末尾其实已经间接提到。他的意见可以照亨佩尔[①]的说法用下面的简单例子来说明:"假设在科学研究的某一阶段,'温度'这个词语只是用一个水银温度计的读数来解释。如果只把这个观察判据当作一个部分解释(即当作一个充分条件而不是必要条件),那么就还为补充进一步的部分解释的可能性留有余地,即参照别种测温物质,它们在高于水银沸点和低于水银凝固点时仍可使用。"显然,这个步骤使得有可能大为扩展含有"温度"这个术语的物理定

---

① C. G. Hempel,"The theoretician's dilemma",*Minnesota Studies in the Philosophy of Science* **2**,37—98(1958);重印于下书中:C. G. Hempel,*Aspects of Scientific Explanation* (Free Press,New York;Collier Macmillan,London,1965),pp.173—226。

律的应用范围。"但是，如果给予原来的判据以完全定义者的地位，那么理论就不能作这样的推广；这时，必须放弃原来的定义以迎合另一个定义，后者与前者是不相容的"。

我们在研究量子力学各种诠释的过程中，将会遇到许多类似的例子。实际上，态函数 ψ（它无疑是量子力学中最重要的理论术语）的概念就提供了这样一个例子。因为玻恩的诠释（前已指出，它已纳入冯·诺伊曼的量子力学公理化方案之中）正是这样一个部分解释。玻恩诠释的最普遍的说法，是把态函数描述为关于自伴算符的各个本征值的几率分布的生成函数［generator］，几率由态函数的展开式中的展开系数的绝对值平方给出，展开式的基由所讨论的算符的归一化本征函数构成。它既不排除补充的部分解释，甚至也不排除赋予"生成函数"本身以一种观察意义的可能性，只要玻恩诠释的观察结论能保持不变的话。我们在以后将会看到，在某些正是旨在达到这一目标的量子力学诠释中，这样带来的僵硬性如何导致同已确立的事实不相容。

但是应当记住，即使全部理论术语都已还原为观察术语，其结果也只不过是一个在 F_R 意义上的在观察上得到完全解释的形式体系。虽然这很可能对更普遍意义上的 F_R 的诠释加以概念上的限制，即对根据可接受的本体论假定或形而上学假定而提供的解释性原理进行挑选时施加概念上的限制，但它不会无歧义地决定后者。正是由于这一剩余自由度，使得哲学考虑同量子力学的诠

17

释有着重大关系[①]。

附录

文献选辑 I

一般著作

M. Black,"Probability",载于 *The Encyclopedia of Philosophy*, P. Edwards, ed.(Crowell Collier and Macmillan, New York, 1967),Vol.6,pp.464—477.

W. Kneale, *Probability and Induction*(Oxford U. P., London, 1949).

J. R. Lucas, *The Concept of Probability*(Oxford U. P., London, 1970).

主观解释

E. Borel, *Valeur Practique et Philosophie des Probabilite's*(Gauthier-Villars, Paris 1939); "Apropos of a treatise on probability",载于 *Studies in Subjectivs Probability*, H. E.

---

① 关于本节的各项考虑(尤其是关于 F 同 F_R 之间的区别)对量子力学以外的物理学理论的应用,我们推荐读者参见 H. Margenau 和 R. A. Mould 为一方同 H. Dingle 为另一方之间关于狭义相对论的诠释问题的论争。见 H. Margenau and R. A. Mould, "Relativity:An epistemological appraisal", *Phil. Sci.* 24,297—307(1957). H. Dingle, "Relativity and electromagnetism:An epistemological appraisal",同上,27,233—253(1960)。本节的参考文献见本章末尾的附录中的文献选辑 II。

Kyburg and H. E. Smokler, eds. (Wiley, New York, 1964), pp. 45—60.

B. de Finetti, "La prévision: ses lois logiques, ses sources subjectives", *Annales de l'Institut Henri Poincaré*, 7, 1—68 (1937); "Foresight: Its logical laws, its subjective sources", 载于 *Studies in Subjective Probability*, 见上, pp. 93—158. 又见 D. A. Gillies, "The subjective theory of probability", *BJPS*, 23, 138—157 (1972).

I. J. Good, *Probability and the Weighing of Evidence* (C. Griffin, London, 1950)。

H. E. Kyburg, *Probability and the Logic of Rational Belief* (Wesleyan U. P., Middletown, Conn., 1961).

古典解释

J. Bernoulli, *Ars Conjectandi* (拉丁文) (Basel, 1713); 法译本 *L'Art de Conjecturer* (Caen, 1801); 德译本 *Wahrscheinlichkeitsrechmmg* (Ostwalds Klassiker No. 107, 108. Engelmann, Leipzig, 1899).

R. Carnap, "The two concepts of probability", *Philosophy and Phenomenological Research* 5, 513—532 (1945), 重印在下书中: H. Feigl and M. Brodbeck, eds., *Readings in the Philosophy of Science* (Appleton-Century-Crofts, New York, 1953); *Logical Foundations of Probability* (University of Chicago Press, Chicago, 1950).

18 J. S. de Laplace, *Essai Philosophique sur les Probabilités* (Paris, 1812, 1840; Gauthier-Villars, Paris, 1921); 英译本 *A Philosophical Essay on Probabilities* (Dover, New York, 1952).

频率解释

R. von Mises, *Wahrscheinlichkeit, Statitik und Wahrheit* (Springer, Wien, 1928, 1951, 1971); 英译本 *Probability, Statistics and Truth* (W. Hodge, London, 1939; Macmillan, New York, 1957).

E. Nagel, "Principles of the Theory of Probability", 载于 *Encyclopedia of Unified Science* (University of Chicago Press, 1939), Vol.1.

H. Reichenbach, *Wahrscheinlichkeitslehre* (A. W. Sijthoff, Leiden, 1935); 英译本 *The Theory of Probability* (University of California Press, Berkeley, 1949).

或然推理[Probable Inference]解释

R. T. Cox, *The Algebra of Probable Inference* (John Hopkins Press, Baltimore, Md., 1961).

H. Jeffreys, *Scientific Inference* (Cambridge U. P. London, 1931, 1957); *Theory of Probability* (Oxford U. P., London, 1939, 1961).

J. M. Keynes, *A Treatise on Probability* (Macmillan, London, 1921; Harper and Row, New York, 1962).

倾向性解释

D. H. Mellor, *The Matter of Chance* (Cambrige U. P., London, 1971).

C. S. Peirce, "Notes on the Doctrine of Chances", *Popular Science Monthly* 44, (1910); 重印于 *Collected Papers of Charles Sanders Peirce* (Harvard U. P. Cambridge, 1932), Vol. 2, pp. 404—414.

K. R. Popper, "The propensity interpretation of the calculus of probability and the quantum theory", 载于 *Observation and Interpretation in the Philosophy of Physics*, S. Körner, ed. (Butterworths, London, 1957; Dover, New York, 1962), pp. 65—70; "The propensity interpretation of probability", *BJPS* 10, 25—42(1959/60).

L. Sklar, "Is probability a dispositional property?", *Journal of Philosophy* 67, 355—366(1970).

A. R. White, "The propensity theory of probability", *BJPS* 23, 35—43(1972).

量子力学中的几率

M. Born, *Natural Philosophy of Cause and Chance* (Oxford U. P. London, 1949, Dover. New York, 1964). 中译本:《关于因果和机遇的自然哲学》, M. 玻恩著, 侯德彭译(商务印书馆, 1964)。

C. T. K. Chari, "Towards generalized probabilities in quantum mechanics", *Synthese* 22,438—447(1971).

N. C. Cooper, "The concept of probability", *BJPS* 16,216—238 (1965).

C. G. Darwin, "Logic and probability in physics", *Nature* 142, 381—384(1938).

E. B. Davies and J. T. Lewis, "An operational approach to quantum probability," *Com. Math. Phys.* 17,239—260(1970).

B. P. Feynman, "The concept of probability in quantum mechanics", 载于 *Proceedings of the Second Berkeley Symposium on Mathematical Statistics and Probability* (University of California Press, Berkeley and Los Angeles, 1951), pp.533—541.

19   A. Fine, "Probability in quantum mechanics and in other statistical theories", 载于 *Problems in the Foundations of Physics*, M. Bunge, ed. (Springer-Verlag, Berlin, Heidelberg, New York, 1971), Vol.4, pp.79—92.

N. Grossman, "Quantum mechanics and interpretation of probability theory", *Phil. Sci.* 39,451—460(1972).

H. Jeffreys, "Probability and quantum theory", *Philosophical Magazine* 33,815—831(1942).

E. C. Kemble, "The probability concept", *Phil. Sci.* 8,204—232 (1941).

R. Kurth "Über den Begriff der Wahrscheinlishkeit", *Philosophia Naturalis* 5,413—429(1958).

A. Landé, "Probability in classical and quantum theory", 载于

Scientific papers presented to Max Born (Oliver and Boyd, Edinburgh,1953),pp.59—64.

H. Margenau and L. Cohen,"Probabilities in quantum mechanics",载于 *Quantum Theory and Reality*, M. Bunge, ed. (Springer-Verlag, Berlin, Heidelberg, New York, 1967), pp. 71—89.

F. S. C. Northrop,"The Philosophical significance of the concept of probability in quantum mechanics",*Phil*,*Sci*.3,215—232 (1936).

J. Sneed,"Quantum mechanics and classical probability theory", *Synthese* 21,34—64(1970).

P. Suppes,"Probability concepts in quantum mechanics",*Phil. Sci*.28,378—389(1961);"The role of probability in quantum mechanics",载于 *Philosophy of Science-Delaware Seminar*, B. Baumrin,ed.(Wiley,New York,1963),Vol.2,pp.319—337; 这两篇论文都重印在下书中：P. Suppes,*Studies in Methodology and Foundations of Science* (Reidel Dordrecht,1969), pp.212—226,227—242.

C. F. von Weizsäcker,"Probability and quantum mechanics", *BJPS* 24,321—337(1973).

文献选辑 II

P. Achinstein,*Concepts of Science* (Johns Hopkins Press,Baltimore,Md.,1968).

R. B. Braithwaite, *Scientific Explanation* (Cambridge U. P.,
   Cambridge, 1953; Harper and Brothers, New York, 1960).

M. Bunge, "Physical axiomatics", *Rev. Mod. Phys.* 39, 463—474
   (1967); *Foundations of Physics* (Springer-Verlag, Berlin,
   Heidelberg, New York, 1967).

N. R. Campell, *Physics: The Elements* (Cambridge U. P., Cam-
   bridge, 1920); 重印本名为 *Foundations of Science* (Dover,
   New York, 无出版日期)。

R. Carnap, "Testability and meaning", *Phil. Sci.* 3, 420—468
   (1936); 4, 1—40(1937); 重印为一专册(Whitlock, New Haven,
   Conn., 1950); 其摘抄重印在下书中: H. Feigl and M. Brod-
   beck, eds., *Readings in the Philosophy of Science* (Appleton-
   Century-Crofts, New York, 1953); *Philosophical Foundations
   of Physics* (Basic Books, New York, 1966).

C. G. Hempel, *Fundamentals of Concept Founation in Empiri-
   cal Science* (University of Chicago Press, Chicago, 1952).

H. Margenau, *The Nature of Physical Reality* (McGraw-Hill,
   New York, 1950).

E. Nagel. *The Structure of Science* (Routledge and Kegan Paul,
   London; Harcourt, Brace and World, New York, 1961, 1968).

M. Przelecki, *The Logic of Empirical Theories* (Routledge and
   Kegan Paul, London; Humanities Press, New York, 1969).

J. D. Sneed, *The Logical Structure of Mathematical Physics*
   (Reidel, Dordrecht-Holland, 1971).

W. Stegmüller, *Theorie und Erfahrung* (Springer-Verlag, Berlin, Heidelberg, New York, 1970).

进一步的参考文献见下书中的文献评介：*Readings in the Philosophy of Science*, B. A. Brody, ed. (Prentice-Hall, Englewood Cliffs, N. J., 1970), pp.634—637.

第二章 早期的半经典诠释

2.1 1926/1927 年间
关于量子力学概念的形势

现代量子力学的发展始于 1925 年初夏,当时海森伯在患过一场枯草热重病之后,正在黑利戈兰[Heligoland]岛上疗养,他想出了用一组同时间有关的复数来代表一个物理量的想法[①]。玻恩[Max Born]立即认识到,海森伯用来解决非简谐振子问题的"数组",正是数学中被称为矩阵的那种量,它的代数性质早自凯莱[*]发表关于矩阵理论的论文(1858)以来就已被数学家研究过。在短短

[①] 历史详情参看文献 1—1(pp.199—209)及 W. Heisenberg, "Erinnerungen an die Zeit der Entwicklung der Quantenmechanik",载于 *Theoretical Physics in th Twentith Century:A Memorial Volume to Wolfgang Panli* (Interscience,New York,1960), pp.40—47;*Der Teil und das Ganze* (Piper, Munich, 1969), pp.87—90;*Physics and Beyond* (Harper and Row,New York,1971),pp.60—62.

[*] 凯莱(A. Cayley,1821—1895),英国数学家,主要工作为矩阵理论、有限群论等。——译者注

几个月内,海森伯的新方法[①]就被玻恩、约尔丹和海森伯本人发展为后来所称的矩阵力学,这是量子现象的最早的逻辑一贯的理论。

1926 年一月底,当时任苏黎世大学教授的薛定谔[Erwin Schrödinger]完成了他的历史性论文"量子化作为本征值问题"的第一篇[②]。他证明了,通常的带有神秘味道的量子化规则可以换成要求某个空间函数具有有限性和单值性这一自然要求。六个月后,薛定谔发表了这组论文的第四篇[③],它的内容包括同时间有关的波动方程、同时间有关的微扰论以及新概念和新方法的各种其他应用。这一年二月,在完成他的论文的第二篇之后,薛定谔[④]不

22

---

① W. Heisenberg, "Über quantentheoretische Umdeutung kinematischer und mechanischer Beziehungen", *Z. Physik* 33, 879—893(1925);重印于 *Dokumente der Naturwissenschaft* (Battenberg, Stuttgart, 1962), Vol. 2, pp. 31—45 及 G. Ludwig, *Wellenmechnik* (A kademie Verlag, Berlin; Pergamon Press, Oxford; Vieweg & Sohn, Braunschweig, 1969), pp.193—210;英译文"Quantumtheoretical reinterpretation of kinematic and mechanical relations",收入 B. L. van der Waerden, *Sources of Quantum Mechanics* (North-Holland, Amsterdam, 1967; Dover, New York, 1967), pp.261—276 或"The interpretation of kinenatic and mechanical relationships according to the quantum theory",收入 G. Ludwig, *Wave Mechanics* (Pergamon Press, Oxford, 1968), pp. 168—182。

② E. Schrödinger, "Quantisierung als Eigenwertproblem", Ann. Physik **79**, 361—376(1926);重印于 E. Schrödinger, *Abhandlungen Zur Wellenmechanik* (Barth, Leipzig, 1926, 1928)pp.1—16 和 *Dokumente der Naturwissenschaft*, Vol.3 (1963), pp. 9—24 以及 G. Ludwig, *Wellenmechanik*, pp.108—122.英译文 "Quantization as a problem of proper values"收入下书中:E. Schrödinger, *Collected Papers on Wave Mechanics* (Blackie & Son, London, 1928), pp.1—12;"Quantization as an Eigenvalue-problem";收入 G. Ludwig, *Wave Mechanics*, pp. 94—105;法译文收在下书中:E. Schrödinger, *Mémoires sur la Mécanique Ondulatoire* (Alcan, Parls, 1933), pp.1—19。

③ Vierte Mitteilung, *Ann.Physil*; **81**, 109—139(1926).重印及译文见上注。

④ E. Schrödinger, "Über das Verhältnis der Heisenberg-Born-Jordanschen Quantenmechanik zu der meinen", *Ann. Physik* **79**, 734—756(1926).

胜惊讶和欣喜地发现,他的形式体系同海森伯的矩阵算法,尽管其基本假定、数学工具和总的意旨都明显地不同,在数学上却是等价的。

　　几年以后,冯·诺伊曼[①]证明了:量子力学可以表述为希尔伯特空间中的厄密算符的运算,并且海森伯和薛定谔的理论分别只是这种运算的特殊表象,这时,薛定谔关于矩阵力学与波动力学这两种形式体系之间的等价性的主张就进一步澄清了。海森伯用的是序列空间 l^2,即绝对值平方之和为有限的一切无穷复数序列的集合,而薛定谔用的是由一切平方可加的(勒贝格意义下)可测的复值函数构成的空间 $\mathscr{L}^2(-\infty,+\infty)$;但是由于 l^2 和 $\mathscr{L}^2$ 这两个空间都是同一个抽象希尔伯特空间 $\mathscr{H}$ 的无穷维实现,因而相互同构(而且等距),因此在 $\mathscr{L}^2$ 空间的"波函数"同 l^2 空间的复数"序列"之间,在厄密微分算符同厄密矩阵之间,就存在着一个一一对应(或映射)。因此求解 $\mathscr{L}^2$ 中一算符的本征值问题就等价于对 l^2 中相应的矩阵进行对角化。

　　虽然只是在 1930 年后才对上述情况有充分理解,这并不改变以下事实:量子力学的数学形式体系在 1926 年夏季就已基本完成了。它的正确性看来多半已得到保证,例如它在说明实际上所有的已知光谱现象(包括斯塔克效应和塞曼效应)方面的惊人成功[②],例如它根据玻恩的几率诠释对大量散射现象以及光电效应的解释。如果我们记得:狄拉克通过推广海森伯和薛定谔的工作,

---

① 　见 7 页注①文献。

② 　详细情况见 6 页注①文献(pp.118—156)。

不久以后就在他的电子理论[1]中说明了 1925 年即已发现其存在的电子自旋;还有这些观念与泡利不相容原理结合起来之后对元素周期表作了令人信服的说明,我们就会懂得,1926 年建立起来的形式体系的确是现代物理学发展中的一个主要突破。

但是正如我们在上一章中所知道的,一个形式体系还不是一个成熟的理论。一个理论还应该包含一组对应规则 *R* 和一个解释性原理或模型 *M*。一个物理理论的这些不同成分的重要性只是在理论物理学的发展过程中才逐渐为人们所理解。例如在从带点朴素实在论味道的观点来摹想物理实在的亚里士多德的物理学中,应用这种方案将不会有多大意义。随着在伽利略和牛顿的时代里物理概念的数学化,物理模型的作用就越来越重要。但是在牛顿物理学中,它的那些基本概念的虚拟的直观性却妨碍了对于对应规则的充分认识。只是随着无法用图象直接表示的麦克斯韦电磁场理论的提出,物理学家们才充分意识到包含在理论结构中的认识论问题,随着微观物理学中极其复杂的理论的建立,这个过程达到了登峰造极的地步。

我们说在量子力学中形式体系超前于其诠释,这当然并不意味这个形式体系完全是在真空中发展起来的。1926 年以前所发生的事情,宁可说是一个可以同用数学方法来解读一种数字密码

---

① P. A. M. Dirac,"The quantum theory of the electron", *Proceedings of the Royal Society of London A* **117**,610—624(1928);**118**,351—361(1928)。历史的详细情况又见 J. Mebra,"The golden age of theoretical physics:P. A. M. Dirac's scientific work from 1924,to 1933."载于 *Aspects of Quantum Theory*,A. Salam and E. P. Wigner,eds.(Cambridge U. P.,London,New York,1972),pp.17—59。

相比拟的过程,这个密码中的某些符号曾经按照古典物理学的对应规则解释过。一个典型例子是巴耳末线系,它通过里德伯常量显示出各根氢光谱线的波数之间有一个使人困惑不解的数学关系。的确,玻尔在1913年"解释"巴耳末线系时提出过一个模型,但不久就发现这个模型并不合适。十三年后,薛定谔通过提出人们所称的"薛定谔方程"及其解所应满足的某些边界条件,再度"解开"了这个密码,他用波函数这些新形成的概念建立了一个形式体系。密码是被破译了,但只是通过一种新的、虽然是更简洁的另一种密码来破译的。即使在当时,就已充分认识到对应规则的重要性及其同一个物理理论的意义的关系,薛定谔本人提过的一段小插曲[①]很好地说明了这一点。当他同爱因斯坦沿着柏林的菩提树大街[Unter der Linden]散步,讨论自己的新想法时,爱因斯坦告诉他说:"当然,每个理论都是正确的,只要你把它的符号同观察到的量合适地联系起来"。

因此,1927年的情况基本上是这样的:薛定谔所建立的新的波动力学形式体系,在其较高层的命题中含有一些未加解释的术语如波函数,但是人们能够由此推导出一些底层的命题,其中包含有能够同能量或波长这些具有经验意义的概念相联系的参数。人们所需要的,除了用于高层术语的可能的补充对应规则之外,主要是在前面所述的意义下的某种起连结作用的解释性原理或某个模型。

---

　　① E. Schrödinger, "Might perhaps energy be a merely statistical concept?", *Nuovo Cimento* **9**, 162—170(1958);引文在 p.170 上。

只要能证明薛定谔的波动力学的形式体系 F 可以看成是另一个充分解释了的理论 T^* 的形式体系 F^* 的一部分,或至少与之同构,那么就会立即达到这两个目的。这正是薛定谔在完成波动力学的形式体系的重大发现之后不久,试图为这个形式体系提供一个满意的诠释时所用的方法。

2.2 薛定谔的电磁诠释

直到薛定谔的历史性论文的第三篇,被他称为"力学场标量"[mechanischer Feldskalar]的 ψ 函数还只是纯粹形式地被定义为满足下述神秘的波动方程的函数:

$$\Delta\psi - \frac{8\pi^2 mV}{h^2}\psi - \frac{4\pi m}{ih}\frac{\partial\psi}{\partial t} = 0 \qquad (1)$$

其中对于单粒子系统 $\psi = \psi(r,t) = \psi(x,y,z,t)$,对于 n 个粒子的系统 $\psi = \psi(x_1, \cdots, z_n, t)$。为了说明所讨论的系统(例如一个氢原子)发射频率等于二本征值之差除以 h(玻尔频率条件)的电磁波这一事实,并且为了能够逻辑一贯地推导出这些波的强度和偏振,薛定谔觉得有必要赋予 ψ 函数一种电磁意义。

在他论述矩阵力学同波动力学之间的等价性的论文的末尾, 25 薛定谔作了这样一个假设,他提出电荷的空间密度由

$$\Psi\frac{\partial\psi^*}{\partial t} \qquad (2)$$

的实部给出,其中 ψ^* 表示 ψ 的复共轭。通过把 ψ 用分立的本征函数展开,$\psi = \sum c_k u_k(r)e^{2\pi iE_k t/h}$,其中 c_k 取成实数,他得到空间

密度的表示式为

$$2\pi \sum_{(k,m)} c_k c_m \frac{E_k - E_m}{h} u_k(r) u_m(r) \sin\left[\frac{2\pi t}{h}(E_m - E_k)\right] \quad (3)$$

式中每种组合 (k,m) 只取一次。用(3)来计算偶极矩的 x 分量,薛定谔得到了一个傅立叶展开式,其中只有项差(本征值之差)作为频率出现——这表明偶极矩分量只是在这些已知的辐射频率上振动,并且式中每项的系数都具有 $\int u_k(r) x u_m(r) dr$ 的形式,其平方同这一分量的辐射强度成正比。薛定谔指出:"现在已使发射出的辐射的相应部分的强度和偏振在经典电动力学的基础上完全可以理解了",于是他在 1926 年 3 月初提出了新建立的基于 ψ 函数的量子力学形式体系 F_q 同经典电磁辐射理论(它已在操作意义上得到充分解释)之间的第一个认识关联。因为 ψ 是以一种相当间接和古怪的方式出现在假设的电荷密度表示式($\psi \frac{\partial \psi^*}{\partial t}$ 的实部)中的,薛定谔还不能把 ψ 设想成一幅描绘性物理图像的一个元素,虽然他坚信它代表了某种物理上实在的东西。实际上,当薛定谔认识到由于本征函数 $u_k(x)$ 的正交性,空间密度(3)对全空间积分所得结果将为零而不是所要求的一个同时间无关的有限值之后,他关于正确的诠释尚未找到的怀疑便大为加深了。

在他那组论文"量子化作为本征值问题"的第四篇的最后一节("§7 场标量的物理意义"),薛定谔把电荷密度的表示式由(2)式的实部换成"权函数"[$Gewichtsfunktion$]

$$\psi \psi^* \quad (4)$$

26 乘以总电荷 e,从而解决了这个矛盾。利用波动方程(1),容易证明，$\int \psi\psi^{*}\,dr$（对整个位形空间积分）的时间导数为零。

而且，由于所得到的被积函数（除系数 $ieh/4\pi m$ 外）$\psi^{*}\,\Delta\psi - \psi\Delta\psi^{*}$ 就是矢量 $\psi^{*}\,\nabla\psi - \psi\nabla\psi^{*}$ 的散度，电的"流动行为"[$Str\ddot{o}mungsverh\ddot{a}ltnis$]便遵从一个连续性方程

$$\frac{\partial}{\partial t}(e\psi\psi^{*}) = -\nabla S \tag{5}$$

其中电流密度 S 由下式给出：

$$S = \frac{ieh}{4\pi m}(\psi\,\nabla\psi^{*} - \psi^{*}\,\nabla\psi). \tag{6}$$

因为对于单电子系统有[①]

$$\psi = \sum_{k} c_{k}u_{k}(r)e^{2\pi i(\upsilon_{k}t+\theta_{k})} \tag{7}$$

电流密度 S 为

$$S = \frac{eh}{2\pi m}\sum_{k,m} c_{k}c_{m}(u_{k}\,\nabla u_{m} - u_{m}\,\nabla u_{k})$$
$$\cdot \sin[2\pi(\upsilon_{k}-\upsilon_{m})t+\theta_{k}-\theta_{m}] \tag{8}$$

薛定谔由此得出结论：若系统中只激发一种固有振动或只激发属于同一本征值的几种固有振动，则其电流分布是稳恒的，因为(8)式中同时间有关的因子为零。于是他得以宣称："因为在未受扰动的正常态中无论如何上述两种情况必然要出现一种，人们可以在某种意义上说又回到了原子的静电和静磁模型。于是一个处于正常态的系统不发射任何辐射这一事实就得到了异常简单的解答。"

---

① c_{k}, θ_{k} 为实数常数；$u_{k}(r)$ 假定为实函数，这一假定并不影响结论的一般性。

显然,按照(4)式而不是(2)式来重新解释 ψ 并不会损害前面对选择定则和偏振定则的说明。将(7)式代入(4)式得出电荷密度 ρ

$$\rho = +e\sum_{(k,m)}c_k c_m u_k u_m e^{2\pi i(v_k - v_m)t + \theta_k - \theta_m} \tag{9}$$

27 及偶极矩的 x 分量

$$M_x = -2\sum_{(k,m)}c_k c_m a_{km}^{(x)}\cos[2\pi(v_k - v_m)t + \theta_k - \theta_m] + \text{const.} \tag{10}$$

其中

$$a_{km}^{(x)} = e\int u_k(r)x u_m(r)dr. \tag{11}$$

现在薛定谔的任务是,在 u_k 足够确定的那些情况下,例如在塞曼效应和斯塔克效应的情况下,计算出 a_{km} 以检验他的假设(4)的正确性。若 $a_{km}^{(x)} = a_{km}^{(y)} = a_{km}^{(z)} = 0$,则谱线不出现;若 $a_{km}^{(x)} \neq 0$ 但 $a_{km}^{(y)} = a_{km}^{(z)} = 0$,则谱线沿 x 方向线偏振等等。于是 a_{km} 的平方之间的关系正确地给出了氢的塞曼光谱图和斯塔克光谱图中非零分量之间的强度关系。

因为上述结论对 n 粒子系统的一般情况仍然成立,并且表示为各个波之积的电荷密度给出了正确的辐射振幅,薛定谔就把量子理论解释为一种简单的经典波动理论。在他看来,物理实在是由波构成的,而且只由波构成。他断然否认分立能级和量子性跳变的存在,理由是在波动力学中分立本征值是波的本征频率而不是能量,这个观念他在他的第一篇文章的末尾就已提到过。在他于 1927 年发表的"从波动力学看能量交换"一文[①]中,他非常详细地阐述了他对这个问题的观点。薛定谔把他在第四篇文章中奠立了基础的含时间的微扰论应用于两个具有微弱相互作用的系统,每个系统各有一对能级,其能量差值相同,一个系统具有能级 E_1 和 E_2,另一个系统具有能级 E_1' 和 E_2',并有 $E_2 - E_1 = E_2' - E_1' > 0$,然后论证如下。

令不带撇的系统的波动方程为

$$\Delta\psi - \left(\frac{8\pi^2 m}{h^2}\right) U\psi - \left(\frac{4\pi i}{h}\right)\frac{\partial\psi}{\partial t} = 0,$$

其本征值 E_1 和 E_2 分别对应于本征函数 ψ_1 和 ψ_2,又令带撇的系统的波动方程为

$$\Delta'\psi' - \left(\frac{8\pi^2 m}{h^2}\right) U'\psi' - \left(\frac{4\pi i}{h}\right)\frac{\partial\psi'}{\partial t} = 0,$$

其本征值 E_1' 和 E_2' 分别对应于本征函数 ψ_1' 和 ψ_2';而组合系统的波动方程为(耦合可以忽略)

$$(\Delta + \Delta')\psi - \left(\frac{8\pi^2 m}{h^2}\right) (U + U')\psi - \left(\frac{4\pi i}{h}\right)\frac{\partial\psi}{\partial t} = 0$$

于是它有一个简并的本征值 $E = E_1 + E_2' = E_1' + E_2$,对应于两个本征函数 $\psi_a = \psi_1\,\psi_2'$ 和 $\psi_b = \psi_1'\,\psi_2$。

引进一个微弱扰动并应用微扰论,薛定谔用通常的方法证明,组合系统的态随着时间在 ψ_a 和 ψ_b 之间振荡,其速率同耦合能量

①　E. Schrödinger,"Energieaustausch nach der Wellenmechanik", *Ann. Physik* 83,956—968(1927);英译文"The exchange of energy according to wave mechanics", *Collected Papers*,pp.137—146;法译文收入 *Mémoires*,pp.216—270。

成正比,并且在这种共振现象中,ψ_1' 的振幅依靠减小 ψ_1 的振幅而增大,同时 ψ_2 的振幅依靠减小 ψ_2' 的振幅而增大。于是薛定谔争辩道,我们不必假定有分立的能级和量子性能量交换,不用把本征值看成是频率以外的什么东西,也找到了下述事实的一个简单说明:物理的相互作用主要只发生在(用旧理论的话来说)"出现有同样的能量矩阵元"的那些系统之间。

因此在薛定谔看来,量子公设便通过一种共振现象得到了充分的说明,这种共振现象类似于声学节拍现象或和应摆(Sympa-thetio pendulum,即用一根弱弹簧连接起来的两个固有频率相等或几乎相等的摆)的行为。换句话说,两个系统之间的相互作用根据纯粹波动力学的概念就得到了满意的说明,就如同量子假设仿佛[薛定谔用的德文原字是 als ob]成立似的——正如从波动力学的含时间的微扰论就把自发发射的频率推导了出来,就如同仿佛存在有分立的能级、玻尔的频率假设仿佛成立一样。薛定谔的结论是:量子性跳变或能级的假设是多余的:"承认量子假设又承认共振现象,这意味着接受同一过程的两种说明。但这就像提出两个用来推诿的托词一样:一个肯定是假的,通常两个都是假的。"实际上,薛定谔宣称,对于这种现象的正确描述,人们根本不应当使用能量概念,而只应当使用频率概念:令一个态用并合频率 $v_1 +$ v_2' 表征,另一个态用 $v_1' + v_2$ 表征;频率条件 $hv_2 - hv_1 = hv_1' - hv_2'$,玻尔把它解释为不带撇的系统从较低的能级 $E_1 = hv_1$ 作一次量子跃迁到高能级 $E_2 = hv_2$,同时带撇的系统从高能级 $E_1' = hv_1'$ 跃迁到低能级 $E_2' = hv_2'$,而在薛定谔看来只是交换的频率的守恒定理:

$$v_1 + v_1' = v_2 + v_2' \tag{12}$$

薛定谔以同样的精神坚持认为,可以把波动图象加以推广以(只用频率和振幅)说明全部已知的量子现象,包括夫兰克-赫兹实验甚至康普顿效应这样的粒子物理学典型例子。他在此之前的一篇文章[①]中曾证明,可以把康普顿效应描绘成一列前进波被另一列前进波造成的布拉格型反射;由一列波及其反射波形成的干涉图样,构成了对于另一列波的某种运动着的布拉格晶体镜,反过来也一样。

薛定谔是怎样为他在微观物理学中否定能量概念进行论证的,可以从他在 1926 年 5 月 31 日写给普朗克的一封信中一段有趣的话看出:"'能量'这个概念是我们从宏观经验而且实际上也只是从宏观经验导出的某种东西。我不相信这个概念能照搬到微观力学中去,使得人们可以谈论单个部分振动的能量。单个部分振动的能动特性是它的频率"[②]。薛定谔从来没有改变过他对这个问题的观点。在他去世(1961 年 1 月 4 日)前三年,他还写了一篇文章,题为"能量或许只是一个统计概念吧?"[③]。他在这篇文章中争辩说,能量就和熵一样只具有统计意义,并且对于微观系统来说,乘积 hv 并不具有(宏观的)能量意义。

---

① E. Schrödinger,"Der Comptoneffekt",*Ann. Physik* **82**,257—265(1927);收入 *Abhandlungen*,*pp*.170—177;英译文见 *Collected Papers*,pp.124—129;法译文见 *Mémoires*,pp.197—205。

② Schrödinger,Planck,Einstein,Lorentz:*Letters on Wave Mechanics*,K. Przibram,ed.(Philosophical Library,New York,1967),p.10,德文本 *Briefe sur Wellenmechanik*(Springer,Wien,1963),p.10。

③ 见 40 页注①文献。

物理实在的纯波动观怎样才能说明粒子物理学的唯象行为，薛定谔在他的那组文章的第二篇[①]中已经用波包初步讨论过，但直到 1926 年初夏才算充分完成。在第四篇文章发表之前所写的一篇论文"论从微观力学到宏观力学的连续过渡"[②]中，薛定谔通过证明线性谐振子的唯象行为可以用相应的微分方程的波动本征函数来充分解释，具体说明了他对这个问题的看法。在他第二篇文章的末尾（§ 3：应用），薛定谔已经求出这些归一化本征函数的表示式为 $(2^n n!)^{-\frac{1}{2}} \psi_n$，其中

$$\psi_n = \exp\left(-\frac{1}{2}x^2\right) H_n(x) \exp(2\pi i \upsilon_n t) \tag{13}$$

并且 $\upsilon_n = \left(n + \frac{1}{2}\right)\upsilon_0$，而 $H_n(x)$ 为 n 阶厄密多项式；于是薛定谔就用它们来构成波包

$$\psi = \sum^{\infty} \left(\frac{A}{2}\right)^n \frac{\psi_n}{n!} \tag{14}$$

其中 A 是一个比 1 大得多的常数[③]。简单的计算表明，ψ 的实部为

---

① Ann. Physik **79**,489—527(1926)；见 37 页注②文献。

② E. Schrödinger,"Der Steitige Übergang von der Mikro-zur Makromechanik", *Die Naturwissenschaten* **14**,664—666(1926)；收进 *Abhandlungen*,pp.56—61；英译文收入 *Collected Papers*,pp.41—44。

③ 因为 $x^n/n!$ 作为 n 的函数对于大的 x 值在 $n=x$ 处有一个单个的而且陡峭的极大值，起决定性作用的项是 $n \approx A$ 的那些项。

$$\exp\left[\frac{A^2}{4} - \frac{1}{2}(x - A\cos2\pi\upsilon_0 t)^2\right] \tag{15}$$

$$\cdot \cos\left[\pi\upsilon_0 t + (A\sin2\pi\upsilon_0 t)\left(x - \frac{A}{2}\cos2\pi\upsilon_0 t\right)\right]$$

(15)式中的第一个因子代表一个高斯误差曲线形状的窄凸包,它在给定的时刻 t 位于

$$x = A\cos2\pi\upsilon_0 t \tag{16}$$

的邻近,与粒子状谐振子的经典运动相符合,而第二个因子则只是对这个凸包进行调制。此外薛定谔还指出,这个波群作为一个整体在时间进程中并不会在空间弥散开,而且由于这个凸包的宽度的数量级为 1 因而远小于 A,这个波包显现出点状粒子的外貌。"看来无疑的是",薛定谔在他的论文的结尾中说,"我们可以假定能够构成类似的波包,它们沿着量子数更高的开普勒椭圆轨道运行,并且它们就是氢原子的波动力学图象〔undulationsmechanische Bild〕"。

　　建立在波动力学形式体系基础上的这种波动的物理图象,是薛定谔 1926 年 7 月 16 日在柏林对德国物理学会讲演的主题。这次讲演题为"建立在波动理论上的一种原子论的基础",由能斯脱〔W. Nernst〕主持,虽然是根据普朗克的倡议,学会的柏林分会主席格临爱森〔E. Grüneisen〕才向薛定谔发出这次邀请的。应当提到,普朗克从一开始就对薛定谔的工作表现出很大的兴趣甚至是热情。一周之后,薛定谔又就同一题目向学会的巴伐利亚分会作了一次讲演,讲演由埃蒙登〔R. Emden〕主持。正是以这种物理图

像为基础,薛定谔 1947 年在一篇题为"量子力学的 2400 年"的文章①中,才能把古典原子论的创始者留基伯[Leucippus]和德谟克里特[Democritus]称为首批量子物理学家,并且 1950 年他的一篇短文"一个基本粒子是什么?"②,开门见山第一句话就是"最新形式下的原子论就叫作量子力学"。

但是,薛定谔提出的这种"自然的"和"直观的"量子力学诠释必须面对一些严重困难。洛仑兹[H. A. Lorentz]在 1926 年 5 月 27 日致薛定谔的信中表示,就单粒子系统而言,他宁肯要波动力学而不是矩阵力学,因为前者有"更大的直观清晰性";但他同时指出,一个以群速度运动、应当代表一个"粒子"的波包,"绝不能长期保持在一起并限定在一个小体积中。媒质中稍微有一点色散就会使它在传播方向上散开,而且即使没有这种色散,它在横向也总是会越来越扩大。由于这种不可避免的弥散现象,在我看来,波包并不适宜于代表那些其单独存在应当相当持久的东西。"

薛定谔是在 5 月 31 日收到这封寄自哈勒姆(Haarlem)的信的;我们从他在同一天于苏黎世寄出的致普朗克的信中得知,他刚刚完成了上面提到过的关于振动波包的粒子状行为的计算。因此他觉得有权在这封致普朗克的信中写道:"我相信要对氢原子中的电子实现同样的事只是一个计算技巧问题。于是人们就将可以清楚看出从微观的特征振动到宏观的经典力学'轨道'的

---

① E. Schrödinger, "2400 Jahre Quantenmechanik", *Ann. Physik* **3**, 43—48 (1948).

② *Endeavour* **9**, 109—116(1950).

过渡,而且还可以得出关于邻近振动的位相关系的有价值的结论"。

　　十个月后,人们就清楚看到薛定谔是过于乐观了,这时海森伯在他发表后来所谓的"海森伯关系式"的那篇文章[①]中指出,假若薛定谔的假设是正确的,那么"一个原子发出的辐射就应能展成一个傅立叶级数,其中泛音的频率是某一基频的整数倍。但是原子光谱谱线的频率,根据量子力学,从来不是这样的某一基频的整倍数——除了谐振子这个特例以外。"[②]

　　物理实在的波动图象的另一个严重程度不亚于前者的困难,同 ψ 的位形空间的维数有关。洛仑兹在前面那封信中向薛定谔表示,他宁愿采用波动力学有一个条件,那就是"当人们只须和三个坐标 x、y、z 打交道时",这时他所说的正是这个困难。洛仑兹写道:"但是,若是有更多的自由度,那么我就不能给予这些波和振动以物理的诠释了,我就必须支持矩阵力学"。洛仑兹的保留条件指的当然是这一事实:对于一个 n 粒子系统,ψ 波成了 $3n$ 个位置坐标的函数,它的表示需要一个 $3n$ 维空间。当然,要反驳这种反

---

　　①　W. Heisenberg,"Über den anschaulichen Inhalt der quantentheoretischen Kinematik und Mechanik", *Z. Physik* **43**,172—198 (1927);重印于 *Dokumente der Naturwissenschaft*,Vol.4(1963),pp.9—35。

　　②　海森伯未提到的另一个例外,是位势为 $V = V_0(a/x - x/a)^2$ 的情形,它所产生的谱同角频率为 $(8V_0/ma^2)^{\frac{1}{2}}$ 的振子的谱完全相同。见 I. I. Gol'dman, V. D. Krivchenkov, V. I. Kogan, and V. M. Galitskil, *Problems in Quantum Mechanics* (Infosearch,London,1960),p.8,(Addison-Wesley Reading, Mass.,1961),p.3.中译本:量子力学习题集(王正清、刘弘度译,高等教育出版社,1965),第 3 页。最近的关于波包的相干性的工作,见 R. J. Glauber,"Classical behavior of Systems of quantum oscillators", *Physics Letters* 21,650—652(1966)。

对意见，人们可以提出，在讨论宏观力学系统时，振动虽然无疑地只真实存在于三维空间中，但是通过拉格朗日力学的 $3n$ 维空间中的简正坐标来计算最方便。

薛定谔是充分意识到这个麻烦的。他在那篇讨论他自己的方法同海森伯的方法之间的等价性的论文中写道："对于多电子问题中遇到的困难，不应当避而不提，这时 ψ 实际上是位形空间中的函数而不是真实空间中的函数"。特别是，在此文的一个脚注中，薛定谔承认，在例如氢原子的波动力学处理中使用经典粒子物理学的静电势公式，这在概念上不是逻辑一贯的[①]，并补充说必须考虑这种可能性："当两个'点电荷'实际上都是延展的振动态、彼此穿透时"，照搬经典的能量函数公式已不合法了。薛定谔的担心为量子电动力学后来的发展所充分证实。

薛定谔对波函数的实在论的诠释还面对着另外三个困难，它们在当时还没有充分认识到：(1) ψ 是一个复值函数；(2) ψ 在一次测量过程中发生一个不连续的变化；以及(3) ψ 同选来表示它的一组可观察量有关，例如，它在动量空间中的表象同它在位置空间中的表象就根本不同。

因为每个复值函数等价于一对实函数，人们曾经以为头一个困难是可以解决的。只有当玻恩提出 ψ 函数的几率诠释之后，复

---

① 在这方面，请参照薛定谔在论文"Der Energieimpulssatz der Materiewellen"的末尾所承认的，不可能单纯只用场论（通过使用由场的拉氏函数变分而得到的位势）来解决氢原子问题。此文载于 *Ann. Physik* **32**, 265—273 (1927)；收入 *Abhandlungen*, pp.178—185；英译文见 *Collected Papers*, pp.130—136。

位相对于说明量子力学干涉现象的必要性才明显起来。后来争论得很利害的 ψ 突变为一个新组态,即上面(2)中说到的所谓波包收缩,只有随着量子力学测量理论的发展,才成为关于物理学基础的研究的前沿问题。最后,ψ 对表象的依赖性是狄拉克-约尔丹变换理论的一个结论,而变换理论也是继薛定谔早期的结果之后才发展起来的。

2.3　流体力学诠释

薛定谔诠释量子力学的尝试主要依靠同波动现象的类比,而波动方程及其推论与流体力学流动方程的相似性,则是另一个早期尝试的基础,这个尝试企图用经典的连续媒质物理学来说明量子力学过程。最早的流体力学诠释是马德隆提出的,他于 1905 年在哥丁根大学获得博士学位,从 1921 年起担任美因河畔的法兰克福大学的理论物理学教授,以其在哥丁根时与玻恩共同从事的离子晶体理论(马德隆常数)及其关于物理学家用的数学工具的教科书[①]而闻名。

他从薛定谔方程[方程(1)的共轭]

$$\Delta\psi - \frac{8\pi^2 m}{h_2} V\psi - \frac{4\pi i m}{h}\frac{\partial\psi}{\partial t} = 0 \tag{17}$$

[①]　E. Madelung, *Die Mathematischen Hilfsmittel des Physikers* (Springer, Leipzig, 1922, 1925, 1935; Dover, New York, 1943);俄译本(1960)。

出发[①]，并令

$$\psi = a e^{i\beta} \tag{18}$$

其中 α 和 β 为实数，对(17)式的纯虚部，得

$$\text{div}(\alpha^2 \text{grad}\varphi) + \frac{\partial \alpha^2}{\partial t} = 0 \tag{19}$$

其中

$$\varphi = -\frac{h}{2\pi m}\beta. \tag{20}$$

方程(19)的结构同如下的流体力学连续性方程的结构相同：

$$\text{div}(\sigma u) + \frac{\partial \sigma}{\partial t} = 0. \tag{21}$$

根据这种类比，马德隆把 α^2 解释为一种流体力学流动过程的密度 σ，把 φ 解释为该过程的速度势（速度 $u = \text{grad}\varphi$），这个流动过程还应服从由(17)式的实部表示的附加条件，用 φ 表示就是

$$\frac{\partial \varphi}{\partial t} + \frac{1}{2}(\text{grad}\,\varphi)^2 + \frac{V}{m} - \frac{\Delta \alpha}{\alpha}\frac{h^2}{8\pi^2 m^2} = 0. \tag{22}$$

35 流体力学的欧拉方程为

$$F - \frac{1}{\sigma}\text{grad}p = \frac{1}{2}\text{grad}u^2 + \text{curl}u \times u + \frac{\partial u}{\partial t}, \tag{23}$$

其中

$$F = -\text{grad}U \tag{24}$$

为单位质量所受的力，U 为单位质量的位能，p 为压强。对于无旋运动（即若存在速度势时），欧拉方程可写成较简单的形式

---

① E. Madelung, "Quantentheozie in hydrodynamischer Form", *Z. Physik* **40**, 322—326(1926).

$$\text{grad}\left[\frac{\partial \varphi}{\partial t} + \frac{1}{2}(\text{grad }\varphi)^2 + U + P\right] = 0 \qquad (25)$$

其中

$$\nabla P = \frac{1}{\sigma}\nabla p.$$

因此,若将(22)式中的负项等同于连续媒质中内力的力函数 $\int dp/\sigma$,那么薛定谔方程所描写的运动就显得像是在保守力作用下流体的一种无旋流动。

对于同时间无关的薛定谔方程

$$\Delta \psi_0 + \frac{8\pi^2 m}{h^2}(E - V)\psi_0 = 0, \qquad (26)$$

其解为

$$\psi = \psi_0 \exp \frac{2\pi i E t}{h}, \qquad (27)$$

显然有

$$\frac{\partial \alpha}{\partial t} = 0 \quad \text{及} \quad \frac{\partial \varphi}{\partial t} = -E/m, \qquad (28)$$

因此(22)式意味着[①]

$$E = \frac{m}{2}(\text{grad}\varphi)^2 + v - \frac{\Delta \alpha}{\alpha}\frac{h^2}{8\pi^2 m}. \qquad (29)$$

所以方程(26)的一个本征函数(不管它的时间因子)代表一幅稳恒流图景 $\left(\dfrac{\partial u}{\partial t} = 0\right)$,而且令 $\sigma = \alpha^2 = \rho/m$ $\left(\text{对应于归一化条件} \int \sigma d\tau = 1\right)$, 36

---

① (29)式的最后一项(负项)后来叫作"量子势",它在德布罗意的领波[pilot wave]理论和玻姆的隐变量理论中将起重要作用。

得到总能量

$$E = \int d\tau \left(\frac{\rho}{2} u^2 + \sigma V - \sqrt{\sigma} \Delta \sigma \frac{h^2}{8\pi^2 m} \right) \tag{30}$$

为动能密度和位能密度的空间积分,同经典的连续媒质力学中情形完全相同。

由于倒过来从(19)和(22)这两个流体力学方程也能推导出薛定谔方程,因而马德隆主张,这两个方程以极为直观的形式概括了整个波动力学。"于是",他宣称,"当前关于量子的问题看来已在连续分布的电量(其质量密度正比于其电荷密度)的流体力学中得到了解决"。但是,正如他自己也承认的,一切困难都并未消除。例如(30)式中代表电荷元的相互作用的最后一项,应该不但同局域的电荷密度及其导数有关,而且还同总电荷分布有关。此外,他还承认,虽然基态没有发射一事得到了自然的说明,但对于辐射吸收过程,则得不到这样的说明。

马德隆没有提到的另一个概念性更强的麻烦,关系到任何想要把原子物理学归结为一种非黏滞性流体在保守力作用下作无旋运动的流体力学理论的企图。因为这样的理论是以理想化的连续流体观念为基础的,它绝不能严格应用于作为分子的不连续集合体的真实流体。换言之,一种有意无视原子性的理论却被用来说明原子的行为!

马德隆的论文发表后不久,列宁格勒理工学院的伊萨克松[1]

---

　　[1]　A. Isakson,"Zum Aufbau der Schrödinger Gleichung",*Z. Physik* **41**,893—899(1927).

研究了在什么附加假定下经典力学的哈密顿-雅可比方程将导致薛定谔方程的问题,他把他的讨论推广到相对论性运动,得出一些令人联想起一种流体力学诠释的公式。但是他没有去把他的结论同马德隆的结论作比较,而只讨论了问题的纯数学方面。

1927 年科恩[①]提出,应当把薛定谔的波动力学诠释为一种黏性可压缩流体的流体力学理论。此人是布勒斯劳[Breslau]高等工艺学校的研究生,从 1914 年起任柏林高等工艺学校的教授,对无线电通信和图像传真的发展作过重要贡献,并于 1892 年发表过引力和电的一种流体力学理论,随后并把它推广到光学和光谱学。像马德隆一样(虽然没有一个地方提到他),科恩假定有一个速度势 φ,用它表示时能量方程之形式为

$$\frac{m}{2}(\mathrm{grad}\varphi)^2 = E - U. \tag{31}$$

他仿效薛定谔,用下述关系式定义 ψ:

$$\varphi = \frac{h}{2\pi m}\log\psi. \tag{32}$$

因此

$$\Delta\varphi = \frac{h}{2\pi m}\frac{\Delta\psi}{\psi} - \frac{4\pi}{h}(E - U). \tag{33}$$

于是,科恩继续写道,若 $h\Delta\varphi$ 与 $4\pi(E-U)$ 相比可以忽略掉,就得到

---

① A. Korn,"Schrödingers Wellenmechanik und meine mechanischen Theorien", *Z. Physik* **44**,745—753(1927).

$$\Delta\psi = \frac{8\pi^2 m (E-U)}{h^2}\psi. \tag{34}$$

另一方面。令

$$\psi = 常数 \cdot \sin\left[2\pi\left(\frac{t}{\tau}-\frac{\varphi}{\lambda}\right)\right], \tag{35}$$

在同样的假设下,他得到了

$$\Delta\psi = \frac{2(E-U)}{m}\frac{\tau^2}{\lambda^2}\frac{\partial^2\psi}{\partial t^2}. \tag{36}$$

38   虽然在科恩看来,(34)式和(36)式代表薛定谔的偏微分方程,因此已足以用来计算量子力学本征值问题,但他也指出了下述困难:经典力学的微分方程(31)是同假设

$$\Delta\varphi = 0 \tag{37}$$

不相容的,因此应当把它看作只是真实方程的一个近似,真实方程的更精确的近似形式应为

$$\frac{m}{2}(\mathrm{grad}\ \varphi)^2 = E - U + \varepsilon\Delta\ \varphi, \tag{38}$$

其中 ε 是一个小量。科恩继续说道,经典力学对应于 $\varepsilon=0$ 的情形,而 $\varepsilon\neq 0$(但很小)的情形则导致量子力学的结果。

后来科恩还证明了,他的可压缩流体(其内摩擦用一个小常数表征)的流体力学理论,如何经典地说明了(38)式中出现的最后一项。但科恩的理论却具有这样的内部矛盾:为了说明电磁现象,要假设这种流体[*Zwischenmedium*]是不可压缩的,但他所提议的对量子现象的说明却要求它可以压缩。

2.4 玻恩原来的几率诠释

在此期间,几乎与薛定谔的第四篇文章发表同时,又出现了 ψ 函数的一种新诠释,不仅从纯技术观点来看,而且从它的内容的哲学意义来看,它对现代物理学都有深远的影响。就在薛定谔的那组稿件的最后一篇寄给 *Annalen der Physik* 的编者之后四天, *Zeitschrift für Physik* 的编辑部收到了一篇长不满五页的论文,题为"论碰撞过程的量子力学"[①],玻恩在此文中首次提出了波函数的一种几率诠释,这意味着必须把微观物理学看成一个几率性理论。虽然波恩由于同他的助教海森伯和约尔丹的广泛合作,他本人是深深介入了矩阵力学的创立的,但是他对薛定谔的新方法有很深刻的印象,以至于为了研究碰撞现象他实际上宁愿使用波动力学而不是矩阵力学的形式体系,他说:"在理论的各种形式中,只有薛定谔的形式体系表明它适合于这个目的;因此我倾向于认为它是量子定律的最深刻的表述"[②]。但是薛定谔的波动诠释在他看来是靠不住的。

当玻恩"由于他在量子力学中的基础性工作,特别是由于他对波函数的统计诠释"(瑞典皇家科学院 1954 年 11 月 3 日公告中语)而被授予诺贝尔奖金时,他曾经说明他反对薛定谔诠释的

---

① M. Born,"Zur Quantenmechanik der Stossvorgänge", *Z. Physik* **37**,863—867 (1926);重印于 *Dokumente der Naturwissenschaft* ,Vol.1(1962),pp.48—52.

② 同上书(p.864)。

动机如下:"在这一点上我无法同意他。这和这件事是有关系的:我的讲习会和夫兰克(J. Franck)的讲习会是在哥丁根大学的同一座楼里。夫兰克及其助手们关于电子碰撞(第一类的和第二类的)的每一个实验,在我看来都是电子的粒子本性的一个新的证明"[①]。

玻恩的前述短文只是一篇初步报告,他在随后的两篇论文[②]中更为详尽地讨论了碰撞过程的量子力学处理方法,并且系统地发展了此后所谓的"玻恩近似"方法。他对电子被一具有球对称位势场 V 的力心散射问题的处理,实质上是微扰论对平面波散射的应用,在远离散射中心处的初态波函数和终态波函数都近似是平面波。

设一个能量为 $E = h^2 / 2m\lambda^2$ 的电子从 $+Z$ 方向入射到一个原子处,此原子的未受扰本征函数为 $\psi_n^0(q)$,玻恩赋予这个系统以组合本征函数 $\psi_{nE}^0(q, z) = \psi_n^0(q)\sin(2\pi z/\lambda)$。令电子同原子之间的相互作用位能为 $V(x, y, z, q)$,玻恩根据微扰论求得在远离散射中心处散射波的表示式为

---

① M. Born,"Bemerkungen zur statistischen Deutung der Quantenmechanik",载于 *Werner Heisenberg und die Physik unsere Zeit* (Vieweg, Braunschweig, 1961), p.103. 又见 M. Born, *Experiment and Theory in Physics* (Cambridge U. P., London, 1943), p.23。

② M. Born, "Quantemechanik der Stossvorgänge", *Z. Physik* **38**, 803—827 (1926), "Zur Wellenmechanik der Stossvorgänge", *Göttinger Nachrichten* **1926**, 146—160; 重印于 *Ausgewählte Abhandlungen*, Vol. 2, pp. 233—257, 284—298, Dokumente der Naturwissenschaft, Vol. 1, pp. 53—77, 78—92; G. Ludwig, *Wellenmechanik*, pp. 237—259; 英译文 "Quantum mechanics of collision proeasses", 收进 G. Ludwig, *Wave Mechanics*, pp.206—225。

$$\psi_{nE}^{(1)}(x,y,z,q) = \sum_m \iint d\omega \psi_{nm}^{(E)}(\alpha,\beta,\gamma)$$

$$\cdot \sin K_{nm}^{(E)}(\alpha x + \beta y + \gamma z + \delta)\psi_n^0(q) \quad (39)$$

其中 $d\omega$ 是分量为 (α,β,γ) 的单位矢量方向上的立体角元,而 $\psi_{nm}^{(E)}$ 则是一个波函数,它决定了 (α,β,γ) 方向上的所谓微分散射截面。

玻恩说,如果上述公式容许一种粒子性诠释的话,那么只有一种可能性,那就是 $\psi_{nm}^{(E)}$(或更恰当地说是 $|\psi_{nm}^{(E)}|^2$,如玻恩在上述初步报告的一条脚注中所补充的)量度了沿 Z 轴方向入射到散射中心的电子被发现散射到 (α,β,γ) 方向上去的几率。鉴于玻恩对 ψ 函数的几率观对于理论的所有各种后来的诠释都至关重要,让我们以初等方法用现代的记号来复述一遍上述分析。

通过假设被散射电子的波函数是时间的周期函数,玻恩就可只限于讨论不依赖于时间的薛定谔方程 $(-\hbar^2/2m)\Delta\psi + V_{(r)}\psi = E\psi$,他求得方程的一个包含有入射平面波 $\psi_0 = \exp(ikz - i\omega t)$ 和向外的散射波 $\psi_s = f(k,\theta)[\exp(ikr - i\omega t)/r]$ 的解。在把 $|f(k,\theta)|^2 d\Omega$ 解释为电子被散射到立体角元 $d\Omega$ 中的几率时,玻恩看出这个结论只不过是下述更普遍的假设的一种特殊情况,即 $\psi^*\psi d\tau$ 量度了在空间体积元 $d\tau$ 中找到粒子的几率,因为这个假设不但对 $\psi = \psi_s$ 证明是成立的,而且对 $\psi = \psi_0$ 也成立,只要对入射波函数进行适当的归一化。因此,玻恩说道,波动力学并不对"碰撞之后的精确状态是什么?"这个问题给出回答,而只是回答了"碰撞后处于某一确定状态的几率是多少?"这一问题。在他更详细地讨论碰撞问题的论文的第一篇中,他对局势是这样描绘的:

"粒子的运动遵循几率定律,但几率本身则按因果律传播"[①]。

玻恩的几率诠释,除了受到了夫兰克的碰撞实验所显示的粒子性的推动之外,如玻恩本人承认的[②],还受到了爱因斯坦对电磁波场同光量子之间关系的看法的影响。玻恩曾一再指出,爱因斯坦把波场看成一种"幻场"[phantom field,德文为 *Gespensterfeld*],它的波以下述方式引导着粒子状的光子沿轨道运动,即波幅的平方(强度)决定光子出现的几率或光子的密度(这二者在统计上是等价的)。事实上,如果我们还记得,根据德布罗意的基本思想,一个频率 $\upsilon=E/h$ 及波长 $\lambda=h/p$ 的通常的平面光波的波函数

$$u(x,t)=\exp\left[2\pi i\upsilon\left(t-\frac{x}{c}\right)\right]=\exp\left[\frac{2\pi i}{h}(Et-px)\right] \quad (40)$$

也代表一个能量为 E 和动量为 p 的粒子的德布罗意波函数,而后者又是薛定谔波动方程

$$\frac{d^{2}\psi}{dx^{2}}+\frac{8\pi^{2}m}{h^{2}}E\psi=0 \quad (41)$$

的本征函数,其中 $E=p^{2}/2m$,我们就会懂得,玻恩的几率诠释归根结蒂不过是爱因斯坦的幻场观念对光子之外的粒子的一种言之成理的套用或更恰当地说是推广。

---

①　德文原文为"Die Bewegung der Partikel folgt Wahrscheinlichkeitsgesetzen, die Wahrscheinlichkeit selbst aber breitet sich im Einklang mit dem Kausalgesetz aus."见 60 页注②文献(p.804)。

②　1962 年 10 月 18 日对玻恩的访问(Archive for the History of Quantum Physics).又见 M. Born,"Albert Einstein und das Lichtquantum", *Die Naturwissenschaften* 11,425—431(1955)。

在刚刚提到的 1955 年（在爱因斯坦去世前三天）发表的演讲中，玻恩明白地声明，他 1926 年用来诠释薛定谔函数的方法，基本上正是爱因斯坦的想法，"而它在适当推广之后，今天已经到处应用了"。因此，玻恩对量子力学的几率诠释正是从爱因斯坦来的，而爱因斯坦后来却成了这种诠释的最雄辩的反对者之一。

早在 1926 年 10 月，玻恩写了一篇论量子力学中的绝热原理的论文[①]，他在文中把他的几率解释推广到任意的量子跃迁。玻恩接受薛定谔的形式体系，但不接受他把这个形式体系诠释为一个"经典意义下的因果性的连续统理论"，玻恩指出，波动力学的表述方式并不见得必然隐含着一种连续统诠释，它完全可以同以分立的量子跃迁（量子性跳变）来描述原子过程的描述方式"掺和"〔Verschmelzt〕起来。这一次，玻恩从含时间的薛定谔方程（1）出发，考虑了下述形式的解

$$\psi(x,t) = \sum_n c_n \psi_n(x)\exp(-i\omega_n t) \tag{42}$$

其中 $\psi_n(x)$ 是对应的不含时间的薛定谔方程的相应于能量 $E_n = \hbar\omega_n$ 的本征函数；并提出了关于这样一个 $\psi(x,t)$ 的物理意义的问题。薛定谔对这个问题的回答是，（42）式中的 ψ 表明单个原子的状态是同时作许多固有振动。玻恩否定了这个答案，他所根据的理由是，在一次电离过程中，即在从分立谱的一个态到连续谱的一个态的一次跃迁中，威尔逊云室中的可见径迹清晰地显示了终态

42

---

① M. Born, "Das Adiabatenprinzip in der Quantenmechanik", *Z. Physik* **40**, 167—192(1926)；收入 *Ausgewählte Abhandlungen*, Vol.2, pp.258—283；又 *Dokumente der Naturwissenschaft*, Vol.1, pp.93—118。

或"轨道"的单一性。

因此玻恩得出结论:同玻尔的原子模型相一致,原子在给定时刻只占据一个定态。于是他把(42)式中的 $|c_n|^2$ 解释为发现原子处于由 E_n(或简单地由 n)表征的态的几率。此外,若原来处于状态 $\psi_n \exp(-i\omega_n t)$ 的系统,从 $t = 0$ 到 $t = T$ 受有一外界微扰[äussere Einwirkung]作用,那么在 $t > T$ 这个系统将由波函数

$$\psi_n(x,t) = \sum_m b_{nm}\psi_m \exp(-i\omega_m t) \tag{43}$$

描述,并且 $|b_{nm}|^2$ 是从状态 n 跃迁到状态 m 的几率。"因此",玻恩继续写道,"单次过程,即'量子性跳变',并不是因果地决定的,这同它发生的先验几率适成对照;这个几率可以通过积分薛定谔的微分方程(它和经典力学中相应的方程完全类似)来确定,从而使被一有限的短暂时间间隔分隔开的两个定态时间区间发生联系。因此这种跳变是跨越一个巨大的深渊[der Sprung geht also über einen beträchtlichen Abgrund];跃迁中所发生的一切,在玻尔理论的概念框架中实在是无法描述的,不但如此,也许任何一种语言都不适于它的形象化描绘"。最后(但在我们现在的讨论中这只是次要的)玻恩证明,对于无限缓慢的微扰,跃迁几率趋于零,因而证明了绝热定理对量子力学也成立。

总结一下玻恩原始的对 ψ 函数的几率诠释,那就是: $|\psi|^2 d\tau$ 量度了在微元体积 $d\tau$ 中找到粒子的几率密度,而粒子则被设想为古典意义下的质点,它在每一时刻既具有确定的位置,又具有确定的动量。同薛定谔的观点相反,ψ 既不代表物理系统,也不代表该系统的任何物理属性,而只表示我们关于后者的知识。

玻恩的诠释容易对付薛定谔的诠释所遇到的五个困难。ψ 函数的弥散和多维性并不构成严重的障碍,因为 ψ 本身并不代表某种物理上实在的东西;振幅为复数的问题,通过只赋予它的绝对值平方(总是一个正实数)以意义而得到解决;ψ 在一次测量的不连续变化(或"波包收缩"),并不像在薛定谔理论中那样意味着一个散布得很宽的波的突然崩溃,而只意味在我们得知测量结果的瞬刻所发生的我们对物理情态的知识的变化;最后,ψ 函数对于用来构成它的变数选择的依赖性,或简言之 ψ 的表象依赖性,应该是预料之中的,因为从"位置表象"所得到的关于位置的知识自然应当同从"动量表象"(动量空间中的 ψ 函数)所得到的关于动量的知识不同。

玻恩的诠释最早的成功,是在这个解释所由产出并且应用得最自然的领域中赢得的,即在原子散射问题中。还在 1926 年秋天,温泽尔[1]就把玻恩近似方法应用到一带电散射中心对带电粒子的散射上,在波动力学框架内导出了实验已很好地证明了的卢瑟福散射公式。玻恩的诠释也帮助了法克森与霍尔茨马克[2]、莫特[3]及贝特[4]等

① G. Wentzel, "Zwei Bermerkungen über die Streuung Korpuskularer Strahlen als Beugungserscheinung", *Z. Physik* **40**, 590—593(1926).

② H. Faxén and J. Holtsmark, "Beitrag zur Theorie des Durchgange langsamer Elektronen durch Gase", *Z. Physik* **45**, 307—324(1927).

③ N. F. Mott, "The solution of the wave equation for the Scattering of particles by a Coulombian centre of field," *Proceedings of the Royal Society of London A*, **118**, 542—549(1928).

④ H. Bethe, "Zur Theorie des Durchgangs schneller Korpuskularstrahlen durch Materie", *Ann. Physik* **5**, 325—400(1930).

人对慢速粒子和快速粒子通过物质问题的研究,在这一研究过程中,神秘的冉邵尔-汤森[Ramsauer-Townsend]效应在波动力学的基础上得到了充分说明。

尽管有这一切成功,玻恩原始的几率诠释用来说明诸如电子衍射之类的衍射现象时,却遭到了令人沮丧的失败。例如,在双缝衍射实验中,玻恩原来的解释意味着,在双缝都打开时,双缝后面的记录屏幕变黑的程度,应当是轮流打开每一狭缝时屏幕的两个单次变黑程度的选加。但是实验事实却是,双缝都打开时的衍射图样中有的区域一点也不变黑,而同样这些区域在只开一缝时却强烈变黑,这就否定了玻恩的几率诠释原来的方案。因为这种双缝实验可以在如此微弱的辐射强度下进行,使得一次只有一个粒子(电子、光子等)通过仪器,于是从数学分析可知,每个粒子所带有的 ψ 波同它自己发生了干涉,而这种数学的干涉通过粒子在屏幕上的物理分布显示出来。因此 ψ 函数必定是某种物理实在的东西,而不只是表示我们对经典意义下的粒子的知识。但是这时上述的五个困难又无法解决。

海森伯立即接受了玻恩的观念,但实际上他认为,鉴于这些 ψ 波是按照薛定谔方程随时间演化并在空间传播的,因此必须把它们不只当作一种数学虚构,而应赋予它们以某种物理实在性。海森伯后来曾写道,他是把这些几率波设想为"亚里士多德哲学中的潜能[δύναμις,拉丁文是 potentia]概念*的一种定量表述。认为事

＊   可参看北京大学哲学系外国哲学史教研室编译:古希腊罗马哲学(生活·读书·新知三联书店,1957),第 266—273 页。——译者注

件并不是被断然决定的,并且认为一件事件发生的潜能或"趋势"有一种实在性——某种中间层次的实在,处于物质的有质的实在与观念或映象的精神的实在之间——这种概念在亚里士多德哲学中起着决定性的作用。在现代量子论中这种概念采取了新的形式:它被定量地表述为几率,并且服从可用数学表示的数学定律"[①]。

2.5 德布罗意的双重解诠释

大约与玻恩提出几率诠释同时,路易·德布罗意发展了他后来所称的"双重解理论"。他关于这个题目的第一篇论文[②]写于1926年夏,这篇文章试图通过把光量子(后来叫作光子)看成一个波场中的奇点,使爱因斯坦的光量子同干涉、衍射等光学现象协调起来。德布罗意论证道,在经典光学中,波动方程

$$\Delta u = \frac{1}{c^2} \frac{\partial^2 u}{\partial t^2} \qquad (44)$$

的解为下述形式的函数:

$$u = a(x, y, z)\exp\{i\omega t - \varphi(x, y, z)\}, \qquad (45)$$

45

---

① W. Heisenberg,"Planck's discovery and the philosophical problems of atomic physics",载于*On Modern Physics*（C. N. Polter,New York；Orion Press,London,1961)",pp.9—10.

② L. de Broglie,"Sui la possibilité de relier les phénomènes d'interference et de diffraction à la théorie des quanta de lumière",*Comptes Rendus* **183**,447—448(1926)；重印在下书中:L. de Broglie *La Physique Quantique Restera-t-elle Indeterministique*?(Gauthier-Villars,Paris,1953),pp.25—27.

它满足由于出现屏幕、小孔或波所遇到的其他障碍物而施加的边界条件；另一方面，在"光量子的新光学"中，波动方程的解应为如下的函数：

$$u = f(x, y, z, t) \exp\{i\omega t - \varphi(x, y, z)\}, \tag{46}$$

其中的位相 φ 与前相同，但 $f(x, y, z, t)$ 具有沿着垂直于相阵面 $\varphi = $ 常数的曲线 n 而运动的"可动奇点"。

德布罗意宣称，"这些奇点就构成了辐射能的量子"。把（45）式和（46）式代入方程（44）中，并分出所得结果的虚部，他得出了以下方程：

$$\frac{2}{a}\frac{da}{dn} = -\Delta\varphi \left/ \frac{\partial\varphi}{\partial n}\right., \tag{47}$$

$$\frac{\partial\varphi}{\partial n}\frac{\partial f}{\partial n} + \frac{1}{2}f\Delta\varphi = -\frac{1}{c^2}\frac{\partial f}{\partial t}, \tag{48}$$

德布罗意推论说，在粒子的位置 M 处商 $f/(\partial f/\partial n)$ 应为零[*]，并且知道光量子在 t 时刻经过 M 点的速度为

$$v = -\left(\frac{\partial f/\partial t}{\partial f/\partial n}\right)_{M,t}, \tag{49}$$

这是因为　　　　　　$df = \dfrac{\partial f}{\partial n}dn + \dfrac{\partial f}{\partial t}dt = 0,$

46　于是他从（48）式得出结论

$$v = c^2\left(\frac{\partial\varphi}{\partial n}\right)_M \tag{50}$$

---

[*]　因为粒子相当于一个奇点，因此接近 M 点时 f 函数将很快增大，设与距 M 点的距离的某一次方成反比 $f \propto n^{-k}$，于是沿此距离上的导数 $\partial f/\partial n$ 将比 f 增加得更快：$\partial f/\partial n \propto n^{-(k+1)}$，因此 $f/(\partial f/\partial n) \to 0$。——译者注

因此 φ 起着速度势的作用,和马德隆的 φ 一样。

曲线 n 或"流线"形成"流管",粒子就在管中向前运动。若令 ρ 代表粒子的密度, σ 代表流管的可变截面积,则沿着给定的一条流管有

$$\rho \upsilon \sigma = 常数 \tag{51}$$

或取对数后求导数,得

$$\frac{1}{\rho}\frac{d\rho}{dn} + \frac{1}{\upsilon}\frac{d\upsilon}{dn} + \frac{1}{\sigma}\frac{d\sigma}{dn} = 0, \tag{52}$$

其中的最后一项 $\left(\dfrac{1}{\sigma}\right)d\sigma/dn$ 是曲面 $\varphi=$ 常数的平均曲率的两倍[①],即 $(\Delta\varphi - \partial^2\varphi/\partial n^2)/(\partial\varphi/\partial n)$,因此,由于(50)式有

$$\frac{1}{\rho}\frac{d\rho}{dn} = -\frac{\Delta\varphi}{\partial\varphi/\partial n}, \tag{53}$$

或由(47)式有

$$\rho = 常数 \cdot a^2 \tag{54}$$

因为经典波动方程的解的振幅的平方量度了辐射的强度,而根据最后这个方程,光量子的密度与强度成正比,因此这个方程就在光的粒子观的基础上为干涉和衍射现象提供了满意的说明。

德布罗意在下一篇文章[②]中把这些考虑套用到薛定谔波函数的解释和粒子的运动上。他说:"在微观力学中如同在光学中一

---

①　例如见 H. Poincaré, *Cours de Physique Mathématique-Capillarité* (G. Carré, Paris, 1895), p.51。

②　L. de Broglie, "La structure de la matière et du rayonnement et la mécanique ondulatoire," *Comptes. Rendus* 184, 273—274 (1927);重印于 67 页注②文献 40 中 (1953, pp.27—29)。

样,波动方程的连续解只提供统计信息;精确的微观描述无疑需要使用奇异解,它们表示了物质与辐射的分立结构。"

1927 年春,德布罗意把这些观念发展成熟,并以他所谓的"双重解理论"[①]的形式表述了这些观念。根据这个理论,波动方程允许有两种不同的解:一个是具有统计意义的连续 ψ 函数,另一个是奇异解,其奇点构成所讨论的物理粒子。

为了顺着德布罗意的思路前进,让我们考虑克莱因-戈登 [Klein-Gordon] 方程

$$\Box \psi = \frac{m^2 c^2}{\hbar^2} \psi , \qquad (55)$$

在 1926 年这个方程刚出现时,曾以为它是描写电子的方程。虽然今天我们知道它只适用于自旋为零的粒子,但为简单起见,我们仍取方程(55)作为波动方程。容易验证,此方程的平面单色波解为

$$\psi = a \exp\left(\frac{i\varphi}{\hbar}\right) , \qquad (56)$$

其中 a 是一个常数并且 $\varphi = Et - pr$。若我们再假定方程(55)另外还有一个奇异波解

$$u = f(x, y, z, t) \exp\left(\frac{i\varphi}{\hbar}\right) \qquad (57)$$

其位相 φ 与(56)中的 φ 相同,则必须满足 $\Box f = 0$。

由于波动方程的洛伦兹不变性,我们可以变换到 f 同 t 无关

---

① L. de Broglie,"La mécanique ondulatoire et la structure atomique de la matière et du rayonnement",Journal de Physique et du Radium **8**,225—241(1927);重印于 67 页注②文献(1953,pp.29—54)。

的参照系,因此 f 必须满足条件 $\Delta f=0$。在这个固有参照系(粒子位于其原点)中,具有球对称性的解显然为

$$f(x_0,y_0,z_0)=\frac{C}{r_0} \qquad (58)$$

其中 $r_0=(x_0^2+y_0^2+z_0^2)^{1/2}$ 为从原点到场点的距离,而

$$u(x_0,y_0,z_0,t_0)=\frac{C}{r_0}\exp\left(\frac{imc^2t_0}{\hbar}\right) \qquad (59)$$

再变换到另一参照系,粒子在这个参照系中以速度 v 沿 z 轴方向运动,我们得

$$u(x,y,z,t)=C\left[x^2+y^2+\frac{(z-vt)}{1-\beta^2}\right]^{-1/2}\exp\left[\frac{i}{\hbar}(Et-pz)\right].$$
$$(60)$$

于是,我们就用 u 的运动奇点描述了粒子。

　　现在,我们可以想象一股由许多这样的粒子组成的粒子流,所有的粒子都以同一速度 v 沿 z 轴运动并由薛定谔解

$$\psi=a\exp(i\varphi/\hbar)$$

描述;对于这样的粒子流可令其空间密度 ρ 等于 ka^2,其中 k 是一个常数。但是,如果我们只考虑单个粒子,而不知道它是在哪条平行于 z 轴的轨道上运动的,也不知道它在哪一时刻通过给定的 z,那么我们可以将在给定的微元体积内找到粒子的几率表示为

$$\rho=a^2=|\psi|^2. \qquad (61)$$

因此一方面连续解 ψ 量度了几率,与玻恩诠释一致;同时奇异解 u 则描绘了粒子本身。

　　德布罗意然后证明,即使假定 u 所满足的波动方程在一小区域内是非线性的(但在围绕此区域的一个小球面 S 上遵从线性方

程),奇异区域的速度 v 等于奇异解 $u=f\exp(i\varphi/\hbar)$ 的位相 $\varphi=\varphi$ (x,y,z,t) 的负梯度除以质量 m。事实上,如果我们把 u 代入 (55),我们得到其虚部为

$$\frac{1}{c^2}\frac{\partial\varphi}{\partial t}\frac{\partial f}{\partial t}-\nabla\varphi\ \nabla f=\frac{1}{2}f\square\varphi. \qquad (62)$$

因为能量是恒定的, $\varphi(x,y,z,t)=Et-\varphi_1(x,y,z)$。在 S 上的一点 M 附近,垂直于 $f=$ 常数的方向*是 $\mathrm{grad}f$,$\mathrm{grad}\varphi_1$ 是奇异区域运动的方向 n,并且 $f/(\partial f/\partial s)=0$。从(62)式或

$$\frac{1}{c^2}E\frac{\partial f}{\partial t}+\frac{\partial\varphi_1}{\partial n}\frac{\partial f}{\partial s}\cos(n,s)=\frac{1}{2}f\square\varphi$$

我们在除以 $\partial f/\partial s$ 之后得到 $f=$ 常数在 s 方向的速度 v_s 为

$$v_s=\frac{c^2}{E}|\mathrm{grad}\ \varphi_1|\cos(n,s), \qquad (63)$$

其中

$$v_s=-\left(\frac{\partial f/\partial t}{\partial f/\partial s}\right)_{M,t.}$$

由于 $v_s=v\cos(n,s)$,最后我们看出奇异区域的速度 v 由下面的式子给出:

$$v=-\mathrm{grad}\ \frac{\varphi}{m}. \qquad (64)$$

式(64)可以看成是经典的哈密顿-雅可毕[Hamilton-Jacobi]理论中熟知的公式 $p=-\mathrm{grad}S$ 在经典力学极限以外的外推,德布罗意称之为"导引公式"[guidance formula]。它使人们得以仅从 ψ 函数导出粒子的轨迹。

---

*　下文中用 s 表示此方向。——译者注

德布罗意证明,上述讨论很容易推广到粒子在一个位势为 U 的静力场中运动的情形。这时导引公式为

$$v = -\frac{c^2}{E-U}\mathrm{grad}\varphi. \tag{65}$$

于是,德布罗意提出了量子力学的一种方案,在这个方案中,粒子被看成是能量在 u 的奇异性区域中的凝聚,它基本上保持了粒子的经典性质。但是和经典粒子不同,它又被一个延伸的 ψ 波所引导,因此远离它的障碍物可以对它产生衍射效应。简而言之,德布罗意把波粒二象性归结为一种波—粒综合:构成物理实在的,不是波或粒子,而是波和粒子!

2.6　后来的半经典诠释

不要以为用流体力学模型来解释量子力学只限于量子理论的早期阶段。作为遵循这条路线的较近的工作的一个例子,我们可以举出布内曼[O. Buneman],他在一系列未发表的论文中以及在五十年代初在剑桥大学的讲课中,提出了关于原子中的电子云和电子本身的流体力学模型。他于 1955 年 6 月在意大利比萨[Pisa]召开的第四十一届全国物理学会议上报告了他最近的连续媒质电动力学理论[①]及他的"等离子体模型"观念,是他的流体力学

───────────

① O. Buneman, "Continuum electrodynamics and its quantization", *Nuovo Cimento*, *Supplement* **4**, 832—834(1956).

诠释的直接发展。但他承认[①]，纯电磁的电子模型，和在十九世纪与二十世纪交替时已被否定了的纯静电模型是同样不能接受的，因为带电荷（或带电流）的物质若无引力或其他外力的话单凭其本身是不能保持在一起的。

马德隆的流体力学模型原来是建立在假定流体只做有势流动的观念之上的，二十世纪五十年代初，日本的高林武彦[②]和巴西的申伯格[③]把它加以推广，他们证明，可以设想量子势 $-(h^2/8\pi^2 m)\Delta\alpha/\alpha$ 是来自流体内的内应力，虽然这种内应力同经典流体力学中的情形相反，与流体密度的微商有关。高林武彦提到了围绕恒速运动的复杂涨落，用以说明量子势的作用是如何使粒子轨道偏离纯经典轨道的；申伯格则基本上为了同一目的而求助于一种湍动媒质。他们引入的这些观念把他们的流体力学模型同以后将要讨论的某几种随机过程诠释联系起来。

玻姆和维日尔[④]所提出的流体力学诠释也有同样的情况。在这个模型中，密度为 $\alpha^2 = |\psi|^2$，局部流速为 grad S/m（S 相当于马德隆的 β 乘以 $h/2\pi$）的一种保守流体的粒子状的不均匀区不断

---

①　巴内曼给本书作者的信，日期为 1970 年 6 月 10 日。

②　T. Takabayasi, "On the formulation of quantum mechanics associated with classical pictures", *Prog. Theore. Phys.* **8**, 143—182(1952); "Remarks on the formulation of quantum mechanics with classical pictures and on relations between linear scalar fields and hydrodynamical fields", 同上，**9**, 187—222(1953)。

③　M. Schönberg, "A non-linear generalization of the Schrödinger and Dirac equations", *Nuovo Cimento* **11**, 674—682(1954); "On the hydrodynamical model of the quantum mechanics", 同上，**12**, 103—133(1954)。

④　D. Bohm and J. P. Vigier, "Model of the causal interpretation of quantum theory in terms of a fluid with irregular fluctuations", *Phys. Rev.* **96**, 208—216(1954)。

受到无规扰动,这种无规扰动来自粒子同一种亚量子媒质的相互作用。由于假设存在这种背景媒质,并且假定它是完全混沌的、在空间无处不在而又不能用实验观察到,玻姆和维日尔便在某种程度上复活了已经信誉扫地的以太观念[①]。也是在 1954 年,夫兰克[②]发表了一篇论流体力学解释的论文,文中一方面强调了这种模型的启发性的优点,另一方面也强调了其概念局限性。

更近一些,匈牙利布达佩斯中央物理研究所的杨诺西及其同事齐格勒对流体力学模型进行了细致的研究,以获得物理上有意义的新成果。他们在一系列文章[③]中证明,可以把流体力学诠释推广到荷电粒子在电磁场作用下运动的情形。

于是,描述一个荷电粒子在由矢量势 A 和标量势 φ 决定的电磁场中的运动的量子力学方程

$$\frac{1}{2m}\left(-i\hbar\,\nabla-\frac{e}{c}A\right)^2\psi+(e\varphi+V)\psi=i\hbar\,\frac{\partial\psi}{\partial t} \tag{66}$$

可以换成流体力学方程组,即连续性方程

---

① 玻姆和维日尔在他们随后的论文"Relativistic hydrodynamics of rotating fluid masses"中[*Phys.Rev.*109,1881—1889(1958)],把他们的方法推广到狄拉克和 Kemmer 波动方程的流体力学诠释,希望借此也为相对论波动方程的因果解释提供一个物理基础。

② H. W. Franke, "Ein Strömungsmodell der Wellenmechanik", *Acta Physica Academiae Scientiarum Hungaricae* **4**,163—172(1954).

③ L. Jánossy, "Zum hydrodynamischen Modell der Quantenmechanik," *Z. Physik* **169**,79—89(1962).L. Jánossy and M. Ziegler, "The hydrodynamical model of wave mechanics", *Acta Physica Academiae Scientiarum Hungaricae* **16**,37—48(1963);345—354(1964);**20**,233—251(1966);**25**,99—109(1968);**26**,223—237(1969);**27**,35—46(1969);**30**,131—137(1971);139—143(1971).

$$\text{div}(\rho v) + \frac{\partial \rho}{\partial t} = 0 \tag{67}$$

及

$$\rho_m \frac{dv}{dt} = -\rho \,\text{grad}(V+Q) + \frac{\rho_e}{c}(v \times H) + \rho_e E \tag{68}$$

其中

$$\rho_m = m\rho, \ \rho_e = e\rho, \ Q = -\frac{\hbar^2}{2m} \frac{\nabla^2 \rho^{1/2}}{\rho^{1/2}} \tag{69}$$

52　（通常把 Q 叫作"量子力学势"，在这里必须把它解释为一种"弹性势"，其梯度引起的内力同外力一起使流体产生加速度）。最后一个方程在外表上显示出洛仑兹力对流体元的作用。

　　杨诺西及其同事们还证明了，如何能够推广流体力学诠释以说明由泡利方程描述的粒子。他们用流体力学变量把泡利方程表示成一个描述在一种弹性媒质中的运动的方程组，然后成功地证明，在波动方程的归一化解同流体力学方程的满足适当的初始条件的解之间存在着一一对应关系。根据这种诠释甚至还能说明自旋-轨道耦合。他们提出，在把这种诠释推广到多体系统上时所出现的那些困难并不是数学性的，而是同尚未解决的物理问题有联系。在他们的全部工作中，都把普朗克常数 $\hbar$ 看成是表征系统的弹性性质的一个常数。把量子力学解释为一种流体力学理论的一种不同的尝试是哈耶斯[①]于 1965 年提出的，最近沃

---

　　① H. P. Harjes, "Versuch einer hydrodynamischen Interpretation der Schrödingertheorie",（汉诺威高等理工学院毕业论文，1965，未发表）。

尔纳[①]也提出了一种属于这一类型的诠释作为基本粒子理论的基础。

最近,密苏里州圣路易城华盛顿大学的杰恩斯(他关于信息论与统计力学之间的联系的开拓性工作很是著名)宣称,半经典诠释,特别是薛定谔的诠释,可能不只对量子力学,而且也对量子电动力学有重大意义。他注意到半经典观念在量子光学当前的实验性工作中(例如在激光器动力学或相干脉冲传播的研究中)所起的重要作用,于是对辐射过程提出一种尝试性的解释[②],而根据通常的(哥本哈根)解释,对辐射过程是不能作任何细致描述的。杰恩斯的从单个非相对论性无自旋氢原子的偶极矩理论出发的"新经典辐射理论",挽救了并进一步加工了薛定谔对波函数的早期解释。此外,杰恩斯还建立了一个完全经典的哈密顿量,由它导出与通常的薛定谔方程完全相同的运动方程,又建立了一个相互作用哈密顿量,它是其变数的二次函数而不是线性函数,从而使原子和场参量地耦合起来,通过这些,杰恩斯证明了作用量守恒。

这个作用量守恒定律对于场和实物之间的能量交换定律是含意深远的,杰恩斯能够证明,它说明了 $E = h\nu$ 这一量子效应。在量子论的早期发展阶段,没有这样一条作用量守恒定律曾大大地妨碍了[③]人们普遍接受普朗克引入的作用量量子 h。杰恩斯的这

53

———————————————

① L. G. Wallner,"Hydrodynamic analogies to quantum mechanica", *Symposium Report*, *International Atomic Energy Agency* (Vienna, 1970), pp.479—480。(提要)

② E. T. Jaynes,"Survey of the present status of neoclassical radiation theory",在第三届 Rochester 相干光学及量子光学会议上的讲演,1972 年 6 月 21 日(预印本)。

③ 见 6 页注①文献(p.24)。

种新经典方法迄今似乎仍只是处于其发展的初始阶段,如果它能在进一步的证据面前生存下去,那么薛定谔对量子力学的半经典诠释完全可能得到比今天更高的尊重。

上述对量子力学形式体系的各种诠释都是试图把量子理论还原为经典物理学,办法是证明(或更恰当地说是试图证明)量子力学的形式体系同经典物理学的某一特定分支的形式体系完全等同,或只是后者的稍做修改的方案。对于薛定谔,这一经典物理学分支是经典的电学理论(以及波动现象是自然界中的基本过程的假设);对于马德隆,它是经典流体力学;对于科恩,则是经典物理学的一种推广后的方案,它包括了量子理论和通常的经典物理学二者,并只做这种程度的修改,使得它不会同经典物理学的已牢固确立的实验验证发生看得出来的矛盾。所有这些尝试和它们后来的各种复苏都是由这个信念推动的:一旦新发现的规律性能够被纳入现有的普遍定律之下,那么也就得到了对新情况的透彻理解。至于起包摄作用的普遍定律不时需要加以推广以在经验上适应新建立的理论,那在理论物理学历史上是司空见惯的事情。

我们可以把薛定谔、马德隆和科恩等人的这种办法简称为还原性诠释,这种诠释为新理论 T 自动提供一幅物理图象或模型 M,它只是简单地把说明物[explicans]的模型照搬到待解释的理论中去。这种推理的基础是下述观念:在形式上满足同样的数学关系的物理实体最终是类同的。这个观念虽然只有一定的启发作用而绝不是一条令人信服的定律,但它却不仅使理论物理学的一些表面上风马牛不相及的分支得到了概念上的统一,而且还打开了物理知识的新前景。事实上,量子理论本身就要大大归功于这个观念。仅举一例：爱因斯坦的光子观念，就是受到辐射场的熵和理想气体的熵二者的公式在数学上等同的启发而提出来的[①]。

数学关系之间的形式上的等同就意味着其中所包含的物理实体的等同——这是今天的基本粒子理论中常用的一种假设——这种观点同现代物理学的精神是协调的，根据这种精神，不是一个物理实体的本性决定它的行为，而是它的行为决定了它的本性。由于它的"行为"是由它所满足的数学方程来表示的，因此就必须认为，满足相同的形式体系的物理实体本身就是相同的，这个结果使得从古希腊人（柏拉图）开始的物理学的数学化在逻辑上宣告完成。

也许有人要提出争议：如果按照这种观点，那么诸如薛定谔和马德隆提出的各种诠释最终都应当是等同的了或至少等价，因为它们涉及的是同一数学关系（薛定谔方程）。但是，尽管有某些相似之处（由于它们有共同的出发点）例如连续性方程或守恒方程，还是必须认为这些诠释是根本不同的：按照薛定谔，是 ψ 本身而且只有 ψ 具有物理实在性，而按照马德隆，α 和 β 二者都具有物理实在性。

①　同 6 页注①文献(pp.28—30)。

第三章　测不准关系

3.1　测不准关系的早期历史

1926年夏末,薛定谔应索末菲[Sommerfeld]之邀在慕尼黑就他的新波动力学作了一次讲学。薛定谔对氢原子问题的优雅处理,同泡利求得的矩阵力学解①相比之下,显示了波动力学相对于矩阵力学的优越性,因此薛定谔对波动力学形式体系的诠释也被慕尼黑讲习班的绝大多数参加者赞同地接受了。海森伯的反对意见(例如说普朗克的基本辐射定律在薛定谔诠释的框架内完全不能理解)被认为是夸夸其谈:例如,举一个典型的反应,慕尼黑实验物理研究所所长维恩[W. Wien]就驳斥海森伯的批评说,既然薛定谔已经证明了"量子跳变"是无稽之谈,从而宣告了建立在这种观念的基础上的理论的末日,那么用波动力学来解决所有遗留下来的问题,也就只是时间问题了。

会后不久,海森伯写信给玻尔谈到了薛定谔的演讲。可能是

---

① W. Pauli, "Über das Wasserstoffspektrum vom Standpunkt der neuen Quantenmechanik," *Z. Physik* **36**, 336—363(1926).

这封信①的内容促使玻尔邀请薛定谔到哥本哈根去度过一两个星期,以讨论量子力学的诠释。正是薛定谔 1926 年 9 月对玻尔的研究所的访问,促进了(至少是间接地)最后导致玻尔宣布互补诠释的发展过程。

当时,玻恩关于绝热原理的论文②尚未发表,在这篇文章里他通过他的统计诠释成功地把薛定谔为一方、玻尔和海森伯为另一方的对立意见在一定程度上"掺和"(用他自己的说法)起来。虽然人们对薛定谔关于波动力学同矩阵力学之间的形式等价性的证明已经知道了六个月了,但是在作为这两种相互竞争的表述方式的基础的概念诠释之间的鸿沟上,还远没有架上桥梁。事实上,正是在薛定谔访问哥本哈根期间,意见对立公开化了,并且显得是不可调和的。最生动地反映了他们之间观点交锋的情况的,莫过于海森伯报导的这件事③了:在争论结束时薛定谔嚷道:"如果真有这些该死的量子跳变[*verdammte Quantenspringerei*],我真后悔不该卷入到量子理论中来",而对此玻尔却回答说:"但是我们旁人都极为感激你曾经卷入过,因为你为发展这个理论作了这样大的贡献。"

虽然薛定谔未能说服玻尔和不久前到达哥本哈根的海森伯,但是玻尔-薛定谔论战却激起了一直持续到薛定谔离开哥本哈根以后很久的热烈讨论。事实上,这场论战的结果是,玻尔和海森伯

57

---

①　见 W. Heisenberg,36 页注①文献(1969,p.105;1971,p.73)。

②　见 63 页注①文献。

③　W. Heisenberg,"The development of the interpretation of the quantum theory",收入文集 *Niels Bohr and the Development of Physics*,W. Pauli,ed..(Pergamon Press,Oxford,1955),pp.12—29;德译文 *Physikalische Blätter* **12**,289—304(1956).36 页注①文献(1969,p.108;1971,p.75)。

固然坚信薛定谔的观念是靠不住的,但也使他们感到,需要进一步澄清他们所设想的量子力学同经验资料之间的关系。

他们从一个看来最简单的观察现象出发,试图分析根据他们的理论如何来说明威尔逊云室中所观察到的电子的径迹。在矩阵力学中,一个电子的"径迹"或"轨道"的概念是没有直接定义的,而在波动力学中任何波包在运动中都会很快弥散到与这种"径迹"的横向大小不相容的程度。在 1927 年 2 月玻尔离开研究所去度一短暂假期的期间,海森伯一直在考虑这个困难,他看不到有任何摆脱这个困境的办法,而被迫得出结论说,这个问题的提法本身就必须修改。一方面,他发现量子力学的数学形式体系是如此成功,不能废除,另一方面他又观察到威尔逊云室中粒子的"径迹"。但是怎样把这二者联系起来呢? 正是在这个问题上,他想起了 1926 年春天他对柏林物理讨论会的讲演和会后同爱因斯坦就物理学中"观察"的意义进行的谈话①。爱因斯坦曾说过:"是理论决定我们能够观察什么"②。海森伯现在感到,问题的解决就在这句话中。因为,如果能够证明,理论否定了粒子的轨迹(位置及动量)的严格的可观察性,而是认为,威尔孙云室中"观察到"的现象只是由凝结的小水滴所表征的不精确位置所组成的一个不连续的序列,那么在数学形式体系与观察经验之间就可以建立起协调一致的联系。

---

① 详细情况见 W. Heisenberg,"Die Quantenmechanik und ein Gespräch mit Einstein",收在 36 页注①文献中(1969,pp.90—100;1971,pp.62—69)。此文的中文译文载于《爱因斯坦文集》第一卷(许良英等译,商务印书馆,1977),第 210—217 页,题目改为"关于量子力学的哲学背景同海森伯的谈话(报道)"。

② 德文原话是"Erst die Theorie entscheidet darüber,was man beobachten kann."见 36 页注①文献(1969,p.92;1971,p.63)。

正如他自己在这些日子里的一些话和后来的回忆所充分证实的,海森伯在为仍然神秘的量子力学形式体系寻求一种诠释时,也想起了爱因斯坦对发生在空间不同地点的事件的同时性的分析是如何解决了相对论前的光学同电动力学的棘手的矛盾的。海森伯内心渴望,对位置和速度的概念做一番操作分析,或更恰当地说对这两个概念进行重新解释,对微观物体的力学会起的作用,将和爱因斯坦关于同时性的分析对高速现象的力学所起的作用一样。正如在引入适当的对钟方法之前谈论两个不同地点的事件的同时性是毫无意义的一样,海森伯说,"谈论具有一个确定速度的粒子的位置是没有意义的"。并且的确,他关于测不准关系的历史性论文①是以这样的话开始的:"如果谁想要阐明'一个物体的位置'。[*Ort des Gegenstandes*]例如一个电子的位置这个短语的意义,那么他就得描述一个能够测量'电子的位置'的实验;否则这个短语就根本没有意义。"

虽然把海森伯划为一个纯粹的操作论者*还轻率②了些,因为

---

① 51 页注①文献。

* 操作论[operationalism],现代西方哲学流派之一,由美国物理学家布里吉曼[P. W. Bridgman;1882—1961]创立,它是经验论和实证论相结合的产物,它认为任何概念无非是一套操作,"概念同与其相应的一套操作是同义语"。狭义的操作指物理操作,如测量、实验等;广义的操作则包括思维、讨论、演算。这种把真理的标准归结为实验、演算手续的主观唯心论说法,在西方物理学家中很盛行。——译者注。

② 甚至在同情实证论的布里吉曼看来,海森伯的显然属于操作论和实证论的言论也只是"对矩阵力学的成功所作的一种哲学解释,而不是……理论的陈述的一个不可分的部分"。见 P. W. Bridgman, *The Nature of Physical Theory* (Dover, New York,1936),p.65。但另一方面,索末菲却在海森伯身上看到了马赫的一个忠实信徒。见 A. Sommerfeld, "Einige grundsätzliche Bemerkungen zur Wellenmechanik", *Physikalische Zeitschrift* 30,866—871(1929),特别是 p.866。

他完全同意爱因斯坦的这种意见,即什么东西可以观察到或观察不到最终是由理论决定的,但是很容易把他的论文解释成企图把量子力学建立在对可测量性的操作限制的基础上的一种尝试。论文前面的提要强烈支持这个看法。在谈到如位置同动量或能量同时间这些正则共轭量的测不准关系时,海森伯说道:"这种不确定性正是量子力学中出现统计关系的根本原因"[1]。

在 1929 年发表的一篇关于 1918 年到 1928 年期间量子理论发展的综述[2]中,海森伯宣称,测不准关系,就它们仅仅只表示粒子理论的概念的可用性的极限而言,是不足以成为形式体系的一种诠释的。"相反,正如玻尔已证明的那样,应当同时依靠粒子图象和波动图象,这才是在一切情况下确定经典概念的可用性的极限的一个必要而且充分的办法"[3]。

但是对于那些对认识论的微妙差别并不特别感兴趣的物理学家来说,把海森伯关系当作量子力学的一种操作基础是诱人的和有说服力的,正如不可能制造出(第一类)永动机可以而且也的确被当作唯能说的基础、不可能检测出以太漂移被当作狭义相对论的基础一样。这就难怪早在 1927 年 7 月,肯纳德就在一篇评述性论文[4]中把海森伯关系称为"新理论的核心"。

---

[1]　见 51 页注[1]文献(p.172)。

[2]　W. Heisenberg, "Die Entwicklung der Quantentheorie 1918—1928", *Die Naturwissenschaften* **17**, 490—496 (1920).

[3]　同上 p.494。

[4]　E. H. Kennard, "Zur Quantenmechanik einfacher Bewegungstypen", *Z. Physik* **44**, 326—352 (1927), 引文在 p.337 上。

泡利在他的著名的《物理大全》论文①中是从叙述海森伯关系出发来阐述量子理论的,并且由于他的原故,韦尔关于群论和量子力学的书②(其第一版出版于 1928 年)也把这些关系当作整个理论的逻辑结构整体的一个组成部分。从那以后,许多量子力学教科书的作者,例如马奇[March](1931)、克拉默斯[Kramers](1937)、达什曼[Dushman](1938)、朗道和里夫席兹[Ландау и Лифшип](1947)、希夫[Schiff](1949)以及玻姆[Bohm](1951)都采用了同样的办法。

但是在 1984 年,波普尔③对于海森伯关系在逻辑上应当先于理论的其他原理的主张(这个主张以所谓理论的统计特征来自于这些不确定性的说法为理由)提出了诘难。波普尔反对对测不准公式同理论的统计或几率诠释之间的关系作这种分析,他指出,我们能够从薛定谔波动方程(对它应该作统计诠释)导出海森伯公式,但不能从海森伯公式导出薛定谔方程。如果我们对这种推导次序作了应有的考虑,那么就必须修正对海森伯公式的解释。

---

①　W. Pauli,"Die allegemeinen Prinzipien der Wellenmechanik", *Handbuch der Physik* (H. Geiger and K. Scheel),第二版,Vol.24(Springer,Berlin,1933),pp.83—272;这篇论文除了最后几小节外重印在新版的《物理大全》中:*Handbuch der Physik* (*Encyclopedia of Physics*)(S. Flügge),Vol.5(Springer,Berlin,Göttingen,Heidelberg. 1958),pp.1—168.泡利的下述论文包含有关于旧量子论的有价值的信息:W. Pauli, "Quantentheorie", *Handbuch der Physik* (H. Geiger and K. Scheel),第一版,Vol.23 (Springer,Berlin,1926),pp.1—278。

②　H. Weyl,*Gruppentheorie und Quantenmechanik* (Hirzel,Leipzig,1928);英译本 *The Theory of Groups and Quantummechanics* (Methuen,London,1931;Dover, New York,1950)。

③　K. Popper,*Logik der Forschung* (Springer,Wien,1935);英译本 *The Logic of Scientific Discovery* (Basic Books,New York,1959),p.223。

　　我们要到后面的一节中再来讨论别种诠释——特别是波普尔提出的统计再诠释,根据这种再诠释,海森伯公式仅仅表示所包含的参量之间的统计散布关系。但是我们要指出,波普尔的批评并不是针对玻尔的,玻尔从来不把海森伯关系当作理论的逻辑基础,也不把它同将在下一章讨论的互补原理等同起来。我们认为,把互补性和测不准性视为一谈,这从历史上讲是错误的。例如,福克(他认为互补性是"量子力学整体的一个组成部分"和"一个已经牢固确立的客观存在的自然规律")的下述说法就错了,他说:"互补性这个术语,最初是用来表示由测不准关系所直接引起的那种情况。互补性是关于坐标和动量测量中的测不准性的……并且'互补原理'这个术语被理解为海森伯关系的同义语。[①]

　　的确,互补性和海森伯不确定性这两个术语常常被当成是同义的。举个例子,瑟伯和汤斯在1960年纽约量子电子学讨论会上宣读的一篇论文[②]中,谈到了"由互补性引起的对电磁放大作用的限制",实际上他们指的是电磁波中位相 φ 同光子数 n 之间的测不准关系,即关系式 $\Delta\varphi\Delta n\geqslant\dfrac{1}{2}$,它决定了一个微波激射放大器性能的极限。互补性和海森伯测不准性肯定不是同义的,这可以从下述简单事实得出:我们即将看到,海森伯测不准关系是量子力学形式体

---

　　① В.А. Фок,"Критика взглядов Бора на квантовую механику",УФН **45**,3—14(1951);德译文:V. A. Fock,*Sowjetwissenschaft* **5**,123—132(1952);(修订稿)*Czechoslovak Journal of Physics* 5,436—448(1955).

　　② A. Serber and C. H. Townes,"Limits on electromagnetic amplification due to complementarity",*Quantum Electronics—A Symposium* (Columbia U. P.,New York,1960),pp.233—255.

系的一个直接数学结论,更精确地说,是狄拉克-约尔丹变换理论的一个结论,而互补性却是加在形式体系上的一种外来诠释。事实上,完全不依靠互补性,也可以得到包括海森伯关系在内的量子力学形式体系的逻辑一贯的诠释,而且已经得到了这样的诠释。

61

3.2 海森伯的推理

在说了这些题外的话之后,让我们回到海森伯关系的概念起源上来。海森伯在 1927 年所面对的问题是双重的:(1)形式体系容许一个粒子的位置和速度在一给定时刻只能以有限的精确度被确定这一事实吗?[①] (2)如果理论承认这样的不精确性,那么它同实验测量中可以获得的最佳精确度是相容的吗?

在讨论海森伯对这些问题的回答之前,让我们对术语的使用作以下的说明。海森伯在这些考虑中所用的术语是 *Ungenawigkeit*(不精确,不精密)或 *Genauigkeit*(精密,精密度)。事实上,在他的经典性论文(译者按即文献 2—20)中这些术语(不包括形容词 *genau*)出现了 30 次以上,而术语 *Unbestimmtheit*(测不准)只出现两次,*Unsicherheit*(不确定)只出现三次。有意义的是,最后一个术语,除了一处例外(p.186),只用于文后的附记中,而这个附记

---

① 为了历史的准确,应当说明,狄拉克在 1926 年秋已提出了同样的问题。他在论文"The Physical interpretation of the quantum dynamics"[*Proceedings of the Royal Society A* 113,621—641(1926),1926 年 12 月 2 日收到]中,先于海森伯写道(p.623):"我们在量子理论的基础上不能回答任何关于 p 和 q 二者的数值的问题"。

是在玻尔的影响下写的。一般说来,我们将遵循以下的术语用法:

1. 如果强调的是对可观察量取值的(主观)知识的缺乏,我们将使用不确定(*uncertainty*)这个术语,与海森伯的用法[①]相一致,

2. 如果强调的是可观察量的精确值假定在客观上(即与观察者无关地)不存在,我们将使用无定值(*indeterminateness*)[②]这个术语,

3. 如果对哪一方面都不强调,我们将使用测不准(*indeterminacy*)作为一个中性术语[*]。

62

[①]　见 W. Heisenberg, *Die physikalischen Prinzipien der Quantentheorie*(Hirzel, Leipzig, 1930), p.15;英译本 *The Physical Pinciples of the Quantum Theory*(University of Chicago Press, Chicago, 1930; Dover, New York,无出版日期), p.20;意大利文本(1948);法文本(1957,1972);俄文本(1932)。

[②]　见 D. Bohm, *Causality and Chance in Modern Physics*(Routledge and Kegan Paul, London, 1957), p.85 上脚注;俄译本(1959);中译本:现代物理学中的因果性与机遇(秦克诚、洪定国译,商务印书馆,1965),第 101 页脚注。

[*]　下面就本书对这几个术语的译法和用法做一说明。作者所列的三个术语中,uncertainty 与 indeterminacy 是比较常用的,uncertainty 尤为常用,海森伯关系一般英文量子力学教科书都作 uncertainty relations,只有本书与上述 Bohm 的书作 indeterminacy relations。这些词在中文中的译法有一个演变过程。上世纪 60—70 年代,都把它们译为"测不准",例如 1975 年科学出版社出版的《英汉物理学词汇》,就将 uncertainty principle 与 indeterminate principle 不加区别都译为"测不准原理"。但是 1988 年全国自然科学名词审定委员会公布的《物理学名词(基础物理学部分)》(科学出版社)中,则 uncertainty principle(relation)可译为"不确定原理(关系)",也可译为"测不准原理(关系)"。而 2002 年赵凯华先生主编的《英汉物理学词汇》(北京大学出版社)中,则将 uncertainty 与 indeterminate 二者都译为"不确定"。1987 年出版的《中国大百科全书·物理学卷》中,uncertainty relation 译为"测不准关系";而 2009 年出版的《中国大百科全书·物理学》第二版,则主译为"不确定度关系",也译为"测不准关系"。本书中,凡是 uncertain 都译为"不确定",indeterminacy 译为"测不准"(并不强调其操作意义)。即依照上述规定。——译者注

为了回答上述问题 1,海森伯[①]引用狄拉克–约尔丹变换理论如下。对于位置坐标 q 的一个高斯分布,态函数或海森伯所称的"几率振幅"由下式给出:

$$\psi(q) = 常数 \cdot \exp\left[\frac{-q^2}{2(\delta q)^2}\right],$$

其中 δq 是高斯凸包的半宽度,根据玻恩的几率诠释,它表示一个距离的范围,粒子几乎肯定处于此范围中,因而表示位置的测不准量($\delta q = \sqrt{2}\Delta q$,$\Delta q$ 为标准偏差)。按照变换理论,动量分布应为 $|\varphi(p)|^2$,其中 $\varphi(p)$ 通过傅立叶变换得出:

$$\varphi(p) = \int_{-\infty}^{\infty} \exp\left(\frac{-2\pi i p q}{h}\right)\psi(q)dq$$

或

$$\varphi(p) = \int_{-\infty}^{\infty} \exp\left[-\frac{1}{2}\left(\frac{q}{\delta q} + \frac{2\pi i p \delta q}{h}\right)^2\right]$$
$$\cdot \exp\left(\frac{-2\pi^2 p^2 (\delta q)^2}{h^2}\right)dq.$$

令

$$\frac{q}{\delta q} + \frac{2\pi i p \delta q}{h} = y$$

并积分,海森伯得到

$$\varphi(p) = 常数 \cdot \exp\left(\frac{-2\pi^2 p^2 (\delta q)^2}{h^2}\right),$$

它表明动量的测不准量为

$$\delta p = \frac{h/2\pi}{\delta q}.$$

因此

---

① 见 51 页注①文献(p.175)。

$$\delta q \delta p = \frac{h}{2\pi}$$

或

$$\Delta q \Delta p = \frac{h}{4\pi}. \tag{1}$$

为了回答上述问题 2,海森伯问道,对测量过程本身的仔细考察,是否并不导致违犯关系式(1)所施加的限制的结果;为此,海森伯分析了后来所称的"γ 射线显微镜实验"。他在这里的出发点是操作论的观点:一个科学概念是经过精炼后的一套操作规则,它的意义归根结底是观察者的各种感觉印象之间的一种确定的关系。因为他说,要理解一个粒子例如一个电子的"地点"或"位置"这个概念的意义,就必须提出一个决定"位置"的确定的实验;否则这个概念就没有意义。例如,我们可以对电子进行照明并在显微镜下观察它。因为根据关于分辨率的光学定律,辐射(照明)的波长越短则精密度越高,因此 γ 射线显微镜可以得到确定位置的最高的精密度。但是,这一测量程序中涉及康普顿效应。"在位置被测定的那一瞬刻[im Augenblick der Ortsbestimmung],即当光量子正被电子偏转时,电子的动量发生一个不连续的[unstetig]变化。光的波长越短,即位置测定得越精确,电子动量的变化就越大。因此,在确知电子位置的瞬刻[in dem Augenblick, in dem der Ort des Elektrons bekannt ist],关于它的动量我们就只能知道到相应于其不连续变化的大小的程度。于是,位置测定得越准确,动量的测定就越不准确,反之亦然"。[also jegenauer der Ort bestimmt *ist，desto ungenauer ist der Impuls bekannt und umgekehrt*][①]

海森伯还通过对确定原子磁矩的斯特恩-格拉赫[Stern-Gerlach]实验的分析证明，原子穿过偏转场所费的时间 Δt 越长，能量测量中的不确定性 ΔE 就越小。若我们要测量某几个定态的能量，那么因为偏转力的位能 E 在原子束的宽度 d 内的变化不允许大于这些定态的能量差 ΔE，所以偏转力之最大值为 $\Delta E/d$，于是动量为 p 的原子束的角偏转 φ 由 $\Delta E\Delta t/pd$ 给出。但是，因为 φ 至少必须等于决定原子束宽度 d 的狭缝所引起的自然衍射角 λ/d，其中按照德布罗意关系 $\lambda=h/p$，于是海森伯得到结论：

$$\lambda/d = h/pd \lesssim \Delta E\Delta t/pd$$

或

$$\Delta E\Delta t \gtrsim h. \tag{2}$$

海森伯说，"这个方程表明，能量的准确测定如何只有靠相应的对时间的测不准量才能得到"。

我们从以上对海森伯的论据的几乎逐字照抄的介绍中可以看到，他的论点是把这些测不准量解释为属于单个粒子(样品)的，而不是作为测量一个粒子系综各成员的位置或动量时所得结果的一个统计散布。而且，海森伯把事情归因于康普顿效应引起的动量的不连续变化，这并未对他的论点提供充分的论证。因为，正如玻尔在阅读海森伯的论文的草稿时指出的，必须考虑显微镜的有限孔径。的确，在论文的附记中海森伯接受了玻尔的批评，他写道，

------

① 见 51 页注①文献(p.175)。

玻尔使他注意到他忽略了"本质之点",例如显微镜下"光束的必要的发散","因为只是由于这种发散,在观察电子位置时,才会只以一定的不确定性得知康普顿反冲电子的方向,这种不确定性直接导致关系式(1)"。

事实上,对 γ 射线显微镜实验的圆满的分析,应当从阿贝[Abbe]光学衍射理论的下述定理出发:显微镜的分辨本领的表示式为 λ/2sinε(在空气中),其中 λ 为所用的光的波长,2ε 为透镜的直径在物点所张的角。因此任何位置测量都包含有物平面的 x 方向上的一个不确定量

$$\Delta x = \frac{\lambda}{2\varepsilon}. \qquad (3)$$

65 若一个波长为 λ 从而动量为 h/λ 的光子沿 x 轴射到一个电子处,电子在 x 方向的动量分量为 p_x,则在碰撞前之总动量为 $\pi=(h/\lambda)+p_x$。对于用显微镜能观察到的电子,光量子必须被散射到角度 2ε 之内,即 PA 与 PB(极端向前散射与极端向后散射,见图 1)之间的某个方向,其波长由于康普顿效应相应地在 λ′ 与 λ″ 之间。因此,被

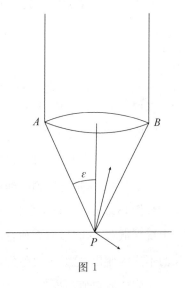

图 1

散射的光量子的动量 x 分量处于 $-h\sin\varepsilon/\lambda'$ 与 $+h\sin\varepsilon/\lambda''$ 之间。如果用 p'_x 和 p''_x 相应表示在这两种极端的散射情况下电子动量的 x 分量,那么动量守恒就要求

$$p'_x - \frac{h\sin\varepsilon}{\lambda'} = \pi = p''_x + \frac{h\sin\varepsilon}{\lambda''}$$

或

$$p'_x - p''_x = \Delta p_x = \frac{2h\sin\varepsilon}{\lambda} \tag{4}$$

其中用 λ 代替了 λ' 和 λ''，因为我们只对数量级感兴趣。由于无法——这是整个事情的关键——精密判明光量子究竟是被散射到角 2ε 内的哪个方向，碰撞后电子动量的 x 分量的不确定性不能更小了，这个 Δp_x 和 Δx 一起，使得不能对碰撞后（换句话说测量之后）的粒子轨道作任何准确的确定或预言。显然，$\Delta x \Delta p \sim h$。

虽然玻尔接受海森伯的论文的结论，但他并不同意这篇文章的推理的总的倾向。事实上，他甚至试图劝阻海森伯不要发表这篇论文，至少不以它本来的形式发表。争论是相当尖锐而且"很不愉快的"。海森伯说："我记得这场争论以我迸出眼泪而告终，因为我受不了玻尔的这种压力"[①]。争论之点并不是关于结论，即并不是关于测不准关系的有效性，而是关于建立测不准关系的概念基础。

海森伯把测不准性看作是对经典概念（例如位置或动量）在微观物理学现象上的适用性的限制，对测不准性的这种看法同玻尔的观点是不一致的，照玻尔看来，测不准性并不标志着粒子物理学的语言或者波动物理学的语言的不适用，而是标志着不能同时使用两种表达方式，尽管只有它们二者兼用才能对物理现象提供充

66

---

① 1963 年 2 月 25 日对海森伯的访问，*Archive for the History of Quantum Physics*。

分的描述。对海森伯来说,或者用粒子物理学的术语,或者用波动物理学的术语表述,测不准性的原因都是不连续性;而对玻尔来说,这个原因则是波粒二象性。"那才是整个事情的核心",玻尔坚持说,"为了理解整个事情,我们必须从那个侧面出发"。而海森伯对此却反驳道:"啊,我们已经有了一个贯彻一致的数学方案,这个贯彻一致的数学方案已把能观察到的一切告诉了我们。在自然界中没有什么东西是这个数学方案所不能描述的"。

但是,这样的论据并不能引起玻尔的共鸣,对于玻尔来说,"数学明晰性本身根本没有什么价值",并且"完备的物理解释应当绝对地高于数学形式体系"[①]。玻尔说,数学并不能证明任何物理真理,它只能表明一个形式体系的逻辑一贯性以及它适用于表示物理数据之间的关系的能力。

但是,数学形式体系在量子理论中的作用还并不是他们的主要分歧。争论的焦点可以用下面的说明来澄清。当读者已注意到,在从分析海森伯的思想实验导出测不准关系的推导过程中,利用了爱因斯坦–德布罗意关系式 $\lambda = h/p$ 或 $v = E/h$。这些关系式显然把波动属性同粒子属性联系起来,因而表示了波粒二象性。事实上,每一种从分析思想实验出发来导出海森伯关系的推导方法,都必须在某个地方用到爱因斯坦–德布罗意方程,因为要不然整个推理就停留在经典范围内,于是就得不出测不准关系。

---

①　W. Heisenberg, "Quantum theory and its interpretation", 载于文集 *Nields Bohr—His Life and Work as seen by his Friends and Colleagues*, S. Rozental, ed. (Noth-Holland, Amsterdam; Wiley, New York, 1967), p.98。

为了再一次具体说明这一点,我们来回顾另一个著名的思想实验。设想一个"粒子",原来在 y 方向运动,穿过一个宽度为 Δx 的狭缝,因此其位置在 x 方向的不确定度为 Δx(图 2)。到

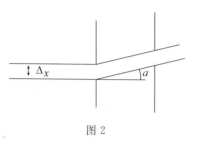

图 2

此为止只用到了经典粒子力学的术语;但是,只要一提到在狭缝后面发生的"干涉",就得摆脱这个限制。从波动光学得知,干涉图样的第一极小值所在的角度 α 由 $\sin\alpha = \lambda/2\Delta x$ 给出,其中 λ 为所用的波长。因为 $\sin\alpha = \Delta p/p$ 及 $\lambda = h/p$,这里又明显应用了爱因斯坦-德布罗意方程,于是就得出了海森伯公式 $\Delta x\Delta p \approx h$。

在海森伯关系的推导中必不可少地要用到爱因斯坦-德布罗意方程,这在玻尔看来正表明整个理论的终极基础乃是波粒二象性,或更一般地说,乃是对物理现象的两种互不相容的描述的必要性。反之,认定测不准关系是数学形式体系的逻辑推论的海森伯,却并不以为波粒二象性是理论的必要前提。海森伯确信数学方案完全能够预言每一个实验,因此他觉得,是用词语"波动"还是"粒子"来描述实际发生的事情,那是无关紧要的。实际上,如他后来承认的,不久后发表的约尔丹同克莱因以及约尔丹同维格纳的论文[①]使他"非常高兴",这些作者证明了,对一个 n 粒子系统的通常

68

---

① P. Jordan and O. Klein, "Zum Mehrkörperproblem der Quantentheorie", *Z. Physik* 45,751—765 (1927). P. Jordan and E. Wigner, "Über das Paulische Äquivalenzverbot",同上,47,631—651(1928).

的薛定谔理论描述,与对服从费米统计的粒子的二次量子化后的算符描述(1928),这二者之间是等价的,从而表明可以使用粒子或波动这二者之中随便哪一种语言,因而正好印证了海森伯心里的想法:"粒子图像和波动图像只是同一个物理实在的两个不同的侧面"。

从历史观点来看,有趣的是,当时正在哥本哈根并且"经常参加"玻尔同海森伯之间的这些讨论的克莱因,可能正是受到玻尔与海森伯之间这一争论的推动,才去研究导致克莱因-约尔丹-维格纳的结果的问题的。根据约尔丹的说法[1],是泡利的老练的外交手法才防止了玻尔同海森伯之间的一场严重冲突:泡利试图使双方相信,争执只在于 *Rangordnung der Begriffe*[概念的先后次序]。海森伯的出发点是这一说法:"经典物理学中用来描述力学系统的所有概念在原子过程中也可以相仿地加以精确定义",[2]因为定义一个概念意味着规定一套测量该概念所涉及的量的操作过程。

测不准关系所带来的限制并不限制可定义性,因为正则共轭量中的每一个在单独考虑时原则上都可以测量到任意的精确度。而如果必须考虑这种共轭量的同时测量的话,那么,若是我们同意只按测不准关系所容许的程度来定义地点、时间、动量和能量这些量,亦即把它们的可定义性建立在它们的可测量性之上,就可以避免陷入无用的玄想。这种把可定义性归结为可测量性的做法是玻尔所不能接受的。因为,像他后来在谈到正则共轭量时所说的,

---

[1]　1971 年 6 月 28 日在汉堡同约尔丹的谈话。

[2]　见 51 页注①文献(p.179)。

"对这些量的值永远有影响的成反比的不确定性,实质上是能量和动量的变化只能定义到一有限的精确度的结果。"(是"定义"而不是"测量"!)

玻尔的出发点是基本的波粒二象性,这种二象性表现在原子过程的个体性①中,因而引起了一个问题:具有这种二象性本性的物理客体在什么限度内可以用经典概念来描述? 对可测量性的限制证实了对可定义性的限制,但前者并不是后者的逻辑前导。玻尔的立场可以得到下述论据的支持:如前所述,从理想实验导出测不准关系的任何推导方法,亦即对海森伯关于可测量性极限的表述的任何推导方法,都必须依靠爱因斯坦-德布罗意方程,而这一方程又联系了波动描述与粒子描述这两种描述方式的特征,因而隐含地预先假定了波粒二象性。

在海森伯了解了玻尔的论点之后,就达成了一个折衷方案。海森伯把上述附记交给了 *Zeitschrift für Physik* 的编者,在里面宣告说,玻尔的尚未发表的研究工作将导致对本文所得结果的更深刻的看法和重要的改进。海森伯还补充说,玻尔将会详细证明,观测中的测不准量不只是来自于发生了不连续性,而且还与要同时说明在粒子理论与波动理论中所遇到的互相矛盾的经验的要求密切相关。海森伯以如下的话结束:"我非常感谢玻尔教授使我有机会了解并讨论他的新研究工作,这一工作不久即将写成一篇论量子理论的概念结构的短文发表。"②

————————————

① 　个体性(individuality)是玻尔用来表示原子过程中的不连续性的术语,见下章。——译者注

② 　见 51 页注①文献(pp.197—198)。

　　这一段结束语指的当然是玻尔关于互补性的观念,可能就是由于这段话,使得人们常说玻尔是从海森伯关系推出互补性概念的。我们在另一本书中已表明[①],这个说法是错误的,玻尔关于互补性的思想至少可以回溯到 1925 年 7 月,海森伯的工作只是促使他对他的这一思想给出一个贯彻一致的、最后的表述而已。玻尔在 1927 年 9 月发表这些观念之前的一段时期里,心中就已确实被这些观念所占据,这可能至少是他在从 1925 年 7 月到 1927 年 9 月这一段量子力学突飞猛进的时期里,没有发表过一篇科学著作的原因之一。但是在 1927 年初秋,他的互补性观念已经成熟了,并且看来已被海森伯的结果充分证实。如果说,像我们说过的那样,互补原理对于玻尔是最一般性的哲学沉思的结果,从而是一条对科学有着普遍的认识论意义的原理,那么海森伯关系在玻尔看来便是这一原理适用于微观物理学的一个引人注目的数学证明,也是必须应用这个原理来研究微观客体的一个证明。

　　海森伯在他在芝加哥的讲演[②]中,沿用了肯纳德[③]对他自己的推导(见上)的改进,对测不准关系证明如下。(我们把 $h/2\pi$ 缩写为 $\hbar$,$d\psi/dx$ 缩写为 ψ',……,并假定 ψ 已归一化。)从关系式

---

　　① 见 6 页注 ①(pp. 345—352)。又见 K. M. Meyer-Abich, *Korrespondenz, Individualität und Komplementarität* (Steiner, Wiesbaden, 1965)及 G. Holton, "The roots of complementarity", *Daedalus* **99**, 1015—1055(1970),此文重印在下书中: G. Holton, *Thematic Origins of Scientific Thought* (Harvard U. P., Cambridge, Mass., 1973), pp.115—161。

　　② 88 页注①文献。

　　③ 84 页注④文献。

$$\langle x \rangle = \int \psi^* x \psi dx, \langle x^2 \rangle = \int \psi^* x^2 \psi dx, \langle p \rangle = -i\hbar \int \psi^* \psi' dx,$$

$$\langle p^2 \rangle = -\hbar^2 \int \psi^* \psi'' dx, \int \psi^{*\prime} \psi' dx = -\int \psi^* \psi'' dx,$$

$$\int x(\psi^* \psi' + \psi^{*\prime} \psi) dx = -1$$

和不等式 $\quad |\psi' + \alpha x \psi|^2 \geqslant 0 \quad$ （其中 α 是一个任意实常数）

可得

$$\alpha^2 \langle x^2 \rangle + \frac{\langle p^2 \rangle}{\hbar^2} \geqslant \alpha.$$

选 $\alpha = (2\langle x^2 \rangle)^{-1}$ 并在 $(\Delta x)^2 = \langle x^2 \rangle - \langle x \rangle^2 \cdots$ 等式中假定 $\langle x \rangle = \langle p \rangle = 0$，海森伯得出了关系式（1）。

特哈尔和尼科耳[①]认为上述推导"不够严格"，因为 α 的选择是特殊的，并且"选择不同的值时人们所导出的 Δx 与 Δp 之间的关系将和海森伯关系完全不同"。为了严格地得出关系式（1），他们指出，应当取满足 $\alpha^2 (\Delta x)^2 - \alpha + (\Delta p)^2/\hbar^2 \geqslant 0$ 的 $(\Delta x)^2$ 和 $(\Delta p)^2$ 的最小组合，即上式中等号成立时（亦即 $\psi' + \alpha x \psi = 0$ 时）所发生的 $(\Delta x)^2$ 和 $(\Delta p)^2$ 的组合，因为在所有其他情况下事情要更不利一些，因此 $\Delta x \Delta p \geqslant \dfrac{h}{4\pi}$ 普遍成立。戈米德和布拉加雷戈[②]反过来又批评这种推导"不完全令人满意"，他们从上面关于 α 的二次三项式的判别式恒不为正出发推导出（1）式，并且论证说海森

71

---

① D. ter Haar and W. M. Nicol, "Proof of the Heisenberg relations", *Nature* **175**, 1046(1955).

② F. M. Gomide and G. Braga Rego, "On Heisenberg's proof of the uncertainty relations", *Anais da Academia Brasileira de Ciencias* **28**, 179—181(1956).

伯的推导过程"永远成立,与 ψ 的本性无关"。

3.3 后来对测不准关系的推导

康敦[1]研究了海森伯关系是否适用于任何一对非对易算符的问题,他争议说:(1)非对易性并不一定隐含有这种关系,(2)事实上,可以精确知道两个非对易算符的某些同时的值,以及(3)即使算符对易,精确度也可能受到限制。为了证明第一点,康敦考虑角动量分量 L_z 有确定值 $m\hbar$ 的氢原子波函数

$$\psi_{nlm} = R(r)\exp(im\varphi)P_l^m(\cos\theta),$$

因为对这个态 $\Delta Lz = 0$,显然 $\Delta L_x \Delta L_z = 0$,虽然 L_x 和 L_z 并不对易。为了证明上述第二点,康敦选取态 ψ_{n00},这个态的 $L_x = L_y = L_z = 0$,因此也有 $\Delta L_x = \Delta L_y = \Delta L_z = 0$,最后,为了证明第三点,康敦指出,对于 ψ_{n10} 态(即 $L_z = 0$)有 $L_x L_y - L_y L_x = 0$,虽然 $\Delta L_x \neq 0$ 及 $\Delta L_y \neq 0^*$。

在康敦完成他的论文之后五个星期,他在普林斯顿的巴耳末物理实验室的一个同事罗伯逊在一篇短文[2]中,首次普遍地证明,两

---

[1] E. U. Condon, "Remarks on uncertainty principles", *Science* **69**, 573—574 (1929).

* 这里举的例子都是关于特殊的波函数的,两个不对易的算符在特定的态可以同时有确定值。但是,若要两个算符 A、B 具有共同的本征函数完备系,则其充要条件为 A、B 对易。——译者注

[2] H. P. Robertson, "The uncertainty principle", *Phys.Rev.* **34**, 163—164(1929)。罗伯逊当时是韦尔的助教(韦尔在普林斯顿度过了 1928—1929 学年),他把文献 14 中所述的韦尔的专著译成了英文。

个自伴算符 A 和 B 的标准偏差之积绝不会小于它们的对易子 O $=i(AB-BA)$ 的平均的绝对值之半。他的证明已为大多数现代教科书所采用。令 A_1 为 $A_1=A-\langle A\rangle$ 因而标准偏差 ΔA 为 $\langle A_1^2\rangle^{1/3}$（$B_1$ 同样定义），并定义 D 为 $D=A_1+i\lambda B_1$，其中 λ 为一实数，易得

$$0\leqslant\langle D+D\rangle=\lambda^2(\Delta B)^2-\lambda\langle C\rangle+\langle\Delta A\rangle^2.$$

由于这个关于 λ 的二次多项式的判别式不能为正，因此有

$$\Delta A\Delta B\geqslant\frac{1}{2}\,|\langle C\rangle|$$

或

$$\Delta A\Delta B\geqslant\frac{1}{2}\,|\langle AB-BA\rangle|. \tag{5}$$

对于 $A=q$ 和 $B=p$，罗伯逊得到 $C=ih/2\pi$ 从而 $\Delta q\Delta p\geqslant h/4\pi$，同海森伯的结果一致[1]。对于分母中的表面上的不符合（在海森伯的公式中分母为 2π）狄奇本[2]立即作了澄清，他还证明了（与 J. L. 辛格合作）当而且仅当散布是高斯型分布（正如海森伯所

---

[1]　把动量算符作用到它的一个本征函数 $\varphi(p\varphi=b\varphi)$ 上，会引起一个表面上的矛盾：$ih/2\pi=[\varphi,(qp-pq)\varphi]=b(\varphi,q\varphi)-b(\varphi,q\varphi)=0$。关于这个矛盾见 E. R. Davidson，"On derivations of the uncertainty principle"，*Journal of Chemical Physics* **42**，1461—1462(1965) 及 R. Yazis，"Comment on 'On derivations of the uncertainty principle'"，同上 **44**，425—426(1966)。关于海森伯关系对正规算符（与自伴算符对易的算符）的推广，见 M. Bersohn，"Uncertainty principle and normal operators"，*Am. J. Phys.* **34**，62—63(1966)，及 W. E. Brittin，"Uncertainty principle and normal operators—Some comments"，同上，957—959(1966)。

[2]　R. W. Ditchburn，"The uncertainty principle in quantum mechanics"，*Proceedings of the Royal Irish Academy* **39**，73—80(1930).译者按：原因在于测不准量的定义不同。海森伯所用的测不准量的定义是前述的 $\delta q=\sqrt{2}\,\Delta q$ 而不是标准偏差 Δq。

假定的)时等号才成立。

　　对普遍公式的进一步改进是薛定谔得到的,我们从他同玻尔和爱因斯坦的通信[①]中得知,他曾对测不准关系的各种含义(例如它们和一容器内的理想气体的原子的分立能级的可分辨性的关系)极感兴趣。1930 年春天,他研究了下述问题:在一次最佳的对 p、q 的同时测量中,不可避免的不确定性 $h/4\pi$ 应如何在两个变量 p、q 之间分配,以使得在给定的一个后来时刻位置不确定性最小。他同索末菲讨论了这个问题,索末菲让他注意康敦和罗伯逊的论文。薛定谔[②]立即看出罗伯逊的结果可以得到加强,因为对

　　① 给玻尔的信的日期为 1938 年 5 月 13 日(哥本哈根玻尔档案馆);给爱因斯坦的信的日期为 1938 年 5 月 30 日(普林斯顿爱因斯坦遗产管理处)。

　　② E. Schrödinger, "Zum Heisenbergschen Unschärfeprinzip", *Berliner Berichte* 1930, 296—303. 薛定谔通过引进 $D=A+\alpha B+i\beta B$(其中 α 和 β 为实数)和从 $0 \leqslant (D\psi, D\psi)$ 推出表示判别式恒不为正的不等式,推广了罗伯逊的推导,适当选择 α 和 β,他就得到(6)式。继薛定谔之后想要进一步缩小测不准量、推广测不准关系或用别种方法来推导测不准关系的种种试图是太多了,举不胜举。例如仅在 1950 年前后,关于这个问题就发表了以下的论文:G. Bodiou, "Renforcement des relations d'incertitude enstatistique quantique par l'introduction d'un coefficient complexe de corrélation," *Comptes Rendus* **228**, 540—542 (1949);A. Gamba, "Sulla relazione di indeterminazione", *Nuovo Cimento* **7**, 378—379 (1950);"The uncertainty relation", *Nature* **166**, 653—654 (1950);L. Castoldi, "Sulla relazione di indeterminazione", *Nuovo Cimento* **7**, 961—962 (1950);R. L. Reed and M. Dresden, "The uncertainty principle for an arbitrary number of variables", *Phys. Rev.* **79**, 200—201 (1950);*Bulletin of the American Physical Society* **25**, 3 (1950);G. Rideau, "Sur la quatrième relation d'incertitude", *Comptes Rendus* **232**, 2007—2009 (1951)。

关于海森伯关系及其推广(例如薛定谔不等式)的一种有趣的几何推导和解释见 J. L. Synge, "Geometrical approach to the Heisenberg uncertainty relations and its generalization", *Proceedings of the Royal Society A* **325**, 151—156 (1971);D. N. Williams, "New mathematical proof of the uncertainty relation", *Am. J. Phys.* **47**, 606—607 (1979)。

于任何两个自伴算符 A 和 B 以及对于任何态 ψ 都有

$$(\Delta A)^2(\Delta B)^2 \geqslant \left|\left\langle \frac{1}{2}(AB-BA)\right\rangle\right|^2$$
$$+\left(\frac{1}{2}\langle AB+BA\rangle - \langle A\rangle\langle B\rangle\right)^2 \qquad (6)$$

虽然薛定谔的公式中的最后一个平方项常常为零,如同一切对正则共轭变量的最佳同时测量的情形那样,薛定谔的公式还是对罗伯逊的结果的重要改进。

有好些早期的量子力学教科书把海森伯的思想实验当成量子力学的"实验"基础或"逻辑"基础。不过,虽然如我们将看到的,这些思想实验对量子力学理论及其诠释的发展起过极其重要的作用,但是,主要由于这些思想实验对测不准关系的所谓操作解释,它们也容易受到这样的责难:虽然它们公开声称是想要否定古典物理学的本体论,但是暗中却又在某种程度上采用了它。

这个批评似乎是冯·里希滕斯特恩[①]首次明白提出的,他于1954 年指出,在海森伯对他的 γ 射线显微镜实验的说明中,必须认为电子动量是存在的,否则它就不会被"干扰",但是正是这个说明却企图证明电子动量不存在,因为它不能精确地测量出。

让我们对海森伯关系再补充几句更一般性的说明。首先应当指出,关于物理世界中有一种基本的测不准性或不确定性的总的观念,是和严格的决定论的观念同样古老的。柏拉图在他的《蒂迈　74

---

① Ch.R. von Liechtenstern,"Die Beseitigung von Widersprüchen bei der Ableitung der Unschärferelation", *Proceedings of the second International Congress of the International Union for the Philosophy of Science* (Zurich,1954) pp.67—70.

欧篇》[*Timaeus*](28D—29B)中所描述的关于不可理喻的次原子基层[unintelligible subatomic substratum]的学说,就可以被看成是"对一种最新发展[海森伯的原理]的古代预见"[1]。

关于古代的和经典的物理学和哲学中的这种预见的进一步的例子,以及对不确定性在近代的经典物理学中的作用的分析(玻恩对这种作用的分析是最雄辩的),请读者参看我的论文"物理学中的不确定性"[2]。特别是柏格森,尤其是在他的《时间与自由意志》[3]一书中,表示了与海森伯原理惊人地相似的观念,这点曾被德布罗意指出过[4]。关于测不准关系在其提出之前的观念渊源就讲这些。

海森伯关系或"非决定性原理"[the *principle* of indetermi-

① P. Friedländer, *Plato-An Introduction* (pantheon Books, New York, 1958), p. 251.

② M. Jammer, "Indeterminacy in Physics", 载于 *Dictionary of the History of Ideas* (Charles Scribner's Sons, New York, 1973), Vol.2, pp.586—594。

③ H. Bergson, *Essai sur les Données Immédiates de la Conscience* (Alcan, Paris, 1889, 1909, 1938); 英译本 *Time and Free Will, an Essay on the Immediate Data of Consciousness* (Sonnenschein, London, New York, 1910; George Allen & Unwin, London, 1913, 1950)。中译本:时间与自由意志(吴士栋译,商务印书馆,1958)。

④ L. de Brogie, "Les Conceptions de la physique contemporaine et les idées de Bergson sur le temps et le mouvement", 载于 *Physique et Microphysique* (A. Michel, Paris 1947), pp.191—211; 英译本"The concepts of contemporary physics and Bergson's ideas on time and motion", 载于 *Physics and Microphysics* (Grosset and Dunlap, New York, 1966), pp.186—194。又见 *Bergson and the Evolution of Physics*, P. A. Y. Gunter, ed. (University of Tennessee Press, Knoxville, 1969), pp.45—62, 以及 M. Čapek, *Bergson and Modern Physics* (Boston Studies in the Philosophy of Science, Vol.7) (Reidel, Dordrecht-Holland, 1971), Chap.12, pp.284—291.

nation]（这是鲁阿克[①]第一次用来称呼它们的名称）一经发表，就成为物理学中，随后又成为哲学中热烈讨论的题目。例如，林德曼的《量子理论的物理意义》[②]一书的主要目的之一便是要表明，许多原来不完全理解的量子现象，在海森伯关系的基础上怎样便能轻易地得到说明。海森伯关系在物理学本身中的重要性，当然是每个近代物理学的学生都熟知的，无庸详述。让我们只提一项人们不太熟悉的研究工作，它是关于海森伯关系本身的无矛盾性的，即范夫勒克对于人们所熟知的"测不准积"$\Delta q \Delta p$，随时间的增加同关于相空间中的分布的稳恒特性的刘维[Liouville]定理不矛盾的证明[③]。

3.4 哲学涵义

最先从这些关系引出哲学结论的是海森伯本人。他把因果律的强势表述等同于"现在的精确知识使我们能够计算出未来"这句话，然后指出这句话"不是其结论而是其假设是不成立的"，因为测不准原理所要求的精确初值的不可确定性排除了对未来事件

---

① A. E. Ruark，"Heisenberg's indetermination principle and the motion of free particles"，*Bulletin of the American Physical Society* **2**，16（1927）；*Phys. Rev.* **31**，311—312(1928).

② F. A. Lindemann，*The Physical Significance of the Quantum Theory* (Clarendon Press，Oxford，1932)。类似的推理的一个更近代的例子，见 R. C. Harney，"A method for obtaining force law information by applying the Heisenberg uncertainty principle"，*Am. J. Phys.* **41**，67—70(1973)。

③ J. H. van Vleck，"Note on Liouville's theorem and the Heisenberg uncertainty principle"，*Phil. Sci.* **8**，275—279(1941).

作严格的预言的可能性。海森伯宣称①:"因为一切实验都遵从量子定律,因而遵从测不准关系,因果律的失效便是量子力学本身的一个确立的结果"。

正如石里克②后来承认的那样,海森伯对因果性问题的解答使近代哲学大吃一惊,因为尽管人们对这个问题已经世世代代地进行过大量讨论,却甚至连这种解答的可能性都从来没有预计过。

但是,耶路撒冷希伯来大学的伯格曼③在 1929 年提出,海森伯对因果律的否定在逻辑上是有毛病的,因为一个"如果……则……"型的条件陈述(即一个逻辑蕴含[logical implication])并不因其前提或假设被证明为无效而被否定,也就是说,并不因为证明了"如果"副句不能实现或不能被满足(或者按海森伯的说法,"如果"副句不成立,伯格曼认为海森伯这个说法是"不确切的")而被否定。伯格曼争论说,一个蕴含的前提不成立绝不使蕴含本身也不成立,而只是蕴含本身才是因果律。因此,量子力学绝没有否定因果律,它至多也许表明了因果律的不适用性④。看来伯格曼是

---

① 51 页注①文献(p.197)。

② M. Schlick, "Die Kausalität in der gegenwärtigen Physik", *Die Naturwissenschaften* **19**, 145—162(1931)。译者按:M. 石里克(1882—1936),近代哲学家,逻辑实证论学派(维也纳学派)的创始人。

③ H. Bergmann, *Der Kampf um das Kausalgesetz in der jüngstern Physik* (Vieweg, Braunschweig, 1929), p.39.

④ "Von einer definitiven Feststellung der Ungültigkeit des Kausalgesetzes durch die Quantentheorie kann also keine Rede sein, Sondern höchstens von seiner Unanwendlarkeit."[因此不能通过量子理论来明确地论证因果律的无效,而至多只能说明它的不适用性。]同上。伯格曼的批评后来受到 Rohracher 的诘难,见 H. Rohracher, "Kritische Betrachtungen zur Leugnung der Kausalität durch W. Heisenberg", 载于 *Erkenntnis und Erziehung* (Österreichischer Bundesverlag, Wien, 1961), pp.105—123.

忽视了这一点:海森伯已预见到这一反对意见,而从海森伯当时所持的操作论甚至是实证论的观点来看,"不适用性"(伯格曼所承认的 *Unanwendbarkeit*)和"不成立"对于物理学家来说是同义语。海森伯说:"……可能有人要问,在统计性的感觉世界的后面[hinter der wahrgenommenen statistischen Welt]是否还隐藏着一个因果律成立的'真实'世界[wirkliche Welt]呢?但是这种玄思瞑想在我们看来是既无价值又无意义的,因为物理学必须限于描述感觉之间的关系"[①]。

如果我们还记得,引导海森伯得到测不准关系的推理的出发点是爱因斯坦的箴言"只有理论决定了能够观察什么",那么向对待物理学的实证论观点表示皈依的这一声明听起来是使人感到奇怪甚至是矛盾的。实际上,海森伯很快就放弃了这种实证主义态度。他在 1930 年 12 月 9 日于维也纳发表的关于测不准关系在近代物理学中的作用的一篇讲演中,再次承认了爱因斯坦在思想上对他的影响,这次讲演中他把因果律表述为:"如果在一定时刻知道了关于一个给定的系统的全部数据[Bestimmungstücke],那么就能够确定地预言这个系统在未来的物理行为"[②]。这一次海森伯声称,不是假设("如果"句)而是结论("那么"句)不成立,因为关于数据的精确知识亦即薛定谔波函数一般只允许作统计性的结论。不过,海森伯接着说,因果律也可以表述如下:"如果在一定时

---

① 51 页注①文献(p.197)。

② W. Heisenberg, "Die Rolle der Unbestimmtheitsrelationen in der modernen Physik", *Monatshefte für Mathematik und Physik* **38**, 365—372(1931)。

刻知道了关于一个给定系统的全部数据，那么在以后任何时刻都存在有其结果可以准确预言的实验，只要这个系统除了进行这个实验所必须的扰动之外不受其他干扰。"

　　然后海森伯加上一句："这样一种规律性是否还可以看成因果性，那就纯粹由各人自己判断了。"

　　在 1930 年 9 月 6 日于哥尼斯堡发表的一篇讲话中[①]，海森伯已经承认一种受到限制的(eingeschränktes)因果律是有意义的和成立的。

　　另一个从海森伯的测不准性的背景中挽救严格的决定论和因果性的企图是法国哲学家勃伦什维克做出的。按照勃伦什维克的看法[②]，微观物理实在本来是遵从严格的因果性定律的，而海森伯原理所表示的测不准性只是表观的，因为它完全来自对微观客体的观测行动所引起的干扰。这种干扰引起了测不准性，但是干扰本身是一物理过程，包含能量交换，并且是完全决定论性的。勃伦什维克断言："测不准关系只是意味着，被观察现象的决定论这个说法实质上仅仅是一种抽象，因为它是不能从制约着观察动作的决定论分开的。"

　　一句话，勃伦什维克不是把海森伯关系解释成因果性的否定，

　　①　W. Heisenberg, "Kausalgesetz und Quantenmechanik", *Erkenntnis* **2**, 172—182(1931).

　　②　L. Brunschwicg, "Science et la prise de conscience", *Scientia* **55**, 329—340 (1934); *La Physique du XXe Siècle et la Philosophie* (Herman, Paris, 1936).

反而解释成因果性的证实。赫德①提出了为了同一目的的另一论据，根据他的意见，海森伯关系并不意味着能够证明因果性不存在，而是意味着不能证明因果性存在。

因为量子力学及其诠释对现代哲学的冲击并不是我们主要关心所在，把这些题外话再扯下去就未免离题太远。上面这些话只是作为一些例子，用来表明测不准关系甚至对那些超出物理学的直接范围之外的问题也是多么重要。我们不讨论测不准关系对有关运动概念的那些哲学问题的有趣的应用了，特别是对芝诺[Zeno]的那些著名的悖论的应用②。

---

① J. E. Heyde, *Entwertung der Kausalität?* (Kohihammer, Stuttgart; Europa Verlag, Zurich, Wien, 1957), p.65.

② 见 L. de Broglie, *Matière et Lumière* (Michel, Paris, 1937, 1948), pp.282—283；英译本 *Matter and Light* (Norton, New York, 1939; Dover, New York, 1946), pp.245—255；A. Ushenko, "Zeno's paradoxes," *Mind* **55**, 151—165(1946)；P. T. Landsberg, "The uncertainty principle as a problem in philosophy", *Mind* **56**, 260—266 (1947)；H. Hörz, "Die philosophische Bedeutung der Heisenbergschen Unbestimmtheitsrelationen", *Deutsche Zeitschrift für Philosophie* **8**, 702—709(1960)。

译者按：芝诺是古希腊爱里亚学派的代表人物之一，生活在公元前五世纪，他提出过一些和运动概念有关的悖论，如"阿基里（古希腊善跑的人）永远追不上乌龟"、"二分法"、"飞箭不动"等。德布罗意讨论的悖论是"飞箭不动"，所谓"飞箭不动"，芝诺是这样论证的：因为在飞箭经过的每一点上，它都占有一定的位置，它在这一点上，就不能同时又不在这一点上，所以飞箭是不动的。我国《庄子》《天下篇》中所说的"飞鸟之景，未尝动也"，说的也是这个意思。芝诺提出这个悖论，原意是为了否定运动和变化，但是它却从反面揭示了运动的辩证法：运动就是同时既在这一点上，又不在这一点上，德布罗意认为，芝诺的看法是：在空间和时间中有确定位置的物体是没有任何演化性能的，反之，一个演化的物体不能依附在时空中的任何一点上；而测不准关系则说，不能同时赋予一个物体以一种确定的运动状态和时空中一个确定的位置，因此，芝诺的说法和测不准关系是一致的。德布罗意对芝诺悖论的讨论又见 L. de Broglie, *Physics and Microphysics* (Pantheon Books, New York, 1955) pp.121—126, 188—189。下面在第 4.4 节还要提到这个悖论。

反之,让我们对测不准关系的那些似乎被海森伯认为是最重要的哲学涵义再补充几句。对于古典的直观[anschauliche]而且决定论性的物理实在图像必须让位给近代的抽象而且非决定论性的量子理论及其测不准性是否可惜的问题,海森伯回答说[①],在仔细分析后,从认识论的角度来看,量子物理学要比古典物理学更为令人满意。他论证说,一个把物质想象成由电子和质子之类的"很小"但仍然是非无限小的基本粒子构成的理论,只有当这个理论设法使任何关于在"更小"的区域内又将会怎样的问题完全失去意义时,才会达到终极的贯彻一致性。因此,如果由于测不准关系而使基本粒子不可描绘,而使这类问题变成毫无意义的,那么这个理论就将臻于可以称为"在小的一端上的认识论闭合"的状态。测不准关系使量子力学具有小的终极上的认识论闭合,因而使量子力学优于古典的原子论。不过对海森伯所说的是现代原子物理学才首次表明怎样可以设想这种闭合性的说法,则可以提出异议。因为有充分的理由断言,柏拉图在他的值得注意的原子理论中已经直觉到这种闭合性了——顺便提一下,柏拉图的理论要比德谟克里特的原子论同现代概念的关系更密切些,我们知道,它对海森伯的思想发展影响很深。

3.5 后来的发展

因为我们在后面各处还要继续讨论海森伯原理(例如在有关互

---

① 107 页注②文献。

补性诠释、玻尔-爱因斯坦论战、量子逻辑和测量理论的讨论中），因此这里我们只限于相当简短地概述它后来的一些主要发展。

20 世纪三十年代到五十年代的科学文献中实际上充斥着讨论海森伯关系及其哲学涵义的论文——而半科学的文献和哲学文献中可能更甚。这些文章的内容越不专门，它们的解释也就越自由。常常一个作者在其讲述过程中给出了不同的解释。例如在第二次世界大战前非常流行的爱丁顿的《科学的新道路》①一书，把海森伯原理描述为反映了"电子和质子的波动结构"(p.107)，但随后又把它解释成相互作用的结果，并把观察者比作一个"怀中满抱小包的杂耍演员，他拾起这个小包，那个小包又从他手中掉下去了"(p.100)，而在另一场合(p.98)这个原理又被说成是断言只有"一半符号代表可以认识的量"。对爱丁顿来说这种种说法无疑只是同一基本观念的不同表述方式②，但是这本书或类似著作的有批判力的读者，一定会对这个原理的"多种面貌"感到迷惘。

下面的事实最能说明情况的确如上所述：鹿特丹大学哲学系现任系主任麦克马林，在 1954 年写了一篇博士论文③专门讨论

---

① A. S. Eddington, *New Pathways of Science* (Cambridge U. P., Cambridge, 1935).

② 海森伯原理对于爱丁顿想要调和相对论和量子论的企图至为重要，爱丁顿在 1944 年去世前十年一直致力于这一任务。参见他的遗著 *Fundamental Theory* (Cambridge U. P., Cambridge, 1948)的第一节(参照系的不确定性)或他关于输运问题的手稿，发表于 C. W. Kilmister, *Sir Arthur Eddington* (Pergamon Press, Oxford, 1966), pp.244 及其后。

③ E. McMullin, *The Principle of Uncertainty* (学位论文, Louvain 天主教大学, 1954), 未发表。

"量子测不准原理"的各种不同的意义。他至少区分出四大类不同的诠释:即把海森伯原理看成是(1)一种不可能性原理,它说,不可能同时测量共轭变量;(2)一种关于测量精确度的限制原理,它说,先前已得到的关于一个变量的知识的精确度将随着对其共轭量的测量而减低;(3)一种联系这一测量序列的散布和那一测量序列的散布的统计学原理;和(4)一种表示量子现象的二象性或互补性的数学原理。麦克马林对这个问题中所用的"同时"的意义和量子不连续性的本性的讨论,今日仍然值得一读。几年后,柏林(民主德国)洪堡大学马克思列宁主义哲学系现任系主任赫尔茨,也选择了海森伯原理及其哲学意义作为他的博士学位论文的题目①。他们的意识形态虽然几乎正相反,但就纯物理的内容而言,麦克马林和赫尔茨却得出了实质上完全相同的结论。

80　　预见到后面要讨论到的一些考虑,我们想在这里指出,在这些作者列举的种种诠释中,对于量子力学的发展最为重要的是以下两种:

　　1. 非统计诠释 I_1　　按照这种诠释,原则上不可能同时精确确

----

① H. Hörz, *Die philosophische Bedeutung der Heisenbergschen Unbestimmtheitsrelationen*(洪堡大学学位论文,Berlin,1960),未发表。其摘要见 H. Hörz, "Die philosophische Bedeutung der Heisenbergschen Unbestimmtheitsrelationen", *Deutsche Zeitschrift für Philosophie* **8**, 702—709(1960)。又见 H. Hörz, *Atome, Kausalität, Quantensprünge* (Deutscher Verlag der Wissenschaften, Berlin, 1964), pp.30—85.海森伯关于物理学的哲学(特别是他对测不准关系的解释)也是希兰在 Louvain 天主教大学的哲学博士学位论文(1964)的题目,见 P. A. Heelan, S. J., *Quantum Mechanics and Objectivity* (Nijhoff, The Hague, 1965),特别是 pp.36—43。和麦克马林相反,希兰主要感兴趣的是海森伯的工作在客观性问题方面的哲学涵义和"实在论的危机"。不像麦克马林,希兰的结论同赫尔茨得到的结论有显著的不同。

定描述一个单个物理系统的正则共轭变量之值；

2.统计诠释 I_2　按照这种诠释，两个正则共轭变量的标准偏差之积有一下限[①] $h/4\pi$。

我们已经看到，I_1 来源于海森伯的理想实验，多年来它一直是占统治地位的诠释，并被几乎所有的量子力学教科书所采用。I_2 是玻普尔提出的，并得到马格瑙[H. Margenau]和量子力学系综诠释的提倡者们的改进（这个我们以后将会讨论），它从 1965 年以来不断赢得了更多的人的承认。一般认为 I_1 是建立在包含有特定的思想实验的论证之上的，但 I_2 则不然，人们认为它是作为理论的形式体系本身的直接的逻辑-数学结论建立起来的。鉴于这两派诠释之间的论战还正方兴未艾，我们对这两种诠释之间的逻辑关系以及它们在多大程度上得到经验事实的支持作一些说明以结束本章是值得的。

正如我们在历史叙述中表示过的那样，像海森伯的 γ 射线显微镜之类的思想实验，要是把它们当成是支持 I_1 的严格论据，那是过于牵强了。另一方面，I_2 实质上作为量子力学基本公式的一个数学结论，若不对整个理论进行重大修正，是无法否定的。那么，是否由此就得出结论说，I_1 没有任何逻辑根据呢？

---

①　有这样一个下限存在并不必然意味着其中包括的标准偏差互成倒数关系，即互成反比（反比要求）。因为若无附加的假设，一个不等式如 $\Delta q \Delta p \geqslant h/4\pi$ 绝不能变成一个等式如 $\Delta q = $ 常数$/\Delta p$ 或 $\Delta p = $ 常数$/\Delta q$。一般说来并无保证的反比要求似乎可以追溯到海森伯对他的原理的原来的说法和玻尔对"倒数测不准量"这个术语的一再使用。关于反对反比要求普遍成立的论据和它严格成立的特殊情况（例如在束缚态的绝热变化的情况中）的例子，见 P. Kirschenmann, "Reciprocity in the uncertainty relations", *Phil. Sci.* **40**, 52—58(1973)。

81　　　同那些断然否认 I_1 或声称 I_1 与 I_2 之间有一条不可逾越的逻辑鸿沟的人相反,我们主张 I_1 是 I_2 的一个逻辑结论,如果承认一定的测量理论假设 A 的话。根据这个假设,这里涉及的每一测量都是一个第一类测量①(用泡利的术语),亦即每一测量都是可重复的,而且如果立即重复的话,将得出与它前面的一次相同的结果。

　　为了表明根据这个假设 I_2 就蕴涵着 I_1,我们像下面这样来论证。假定能够对一个单个系统以任意的精确度同时测量两个正则共轭变量。那么就应当也能够(至少在原则上)滤出一个系综,对于属于这个系综的系统,这些变量的数值处于任意小的区间内。然后由假设 A 得到,可以把两个变量中无论哪一个的标准偏差都弄成任意小,于是两个标准偏差之积就不能有一个正的下限,这同 I_2 矛盾。只要能够用第一类测量来测量所讨论的变量,那么就没有理由保持 I_2 而又否定 I_1。换句话说,在保留 I_2 的前提下放弃 I_1 的必要条件是相应的第一类测量的不成立。我们看到,全部争端是同量子力学测量理论密切相连的,测量理论是整个量子力学理论的最成问题和最有争议的一部分。

　　现在转到经验支持的问题上来。我们可以毫不犹豫地说,在物理学史上还很少见到过一条具有这样普遍的重要意义的原理,却只得到如此之少的实验检验的证实。事实上,就 I_1 而言,目前似乎还没有什么办法可以以足够的精度同时测量单个电子的位置和动量,以估计所含的误差。尽管如我们将看到的,只有极少数"极端分

━━━━━━━━━━

　　①　详见第十一章。

子"根本否认这些变量的同时可测性,但的确也从来没有以对我们的问题多少有点意义的精度对单个粒子进行过这样的测量。

例如,我们来提一个遵循这条线索的典型倡议。十五年前,加州研究公司的里亚逊[①]曾经建议,应用场离子显微镜技术,在极低温度(0.4°K)下用脉冲场对金属尖须上的吸附原子[adatoms]退吸来直接检验时间-能量测不准关系。但是所倡议的这个实验,虽然里亚逊在 1959 年就声称它"在技术上是可行的",似乎一直没有做过。那些争辩说用 I_1 的意义来解释的海森伯原理从来没有在实验上证实过的人肯定是有充足的理由的,但是也应当说迄今做过的实验也从未否定过这个原理。

I_2 显然享有坚实得多的经验支持。实际上,许多作为海森伯关系的证明而被提到的测量正是 I_2 的实验证明。例如,我们讲一下对这个问题的一项最近的研究。旧金山大学物理系主任阿伯戈蒂考察了一些精确度很高的实验同海森伯关系符合到什么程度的问题。虽然阿伯戈蒂所提的问题是判断"现代的实验究竟是受测不准原理限制还是受用来进行实验的仪器限制"——在他看来,如果前一种情况得到证实,那就是"测不准原理的一个实际证明",而如果是后一种情况,则测不准原理仍然是一种只有"纯粹学院意义"的东西——但如果对他的研究[②]仔细分析,就可以看出,它正

---

① P. R. Ryason,"Proposed direct test of the uncertainty principle",*Phye.Rev.* **115**,784—785(1959).

② J. C. Albergotti,"Uncertainty principle-Limited experiments",*The Physics Teacher* **11**,19—23(1973).

是对 I_2 被经验支持到什么程度的一个考察。他审查过的实验中，有直线气槽的各种实验，其不确定量之积的下限约为 $3×10^{26}\hbar$；有光的角动量的测定，下限约为 $4×10^{14}\hbar$；有一个高分辨率电子显微镜实验，下限为 $20\hbar$；而迄今所得的最小的不确定量积属于铁57的穆斯保尔效应[Mössbauer effect]实验，约为 $6\hbar$。显然，I_2 虽然也许还未被证实，但也远不是被判明为假。

篇幅不允许我们描述对测不准关系的本质的其他最近的研究了。为了表明这种讨论仍然是有实际兴趣的，我们向读者推荐普洛霍洛夫的一篇短文[1]、德布罗意用测量前和测量后的不确定性对测不准关系的重新表述[2]和关于提出一个思想实验以否定测不准原理的一个倡议[3]。最后我们想指出，某些现代发展已经为建立关于不相容的可观察量的同时测量的理论铺平了道路。最早明确确认这种可能性的人之一是马格瑙[4]，他在1950年就宣布了这一点。因为根据马格瑙的看法，海森伯原理仅仅是使一个位置测

①　Л. В. Прохоров，"О сутношенях неопределеленостей в квантовой механике"，*Вестник Ленинградского Унибрситета* **22**，29—35(1968).

②　L. de Broglie，"Sur l'interprétation des relations d'incertitude"，*Comptes Rendus* **268**，277—280(1969).

③　M. C. Robinson，"A thought experiment violating Heisenberg's uncertainty principle"，*Canadian Journal of Physics* **47**，963—967(1969)；J. J. Billette，C. Campillo，C. Lee，R. D. McConnell，G. Pariseau，and G. Fischer，"Concerning'A thought experiment violating Heisenberg's uncertainty principle'"，同上，2415—2416；L. E. Ballentine，"The uncertainty principle and the statistical interpretation of quantum mechanics"，同上，2417—2418。

④　H. Margenau，*The Nature of Physical Reality*（McGraw-Hill，New York，1950），pp.375—377.

量系综[Kollektio]中的散布同一个动量测量系综中的散布联系起来，它根本不涉及"任何一种单次测量中可以期望的精度"。因此，马格瑙看不出使用两个显微镜有什么困难：一个用 γ 射线，另一个用合适的、较长的波长的波，一个用来确定电子的位置，另一个用来确定它的动量。在马格瑙看来，并没有哪一条量子力学定律从根本上妨碍这样一种双重测量获得成功。"如果重复这种双重测量，那么 x 和 p 之值就会按照测不准原理散布。当然不会有谁在一次这样的测量之后就说他已精确知道 x 和 p 了，就像他不会在一次 x 测量之后就说他知道了电子的位置一样。前一种说法之所以不对，并不是因为它同测不准原理矛盾，而是因为它和后一种说法一样，同物理态的量子力学意义相矛盾"[1]。

这些观念只是从六十年代中期以来才得到进一步的加工。[2]

---

① 最后一点见第十章。

② E. Arthurs and J. L. Kelly, "On the simultaneous measurements of a pair of conjugate observables", *Bell System Technical Journal* **44**, 725—729(1965). C. Y. She and H. Heffner, "Simultaneous measurement of noncommuting observables", *Phys. Rev.* **152**, 1103—1110(1966). E. Prugovečki, "On a theory of measurement of incompatible observables in quantum mechanics", *Canadian Journal of Physics* **45**, 2173—2219 (1967). J. L. Park and H. Margenau, "Simultaneous measurability in quantum theory", *International Journal of Theoretical Physics* **1**, 211—283(1968). H. D. Dombrowski, "On simultaneous measurements of incompatible observables", *Archive for Rational Mechanics and Analysis* **35**, 178—210(1969). J. L. Park and H. Margenau, "The Logic of non-commutability of quantum mechanical operators and its empirical consequences", 载于 *Perspectives in Quantum Theory*, W. Yougrau and A. van der Merwe, eds. (MIT Press, Cambridge, 1971). pp.37—70, E. Prugovečki. "A postulational framework for theories of simultaneous measurement of serveral observables", *Foundations of Physics* **3**, 3—18(1973), 和对此文的一个批评，见 H. Margenau and J. L. Park, "The Physics and the semantics of quantum measurement", 同上，19—28。

但是迄今对这些理论的最基本的争论点还远未达到意见一致，看来这主要是由于对"同时测量"的定义众说纷纭所致。要对这些理论的正确性和前景作出公正的判断，肯定还为时过早。由于这些原因，也由于对这个问题做透彻的讨论需要预先对量子测量理论有一定的熟悉，我们就不在这里讨论它们的细节了。

第四章 互补性诠释的早期说法

4.1 玻尔在科摩的演讲

1927 年秋天,在意大利的科摩[Como]城召开了纪念伏打[A. Volta]*逝世一百周年的国际物理学会议,科摩是伏打诞生和逝世的地方。会议由马约拉纳[Q. Majorana]主持,与会的众多物理学家中有玻尔、玻恩、玻色[S. N. Bose]、布拉格[W. L. Bragg]、布里渊[M. Brillouin]、德布罗意、康普顿、德拜[P. Debye]、杜安[W. Duane]、费米[E. Fermi]、弗兰克[J. Franck]、弗仑克尔[Я. Френкель]、格拉赫[W. Gerlach]、海森伯、冯·劳厄[M. von Laue]、洛仑兹、密立根[R. A. Millikan]、帕邢[F. Paschen]、泡利、普朗克、理查孙[O. W. Richardson]、卢瑟福[E. Rutherford]、索末菲、斯特恩[O. Stern]、托耳曼[R. C. Tolman]、伍德[R. W. Wood]和齐曼[P. Zeeman]——真是当时物理学界的一次最高级会议。只有爱因斯坦和埃仑菲斯特[P. Ehrenfest],虽然邀请了,却没有出席!

---

* 伏打(1745—1827),意大利物理学家,他发展了电的流体理论,发现了水的电解,并且发明了伏打电堆,使得实验有了稳定可靠的电源,从此电学得到了迅速的发展。电压单位伏特(Volt)即来自他的名字。——译者注

正是在聚集在卡杜齐学院［Istituto Carducci］的会堂中的这群著名的听众面前，玻尔于 1927 年 9 月 16 日在一篇题为"量子假设和原子论的最新发展"的演讲[①]中，第一次向公众讲述了他关于互补性的观念。玻尔用以下的话开始他的讲演：

> 我将试着只利用简单的考虑而不深入到专门的数学性的细节，来对诸位描述某种一般性的观点；我相信，这种一般性的观点适于使我们对于从刚刚开始时起的理论发展的一般趋势得到一个印象，而且我希望这种观点将有助于调和不同科学家们所持的那些外观上矛盾的观点。

玻尔对古典描述同量子现象的描述作了对照：根据古典描述，物理现象可以不受显著的干扰而被观察；而量子现象的描述则遵从量子假设，按照这个假设，每一原子过程都由一种本质的不连续性或他所称的个体性所表征。然后玻尔接着说道："一方面，正如通常所理解的，一个物理体系的态的定义要求消除一切外来的干扰。但是在那种情况下，根据量子假设，任何观察就都将是不可能的，而且最重要的是，空间概念和时间概念也将不再有直接的意义了。

---

① *Atti del Congresso Internazionale dei Fisici*, Como, 11—20 *Septembre* 1927 (Zanichelli, Bologna, 1928), Vol.2, pp.565—588；讲演的实质内容重印于 *Nature* 121, 580—590(1928) 及 N. Bohr, *Atomic Theory and the Description of Nature* (Cambridge U. P., London, 1934), pp.52—91；中译文见《尼耳斯·玻尔哲学文选》(戈革译，商务印书馆，1999)第 44—73 页。此书有德文本(1931)、丹麦文本(1929)、法文本(1932)。此文的俄译文见 H. Бор, Избранние Научние Труды, т.2。

另一方面,如果我们为了使观察成为可能而承认体系和不属于体系的适当的观察器械之间有某种相互作用,那么,体系的态的一个无歧义的定义自然就不再可能,而通常意义下的因果性也就不复能存在了。就这样,量子理论的本性使我们不得不认为时空标示[space-time coordination]和因果要求[causality claim]是描述的两个互补而又互斥的特性,它们分别代表观察的理想化和定义的理想化;而时空标示和因果要求的结合则是古典理论的特征。"玻尔在这一段话里首次引进"互补"这个术语,把"时空标示"和"因果要求"称为彼此互补的,这一段话已包含了后来所谓的量子力学的"互补性诠释"或"哥本哈根诠释"的最早的说法的精髓。

我们将会看到,哥本哈根诠释并不是一组单纯的、清晰的、有着无歧义的定义的观念,毋宁说它是种种互有联系的观点的公分母。它并不同某种特定的哲学或意识形态立场有必然的联系,它能够、也已经为极不相同的哲学观点的信徒们所认可,从严格的主观主义和纯粹的唯心论,到新康德主义、批判实在论,直到实证论和辩证唯物论。此外,这个观点也并不一定只限于对量子物理学的诠释。1930 年,玻尔在他的法拉第讲座演讲词[①]中,就已经把这个观念推广到统计热力学,他说:"温度这个概念与所讨论的物体中的原子行为的细致描述成互斥的关系"。

玻尔也是第一个把互补性原理推广到生物学的人。在 1932

---

①　N. Bohr,"Chemistry and the quantum theory of atomic constitution",1930 年5 月 8 日在 Salter 会堂对化学学会会员的讲演,重印于 *Journal of the Chemical Society*, 1932,349—383。

年 8 月 15 日于哥本哈根举行的国际光疗会议开幕式上发表的一篇讲话中,玻尔解释道,力学基础的修正

一直扩展到一个物理诠释究竟意味着什么这个问题本身;它不仅对于充分理解原子理论的现状必不可少,而且也为讨论物理学同生命问题的关系提供了新的背景。⋯⋯如果我们试图研究一个动物的各种器官,直到能够描绘出单个原子在生命机能中起什么作用的地步,那么我们无疑就得杀死这个生物。⋯⋯按照这种观点,在生物学中,就必须把生命的存在看成是一个不能加以说明而必须当作出发点的基本事实,就如同从古典的机械物理学的观点看来是不合理的作用量子与基本粒子的存在合起来就构成了原子物理学的基础一样。[①]

1982 年,约尔丹[②]在一篇关于量子力学和生物学的短文中发表了类似的想法,他在文中把活力论[vitalism]和非活力论[physicalism]说成是对生命本质的研究中的两个互补的侧面。

[①]　N. Bohr,"Light and life",*Nature* **131**,421—423,457—459(1933);重印于 N. Bohr,*Atomic Physics and Human Knowledge* (Chapman and Hall,London;Wiley,New York,1958),pp.3—12;中译文"光与生命",见《尼耳斯·玻尔哲学文选》(戈荣译,商务印书馆,1999)第 103—113 页。此书有丹麦文本(1957)、德文本(1958)、法文本(1961)及俄文本(1963)。

[②]　P. Jordan,"Die Quantenmechanik und die Grundprobleme der Biologie und Psychologie",*Die Naturwissenschaften* **20**,815—821(1932);"Quantenphysikalische Bemerkungen zur Biologie und Psychologie",*Erkenntnis* **4**,215—252(1934);"Ergänzende Bermerkungen über Biologie und Quantenmechanik",同上 **5**,348—352(1935).

　　几年之后,在哥本哈根人类学及人种学国际会议(1938 年 8 月)上,玻尔[①]在克仑堡城堡[Kronborg Castle]的大厅里对他的听众解释了互补性关系在研究人类社会的原始文化中的作用。

　　在全部用来讨论互补性的 1948 年号的 *Dialectica*[辩证法]上,数学家兼哲学家贡瑟特发表了一篇文章[②],他在该文中主张,因为我们的知识是通过对实在的逐级揭露而得到进步的,而互补性概念指的就是这个辩证过程中任何两级之间的关系,因此互补性在一切系统性研究的领域中都具有潜在的适用性。

　　互补性已被应用于心理学、语言学、伦理学和神学[③]。只举一个在上述最后一方面的应用的例子:英国皇家学会会员和牛津大

---

　　①　N. Bohr, "Natural philosophy and human culture", *Nature* **143**, 268—272 (1939),重印于文献 3(1958)pp.23—31;中译文"自然哲学和人类文化"见文献 3(1964) 第 26—35 页。

　　②　F. Gonseth, "Remarque sur l'idée de complémentarité", *Dialectica* **2**, 413—420(1948).

　　③　见 P. Alexander, "Complementary description", *Mind* **65**, 145—165(1956); D. M. Mackay, "Complementary description", *Mind* **66**, 390—394(1957); T. Bergstein, "Complementarity and philosophy", *Nature* **222**, 1033—1035(1969)及 T. Bergstein, *Quantum Physics and Ordinary Language* (Macmillan, London, 1972); N. Brody and P. Oppenheim, "Application of Bohr's principle of complementarity to the mind-body problem", *Journal of Philosophy* **66**, 97—113(1969)。关于互补性与康德哲学之间的关系见 C. F. von Weizsäcker, "Das Verhältnls der Quantenmechanik zur Philosophie Kants", *Die Tatwelt* **17**, 66—98(1941); "Atomtheorie und Philosophie", *Die Chemie* **55**, 99—104, 121—126(1942);重印于 C. F. von Weizsäcker, *Zum Weltbild der Physik* (Hirzel, Zurich, 4th ed., 1949), pp.80—117;英译本 *The World View of Physics* (Routledge and Kegan Paul, London; University of Chicago Press, Chicago, 1952); pp. 92—135。关于互补性与黑格尔哲学之间的关系见 Max Wundt, *Hegels Logik und die Moderne Physik* (Westdeutscher Verlag, Cologne, 1949)。又见 G. Kropp. "Zum Begriff der Komplementarität", *Philosophia Naturalis* **1**, 446—462(1950—1952)。

学 Rouse Ball 讲座数学教授考尔森①认为,宗教和科学是两种互相代替的方法,它们虽然表面上是不可调和的,但却都有真理性,是彼此互补的。

在我们的研究中,我们将只在物理学的范围内来讨论互补性。但即使在这方面,它也包含了各式各样的学说,因为可以从各种不同的角度来陈述互补性:例如可以像许多现代物理学的普及读物所做的那样,从纯粹本体论的观点来陈述;也可以像玻尔提倡的那样,从认识论的观点来陈述,或者像他的学生冯·威扎克提议的那样,从逻辑的角度来陈述。对互补性观念的历史的分析,由于下述事实而更加复杂了:不但在不同作者的笔下,这个词代表着不同的、虽则自然是有联系的概念,就是在同一作者的著作中,这个词也常常发生相当大的语义变化。我们将看到,玻尔本人就是如此。

因此首先让我们把注意力集中在玻尔关于这个问题的早期著作,以尽可能精确地搞清楚,玻尔所说的原子物理学中的"互补性"究竟意味着什么。下述事实可以表明这个任务实在不容易:爱因斯坦在他写的"对批评的回答"②中,在提到玻尔在其论文"就原子物理学中的认识论问题和爱因斯坦进行的商榷"③中表述的互补

---

① C. A. Coulson, *Christianity in an Age of Science* (Oxford U. P., London, 1953).

② P. A. Schilpp, ed., *Albert Einstein: Philosopher-Scientist* (Library of Living Philosophers, Evanston, I11.1949; Harper and Row, New York, 1959), pp.663—688;此书有德文本(1955)。此文的中译文见《爱因斯坦文集》第一卷(许良英等译,商务印书馆,1977),第 462—484 页。

③ N. Bohr, "Dicussion with Einstein on epistemological problems in atomic physics",载于 124 页注②文献(1949,pp.199—241),重印于 122 页注①文献(Wiley,1958,pp.32—66);中译文见文献 3(商务印书馆,1999),第 137—179 页。

性观念时,爱因斯坦抱怨道(写于 1949 年 1 月底):"尽管我为它花了很大的力气,我却一直未能得到玻尔的互补性原理的明确表述"。如果对于爱因斯坦这个可谓是反互补性的专家来说,要得出"互补性"的一个清晰的定义也许是困难的,那么下面的有关互补性诠释的一个热心的拥护者的例子,就更清楚地表明了我们的任务是多么困难。

在玻尔的七十岁寿辰(1955 年 10 月 7 日)之际,当时在哥丁根的普朗克物理研究所工作的冯·威扎克写了一篇关于互补性与逻辑的渊博的论文[①]。虽然冯·威扎克没有出席 1927 年的科摩会议,但是他在莱比锡当海森伯的助教,却很快就使他密切地接触到玻尔的互补性观念。他在刚才讲的这篇文章中明白地谈到,为了准备该文,他极为仔细地重读了玻尔早年关于这个观念的论文,并得出结论说,他在比 25 年更长的时间里都误解了玻尔的互补性观念,现在他自以为总算是发现了它的真意了。但当他询问玻尔他的诠释(我们即将对它进行详细讨论)是否准确地表达了玻尔的想法时,玻尔却给了他一个断然否定的回答[②]。这个历史故事应当是对我们的一个警告,警告我们在分析玻尔原来的互补性观念时要特别慎重。

玻尔在科摩演讲中的出发点是下面这句话:"[量子]理论的精

---

① C. F. von Weizsäcker, "Komplementarität und Logik", *Die Naturwissenschaften* **42**,521—529,545—555(1955).

② 玻尔 1956 年 3 月 5 日致冯·威扎克的信,这封信是对冯·威扎克 1956 年 1 月 17 日来信的复信。

髓可以表现在所谓量子假设中；这个假设赋予任一原子过程以一种本质上的不连续性，或更恰当地说是个体性，这种性质是古典理论完全不熟悉的，它表现为普朗克的作用量子"。因为根据这个量子假设，能量交换只以分立的非无限小的梯级来进行，因此正如玻尔两年后在一篇关于他的基本观念的谈话①中说明的那样，作用量子不可分性的假设"不但要求客体和测量仪器之间的相互作用不是无限小而是有限大小，而且甚至还要求在我们对这种相互作用的说明中有一定的活动范围"。这是因为，由于与古典物理学相反，客体和仪器之间的相互作用不能忽略，因此"就既不能赋予现象又不能赋予观察动作以一种通常的物理意义下的独立的实在性了"②。

　　按照玻尔的看法，这个结果具有影响深远的后果。"一方面，正如通常所理解的，一个物理体系的态的定义要求消除一切外来的干扰。但是在那种情况下，根据量子假设，任何观察就都将是不可能的，而且最重要的是，空间概念和时间概念也将不再有直接的意义了。另一方面，如果我们为了使观察成为可能而承认体系和不属于体系的适当的观察器械之间有某种相互作用，那么，体系的态的一个无歧义的定义自然就不再可能，而通常意义下的因果性

---

　　① 　N. Bohr,"The atomic theory and the fundamental principles underlying the description of nature",它是 1929 年 8 月 26 日在哥本哈根举行的斯堪的纳维亚自然科学家会议上发表的一篇演讲的译文，重印于文献 1(1934,pp.102—119)；中译文"原子理论和描述自然所依据的基本原理"，载于文献 1(商务印书馆,1999)第 82—95 页；德译文载于 Die Naturwissenschaften 18, 73—78(1930)，重印于 120 页注 ① 文献中(1931,pp.67—77)。

　　② 　见 120 页注①文献(商务印书馆,1999,第 45 页)。

也就不复能存在了"。于是,前面已引用过的这一段话就导致结论:时空标示和因果要求是对物理观察的描述中的互补的特性。

正如上述引文清楚地表明的,玻尔在 1927 年的互补性观念首先指的是不可能同时对原子现象进行时空描述和因果描述。早在 1925 年,在哥本哈根举行的斯堪的纳维亚数学会议上的一篇演讲[1]中,玻尔就已指出,物理学的发展已使人们认识到对原子现象的一个贯彻一致的因果描述是不可能的。虽然定态的观念、定态之间的跃迁的观念以及同当时新建立的克拉默斯-海森伯散射理论相联系的那些观念在当时还是玻尔最为关心的所在,他在 1925 年 8 月就已宣称:"和通常的力学相反,新的量子力学并不处理原子级粒子的运动的时空描述"。[2] 看来,在 1926 年秋天,玻尔必定已经到达了从对应原理导向互补性原理的关键性的一步。下面这样一些说法,如惠特-汉森[3]断言的"他[玻尔]从海森伯的测不准关系出发,在 1927 年表述了他的著名的互补性原理",或如贝道和奥本海姆[4]宣称的"测不准原理的发现推动了玻尔提出互补性",如前所述,都是错误的。玻尔在他的科摩讲演中接着说,将不胜任的古典属性都照搬给微观客体,造成了某种意义含混,倒如像熟知

92

----

①　N. Bohr,"Atomic theory and mechanics",重印于 120 页注①文献(1934,pp. 25—51);中译文"量子论和力学",见 120 页注①文献(商务印书馆,1964,第 20—38 页)。

②　同上,p.48.中文:(商务印书馆,1999),第 36 页。

③　J. Whitt-Hansen,"Some remarks on philosophy in Denmark",*Philosophy and Phenomenological Research* **12**,377—391(1952).

④　H. Bedau and P. Oppenheim,"Complementarity in quantum mechanics—A logical analysis",*Synthese* **13**,201—232(1961).

的关于光或电子的波动性和粒子性的两难命题所表明的那样。玻尔说道:"这两种关于光的本性的看法,[的确]应该看成为了得到实验证据的诠释的两种不同的尝试,古典概念的局限性在这两种尝试中以互补的方式表现了出来"。

　　虽然通常的电磁理论对光在空间和时间中的传播提供了令人满意的描述,但是在辐射与物质之间的任何相互作用中的能量和动量的守恒——玻尔认为这是光学现象的因果方面——却"恰恰是在爱因斯坦提出的光量子概念中得到了合适的表达"。① 物质的基本粒子(电子等)的物理学也呈现出类似的局势。

　　玻尔在他的科摩讲演的后一部分里讨论了下面这个问题:尽管在微观物理学中摈弃了时空的同时又兼是因果的描述,古典的描述方式究竟还能在什么程度上应用,这个问题当然涉及海森伯关系。玻尔在讨论这个问题的一开始,引用了已经确立的普朗克-德布罗意-爱因斯坦方程:

$$E = h\nu \qquad\qquad (1)$$

$$p = h\sigma \qquad\qquad (2)$$

它们分别把能量 E 和动量 p 同频率 ν 和波数 σ 联系起来,或用玻尔的记号:

$$E\tau = p\lambda = h \qquad\qquad (3)$$

其中 τ 和 λ 分别为振动周期和波长。玻尔写道:"一方面,能量和动量是和粒子概念相联系的,从而可以按照古典观点用确定的时

————————————

① 见 120 页注①文献,中文版(商务,1999,第 47 页)。

空坐标来表征;而另一方面,振动周期和波长却涉及一个在空间和时间中无限延伸的平面简谐波列"。玻尔接着说,借助于叠加原理,可以建立起同通常的描述方式的一种联系,因为由于德布罗意的著名的结果①(波场的群速度等于和波场相联系的粒子的移动速度),叠加原理使我们可以把波包证认为粒子。玻尔指出,把一个粒子同一个波包联系起来,这几乎是明白地[*ad oculos*]宣告了描述的互补性质;因为"波群的使用必然会使得周期和波长的取值不明确",从而也使得由关系式(3)给出的"相应的能量和动量的取值不明确"。

对于平面波 $A\cos 2\pi(\nu t - x\sigma_x - y\sigma_y - z\sigma_z)$ 并引用从经典理论已熟知的方程

$$\Delta t \cdot \Delta\nu = \Delta x \cdot \Delta\sigma_x = \Delta y \cdot \Delta\sigma_y = \Delta z \cdot \Delta\sigma_z = 1, \qquad (4)$$

玻尔从(3)式导出海森伯关系

$$\Delta t \cdot \Delta E = \Delta x \cdot \Delta p_x = \Delta y \cdot \Delta p_y = \Delta z \cdot \Delta p_z = h, \qquad (5)$$

它表示了属于微观客体的时空变数(t,x,y,z)和能量-动量变数(E,p_x,p_y,p_z)的取值的最大精确度之间的一个普遍的反比关系。玻尔接着说:"这一情况可以看成是对时空描述和因果要求的互补性的一个简单的符号表示"。

读者应已注意到,玻尔导出测不准关系的方法(下面一段话对于时间-能量关系特别重要,其理由以后会说明)同海森伯的推导是根本不同的。为了使读者对这一点有深刻印象以备以后参考之

---

① $v_x = d\omega/dk = d\nu/d\sigma = dE/dp = \dfrac{d}{dp}(p^2/2m) = p/m = v.$

用,我们来更详细地分析一下玻尔的方法。玻尔把粒子的波函数分解成傅立叶分量 $\exp[2\pi i(px-Et)/h]$,考察各分量之间的干涉对时间的依赖关系。在空间一固定点上的相长干涉与相消干涉之间的时间推移,必须至少等于各分量间的频率间隔 $\Delta E/h$ 的倒数,才能产生所需的相对位相变化。设粒子是在空间一点的干涉效应为相长干涉的时间间隔内的任一时刻经过该点的,玻尔得到结论说,粒子经过该点的可能时刻值的分布范围 Δt 满足关系式 $\Delta t=h/\Delta E$,其中 ΔE 是波函数的傅立叶分解式中能量值的分布范围。

　　这就是玻尔在 1927 年秋天所陈述的量子力学的互补性诠释的原来的说法。在玻尔讲完后进行了讨论[①],玻恩、克拉默斯、海森伯、费米和泡利曾参加了这场讨论,但讨论中对玻尔的论文的真正有争论之点却几乎毫未触及。对于那些头一次听到玻尔的想法的人来说,要理解这些想法的全部意义也许是太困难了。例如,后来成为互补性的最雄辩的提倡者之一的罗森菲尔德,是这样谈到玻尔的演讲的:“我看不出、也感觉不到演讲中的任何微妙之处”。[②] 曾经听到过有关科摩讲演内容的维格纳说道,玻尔的讲话“不会使我们之中任何人改变他对量子力学的看法”。[③] 而据说

---

① "Discussione sulla comunicazione Bohr",120 页注 ①(Zanichelli,1928,pp. 589—598)。

② 1963 年 7 月 1 日对 L. Rosenfeld 的访问记(Archive for the History of Quantum Physics)。

③ 1963 年 11 月 21 日对 E. P. 维格纳的访问(Archive for the History of Quantum Physics)。

冯·诺伊曼则说过:"可是,有许多东西都是不对易的,你可以很容易就找出三个互不对易的算符来"①。

　　冯·诺伊曼的批评当然是由玻尔主张的下述看法所激起的:波动图像和粒子图像的互补性适当地反映在相应的变量(或算符)的非对易性中,这就引起了一个问题:为什么"互补性"只限于两种属性,而不是——也许超出了它的纯字面的意义——被推广到三个或多个属性。例如,设有三种属性,在它们之间每一种都补充另外两种的组合,这从逻辑上说当然是可以设想的。冯·威扎克②专门研究了这个问题,他宣称,波粒二象性构成了一个完备的析取[disjunction],物理实在要么呈点状集中,要么散布在空间中;前者用粒子模型来描述,而后者则用场或波的模型来描述。

　　还是让我们回到玻尔的科摩演讲上来。说这篇演讲"轰动了会议,如同西北风有时翻滚着通常是平静的科摩海面一样"③,这肯定是太夸张了。事实上,还得过一段时间之后,玻尔的观念的真实意义才得到人们的充分理解,并被赞誉为"在对我们生活在其中的世界的理解上开始了新的一章"④,或者是"当代最革命的哲学观念"⑤。

---

①　同上页注②文献。

②　C. F. von Weizsäcker,"Zur Deutung der Quantenmechanik",*Z. Physik* **118**,489—509(1941).

③　R. Moore,*Niels Bohr*(Knopf,New York,1966),p.162.

④　124 页注①文献。

⑤　J. A. Wheeler,"A septet of Sibyls",*American Scientist* **44**,360—377(1956).

4.2　批判的说明

上面我们几乎是逐字逐句地介绍了玻尔对其互补性诠释的最早的说法,也介绍了其部分历史背景。我们再从一种更为批判性的观点来回顾一下局势。

首先应当记住,玻尔从未对"互补性"这个术语给出过一个清楚明晰的定义。在他的全部言论中,他在1929年说过的一段话可能最接近这样一个定义,他说,量子假设"迫使我们采用一种新的描述方式,叫做互补的描述方式;互补一词的意义是:一些古典概念的确定应用,将排除另一些古典概念的同时应用,而这另一些古典概念在另一种条件下却是阐明现象所同样必需的"①。根据这一段话,不同的描述方式或不同的描述是互补的。

这同他在科摩讲演中对这个术语的用法是完全一致的,他在那里对"互补的"这个形容词用了15次,都是用于像"描述的互补的性质(本性、特性)"这样的组合中;对"互补性"这个名词用了三次,一次是在他指出"量子假设给我们提出了要发展一种'互补性'理论的任务"的时候,一次是当他讲到"定义的各种可能性之间的互补性"时,第三次应该受到特别注意,是在他这次讲演的结束语中:"然而我希望,互补性这一概念是适于表征这种形势的;这种形势和人类概念形成中在区分主体和客体的问题上固有的普遍困难

---

① "Introductory survey,"见120页注①文献,中文本:"绪论",(商务印书馆,1999),第12页。

深为相似。"几乎在一切场合下,描述的互补的特性都被明白说成是"时空标示(描述)"和"因果要求",后者一般理解为或被明白表述为是指能量和动量守恒定理。

我们暂且不考虑上面所引的科摩讲演的最后一句话,而考虑玻尔在不同场合的一些别的说法,例如:"的确,每一种可以在一个有限时空域中记录一个原子级粒子的实验装置,都需要用到固定的杆尺和同步好的时钟;根据定义,这些杆尺和时钟就排除了控制传给它们的动量和能量的可能。反之,力学守恒定律在量子物理学中的任何无歧义的应用,都要求对现象的描述在原则上放弃细致的时空标示"。[①] 对此可以讨论如下。

96

在物理学史上,每当提出一个新的基本原理,总是把它建立在一个标准的理想实验的基础上。对于古典力学中的动量守恒原理,这个实验是两个理想弹性球在真空中的碰撞;对于广义相对论中的等效原理,就是爱因斯坦的电梯中的实验室这个著名的 *Gedankenexperiment*[思想实验]。对于玻尔的互补性原理,则是一个微观客体(光子、电子)通过一个光阑上的狭缝的实验装置。如果在这套装置中光阑同尺和钟构成的当地坐标系是刚性地联结起来的,那么微观客体的位置就是可以确定的(原则上直到任意小的狭缝宽度),但是由于光阑同坐标架的刚性联结,却丧失了关于微

---

　　① 　N. Bohr,"Atoms and human knowledge,"1955 年 10 月在哥本哈根对丹麦皇家科学院所作的讲演,重印于 *Daedalus* 87,164—175(1958),及 122 页注①文献(Wiley,1958,pp.83—93)。中译文:"原子和人类知识",见 122 页注①文献(商务印书馆,1999,第 199—211 页)。

观客体和光阑之间的准确的能量或动量交换的任何讯息。另一方面,如果光阑连同它上面的狭缝是用一根弱弹簧悬挂起来的,那么动量转移(表现为已知质量的光阑的运动)便是可以确定的,但是有关穿过狭缝的微观粒子的准确位置的任何信息,却由于光阑的位置不确定而告吹了。

玻尔推广了这个结果,他主张,用时空坐标进行的描述和用能量-动量转移进行的描述,或简单点说,时空描述和因果描述,二者是不能同时在操作上有意义的,因为它们需要相互排斥的实验装置。在玻尔的标准理想实验中,实验装置的互斥性的保证是:光阑和坐标架之间存在还是不存在刚性联结在逻辑上是彼此矛盾的①。这样两种实验装置可以叫做"互补的",因为它们虽然互斥,但是为了完尽地描述物理情态,却又都是必需的——或者说是互相补充的。

97　　然后,可以把"互补的"这个术语转用到和互补的实验装置相联系的描述方式上,因此时空描述和因果描述是互补的。最后,还可以把"互补的"这个术语移用到用来表述互补的描述方式的参量或变量本身上,因此称位置坐标和动量变量是互补的。为了避免混乱,绝不应当忘记,"互补"这个术语的最后一种用法,只有在这

---

① 玻尔的这一段话回答了 Béla Fogarasi 提出的一个问题:为什么同时使用互补的属性会导致矛盾而这些属性的非同时使用则只导致互补性? 见 B. Fogarasi,"Ist der Komplementaritätsgedanke widerspruchsfrei?"*Proceedings of the second International Congress of the International Union for the Philosophy of Science* (Zürich,1954)(Editions du Griffon,Neuchatel,1955),pp.46—52.又见 B. Fogarasi,*Kritik des Physikalischen Idealismus* (Aufbau-Verlag,Berlin,1953).

样称呼的变量是被用在和互补的实验装置相对应的描述方式中时，才是正当的。

在对玻尔的主要观念作了这样的澄清之后，我们再回到海森伯关系上来。如同大多数量子力学教科书所表明的，从作为我们澄清互补性概念的出发点的那些实验装置的数学讨论导出海森伯测不准公式，是很容易的。实际上，在许多教科书中，是用海森伯的著名的 γ 射线显微镜思想实验来作为海森伯公式的例证的，并常常用来作为证明。不过从概念上说，可以把海森伯的实验看作只是玻尔的实验的一种变型或改进，虽然从历史上说，海森伯是在同他在哥丁根的朋友玻歇特（P. 杜鲁德*之子）的一次更早的讨论中独立于玻尔想出他的实验的。

如果玻尔和海森伯都是从同一情况出发的，那么，他们又在哪些方面不同呢？显然，争论并不在于实验事实或数学表述。意见分歧在于所说的情况在何等程度上要求诠释。任何诠释都应当使用经典物理学的术语，在这一点上海森伯和玻尔是一致的。但是海森伯满足于这一事实，不论是粒子语言还是波动语言——而且二者是相互独立的——都可用来作最佳描述，虽然有一定的限制，其数学表述即测不准关系；而玻尔则坚持必须两者都用。对于玻尔来说，测不准关系表明，必须修改的并不是经典概念，而是关于解释的经典观念。玻尔[1]在 1929 年写道："于是，在我看来，相信

---

* P. 杜鲁德（Paul Drude 1863—1906），德国物理学家，主要工作在物理光学方面。——译者注

[1] 见 120 页注[1]文献。

最终用一些新的概念形式来代替经典物理学的概念就可以避开原子理论的困难,那或许是一种误解"。同一年他还说,"一般说来,我们必须准备接受下述事实:同一客体的完备阐述,可能需要用到一些分歧的观点,它们否定了一种唯一的描述"①。

玻尔在引用光的波粒二象性以拒绝海森伯的做法时,心中考虑的一定是经典的关于解释的理想的破灭。一方面,海森伯能够从量子力学形式体系把他的测不准公式作为一个演绎结果推导出来;另一方面,通过分析一个假想的实验装置并同时考虑二象性,也可以给出这些公式的一个独立的证明。我们讲过,这一事实在玻尔看来,正是他对微观物理学的互补性诠释和量子力学的数学表述相容的一个证明。

在玻尔看来,量子力学的非决定论是波粒二元论的一个结果,因此最终是使用了互补的描述方式的不同图像的结果,或是缺乏对运动和变化的统一的说明的结果。正如他在科摩演讲中所说的,对"一个粒子的位置坐标的测量,不但会带来各动力学变量的有限改变,而且,粒子位置的确定就意味着对粒子动力学行为的因果描述的彻底破坏,而粒子动量的测定则永远意味着关于粒子的空间传播的知识的一个缺口。正是这种形势十分突出地表明了原子现象之描述的互补性质……"②。换句话说,在玻尔看来,量子力学中的非决定论的根源在于描述的不可避免的"破坏";因为海森伯后来称之为"波包收缩"的东西,在玻尔看来,正像是从一种描

① 120 页注①文献(1934,p.96;商务印书馆,1999,第 77 页)。
② 同上(1934,p.68;商务印书馆,1999,第 56 页)。

述方式向与其互补的描述方式的转换。

互补性诠释的早期说法的表述中有许多含糊之处。实际上，也许正是由于这种表述的不明确性以及与之俱来的概念上的灵活性，使得互补性诠释得以渡过一些严重的危机。大部分这类前后矛盾是关于其认识论和本体论的结论的。在玻尔自己对他的思想的陈述中，最严重的矛盾也许就是关于刚才所说的"波包收缩"（或玻尔所谓的描述的"断裂"）的互补性解释的。因为除了在互补性的基础上说明这一特性之外，玻尔又一再指出"每一次观察都将引入一个新的不可控制的因素"[①]、"由测量引起的干扰，其大小永远是不知道的"[②]。以及"我们不能忽略客体和观察仪器之间的相互作用"[③]等等来为它辩解。玻尔宣称，正是这种"对现象进程的干扰具有这样一种本性；它使我们丧失掉因果描述方式所依据的基础"[④]。我们看到，在这里，不再把量子力学的非决定论看成从一种图像到它的互补方式的转换的结果了，而是看成一种操作的物理特性的产物。我们后面将看到，正是这种对"波包收缩"的操作解释的坚持，是玻尔诠释的最易受到攻击之点。

第二个最后变成反对玻尔（或更恰当地说是反对海森伯关系的原来的解释）的一个论据的概念困难，是一个微观客体的位置和动量变数的精确的联合值的表观上的可溯算性［*retrodiutabili-*

99

---

① 120 页注①文献（1934，p.68；商务印书馆，1999，第 56 页）。
② 120 页注①文献（1934，p.11；商务印书馆，1999，第 13 页）。
③ 120 页注①文献（1934，p.93；商务印书馆，1999，第 75 页）。
④ 120 页注①文献（1934，p.115；商务印书馆，1999，第 92 页）。

ty]。玻尔在科摩演讲中承认有这种可能性,但是否认它有任何预言意义。他说:"的确,一个个体在两个已知时刻的位置,可以测量到所要求的精确度;但是,如果我们想要根据这种测量用通常的方法算出该个体的速度,那就必须清楚地认识到,我们是在处理一种抽象,从它得不出任何无歧义的信息。"玻尔在他的思想实验中想象,在时刻 t_1 的一次精确的位置测量表明一个质量为 m 的自由微观客体位于点 x_1,在时刻 $t_2 = t_1 + \Delta t$ 的一次类似的测量表明它位于点 $x_2 = x_1 + \Delta x$。于是他声称,i $= t_1$ 时刻的位置 x_1 和动量 m·$\Delta x / \Delta t$ 均已准确确定。

　　海森伯在他的芝加哥讲演[①]中讨论了一个类似的思想实验。他把玻尔的实验安排中的头一次位置测量换成速度测量,并得出结论说,两次测量之间的任何时刻的位置和动量,可以用任意的精确度计算出来。但是他加了一句:"对这种关于电子过去的历史的计算是否能够赋予任何物理实在性,那就是一个个人信念问题了。"人们一般没有注意到,甚至海森伯本人显然也没有注意到,γ射线显微镜的思想实验就已表明了无限精确的回溯计算的可能性。我们回到第三章中对实验的说明上来,因为如果假定 p_x 已经准确知道,则 λ 就可取得任意小(当然我们忽略高能现象),因此位置测不准量 Δx 就会小到随心所欲。由碰撞引起的巨大的 Δp_x 这时并不成为一个问题,因为它是碰撞后的时刻的,碰撞前的路径就能够以任意的精度回溯出来了。

---

　　①　88 页注①文献。

另一个矛盾涉及玻尔从测量在量子力学中的作用引出的结论,这个结论常常被引用来证明玻尔的互补性诠释是以主体间的唯心主义*为基础的。在讲到后一次测量将在一定程度上使通过前一次测量获得的信息失去预示意义这一事实时,玻尔得出结论说,这些事实"不但会对可由测量获得的信息的范围有所限制,而且也对我们能赋予这些信息的意义有所限制。在这里,我们又在新形式下遇到了一条老真理:在我们对自然的描述中,目的并不在于揭露现象的真实本质,而在于尽可能地在我们的经验的种种方面追寻出一些关系。"①如果玻尔在这段话中否定了对微观现象作一种实在论的解释的可能性,那么他又主张,"我们已经一步一步地被迫放弃对单个原子在空间和时间中的行为的因果描述,并被迫考虑大自然在各种可能性之间的自由抉择,对于这些可能性是只能应用几率处理的。"②

玻尔很早就认识到,他的互补性诠释是以必然使用经典术语为前提的。他在他的一些早期著作的丹麦文版的绪论中写道:"只有借助于经典概念才能赋予观察结果以无歧义的含意",1929年他又说,"一切经验最终必须通过经典概念表达出来,这是物理观察的本性"。③ 对于玻尔来说,在讨论观察事实时使用经典物理学语言的必然性是由于我们不可能放弃我们通常的种种知觉形式;

＊　　主体间的唯心主义[intersubjective idealism]是唯心主义的一种形式,它不依赖于特定的主体或个人,而是以对不同主体共同的东西为基础。——译者

①　120页注①文献(1934,p.18;商务印书馆,1999,第18页)。

②　120页注①文献(1934,p.4;商务印书馆,1999,第7页)。

③　120页注①文献(1934,p.94;商务印书馆,1999,第76页)。

它也使得不可能从此就把经典物理学的各种基本概念抛弃掉，不再用它们来描述物理经验①。

当时玻尔未曾讨论他坚持使用经典物理学所引起的逻辑问题，即使用经典物理学作为描述（或测量）量子现象的必要的先决条件同承认量子力学取代了经典物理学这两件事在逻辑上是否相容。或者换成冯·威扎克的话："经典物理学被量子论取代了；量子论被实验证实了；而实验则必须通过经典物理学来描述。"②这个逻辑一贯性问题是玻尔的互补性诠释的主要概念困难之一，我们将在说明量子力学测量理论时来讨论这个问题。

现在回顾一下前面对玻尔早期的互补性观念的介绍是有益的。

玻尔的推理过程可以提纲挈领地概括为如下的一连串逻辑演绎环节：③

1. 作用量子的不可分性（量子假设）

2. 基元过程的不连续性（或个体性）。

3. 客体同仪器之间的相互作用的不可控制性。

4. 一种（严格的）时空描述同时兼是因果描述的不可能性。

5. 经典的描述方式的放弃。

---

① 关于这点见 C. F. von Weizsächer, "Niels Bohr and complementarity: The place of the classical language," 载于 *Quantum Theory and Beyond*, Ted Bastin ed. (Cambridge U. P., Cambridge, 1971), pp.23—31。

② 同上（p.26）。

③ 在 1971 年 7 月 26 日对海森伯的一次访问中，他证实这个提纲是玻尔在 1927 年的推理的一个准确的表述。

但是,我们刚才已经讲过,按照玻尔的看法,对实验证据的任何说明都必须用经典术语来表达;不论所讨论的现象超越经典物理学解释的范围多么远都是如此,坚持这一点显然同上面的要求
5 矛盾。避免这种矛盾的唯一办法只能是对使用经典术语施加一定的限制:当而且仅当经典术语的使用被限制到这样的程度,使它绝不包含一个完备的经典描述方式时,这个矛盾就将避免。

如果在不同实验装置下获得的实验经验只有通过互相排斥的一组组经典概念才能完尽地描述,那么上述条件显然将被满足。而且,若是我们硬是要企图同时应用这种互斥的经典概念组,那么由海森伯关系所表示的不确定性便是我们必须付出的代价。最重要的两组经典概念便是时空描述和因果描述(后者包括能量和动量守恒定理);它们在经典物理学中是相容的,但在量子物理学中则是互斥的,虽然对于一个详尽的说明它们二者都是必要的。

4.3　"平行"互补性和"环形"互补性

102

前面对玻尔的互补性诠释的介绍我们将简短地称之为(哥本哈根诠释的)泡利说法,由于它的言之成理和直观明晰性,它也许是人们所最广泛持有的观点。这个说法同玻尔在他的科摩演讲和他以后对这个问题的讨论中的绝大多数论述是一致的,但是很难说它也符合上面援引过的科摩演讲的最后一段话和下述事实:玻尔在通篇讲演中都没有提到位置和动量是一对互补量,虽然在种种场合下他都完全可以这样做。

由于这个原因,特别是由于玻尔宣称互补性观念所表征的局

势"和人类概念形成中在区分主体和客体的问题上固有的普遍困难深为相似",玻尔所想象的各种互补的描述看来也是和不同的客体-主体关系相联系的,亦即是从不同的着眼点来作的描述。各种互补描述的差异不只可以表现在据以进行观察的实验装置的多样性上(这同哥本哈根诠释的泡利说法是一致的);它也可以是客体和主体之间的关系的结构本身发生变化的结果,例如,若感知的主体本身构成被观察的客体的一部分时,便是如此。

比如,预先要求客体与观察者之间有一相互作用的时空描述方式,在其描述中必然要包含观察主体的某些特征,而因果描述方式则谨慎地回避了这样的牵连。正如"至少在某些人身上,总的可能的意识可以分裂成共存而又相互忽略的各个部分,并在各个部分之间分配认识的对象"[1]一样,在物理学中也有类似的情况,一些在古典理论中共存而且协调的认识,在量子理论中分裂成互斥而又互补的观点。

"同一客体的完备阐述,可能需要用到一些无法加以单值描述的分歧的观点。确实,严格说来,任一概念的自觉分析是和该概念的直接应用处于互斥关系中的。"[2]

一方面是如位置和动量之间的互补性所示的通常的互补性观念(泡利说法),另一方面是刚才所说的玻尔对互补性的认识论结

---

① W. James, *The Principles of Psychology* (Holt, New York, 1890; Dover, New York, 1950), Vol.1, p.206. 关于 James 对玻尔的影响见文献 1—1(pp.176—179)。译者按: W. 詹姆士(1842—1910), 美国实用主义哲学家。

② 120 页注①文献(1934, p.96; 商务印书馆, 1999, 第 77 页)。

构的分析,这两方面之间的逻辑关系是冯·威扎克很感兴趣的一个题目。在对玻尔的著作进行一番研究之后,他得出了前面已经提过的如下结论[①]:位置和动量之间的互补性完全不同于时空描述和因果描述(或用薛定谔函数进行的描述)之间的互补性。他管前者叫"平行互补性"[*parallel complementarity*],因为这种互补性存在于这样两个概念(位置、动量)之间,在经典物理学中这两个概念都属于物理过程的同一个直观图像,并且二者都必须具有确定的值,如果要完全确定系统的态的话。与此相反,时空描述和薛定谔函数之间的关系则被冯·威扎克叫做"环形互补性"(*circular complementarity*);这两种东西永远不会在任何经典模型中结合在一起,并且在下述意义上是互为条件的:为了描述能够据以下每种给定情况下建立薛定谔函数的各种观察,需要时空描述;为了对经典的测量结果作最佳的统计预告,需要薛定谔函数。

按照冯·威扎克的结论,玻尔原来的互补性观念是环形互补性;在海森伯发现测不准关系时,玻尔根据环形互补性把它们解释成古典的粒子模型不能严格应用于微观物理学的一个表征,因为粒子的力学行为只有依靠互补的薛定谔函数才能预言。至此为止,一直没有涉及位置和动量之间的互补性。它们之间的互补性("平行互补性")属于不同的概念范畴。

在冯·威扎克看来,由于玻尔的以下做法,情况就变得更复杂了:玻尔把能量和动量使人易生误解地同波动图像联系在一起(显

---

① 　125 页注①文献。

然是根据普朗克-德布罗意方程），使得人们总是想把粒子与波之间的互补性同位置与动量之间的互补性等同起来。但是，只有在把一个平面波看成是一个粒子的薛定谔场时，粒子的动量才对应于一个确定值；而如果波的形状实际上为一 δ 函数，它在上述同一种解释中就代表一个在所讨论的时刻具有确定位置的粒子。因此粒子和波之间的互补性是第三种互补性，它不能在逻辑上归结为前两种。

104　　玻尔[①]断然拒绝冯·威扎克对各种互补性的这种区分，他的理由是：包括薛定谔函数在内的量子力学的数学形式体系只是一种算法规则[*algorithm*]，它对"广泛的经验范围内的量子现象提供了完尽的描述"，但是，它本身不是一种物理现象，它不能同直接记录的观察处于互补性的关系之中，互补性只能在现象之间成立。玻尔的回答并不使冯·威扎克感到满意，我们在第八章将看到，在他看来，量子力学的形式体系远远不只是一套算法规则，而有着更多的内容。在致泡利的一封信[②]中，冯·威扎克把玻尔比作哥伦布，他根据一个正确的理论一直向西航行，但却到达了一个没有预料到的大陆而没有注意到他的错误[*]。冯·威扎克相信，玻尔"自

---

　　①　125页注②文献。

　　② 冯·威扎克1956年8月27日致泡利的信。

　　* 　指哥伦布发现了新大陆（美洲）而以为它是印度。哥伦布坚信地球是圆的，从欧洲一直往西行驶也可以到达印度和远东。1492年，他奉西班牙国王之命，率三只船横渡大西洋，到达巴哈马群岛和古巴、海地等岛。在以后的三次航行（1493, 1498, 1502年）中，又发现了牙买加、波多黎各诸岛及中、南美大陆沿岸地带。他误认为所发现的新大陆是印度，"西印度群岛"、"印第安人"的名称即自此而来。一直到他死为止，他都抱着这种看法。——译者注

己比任何其他当代思想家更理解自己言论的意义",因此他很明白做出这样的评论是冒失的。

4.4　历史上的先例

虽然我们看到,要为玻尔的互补性概念下一个定义是不容易的,但是互补性诠释的概念看来并不难定义。我们可以对这个概念定义如下。一个给定的理论 T 可以有一种互补性诠释,若是它满足以下的条件:(1)T 包含有(至少)两种关于其实体[substance-matter]的描述 D_1 和 D_2;(2)D_1 和 D_2 是属于同一论域[universe of discourse]U 的(在玻尔的情况下 U 即微观物理学);(3)单取 D_1 或 D_2 都不能完尽地说明 U 中的一切现象;(4)D_1 和 D_2 在这种意义上是互斥的,即如果把它们组合成一种单一的描述就将导致逻辑上的矛盾。

这些条件的确表述了哥本哈根学派所理解的互补性诠释的特征,这一点很容易用这个学派的代表人物自己的话来证明。按照这个学派的主要发言人之一罗森菲尔德[①]的说法,互补性是对下面这个问题的回答:在面临着要求我们必需使用两个互斥的而为了完备地描述现象却又都是必需的概念的局势下,我们该怎么办?"互补性表征了这样两类概念之间的一种完全新型的逻辑关系,这两类概念是互斥的,因此不能同时考虑,否则将导致逻辑错误,但

105

---

　　① L. Rosenfeld,"Foundations of quantum theory and complementarity",*Nature* **190**,384—388(1961).

是为了对情况做一完备描述,这两个概念却又都要用到。"或者引用玻尔本人关于条件(4)的话:"在量子物理学中,由不同的实验装置所提供的关于原子客体的资料……若是想要组合成一幅单一的图像,看来是互相矛盾的。"[①]玻恩一次在总结玻尔的观点时说道:"我们的整个经验世界没有一个统一的映象。"实际上,玻尔的科摩讲演就是完全符合上述定义的一个例子,他在讲演中强调了因果描述(D_1)和时空描述(D_2)之间的互相排斥而又不可缺一的性质,它是玻尔对他的互补性诠释的首次宣告。人们常常说,发现互补性是玻尔对现代科学的哲学的最大贡献。

但是,像上面这样以相当一般的措辞定义的互补性诠释的概念(而不拘泥于 U 的本性),我们在人类思想史上容易找出满足所有的条件(1)至(4)的概念结构的更早得多的例子。最早的例子之一也许是公元前五世纪爱利亚的芝诺在其著名的悖论中对运动概念的处理,这个悖论难倒了他的同时代人(同样也使后世人感到困惑)。一位现代作家有一次在总结这些悖论的精义时说:"在试图对运动作出一个精确的说明时,人类心智发现它面对现象的两个侧面。这两个侧面是不可避免的但同时它们又是互相排斥的。"[②]

---

① N. Bohr,"Quantum physics and philosophy",载于 *Philosophy in the Mid-Century*,R. Klibansky,ed.(La Nuova Italia Editrice,Florence,1958),Vol.1,pp.308—314,引文见 p.311;重印于 N. Bohr,*Essays 1958—1962 on Atomic Physics and Human Knowledge* (Interscience,London,1963),pp.1—7;有德译文、俄译文及丹麦文本,中译文"量子物理学和哲学",见《原子物理学和人类知识论文续编(1958—1962 年)》(郁滔译,商务印书馆,1978),第 229—237 页。

② H. Fränkel,"Zeno of Elea's attacks on plurality",*American Journal of Philology* **63**,1—25,193—206(1942),引文在 p.8 上。

另一个古典例子是中世纪的"二重真理"[duplex veritas]的学说,它起源于十二世纪哲学家伊本-拉什德(阿维罗伊)[1]的著作,或者至少是由他的同时代的敌对者们加之于他的。这个学说后来 106 得到拉丁的阿维罗伊主义者的倡导,并受到邓斯·司各脱[*Duns Scotus*]与布拉班的赛格尔[*Siger of Brabant*]讨论[2]。它宣称,两种不同的命题,诸如对同一实体的一个神学的说明(D_1)和一个哲学的说明(D_2)——举个例子,圣经上关于创世的教义和亚里士多德关于世界的永恒性的见解——可以都是正确的,即使它们在逻辑上的合取[*conjunction*]导致一个"直截了当的矛盾"[*flat cont-*

---

① Ibn-Rushd, *Kitâb facl el maqâl wataqrir ma bain ech-charik wal'hikma min el-ittical* [论宗教与哲学之间的一致]。见 J. Rosenfeld, *Die doppelte Wahrheit* (Scheitlin, Bern, 1914)。译者按:伊本-拉什德(Ibn-Rushd, 1126—1198),拉丁文拼法为阿维罗伊[Averroes],中世纪卓越的阿拉伯哲学家,亚里士多德的研究者与信徒,发展了亚里士多德哲学中的唯物主义成分。"二重真理"学说的创始人之一,所谓"二重真理",即是在承认神学的真理之外,还承认有哲学的真理,这两种真理有不同的来源和各自的范围,可以并行不悖,不应互相侵犯。在中世纪教权制度的统治下,这种思想实际上是代表进步思想家企图限制神学的范围,把信仰和知识划分开来,从而为哲学与科学谋求解放。阿维罗伊在天主教哲学中的地位比在伊斯兰教哲学中的地位更为重要,他对西欧中世纪哲学有很大的影响。十三世纪后期,以巴黎大学为中心,出现了拉丁的阿维罗伊主义运动,阿维罗伊主义虽然承认神的存在,但是认为宇宙是永恒运动的,不生不灭,个人的灵魂不是不死的,反对崇拜奇迹,主张二重真理。当时的天主教会曾宣布阿维罗伊主义是异端邪说。

② 见 P. Mandonnet, *Siger de Brabant et l'Averroisme Latin au Ⅷ*ᵉ *Siècle* (Fribourg, 1899, 2nd ed. Louvain, 1908—1911)。译者按:邓斯·司各脱(约 1264—1308),中世纪苏格兰经院哲学家,唯名论的代表。他宣扬"二重真理"的理论。"唯名论是英国唯物主义者理论的主要成分之一,而且一般说来它是唯物主义的最初表现。"(《神圣家族》,《马克思恩格斯全集》第 2 卷,163 页)。布拉班的赛格尔(?—1282),荷兰人,中世纪哲学家,巴黎大学教授,西欧的阿维罗伊主义者的首领,发展了阿维罗伊主义的唯物主义和无神论的倾向,被判终身监禁,死于宗教裁判所的监狱中。

radietion〕，也是如此。

最后，我们还可以在哥本哈根学派的看法和对待物理实验的本性的一种古老的观念之间找出相似点，虽然这种相似性可能只是很一般的。为此，让我们回想起，正如我们看到的，玻尔的互补性哲学的出发点是下述观念：对微观物理过程进行时空描述而同时又要进行因果描述是相互排斥的，而这一观念的基础则是承认，导致一种描述的实验程序同导致另一种描述的实验程序是不相容的。每一实验行为或测量都消除了获得附加的（互补的）信息的可能性，这一事实也可以表述为：每一实验都是对自然的一种干扰，它抹去了自然界的某些（否则可以实现的）潜在可能性。哥本哈根学派的理论家们常常表示出这样的观念：其时间发展由薛定谔方程支配的自然界的正常进程，受到观察行为（实验或测量）的粗暴干扰，从而使它转向强加于它的发展路线，我们将在 6.1 节中看到，约尔丹特别强调这一观念。

简而言之，一次实验是对自然界的正常进程的一次强烈的干扰。这个观念同物理学思维同样古老。实际上，正是这种观念妨碍了（或不如说是阻止了）古希腊人在他们对自然界的研究中发展一种系统的实验方法。诚然，社会学原因或其他原因在这方面可能也起了重要作用。但是确切无疑的是，在古希腊，实验被看成是一种命中注定、不得不然的对自然或其进程的干扰：做一次实验就是一次"冒犯"〔hybris〕行为，是要受到惩罚的，正如普罗米修斯、代达罗斯、伊卡洛斯*和其他人的故事所表明的那样。对于希腊人，这是一个宗教报应的问题；对于玻尔，这是一个认识论失效的问题。

使玻尔的互补性诠释同所有这些历史上的前例区别开来，并使它在人类思想史上占有一个独特地位的特征，当然是下述事实：玻尔的观念不只是抽象的玄想，而是被各种经验发现所坚定地支持的。实际上，这些观念正是为了克服实验观察的矛盾而想出来的。

在讨论量子力学态代表着关系的观念（即认为一个系统的量子力学态不只限于描述系统本身，而表示了系统与测量仪器之间的关系）的6.5节中，我们将要让读者注意到更多的和玻尔的观念类似的历史上的先例。

---

　　* 这些都是希腊神话中的人物。普罗米修斯[Prometheus]，著名的盗火者，他把天火偷给人类，使人类发展了文明，触怒了主神宙斯[Zeus]，把他锁在高加索山岩上，让老鹰啄食他的肝脏，备受折磨。代达罗斯[Daedalus]和伊卡洛斯[Icarus]是父子，父亲代达罗斯是建筑师和雕刻家，为克里特国王建造一座巧夺天工的迷宫，建成后两父子都被困于迷宫内，后用蜡造的翼腾空逃出。但伊卡洛斯飞得离太阳太近，蜡翼融化，堕海而死。——译者注

第五章　玻尔-爱因斯坦论战

5.1　第五届索尔维会议

　　玻尔对于他在科摩会议上首次公开提出的互补性诠释，更多地是看作一个供进一步推敲用的大纲，而不是作为一个已有定论的教义的定型说法。他欢迎任何可以对他的观念的基础和含义二者进行批判性讨论的机会。他接受了参加索尔维*研究所的第五届物理学会议的邀请，认为它对"进一步澄清测量仪器所起的作用是一个很好的推动"。[①] 这次会议于 1927 年 10 月 24 日至 29 日在洛伦兹主持下于布鲁塞尔召开。

　　玻恩、布拉格、布里渊、德布罗意、康普顿、德拜、狄拉克、埃仑

---

　　*　索尔维(E. Solvay,1838—1922)，比利时工业化学家，发明一种工业制碱方法(1863)，成为巨富。他对物理学很有兴趣，在能斯脱怂恿下，由他提供资金，邀集著名的物理学家集会讨论物理学当前的重要问题，世称"索尔维会议"。第一届索尔维会议于 1911 年在布鲁塞尔举行，至 1973 年为止，已经举行过十六届。其中与量子力学诠释问题关系密切的是 1927 年的第五届和 1930 年的第六届。关于历届索尔维会议的情况，见 N. 玻尔，"索尔维会议和量子物理学的发展"，载于《尼耳斯·玻尔哲学文选》(商务印书馆，1999 年)，第 330—357 页；或 J. Mebra 的专书：*The Solvay Conferences on Physics* (D. Reidel,1975)。——译者注

　　①　124 页注③文献。

菲斯特、福勒[*Fowler*]、海森伯,克拉默斯、泡利、普朗克、里查逊[*Richardson*]和薛定谔也接受了邀请,因为他们立刻就认识到,会议的正式议程"电子和光子"①不过是为对当代最迫切的问题之一——"新量子论"的意义——进行一次最高级讨论提供讲坛。人们也获悉爱因斯坦将参加这次会议。玻尔在1920年对柏林的一次访问中曾经会晤过爱因斯坦,并且知道爱因斯坦对抛弃连续性和因果性的嫌恶。但是,玻尔仍然抱着希望,希望互补性诠释中的实证论因素会使爱因斯坦回心转意,因为玻尔当时就像后来许多人那样相信,早年无疑曾经受过马赫影响的爱因斯坦关于科学的哲学观点,仍然主要是实证论的②。玻尔没有料到,他同爱因斯坦

————————————

① *Electrons et Photons-Repports et Discussions du Cinquième Conseil de Physique tenu à Bruxelles du 24 ou 29 Octobrs 1927 sous les Auspices de l'Institut International de Physique Solvay* (Gauthier-Villars,Paris,1928).

② 弗兰克[P. Frank]在他著的爱因斯坦的传记 Einstein—His Life and Times (Knopf,New York,1947)的第215页上,描述了他怎样直到1929年在布拉格的一次德国物理学家的会议上才突然了解到爱因斯坦"对实证论立场的带些敌对的态度"及其同他对玻尔的原子物理学观念的态度之间的可能联系。又见 C. Lanczos,"Die neue Feldtheorie Einsteins",*Ergebnisse der exakten Naturwissenschaften* **10**,97—132(1931)中的 p.99, 及 L. Rosenfeld,"The epistemological conflict between Einstein and Bohr," *Z. Physik*,171,242—245(1963),这篇文章把爱因斯坦的认识论发展过程说成是从马赫的实证论出发,经过彭加勒的约定论,转到一种近乎"神秘"的唯心论的物理决定论观念。G. Holton 研究过爱因斯坦的反实证论态度的历史根源,见其论文"Influences on Einstein's early work in relativity theory,"*Organon* **3**,225—244(1966);"Where is reality? The answers of Einstein,"在联合国教科文组织的会议"科学与综合"(1965年12月于巴黎)上的发言。

打交道的经过就和爱因斯坦同马赫打交道的经过一样*。

因此，1927 年 10 月 24 日星期一早晨，在一种满怀期望的心情中，全世界的物理学权威们济济一堂，来对一个涉及物理学一切部门的问题交换意见。在洛伦兹致开幕词之后，$W.L.$布拉格就 x 射线反射问题作了报告，康普顿就电磁辐射的实验和理论之间的不一致情况作了报告。第一个就会议的主要议题发言的是德布罗意，他所作的报告题为"量子的新力学"。报告回顾了薛定谔关于波动力学的工作和玻恩对 ψ 函数的几率性粒子诠释，因而强调了波动观和粒子观这两方面的成功，然后他问道："人们知道能量可以呈点状集中，而同时假设有 ψ 波存在的理论也很成功，这二者怎样才能调和起来呢？"

"粒子与波之间应该有什么联系呢？这些问题是目前波动力学中的首要问题。"

作为对上述问题的回答，德布罗意提出了一个理论，这个理论

＊　这可能指的是这件事：爱因斯坦早年曾经把马赫引为相对论的同调，但却遭到马赫的拒绝。爱因斯坦曾把他和格罗斯曼［M. Grossman］合写的论文"广义相对论和引力论纲要"寄给马赫，并于 1913 年 6 月 25 日从苏黎世写了一封信给马赫，信中说广义相对论的结论如果得到实验证实，"那么，您对力学基础所作的天才研究，将……得到光辉的证实。因为完全按照您对牛顿水桶实验的批判，一个必然的后果是：惯性来源于物体的一种相互作用"。马赫没有直接给爱因斯坦回信，却在他的"物理光学原理"(Die Prinzipien der Physikalischen Optk)一书的序言中作了公开答复，表示了反对相对论的态度。这篇序言写于 1913 年 7 月 25 日，里面讲到："从我收到一些出版物中，特别是从我所收到的信件中，我推断我正在逐渐被看作是相对论的先驱者。甚至现在我就能够大致想象得出，在我的《发展中的力学》一书中所发表的许多思想，以后将从相对论的观点遭到怎么样的新的说明和解释。……但是，我不得不断然否认我是相对论的先驱者"。不仅如此，他还表明他"不承认今天的相对论"，认为相对论，"越来越变成教条了"。见《爱因斯坦文集》第一卷(商务印书馆，1977)，第 74 页。——译者注

建立在他的"双重解理论"的导引公式的基础上,但是不要双重解理论中的奇异性解 u。德布罗意考虑在位势为 U 和 A 的电磁场中的单个粒子,写出 $\psi=aexp(2\pi i\varphi/h)$,其中的实函数 φ 对应于雅科比函数(如前所述),他得出关于粒子速度的导引公式:

$$v=-c^2\frac{\nabla\varphi+(e/c)A}{\partial\varphi/\partial t-eU}. \tag{1}$$

当电磁场不存在时,这个公式简化为公式 $v=-\nabla\varphi/m$。

德布罗意强调说,如果已知粒子的初始位置,这个公式显然就完全决定了该粒子的运动;如果粒子的初始位置是未知的,那么借助于 ψ 可以算出粒子出现在空间给定位置的几率。德布罗意指出,波函数 ψ 于是起着双重作用:它是一个几率波,但同时又是一个领波[onde pilote],因为它通过导引公式决定了粒子在空间的轨道。德布罗意把他原来的"双重解理论"的这种简化形式叫做"领波理论",因此,领波理论是微观物理现象的一个决定论性的理论或因果性理论。正像德布罗意对于处于一个稳定态的氢原子的情况所作的说明那样,这个理论确实赋予粒子(甚至是原子系统内的粒子)以位置和速度的精确值。

德布罗意的领波理论在与会者中间没有得到多少支持。实际上,对它几乎根本没有进行什么讨论。唯一的严肃的反对意见来自泡利[1]。泡利指出,德布罗意的观念,若只就实验的统计结果而言,虽然和玻恩的弹性碰撞理论也许还是相容的,但是一当考虑非弹性碰撞,便立即不能成立了。鉴于泡利的反对意见在这个问题

----

[1]　151 页注[1]文献(pp.280—282)。

上的历史上的重要性——正是主要由于泡利的类似的批评，使得直至五十年代初期人们都认为德布罗意的因果性理论已经被断然否定了——以及在下文（隐变量理论）的理论上的重要性，我们要对它进行比较详细的讨论。

泡利的反对意见是以费米[①]关于一个粒子同一个平面刚性转子之间的碰撞的分析为基础的，在玻恩发表了关于碰撞现象的开创性工作仅仅几个星期之后，费米就作出了这一分析。这个问题涉及一个质量为 m、沿 x 轴运动的粒子（费米考虑的是在 xy 平面内运动的更普遍的情形），和一个位于原点的平面转子，其转动惯量为 J，转子状态由方位角 ϕ 表征。相互作用位势 U(x, ϕ) 是 ϕ 的周期函数，周期为 2π，它只在极小的 x 值上才不为零。总系统的态函粒 ψ(x, ϕ) 满足薛定谔方程

$$-\left(\frac{\hbar^2}{2m}\right)\frac{\partial^2 \psi}{\partial x^2} - \left(\frac{\hbar^2}{2J}\right)\frac{\partial^2 \psi}{\partial \phi^2} + U(x, \phi)\psi = E\psi, \qquad (2)$$

其中 E 是总能量。引进 $\xi = \sqrt{m}\, x$，$\zeta = \sqrt{J}\, \phi$，$V = \sqrt{E/2}$，及 ψ 波的频率 $\upsilon = E/h$，费米得到

$$\frac{\partial^2 \psi}{\partial \xi^2} + \frac{\partial^2 \psi}{\partial \zeta^2} - \left(\frac{1}{\upsilon^2}\right)\frac{\partial^2 \psi}{\partial t^2} = \left(\frac{1}{\hbar^2}\right)U(\xi, \zeta)\psi. \qquad (3)$$

因为 U 只在很小的 ξ 值上才不为零，同时 U 现在是 ζ 的周期函数，周期为 $d = 2\pi\sqrt{J}$，因此 ζ 轴在 $\xi\zeta$ 位形空间内起着一个光栅的

① E. Fermi,"Zur Wellenmechanik des Stossvorganges,"*Z. Physik* **40**,399—402 (1926). 译者按:可看看 L. de Broglie, *Non-linear Wave Mechanics* (Elsevier,1960), Chap.14, §2.

作用,其光栅常数为 d,它使入射的 ψ 波发生衍射。以速度 v_0 和动能 $E_1 = \dfrac{1}{2}mv_0^2$ 运动的粒子的初始波显然是

$$\psi_{粒子} = A_1 \exp\left[\frac{i(E_1 t - \sqrt{2E_1}\,\xi)}{\hbar}\right],$$

而以角速度 ω_0 及动能 E_2 转动的转子的初始波为

$$\psi_{转子} = A_2 \exp\left[\frac{i(E_2 t - \sqrt{2E_2}\,\zeta)}{\hbar}\right]. \tag{4}$$

由于周期性条件[*],有

$$E_2 = \frac{n^2\hbar^2}{2J} \quad (n\text{ 为整数}). \tag{5}$$

令 $\cos\alpha = (E_2/E)^{1/2}$, $\sin\alpha = (E_1/E)^{1/2}$,其中 $E = E_1 + E_2$,并令 $\lambda = h/(2E)^{1/2}$,则总的入射波 ψ_0 可写成如下的形式:

$$\psi_0 = A\exp\left[2\pi i\left(\frac{Et}{h} - \frac{\xi\sin\alpha + \zeta\cos\alpha}{\lambda}\right)\right], \tag{6}$$

即 ψ_0 是波长为 λ、频率为 $\nu = E/h$ 的一个平面单色波,波的前进方向与 ξ 轴成 α 角。

费米用这个巧妙的办法把碰撞过程化为 $\xi\zeta$ 位形空间中的衍射现象。用 β 表示强度为极大值的衍射波的衍射角(相对于光栅平面),简单的计算表明,β 满足条件

---

[*]　当 ζ 增大 $2x\sqrt{J}$ 时 $\psi_{转子}$ 之值不变,因此

$$\frac{1}{\hbar}\sqrt{2E_2}\cdot 2\pi\sqrt{J} = 2\pi n \quad (n\text{ 为整数}),$$

亦即 $\qquad\qquad\qquad E_2 = \dfrac{n^2\hbar^2}{2J}.$　　　　——译者

$$2\pi\sqrt{J}\left(\cos\beta-\cos\alpha\right)=k\lambda \quad (k \text{ 为整数}),$$

因此在相互作用（衍射）之后的波函数是如下的平面波的叠加：

$$\psi_f=\sum_\beta a_\beta\exp\left[2\pi i\left(\frac{Et}{h}-\frac{\xi\sin\beta+\zeta\cos\beta)}{\lambda}\right)\right] \tag{7}$$

或等于

$$\psi_f=\sum_\beta a_\beta\exp\left[\frac{2\pi i}{h}(Et-p_\beta x-\pi_\beta\phi)\right] \tag{8}$$

113　其中 $p_\beta=\sqrt{2mE}\sin\beta$，$\pi_\beta=\sqrt{2JE}\cos\beta$。若我们观测整个系统的终态，那么由于波包收缩，我们将发现，碰撞之后的粒子和转子的动量分别是 p_β 和 π_β。显然，对于一切 β 值都有 $p_\beta^2/2m+\pi_\beta^2/2J=E$（能量守恒）。

由衍射条件有

$$\cos\beta=\cos\alpha+\frac{k\hbar}{(2JE)^{1/2}} \tag{9}$$

因为

$$\cos\alpha=\left(\frac{E_2}{E}\right)^{1/2}-\frac{n\hbar}{(2JE)^{1/2}} \tag{10}$$

我们得

$$\cos\beta=\frac{(n+k)\hbar}{(2JE)^{1/2}} \tag{11}$$

因此得出碰撞之后转子的能量为

$$\frac{\pi_\beta^2}{2J}=E\cos^2\beta-(n+k)^2\frac{\hbar^2}{2J}. \tag{12}$$

对于 $k=0$ 碰撞为"弹性的"，对于 $k>0$ 为"第一类非弹性碰撞"，对于k<0为"第二类非弹性碰撞*。"关于费米的计算就讲到这里。

泡利然后指出，如果像德布洛意那样，把终态函数 ψ_f 写成 $\psi_f = aexp(2\pi i\varphi/h)$ 的形式，其中 a 和 φ 是实函数，那么位相 φ 将会是一个极复杂的函数，系统在位形空间中相应的运动将和转子最终的量子化状态不相容，而转子的终态为量子态则是由实验证实了的。泡利得出结论说："因此，德布罗意先生的看法，在我看来，同量子理论的假设似乎不相容，后者要求转子在碰撞之前和之后都处于定态。"

德布罗意试图用下述理由来反驳泡利的批评，他说，正如在经典光学中，除非光栅和入射波二者在横向上都是有限的，否则就不能说一个光栅将一束光衍射到给定方向，在现在的情况下也是那样，必须把 ψ 波同样看作是在位形空间中横向上有限的；如果这一点得到保证，那么系统的代表点的速度就将是常定的，并将对应于转子的一个定态。但是德布罗意的论证听起来太像是专门为此而编造出来的，以至于不能使任何与会者信服。实际上，甚至德布罗意本人也开始怀疑是否能够把 ψ 波想象成一个真实的物理场，既然这个波通常是在一个多维的因而也是虚构的位形空间中传播的，并且这个空间的坐标代表的并不是粒子真实占据的位置而只是粒子可能占据的位置。因此当德布罗意在 1928 年初受邀到汉

114

---

　　* 对于 $k=0$，粒子和转子保持各自的初始状态，碰撞时没有能量交换，因此是弹性碰撞。$k>0$ 时粒子给转子以能量，使转子跃迁到能量比初始量子态高的量子态。$k<0$ 时转子由初态跃迁到能量较低的量子态，把能量交给入射粒子。——译者注

堡大学讲学①时,他便首次公开宣布他皈依互补性诠释。在这一年秋天他在巴黎理学院[*Faculté des Sciences*]就职时,他感到在他的课程②中讲授一个他本人也怀疑的理论是不合适的,于是他也参加了正统诠释信奉者的行列,正统诠释在这届索尔维会议上得到了绝大多数与会者的接受。

在德布罗意之后,玻恩和海森伯宣读了他们关于矩阵力学、变换理论及其几率诠释的论文。在提到测不准关系时他们评论说:"普朗克常数 h 的真实意义在于:它构成了由于波粒二象性而在自然定律中所固有的非决定性的一个普适的标准。"在这篇报告的结束语中他们发表了挑战性的言论:"我们认为量子力学是一个完备的理论;它的基本的物理和数学假设是不容许进一步加以修改的"。下一个发言者是薛定谔,他的论文是关于被动力学、特别是关于如何用这个理论来处理多体系统的。会议的高潮是闭幕时的一般性讨论。

这场讨论是由洛伦兹讲了几句导言开始的,他在导言里表示了他对大多数发言者所提议的在原子物理学中放弃决定论的不满。他虽然承认海森伯测不准关系对观测加上了一种限制,但是反对把几率观念看作一个先验的公理放在诠释的出发点上而不是

① 见 L. de Broglie,"Souvenirs personnels sur les débuts de la mécanique ondula-toire,"*Revue de Métaphysique et de Morale* **48**,1—23(1941)。译者按:又见"Personal Memories on the Beginnings of Wave Meclanics,"载于 L. de Broglie,*Physics and Microphysics*,pp.142—185,特别是 pp.160—164,详细而诚实地叙述了德布罗意决定放弃他的领波理论转而信奉哥本哈根诠释的经过。

② 这门课程的主要内容包括在下书中:L. de Broglie,Introduction à *l'Etude de la Mécanique Ondulatoire*(Hermann,Paris,1930)。

看作理论考虑的结论放到最后。"就我没有谈到过的基础现象而言，我总可以保持我对决定论的信仰。一个更深邃的精灵难道就一定不能表述这些电子的运动吗？人们难道不能把决定论当作一种信仰的对象并坚持它吗？在原则上坚持非决定论是必要的吗？"

在提出这些挑战性的问题之后，洛伦兹要求玻尔对会议讲话。玻尔接受了这个邀请，讲了他的诠释，重复了他的科摩讲演的主要内容。很清楚，他的话主要是讲给爱因斯坦听的，爱因斯坦现在初次听到了玻尔关于互补性的观念。会议文集 Rapports et Discussions 表明，在会议的正式会期里，爱因斯坦没有加入有关量子理论的任何讨论，即使当玻尔的话结束后，他也仍然保持沉默。

首先参加讨论玻尔的观念的是布里渊和德东代 [*de Donder*]，他们注意的是玻尔的说明同关于相空间的网格结构的某些观察之间的一致（布里渊）和引力场的相对论性理论（德东代）。第三个发言的是玻恩。他说："爱因斯坦先生曾经考虑过下述问题：一种放射性元素向各个方向发射 α 粒子；利用威尔逊云室使这些 α 粒子成为可见的；如果每次发射都让它和一个球面波相联系，那么，我们又怎样才能理解每个 α 粒子的径迹看来（几乎）都是一条直线呢？换句话说：现象的粒子特性怎样才能同用波动来表示这个现象调和起来呢？"玻恩然后提到了对这个问题的通常的回答，即用"波包收缩"来解释，但是他也讲到了泡利所重视的另一种方法，这种方法通过求助于多维空间，可以不用这种"收缩"而描述上述过程，但是，玻恩谨慎地——并且正确地——补充说，"这在基本问题上并没有迈出很大的一步"。

115

只有在这以后,爱因斯坦才起来发言*。"我必须请大家原谅",他说,"因为我并没有深入研究过量子力学。尽管如此,我还是愿意谈一些一般性的看法。"他接着说,人们可以从两种不同的观点来看待量子理论。为了使他的论点更清楚,他提到了下述实验。

一个粒子(电子或光子)垂直投射到一个光栅上,光栅上有一狭缝 O,因此与粒子相联系的 ψ 波在 O 处发生衍射。一个半球形的闪烁屏(或照相底片)置于 O 后,以显示粒子的到达(图 3),这一事件的发生几率是由衍射的球面波在所考虑的点上的"强度"来量度的。

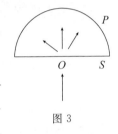

图 3

按照第一种观点,爱因斯坦说,德布罗意-薛定谔波不是代表一个单个粒子,而是代表分布在空间中的一个粒子系综。因而理论所提供的信息并不是关于一个单个过程的,而是关于这种过程的系综的。于是 $|\psi_{(r)}|^2$,表示在 r 处存在有系综的某一粒子的几率(几率密度)。

按照第二种观点,是把量子力学看成关于单个过程的完备理论;每个向着屏幕运动的粒子都被描写成一个波包,它在发生衍射之后,到达屏上的某点 p,而 $|\psi_{(r)}|^2$ 则是表示同一个粒子在给定的时刻出现在 r 处的几率(几率密度)。虽然爱因斯坦(错误地)以为,基元过程中的各种守恒定律、盖革-玻特[Geiger-Bothe]实验的结果以及 α 粒子在威尔逊云室中形成的几乎连续的径迹都只支

---

* 爱因斯坦的发言见《爱因斯坦文集》第一卷(许良英等编译,商务印书馆,1977),第 230—233 页。——译者注

持第二种观点,但他还是反对这种观点,其理由如下:若$|\psi|^2$的意义是根据第二种观点来解释的,那么,在粒子尚未定位之前,必须认为粒子是以几乎恒定的几率潜在地出现在整个屏幕上的。但是,一当粒子被定位,就必须假定发生了一种特殊的超距作用,它不让一个连续分布于空间的波在屏幕上两个不同的地方产生效应。

爱因斯坦接着说:"在我看来,这个困难是无法克服的,除非在用薛定谔波来描述这个过程之外,再补充以关于粒子在其传播过程中的定位的某种详细规定。我认为德布罗意先生在这个方向上的探索是对的。仅就薛定谔波而言,我认为,$|\psi|^2$的第二种解释是同相对性假设相矛盾的。"

爱因斯坦以反对第二种解释的两个进一步的论据来结束他的讲话。他说,第二种解释利用了多维的位形空间,由全同粒子组成、仅仅粒子的排列有所不同的两个系统,在这种空间中要由两个不同的点来代表,这一结论和新的统计法是难以调和的。最后他指出,接触力原理(即关于力只在空间的近距离上才起作用的假设)在位形空间中是不好表述的。

乍一看来,像爱因斯坦这样一个曾如此成功地将引力问题归结为几何学的人,会说出上述最后那个反对意见,并且会由于一种新的形式体系不符合一个通常的关于力的原理而否定它,这是令人感到有些奇怪的。但是,爱因斯坦拒绝接受的,并不是力的动力学观念,而是超距作用的几何学性质。这个论据主要是针对薛定谔的——尽管薛定谔对量子力学的表述(用连续波将量子力学表述为一种场论以及随之而来的试图消除不连续性)比起量子理论的任何一种别的表述来要使爱因斯坦的反感少一些。

　　薛定谔在对会议的讲演中,强调了德布罗意的波动力学同他自己的"多维波动力学"之间的根本差异:德布罗意的波动力学处理的只是三维空间或不如说四维时空连续统中的波,而在他的多维波动力学中,一个 N 粒子系统并不是如德布罗意理论中那样由时间 t 的 3N 个分离的函数 $q_k(t)$ 来表示,而是作为(3N＋1)维空间(即 3N 个变数 q_k 或 $x_1, y_1, z_1, \cdots, x_N, y_N, z_N$ 加上时间变数 t)中的一个单一的函数 ψ。

　　已经清楚,在解决各种多体问题中薛定谔用得很有效的那个函数是由一个偏微分方程确定的,这个方程含有对独立变数 q_k 的微商;也已搞明白,在(例如)两个电子的情况下,这个方程意味着在二粒子的位形时空 $x_1 y_1 z_1 x_2 y_2 z_2 t$ -连续统的一个无穷小区域上的各个 ψ 值之间的某种相互作用,虽然 $[(x_2 - x_1)^2 + (y_2 - y_1)^2 + (z_2 - z_1)^2]^{1/2}$ 完全可以是一个甚至是宏观大的距离。

　　爱因斯坦对于这个问题曾经考虑过很多,这一点我们是从他的朋友埃仑菲斯特的许多话中得知的,爱因斯坦曾经一再同他讨论过这个问题。例如,埃仑菲斯特在 1932 年发表的一篇文章的一个有趣的脚注中说道:"如果我们想到薛定谔的波动力学代表着一种多么不可思议的超距作用理论,我们就要对一个四维的近距作用理论保持一种合理的眷恋之情!"[①]埃仑菲斯特还加上一句:"爱

----

　　① 德文原文为"Wir sollten uns immer wieder daran erinnern, eine wie *unheimliche Fernwirkungstheorie* also die Schrödingersche Wellentheorie ist, umunser Heimweh nach einer vierdimensionalen Nabwirkungstheorie wach zu halten!" 见 P. Ehrenfest, "Einige die Quanten mechanik betreffende Erkundigungsfragen", *Z. Physik* **78**, 555—559(1932)。

因斯坦所设计但从未公布过的某些思想实验特别适用于这个目 118
的。"

　　我们在后面会看到,超距作用的观念对别的好几种提出诠释
的尝试也起着重要的作用。由于这个原因,对这个问题再作一些
更详细的讨论看来的是适当的。

　　为了回答埃仑菲斯特的论文,泡利在一篇写于四个月后的同
名文章①中提出了用邻近作用对理论所作的一种表述。为此,泡
利回顾了通过引入静电场(它满足微分方程 div E$=4\pi\rho$)的概念
而将建立在库仑的超距作用定律上的古典静电学理论转换为邻近
作用理论的程序,并且问道在量子力学中是否也可以作某种类似
的转换。只考虑静电相互作用,泡利建议把出现在薛定谔方程中
的库仑定律的通常表述换成表示式

$$\nabla E(x) = 4\pi \sum_{s=1}^{n} e_s \delta(x - X^{(s)}) \qquad (13)$$

因此薛定谔方程可写成

$$i\hbar \frac{\partial \psi}{\partial t} = \left[-\sum \left(\frac{\hbar^2}{2m_s} \right) \Delta_s + \frac{1}{2} \int E^2(x) dx_1 dx_2 dx_3 \right] \psi(t, X^{(s)})$$

$$(14)$$

其中 　　　　　　　　$\Delta_s = \sum_{k=1}^{3} \frac{\partial^2}{\partial X_k^{(s)2}}$,

$X^{(s)}$ 是 N 个粒子的 3N 个坐标(s=1,2,…N),

---

　　① W. Pauli,"Einige die Quantenmechanik betreffenden Erkundingungsfragen,"
Z. Physik **80**,573—586(1933),特别是 pp.584—586。

$$E(x) = \sum \frac{e_s}{r_s^2} \frac{x - X^{(s)}}{r_s}, \quad r_s = | x - X^{(s)} |,$$

而 x 是场点的坐标。

至于这种方法的一个把辐射推迟和磁相互作用也考虑进来的推广,泡利让读者参看即将发表的他为《物理大全》撰写的那篇论文[①]。不过,关于自能问题和这个方法的相对论推广的问题,泡利不得不承认,只有对通常的时空观念作修改后才能解决。泡利的提议并没有减轻我们所讨论的主要困难,这个困难极为触目地表现在爱因斯坦的头一个反对意见中:与单个粒子相联系的 ψ 波在粒子定位的时刻发生瞬时的塌缩。爱因斯坦声称,这种塌缩将意味着"一种非常特别的超距作用机构。"

实际上,这样一种过程将不仅由于所假定的瞬时性或同时性而违犯相对性原理,而且,由于根据定义这种过程中只含一个粒子,这个粒子被探测到也就结束了这个过程,因此这个过程是永远不可能得到实验的检验的。这就无怪乎海森伯的"波包收缩"(它无非是上述 ψ 函数的塌缩的一种数学说法)或冯·诺伊曼的投影假设(它也无非就是上述观念的另一种数学表述,非常适合于这个观念在测量理论中的应用)成为一些尖锐的反对意见的靶子。

正如我们看到的,爱因斯坦看来是支持第一种观点的。按照后来的叫法,这种观点叫做薛定谔函数的系综诠释,或更一般地叫做量子力学的系综诠释,按照这种诠释,在二十年代后期发展起来的量子力学,并不描述一个单个系统的行为,而是描述许多全同系统

---

① 85 页注①文献。

的一个系综的行为。虽然两种观点可以给出同样的实验预言,两种观点本质上都是统计理论,但是它们对作为基础的几率概念的看法是不同的。第二种观点或玻尔的诠释中吸收了玻恩的几率假设,根据这个假设,理论所预言的是关于单个系统的单次实验的几率,我们在前面讲过,海森伯把这种几率观同亚里士多德的潜能观念相比较。

而爱因斯坦所考察的系综诠释,则把量子力学几率等同为一个全同实验系综的实验结果的相对频率,这个观念可能更合多数物理学家的口味。虽然就我们所知,在1927年布鲁塞尔的会议上爱因斯坦没有明显提到过关于几率概念的这一差别,但是他心里很可能是想到了这一点的。无论如何,他后来关于这个问题的著作清楚地叙述了这个差别。

量子力学中所用的几率的这两种解释之间的这一差别是极为重要的,这是因为,虽然它并不带来实验的后果——因为在两种情况下理论预言的验证都需要进行多次全同实验——但它却会带来解释的后果:爱因斯坦的频率解释为隐参数理论扫清了道路,隐参数理论把量子力学归结为统计力学的一个分支;而玻尔-玻恩的或然性解释却排除这种可能性。

还是回到索尔维会议上来。我们已经看到,鉴于所遭到的不利的反应,德布罗意很快就放弃了他的那些观念。爱因斯坦实际上是在单枪匹马地反对得到普遍接受的对量子力学形式体系的诠释。但是,他的反对意见引起了正式会期之间的热烈讨论。他的目标显然是要设计一些思想实验表明测不准关系是可以被超越的,特别是表明可以给予单次过程中的能量和动量传递一个十分详细的时空描述,以驳倒玻尔-海森伯的诠释。

玻尔关于他同爱因斯坦就这个争端所作的讨论的权威性报告[①]虽然是在这些讨论发生了二十多年之后写的,却无疑是这段插曲的历史的一个可靠的史料来源。但是,非常可惜的是,关于爱因斯坦-玻尔论战的进一步的文献材料极为缺乏。因为它是物理学史上的伟大科学论战之一,也许只有十八世纪初的牛顿-莱布尼茨论战[*]才能与之比拟。在这两种场合下都是关于物理学中的基本问题的针锋相对的哲学观点的冲突,在两种场合下都是他们时代的两个最伟大的心灵之间的冲突,并且正如著名的莱布尼兹-克拉克[*Leibnitz-Ciarke*]通信集(1715—1716)——"它也许是我们在笔战方面所能有的最蔚为壮观的丰碑"(伏尔泰语)——只不过是牛顿和莱布尼兹之间深刻的意见分歧的一个简要的表现一样,玻尔和爱因斯坦之间在布鲁塞尔大都会旅馆[*Hotel Metropole*]的走廊上进行的讨论也只是一场大论战的缩影,这场论战进行了

---

① 124 页注③文献。这篇文章的一部分,玻尔是在 1948 年访问普林斯顿时写的。

* 十七世纪末到十八世纪初,牛顿和莱布尼兹之间,为了微积分的发明权,展开了激烈的争论,当时英国和欧洲大陆的大多数学者,如伯努利[Jean Bernoulli]等人,都纷纷卷入,互相攻讦。英国皇家学会出面组织一个委员会证明牛顿是发明微积分的人,大陆上的科学家却几乎一致支持莱布尼兹。争论双方都采用过一些不正当的手法。后来争论愈演愈烈,论战的范围,也由微积分的发明权扩及自然哲学(关于牛顿的引力和真空理论与笛卡儿的旋涡假说的争论、关于绝对空间和绝对时间的争论)、宗教神学(莱布尼兹批评牛顿建立了一个机械宇宙的观念,并且把上帝只当成一个超等机匠)等方面,下述及的莱布尼兹-克拉克通信集就是莱布尼兹与克拉克[Dr.Samuel Clarke]之间关于哲学-宗教方面论战的通信。直到 1716 年莱布尼兹去世,这场争论方才平息。"这是科学史上最厉害 也是最著名的争论,它引起双方主角和支持者相互攻击达二十五年之久,这问题永远不会失掉其兴味,也永远不会得到圆满的解决"。见 L. T. More,*Issac Newton—A Biography*(Charles Scribner's Sons,New York,London,1934),pp.565—607,特别是 p.565 及 P. 601。——译者注

许多年,虽然不是以直接对话的形式进行的。实际上,甚至在爱因斯坦去世(1955 年 4 月 18 日)之后,这场论战还在进行,因为玻尔曾经一再承认,他心里仍然继续在同爱因斯坦争论,并且每当他沉思物理学中的一个基本的有争论的问题时,他总要自问爱因斯坦对这个问题会是怎样想的。的确,玻尔在他去世(1962 年 11 月 18 日)前一天的傍晚,在卡尔斯堡城堡[*Carlsberg Castle*]他的工作室的黑板上所画的最后一个图,便是爱因斯坦的光子箱的草图,光子箱是与玻尔同爱因斯坦的讨论中提出的主要问题之一联系着的。

5.2　玻尔同爱因斯坦之间早期的讨论

玻尔-爱因斯坦论战的开始可以回溯到 1920 年春天,当时玻尔访问了柏林,并且会晤了爱因斯坦、普朗克和弗兰克[*James Franck*]。在这次访问中,玻尔和弗兰克建立了亲密的友谊,结果弗兰克成了首批访问在哥本哈根的布莱丹斯韦伊[*Blegdamsvej*]新建的研究所的外国科学家之一。虽然玻尔大为赞赏爱因斯坦对统计分子动力论的贡献、他关于相对论的工作、特别是他对普朗克辐射定律的巧妙的推导,但是他难以接受爱因斯坦的光量子概念。因此在 1920 年 4 月 27 日他对柏林物理学会的关于"光谱理论的现状及其在不久的将来的发展的各种可能性"的讲演[①]中,虽然这

----

　　① N. Bohr,"Über die Serienspektren der Elemente,"*Z. Physik* **2**,423—469(1920);英译文"On the series spectra of the elements,"载于 *The Theory of Spectra and Atomic Constitution* (Cambridge U. P,Cambridge,London,1924),pp.20—60。

个题目同光子理论有密切关系,他却仅仅在一个地方提到"辐射量子"的观念,而且这还可能只是出于对也参加了这个报告会的爱因斯坦的尊重,玻尔立即补充道:"我将不在这里讨论'光量子假设'在干涉现象方面所带来的众所周知的困难了,而辐射的经典理论对于说明干涉现象却是这样合适。"

1920 年 4 月间玻尔同爱因斯坦的讨论,如果从后来的发展的角度来看,乍看之下可能会给人以这样一个印象,他们在这次讨论中担当的角色和他们在此后担当的角色正好倒了个个儿,爱因斯坦主张一个完备的光的理论必须以某种方式将波动性和粒子性结合起来,而玻尔却捍卫着经典的光的波动理论,坚持认为既然出现在能量量子 hν 中的"频率"ν 是由关于干涉现象的实验来确定的,而"干涉现象的解释显然要求光是由波动构成",因此光子理论的基本方程就是毫无意义的东西。但是,如果更仔细地分析一下,已经可以辨认出他们未来的具有各自的特征的正相对立的立场。玻尔强调的是需要同经典力学的观念作彻底的决裂,而爱因斯坦虽然赞成光的波粒二象性,却坚信波和粒子这两个侧面可以因果性地相互联系起来。

在玻尔看来,经典物理学和量子理论是不可调和的,虽然它们通过对应原理以渐近的方式联系着;而另一方面,爱因斯坦在 1909 年即已建议[1],麦克斯韦方程的解除了波以外,还可能有点状

---

[1]　A. Einstein,"Über die Entwicklung unserer Anschauungen über das Wesen und die Konstitution der Strahlung," *Physikalische Zeitschrift* **10**,817—825(1909); *Verhandlungen der Deutschen Physikalischen Gesellechaft* **11**,482—500(1909).

的奇异解——这个想法他后来(1927年)曾成功地应用到广义相对论的场方程上,并且如我们所看到的,这个想法促使他在第五届索尔维会议上起来支持德布罗意的领波理论。因此,爱因斯坦是一切物理现象应该有一个统一的因果理论的一个坚定的信仰者。从他在1919年6月4日写给玻恩的一封信,我们可以看出他心目中对玻尔的二分法[*dichotomic approach*]是多么反感:"量子论给我的感觉同你的非常相像。人们实在应当对它的成功感到羞愧,因为它是根据耶稣会的信条'不可让你的左手知道右手所做的事'而获得的。"①

在没有会晤玻尔以前写给玻恩的另一封信(日期为1920年1月27日)中,爱因斯坦写道:"关于因果性的问题也使我非常烦恼。光的量子吸收和发射是否有朝一日总可以在完全的因果性所要求的意义下去理解呢,还是一定要留下一个统计性的尾巴呢?我必须承认,在这里,我缺乏判决的勇气。无论如何,要放弃完全的因果性,我将是非常、非常难受的。……"

几个星期之后,1920年3月3日,爱因斯坦在给玻恩的信中又写道:"我在空暇时总是从相对论的观点来沉思量子论的问题。我不认为理论非得要放弃连续性不可。但是,我迄今未能把我的

---

① M. Born,"Physics and Reality,"*Helvetica Physica Acta*(Supplementum 4),244—260(1956),引文在 p.256 上;M. Born, *Albert Einstein-Max Born, Briefwechsel*(Nymphenburger Verlagshandlung, Munich, 1969),p.69;英译本 *The Born-Einstein Letters*(Walter and Co., New York;Macmillan, London,1971),p.10;法译本(1972),p.28. 译者按:耶稣会[Jesuit]系天主教会中的一个组织,1533 年由西班牙人 Ignatius Loyola 创办,已成为狡猾、虚伪、诡辩的同义语。这一封信以及下面 1920 年 1 月 27 日的信,见《爱因斯坦文集》第一卷(商务印书馆,1977),第 108 页,114 页。

宝贝想法具体化,这个想法就是用过分确定[*redundanoy in determination*]条件下的微分方程来理解量子的结构。"[1]看了这一段话,我们就不难理解,为什么爱因斯坦以后对薛定谔 1926 年的工作那样"热情"。

爱因斯坦在他的短文"场论提供了解决量子问题的可能性吗?"[2]中,概括地讲述了他在 1923 年怎样摸索过把量子理论纳入一个基于因果性原理和连续性原理的普遍场论中去的问题。他认为,在通常的力学中,只有系统的初态随时间的演化,才遵从确定的规律即运动定律的微分方程,初态本身则是可以随意选择的;而在量子物理学中,正如量子条件所表明的那样,初态也遵从确定的定律。这一事实提示我们,问题应当通过方程的"超定"[*overdetermination*,德文为 *Überbestimmung*]来解决:即微分方程的个数必须超过方程中所含场变数的个数。爱因斯坦提出了这样一种超定,但是未能从它导出量子条件。

---

① 上页注①文献(1969,pp.48—49;1971,p.26;1972,p.41)。译者按:过分确定或超定,即方程个数多于变数数目,见下文。

② A. Einstein,"Bietet die Feldtheorie Möglichkeiten für die Lösung des QuantenProblems?"*Berliner Berichte* 1923,359—364。又见爱因斯坦 1924 年 1 月 5 日致他的朋友贝索[Michele Besso]的信:"我为了求得对量子现象的充分理解而正辛苦从事的那个想法,是关于微分方程的个数多于场变数时所引起的定律的超定,因为用这种方法可以克服初条件的非任意性而无须放弃场论。虽然这个方法很可能最后也是一场空,但它还是应当一试的,因为,毕竟它在逻辑上是可能的。……这个问题用到的数学是极为复杂的,而同经验的关系甚至更为间接。但是,实事求是地说,它仍是一种在知识方面不会有任何损失的[without any *sacri ficium intellectus*]逻辑可能性。"见 *Albert Einstein,Michele Besso,Correspondance* 1903—1955,P. Speziali,ed.(Hermann,Paris,1972),p.197。

尽管在观点上有分歧，玻尔的人品仍给爱因斯坦以很深的印象。在玻尔从柏林回到哥本哈根不久，爱因斯坦写信给他说："在我的一生中，仅仅由于和一个人见面就给我留下如此愉快的印象，如同和你见面所留下的那样，这种事件的次数是不多的。现在我明白埃仑菲斯特为什么这样喜欢你了。"[1]玻尔在他的复信（1920年6月24日）中称他对爱因斯坦的访问是他"一生中最重大的事件之一"。爱因斯坦在给埃仑菲斯特的信中写道："玻尔在这里，我像你一样非常喜欢他。他是一个非常敏感的小伙子，像着迷似地在这个世界上来去。"在1920年12月20日(?)致索末菲的一封信中，爱因斯坦称赞了玻尔的直觉能力[2]。

虽然在晚年爱因斯坦常常以相当尖刻的措辞批判玻尔的观点，但是他的确赞扬玻尔的人品，这一点看来是没有疑问的。在感谢玻尔对他获得诺贝尔奖（宣布这次授奖的消息时爱因斯坦正在开往远东的一条船上）的祝贺时，爱因斯坦是用这样的字眼来称呼玻尔的："亲爱的，不，挚爱的玻尔！"[3]——而他的确是这样认为的。

在发现康普顿效应之后，玻尔和爱因斯坦之间的冲突达到了头一次高潮。看来康普顿效应是绝对支持光的粒子说的，因此就要求玻尔一方相应采取断然的步骤。为了回答这个挑战，玻尔在

124

---

①　爱因斯坦1920年5月2日致玻尔的信。

②　"他的直觉能力是很值得赞叹的。"*Albert Einstein-Arnold Sommerfeld：Briefwechsel*，A. Hermann，ed.（Schwabe & Co.Basel，Stuttgart，1968），p.75.

③　在春名丸轮船甲板上写的信，1923年1月10日。

1924 年和克拉默斯与斯莱脱一道写了著名的论文"辐射的量子理论"①,这篇文章完全抛弃了爱因斯坦关于辐射的量子结构的观念,而代之以一个彻底的几率方法,它以能量和动量只是在统计上守恒为基础。

1924 年 4 月 29 日,爱因斯坦在致玻恩的信中写道:"玻尔关于辐射的意见使我很感兴趣。但是,在有比迄今为止更有力得多的反对严格的因果性的证据之前,我不想轻易放弃严格的因果性。我不能容忍这样的想法:受到一束光照射的一个电子,会由它自己的自由意志来选择它想要跳开的时刻和方向。如果是那样,我宁可做个补鞋匠或者甚至赌馆里的一名佣人,都比当个物理学家强。不错,我要给量子以明确形式的尝试一而再、再而三地失败了,但是,我还是不想长远地放弃希望。"②

在 1924 年 5 月 1 日致埃仑菲斯特的一封信中,爱因斯坦列举了他为什么拒绝玻尔的建议的一系列理由,主要的理由是"最终放弃严格的因果性是我难以容忍的。"

1925 年 12 月,玻尔和爱因斯坦再次会晤了,这次是在荷兰的莱顿[Leiden],当庆祝洛伦兹获得博士学位五十周年之际。从1912 年起就在莱顿的埃仑菲斯特,1923 年成为洛伦兹的继任人,远自 1912 年他在布拉格拜访爱因斯坦时起即已同爱因斯坦有着

---

① N. Bohr, H. A. Kramers, and J. C. Slater, "The quantum theory of radiation," *Philosophical Magazine* 47, 785—802(1924); "Über die Quantentheorie der Strablung", *Z. Physik* **24**, 69—87(1924). 参见文献 1—1(pp.182—188)。

② M. Born, "In memory of Einstein", *Universitas* 8, 33—44(1965), 引文在 p.39 上;及 169 页注①文献(1969, p.118; 1971, p.82; 1972, p.98)。此信的中译文又见《爱因斯坦文集》第一卷(商务印书馆,1977)第 193 页。

亲密的关系，但他同时又是玻尔的一个热诚的仰慕者，从 1918 年 5 月起他同玻尔有着频繁的接触。玻尔的长期合作者克拉默斯是埃伦菲斯特的学生。

于是埃伦菲斯特起着某种中介人的作用，他很熟练地扮演着这个角色。虽然关于迄至当时的发展水平的量子理论的本性的一般问题无疑曾是他们讨论的一个题目，但是争论的焦点似乎是爱因斯坦于 1921 年提出的一个实验。这个实验是用来作为光的经典波动理论同玻尔的量子理论之间的一个判决实验［experimentum crucis］而设计的。其内容是判定由极隧射线［*canal rays*］产生的辐射的频率，究竟是符合波动说的多普勒公式 $\nu = \nu_0 (1 + v cos\theta/c)$ 呢，还是符合量子论的玻尔公式 $E_3 - E_1 = h\nu$，因为根据玻尔的公式，每一次基元辐射过程，包括那些由一个在运动中的原子产生的基元辐射过程在内，都假定只产生出一个唯一的频率。在波动理论中，一束光束在通过一种色散媒质后，按照爱因斯坦的理论，应当有几度大小的偏转，而按照玻尔的理论，则不会有偏转[①]。几个星期之后，根据埃伦菲斯特提出的意见，由于我们的问题讨论的是有限波列，因此应当考虑群速度而不是相速度，于是爱因斯坦修正了他的光通过色散媒质传播的理论，得出的结论是：这个问题的波动理论的处理方法和粒子理论的处理方法导致同样的结果。虽然这个实验因此就失去了它的"判决性"，它显然还是接触到了

125

[①]　详细情况见 M. J. Klein，"The first phase of the Bohr-Einstein dialogue，"*Historical Studies in the Physical Sciences*，R. McCormmach，ed.（University of Pennsylvania Press，Philadelphia，1970），Vol.2，pp.1—39.

爱因斯坦和玻尔都很关心的一系列争端[①]。

虽然我们对玻尔同爱因斯坦在莱顿的谈话内容所知甚少,但是几乎可以肯定,在这段期间接受了爱因斯坦的光量子理论的玻尔,非常强调把经典物理学观念应用到量子力学上去时所遇到的困难。在 1927 年 4 月 13 日致爱因斯坦的一封信中,玻尔提到了他们在莱顿的会晤,他说这次会晤给了他"极大的愉快";并且,就像在继续他们的讨论似的,他又反复申言经典物理学的各项概念"使我们总是处于一种进退维谷的局面,不论我们是注意对现象的描述的连续的一面还是不连续的一面,我们总是会丢掉另一面。"

应海森伯的要求,玻尔在这封致爱因斯坦的信中附寄了海森伯关于测不准关系的论文的抽印本。玻尔把这篇论文的内容同他们在莱顿的讨论联系起来,他在信中写道,海森伯的分析表明,只有考虑到我们的各种概念的局限性同我们的观察能力的局限性相符合这一事实,各种矛盾才能避免。这一段话清楚表明,玻尔在 1927 年 4 月就已直觉到他的互补性诠释了。

玻尔把话题转到光量子问题上,他写道:"鉴于这种新的公式化表述[海森伯关系],就有可能把能量守恒的要求同光的波动说的结论调和起来,因为根据描述的特点,问题的不同方面永远不会同时显现出来。"

这封历史上有重要意义的信件的上述最后一段引文,清楚地表明了爱因斯坦的光子概念(光子这个名词是刘易斯[*G. N.*

---

① A. Einstein, "Interferenzeigenschaften des durch Kanalstrahlen emittierten Lichtes," *Berliner Berichte* **1926**, 334—340.

Lewis]在 1926 年引入的)及其最后被玻尔在波粒二象性的框架内所接受,是如何有助于玻尔形成他的互补性观念的。

在玻尔告知了海森伯关于爱因斯坦对测不准关系的保留之后,海森伯在 1927 年 5 月 19 日写信给爱因斯坦,询问他是否设计出一个与测不准原理相矛盾的实验。在 1927 年 6 月 10 日致爱因斯坦的另一封信中,海森伯分析了一个粒子被一光栅衍射的理想实验,此光栅的光栅常数(相继两条线之间的间隔)比缓慢运动的自由粒子的大小大得多:

> 根据你的理论,粒子将被反射到空间中某个一定的分立的方向。如果你知道粒子的轨道,你就能够由此计算出它在何处与光阑相撞,并在那里放置一个障碍物,它把粒子反射到任意给定方向上,而与光阑上的其他刻线无关。……但是在实际上粒子将被反射到那个确定的、分立的方向上去。这种前后矛盾只有通过把粒子的运动与其德布罗意波(由于假设粒子的速度很小,其德布罗意波长与光阑常数同一数量级)联系起来才能避免。但是,这就意味着假定粒子的大小(即其相互作用力的力程)与其速度有关。这实际上就是放弃"粒子"这个术语,并且我认为是不符合下述事实的,即在薛定谔方程中或矩阵力学的哈密顿函数中,位能由简单的表示式 e^2/r 表出。如果你是这样广义地使用"粒子"这个术语,那么我认为,粒子的路径可以确定,这是非常可能的。但是这样一来,统计性的量子力学描述一个粒子的运动(就人们对这种运动所能说的而言)时所具有的那种突出的简单性,我认为就会失去。如果

我没有误解你的想法，那么你是已经准备好牺牲掉这种简单性以挽救因果性原理了。

127 　　爱因斯坦同玻尔之间在布鲁塞尔的第五届索尔维会议上争论的基本问题——从那时起也成为物理基础研究的一个最前沿的问题——现有的对微观物理现象的量子力学描述，究竟应不应该、而且能不能够更进一步加以贯彻，以提供一个更详细的说明，如爱因斯坦建议的那样；或者，它是否已经罄尽了说明可观察现象的一切可能性，如同玻尔主张的那样。为了解决这个争端，玻尔和爱因斯坦都同意必须更仔细地重新考察那些思想实验，海森伯就是用它们来论证测不准关系，玻尔也是用它们来说明同时的时空描述和因果描述的互斥性的。

　　为了正确理解争论双方的观点，应当记住，对于玻尔来说，这些思想实验并不是构成量子力学描述（特别是测不准关系）的基础的一个更为深邃得多的真理的原因，而是它的必然结果。因此，玻尔的有利之处在于：从他的角度看来，他有理由把推理的链条加以延伸，直到他能适当地依靠测不准关系以支持他的命题为止。反之，爱因斯坦的有利地位则在于：只要通过对一个思想实验的机制进行细致分析，如果他能够推翻海森伯关系，那么玻尔所主张的对现象同时进行因果描述和时空描述的不相容性连同他的全部理论就会被驳倒。

　　因此，爱因斯坦的主攻方向是要证明，对一次单个过程，有可能提供一个精确的时空标示，同时又提供对这个过程中的能量和动量交换的平衡的详细说明。如果我们还记得，正是爱因斯坦的哲学曾经引导海森伯表述出他的原理,那么我们一定要得出这样的结论(虽然听起来似乎荒谬):爱因斯坦现在正在竭力推翻源出于他的某些观念。这种情况在物理学史上并不是罕见的。

导致第一个海森伯关系式(3.1)的单缝衍射实验,如前所述,显然并不适用于这个目的,因为与地面测量系统刚性地连结的光阑,不适合于计算任何能量传递。但是只要假定光阑上带有一个快门,它在一个短的时间间隔 Δt 内打开狭缝,那么就能够把能量和动量守恒定律应用于由入射的辐射(或粒子)与可动快门组成的二体系统。实际上,在(光)辐射的情况下,经典物理学及其辐射压强理论预言,在运动的快门的边缘和入射波之间发生着动量传递。

爱因斯坦推断说:如果能够计算出这个动量传递,那么就能预言离开狭缝的粒子的平行于狭缝平面的动量分量的平均值;并且,由于狭缝的宽度以任意高的精确度确定了粒子在同一平面内的位置坐标,海森伯的第一个关系就将被推翻。玻尔用下述论据证明,粒子与快门之间的动量传递是一个不可控制的并且不能进一步分解的扰动,它遵从海森伯的第二个关系式,因而爱因斯坦的命题是不能成立的。

在时间间隔 Δt 中使宽度为 Δx 的狭缝敞开的快门,是以 $v \approx \Delta x/\Delta t$ 的速度运动的。因此一个动量传递 Δp 包含有同粒子的一个能量交换,其值为 $v\Delta p \approx (1/\Delta t)\Delta x \Delta p \approx h/\Delta t$,这里利用了第一条海森伯关系;由于 $v\Delta p = \Delta E$,海森伯的第二条关系 $\Delta E \Delta t \approx h$ 成立,这表明,能量-动量传递是不能进一步分解的。

爱因斯坦接受了玻尔的反对意见,承认用确定位置坐标的同一系统来精确测量动量传递是不可能的,于是他为这两种测量分别配置单独的装置,一个用来测量位置,一个用来测量动量。因此

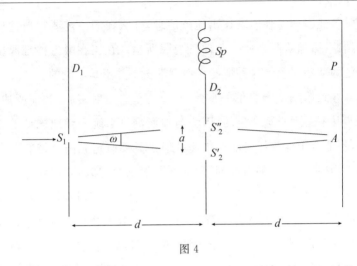

图 4

他提出了下述双缝理想实验(图 4)。在带有一条单缝 S_1 的静止
光阑 D_1 与屏幕(或感光板)P 的中间,有另一个可动的光阑 D_2,悬
挂在一根弱弹簧 Sp 上。D_2 上有两条狭缝 S_2' 及 S_2'',它们的相互
距离 α 比 D_1 与 D_2 之间的距离 d 要小得多。若 D_2 是不动的,那
么在 p 上将观察到一幅干涉图样,如果入射粒子束如此之弱,以致
在同一时刻只有一个粒子穿过仪器,这幅干涉图样便是单个的过
程积累的结果。由于传给 D_2 的动量取决于粒子是穿过 S_2' 还是 S_2''
——比方说,如果粒子是穿过下面的缝 S_2' 到达 A 点的,那么整
个光阑必定有一个轻微的向下的反冲——爱因斯坦便提议,通过
测量传给 D_2 的动量,便可以用高于海森伯关系所允许的精确度
来描绘粒子的轨道(位置和动量),因为除了我们从分析衍射图样
得来的关于动量的知识之外,上述测量还显示出粒子是穿过 S_2' 还
是 S_2''。

玻尔在反驳中指出,粒子是穿过 S_2' 还是穿过 S_2'' 这两种情况

下的动量传递之差为 $\Delta p = \omega p = h\omega/\lambda$，其中 ω 是 a 对 S_1 所张的角。然后把 D_2 看成一个微观物理客体，玻尔论证道，对它的动量的任何一次测量，只要其精确度足以量出 Δp，就必然包含一个位置测不准量，至少有 $\Delta x = h/\Delta p = \lambda/\omega$，但是我们从分析光学中的杨氏衍射实验得知，这个量是每单位长度中明暗条纹数目的倒数，因此，对 D_2 的动量的一次测定（其精确度足以判断粒子是穿过哪条狭缝）引起一个 D_2 的位置测不准量，其大小与干涉条纹之间的距离同一数量级，于是就完全抹掉了衍射图样。

　　玻尔在结论中说，因此，粒子的轨道同干涉图样是互补的观念。实际上，从那时起，上述双缝思想实验已成为说明波粒二象性和测量互补的可观察量的操作不可能性的，一个标准范例，这个实验或者在屏幕上产生一幅衍射图样，从而显示出入射辐射的波动性；或者用某种探测器来记录是穿过哪条狭缝，从而显示出入射辐射的粒子性。我们在讨论否定玻恩对 ψ 函数的几率解释的原始说法的原因时，就已提到了这个实验。正如费曼在很久以后所说的[①]，双缝实验这个现象中"有着量子力学的心脏，实际上，它包含

---

　　① R. P. Feynman, R. B. Leighton, and M. Sands, *The Feynman Lectures on Physics* (Addison-Wesley, Reading, Mase., 1965), Vol.3, p.1—1. 又见 R. P. Feynman and A. R. Hibbs, *Quantum Mechanics and Path Integral* (McGraw-Hill, New York, 1965), pp.2—13. 双缝实验也被 A. Fine 用来作为他的分析文章"Some conceptual problems of quantum theory"的实验基础, 见 *Paradigms and Paradoxes*, R. G. Colodny, ed. (University of Pittsburgh Press, 1972), pp.3—31. 关于实验证据见 G. I. Taylor, "Interference fringes with feeble light," *Proceedings of the Cambridge Philosophical Society* **15**, 114—115(1909); A. J. Dempoter and H. F. Batho, "Light quanta and Interferences," *Phy.Rev.* **30**, 644—648(1927); Л. Б. Биберман, Н. Сушкнии, И В. Фабрикант, "Диффракция поочерёдно летяших злектронов," *Доклады Академии Наук СССР* 65,

了这个理论的唯一的秘密",这个秘密是不能用任何经典方法来说

130　明的。人们也已熟知,如果用玻尔的互补性诠释来分析这个思想实验,就避免了下面这个似乎荒谬的结论:粒子的行为应当依赖它不通过的一个狭缝的启闭。

我们看到,玻尔和爱因斯坦在第五届索尔维会议上的论战,是以玻尔成功地捍卫了互补性诠释的逻辑无矛盾性而结束的。但是玻尔未能使爱因斯坦信服它的逻辑必然性。爱因斯坦从玻尔的论断中所看到的,与其说是一个科学理论,不如说是一个精巧设计的独断论的信仰。在 1928 年 5 月 31 日致薛定谔的一封信中,爱因斯坦是这样描述玻尔的观点的:"海森伯-玻尔的绥靖哲学——或绥靖宗教(?)——是如此精心设计的,使得暂时它得以向那些虔诚的信徒提供一个舒适的软枕。要把他们从这个软枕上唤醒是不那么容易的,那就让他们在那儿躺着吧。"[①]

185—186(1949),这一工作在下述条件下验证了干涉效应:衍射体为一块氧化镁晶体,相继两次有一电子穿过衍射体之间的时间间隔,比单个电子穿越这个系统所需的时间约长 30,000 倍。J. Faget and C. Fert,"Diffraction et interférences en optique électronique,"*Cahiers de Physique* **11**,285—296,(1957)。一种现代的变型是 L. Mandel 和 R. L. Pfleegor 所作的实验,他们使用两个独立工作的单模激光器(以代替两条狭缝),并得到了干涉现象,就好像一个激光器(虽然它不是仪器中的光子的源)进行配合以使从另一个激光器发射的光子产生干涉似的。见 R. L. Pfleegor and L. Mandel,"Interference effects at the single photon level,"*Physics Letters* **24A**,766—767(1967);"Interference of independent photon beams,"*Phys.Rev.***159**,1084—1088(1967)。又见下文中对这个实验的讨论,该文是支持哥本哈根诠释的一种主观主义的方案的:R. Schlegel,"Statistical explanation in physics:The Copenhagen interpretation,"*Synthese* **21**,65—82(1970)。

　　① 47 页注②文献(1967,p.31)。这封信的中译文见《爱因斯坦文集》第一卷(商务印书馆,1977),第 241—242 页。

玻尔-爱因斯坦论战的下一个回合是由下面这件事引起的。A. 柏林内尔[*Arnold Berliner*]，一个对其他自然科学部门具有极为渊博的知识的物理学家和一本在许多年里被认为是用德语写的最好的物理学教科书的作者，辞去了他在通用电气公司[*Allgemeine Elektrizistätsgesellschaft*]的职位，担任了《自然科学》周刊[Die Naturwissenschaften]的编辑[①]。1929 年，柏林内尔决定他的杂志出一期献给普朗克的专号，以纪念普朗克获得博士学位五十周年[②]。他请索末菲、卢瑟福、薛定谔、海森伯，约尔丹、康普顿、伦敦和玻尔等人撰稿，所有的人都答应了他的请求。

玻尔利用这个机会来详细说明他对量子力学的新诠释的认识论背景。在他的论文[③]中，他从三个不同的方面把他的方法同爱因斯坦的相对论作了比较。他声称，普朗克关于作用量子的发现，使我们面临着一种与发现光速的有限性相似的形势；因为正如宏观力学中常见的速度很小使得我们能够把我们的空间观念和时间观念截然分离开来那样，普朗克的作用量子（相对于通常宏观现象中涉及的作用量）很小这一事实，也使我们能够对通常的宏观现象同时提供时空描述和因果描述。但是在处理微观物理过程时，测量结果的反比性或互补性就不能忽略，正如在高速现象中，在有关

---

① 1935 年，纳粹强迫柏林内尔放弃了他的编辑职务，1942 年自杀。

② 普朗克于 1879 年在慕尼黑大学提出了他的学位论文"De secunda lege fundamental doctrinae mechanicae caloris"。

③ N. Bohr, "Wirkungsquantum und Naturbeschreibung," *Die Naturwissenschaften* **17**, 483—486(1929)，重印于文献 4—1(1931, pp.60—66; 1934, pp.92—101; 1929, pp.69—76)。中译文"作用量子和自然的描述"，载于《尼耳斯·玻尔哲学文选》（商务印书馆，1999），第 74—81 页。

同时性的问题上不能忽略观察的相对性一样。

由海森伯关系表示的限制保证了量子力学的逻辑无矛盾性,正如讯号传递不可能超光速保证了相对论的逻辑无矛盾性一样。并且正如相对论"通过对于观察问题的深入分析,注定要揭露一切经典物理学概念的主观性质",量子理论也是这样,通过它认识到作用量子的不可分性,也将导致对描述自然的概念手段的进一步修正。在写下这些论据时,玻尔显然主要是在讲给爱因斯坦听。

难道爱因斯坦否定牛顿的时间的理由不就是因为它没有关于绝对同时性的任何操作定义吗? 以任意高的精确度同时确定各个共轭变量在操作上的不可能性,不会也同样导致对这些概念的同时成立的否定吗? 当 P. 弗兰克在玻尔的论文在 *Naturwissen-schaften* 上发表后不久访问爱因斯坦时,他同爱因斯坦讨论了这个问题,并且指出玻尔-海森伯的方法"是你在 1905 年发明的",对此爱因斯坦答道:"一个好的笑话是不宜重复太多的。"[①]

132　　　关于所作比较的前两点,玻尔肯定是对的。但是至于第三点比较,它所根据的是这一断言:相对论揭露了"一切经典物理学概念的主观性质",或者如玻尔 1929 年秋季在哥本哈根的一篇讲话中再次声言的,"相对论提醒我们想到一切物理现象的主观性,这是一种本质地依赖于观察者运动状态的性质",[②]在这一点上,玻

---

① 　151 页注②文献(1947,p.216)。

② 　N. Bohr, "Die Atomtheorie und die Prinzipien der Naturbeschreibung," *Die Naturwissenschaften* **18**,73—78(1929);120 页注①文献(1931, pp.67—77;1934, pp. 102—119)。中译文"原子理论和描述自然所依据的基本原理"。载于《尼耳斯·玻尔哲学文选》(商务印书馆,1999)第82—95页。

尔则是错误地把诸如长度或时间间隔这样的度规属性(它们在牛顿的物理学中是不变量)的相对性(或对参照系的依赖性)推广到一切经典物理学概念,包括像静止质量、原时[*proper time*]或电荷这样的不变量。玻尔没有注意到,相对论也是一个关于不变量的理论,尤其是,它的"事件"观念(比如两个粒子的相撞)意味着某种绝对的、完全独立于观察者的参照系的东西,因此在逻辑上是先于度规属性的规定的。也许是由于这个原因,使爱因斯坦认为"重复这个笑话"是没有把握的,并且他仍然不向玻尔的认识论的论据屈服。

5.3　第六届索尔维会议

爱因斯坦-玻尔的论战在第六届索尔维会议上继续进行,这次会议于 1930 年 10 月 20 至 25 日在布鲁塞尔召开,由朗之万[*Paul Langevin*]主持(这时洛伦兹已经去世)。这次会议的召开是为了研究物质的磁性[①],但是如同在第五届索尔维会议上一样,关于量子力学基础的问题(至少在正式会期之间的空闲时间里)是一个主要的讨论题目。

鉴于玻尔 1929 发表在 Naturwissenschaften 上的论文引用相对论来支持他的主张,因此,要是能够表明恰恰是相对论推翻了玻

---

① *Le Magnétisme—Rapports et Discussions du Sixième Conseil de Physique sous les Auspices de l'Institut International de Physique Solvay* (Gauthier-Villars, Paris, 1932).

尔的见解,那将是致命的一击[coup-de-maître]。爱因斯坦着手驳斥海森伯关系 $\Delta E \Delta t \geqslant h/4\pi$ 时,心中打的正是这个主意。

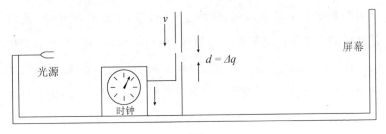

图 5

爱因斯坦的尝试是由下面的考虑激起的(图 5)。正对着一个静止的、上面开有一条狭缝的光栅,有另一个也开有一条狭缝的光栅,被一个时钟装置带动着运动,使得在完全确定的一段时间间隔里,有一部分光束穿过这两个狭缝而被"斩断"。穿过这两个狭缝的光脉冲的能量,要是被一接收器吸收,是能够以任意高的精确度测定的。但是,这种对海森伯的能量-时间测不准关系的表面上的违犯并不要紧,因为所得到的知识只是关于过去的,不能用来作为预言。

为了把这种回溯性测量变成一个预告性测量,发射出去的脉冲所含的能量必须在它被吸收之前就加以确定;这只有在一个能量已准确知道的辐射源的情况下考虑其同运动快门之间的能量交换才有可能。若快门运动的速度为 v,那么它与辐射的相互作用过程中的动量变化的不确定量 Δp 将导致能量传递的不确定量 $\Delta E = v\Delta p$。因为这个能量交换的位置由静止狭缝的缝宽 d 确定,动量的不确定量至少等于 h/d,因此 $\Delta E \gtrsim hv/d$,为了提高能量测定的精确度,必须使分式 v/d 尽可能小,这就要或者减小 v,或者增大 d。但是,在这两种情形下,时间测定的精确度都降低了,因为 $\Delta t \approx d/v$。显然 $\Delta E \Delta t \gtrsim h$。

为了提高能量测定的精确度而又不必减小比值 v/d,爱因斯坦想出了下面的办法。他考虑一个具有理想反射壁的箱子,里面充满了辐射,箱子上有一个快门,被装在箱内的一个时钟装置操纵。他假定,时钟在 $t = t_1$ 时刻把快门打开一个任意短的时间间隔 $t_2 - t_1$,使得可以释放出一个光子。

爱因斯坦然后指出,通过秤量整个箱子在发射精确定时的辐射能量脉冲之前和之后的重量,从相对论的质能关系式 $E = mc^2$ 就可以用任意小的误差 ΔE 来确定箱中能量含量的差值。根据能量守恒定理,这个能量差值就应当是所发射的光子的能量。于是光子的能量及其到达远处一个屏幕的时间都能够以任意小的不确定量 ΔE 和 Δt 预言了,这同海森伯关系式矛盾。

为这个论据度过了一个不眠之夜以后,玻尔用爱因斯坦自己的广义相对论回击了爱因斯坦的挑战。仅仅几天以前,10 月 17 日,玻尔在丹麦皇家学会作了一次讲演,题为"空间和时间概念在原子理论中的用处。"[1]玻尔在那篇讲演中仅仅讨论了这些概念的非相对论应用,他没有料到,为了还击爱因斯坦的挑战,他还必须用到相对论红移公式

$$\Delta T = T \frac{\Delta \varphi}{c^2}, \tag{15}$$

这个公式表示一个在重力场中移动的时钟,在移过一个位势差 $\Delta \varphi$

134

---

① *Nature* **127**,43(1931).

后在时间间隔 T 内时钟快慢的改变 ΔT。

玻尔在那个不眠之夜里认识到，爱因斯坦没有注意到他自己的广义相对论的这个重要结论，于是他就能回答爱因斯坦的挑战了，指出正是在爱因斯坦的论证所依据的秤量过程中，就包含有驳倒这一论证的关键之点。第二天上午一早，玻尔便在索尔维会议上说道，让我们假设箱子是悬挂"在一个弹簧秤上，箱上装有指针，以在固定于秤架上的一个标尺上读出箱子的位置"。为了形象地表示他的意思，玻尔在黑板上画了一幅草图，与图 6 相似，并继续说道：

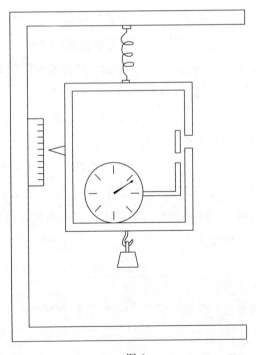

图 6

于是,通过用适当的荷重来将弹簧秤调节到零点位置的办法,就可以在任意给定的精确度 Δm 下秤量箱子的重量。现在,重要的是,在给定的精确度 Δq 下对箱子位置的任一测定,都会给箱子的动量控制带来一个最小不准量 Δp,它同 Δq 是由关系式 $\Delta q \Delta p \approx h$ 联系着的。这一不准量 Δp,显然又一定小于引力场在称量过程的整段时间 T 中所能给予一个质量为 Δm 的物体的总冲量,或者

$$\Delta p \approx \frac{h}{\Delta q} < T g \Delta m \qquad (16)$$

其中 g 是重力常量。由此可见,指针读数 q 的精确度越高,称量时间 T 就必须越长,如果箱子及其内含物的质量要测到一个给定精确度 Δm 的话。

但是,根据广义相对论,一个时钟当沿着引力方向移动一段距离 Δq 时,其快慢就会改变,它的读数在一段时间间隔 T 内将差一个量 ΔT,它由下面的关系式给出:

$$\frac{\Delta T}{T} = g \frac{\Delta q}{c^2} \qquad (17)$$

因此,比较(16)式和(17)式我们就看到,在称量过程之后,我们关于时钟校准的知识中将有一个不准量

$$\Delta T > \frac{h}{c^2 \Delta m} \circ \qquad (18)$$

这个关系式和公式 $E = mc^2$ 一起,再次得出

$$\Delta T \Delta E > h, \qquad (19)$$

与测不准原理一致。由此可见,用这种仪器来作为精确测

定光子能量的工具,我们就不能控制光子逸出的时刻①。

玻尔的推理虽然只对弹簧秤的情形作了详细说明,但对任何称量方法都是适用的;我们看到,这个推理中最根本的一点只不过是,根据广义相对论,称量一个时钟这一动作本身,就会干扰时钟的快慢。爱因斯坦为了反驳海森伯关系而求助于相对论,到头来却成了打中自己的一支飞去来器!*

这个插曲的确是玻尔-爱因斯坦论战的精彩场面之一——这并不只是由于它富有戏剧性。它也是爱因斯坦对待量子力学的态度的一个转折点。他接受了玻尔的反论证——还有什么东西能比他自己的红移公式对他更有说服力呢?——放弃了在内部不一贯性的基础上驳倒量子理论的任何希望。反之,我们在一段冗长的讨论光子箱实验的种种涵义的离题枝节话之后将会看到,在1930年索尔维会议后,爱因斯坦全力以赴从事于证明量子力学的不完备性,而不是它的不一贯性。

5.4 后来对光子箱实验和
时间-能量关系的讨论

玻尔对他同爱因斯坦的讨论的说明被许多人称为"现代科学

---

① 124 页注③文献(1949,pp.226—228)。中译文见《尼耳斯·玻耳哲学文选》,(商务印书馆,1999),第 163—165 页。

* 飞去来器[boomerang],澳洲土著的一种投掷武器,投出后如未击中目标,会沿一曲折的路程飞回。——译者注

报导的杰出作品之一"。用派斯的话来说，"在文献中找不到更好的研究〔玻尔的〕想法的门径了，不论现在还是将来，它都是一切研究量子力学的人的必读文献。"[1]福克称之为"关于量子力学的正确诠释所必须依靠的物理基础的一个非常清晰的说明。"[2]不久前科马推荐说，阅读玻尔的这篇报道是充分领悟所讨论的各种问题的错综复杂性和微妙区别所必不可少的[3]。按照罗森菲尔德的说法[4]，这篇报导是玻尔所曾写过的关于他的量子力学哲学的最清晰的说明。

　　如果把玻尔对爱因斯坦的光子箱论据的回答誉为对量子力学的复杂性的一个特别清晰的分析，那么当然也应该认为它在逻辑上是无懈可击的了。但是，并不是人人都同意这个说法。

　　例如，阿加西〔J. Agassi〕在波普尔指导下进行研究时，就认为玻尔的论证是"不成立的"[5]——今天他还这样认为[6]——其理由为，玻尔求助于广义相对论，"这就暗地里改变了竞赛规则。"对其中所含的争论问题，波普尔曾作过一些讨论。

　　按照他的观点，质能关系式"是能够从狭义相对论、甚至是非

　　① A. Pais,"Reminisences form the post-war years,"94 页注①文献(p.225)。

　　② В.А. Foск,"Замечания К Статье Бора о его дискуссиях с Эйнштейном,"*УФН* **66**,599—602(1958)；英译文"Remarks on Bohr's article on his discussions with Einstein,"*Soviet Physics Uspekhi* **66**,208—210(1958)。

　　③ A. Komar,"Qualitative features of quantized gravitation,"*International Journal of Theoretical Physics* **2**,157—160(1969).

　　④ 私人通信,1971 年 1 月 17 日。

　　⑤ 见 85 页注③文献(1959)p.447 上的脚注 10。

　　⑥ 私人通信,1972 年 6 月 18 日。

相对论的论据推导出来的",而红移公式(15)则是爱因斯坦的引力理论的一部分。因此在波普尔看来,玻尔依靠引力理论来对付爱因斯坦的论据,这就等于"这样一个奇怪的主张:量子理论同牛顿的引力理论相矛盾,并且还更进一步等于这样一个更奇怪的主张:爱因斯坦的引力理论(或至少所用到的特有的红移公式,它是这个引力场理论的一部分)的成立可从量子理论导出。"

　　波普尔的这一说法似乎是由下述考虑引起的。虽然爱因斯坦对质能关系式的原始推导是建立在相对性原理之上的,但是后来的某些对能量的惯性定理的证明,例如玻恩的通俗证明,则似乎只利用了经典的原理,像玻恩的证明中只用到了动量守恒原理[1]。但是,在更细致地考查后就会认识到,这些推导中应用了诸如辐射的动量(E/c)这样的概念,这些概念只有在麦克斯韦的电磁场理论中才能找到成立的理由,而麦克斯韦理论本身是一个相对论性理论。静止质量为零的粒子只有在相对论动力学的框架内才能理解。因此玻恩关于能量的惯性的推导——或关于这一点的任何别种推导——归根结底是基于相对论性的理由。

　　简而言之,爱因斯坦的论证方法中包含有相对论性的考虑,它之所以被相对论性的反论证所推翻,只表明海森伯关系同相对论是相洽的,而并不表示海森伯关系同牛顿的引力理论矛盾。由于从(15)式导出(19)式的演绎的逻辑链条是不可逆的——从一个不等式永远不能推出一个等式,不能说爱因斯坦的引力理论或其任

　①　M. Born, *Atomic Physics* (Blackie & Sons, London, 6th ed., 1957), pp.55—56.

何一部分的成立是由量子理论推出的。

波普尔-阿加西的主张也为朗德所接受,他说,玻尔的反论证意味着"相对论红移可以作为量子力学测不准性的结论而推导出来,反之亦然,"[①]对于这一论题的谬误,可更精确地说明如下。爱因斯坦所建议的用弹簧秤来测定能量 E 的办法,其基础不只是依靠能量与惯性质量之间的等当性,而且还依靠惯性质量与引力质量之间的等当性,而这就意味着红移公式(15)。换句话说,时间膨胀这种特性是属于所提的这种特定的测量方法而不是属于测量对象(即遵从海森伯关系的各种量)的。因此,玻尔之所以求助于方程(15)并不如他们所说是由量子力学测不准性引起的,而是由所提出的用来考验它是否成立的特定机构所引起的。

实际上,正如薛定谔在同波普尔的一次谈话中所说的,既然爱因斯坦用秤重量来作为测定光子箱的惯性质量的手段,那么对他的挑战的任何反驳,都应当建立在最现成的引力理论即广义相对论之上。

波普尔-阿加西命题之不能成立,也可以由下面的理由来说明。爱因斯坦也完全可以提出光子箱同一个别的物体或粒子之间的一次弹性碰撞实验作为一种测量箱子的惯性质量的方法。在这样一次动量测量中,箱子位置必然有一不确定量 Δx,它在测量时间 T 内将使箱子的速度有一不确定量 $\Delta v = \Delta x/T$,因而使箱中的时钟的读数有一不确定量,这是因为时间变数之间有洛伦兹变换

①　A. Landé, *New Foundations of Quantum Mechanics* (Cambridge U. P., Cambridge, 1965), p.123.

138

关系,而我们不准确知道时钟是转移到哪个惯性系中。但是这样一来,就可以只在狭义相对论的基础上恢复海森伯关系了。

此外,让我们也想到,红移公式也可以完全不依靠爱因斯坦的理论,而只用牛顿定律以及光子作为一个质量为 $h\nu/c^2$ 的粒子的观念就可以建立起来[①]。

尽管玻尔在 1930 年对爱因斯坦取得了辉煌的胜利,但是看来玻尔对于他对光子箱反对意见的解决办法始终并不完全满意;他一再回到这个问题上来。他也经常同他在哥本哈根的同事们讨论这件事。例如,在一次这样的讨论中,有人指出,从(16)式及 $\Delta E = c^2 \Delta m$ 得出的不等式 $\Delta E > hc^2/Tg\Delta q$ 表明,只要随着 Δq 的减小而时间间隔 T 取得足够大,就可以使 ΔE 任意小——也就是说,仪器可以用任意高的准确度来测定所发射的能量。即使红移公式 $\Delta q\delta T/T = g\delta q/c^2$(其中 δq 表示高度差)也不会损害所得到的精确度,只要能够准确测定与 δq 相联系的改正量 δT 的话。但是为了这个目的就必须精确测定 δq。测定 δq 的任何误差 Δq 都将给 δT 带来一个不确定量 $\Delta T = Tg\Delta q/c^2$,它随 T 增大,并且若把它同上面的 $\Delta E > hc^2/(Tg\Delta q)$ 结合起来,就再一次得到海森伯关系式。尤其是,在后一次秤重量的过程中,如果是把 T 定义为从快门再次关闭的时刻 t_2 起始的话,对 t_2 的了解只能准确到一个不确定量 ΔT 使得 $\Delta T \Delta E > h$。

① 例如见 J. C. Gravitt and P. Waldow,"Note on gravitational red shift,"*Am. J. Phys.* **30**, 307(1962),或 A. J. O'Leary,"Redshift and deflection of photons by gravitation: A comparison of relativistic and Newtonian treatments,"同上,**32**,52—55(1964)。

玻尔对爱因斯坦的反对意见的答复,在玻尔去世后继续成为一些批判性研究的主题。对玻尔的反驳的一个严厉的批评是波兰物理学家赫林斯基提出的[①],他认为,有必要把爱因斯坦-玻尔实验分成两个独立的过程:(1)秤量箱子的质量,(2)光子从箱子发射出来。赫林斯基企图不依靠相对论而证明,每个过程分别都满足海森伯关系式;因为如他所说的,"为什么必须祈求相对性(或更一般地说光的有限速度)来保佑测不准关系式",这是令人难以理解的。但是,他自己所提出的这个问题的另一种解决办法却是非常复杂,似乎是很成问题的。

玻尔的答复也是霍尔珀恩在很多年里所进行的一系列研究的主题[②],他是一个奥地利出生的物理学家,从 1930 年起在美国的各个大学和研究实验室里工作。在他看来,爱因斯坦原来的结论 $\Delta E \Delta t < h/2\pi$,其中 ΔE 指的是系统的能量(质量)损失,可用任意高的准确度测出,Δt 指的是快门打开的时间,我们可以使它要多小就多小,这个结论"显然是正确的,但是它同测不准原理没有什么关系。系统如果有能量损失的话,的确是在快门打开的时间内损失的;但是由于容器内发生的涨落,也许根本就没有什么能量损失。能量究竟有没有损失,以及损失多少,这只有通过一次要耗费时间

① Z. Chyliński, "Uncertainty relation between time and energy," *Acta Physica Polcnica* **28**, 631—638(1965).

② O. Halpern, "On the Einstein-Bohr ideal experiment," *Acta Physica Austriaca* **24**, 274—279(1966); "On the uncertainty principle,"同上,280—286; "On the Einstein-Bohr ideal experiment II,"同上,**28**, 356—358(1968); "On the uncertainty principle II,"同上,353—355; "On the uncertainty principle III,"同上,**30**, 328—333(1969); "On the uncertainty principle IV,"同上,**33**, 305—316(1971)。

的能量测量过程才能确定。只有当测量时间过了之后,我们才能知
道有多少能量(如果有的话)逸出,然后我们才可以期望在能量损失
与测量这一能量损失所耗用的时间之间有一个测不准关系成立。"

对于这后一种测量,霍尔珀恩同意玻尔的结论,即海森伯关系
成立,但是不同意玻尔的论证方法。他声言,"即使不考虑玻尔借
助红移现象公式所推出的不准量,"海森伯关系也不会在爱因斯坦
实验的这一部分中受到破坏。霍尔珀恩像玻尔那样也推出 $\Delta E \cdot$
$T \geqslant hc^2/g\Delta q$,但是他宣称,由于根据广义相对论 $c^2/g\Delta q$ 是 $\sqrt{g_{44}}$ 偏
离 1 的偏差值的倒数,因而对于弱引力场它是一个很大的数,这样
就不用红移公式来证明 $\Delta E \cdot T > h$ 了。但是,应当指出,霍尔珀
恩提到了 $\sqrt{g_{44}}$,这就意味着(至少是隐含地意味着)红移公式。

有批判精神的读者在阅读关于 $\Delta E \Delta t$ 关系式的文献时会注意
到,不同作者对这个关系式中的 Δt 有不同的解释。鉴于在这个问
题上存在着普遍的混乱,下面对关于时间在量子力学中的地位的
各种学说作一些历史叙述看来是合适的。

隐藏在这一争点后面的基本问题是:时间坐标 t 究竟应当像
位置坐标 q 一样看成是一个算符或(用狄拉克的术语)q 数呢,还
是应当只起着一个普通的参数或 c 数的作用。对这个问题的最早
的讨论,见于狄拉克在 1926 年春为把他的量子化方法(它是建立
在与经典理论的泊松括号的熟知的比拟的基础上的)推广到哈密
顿量显含时间的系统而作的尝试[1]中。

---

① P. A. M. Dirac,"Relativity quantum mechanics with an application to Comp-
ton scaitering,"*Proceedings of the Royal Society AIII*,405—423(1926).

狄拉克从相对性原理出发,相对性原理"要求时间变数应当得到与其他变数同等地位的对待,因此它一定是一个 q 数,"然后指出,在古典物理学中,时间变数的正则共轭动量是能量加以负号(－E)。因此,若在 2n 个变数 $q_k, p_k(k=1,2,\cdots,n)$ 之外再取 t 和－E 为一对新变数,那么对于一个其哈密顿量显含时间的 n 个自由度的系统,定义其两个力学变数的泊松括号[x,y]为

$$[x,y]=\sum_k\left(\frac{\partial x}{\partial q_k}\frac{\partial y}{\partial p_k}-\frac{\partial x}{\partial p_k}\frac{\partial y}{\partial q_k}\right)$$
$$-\frac{\partial x}{\partial t}\frac{\partial y}{\partial E}+\frac{\partial x}{\partial E}\frac{\partial y}{\partial t},\qquad(20)$$

则此泊松括号在(2n+2)个变量的任何切变换[*contact transfor-* 141 *mation*]下是一不变量。据狄拉克的意见,这个动力学系统这时已被确定,但不是由 2n 个变数的一个函数确定的,而是由(2n+2)个变数之间的一个方程式 H－E＝0 确定的;而(2n+2)个变数的任何函数 X 的运动方程为 Ẋ＝[X,H－E]。

狄拉克把这些结果直接搬到量子理论中来,设法把 t 当作一个算符来处理。他不把能量与哈密顿量等同起来——因为能量与时间变数对易而哈密顿量却不对易,他的这一做法以及他对条件 E－H＝0 的规定,实际上可以看成后来量子电动力学中所用的一个方法的先河。因为当量子电动力学面临相似的困难时,人们引入了下面的辅助条件:算符 E－H 作用在态矢量时得出零,亦即人们只容许波动方程的那些满足这一辅助条件的解。

当狄拉克在他的文章发表后不久读到薛定谔在 Annalen der Physik (*Vol*.79,1926)上的那组文章中的第一篇之后,他又发表了

关于康普顿效应的第二篇论文[①]，在此文中他实际上撤回了他以前的方法，称它是"相当不自然的"。按照罗森费尔德的看法，量子电动力学的发展表明狄拉克原来的方法是正确的，这种方法使得能够把 $\Delta E\Delta t$ 关系置于和 $\Delta p\Delta q$ 关系同等的地位。

但是，普遍接受的看法是，这两种关系是根本不同的。一方面，人们指出，位置-动量关系是代表这些变量的厄密算符之间的对易关系 $[q,p]=i\hbar$ 的直接结果。另一方面，人们声称，不能对时间-能量关系进行类似的推导，因为正如泡利[②]证明的那样，时间不能用一个满足同能量算符（哈密顿量）H 的对易关系 $[T,H]=i\hbar$ 的厄密算符 T 来表示。因为把这一对易关系按通常方式推广为 $[f(T),H]=i\hbar\partial f/\partial t$ 并应用到幺正算符 $f(T)=exp(i\alpha T)$ 上，其中 α 是一个实数，就将意味着：若 ψ_N 是 H 的一个本征函数，本征值为 E，则 $exp(i\alpha T)\psi_E$ 也是 H 的一个本征函数，但本征值为 E+$\alpha\hbar$。由于 α 之值为任意，于是 H 的本征值就必然会覆盖从 $-\infty$ 到 $+\infty$ 的整个实轴，但这同分立能谱的存在相矛盾。

由于这些理由——以及时间"并不'属于'所考虑的系统"这一当然的事实——邦吉[③]不久前提出，$\Delta t\Delta E\geqslant\hbar$ 这个公式"应当从这个理论[量子力学]的一切讨论中去掉。"

如果我们把满足 $[A,B]=i\hbar$ 形式的对易关系的一对厄密算符

①　P. A. M. Dirac,"The Compton effect in wave mechanics,"*Proceedings of the Cambridge Philosophical Society* **23**,500—507(1927).

②　85 页注①文献。

③　M. Bunge,"The so-called fourth indeterminacy relation,"*Canadian Journcl of Physics* **48**,1410—1411(1970).

A,B 称为"正则共轭"的话,那么我们就将得出结论:哈密顿量 H 没有正则共轭量。角动量的任一分量(比如 Lz)也没有正则共轭量,这一久已知道的事实曾经引起大量的讨论[①]。在希尔伯特空间中有正则共轭量的算符只有 p 和 q 以及它们的线性组合。

位置-动量关系和时间-能量关系之间的这一判然不同,无疑也是推动玻尔去进一步澄清这一问题的原因之一。此外,在那些年里得到最初的成功的新发展起来的量子力学的相对论推广以及电磁场的量子理论,也提出了诸如场量的同时可测性等一系列问题,这些问题再一次把人们的注意力集中到海森伯关系上。

①　W. Pauli,80 页注①文献.P. Jordan,"Über eine neue Begründung der Quantenmechanik II," Z. Physik **44**,1—25(1927);B. Podolsky, "Quantum-mechanically correct form of Hamiltonian function for conservative systems," Phys.Rev.**32**,812—816(1928);D. Judge,"On the uncertainty relation for Lz and φ," Physios Lettsrs **5**,189(1963);D. Judge and J. T. Lewis,"On the commutator [Lz,φ]," 同上,190;W. H. Louisell,"Amplitude and phase uncertainty relationa," Physics Letters(Holland)**7**,60—61(1963);D. Judge,"On the uncertainty relation for angle variables," Nuovo Cimento **31**,332—340(1964);L. Susskind and J. Glogower,"Quantum mechanical phase and time operator," Physics **1**,49—61(1964);J. H. Rosenbloom,"The uncertainty principle for angle and angular momentum,"(Noltr 63—207,U. S.,Ordinance Laboratory,White Oak,Maryland),油印本;M. Bouten,N. Maene,and P. van Leuven,"On an uncertainty relation for angular variables," Nuovo Cimsnto **37**,1119—1125(1965);A. A. Evett and H. M. Mahmoud,"Uncertainty relation with angle variables,"同上,**38**,295—301(1965);L. Schotsmans and P. van Leuven,"Numerical evaluation of the uncertainty relation for angular variables,"同上,**39**,776—779(1965);K. Kraus,"Remark on the uncertainty between angle and augular momentum," Z. Physik **188**,374—377(1965);"A further remark on uncertainty relations,"同上,**201**,134—141(1967);P. Carruthers and M. M. Nieto,"Phase and angle variables in quantum mechanics," Rev. Mod.Phys.**40**.411—440(1968);H. S. Perlman and G. J. Troup,"Is there an azimuthal angle observable?" Am.J. Phys.**47**,1060—1063(1969)。

正是出于这个原因,派厄尔斯(他于 1929 年在泡利指导下获得博士学位,然后成了他的助手)和朗道(*Л.Д.Ландау*,他于 1919 年至 1931 年之间访问了西欧诸大学),当他们 1929 年在苏黎世的瑞士联邦高等学校相识后,便决定研究海森伯不确定性对量子力学的相对论推广的含意,也就是说,如果对量子力学作相对论推广,量子力学量的定义与测量方法是否还能保持以及能在多大程度上保持的问题①。

他们证明了,在相对论处理中,测不准关系的限制力要强得多,对通常使用的方法的可用性施加了严格的限制;在证明这一点的过程中,两位作者是从分析测量理论、分析海森伯关系的意义,特别是时间-能量关系的意义而开始他们的考虑的。他们指出,"被人们如此经常地引用、但是唯有玻尔才给予了正确解释的"这一关系,根本没有断言不能在一给定时刻精确地得知或测量能量,而是指从一次(可预告的)测量[*predictable measurement*]的结果所得到的能量值同系统在测量后的状态的能量值之间的差别。

朗道和派厄尔斯证明,可预告的测量的存在并不意味着可重现的测量[*reproducible measurement*]的存在。所谓可预告的测量,指的是这样一种测量,对于每个可能的测量结果,都一定存在着系统的一个态,在这个态下这一测量肯定会得出已得的结果;而所谓可重现的测量则是,重复进行测量将得出同一个结果。然后他们表明,系统在测量后的态并不一定是同已得的测量结果相联

① L. Landau and R. Peierls,"Erweiterung des Unbestimmtheitsprinzips für die relativistische Quantentheorie,"*Z. Physik* **69**,56—69(1931).

系的态①。知道了这一事实之后，他们指出，时间-能量关系断言的是，态的这一差别带来一个能量不准量，其数量级为 h/Δt，因此在时间间隔 Δt 内不可能实行能量不准量小于 h/Δt 的测量。

为了具体证实他们的论点，朗道和派厄尔斯考虑一个能量已知为 E 的系统，它同能量已知为 ε 的一个测量装置发生微弱的相互作用；在相互作用后测量到的能量 E′ 和 ε′ 一般与初始值不同。他们引用了狄拉克的变化常数法[*method of the variation of constants*]（微扰论），根据这个方法，系统在时间间隔 Δt 内的跃迁几率正比于

$$\frac{\sin^2\left[\pi(E'-E)\dfrac{\Delta t}{h}\right]}{(E'-E)^2},\tag{21}$$

由此他们得出结论：差值 E′−E 的最可几值为 h/Δt 的量级，因而与扰动的强度无关。于是，相隔一段时间间隔 Δt 的两次相继的测量，只能把能量守恒定律验证到 h/Δt 量级的精度。把这一结果应用到上述相互作用，他们得到总能量 E+ε 在两个不同时刻的两个精确测得的数值之间的差值为

$$|E+\varepsilon-E'-\varepsilon'|\approx\frac{h}{\Delta t}\tag{22}$$

或者，若用 ΔE, ⋯ 表示 E, ⋯ 的测量误差，并且若在最佳情况下 ε 和 ε′ 是可以精确测量的（Δε＝Δε′＝0），则

$$\Delta(E-E')\approx\frac{h}{\Delta t}.\tag{23}$$

①　这些论断的详细证明也见 L. de Broglie, *Sur une Forme plus restrictive de Relations d'Incertitude* (Hermann, Paris, 1932)。

于是,时间-能量关系同位置-动量关系完全不同:位置-动量关系不承认在同一时刻这些变量有可以精确测量的值存在,而按照朗道和派厄尔斯的看法,时间-能量关系则是把两个不同时刻的可以精确测量的能量值之间的差值同这两个时刻之间的时间间隔联系起来。

把这个结果应用到关于动量测量的单次理想实验上,朗道和派厄尔斯便能够特别清晰地论证他们关于测量的不可重复性的命题。为此,他们考虑一个粒子,其初始动量为 P,初始能量为 E,它同一个理想的平面反射镜垂直碰撞,假设反射镜在碰撞前的动量 p 和能量 ε 以及碰撞后的动量 p′ 和能量 ε′ 是可以测量的($\Delta p = \Delta p' = \Delta \varepsilon = \Delta \varepsilon' = 0$)。为了决定粒子的动量 P(粒子从镜面反射之后的动量为 P′),动量守恒定律和能量守恒规律二者都得用到:

$$p + P - p' - P' = 0$$

$$|\,\varepsilon + E - \varepsilon' - E'\,| \approx \frac{h}{\Delta t}.$$

在上述假定下,这些式子意味着不准量有下述关系:

$$\Delta P = \Delta P',$$

$$\Delta E - \Delta E' \approx \frac{h}{\Delta t},$$

145　因为 $\Delta E = v \Delta P$,其中 v 是粒子在碰撞前的速度,同样 $\Delta E' = v' \Delta P'$,他们得到

$$(v - v')\Delta P \approx \frac{h}{\Delta t}, \tag{24}$$

这个式子表明,对粒子进行动量测量会引起它的速度的变化,这一

变化随着测量过程时间的缩短而增大。因此,短时间的动量测量不是可重现的,并且所测得的变数之值与变数在测量后之值不同。

这些结果对于相对论量子力学的影响深远的含意不是我们现在关心所在[1]。只要提一下下面这件事就够了:当派厄尔斯和朗道(作为一个当时同瑞士没有外交关系的国家的公民)不得不离开苏黎世到哥本哈根去时,他们同玻尔讨论了他们的论文的手稿,玻尔表示保留,一如四年前海森伯把自己关于测不准关系的论文让他看时他的做法一样。

朗道和派厄尔斯从微扰论推出的结论,也可以由考虑一个系统在某种扰动作用下的衰变(比方衰变为两种组分)而得到。令 τ 代表一个能量为 E_0 的系统的寿命,E_0 是不考虑衰变时所算得的能量值,E 和 ε 代表衰变产物的能量,因此 $E+\varepsilon$ 给出了系统在衰变前的能量值的一个估计,并且 $\Gamma=|E_0-E-\varepsilon|$ 定义了能级的宽度,那么可以证明 $\Gamma\tau\geqslant h/2\pi$。

寿命同能级宽度之间的联系大概是时间-能量关系的最重要的应用,这种联系早在现代量子力学出现之前便已经为人们所知了[2]。实际上,曾经用经典物理学的方法把它解释为原子振子由于辐射引起的能量损失而减幅的结果。最早的量子力学推导建立

---

[1] 关于这些含意可见 V. B. Berestekii, E. M. Lifshitz, L. P. Pitaevskii, *Relativistic Quanium Theory* (Pergamon Press, Oxford, 1971), pp.1—4。

[2] 历史详情见 W. Pauli, "Quantentheorie," 载于 *Handbuch der Physik*, H. Geiger and K. Scheel, eds. (Springer, Berlin, 1926), Vol.23, pp.1—278, 特别是 pp.68—75, 见 85 页注[1]文献。

在狄拉克的辐射的量子理论①的基础上,是由韦斯科夫和维格纳②
完成的,他们用精确的数学术语证明了,光谱线的自然展宽(或能
级的弥散,这两个说法是等价的)同受激态的有限寿命是怎样互补
的。

　　海森伯关系式的另一种解释是 *Л.И.* 曼捷尔什坦姆和 *И.* 塔姆
在曼捷尔什坦姆去世(1944 年 11 月 27 日)之前不久提出的,当
时塔姆是莫斯科列别捷夫物理研究所的所长。他们③首先指出,
如果把能量看作是狄拉克所说的意义上的可观察量,与所讨论的
动力学系统的哈密顿量对应,那么它就不能等同于一个单色振动
的频率乘以 h。他们接着写道,因此,玻尔的推导④就不成立了,因
为它是建立在 $\Delta\nu\Delta T \sim 1$ 这一基本关系之上的,而这个关系联系的
是"对振动频率的测量中的测不准量 $\Delta\nu$ 和进行这一测量的时间
间隔 ΔT",并且时间-能量关系本身也变成毫无意义。

　　因此,曼捷尔施坦姆和塔姆认为,必须把他们对时间-能量关

　　①　P. A. M. Dirac,"The quantum theory of the emission and absorption of radia-
tion,"*Proceedings of the Boyal Society of London* (A) **114**,243—265;"The quantum
theory of dispersion,"同上,710—728。

　　②　V. Weisskopf and E. Wigner,"Berechnung der natürlichen Linienbreite auf G
rund der Diracschen Lichttheorie,"*Z. Physik* **63**,54—73(1930);"Über die natürliche
Linienbreite der Strahlung des harmonischen Oszillators,"同上,**65**,18—29(1930)。部
分相同的结果又见 F. Hoyt,"The Structure of emission lines,"*Phys.Rev.***36**,860—870
(1930)。

　　③　Л. Манделыптам и И. тамм,"Соотношение неопределённссти энергии - времени
в неотносительной нвантовой механиве,"*Известия Академии Наук* **9**,122—128(1945);
英译文"The uncertainty relation between energy and time in non-relativistic quantum
mechanics,"*Journal of Physics* (USSR) **9**,249—254(1945)。

　　④　见 4.1 节。

系的解释建立在另一种理由即下面这个事实之上：一个处于非定态的孤立的量子力学系统的总能量，同经典力学系统相反，是没有确定的和恒定的值的，而只有在一次测量中得到任一特定能量值的几率是不随时间而变的常数。另一方面，在定态中，能量是精确确定的，但这时一切力学变数的分布函数都对时间不变，于是能量值的确定使得一切力学变数都不随时间变化。

这个结论提示了他们，在能量弥散[*dispersion*]同力学变数的时间变化之间存在着某种相互关联，而时间-能量关系的意义就是这种相关性的定量表述。为了得到这种定量表述，他们对于由厄密算符 R 表示的任何力学变数（R 不是运动恒量并且不显含 t），考虑熟知的关系式

$$\Delta R \Delta E \geqslant \frac{1}{2} \mid \langle [R, H] \rangle \mid$$

及 $(h/2\pi) d\langle R \rangle / dt = i \langle HR - RH \rangle,$

从这两个式子推出不等式

$$\Delta R \Delta E \geqslant \left(\frac{h}{4\pi} \right) \left| \frac{d\langle R \rangle}{dt} \right|, \tag{25}$$

它通过 R 的期待值的时间变化率把能量的标准偏差 ΔE 同别的力学变数 R 的标准偏差联系起来。从 t 到 $t + \Delta t$ 对时间积分（由于 H 是运动恒量，E 是恒定的），曼捷尔施坦姆和塔姆得到

$$\Delta t \Delta E \geqslant (h/4\pi) \mid \langle R \rangle_{t+\Delta t} - \langle R \rangle_t \mid / \overline{\Delta R},$$

其中 $\overline{\Delta R}$ 表示 ΔR 在时间间隔 Δt 内的平均值。取 Δt 为 R 的期待值改变 $\overline{\Delta R}$ 这样大小的时间间隔，他们最后得到 $\Delta t \Delta E \geqslant h/4\pi$。

曼捷尔施坦姆和塔姆的解释已被好些现代教科书[①]的作者所采用并简化如下:将不等式 $\Delta R \Delta E \geqslant (h/4\pi)|d\langle R\rangle/dt|$(其推导同前)写成

$$\frac{\Delta R}{|d\langle R\rangle/dt|}\Delta E \geqslant \frac{h}{4\pi} \tag{26}$$

并将 $\Delta t = \Delta t_k$ 定义为 R 的期待值改变的大小等于其不确定量 ΔR 的时间,因此,再一次得到 $\Delta t \Delta E \geqslant h/4\pi$。显然,在定态中有 $d\langle R\rangle/dt = 0$,但也有 $\Delta E = 0$。

现在也可以看出,通常的利用一个长度(位置不确定量)为 Δq、速度为 v 的波包的通过时间来推导时间-能量关系的方法,不过是前述推导方法的一个特例:即 R 是位置算符的情形。因为若 $\Delta t = \Delta q/v, \Delta E = \Delta(p^2/2m) = v\Delta p$,因而 $\Delta t \Delta E = \Delta q \Delta p \geqslant h/4\pi$,$\Delta t$ 显然已定义为 q 的平均值改变 Δq 这样大小的时间间隔,因为 v 是 q 的平均值的速度,因而实际上有 $\Delta t = \Delta q/|d\langle q\rangle/dt|$。

正如曼捷尔施坦姆和塔姆强调指出的,只有对于一个给定的

---

① A. Messiah, *Mécanique Quantique* (Dunod, Paris, 1959), Vol.1, pp.269—270; 英译本 *Quantum Mechanics* (North-Holland Publishing Company, Amsterdam, 1961), Vol.1, pp.319—320; E. Fick, *Einführung in die Grundlagen der Quantentheoric* (Akademische Verlagsgesellschaft, Leipzig, 1969), pp.211—212; K. H. Ruei, *Quantum Theory of Particles and Fields* (University Press, 台北, 1971), p.101; O. Hittmair, *Lehrbuch der Quantentheoric* (K. Thiemig, Munich, 1972), pp.43—44; Б.Г.Левич 等, *Курс Теоретической физики*, *Т.3* (Наука, Москва, 1971); 英译本 B. G. Levich, V. A. Myamlin, and Yu. A. Vdovin, *Theoretical Physics*, Vol.3 (*Quantum Mechanics*) (North-Holland Publishing Company, Amsterdam, London, 1973), pp. 117—120; R. McWeeny, *Quantum Mechanics: Principles and Formalism* (Pergamon Press, Oxford, New York, 1972), p.85。

力学变数(可观察量)R,Δt 才有无歧义的意义,因为它代表的并不
是测量 R 的期间(常常错误地把它说成是那样),而是可观察量 R
的期待值改变的大小等于 R 的(平均)不准量时所应经过的时间
间隔。如果忽视了这个事实,那就不能对时间-能量测不准关系的
各种应用有前后一贯的理解。

克雷洛夫和福克[①]接着既批评了朗道-派厄尔斯对时间-能量
关系的解释,也批评了曼捷尔施坦姆和塔姆的解释。对于前者他
们反对说,碰撞的时间应当只由所讨论的粒子的运动(粒子之一用
作时钟)从运动学上测定,而不是依靠一个(与时间有关的)微扰,
因为问题中不包含与时间有关的位势。实质上,克雷洛夫和福
克通过归结为位置-动量关系得到 $\Delta t \geqslant h/\Delta E$,其中 Δt 是粒子经
过一固定点的时间的不准量。从严格的(前面已讲过的)动量守
恒公式,他们推出 $\Delta(p'-p)=\Delta(P'-P)$,并且指出,对于给定的
$\Delta t \geqslant h/V\Delta P$ 和足够大的 V,可以使 ΔP 和 $\Delta P'$任意小,从而使 Δ
$(p'-p)$也任意小。因此严格的能量守恒定律给出

$$\Delta(\varepsilon'-\varepsilon)=\frac{1}{2m}\big[\Delta(p'+p)(p'-p)+(p'+p)\Delta(p'-p)\big]$$

$$=(v'-v)\Delta p=\Delta(E-E')\geqslant\frac{h}{\Delta t},$$

和朗道与派厄尔斯所得的结果相同。

---

① Н. С. Крылов и В. А. Фок, "Две главные интерпретации соотношения
неопрелённости для энергии и времени,"*ЖЭТФ* **17**,93—96(1947);英译文"On the un-
certainty relation between time and energy,"*Journal of Physics USSR.* **11**.112—120
(1947)。

克雷洛夫和福克对曼捷尔施坦姆-塔姆推导的反对意见是,这种推导依靠波函数和算符运算,这就使它只有统计的意义,使它不能应用于单次测量。在附有这一保留的条件下,他们承认把时间-能量关系看成联系一个系统的态的寿命与其所含能量的不确定量的关系式是正确的。

由玻尔、朗道和派厄尔斯、克雷洛夫和福克分别提出的各种对时间-能量关系的诠释,虽然在其推导方面有小的差异,但是有一个方面是共同的:他们都同意,一次能量测量的期间越短,那么能量传递的不确定量就越大,或者更精确地说,在时间间隔 Δt 内完成的任何能量测量,都必然包含有一个传递给被观察系统的能量的最小不确定量 $\Delta(E'-E) \geqslant h/\Delta t$。

阿哈朗诺夫和玻姆[①]在 1961 年提出要否定这个结论,其主要理由有二:(1)由于这个结论只有在理想实验的基础上才能得出,这就违反了下述普遍原理,即一切测不准关系同样也应当可以从数学形式体系推导出来;(2)引作论据的各种测量过程的例子是不够普遍的,因而是令人产生误解的。实际上,阿哈朗诺夫和玻姆提出了下述机制,作为在任意短的时间间隔内进行精确的能量测量的一个实例。他们用 x、p_x 代表被观测系统的力学变数,用 y、p_y 代表观测仪器的力学变数,并考虑哈密顿量

$$H = \frac{p_x^2}{2m} + \frac{p_y^2}{2m} + yp_x g(t) = H_x + H_y + H_{\text{相互作用}} \qquad (27)$$

① Y. Aharonov and D. Bohm,"Time in the quantum theory and the uncertainty relation for time and energy,"*Phys.Rev.* **122**,1649—1658(1961).

其中 $g(t)$ 在时间 $t_0 \leqslant t \leqslant t_0 + \Delta t$ 之内为一恒量,而在此之外为零。由它推出的运动方程为 $\dot{x} = p_x/m + yg(t)$, $\dot{y} = p_y/m$, $\dot{p}_x = 0$ 及 $\dot{p}_y = -p_x g(t)$,它们表明,p_x 是一个运动恒量,$p_y = p_y^0 - p_x g(t) \Delta t$,于是可以通过观察 $p_y - p_y^0$ 来测量 p_x,只要仪器的偏转 $\Delta(p_y - p_y^0)$ 大于仪器的初始态中的不确定量 Δp_y^0,或 $\Delta p_x g(t) \Delta t \geqslant p_y^0$。但是这是可以在任意小的 Δp_x 和 Δt 的条件下做到的,如果 $g(t)$ 取得够大的话。翻译成实验的语言,$g(t)$ 对应于在 Δt 时间内的一个力的作用,或对应于一次双重碰撞[double collision]。于是阿哈朗诺夫和玻姆得出结论说,能量是可以在一个任意短的时间间隔内可重现地测量的。

福克[①]在对阿哈朗诺夫和玻姆的挑战的批评中指出,使用一个对应于相互作用的瞬刻的启通和断开的不连续的时间函数,这就等于引入一个其结构违反测不准关系的场;照福克看来,阿哈朗诺夫和玻姆是把待证明的命题本身当成了他们的前提,因而犯了循环论证的错误[commited a petitio principii]。阿哈朗诺夫和玻姆[②]在试图为他们的论题进行辩护时解释说,“场”$g(t)$ 的能量中出现不确定量,并不一定在被观察粒子的能量中引入同等的不确定量。福克在一封致《物理科学的成就》[Успехн Физнческнх

　　①　В.А. Фок,"О соотнощении неопределенности для энергии и времени и об одной попытке его опровергнуть,"ЖЭТФ **42**,1135—1139(1962);英译文"Criticism of an attempt to disprove the uncertainty relation between time and energy," *Soviet Physics JETP* **15**,784—786(1962)。

　　②　Y. Aharonov and D. Bohm,"Answer to Fock concerning the time energy indeterminacy relation,"*Phys.Rev.* **134B**,1417—1418(1964).

150 Наук]的编者的信中[1]回答道,否认能量为无穷大的场量子传递给粒子的可能性,就意味着否认能量守恒定律对客体-仪器系统的适用性,而这一定律乃是讨论被观察系统的能量变化的前提。

奥科克[2]则较肯定地评价了阿哈朗诺夫-玻姆对时间-能量关系(在玻尔及其信徒的意义下的)的驳斥。他接受了在无穷短的时间间隔内的精确的能量测量是可重现的这一结论。他对阿哈朗诺夫-玻姆的文章的反对意见,只限于他们忽略了光子发射对能量平衡的效应,但他又承认,在非相对论的测量中这一效应是可以略而不计的,因为光子发射的总能量平均说来与 c^{-3} 成正比。

我们看到,海森伯-玻尔型的时间-能量关系的推导和诠释中所遇到的困难,同曼捷尔施坦姆-塔姆型的困难相反,其根源在于这一事实:"时间"在量子力学所处的地位是一个额外的拓扑编序参量[topologically ordering parameter],而不是一个可用一厄密(超极大[*])算符表示的力学变量。虽然所有其他的量(特别是通过洛伦兹变换与 t 有密切联系的那些 x、y、z)都用算符表示,但是和

---

① В. А. Фок."Ещё раз о соотношении неопределенности для энергии и времени,"*УФН* 38,363—365(1965),英译文"More about the energy-time uncertainty relation,"*Soviet Physics Uspskhi* 8,628—629(1966)。

② G. R. Allcock,"The time of arrival in quantum mechanics,"*Ann.Physics* **53**,253—285,286—310,311—348(1969);又见 M. Razavy,"Time of arrival operator,"*Canadian Journal of Physics* **40**,3075—3081(1971)。

* 超极大算符(hypermaximal operator)是冯·诺伊曼所用的术语,指的是本征问题可解的厄密算符。所谓超极大算符,是指不能作真开拓(proper extension)的厄密算符——它在一切可以合理地定义(即不破坏其厄密性)的点均已定义。(J. Von Neumann,*Mathematical Foundations of Quantum mechanics*,pp.153—154)。本征值可解的条件比极大性条件更强,因此叫超极大算符。(同上书,pp.164—169)。——译者注

时间对应的却是一个通常的数字参量 t，这一事实曾被冯·诺伊曼称为"量子力学的一个根本的……实际上是最大的弱点。"[①]

如果能够引进一个算符 T，它同哈密顿量 H 满足对易关系 $[T, H] = ih/2\pi$，那么就能把时间-能量关系和位置-动量关系在逻辑上置于同等的地位。相对性要求平等地对待时间和位置坐标，以及平等地对待能量和各个动量分量，在这个要求推动下，薛定谔[②]在 1931 年曾探讨过在同一希尔伯特空间中为四维矢量(t，x，y，z)引进一个四维相乘厄密算符的可能性，但是他没有成功。

1958 年，F. 英格尔曼和 E. 菲克[③]在下述事实的基础上，重新提出了这个问题，那就是：狄拉克的关于共轭算符的本征值的定理并不一定成立，如果其证明中所用到的幺正变换不在原来的本征函数与变换了的本征函数之间建立一个自同构关系的话。在这样表明这一反对引进量子力学时间算符的主要反对意见怎样可以被克服之后，两位作者似乎从下述对应性考虑得到了鼓励。如果在由一个宏观时钟确定的(牛顿时间的)t_0 时刻，一个力学系统的状态由(p_0，q_0)表征，那么力学定律就决定了时钟的读数为 t 时的状态(p，q)。但是，反过来也能够通过考察状态(p，q)来测定时间 $t - t_0$，这时是把系统本身当作一个时钟来用；因为根据哈密顿-雅科比理论，存在有一个函数 $T(p, q)$，使得

151

① 7 页注①文献(1932，p.188；1955，p.354)。

② E. Schrödinger, "Spezielle Relativitätstheorie und Quantenmechanik," *Berliner Berichte* **1931**, 238—248.

③ F. Engelmann and E. Fick, "Die Zeit in der Quantenmeckanik," *Nuovo Cimento*, *Supplement* **12**, 63—72(1959).

$$T(p,q)-T(p_0,q_0)=t-t_0。$$

于是,如果能够定义一个和 $T(p,q)$ 对应的厄密算符(也是超极大的),那么它就会提供——按照冯·诺伊曼对量子力学形式体系的公理化表述——一个代表量子力学时钟的行为的可观察量。和通常的时间参量 t 即"外部时间"相反,这种"内部时间"在一微观系统上进行测量时将受有典型的量子力学涨落。例如,对于一个能量取值确定的态,这个时间可观察量的不确定量或散布[spread]可以是无穷大,但其期待值仍应等于 t。

在这些想法的基础上,H. 保罗[①]对于由沿一维的 q 轴运动的一个自由粒子组成的系统,精心构造出这样一个时间算符:

$$T=\frac{1}{2}m(qp^{-1}+p^{-1}q)。$$

不难看出,这个时间算符同哈密顿量算符 $H=p^2/2m$,满足对易关系 $[T,H]=ih/2\pi$,并且满足关系 $d\langle T\rangle/dt=(2\pi/ih)[T,H]$,于是实际上有 $\langle T\rangle=t$。保罗也对一维线性简谐振子的情况成功地构造出 T,并且能够定出系统的"时钟本征态"φ_τ,这些态满足(近似地)本征值方程 $T\varphi_\tau=\tau\varphi_\tau$。但是,在对这个问题进行更细密的考查之后,他得到的结论是,只有对非常有限的一组状态,才能建立起 T 的期待值,因此,从这个方面来进行的对时间-能量关系的推导,同样也只在特殊的场合才成立。

---

　　① H. Paul, "Über quantenmechanische Zeitoperatoren," *Ann. Physik* **9**, 252—261(1962).

菲克和英格尔曼[1]以及奥科克的工作表明,关于引进一个量子力学时间算符的问题,看来只有在对习用的量子力学形式体系作适当的推广之后,才能得出有物理意义的答案。这种推广可以是,比如说,放宽只有超极大算符才代表可观察量的条件;或者是利用如罗森包姆[2]所定义的那种"超希尔伯特空间"。

解决这个问题的另一种有趣的尝试,是俄亥俄州克里夫兰城凯斯学院[Case Institute]的兰金[3]所提出的一种量子力学表象,在这种表象中对位置、动量、能量和时间都是同样看待的,每一个都由适当的拓扑测度空间 S 上的一个可测函数来表示。在这个理论中,每一个可观察量,包括时间在内,都有一个几率分布,这就使得能够把时间-能量关系式解释为下述事实的表示式:能量变化越小,作为正规测度空间 S 上的一个函数(算符)的时间的随机性便越大[4]。

在对海森伯关系中 Δt 的解释的争论的推动下,从 1963 年以来担任洪堡大学[Humboldt University]教授、后来并成了东柏林

---

[1] E. Fick and F. Engelmann, "Quantentheorie der Zeitmessung," *Z. Physik* **175**, 271—282(1963); 178, 551—562(1964).

[2] D. M. Rosenbaum, "Super Hilbert space and the quantum mechanical time operator," *Jour Math. Phys.* **10**, 1127—1144(1969).

[3] B. Rankin, "Quantum mechanical time," *Jour, Math, Phys* **6**, 1057—1071 (1965).

[4] 关于通过算符的时间平均对时间-能量关系的一种新颖而又初等的重新解释,见 E. Durand, Mécanique Quantique(Masson, Paris, 1970), vol.1, pp.122—132。另一种不常见的推导(它与这条元定理[metatheorem]一致:量子力学的形式体系能够引出它本身的解释)见 I. Fujiwara, "Time-energy indeterminacy relationship," *Prog. Theor, Phys.* **44**, 1701—1703(1970); M. Bauer and P. A. Mello, "The time-energy uncertainty relation," *Ann. Physics* **111**, 38—60(1978).

德国科学院纯粹数学研究所所长的特雷德尔,不久前重新讨论了爱因斯坦的光子箱实验。照特雷德尔[①]看来,关系式 $\Delta t \Delta E \geqslant h$ 不能应用于对稳定系统的能量和时间测量中的不准量上,这已很明显了;相反,通过这个关系式断言在一次不准量为 ΔE 的对能级差 $E_2 - E_1$ 的测定中,两次能量测量在时间上必须隔开一个间隔 $\Delta t \geqslant h/\Delta E$,可以看出它是把非定态的寿命(半衰期)和它们的能量散布(线宽)联系起来:若一个非定常系统的初态有确定的能量,则终态的能量具有一个统计性的线宽。

特雷德尔论证说,为了把这个结果应用到爱因斯坦实验上,必须考虑由许多箱子构成的一个系综 $\sum$,每个箱子都有同样的初始能量,悬挂的弹簧受到同样的张力。在发射一个粒子之前,每个"箱子+弹簧"系统都处于稳定平衡态。一当发射一个质量为 dm 的粒子,弹簧的张力和箱子的重量就不再平衡,各个系统开始振动,其振幅 dq 和作用在系统上的力

$$\alpha \cdot dq = g \cdot dm \qquad (28)$$

成正比,其中 α 是弹簧常数。如果没有阻尼,每个系统的振动能量都会由下式给出:

$$\frac{1}{2}\alpha \cdot (dg)^2 = \frac{1}{2}g \cdot dm \cdot dq \qquad (29)$$

而弹簧伸长的变化量 dq 因而还有 dm 就不能确定。但是,由于内

---

① H. J. Treder, "Das Einstein-Bohrsche Kasten-Experiment," *Monatsberichts der Deutschen Akademie der Wissenschaften zu Berlin* **12**, 180—184(1970);英译文 "The Einstein-Bohr box experiment," 载于 *Perspectives in Quantum Theory*, W. Yougrau and A. van der Merwe, eds.(MIT Press, Cambridge, London, 1971), pp.17—24.

摩擦,这个运动是阻尼的,(29)式给出的能量会作为热量耗散到周围环境中去(信息遭到损失)。耗散掉的能量的大小随系统而异,有一涨落 ΔE,它同振动过程的平均寿命 Δt 成反比:

$$\Delta E \approx \frac{h}{\Delta t}. \tag{30}$$

能量一旦耗散掉,$\sum$ 中每个系统的位置因而最后所含的能量就可准确测定,由(28)式和(30)式,位置的散布由下式给出:

$$\alpha \Delta q = \Delta E \cdot \frac{g}{c^2} = -\frac{gh}{c^2 \Delta t} \tag{31}$$

它导致

$$\Delta t \Delta E = h. \tag{32}$$

到达平衡所必需的平均时间 Δt 越短,能量损失的散布 ΔE 就越大。因此要以精确度 ΔE 来测量 $E_2 - E_1$,终了的位置读数和初始的位置读数必须至少隔开一段时间间隔 $\Delta t = h/\Delta E$。这一条件表明,对于给定的 ΔE,即使 $t_2 - t_1$(爱因斯坦的箱子上的快门的启通时间)取成任意小,最后的指针位置的读数(用以测定 E_2)也必须至少比 t_1 落后一段时间间隔 $t = h/\Delta E$,这一限制是爱因斯坦未曾注意到的。

　　我们看到,在特雷德尔看来,是弹簧的量子力学行为而不是任何引力效应保住了海森伯的时间-能量关系使之免于爱因斯坦的攻击。为了确立这个结论,特雷德尔对这个思想实验进行了修改,把(垂直的)引力场换成一个静电场 F,并假定箱子(设为实际上没有质量的)装的是不可分辨的带电粒子(例如质子),具有特定的荷质比 e/m_{p_0},于是总电荷 Q、总质量 M 和总能量 E 由下式相联系:

$$Q = \frac{e}{m_p} \sum m_p = \frac{e}{m_p} M = \frac{e}{m_p c^2} E \tag{33}$$

并且

$$\alpha q = FQ. \tag{34}$$

特雷德尔声称,若按照玻尔的推理,便应当有

$$\frac{h}{\Delta q} = \Delta p < \Delta Q \cdot F \cdot T = \frac{e}{m_p c^2} \Delta E \cdot F \cdot T \tag{35}$$

但是,在特雷德尔看来,由于红移时间膨胀不适用于这种修改后的情况,由于这样一来 Δq 便不意味着 T 中的任何不确定量 ΔT,那么就会得出:即使玻尔的反论据对于引力场中的光子箱实验是成立的,它在这种静电场中的类似实验中也会失效,而海森伯关系就会受到违犯。此外,特雷德尔还指出,在玻尔的推导中,由观察者对 q 读数的干扰所引起的箱子动量的不确定量,为什么会随着弹簧秤的平衡过程(它同上述干扰毫无关系)的时间 T 的增大而增大,这是令人无法理解的。

关于特雷德尔从他对这个思想实验的修改所得出的结论,我们想要指出:同特雷德尔的看法相反,爱因斯坦的广义等效原理也适用于静电场中的能量变化。最后,我们认为,特雷德尔从弹簧的量子性质出发对海森伯关系的推导在逻辑上是无懈可击的,只要你接受波普尔等人提出的测不准关系的统计客观诠释以及时间-能量关系的曼捷尔施坦姆-塔姆诠释。

在这段冗长的离题的话以后,让我们回到玻尔-爱因斯坦论战的历史这个正题上来。关于爱因斯坦-玻尔论战在 1930 年的这一回合的结果的最好的小结,也许是下面这句话(这是玻尔本人认可

的）：爱因斯坦失败了，但是并没有被说服。爱因斯坦尽管在推翻海森伯关系上失败了，但是拒绝接受统计陈述为物理学中的终极定律，因此并没有改变他对量子力学的有效性的个人信念，这个信念他曾在 1926 年 12 月 4 日致玻恩的一封著名的信中如此尖锐地表述过："量子力学是令人赞叹的。但是有一个内在的声音告诉我，这还不是真正的货色。这个理论贡献很大，但是并不使我们更接近上帝的奥秘一些。无论如何，我相信他不是在掷骰子。……我正在辛苦地工作，要从广义相对论的微分方程推导出看作奇点的物质粒子的运动方程。……"①

爱因斯坦是多么辛苦地想要把量子力学同广义相对论联系起来，特别是，他可能已想到要把测不准关系同一个因果性的、连续的场论调和起来，这可以从他的论文"引力和电学的统一理论"②看出，这篇论文是他和 W. 迈耶合作，于第六届索尔维会议后不久发表的。这篇文章是在卡鲁查③的尝试的推动下写的，卡鲁查试

---

①　169 页注①文献（1956，p.258；1969，pp.129—130）。

②　A. Einsten and W. Mayer, " Einheitliche Theorie von Gravitation und Elektrizität," *Berliner Berichte* **1931**, 541—557。又见 A. Pais, "Einstein and the quantum theory," *Rev.Mod.Phys.* **51**, 863—914(1979) 及 M. Jammer, "Albert Einstein und das Quantenproblem," 收在下述文集中：H. Nelkowski, A. Hermann, H. Poser, R. Schrader, R. Seiler(eds.), *Einstein Symposion Berlir* (*Springer verlag*, Berlin, 1979), pp.146—167。

③　Th.Kaluza, "Zum Unitätsproblem der physik," *Berliner Berichte* 1921, 966—972。关于这个问题，爱因斯坦可能也受到过 O. Klein 的话的影响："现在看来很清楚，量子现象是越来越不可能允许一个统一的时空描述；相反，对于通过一个五维的场方程式来描述这种现象的可能性，则大概不能从一开始就加以排除。"见 O. Klein, "Quantentheorie und fünfdimensionale Relativitätstheorie," *Z. Physik* **37**, 895—906 (1926)，引文见 pp.905—906。

图在一个五维时空中表述一种统一场论,以通过一个单一度规来
既说明引力问题又说明电磁现象,这同韦尔的著名的方法相反,韦
尔的方法是用一个附加的规范向量场与爱因斯坦的度规张量 $g_{\mu\nu}$
相联系,这个规范向量场允许长度的转移[transference of length]
与路径有关。

　　看来,爱因斯坦之所以在四维时空中引进五维矢量,心里是抱
着这样的希望的,希望一个统一场论将可以去掉各种海森伯测不
准性,因为这时可以把它们看成只是投向一个四维矢量的世界的
投影,而它们的统计涵义则可看成是取消第五维分量的结果,这个
分量是五维的物理过程的一个完备的、严格决定论的描述所必需
的。这时就可以清楚看出,量子理论的玻尔-海森伯表述只是提供
了物理实在的一个不完备的描述;与此同时,这个尽管是不完备的
理论为何又能够这样成功这个谜,也可以找到一个满意的解答。
但是,爱因斯坦通过这样推广时空微分几何性质来解决"量子问
题"的尝试,终于是失败的。

　　这一失败,连同 1930 年索尔维会议上的讨论结果,使爱因斯
坦承认海森伯关系和玻尔的观点的逻辑一贯性。实际上,我们在
下一章将看到,爱因斯坦从这时起改变了他的策略:他的批评的矛
头所向,不再是玻尔的方法的不一贯性,而是它的不完备性。爱因
斯坦的立场的这一变化和他从欧洲迁居美国大致同时,可以用它
来作为玻尔-爱因斯坦论战的早期的几个回合(即本章所讨论的)
与后来的回合(将在下一章讨论)之间的一个转折点。但是,在着
手研究后期的这些争论点(我们将看到直至今日仍可感到其影响)
之前,我们先来简短地综述一下对玻尔-爱因斯坦论战的一些一般

性的评价以结束这一章。

5.5　对玻尔-爱因斯坦论战的一些评价

　　德累斯顿工业大学(德意志民主共和国)的瑙曼[①]在一篇研究这场论战的文章中,把爱因斯坦和玻尔之间的冲突说成是唯物主义和唯心主义的不可调和性的结果。与这个看法相反,苏联科学院爱因斯坦委员会的副主席、一本俄语畅销书——一部爱因斯坦传记(1962、1963、1965)的作者库兹涅佐夫[②]却并不把这场争论看成哲学分歧或意识形态分歧的表现,而把它看成是由于现代物理学未能把相对论的各种概念同量子力学的各种概念贯彻一致地综合起来所致。玻姆和舒马赫尔[③]在分析他们所谓的这场论战的最大特征——意见互不沟通(the failure to communicate)——一时也得到了类似的结论,虽然是根据完全不同的理由得到的。他们把这种意见不沟通的情况看得比争论的内容还重要,它"使物理学分裂成互不相干的一些零碎部门,每个部门都倾向于发展其一成不变的形式,而不是去参加一场诚恳的对话,在这场对话中每一方的意见都会改变,而容许新事物成长起来。"按照玻姆和舒赫尔

　　①　H. Naumann,"Zur erkenntuistheoretischen Bedeutung der Diskussion zwischen Albert Einstein und Niels Bohr,"*Deutsche Zeitschrift für Philosophie* **7**,389—411 (1959).

　　②　B. Kouznetsov,"Einstein and Bohr,"*Organon* **2**,105—121(1965).

　　③　D. Bohm and D. L. schunacher,"On the failure of communication between Bohr and Einstein"(预印本,1972)。

157 的看法,这种分裂是量子力学同相对论之间缺乏充分的和谐的终极原因。"通常所称的'相对论量子理论'。不论其细致形式如何,正是玻尔和爱因斯坦之间意见不沟通的结果。"同样,胡克[①]在不久前关于量子力学实在和玻尔-爱因斯坦论战的一篇短文中,认为这场论战所争论的各点不仅远没有消失,而且甚至是一种动力,它"今天仍在影响着研究的路线。"

　　但是,按照冯·威扎克的意见,玻尔-爱因斯坦的论战只是一场严重的误解(它同意见不沟通毫无关系)的结果。冯·威扎克争辩道,虽然爱因斯坦(他认为物理概念是人类心智的自由创造)从来没有采纳过朴素实在论的立场,但他正确地反对任何想要从物理学中取消实在这个观念的企图。但是,爱因斯坦相信玻尔正是试图这样做,这却是一个"可悲的错误"。[②] 因为玻尔(冯·威扎克强调指出)绝不否定实在的观念,他只是对它做了修正:他否定的只是作为古典物理学的特征的客体与主体之间的绝对分离。虽然玻尔的哲学从马赫的实证主义那里继承了它对朴素实在论教义的否定,但是并不同意它对物理实在的否定。

---

　　① C. A. Hooker, "The nature of quantum mechanical reality:Einsten versus Bohr,"载于 *Paradigms and Paradoxes*(文献 24),pp.67—302。

　　② "照我看来,他[爱因斯坦]的悲剧性的错误在于,他认为这[从物理学推出的实在概念]也会出现在量子力学中"。见 C. F. von Weizsäcker,"Einstein und Bohr",载于他的 *Voraussetzungen des naturwissenschaftlichen Denkens* 一书中(Hanser Verlag, Munich,1971;Herder,Freiburg in Breisgau,1972),pp.41—50,引文在 p.48 上。

同冯·威扎克相反,许布纳[①]把玻尔-爱因斯坦论战看成只不过是两个不同的甚至是针锋相对的原则的反映:一个原则(爱因斯坦所拥护的)认为,物理实在由各个实体构成,这些实体的性质与它们和其他实体的关系无关;另一个原则(玻尔所拥护的)则认为,实在在本质上就是各种实体之间的一种关系,而测量则是这种关系的一个特殊情形。此外,许布纳并声称,"对爱因斯坦来说,关系是由实体来定义的;对玻尔来说,实体是由关系来定义的。"他还声称,不论是玻尔还是爱因斯坦,都未能成功地证明了自己的原则或是推翻了其对手的原则,因为每一方的论证都是建立在他自己的原则之上的。我们看到,照许布纳的看法,之所以未能达到意见一致,并不是因为争论是建立在意见不沟通或者误解之上,而只是因为争论的双方从未真正把握住他们的意见分歧的基本点。

有趣的是,按照某些科学哲学家的意见[②],前述的莱布尼兹-克拉克(牛顿)论战也正是这样的。

---

① K. Hübner,"Über die Philosophie der Wirklichkeit in der Quantenmechanik," *Philosophia Naturalis* **14**,3—24(1973),特别是第一节("Der Streit zwischen Einsten und Bohr und ihre philosophischen Prinziplen")。(这是他于 1971 年 9 月 10 日在宾夕法尼亚大学的一次讲演的德译文)。

② 例如,见 F. E. L. Priestley,"The Clarke-Leibnitz controversy,"载于 *The Methodological Heritage of Newton*,R. E. Butts and J. W. Davis,eds.(Basil Blackwell,Oxford,1970),pp.34—56。

第六章 不完备性异议和互补性
诠释的后期说法

6.1 微观物理属性作为相互作用性的
观念

我们看到,玻尔发展他的互补性诠释的出发点是量子假设,它赋予每个原子过程或基元过程一种本质的不连续性,从而排除了彻底的因果描述和时空描述。它的本体论基础是波粒二象性,而它的操作意义则体现在测不准关系中。显然,共轭的力学变量的精确值在操作上的不相容性并不是玻尔理论的终极基础①。可是,一些早期的量子力学教科书②都以海森伯关系为基础来阐述理论,再加上玻尔和海森伯本人对客体与观察者的不可分离性作过一些含混的陈述,这就导致了这样一种广为传播的观点:是观察对客体的干扰造成了测不准原理,从而最终构成了整个理

---

① Grünbaum 曾提出过各种论据来支持下述主张:单单这些值在操作上的不相容性既不是它们缺乏理论意义的必要条件,也不是充分条件。见"Complementarity in quantum physics and its philosophical generalizations", *Journal of Philosophy* **54**, 713—727(1957)。

② 见§3.1。

论的基础①。

　　早在 1929 年，当时正在柏林大学讲授物理学的哲学的赖欣巴赫②就指出，测不准原理并不是不可能达到精确测量这一属性的结果，反之，还不如说，这个原理同观察总要不可避免地引起干扰这个属性结合起来，是不可能达到精确测量的原因。赖欣巴赫说，把物理测量或观察分解成独立于观察者的事件和观察装置，这只是在宏观物理学中才出现的一种理想化，甚至在经典物理学中也并非严格正确的；尽管它有助于得到对自然现象的简单描述，但它却不是科学的认识的不可少的前提。同样，如果能够用一种考虑到一切有关因素比如光压的理论，从观察数据推出电子的位置和动量，那么在微观物理学中，电子所受到的干扰（像海森伯 γ 射线显微镜中的照明电子所引起的干扰）也会无关紧要了。但测不准原理的意义正是说，这样一种改正的理论是不可能的。

161

　　维也纳人民学院［Volkshochschule］的一个讲师齐尔塞尔③也强调指出，测不准原理表明，对于微观物理学，不可能像在宏观物理学中那样，也建立这样一种误差改正理论，齐尔塞尔认为，不可避免的干扰并不限于量子物理学，用温度计来测量温度，用电流计测电流强度、用电压计测电势、甚至通过与一根米尺相比较来测量长度（这时米尺的质量严格说来会改变周围的引力场），都伴随有

　　① 哲学家们也一直抱有这种主张：例如 N. Hartmann, *Philosophie der Natru* (W. de Gruyter, Berlin, 1950), p.374。

　　② H. Reichenbach, "Ziele und Wege der physikalischen Erkenntnis", 载于 Handbuch der Physik, vol.4, H. Geiger and K. Scheel, eds.(Springer Berlin, 1929), p.78.

　　③ E. Zilsel, "P. Jordans Versuch, den Vitalismus quantenmechanisch zu retten", *Erkenntnis* **5**, 56—64(1935).

这类干扰。

　　正如他通过测量温度的例子表明的,人们甚至无需担心尽量减小这些干扰;因为在经典物理学中,总可以根据一些用起来从不与经验矛盾的定律,以任意的精度来改正这些干扰。正是在微观物理学中没有类似的定律这一事实,而不是每次测量会引起干扰,才是测不准关系成立的理由。换言之,在齐尔塞尔看来,测不准性连同目前形式的量子力学乃是一种经验的方法论态势所造成的,即某些精细的修正误差的理论在微观物理学中不能用的结果。

　　如果说齐尔塞尔的观点由于它只含有最少的本体论假设而可称之为玻尔诠释的最小表述,那么齐尔塞尔的文章所讨论的约尔丹的立场就可叫作该诠释的最大表述。约尔丹[①]宣称,观察不只是干扰要测量的东西,而是产生要测量的东西! 例如,在用 γ 射线显微镜测量位置时,"电子被迫作出决定,我们迫使它取一个确定位置;一般说来,原先它既不在这里又不在那里;它尚未就取一个确定的位置作出决定……如果用另一种实验来测量电子的速度,那么这就意味着:电子被迫决定取某个精确的速度值;我们则观察它选取了哪个值。在作这样一个决定时,前面的实验中所作的关于位置的决定就完全被抹掉了。"约尔丹认为,每次观察不仅是一次干扰,它是在观察的领域内深深刻下的一刀:"我们自己制造了测量结果"[*Wir selber rufen die Tatbestande hervor*][②]。

　　约尔丹如此生动地表述的这个论点——位置或动量(速度)之

---

①　122 页注②文献(1934)。

②　同上,p.228。

类的微观物理性质或规定[determination]并不是经典意义下的粒子所拥有的属性，而是同测量机构或观察仪器相互作用的结果——在二十世纪三十年代初成了互补性诠释的典型特征。人们当时认为，玻尔那些互补的实验装置就是互相排斥的制造测量结果的方法，或者用约尔丹的话来说，就是用来强制作出决定而互相抹掉对方的工具。这是对任何实在论的自然观的绝对否定。

当时刚从哥廷根大学退休的心理学教授冉森(1868—1952)是最早对这种观点提出挑战的人之一。他认为，这种推理的逻辑展开将导致影响深远的结论：不仅在微观物理学中，而且更一般地，任何物理情态都将是观察的产物；而且，独立于人类或者类人生物的感官和头脑之外的客观的事实的集合都会不复存在[①]。

约尔丹反对对互补性诠释作如此彻底的实证主义或唯心主义的引申，他指出[②]，对宏观物理客体的观测和对微观物理客体的观测有原则的区别。比如，在某一时刻 t 对月球位置的观测确定了某些数据，这些数据可以用与这次特定观测无关的别种观测或者在时间上早于 t 或晚于 t 的观测来确证；在 t 时刻是否进行过观测，并不影响这些别种观测的结果。因此量子力学中的认识论态势不能推广到整个物理学。

的确，通过下述考虑，最容易理解微观物理属性的"相互作用性"同互补性观念的"相互排斥性"是密切联系的。设想有一微观

---

①　P. Jensen, "Kausalität, Biologie und Psychologie", *Erkenntnis* **4**, 165—214 (1934).

②　122 页注②文献(1934)。

客体的系统 A，它可以处于态 ψ_1 而使 A 的所有成员具有性质 x，或处于态 ψ_2 而使 A 的所有成员具有性质 y，其中 x 与 y 是不相容的性质，亦即系统不能同时具有性质 x 和性质 y。如所周知，量子力学的形式体系允许 ψ_1 与 ψ_2 的所有线性叠加都是可能的态。令 ψ_3 是这样一个叠加。经验表明，下述情况是可能的：对处于 ψ_3 的 A 测量 x，我们发现 A 的所有成员有比方 70% 具有性质 x；而对处于 ψ_3 的 A 测量 y，我们又发现 A 的所有成员同样有 70% 具有性质 y。但 x 与 y 却是不相容的。

　　如果 x 与 y 是这两个测量所披露的客观存在的性质，而不是被它们干扰或制造出来的，那就会出现一个严重的矛盾，特别是如果进一步假定两种测量可以同时进行的话。事实上，这时简单的计算表明，A 的成员至少有 40% 将同时具有性质 x 和性质 y。要保持逻辑的协调，充分必要条件是：(1)两个测量决不能同时进行，(2)每次测量都是同微观客体的一次相互作用，并且影响微观客体的性质。条件(1)表示实验装置的互不相容或互相排斥性，这是它们互补的必要条件；而条件(2)则否认被测量的可观察量与仪器独立无关。

　　否定位置和动量之类的互补的属性的独立地位，并不必然意味着否定可以具有这些属性的微观客体本身的客观实在性。虽然许多具有实证主义倾向的互补性诠释的拥护者在三十年代初期曾根据这些理由认为，微观客体无非是"一束现象"或者可重复的实验装置与其观察结果之间的一种语言-计算环节，但互补性诠释并不强迫人们得出这种工具主义*的结论。例如,弗兰克[①]主张说,"'电子'是我们引入以陈述一个原理体系的一组物理量的集合,我们能从这个原理体系逻辑地推出测量仪器上指针的读数,"互补性诠释并不保证这一说法成立,理由很简单:因为互补性诠释对于电子的质量或电荷这些非互补的变量完全没有提及。波恩曾一再强调[②],除了互补性性质之外,微观客体还可以显示出一些别的性质,它们是观察的不变量。"尽管一个电子的行为并非在每一方面都像是一粒沙子,但是它有足够多的不变的性质,使得把它看成是实在的。"

　　这里应当指出,粒子同时具有完全确定的位置与动量值的假定(即使这些值可能是未知的并且是不可观察的),不用互补性诠 164

---

　　*　工具主义是实用主义的变种,创始人为美国哲学家杜威。它和实用主义一样,否认自然界和社会的客观规律性,认为世界是混乱的,只有人的意识才能理解它,观念和概念不是客观世界及其固有的发展规律在意识中的反映,而是帮助人们整理经验、适应环境的工具。——译者注

　　①　P. Rank,"Foundations of Physics",载于 *International Encyclopedia of Unified Science*,Vol.1,No.7(University of Chicago Press,1946),p.54.

　　②　M. Born,*Natural Philosophy of Cause and Chance*(Oxford U. P.,London,1949;Dover,New York,1964),pp.104—105;中译本《关于因果和机遇的自然哲学》(商务印书馆,1964),第 109 页;"Physical reality",*Philosophical Quarterly* **3**,139—149(1953),收入 M. Born,*Physics in my Generation*(Pergamon Press,London,New York,1956),pp.151—163。德译文(1953)。中译本《我这一代的物理学》(商务印书馆,1964,第 182—197 页,"论物理实在")。

释就可以被否定掉,布洛欣采夫[①]曾就氦原子中的电子的情形证明了这一点。让我们讨论更简单的氢原子的情况来代替布洛欣采夫的讨论,用以证明同时存在这些值的假设是不能成立的。

首先应当记得,通过 X 射线或电子的散射,可以用实验确定电子在原子中的分布(对应于 $|\psi(r)|^2$),这些实验与理论符合得很好。众所周知,氢原子在基态($n=1,l=0,m=0$)

$$|\psi_{100}| = (\frac{a^3}{\pi})^{1/2} \exp(-ar) \qquad (1)$$

(其中 $a=1/a_0$,$a_0=0.53\text{Å}$ 是波尔半径)下的总能量为

$$E_0 = -13.55 \text{ eV} \qquad (2)$$

这个原子中一个电子的位能 $U(r)$ 等于 $-e^2/r$,它随离原子核的距离 r 的增加而增大。求解 $U(r)=E_0$,我们发现对于 $r>r_1\approx 2\text{Å}$,有

$$U(r)>E_0。 \qquad (3)$$

为了找出 $r>r_1$ 的电子的百分比 P,我们来计算

$$P = 4\pi \int_{r_1}^{\infty} r^2 |\psi_{100}|^2 dr \qquad (4)$$

---

① Л. И. Влохинцев, Основы Квантовой Механикн (ГИТТД, Москва, Ленинграп, 1949；высшая школа, 1963)；中译本：量子力学原理,上、下册,(高等教育出版社,1965)；匈牙利文译本(1952)；德文译本(1953,1961)；捷克文译本(1956)；英译本：*Principles of Quantum Mechanics* (Reidel Dordrecht, 1964)；法译本 (1969)；"Критика Философскик Воззрений Так Называемой'Копенгагенсвой шволы'в физике"载于 *Философичиские Вопросы Современной Физики* (*Москва*, 1952) СТР 358—395；德译文(1953),这个问题的历史可以追溯到海森伯的芝加哥讲演[88 页注①文献(1930, p. 33~34)]。海森伯的解答受到了赖掀巴赫的批评[506 页注③文献(1944,1965,p.165；1949,pp.180—181)]。

结果 $P=0.23$。因此在未激发的氢原子中大约有 25% 的电子的位 165
能超过 E_0。若这种电子既有一位置坐标 r 又有一动量变量 p，我
们就可写出

$$E_0 = \frac{p^2}{2m} + U(r) 。 \tag{5}$$

因此对于这种电子

$$\frac{p^2}{2m} = E_0 - U(r) < 0 , \tag{6}$$

而 p 就会取一虚值，这个结果是不能接受的。

凯拉[①]指出，认为一个微观客体本身既没有确定的位置坐标 q
又没有确定的动量坐标 p，以及认为谈论这种同时的精确值毫无
意义，像海森伯关系要求的那样，这些互补观点，正好损害了海森
伯从他的思想实验推出这个关系式的推理。我们已看到，在这个
推导中，当证明由于与实验装置的相互作用而引起的不可控制的
干扰会使这些值丧失其精确度时，预先正是假定了这种精确值的
存在。凯拉又提到，除了狄拉克理论之外，"还有一些相当基本的
情况暗示有负的'动能'的观念"[②]，于是他批评互补性诠释的早期
说法没有把经典物理学的语言同量子力学的语言始终一贯地而且
清晰地区分开来。因为凯拉主张，位置、动量和能量这些项在量子
力学中所遵从的公理同经典物理学的根本不同，所以它们的意义
也必须同样不同于它们在经典物理学中表示的意义。虽然由此看

[①] E. Kaila,"Zur Metatheorie der Quantenmechanik",Acta Philosophica Fennica **5**,1—98(1950).

[②] Kaila,同上，p.82。

来凯拉似乎倾向于想赋予负动能以一种量子力学意义,但他并没有讨论这样一种认可是否意味着共轭变量同时具有确定值的假定。凯拉转而集中力量去寻找两种语言之间的正确关系,并证明了,对它们作系统区分将导致这样的结果:作为玻尔整个方法的基础的那个"不可分的作用量子"的观念,并没有为量子理论提供一个一贯的、充分的基础。

166   如果说,人们已经证明了,一个微观客体,例如氢原子中的一个电子,它在某些空间区域中(它存在于这些区域中已由实验确证)不能既有位置变量又有动量变量,那么人们也没有任何理由假定这种情况只局限于这些区域中。相反,人们必须得出结论:微观客体从来就不会同时既有位置坐标又有动量坐标,或不如说两者都没有,这些变量或属性只是通过它们各自的测量过程本身才制造出来的。

我们看到,在三十年代初期,互补性诠释的拥护者们所设想的量子力学系统的态描述是以物理的相互作用的概念为基础的。例如,断言粒子有一个确定的动量 p 就意味着粒子实际上已受到一个记录 p 值的动量测量仪器的作用。我们可以把这种观点简称为"相互作用性的"态描述方法,它在随后几年里受到了一种精巧的、但在哲学上很重要的修正,于是,态描述变成了"关系的"态描述方法,其意义将在下文中说明。

爱因斯坦的光子箱似乎是互补性诠释内部的这种概念发展的催化剂。我们即将看到,正是光子箱实验引导爱因斯坦想出了所谓爱因斯坦-玻多尔斯基-罗森(EPR)悖论的基本观念,而这个悖论反过来又迫使玻尔及其学派如上所述修正他们对态描述的观念。

6.2　EPR 论证的渊源

　　如前所述,玻尔与爱因斯坦在 1930 年围绕测不准关系讨论的结果,是"爱因斯坦失败了但是并不心服。"我们即将看到,从这时起,他不再怀疑这些关系的有效性,而是对整个理论的基础是否坚实缺乏信任。事实上,下述插曲表明,爱因斯坦现在已完全承认海森伯关系的有效性,甚至比这些关系的提出者本人有过之无不及(如果我们记得海森伯还承认有精确的回溯的话)[①]。

　　爱因斯坦在 1930 年应邀到帕萨迪纳[Pasadena]的加州理工学院作了一系列演讲,他在随后的冬天在加利福尼亚度过了几星期(他在下两个冬天也是如此,下榻在雅典娜会堂[Athenaeum])。尽管有些免不了的观光旅行,例如,亚利桑那州的一个印第安部落接受他为一个具有大长老[Chief Great Relative]荣誉称号的成员,爱因斯坦在帕萨迪纳还是有时间从事科学工作。他和著名物理学家托耳曼(他从 1922 年起直到逝世担任该学院的研究生院的院长)及玻多尔斯基[一个年轻的俄国物理学家,两年前刚在爱泼斯坦(P. S. Epstein)指导下在该学院获得物理学博士学位]一起,写了一篇题为"量于力学中过去和未来的知识"的论文。[②]　这篇论

167

---

① 见 §4.2。

② A. Einstein, R. C. Tolman, and B. Podolsky,"Knowledge of past and future in quantum mechanics",*Phys. Rev*,**37**,780—781(1931)。中译文见《爱因斯坦文集》第一卷第 289—291 页(商务印书馆,1977)。

文虽然不含一个数学公式,但是它一定会被人们看成一个独特的贡献,因为《科学》在其 1931 年 3 月 27 日的《新闻补充报导》栏内预告了它的内容,为它大肆宣传,并说:"爱因斯坦教授曾经为根据普朗克教授的工作建立起来的量子理论奠定了基础,……现在爱因斯坦教授又告诉我们,过去和未来同样是不确定的,从而为我们关于物质与能量的概念添加了最新的一块砖。"[1]

爱因斯坦-托耳曼-玻多尔斯基的论文一开头就说,人们有时假设量子力学容许对粒子过去的路径作精确的描述。"本文的目的,"它接着说,"是讨论一个简单的思想实验,它表明,描述一个粒子的过去路径的可能性将导致对第二个粒子的未来行为的预言,而这种预言是量子力学所不许可的。因此应当得出结论:量子力学原理在对过去事件的描述中实际上也包含着一种不确定性,这同对未来事件的预言中的不确定性是类似的。"

为此目的,作者们考虑(图 7)一个小箱子 B,里面充以处于热骚动状态的全同粒子,其数量使得能够发生下述情况,即通过短时间地打开两个小孔上的快门 S,一个粒子穿行直线路径 SO,第二个粒子在椭球面反射器 R 上作弹性反射而走较长的路程 SRO。如果 O 处的观察者利用比如低频多普勒效应来测量直接到达的第一个粒子的动量,然后测量它到达 O 的时间,那么从已知的距离 BO 和算得的第一个粒子的速度,就可以精确算出快门打开的时刻。如果进一步假设在快门打开前后分别称量了箱子的重量,

---

[1] *Science* **73**(1891),Supplement,Science News,10(1931).

那么放出来的总能量就可以确定,因而——在已知第一个粒子的
动量之后——也可以确定第二个粒子的能量和速度。假设总距离
BRO 比 *BO* 大得多,"于是似乎就能够以任意的精度事先预言第
二个粒子的能量和它到达的时间,"这和能量-时间测不准关系
相反。 168

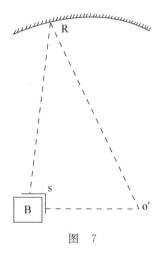

图 7

爱因斯坦、托耳曼和玻多尔斯基认为,这个悖论的解决在于
"第一个粒子过去的运动并不能像我们假设的那样精确确定。"他
们接着说:

> 的确,我们被迫得出这样的结论:无法量度粒子的动量,而不
> 改变其量值。例如,对于观察从一个到来的粒子上反射出的
> 红外线的多普勒效应的方法作一分析就表明,虽然这种方法
> 允许确定粒子在同所用的光量子碰撞之前和碰撞之后的动
> 量,它仍然留下同光量子发生碰撞的时间是不确定的,因此

在我们的例子中,虽然能够确定第一个粒子同红外线相互作用之前和之后的速度,但仍不能确定在路径 SO 上发生速度变化的精确位置,而这是为了得到快门打开的准确时刻所必需的。

作者们推广这些考虑,得出结论说,测不准关系同样适用于预告性测量和回溯性测量,或用他们的说法,"量子力学原理在对过去事件的描述中必定也包含一种不确定性,这同对未来事件的预言中的不确定性类似。"

下述事件无疑是测不准关系的逻辑地位的普遍的混乱情况的一个有趣的历史见证:正好在四个星期之后,1931 年 3 月 27 日,从欧洲来的另一位客座教授、爱丁堡大学的达尔文在马萨诸塞州的罗威尔学院〔Lowell Institute〕作的一篇演讲中,有以下的说法,它和爱因斯坦-托耳曼-玻多尔斯基的论文发表在《Science》的同一卷[①]上:"测不准原理实质上只涉及未来;我们可以安装一些仪器,它们能随我们之心所欲地告诉我们关于过去的知识。"为了举例说明他的话,达尔文描绘了如下的思想实验:

例如,假设我们有两个快门,各自装在一个非常小的孔上,两个孔左边有一个电子源。通常孔是关着的,但在一个非常短的时间间隔里我首先打开左边的快门,然后在一段确定的时

---

① G. G. Darwin,"The uncertainty Principle",*Science* **73**,653—660(1931).

间之后再打开右边的快门。然后在两个快门右边来寻找电子。如果找到了一个,我就能充分肯定,它是沿两孔之间的连线行进的,并在行进中用了确定的时间;这就是说,我可以精确地知道它的位置和速度。量子力学的原理所断言的是,这个知识对于预言此后将发生的事情是无用的,因为它并没有告诉我们电子在从第二个孔出来时如何被衍射。

显然,达尔文的思想实验只是海森伯在 1929 年的芝加哥演讲中讨论过的想象实验的一个重复,并与波普尔确定粒子路径的思想实验中的情况(a)一致。[①] 它充其量只涉及粒子的"过去"的有限的一段或部分,即穿过第一个孔之后和穿过第二个孔之前的那段时间间隔。如果把决定论理解为无歧义地确定事件演化的一个无限序列,那么这个实验并没有否定爱因斯坦-托耳曼-玻多尔斯基的论点:测不准关系不仅对于未来而且对于过去都排除了决定论。

鲁阿克[②]在 1927 年 12 月 30 日美国物理学会的纳什维尔[Nashville]会议上提出了达尔文的双快门实验,他当时是耶鲁大学的助理教授,提出这个实验是作为对海森伯关系的一个可能的驳斥。几星期之后,在学会 1928 年 2 月 24—25 日的纽约会议上,鲁阿克[③]更详细地分析了这个实验,并得出结论说:"粒子的速度

170

---

① 85 页注③文献(1959,p.219),并见下文。

② 105 页注①文献。

③ A. E. Ruar K.,"Heisenberg's uncertainty relation and the motion of free particles," *Phys. Rev.* **31**, 709(1928).

在它通过第一个狭缝时改变了,因为可以把它看成一个波群,波群中每个谐波列的频率都要因快门的调制而改变,这就带来了能量的变化,也就包含了一个改变了的速度。"

肯纳德[①]进一步研究了这个问题,他在从哥本哈根回到康乃尔(他在那里从 1927 年到 1946 年担任物理学教授)之后,详细分析了他所谓的"快速快门"效应。肯纳德指出,如果把一个快门打开一段时间 τ,那么一个以速度 v 到达快门然后通过快门的粒子的位置,就只能确知到测不准量 $v\tau$。他把这个粒子看成一个波包,对它作傅立叶分析,证明:它的动量只能确知到测不准量 $mv/2v\tau$,其中德布罗意频率 v 等于 $mv^2/2h$。因此,$\Delta p = h/\tau v$,而 $\Delta p \Delta x = h$,满足测不准关系的要求。

我们从爱因斯坦与埃伦菲斯特和爱泼斯坦的通信中得知,爱因斯坦尽管在布鲁塞尔惨遭败北,却并未丧失对光子箱实验的兴趣。1931 年他对这个实验采取了新态度:不是把它用作正面攻击海森伯关系的武器,而是试图从它导出一个逻辑悖论。这就是他的思想的发展趋势。假定装着时钟和光子的箱子已被称过重量,然后放出光子,这时我们可以有两种选择:或者重新称量箱重——这样就会知道所发射的准确能量;或者打开箱子,对时钟读数,并把这个已受到称重的过程干扰的读数,同标准时计比较——这样就可以预测光子在被一个位于已知距离处的固定镜面反射之后又到达箱子的精确时刻:

---

① E. N. Kennard, "Note on Heisenberg's indetermination Principle", *Phys.Rev.* **31**, 344—348(1928).

这样,在从光子逸出到它后来同适当的测量仪器进行相互作用之间的期间不对它施加任何干扰,我们就能够或者精确地预言它到达的时刻,或者精确地预言它被吸收时放出的能量。然而,因为按照量子力学形式体系,一个孤立粒子的态的标示不能既包括同时计的完全确定的联系又包括精确确定的能量,所以看来这个形式体系并不提供适当描述的手段。

171

显然,爱因斯坦沿着这条线索所作的推理已经包含了后来所谓的爱因斯坦-玻多尔斯基-罗森悖论的中心思想。

　　从埃伦菲斯特1931年7月9日写给玻尔的一封信[①]中可以看出,上述考虑在1931年的确吸引了爱因斯坦的注意力。埃伦菲斯特告诉玻尔,他期望爱因斯坦在10月底到莱顿访问几天,并邀请玻尔同时也来,以便他们能平静地(RUHIG 这个字埃伦菲斯特是用大写字母写的!)交换他们的观点。埃伦菲斯特在给玻尔的信中继续说道,爱因斯坦不再打算用箱子实验作为"反对测不准关系"的一个论据了,而是想用于一个完全不同的目的:建造一架发射弹丸的"机器"。在弹丸离开机器之后,一个"质询者"[Frager]要求"机械师"检查机器,并且让他预测,当弹丸经过一段相当长时间的飞行被远处的一个反射器反射回来时,如果对弹丸进行一次 A 的测量或者一次 B 的测量(这里假设 A 和 B 是不对易的量),质询

_____

①　哥本哈根玻尔档案馆。

人将得到量 A 的什么值 a，或者量 B 的什么值 b。埃伦菲斯特然后通知玻尔，爱因斯坦相信光子箱正是这样一种机器，光量子（弹丸）的能量和它到达的时间起着 A 和 B 的作用。

在信的末尾，埃伦菲斯特极详尽地描述了爱因斯坦认为怎样才能做这样一个实验：

1. 令钟的指针对准 0 时，并安排好，在指针位置为 1000 小时的时候，快门将打开很短一段时间间隔。

2. 在前 500 小时中间称量箱子的重量并把它牢牢地拧紧在基本参考架上。

3. 等待 1500 小时，以确保量子已离开箱子，正在飞往固定的反射器（镜子）的路上，这个镜子放在 $\frac{1}{2}$ 光年远的地方。

4. 现在让质询人选择他想要的预言：(α) 或者是被反射回来的光量子到达的精确时间，(β) 或者是它的颜色（能量）。在情况 (α) 下，打开仍然牢牢拧紧的箱子并把钟的读数（由于引力红移公式，它在头 500 小时中间受到了影响）与标准时间比较，求出指针位置为"1000 小时"时的正确的标准时间，然后就可以计算到达的精确时间。在情况 (β) 下，再把箱子的重量称上 500 小时，然后可以确定精确的能量。

在写给玻尔夫人的附言中，埃伦菲斯特写道，他把信寄给她，假如玻尔太疲倦了(!)就不要把信给他看；若她把信交给玻尔，就告诉他绝对不需要回答(dass er ABSOLUT NICHT NOETIG HAT ZU ANTWORTEN——用大写字母写的并在下面划了线)。

爱因斯坦并不对这些想法保密。事实上,爱因斯坦在访问帕萨迪那(即将讲到)回来后不久,应他的同事冯·劳厄之邀于 1931年 11 月 4 日在柏林大学进行一次"学术报告"[Colloquium]时,他就选了测不准关系作为他谈话的主题。[①] 爱因斯坦再次讨论了一个装有一只钟和一个自动快门的箱子的思想实验,这个快门开启片刻以放出由大约 100 个波组成的辐射脉冲,它们再从远处的一个镜子上反射回来。爱因斯坦指出,称量箱子的重量就能判断颜色(能量),或者检查时钟就可以精确判明释放的时间——但不是两者都能做到。他强调说,想要预测什么,是能量还是时间,这在辐射离开箱子之后即可完全确定。

从罗森菲尔德提供的一个旁证也可看出,爱因斯坦在 1933 年已经想出了爱因斯坦-玻多尔斯基-罗森悖论的几乎全部物理内容。爱因斯坦在迁出纳粹德国和在南安普敦乘船赴美之间,曾在美丽的比利时胜地勒科克苏梅尔[Le Corque Sur Mer,在奥斯坦德(Oostende)以北]度过了一段时间。罗森菲尔德当时是列日大学的一位讲师,他刚同玻尔一起完成了一篇论文,文中证明了电磁场强度的量子电动力学测量同测不准关系是一致的,而且他还在布鲁塞尔近郊就这个题目作了一次讲演。

据罗森菲尔德回忆[②],爱因斯坦出席了演讲会,并极为注意地跟随着演讲的思路。爱因斯坦虽然并没有提出对论证的逻辑的怀

---

① 参见"Über die Unbestimmtheitsrelation",*Zeitschrift für Angewandtse Chemie* **45**,23(1932)(摘要)。

② L. Rosenfeld,"Niels Bohr in the thirties",载于 94 页注①文献(pp.114—137)。

疑,但在讨论中仍表示对整个事情感到"不安"(爱因斯坦用的是
Unbehagen 这个德文字)。他直率地问罗森菲尔德:

173

你对下述情况怎么看?假设两个粒子以同样的很大的动量相
向运动,并设在它们通过已知位置时,它们在一段很短的时间
里发生相互作用。现在考虑一个观察者,他在远离相互作用
区域的地方逮住了一个粒子,并测量它的动量;这时,根据实
验的条件,他显然能够推导出另一个粒子的动量。但是,如果
他选的是测量第一个粒子的位置,他就能说出另一个粒子在
哪儿。这是从量子力学原理作出的一个完全正确而直接了当
的演绎;然而这难道不是很悖理的吗?在两个粒子之间的一
切物理相互作用都已消失之后,对第一个粒子作的测量怎么
会影响第二个粒子的终态呢?

罗森菲尔德在听爱因斯坦讲话时有个印象,觉得当时爱因斯
坦认为这种情况正是"量子现象的为人们所不熟悉的特性的一个
例证"。无论如何,显然当时爱因斯坦已开始把他的光子箱实验及
其悖论结果(上面已经讲过)修改成关于两个短暂地相互作用的粒
子的假想实验了。

从爱因斯坦 1945 年写给爱泼斯坦的一封信[1]里,可以更详细
追溯这种修改如何在爱因斯坦头脑里经历了不同的阶段。在提到

后来所谓的爱因斯坦-玻多尔斯基-罗森悖论时,爱因斯坦写道:"我自己是从一个简单的思想实验出发得出这些想法的。"于是他描绘了一个具有理想反射能力的光子箱 B,箱内有一个操纵着一个快门的时钟和一个低频的但频率未知的辐射量子。与 1930 年的实验不同,他假设这个箱子不是沿垂直方向而是可以在水平方向上沿一条无摩擦的轨道运动,这条轨道起着参考系 K 的作用;在轨道的一端 S 处,可以安装一个吸收屏或者一个反射镜。有一个想象的观察者坐在箱 B 上,他有某些测量装置,假设他在一个可以精确确定的时刻打开快门,于是就会向 S 方向发射一个光子。这时观察者或者可以立即在 B 与 K 之间建立刚性连结以测量 B 的位置,这样他就能预言光子到达 S 的时间;或者可以利用任意低的频率的多普勒效应方法来测量 B 相对于 K 的动量——根据反冲公式,B 的动量 $= h\upsilon/c$——这样他就能预言光子到达 S 的能量。

由于这样一来可以随意地或者预言光子的能量(或动量)或者预言光子精确的到达时间(或位置),那么就必须把两种属性都赋予光子,因为,光子毕竟是一个物理实在,它的性质不能取决于远处一个观察者的自由选择。仅有的另一种逻辑可能性——即随后对 B 作的一次测量会在物理上影响离开了 B 的光子——在爱因斯坦看来是不能接受的,因为这样的假设意味着一个超距作用或以大于 c 的速度传播的作用。他对爱泼斯坦写道,这种假设尽管在逻辑上是可能的,但却同他的物理直觉相左到如此程度,以至于他简直不能认真看待它——且不说人们根本不能对这样一种过程的结构形成任何明晰的观念。爱因斯坦自己的这些叙述详细地表

174

明了,引力光子箱的想法怎样逐步演变成后来爱因斯坦-玻多尔斯基-罗森悖论中用到的两个相互作用粒子的系统的想法。但在当时(1933年),光子箱整个说来仍然起着两个粒子之一的作用。最终消除掉光子箱,并用第二个"粒子"来代替它,可能是由下述发展促成的。

波普尔*[Karl Popper,从1965年起成了波普尔爵士(Sir Karl Raimnnd Popper)]是当代伟大的人文思想家之一,对他来说,正如 E. C. G. Boyle 一次说过的那样,"我们把真理放在第一位还是放在第二位,造成了世界上的一切差别"。照他自己的说法,他是从"一个错误的思想实验"开始他的科学经历的。当他在维也纳获得了哲学博士学位,并在《泉源》[*Die Quelle*](1927,1931,1932)上发表了几篇教育学论文,在《知识》[*Erkenntnis*](1933)上发表了一篇论文之后,他在科学上的初出茅庐之作——当时他还在当一个小学教师以谋生——是在《自然科学》[*Naturwissenschaften*](1934)上发表的一篇论文;这篇论文如他后来所说,包含了"一个重大的错误,从那时以来我一直为它深感内疚和羞愧。"但是,也许正是这个"错误"促使爱因斯坦(他立即看出了这个错误)与玻多尔斯基和罗森一起发表了反对量子力学完备性的论证,这并不是不可能的。

波普尔的出发点,是指责海森伯并没有实现他所宣布的纲领:

---

　　*　波普尔(1902—1994),现代西方哲学家,逻辑实证论者,出生于奥地利,后入籍英国。主要著作有 *The Logic of Scientific Discovery* [科学发现的逻辑]等。——译者注

从量子理论中清除"不可观察量"这种实验上不能觉察的量,因此并没有洗净理论中的玄学因素。为了证明这种看法,波普尔分析了粒子的路径这个概念和测不准关系之间的相互关系。波普尔把"路径"定义为一个给定时间间隔中的位置和动量坐标的集合,或用符号表示为 $\{q(t), p(t)\}$ $(t_0 \leqslant t \leqslant t_1)$。他指出,通过(a)把两次相继的位置测量的结果组合起来,或(b)把一次动量测量后接一次位置测量的结果组合起来,或(c)把一次位置测量后接一次动量测量的结果组合起来,就可以在两次测量之间的整段时期中精确地建立粒子的路径而无视测不准关系。他称这样的测量为"非预测性测量",[*nichi prognostiche Messungen*]。在情况(b)中,他认为在某些情况下,甚至在第一次测量之前的路径也能确定。他推理说,与观察位置的情况(这时不可避免的高频辐射要同粒子强烈地相互作用而干扰其动量)不同,在观察动量的情况中,由于能够使用任意低的频率,使得动量实际上不改变,因此它也不影响位置,虽然这个观察发现不了位置。然而,通过第二次测量就可以推出位置,因此不仅是两次测量之间,而且甚至在第一次测量之前,粒子的路径都可以确定。

波普尔然后继续证明如下。一共只有两种可能:

1. 粒子既有精确的位置又有精确的动量——但是因为根据海森伯,它们二者(至少是在第二次测量之后)是不能同时确定的,因此"自然界仍然一心要把某些物理量隐藏在我们眼睛之外……即'位置加动量',或'路径'。"在这种情况下,测不准原理断定的是知识的一个极限,因而是主观的。

2. 另一种可能可以称之为测不准原理的客观诠释,按照这种诠释,粒子只有"要么一个精确的位置加上一个不精确的动量,要么一个精确的动量加上一个不精确的位置"——但是这时数学表述形式体系就含有玄学的因素,因为我们看到,这种形式体系使我们能够精确算出两次测量之间的"路径",而这种"路径"是不能用观察来检验的。

3. 令人费解的是,波普尔在这一逻辑分析中完全忽略了剩下的一种逻辑可能性:粒子既没有精确的位置又没有精确的动量。这个假设尽管也导致从假设 2 得出的结论,但它却会使他最接近哥本哈根观点,按照这种观点,"精确的位置"或"精确的动量"是某些(互补的)测量程序的结果。甚至波普尔的结论(他对海森伯关系的统计诠释)也能同假设 3 协调起来。

波普尔继续写道,如果不把海森伯关系看成关于单个微观客体的行为的陈述,而是看成统计的陈述或散布关系,那么上述困难就可以清除。测不准关系可以从数学表述形式体系逻辑地导出这一事实并不能否定这一看法,因为首先,导出的只是这些关系的公式而不是它们的诠释,其次,形式体系的基础 ψ 函数本身只有统计的意义(玻恩对 ψ 的诠释)。

于是,代替主观诠释,即"一个粒子的位置测量得越准确,对它的动量知道的就越少,反之亦然,"波普尔提出了他所谓的统计客观诠释。给定粒子的一个系统(大量粒子的集合,或是对一个粒子做的一系列实验,这个粒子在每次实验之后又被重新制备到它原来的状态),在某一时刻以给定的精度 Δx 从这个系统中选出那些具有某一位置 x 的粒子。这时这些粒子的动量 p 将显示出一种随机的散布,散布范围为 Δp,这里有 $\Delta x \Delta p \geqslant h$,反之亦然。

　　简而言之,应当把海森伯公式解释为成立于一定的统计弥散[dispersion]范围之间的关系式[①]。事实上,它们不仅不排除在单独情况下以任意的精度进行测量的可能性,而且甚至还要求有这种可能性,以检验统计弥散之间的关系,否则海森伯公式就只不过是玄学的陈述。而借助于(a)、(b)和(c)中描述的那种非预测性实验,就有可能作这种精确测量。波普尔接着写道,达到了这种精度,并不会否定量子力学的正确性,因为测不准公式的玻尔-海森伯解释,即认为它限定了每一单次测量可达到的精度,这只是一个附加的假设,它并不包含在理论的形式体系之中。

　　波普尔还认为,能够明显地设计出一个思想实验,以证明他的想法[②]。这个实验描绘一个预测性测量,它可以达到的精度与测不准公式的玻尔-海森伯诠释相矛盾。波普尔一心注意的是单次预测,对统计考虑不感兴趣;因此他求助于一种理想化的关于粒子与光子碰撞的康普顿-西蒙和博特-盖格实验,它们服从非统计的动量和能量守恒定律。令一束已知动量为 a_1 的(单能)粒子(A 粒子)同一个具有给定波长因而其动量大小 $|b_1|$ 已知的单色发散光锥(B 粒子)相交,波普尔考虑相交于点 S(交叉点)的这些粒子的两个窄束。只要为 B 粒子束选定一个确定方向,就可以算出 b_1 　177

---

　　① P. 费耶阿本德已指出,玻恩的波函波解释既不意味着波普尔的论点正确。也不同它矛盾。见 P. Feyerabend,"Problems in microphysics",载于 *Frontiers of Science and Philosophy*,R. G. Colodny,ed.(University of Pittsburgh Press,Pittsburgh,1962),pp.189—283。

　　② K. Popper,"Zur Kritik der Ungenanigkeitsrelationen",*Die Naturwissenschaften* **22**,807—808(1934);85 页注③文献(1935,pp.178—181,222—234;1959,pp.234—264,303—305)。

（而不只是 $|b_1|$）。现在选取一个方向 SX，注意那些在碰撞后沿 SX 方向前进的在狭束中的 A 粒子，波普尔应用守恒定律来计算粒子在碰撞后各自的动量 a_2 与 b_2。对于每一个被散射到 SX 方向动量为 a_3 的 A 粒子，都相应地有一个 B 粒子，以动量 b_2 被散射到可计算的方向 SY 上。

现在我们在 X 处放一个仪器——例如盖革计数器或运动的胶片带——它记录从 S 到达任意限定的区域 X 的粒子的冲击。这时我们可以说：每当我们看到任意一个关于粒子的这种记录时，我们同时也就得知第二个粒子必定是以动量 b_2 从 S 向 Y 行进。我们从记录还能得知这第二个粒子在任意给定时刻的位置；因为我们可以从第一个粒子冲击 X 的时间及其已知的速度，算出它在 S 发生碰撞的时刻。在 Y 处用另一个盖革计数器（或运动胶片带），就可以检验我们对第二个粒子的预言。

我们看到，波普尔的假想实验的中心思想，是依靠守恒定律从对一个粒子（A 粒子）的路径的非预测性测量，得出它曾与之碰撞的伙伴（B 粒子）的路径的预测性测量。

由哈特曼[M. Hartmann]、冯·劳厄、诺依堡[K. Neuberg]、罗森海姆[A. Rosenheim]和沃尔梅[M. Volmer]组成的《自然科学》编辑部，意识到波普尔的论文的重大意义，但是对它在科学上的可靠性有怀疑，就请冯·威扎克来对它加以评注。冯·威扎克在对波普尔论文的一个附记[①]中指出,波普尔关于精确重建 A 粒子在 x 处测量动量之前的路径的论证是靠不住的,因为这样的测量,例如借助于使用低频辐射的多普勒效应进行的测量,要求——正因为是低频——比较长的持续时间,因此这段时间间隔内的平均速度是无法准确知道的。所以冯·威扎克的结论是,波普尔提出的思想实验并不能对海森堡关系所施加的限制有丝毫放松。

178

在其论文于 1934 年 11 月 30 日发表之后不久,波普尔在爱因斯坦的朋友、小提琴家布什[A. Busch,波普尔通过布什的女婿塞尔金(R. Serkin)结识了他]的鼓励之下,给爱因斯坦寄去了论文的一份抽印本,连同一本刚出版的书《研究的逻辑》[*Logik der Forschung*],请他评论。

爱因斯坦答复说,这个实验是没法做的,因为为了预言 B 粒子的位置和动量,必须在 X 处同时测量 A 粒子的时间和动量,而这是不可能的。

波普尔错误的思想实验(他在 1934 年 12 月寄给爱因斯坦的抽印本就是关于它的)讨论的是两个粒子之间的相互作用,以及在它们分开之后,对其中一个进行测量以得到对另一个的预言。我们将看到,在这些总的线索上,它同爱因斯坦-玻多尔斯基-罗森的思想实验有惊人的相似。因此十分自然地会提出这个问题:波普

---

① K. F. von Weizsäcker,*Die Naturwissenschaften* 22,808(1934)。看来波普尔不满意冯·威扎克的评论。在 1935 年 8 月 29 日写给爱因斯坦的一封信中,波普尔谈到了他同韦斯科夫[V. Weisskopf 当时任泡利的助教]关于这个问题的讨论,并说:"但是我们在长时间的详尽讨论中并没有达到确凿的反证"。

尔的信对爱因斯坦和他的合作者们讨论这个问题的方法难道就没有一点影响吗？尽管按照罗森菲尔德的报导，爱因斯坦在1933年就已经在考虑这样一种实验装置了[①]。

　　为了历史的精确起见，我们且先讲一下以下的题外话。虽然我们并不同意这种观点，认为科学史研究的主要任务是探索优先权，这种优先权探索如果走极端的话，就会像有人曾经尖刻地说过的那样，将会证明出"从来没有新发现过任何东西"；但我们仍感到有责任指出，爱因斯坦-波多尔斯基-罗森论证的一个基本点可以在冯·威扎克写的一篇论文中找到。当时他正在海森伯指导下在莱比锡大学进修物理学博士学位(1933年)，海森伯要求他在量子电动力学的海森伯-泡利表述内对使用显微镜测量电子位置的问题作出数学上严格的处理。

　　在他的论文[②]的第一部分，冯·威扎克对著名的 γ 射线显微

---

　　①　按照罗森教授的意见，波普尔有可能影响过爱因斯坦(私人通信，1967年4月22日)；但是根据波多尔斯基夫人(她同她的于1966年去世的丈夫的工作保持着密切的接触)的看法，在爱因斯坦-波多尔斯基-罗森论文的第一稿写出之前，波普尔的工作好像还没有到达爱因斯坦手里(波多尔斯基夫人1967年8月1日致作者的信)。波普尔爵士在1967年4月13日的一封信里对这个问题发表意见如下："现在谈谈你的'预感'，我觉得这对我是极为过奖了；但我必须说，在我读到你的信之前我从来没有这种想法：我从来没有想到过，一个无名小卒(像我)犯下的一个粗鄙的错误可能会对爱因斯坦这样一个人有什么影响。从单纯的时间先后的观点来看，你的预感不能完全排除……"(给作者的信)。波普尔在给文献3—15(1959)第244页上写一个脚注时清楚地认识到，从纯逻辑的观点来看，他的推理同爱因斯坦-波多尔斯基-罗森论证是密切相连的："爱因斯坦、波多尔斯基和罗森用了一种较弱的但正确的论证"。事实上，我们可以说，波普尔的论证是一个超定的爱因斯坦-波多尔斯基-罗森论证。

　　②　K. F. von Weizsäcker, "Ortsbestimmung eines Elektrons durch ein Mikroskop," *Z. Physik* **70**, 114—130(1931).

镜思想实验作了仔细的考察，在考虑过程中他达到下述结论。若一个光子被一个电子所偏转，并且二者在碰撞前的动量已知，那么利用守恒定律，就可以从测量被偏转的光子的动量推算出电子在碰撞后的动量；因而根据量子力学，电子必定由一个平面单色波来代表。另一方面，如果在光学系统中不是使碰撞后的光子朝向系统的焦平面而是使它朝向其像平面，那么测定的就不是它的动量而是它与电子碰撞的位置；因而可以判定电子在碰撞时刻的位置，而根据量子力学，这个电子就必须用一个从这个位置出发的球面波来代表。虽然论文没有明说，但从这些考虑可以看出，究竟用一个平面波（确定的动量）还是用一个球面波（确定的位置）来描述电子，取决于观察者决定他想做哪一种测量（即照相底片放在什么地方），从原则上说，这个决定可以在光子与电子之间甚至已经没有相互作用之后再作出①。

在被问到他写他的论文时是否意识到这些概念的涵义时，冯·威扎克教授声称②：

> 导致这篇论文的问题肯定同爱因斯坦、罗森和波多尔斯基提出的问题有密切的联系。只不过对我提出这个问题的海森伯和我都不把这件事像三位作者所想的那样看成是一个悖论，而把它看成是表明量子力学中波函数的意义的一个受欢迎的

---

① 关于这个思想实验的一个非专门性的描述，参见 W. Büchel, *Philosophische Probleme der Physik*（Herder, Freiburg, Basel, Vienna, 1955）, pp.406—421, 456—458。

② 1967 年 11 月 13 日给作者的信。

例子。由于这个缘故,这件事对我们来说并不像对爱因斯坦和他的合作者们那样显得重要;他们重视这件事是根据爱因斯坦的哲学意向。我的论文的目的不是要更突出那些对我们来说已是不言自明的事实,而是要通过量子场论的计算来考察基本假设的逻辑一贯性。因此,恰当地说,这个工作只不过是关于量子场论的一个练习,海森伯向我提出这一工作的目的只是要检验一下量子场论是不是一个好的量子理论,而不是对量子论本身作进一步的分析。

完全有可能,海森伯和冯·威扎克是充分意识到这一情况的,但不认为它是一个问题。但是科学史上常常发生这样的事:一个细小的临界转折可能开辟一个影响深远的前景。正如生物化学家圣乔其*说过的:"研究就是看看每个人都看过的,想想没有人想过的。"事实上,爱因斯坦及其合作者的工作,尽管只是人们看待熟知的事态的方式上的细小改变,也还是提出了涵义深远的问题,因此对量子力学诠释后来的发展具有决定性的影响。

1933 年晚秋,在普林斯顿高级研究所的奠基人和第一任所长弗莱克斯纳[A. Flexner]的邀请下,爱因斯坦在这里就任了他的新职位,他把梅耶[W. Meyer]从柏林带了来。但是梅耶立即得到了一个独立的职务,于是爱因斯坦就物色年轻的数学家或物理学家当助手来继续他的工作。正好波多尔斯基(他在 1931 年的帕萨

---

* 圣乔其[A. Szent-Györgyi](1893—1986),匈牙利化学家,由于分离出维生素 C 获得 1937 年诺贝尔医学奖金。分子生物学的创始人之一。——译者注

德纳论文[①]中已与爱因斯坦和托耳曼合作过,此后曾短期留在哈尔科夫的乌克兰物理技术研究所与福克[②]还有朗道一起搞量子电动力学)刚刚回来成为普林斯顿研究所的一员,爱因斯坦对他发生了兴趣。大约与此同时(1934 年),麻省理工学院的一个毕业生罗森(他在斯莱特指导下在那儿获得物理学博士学位)开始在普林斯顿大学工作。还在麻省理工学院时,罗森就发表过一篇关于系统地计算两个原子相互作用的方法的论文,这两个原子像两个氢原子的情形那样,每个原子在其封闭壳层外面有一个或两个等效 S 电子[③];还发表了一篇与瓦拉塔合写的关于统一场论中的球对称静态场的论文[④],爱因斯坦搞统一场论已搞了十年。

有一天,罗森冒失地闯进了爱因斯坦的办公室,但爱因斯坦却极其友善地探询他的工作,使他感到惊讶[⑤]。第二天当他在研究所的庭院里碰见爱因斯坦时,爱因斯坦对他说:"年轻人,跟我一块儿干怎么样?"此后不久罗森就在爱因斯坦的研究室里成了一名研究人员。这就是波多尔斯基和罗森怎样参加爱因斯坦的工作的故事。

[①] 229 页注[②]文献。

[②] 他们合作的最著名成果,是发现库仑相互作用可以从狄拉克的量子电动力学场论导出。见 B. A. Fock and B. Podolsky,"On the quantization of electromagnetic waves and the interaction of charges on Dirac's theory", *Physikalische Zeitschrift der Sowjetunion* **1**, 801—817(1932)。

[③] N. Rosen,"Calculation of interaction between atoms with s-electrons", *Phys. Rev.* **38**, 255—276(1931).

[④] N. Rosen and M. S. Vallarta,"Spherically symmetrical field in unified theory", *Phys. Rev.* **36**, 110—120(1930).

[⑤] 1954 年 3 月 5 日与罗森在马里夫[Ma'ariv]的谈话。

6.3　EPR 不完备性论证

　　1935 年早春,爱因斯坦、波多尔斯基和罗森写下了他们的著名论文,"能认为量子力学对物理实在的描述是完备的吗?"[1]我们在介绍这篇文章时,将尽可能紧密地逐字遵循原来的行文。

　　这篇论文包括四部分:(A)认识论-形而上学的前言;(B)量子力学描述的一般特征;(C)这个描述对一个特例的应用;(D)从(A)与(C)两部分得出的结论。

　　部分 A 提出了(a_1)一个物理理论的完备性的必要条件:"物理实在的每一要素都必须在这个物理理论中有它的对应物"("完备性条件")。它还提出(a_2)物理实在的一个充分条件:"如果在对系统没有任何干扰的情况下,我们能够确定地(即以等于 1 的几率)预言一个物理量的值,那么对应于这个物理量,存在着物理实在的一个要素。"("实在性条件"或"实在性判据")。因此,物理实在的要素不是根据先验的哲学思考来决定,"而必须由实验与测量的结果来得到。"

　　部分 B 综述了用波函数所作的量子力学描述,并指出,在两个用非对易算符代表的物理量中,对其中一个的精确知识,排除了对另一个的精确知识。文章还说——在一种完全的(穷举的)逻辑

---

　　① A. Einstein, B. Podolsky, and N. Rosen, "Can quantum-mechanical description of physical reality be considered complete?" *Phys. Rev.* **47**, 777—780(1935)。中译文见《爱因斯坦文集》第一卷第 328—335 页(商务印书馆 1977)。

析取的意义下——"要么是(1)由波函数给出的对实在的量子力学描述是不完备的,要么是(2)当对应于两个物理量的算符不对易时,这两个量不能同时是实在的。"因为不然的话,既然已假设了量子力学描述是完备的,那么完备性条件就意味着这些量应该是描述的一部分,从而二者可以预言,这同理论矛盾。

部分 C 中证明了,对于一个由两个粒子(用 1 与 2 标记)组成的系统,测量 1 的动量使得能够确定地预言 2 的动量,不会对 2 有任何干扰;而测量 1 的位置同样能够确定地预言 2 的位置,也不会对 2 有任何干扰。于是,根据实在性判据(a_2),粒子 2 的动量和位置二者都有对应的物理实在的要素。

最后,在部分 D 中,考察了 B 中的逻辑析取的两种可能性。如果否定(1),即如果假设量子力学的描述是完备的,那么部分 C 的结果就导致这样的结论:"对应于非对易算符的两个物理量可以同时具有实在性,因此,否定(1)就导致对唯一的另一种可能选择(2)的否定。所以我们不得不作出结论:波函数所给出的对物理实在的量子力学描述是不完备的。"

这就是爱因斯坦、波多尔斯基和罗森(或 EPR)论文的逻辑结构。为了完成对它的介绍,还必须讨论 B 与 C 部分的数学细节。作者们考虑由两个粒子 1 与 2 组成的系统,两个粒子分别用变量 x_1 和 x_2 描述,并假设这两个粒子从时刻 $t=0$ 到 $t=T$ 相互作用着,而在 T 之后就没有相互作用了。再设两个粒子在 $t=0$ 以前的态是已知的,他们就能用薛定谔方程算出组合系统 1+2 在随后任何时刻的态。这样,对于 $t>T$,组合系统的态可以用波函数

$$\psi(x_1, x_2) = \sum_{n=1} \psi_n(x_2) u_n(x_1) \tag{7}$$

来描述，其中 $u_n(x_1)$ 是代表粒子 1 的一个可观察量 a_1 的算符 A_1 的本征函数。按照量子力学，如果对粒子 1 测量 A_1，给出 A_1 的属于 $u_k(x_1)$ 的本征值 a_k，则粒子 2 在测量后的态由 $\psi_k(x_2)$ 描述。显然，在连续谱的情况下(7)式应当换成

$$\Psi(x_1,x_2) = \int_{-\infty}^{\infty} \psi_y(x_2)u_y(x_1)dy, \tag{8}$$

其中 y 表示 A_1 的连续本征值。

作者们然后假设，系统 1+2 的状态由波函数

$$\Psi(x_1,x_2) = \int_{-\infty}^{\infty} \exp\left[\frac{2\pi i(x_1 - x_2 + x_0)p}{h}\right]dp \tag{9}$$

来描述，其中 x_0 是任意常数；他们证明，这样描述的系统满足部分 C 的条件。因为 $\psi(x_1,x_2)$ 可以表示成两种不同的但数学上等效的形式：

$$\Psi(x_1,x_2) = \int \exp\left[\frac{-2\pi i(x_2 - x_0)p}{h}\right] \cdot \exp\left(\frac{2\pi i x_1 p}{h}\right)dp \tag{10}$$

或

$$\Psi(x_1,x_2) = \int \left\{\int \exp\left[\frac{2\pi i(x_1 - x_2 + x_0)p}{h}\right]dp\right\}\delta(x_1 - x)dx$$

$$= h\int \delta(x - x_2 + x_0)\delta(x_1 - x)dx \tag{11}$$

情况 I　将(10)式与(8)式比较，(8)式观在应写成

$$\Psi(x_1,x_2) = \int \psi_p(x_2)u_p(x_1)dp, \tag{12}$$

比较表明，$u_p(x_1) = \exp(2\pi i x_1 p/h)$ 是粒子 1 的动量算符

$(\dfrac{h}{2\pi i})\dfrac{\partial}{\partial x_1}$ 的相应于本征值 $p_1 = p$ 的本征函数,而

$$\Psi_p(x_2) = \exp[-2\pi i(x_2 - x_0)p/h]$$

是粒子 2 的动量算符 $P = (h/2\pi i)\partial/\partial x_2$ 的相应于本征值 $p_2 = -p$ 的本征函数。所以如果测量粒子 1 的动量得到值 p[因此在测量之后波包 $\psi(x_1,x_2)$ 收缩为 $\psi_p(x_2)u_p(x_1)$],就能不对粒子 2 作任何干扰而推算出它的动量是 $-p$。

情况 II　　比较(11)式与(8)式,(8)式现在应写成

$$\Psi(x_1,x_2) = \int \psi_x(x_2)u_x(x_1)dx \qquad (13)$$

比较表明,$u_x(x_1) = \delta(x_1 - x)$ 是粒子 1 的位置算符 x_1 的相应于本征值 $x_1 = x$ 的本征函数,$\psi_x(x_2) = h\delta(x - x_2 + x_0)$ 是位置算符 $Q = x_2$ 的相应于本征值 $x_2 = x + x_0$ 的本征函数乘以 h。所以如果测量粒子 1 的位置得到值 x[因此在测量之后波包 $\psi(x_1,x_2)$ 收缩为 $\psi_x(x_2)u_x(x_1)$],就能不对粒子 2 有任何干扰而推算出它的位置是 $x + x_0$。根据实在性判据,必须把情况 I 中的动量 P 和情况 II 中的位置 Q 认为是实在的要素。但是

$$PQ - QP = \dfrac{h}{2\pi i} \qquad (14)$$

这样就证明了,所讨论的系统满足部分 C 的条件[①]。

184

---

①　虽然作者们没有明说,下面的考虑表明他们的推理是成立的。方程(9)描述一个二粒子系统的态,这两个粒子的 x 坐标之差 $x_1 - x_2$ 和其动量的 x 分量之和 $p_{1x} + p_{2x}$,或简写为 $p_1 + p_2$,是完全确定的。这个假设与形式体系不矛盾,可从 $x_1 - x_2$ 与 $p_1 + p_2$ 之间的对易性推出,这个对易关系是玻尔在 124 页注②文献(1949,p.233)中首次明白地说出的。

爱因斯坦和他的合作者们用以下的话结束了这篇论文:"虽然我们这样证明了波函数并不对物理实在提供一个完备的描述,我们还是没有解决是否存在这样一种完备的描述的问题。但是我们相信,这样一种理论是可能的。"

作者们并没有声明,在他们看来,究竟是(1)"物理实在的完备描述"将只靠推广现有的不完备理论得到而不必改变它,还是(2)完备的理论与现有的理论不相容。后面我们还要回到这个问题来。

还应当补充指出,作者们在其论文中已经预见到可能会提出下述异议:他们关于物理实在的认识论判据的限制不够严。他们说,如果有人坚持主张各个物理量"只有当它们能够同时被测量或预言时,才能被认为同时是实在的元素",那么他们的论证显然就失效了,因为这时虽然可以预言 P 或 Q,但不能同时预言它们二者,因此这二者不能同时是实在的。可是,若按照这个限制性更严的判据,那么只涉及第二个系统的 P 与 Q 到底哪个是实在的,这时就会取决于对第一个系统所作的测量,而这个测量对第二个系统丝毫没有干扰。他们认为,"不能指望一个关于实在的合理定义会容许这一点。"

我们看到,爱因斯坦-波多尔斯基-罗森关于量子力学的不完备性的论证,建立在两个明显叙述的和两个暗中假设的——或只是顺便提到的——前提上。前者是:

185　　　　1. 实在性判据。"如果在对系统没有任何干扰的情况下,我们能够确定地(即以等于 1 的几率)预言一个物理量的值,那么对应于这个物理量,存在着物理实在的一个要素。"

2. **完备性判据**。只有当"物理实在的每一要素在物理理论中都有一个对应物,"这个物理理论才是完备的。

暗中假设的论据是:

3. **定域性假设**。如果"在测量时……两个系统不再相互作用,那么,无论对第一个系统做什么事,都不会使第二个系统发生任何实在的变化。"

4. **有效性假设**。量子力学的统计预言——至少就它们涉及这一论证的范围而言——是被经验证实了的。

我们使用"判据"一词,并不是在数学严格的意义上,用来表示必要而且充分的条件;作者们明白提到,1 是实在性的一个充分条件而非必要条件,而 2 只是完备性的一个必要条件。因此 EPR 论证证明了,根据实在性判据 1,假设 3 与假设 4 意味着量子力学不满足判据 2,即不满足完备性的必要条件,因此只对物理实在提供了一个不完备的描述。

我们并不精确知道论文的哪个部分是三位作者的哪一位写的,还是整篇论文是三个人一起没有"分工"地合写的。当问到罗森教授这一点时,他已记不清细节了,但印象中是后一种情况。无论如何,主要观念来自爱因斯坦看来是无疑的。因为我们记得,爱因斯坦在给爱泼斯坦的信中,曾明白地写到,"我自己从一个简单的思想实验出发得到了这些思想"。[①] 为了写出这篇论文,剩下来只需要把这些观念翻译成量子力学的语言并用一个完全算出来的

---

① "Ich selber bin auf die überlegungem gekommen, ausgehend von einem einfachen Gedankenexperiment",爱因斯坦给 P. S. 爱泼斯坦的信,文献 26。

例子来说明它。

　　爱因斯坦和他的合作者们是用他们的论证来证明量子力学是一个不完备的理论。我们要指出，倘若他们采用了海森伯原来的立场，即认为在对客体的一个可观察量 A 进行测量之前，这个客体只具有取 A 的某一确定值的潜在可能性，测量 A 的过程才使该值变为现实，那么他们也同样可以用他们的论证来证明量子力学是一个超定的理论。他们可以像下面这样来论证。

　　对粒子 1 实行的测量过程，通过与测量仪器的相互作用而把被观察系统的一种潜在可能性变为现实，例如在情况 I 中是实现动量的一个确定值。由于量子力学的形式体系具有一种可以说是内在的［inbuilt］机制，它要求这时另一个粒子同样也必须具有确定的动量，尽管后者并未参与相互作用，因此理论是超定的。这就必须修改它的数学形式体系，以使这种令人困惑的相关性不再成为理论的一部分。看来作者们不提倡这另一种可能性，因为他们关于物理实在的观念同海森伯的物理性质的潜在可能性与实现的哲学是不相容的，虽然据说爱因斯坦曾考察过"当粒子离开得足够远时，量子力学中多体问题的现行表述将要失效"的可能性[①]。

　　读者应已注意到，我们宁肯用 EPR 论证［argument］这个词，而不用常说的 EPR 悖论［paradox］。作者们从来不认为他们的论

---

①　与 D. 玻姆的私人通信。参见 D. Bohm and Y. Aharonov, "Discussion of experimental proof for the paradox of Einstein, Rosen and Podolsky," *Phys. Rev* **108**, 1070—1076(1957)，引文见第 1071 页。这篇论文试图证明，根据实验事实来看，上述的第二种观点是靠不住的。

点是一个"悖论",无论是在这个词的中世纪的意义上——不可解决的问题(*insolubilia*),还是在比较近代的意义上——语法或语义的悖反(*antinomies*)。它后来被说成是一个悖论,是因为人们认为它所宣称的东西——一个系统的状态取决于实验者决定对另一个(远处的)系统进行一次什么测量——是违背直觉的,或是与常识相反的。正是在这个意义下,薛定谔(可能是头一个人)称它为一个悖论[paradox]:"令人感到相当不舒服的是,理论竟会允许一个系统听由实验者摆布而被引向这种或那种状态,尽管实验者对这个系统没有什么作用。本文的目的并不是要求得到这个悖论的解决,而是来更加强调它的悖论性质,如果可能的话。"[①]显然,关于这样一种奇异的非物理的作用模式的假设看来是不合理的, 187

---

① E. Schrödinger,"Discussion of probability relations between separated systems",*Proceedings of the Cambridge Philosophical Society* **31**,555—562(1935),引文中 p.556 上。薛定谔明显地喜欢用 paradox 这个词。在他的著作 *Statictical Thermodymamics* 中(Cambridge U. P.,Cambridge,1952,pp.72—73)(中译本:统计热力学,科学出版社,1964 年,第 66 页),他把这个词用到很易理解的里查逊效应上。即用于熟知的下述事实:低"气压"的热电离费密子的行为同玻色子相似,这与费米-狄拉克分布的玻尔兹曼"尾巴"一致。又见 W. Yourgrau,"A budget of paradoxes in physics,"载于 *Problems in the Philosophy of Science*,I. Lakatos and A. Musgrave,eds.(North Holland Publishing Co.,Amsterdam,1968),pp.178—197,以及 W. V. Quine 对此文的"评注",同上书,pp.200—204,Quine 在那里建议:对于"从貌似有理的[plausible]前提出发,得出一个难以置信的[implausible]结论的任何似是而非的[plausible]论证"使用"佯谬"[paradorx]一词,而把悖论[antinomy]一词用于"造成危机的特殊佯谬"。

* paradox 一词,在《英汉物理学词汇》(科学出版社,1975)中译为"佯谬",而《英汉数学词汇》(1974)中译为"悖( )论";antinomy 在《英汉数学词汇》中译为" "论。本书对 paradox 的译法较机动,根据情况选择。"佯谬"是似非而是之意,从正确的前提论证出一个错误结果,似乎是荒谬的;但前提其实并不正确,或者结论其实并不错,那就并不荒谬了。——译者注而且肯定"违背公认的看法"［悖论的原字 *para-doxa* ＝偏离常理］。

我们应当看到,三位作者自己一直认为他们的论证是对物理实在的量子力学描述的不完备性的结论性的证据——而且在这个问题上从来没有改变他们的看法。他们之中唯一还在世的成员罗森(他在北卡罗来纳大学担任教授之后从 1952 年起在以色列的海法技术中心任职)曾在各种场合告诉本作者说,他认为这个论证从未被推翻过[①]。波多尔斯基(他从 1935 年到 1961 年是辛辛那提大学教授,后来直到他 1966 年去世都在萨维尔［Xavier］大学当教授,他在那里主持了 1962 年关于量子力学基础的讨论会)也有同样的看法。爱因斯坦也从来不认为论文提出的困难已被满意地克服了。事实上,正如爱因斯坦在 1937 或 1938 年告诉霍夫曼［B. Hoffmann］的那样[②],论文刚一发表,他就收到物理学家们写来的大量信件,"争先恐后地向他指出论证错在哪里。使爱因斯坦感到有趣的是,虽然所有科学家都断然肯定论证错了,但他们提出来证明他们的信念的理由却全然不同!"

在他早在 1949 年写的"对批评的回答"[③]中,爱因斯坦就不顾

---

① "人们有这样的印象:爱因斯坦的反对者们当时相信,他们的论据完全推翻了这篇论文。然而,它的幽灵看来还继续纠缠着那些关心量子力学基础的人。三十年前提出的问题现在仍在讨论中"。N. Rosen,载于 *Einstein-The Man and His Achievement*,G. J. Whitrow,ed.(British Broadcasting Corporation,London,1967),p.81。(一本广播谈话集)。

② 同上(p.79)。

③ 124 页注②文献(1949,pp.663—688,特别见 pp.681—683)。中译文:《爱因斯坦文集》第一卷(1977),第 462—484 页,特别见第 477—479 页。

玻尔及其他人提出的异议,明确地重新肯定了 1935 年论文中的观点。再早一些,在写给他的终生好友索洛文的一封信①中,爱因斯坦讲到,有可能搞出"一个极其有趣的理论,我希望用它来克服目前的几率魔法和摈弃物理学中实在概念的做法。"后来在 1950 年,即他死前不到五年,他写信给薛定谔说,他认为"理论的原则上的统计性,肯定不过是描述不完备的后果……看到我们仍然处在目前的襁褓阶段,那是颇为难受的,因此人们拒绝承认(即使是对自己)这一点也就不足为奇了。"②

　　同一年,在与香克兰的一次谈话③中,爱因斯坦提到了他同他的大多数同行在量子论上的分歧。他说他们"不面对事实","抛弃了理性",他还说现代量子物理学"回避实在和理性"。香克兰在继续报道 1950 年 2 月 4 日的谈话时,还提到爱因斯坦"几次讲到玻尔,对于玻尔他是非常喜欢和称赞的,但是在许多基本方面他不同意玻尔。他说玻尔的思想是非常清晰的,可是当他一写下来就变得非常晦涩,而且他自以为是个先知。"两年后,在同香克兰的另一次谈话中,爱因斯坦又说,在他看来"ψ 函数并不表示实在",并说"所有量子理论家都是眼界狭窄的",但他承认,只要理论是有用的,使用它还是正确的,"尽管它并不是一种完备的描述。"

188

　　① A. Einstein,*Lettres à Maurice Solovine*(Gauthier-Villars,Paris 1956),p.74.

　　② 47 页注①文献(1967,第 40 页;1963,第 37 页)。中译文见《爱因斯坦文集》第一卷(1978),第 517 页。

　　③ 1950 年 2 月 4 日、1950 年 11 月 17 日、1952 年 2 月 2 日、1952 年 10 月 24 日、1954 年 12 月 11 日与爱因斯坦的谈话,R. S. Shankland,"Conversations with Albert Einstein",*Am.J.Phys*.31,47—57(1963),中译文见《爱因斯坦文集》第一卷(1977)第 493 页,531。

　　本作者在 1952 年 8 月和 1953 年 6 月曾与爱因斯坦长谈过，我只能证实，爱因斯坦从未放弃这样的观点，即认为像目前这样表述的量子力学是对物理实在的一种不完备的描述。

　　我们很可以向自己提出这样的问题，为什么其贡献对物理学中统计方法的发展有深远影响的爱因斯坦，会这样强烈地反对量子力学中的流行观念。看来，答案在于他深刻的哲学信仰：统计方法尽管作为一种处理包含大量基元过程的自然现象的数学工具来说是有用的，但它却不能对单个过程提供一个完尽的说明；或者像他在致玻恩的一封著名的信中所说的，他"不能相信一个掷骰子的上帝。"看来大约从 1948 年起他已认为，在他对理论的因果基础的探寻中，他可能永远不会成功。

　　在 1948 年写给玻恩的另一封信中，他说："我实在非常理解你为什么要把我看作是一个不悔改的老罪人，但我清楚地感到你并不理解我是怎样走上我这条孤独的道路的。这肯定会使你感到有趣，虽然你不可能赞赏我的态度。在我这方面，把你的实证论的哲学观点撕得粉碎，也会给我带来很大的乐趣。但是此生中看来是不会从这得出什么结果了。"[①]正如爱因斯坦有勇气耗费几乎半生的精力来建立统一场论一样，他也有勇气走他孤独的道路并逆潮流而行，虽然他完全明白成功的机会确实非常之小。他之所以这样做，是因为他觉得冒这个险是他的责任，即使整个物理学界可能把他看成一个"叛逆"。"我仍然不屈不挠地致力于科学，但我已变

---

　　①　169 页注①文献(1969，第 221 页；1971，第 163 页；1972，第 178 页)。中译文见《爱因斯坦文集》第一卷(1977)，第 440—441 页，译文有较大改动。

成了一个不希望物理学奠基在几率上的邪恶的叛逆。"[1]

6.4　对 EPR 论证的早期反应

　　EPR 论文在 1935 年 3 月 25 日被《物理学评论》的编者收到，在该刊的 5 月 15 日一期上发表。但在它到达科学界之前，华盛顿日报的科学部就对它大肆宣扬。1935 年 5 月 4 日《纽约时报》的星期六版(Vol.84,No.28,224,p.11)还在耸人听闻的标题"爱因斯坦攻击量子理论"下登载了一篇长篇报道。"爱因斯坦教授"，它说，"将对量子力学这个重要的科学理论发起攻击，他是这个理论的一个祖辈。他得出结论说，虽然这个理论是'正确的'，但它不是'完备的'。"在对论文的主要论点作了一番非专门性介绍之后，又引用了据称是波多尔斯基所讲的下面一段话来作补充说明：

　　物理学家相信存在着独立于我们的心灵和我们的理论之外的真实的物质世界。我们构造各种理论，发明各种词语(诸如电子、正电子等)，为的是要试着对自己解释我们对外部世界究竟知道些什么，并帮助我们获得对外部世界的进一步的知识。在一个理论能被认为满意之前，它必须通过两个严格的检验。首先，理论必须使我们能够对自然界的事实进行计算，而且这些计算必须非常精确地符合于观察和实验。其次，我们期望一个满意的理论作为客观实在的一个好的映象，应当对于物

---

[1]　169 页注①文献(1969，第 221 页；1971，第 163 页；1972，第 178 页)。中译文见《爱因斯坦文集》第一卷(1977)，第 440—441 页，译文有较大改动。

理世界的每个要素都包含有一个对应物。一个理论若满足第一个要求,则可以称为正确的理论;而如果它满足第二个要求,则可称为完备的理论。

波多尔斯基结束他的话时宣称,现已证明"量子力学不是一个完备的理论。"

这篇文章后面跟着一篇报道《质疑》,是对康登[E. U. Condon]的一篇访问记,他当时是普林斯顿大学的数学物理学副教授。据报道,康登在被要求对 EPR 论证发表评论时回答说:"当然,这个论证的大部分取决于对物理学中的'实在'一词赋以什么意义。他们肯定讨论了理论方面的一个有趣的问题"。报道接着说,康登随后讲到了爱因斯坦对通常的量子力学的非决定论的不满,并援引了他那早已著名的格言"上帝是不掷骰子的",最后康登说:"最近五年来爱因斯坦从这个立场出发对量子力学进行了非常深入的批判。但是我以为,迄今为止统计理论经受住了批评"。

除了与荷兰天文学家德西特[W. de Sitter]合写的一篇关于广义相对论中一个问题的很短的札记(1932 年发表在 *Proceedings of the National Academy of Science* 上)之外,EPR 论文是爱因斯坦在美国发表的第二篇科学论文。第一篇是 1931 年在帕萨迪纳与托耳曼和波多尔斯基合写的论文,我们记得它也是在发表之前就被宣扬了。爱因斯坦对任何一种大肆宣传都感到讨厌,尤其嫌恶这种张扬,他在 1935 年 5 月 7 日的《纽约时报》(No.28,227,p.21)上发表的一个声明中表达了他的愤慨:"你们的 5 月 4 日的报纸上登载的'爱因斯坦攻击量子论'这篇文章所根据的任何消息,都不是由权威方面提供的。我的一贯的做法是只在适当的讲坛上讨论科学问题。我反对在世俗的出版物上提前披露关于这种事情的任何消息。"在爱因斯坦看来,一家日报,甚至像《纽约时报》这样的高标准的报纸也不是进行科学讨论的适当论坛,而且他为记者们在访问康登时滥用他们的媒介作用而感到遗憾。但是这仍然是一个历史事实:对 EPR 论文最早的批评——而且这个批评在爱因斯坦的物理实在观念中正确地看出了整个争论的关键问题——是在被批评的文章本身发表之前出现在一家日报上的。

出现在科学期刊上的对 EPR 论文最早的反应,是肯布尔[1]在论文发表十天后写给《物理学评论》编者的一封信。肯布尔 1917年在哈佛大学在布里奇曼[P. W. Bridgman]指导下得物理学博士学位,从 1917 年起一直在那里讲授量子理论,1927 年曾到慕尼黑和哥廷根访问过。他认为 EPR 论证是不可靠的。首先,倘若像三位作者所说的那样,确有可能"把两种不同的波函数……赋予同一实在",那么肯布尔认为,量子力学描述就不仅是不完备的,而且甚至还会是错误的,"因为每个不同的泛函数都包含着对所描述的系统的未来行为的不同的预言,而作者们……显然是想用'同一实在'一词来指处于相同物理状态下的同一系统。"

肯布尔接着说:"……由于 β[粒子 II]没有受到对 α 的观察和干扰,爱因斯坦、波多尔斯基和罗森就主张它不可能被该观察所影响,而必须始终构成'同一物理实在'。换言之,他们假设它始终处

191

---

① E. C. Kemble,"The correlation of wave functions with the states of physical systems,"*Phys. Rev.* **47**, 973—974(1935).

于同一'态'中。可是谬误就出在这儿,因为两个系统一旦相互作用过一段短时间,那么两个系统的后来的行为之间就会有一种相关性。""为了澄清整个问题",肯布尔谈到了量子力学的统计系综诠释,他认为斯莱特①已对这种诠释作了极为清晰的表述,它"似乎是解决初等量子理论通常表述的各种悖论的唯一途径"。在这种诠释中,由于 ψ 只描述由极大量相似地制备得的系统组成的系综的性质,EPR 论证就推翻不了量子力学对原子系统描述的完备性。肯布尔显然完全忽略了这样一个事实:组合系统的波函数 ψ(x_1,x_2)的展开式不是唯一的。

为了理解肯布尔的批评为什么这样尖刻,我们应当回顾一下他写这封致编者的信时的思想状态。爱因斯坦-波多尔斯基-罗森的论文发表时,他正在专心准备他那本名著②的稿子,在该书中他一再主张"波函数只是一种主观的计算工具,在任何意义下都不是对客观实在的描述。"③在布里治曼的操作主义、马赫的实证主义和佩尔斯[Peirce]的实用主义影响下,肯布尔认为物理学家的工作只是"尽可能精确而简单地描述他的领域中的实验事实,他可以使用任何有效的步骤来做到这一点,而不必顾及例如常识将要对

①　J. C. Slater,"Physical meaning of wave mechanics",*Journal of the Franklin Institute* **207**,449—455(1929).

②　E. C. Kemble,*The Fundamental Principles of Quantum Mechanics*(McGraw-Hill,Hew York,1937;Dover,Hew York,1958).

③　E. C. Kemble,同上书,p.328。

他的工具施加的那些先验限制。"①他认为，爱因斯坦及其合作者提出的问题只是字句之争，与物理学家的工作是完全不相干的。

在肯布尔的批评的挑战之下，同时显然被他把论证贬斥为一个"谬误"所刺伤，波多尔斯基写了一篇短文，准备作为致《物理学评论》编者的信而发表。它的题目是"物理系统的态和实在性。"由于它从未发表过，这里全文援引如下：②

192

　　　肯布尔在给编者的一封信¹中，断言爱因斯坦、波多尔斯基和罗森的论证²在他看来是靠不住的。我在没有同爱因斯坦和罗森讨论肯布尔的异议的情况下，冒昧地表示我个人对这些异议的反应。

　　　我越是仔细地考察肯布尔的信，就越是确信，他并没有证明他的想法。他的论证在第三段达到了高潮，在那里他说：
　　"由于 β 没有受到对 α 的观察的干扰，爱因斯坦、波多尔斯基和罗森就主张它不可能被该观察所影响，而必须始终构成'同一物理实在'。换言之，他们假设它始终处于同一'态'中。可是谬误就出在这儿，因为两个系统一旦相互作用过一段短时间，那么两个系统后来的行为之间就会有一种相关性"。于是，我们的"谬误"似乎就在于假设：若一个系统不被干扰，它

　　① E. C. Kemble，"Operational reasoning，reality，and quantum mechanics"，*The Journal of the Franklin Institute* **225**，263—275(1938)。又见 E. C. Kemble，"Reality，measurement，and the state of the system in quantum mechanics"，*Phil. Sci.* **18**，273—299(1951)。
　　② 经过波多尔斯基夫人概允。不清楚是个人的原因还是他在这件事上听从了爱因斯坦的劝告，波多尔斯基没有发表这篇文章。

也就不受影响,并因而保持在同一物理状态。

　　然而在下一段中,肯布尔似乎又断言这也不算一个谬误,因为他说:"$E-P-R$ 指出,很难假设对系统 α 的观察作用会使一个在空间上远离它的系统 β 的状态发生改变,这是很对的;但是,这种观察作用能够而且确实揭示出关于 β 的态的某种东西,没有这样的观察……是不可能导出这种东西来的"。(着重号是我加的,波)。因此,肯布尔同意,尽管观察揭示了某种东西,我们仍然在与系统的同一个态打交道,因而也就是在与同一实在打交道。我看不出在这样说过之后,还有什么前面所断言的谬误。

　　可能是因为这种虎头蛇尾的做法,肯布尔又加了一段,一开头就说"如果不专门讲一下量子力学的这样一种诠释即把它解释为同类系综的系综的一种统计力学,那么上面这些话还很难澄清整个问题"。这是一个完全不同的问题。我相信爱因斯坦和罗森会同意我的看法:就我们目前的知识而言,量子力学是这种系综的一个正确而完备的统计理论。但是,统计力学可以不是基元过程的完备描述——我们说的正是这个。如果它作为一个完备描述的有效性只限于系综,那么就不再发生肯布尔在他的文章第二段中提到的困难了;因为这时我们就不是和同一实在打交道了。

　　可是,肯布尔还进一步说:"……我们对于单个电子,除了它是属于一个适当的潜在的这类系综之外,无法知道更多的东西"。正是在这里,真正的意见分歧显露出来了;这个分歧使得他在没有谬误的地方发现了一个谬误。

如果对于一个物理系统来说，我们顶多只能知道它属于某一潜在的（因而是想象的）系综，那么只是我们对系统的知识的改变，就必然引起系综的改变，因此也引起系统的物理状态的改变。由于像系统 β 的情况那样，可以不干扰系统就改变这种知识，这样物理系统就失去了物理实在的根本性质——独立于任何精神之外而存在。这个观点同我们的论文[2] 第一段中明确陈述的哲学观点是直接矛盾的。如果不承认物理实在的独立存在，那也就没有讨论的共同基础了。而且，用来作为我们论文题目的问题本身也就失去一切意义了。

1. *Phys.Rev.*47,973(1935)。

2. *Phys.Rev.*47,777(1935)。

B.波多尔斯基

研究生院

辛辛那提大学

1936 年 7 月 6 日

波多尔斯基结尾的话，"如果不承认物理实在的独立存在，那也就没有讨论的共同基础了，"尖锐地指出了全部争论所在，因为在肯布尔看来，"物理学家的本职不是研究外部世界，而是研究内部的经验世界的一部分"；而且"没有理由要求引入的结构［例如 ψ 函数］必须对应于客观存在。"[1]

---

① 　265 页注①文献（1938，第 274 页）。

在给作者的一封信①中，肯布尔教授（我已把波多尔斯基未发表的文章给他看了）表示他很惋惜波多尔斯基的反驳没有发表，"因为它的发表会把我对量子力学的诠释同爱因斯坦、波多尔斯基和罗森的诠释之间的真正分歧亮出来。"肯布尔承认，"谴责爱因斯坦、波多尔斯基和罗森的论证出了一个谬误，即推理中的错误，是不正确的"。他说，他的批评应当改为针对他们的基本假设，即他们的这一论点："在量子层级上也能保持主观与客观之间同样清晰的划分，这种划分在日常大尺度的常识性的层级中是如此合用。"

在欧洲出现的对 EPR 论文的第一个反应是发表在《自然》6月 22 日——论文发表之后仅仅五个星期——一期上的一篇札记，②署名为 H. T. F. （H. T. 弗林特，伦敦大学的一个物理学讲师）。在对 EPR 论证作了一番非数学的概述之后，弗林特把这篇论文说成是"要求更直接地描述物理学现象的一个呼吁。作者们似乎更喜欢艺术家的风景画，而不是用符号对其细节所作的习用的表示；这些符号不足以反映其形状和颜色。"

玻尔当然认为他有责任立即起来论争。载有 EPR 论文的《物理学评论》是 5 月 15 日出版的，6 月 29 日，玻尔就已经给《自然》的编者写了一封信，③他在信中反对三位作者提出的物理实在性的判据，声称它在应用于量子力学问题上时"包含一种本质上的含混不清。"他还宣布，更仔细的考察（其细节不久后将在《物理学评

---

① E. C. 肯布尔 1971 年 1 月 2 日的来信。

② H. T. F.，"Quantum mechanics as a physical theory"，*Nature* **135**，1025—1026 (1935).

③ N. Bohr，"Quantum mechanics and physical reality"，*Nature* **136**，65(1935).

论》上发表)揭示出，"测量程序对于问题中的物理量赖以确定的条件有着根本的影响。因为必须把这些条件看成是可以明确应用'物理实在'这个词的任何现象中的一个固有的要素，这些作者的结论就将显得不正确了。"

玻尔所预告的这篇论文[①]的题目和它的对立面相同，并且在《自然》上预告它的同一天被《物理学评论》的编者收到，在这篇论文中，玻尔试图证明，首先，三位作者所讨论的物理情况并没有什么特别之处，并且可以发现，他们联系着这种物理情况所提出的问题是任何别的量子力学现象中固有的，只要我们对这个现象作充分的分析。事实上，正如玻尔在他的阐述的开头的一个脚注中所指出的，他们的推导可以看成量子力学变换定理的一个直接结果，如下所示。

分别属于两个系统Ⅰ和Ⅱ、并且满足通常的对易关系的两对正则共轭变量(q_1, p_1)和(q_2, p_2)，可以换成两对新的共轭变量(Q_1, P_1)和(Q_2, P_2)，它们通过下述正交变换同前者相联系：

$$q_1 = Q_1\cos\theta - Q_2\sin\theta \qquad p_1 = P_1\cos\theta - P_2\sin\theta$$
$$q_2 = Q_1\cos\theta + Q_2\cos\theta \qquad p_2 = P_1\sin\theta + P_2\cos\theta \tag{15}$$

其中θ是一个任意的转角。取(15)的逆运算，即

$$Q_1 = q_1\cos\theta + q_2\sin\theta \qquad P_1 = p_1\cos\theta + p_2\sin\theta$$
$$Q_2 = -q_1\sin\theta + q_2\cos\theta \qquad P_2 = -p_1\sin\theta + p_2\cos\theta \tag{16}$$

易证$[Q_1, P_1] = ih/2\pi$和$[Q_1, P_2] = 0$等式也成立。因此不是Q_1

---

① N. Bohr, "Can quantum-mechanical description of physical reality be considered complete?" *Phys. Rev.* **48**, 69—703(1935).

与 P_1 而是 Q_1 与 P_2 可以取确定值。但是这时，正如(16)式的第一个和最后一个方程清楚地表明的，随后的一次对 q_2 或 p_2 的测量将使得能够分别预言 q_1 或 p_1 之值。

为了澄清(15)式类型的变换与 EPR 论证的关系，玻尔考虑了这样一个实验安排：一个刚性的光栅，上面有两条平行狭缝，狭缝的宽度比其距离窄得多。他假设两个具有给定初始动量的粒子互相独立地各自通过一条狭缝。"如果在粒子通过狭缝之前和之后精确测量这个光阑的动量"，他说："我们实际上就会知道两个跑掉的粒子的动量在垂直于狭缝的方向上的分量之和，以及它们在同一方向上的初始位置坐标之差"，后一个量就是两条狭缝间的距离。随后对两个粒子之一的位置或动量的一次测量，显然将使我们能够以所希望的任何精度相应地预言另一粒子的位置或动量。事实上，取 $\theta=-\pi/4$，$P_2=0$ 和 $Q_1=-X_0/\sqrt{2}$，(16)式的头一个和最后一个方程就给出

$$-X_0=q_1-q_2 \quad \text{和} \quad 0=p_1+p_2 \tag{17}$$

代表这个态的波函数正是爱因斯坦、波多尔斯基和罗森所选的函数 $\psi(x_1,x_2)$〔见(9)式，取 $x_1=q_1,x_2=q_2$〕。

在这样把 EPR 论证的相当抽象的数学表述同一个具体的实验装置联系起来之后，玻尔就得以指出，究竟是测量 p_1 还是 q_1——并由此相应地计算 p_2 或 q_2——这种选择的自由，就包含了在不同的并且互斥的实验程序之间进行区别。比如，测量 q_1 就意味着在粒子 I 的行为同刚性地固定在支座上（这个支座定义了空间参照系）的仪器之间建立一种相关性。因此对 q_1 的测量也就为我们提供了当粒子通过狭缝时光阑位置的知识，因而也提供了

粒子Ⅱ的相对于实验装置其余部分的初始位置的知识。"但是,由于允许有一个原则上不可控制的动量从第一个粒子传递给上述支座,这一步骤就使我们不再能够对由光阑和两个粒子组成的系统应用动量守恒定律了,从而也就丧失了在对第 2 个粒子的行为的预言中不含糊地应用动量的概念的唯一基础。"

反之,如果我们改为选择测量动量 p_1,那么这个测量中不可避免地包含的位移,就排除了从粒子Ⅰ的行为导出光阑相对于仪器其余部分的位置的任何可能性,从而使我们不再有任何根据来对 q_2 作出预言。玻尔争辩说,这些考虑表明,决定预言的可能类型的条件本身取决于在实验最后的关键阶段是测量 q_1 还是 p_1。因此爱因斯坦、波多尔斯基和罗森在他们的实在性判据中所说的"不以任何方式干扰系统"的说法是含混不清的。诚然,对粒子Ⅱ并未施加力学的干扰,但是既然决定关于粒子Ⅱ的预言的可能类型的条件构成了对于任何可以正当地称为"物理实在"的现象所作的描述中的一个固有的要素,而且,正如我们已看到的,既然这些条件取决于是测量 q_1 还是 p_1,于是三位作者的结论就不成立了。

为使这一点更清楚起见,玻尔对量子力学观测同经典物理学中的观测进行了比较。为了赋予经典定律以实验的意义,我们必须能够确定系统的一切有关部分的精确状态。这就要求所讨论的系统与测量仪器之间有一种下述条件下的相关性:系统的状态能够通过观察大尺度的测量仪器推断出来。在经典物理学中,尽管在客体与测量仪器之间有这样一种相互作用,但是通过适当的概念分析可以把这两个系统区分开。反之,在量子力学中,不可能进行这样的分析,因为客体与测量装置构成一个不可分解的整体。

197 在经典物理学中,客体与测量装置之间的相互作用是可以忽略或补偿的;可是在量子力学中,这种相互作用却成了现象的不可分割的部分。因此,正如玻尔在他认为是特别清晰地表述了他的观点的一篇文章中所说的:

> 真正的量子现象的无歧义的说明,原则上必须包括对实验装置的所有有关特征的描述……在量子现象的情况下,这样一种(决定论的)说明所蕴含的事件的无限可分性,在原则上被描述实验条件的要求排除掉了。的确,真正的量子现象的典型的整体性特征,在下述情况中得到了它的逻辑表示:任何进行完全确定的进一步划分的企图,都要求实验装置有一改变,这种改变同所研究的现象的定义是不相容的。①

因此,任何量子力学测量的结果告诉我们的并不是客体本身的态,而是客体所处的整体实验情态。于是玻尔认为,爱因斯坦及其合作者向之挑战的量子力学描述的完备性,就这样由整体性这个特性所挽救了。

6.5　量子态代表关系的观念

我们看到,玻尔根据被观察客体与观察仪器一起构成一个单

---

① 146 页注①文献。

一的、不可分的（在量子力学层级不能再进一步分解成各个分离部分）系统这一理由，否定了三位作者提出的物理实在的认识论判据，从而成功地捍卫了他的立场。一个给定粒子与特定的一台观测用的实验装置的组合，和同一粒子与另一台观测用的实验装置的组合有着根本的区别。量子力学中的基本问题，不再是(a)系统 S 具有物理量 Q 的某一值 q_n 的几率 π_n 是多少？而是(b)通过一具实验装置 A 在系统 S 上测量物理量 Q，得到结果为 q_n 的几率是多少？因为系统 S 的"态"是所有 π_n 的总体（"一览表"），所以表述(b)表明，系统的状态不像 EPR 论证中断言的那样仅仅取决于 S，而且还取决于 A。

换句话说，对一个系统的态的描述，与其说是限于待观测的粒子（或粒子系），不如说是表示了粒子（或粒子系）与全部涉及的测量仪器之间的一种关系。根据系统的态代表关系的观念，S 的态在 S 根本未受任何力学干扰的情况下就发生变化，这当然是完全可能的。一个宏观例子是，把物体 S 的状态 σ 定义为"比物体 S' 热"，冷却 S 或加热 S'，都可以改变 σ——在后一种情况下并未干扰 S。

在人类思想史上，认为一个客体的态（在这个字的最广义下）会在客体本身不受干扰的情况下发生变化，这并不是第一次。比如，熟悉经院哲学的空间理论的读者或许会记得，根据托马斯·阿奎那和博纳文图拉[①]的哲学，只要把一根长的刚性杆的一部分物

----

① St.John of Fidanza Bonaventura, *Commentarii in Quatuor Libros Sententiarum Petri Lombardi*(1248), dist.37,p.2,q.3["*ubi est vacuum, non est distantia*"（真空中无距离之可言）]。

质(例如靠近中心的一段)移走,留下一块真空来代替它,那么这根长杆的端点的"定位"[ubicatio]就要发生根本的变化。人们还记得,苏亚雷斯在他的《形而上学的论述》①中反对托马斯的观点,他认为,应当赋予杆的端点的"所在"(定位关系)以独立的实在性。在这一类比中,可以把玻尔比作托马斯,而把爱因斯坦比作苏亚雷斯(他在牛顿之前就提倡绝对空间!)。因为在玻尔看来,可以把量子力学贯彻一致地看作是一个计算工具,用它来获得每次测量(结果)的几率,而这种测量既涉及待观察的对象,又涉及测量的实验装置,因此不能单独赋予前者以物理实在的种种属性。

特别是,甚至在一个粒子已不再与另一粒子相互作用之后,也绝不能把它看成是"物理上实在的"种种属性的独立承载者,因而EPR思想实验也就失去了它的悖论性质。

在玻尔看来,上面对二粒子和多粒子系统的这些讨论,同样也适用于对单粒子系统的考察。事实上,波粒二象性仅仅是这种观念的一个特殊情况。

我们看到,玻尔对EPR论证的反驳导致两个重要结果。首先,就量子理论而言,量子力学态的概念变成了一个代表关系的观念。第二——这个结果从科学史和科学的哲学的历史观点来看极为重要——"结构"(Structure)观念(意义为一种不可分解的整体

199

---

① Francis Suarez of Granada, *Disputationes Methaphysicae* (Paris, 1619).

或形式)又复活了,从亚里士多德物理学[①]在伽利略和牛顿时代衰落以来,直到法拉第和麦克斯韦的场论的兴起[②],这种观念早已在物理思想中没有地位了。

玻尔关于态代表关系的观念,实际上在物理学思想史上具有独特的地位,因为它扬弃了培根的"分解自然"的原则,即"分解自然界要比概括自然界好"[*melius autem est naturam secare, quam abstrahere*][③]——而且还在科学研究(微观物理学)这个领域内占有独特的地位,在这个领域内,由于所研究客体的本性,培根的原则不仅仅赢得了极大的成功,而且已被看成是不可少的研究方法。大法官[*]的宣言,即"若不去最勤奋地分割和解剖这个世界",我们就不能"在理念中建立一个真实的世界模型,它显示本来应该有的样子,而不是被人的理智所歪曲了的那个样子"[④],已经成了近代

---

①　亚里士多德在 De Partibus Amimalium(论动物的组成部分)中曾经强调,对于科学研究来说(无论是对一个动物还是一张床),整体应当优先于部分,而不是把整体只当作其各部分之和:"正如讨论一座房子时,我们关心的是房子的垫体形状和式样,而不仅仅是砖块、灰泥与木材一样,在自然科学中,我们主要关心的,同样是组合的事物,是作为一个整体的事物……"(645a33—66)。虽然由于其目的论的成分,使亚里士多德的"整体性"[σμνόλον]观念与玻尔的不尽相同,但亚里士多德坚持认为,一个特殊元素例如地球的行为,"一定不要孤立起来考虑,而只能看作是宇宙连同其普适定律的一部分"(De Caelo《论天》,294b),这可以看作是玻尔的立场的一个早期的类比。

②　参见 E. Cassirer, *The Logic of the Humanities* (Yale U. P., New Haven, Conn, 1961), pp.159—181。

③　Francis Bacon, *Novum Organum*(新工具)(1620), *book* 1, *section* 51。

*　即培根,他曾担任过大法官。——译者注

④　"Etenim verum exemplar mundi in intellectu humano fundamus, quale invenitur, non quale cuipiam sua propria ratio dictaverit. Hoc antem perfici nonpotest, nisi facta mundi dissectione atque anatomia diligentissima."同上, section 134。

科学方法的最重要和最成功的指导原则之一。

笛卡儿的第二条"研究规则"[1]和伽利略的"分解方法"(*meto-do resolutivo*)是对这一格言的响应；而一旦它和适当的数学结合起来（如在牛顿手里那样），它就把科学引向极大的成功。原子物理学比起其他任何学科来更要把它的发展归功于培根的"分解原则"的系统应用。但是也正是在原子物理学中，玻尔对于这个领域中可以想象的最基本的过程的逻辑"分析"发现：暴露出来的各种困难的解决方法，在于对物理系统的态采用一种代表关系的和整体论*的观念。

从玻尔于 1936 年 6 月 21—26 日在哥本哈根召开的国际科学统一会议上所作的演讲可以清楚看出，对于他坚持态描述的整体论性质和关系性质这一行动的历史重要性及其哲学涵义，他是有充分认识的。在这篇题为"因果性与互补性"[2]的讲话中，他谈到了用"更仔细地进一步划分其进程"的办法来分析基元过程是无用的。在谈到态描述代表关系的这一侧面时，他把对不同实验装置的依赖性和所得到的不同的规律性中种种表面上的矛盾在逻辑上的调和，同在相对论中对不同的参照系的选择和由于光速有限而

---

[1]　René Descartes, *Discourse de la Méthode*(1637), Second Part.译者按：笛卡儿在《方法论》第二部中提出的第二条研究规则是"把所考察的每一个难题，都尽可能地分成细小的部分，直到可以而且适于予以圆满解决的程度为止"。见《十六——十八世纪西欧各国哲学》(生活·读书·新知三联书店,1958)第 110 页。

*　整体论[holism]：一种哲学理论，它认为一个整体不能分解为其各部分之和，不能分解为各个分立的元素。——译者注

[2]　N. Bohr, "Kausalität und Komplementarität," *Erkenntnis* 6, 293—303(1936); "Causality and Complementarity" *Phil. Sci.* **4**, 289—298(1937);丹麦文本(1937)。

在这个理论中造成的矛盾的消除加以对比。玻尔争辩说，正如罗伦兹变换公式解决了相对论的悖论一样，海森伯测不准关系也使不同的态描述方法彼此相容。

互补性在概念上化为一种描述的相对性，它依赖于实验装置。这也是弗兰克[①]在这次会议上提出的主要问题。弗兰克说："我相信，作为正确地表述互补性观念的一个出发点，我们必须尽可能准确地保持玻尔在1935年回答爱因斯坦对当前的量子理论的异议时提出的表述。正如玻尔又在他刚刚发表的讲话中强调的，量子力学说的既不是粒子的位置与速度都存在但不能精确观测，也不是粒子的位置与速度都不确定。相反，它说的乃是一些实验装置，在对这些实验装置的描述中，绝对不能同时使用'一个粒子的位置和一个粒子的速度'这些说法。"

为了避免对量子力学态代表关系的观念的可能的误解，看来值得进一步讨论玻尔对量子论和相对论的对比。如所周知，玻尔对量子理论形式体系的诠释曾在某些场合被斥为唯心主义的或主观主义的，这主要就是由于态代表关系的这种观念。人们记得，对相对论也提出过相似的责难，特别是在二十年代初。这种责难来自对这一理论的名称至少在某种程度上的严重误解。这些人声称，既然一切物理学定律都是"相对于"观察者的，它们也就"依赖 201

---

① P. Frank, "Philosophische Deutungen und Missdeutungen der Quantentheorie," *Erkenntnis* **6**, 303—317(1936); "Philosophical misinterpretions of the quantum theory", 载于 P. Frank, *Modern Science and its Philosophy* (Harvard U. P., Cambridge, Mass., 1949), 第158—171页。

于"观察者,因此人的因素在对物理数据的描述中就起着一种必不可少的作用——其实刚好相反,理论所依据的张量计算,正保证了理论中表述的定律的"无立场性"。

在一定的意义下,玻尔的态的关系描述的理论的确可以同相对论比较,甚至可以把它看成是相对论的某种推广——不是在内容上而是在方法上。按照玻尔的观念,那些永远装备着全同的测尺与时钟的惯性参照系(相对于它们来观察物理现象),在量子力学中换成了装备着不同测量仪器的不同实验装置。正如在相对论中选取不同的参照系会影响一次特定测量的结果一样,在量子力学中选取不同的实验装置也会对测量有影响,因为不同的实验装置决定了什么是可以测量的量。

人们还可以从下面的普遍的观点来考察玻尔关于态代表关系的观念与爱因斯坦相对论之间的联系:在物理学的历史发展中,属性总是逐渐被关系所代替。在某种意义上,这种代换原则已经应用于从亚里士多德的定性物理学到牛顿的定量物理学的过渡。如果在牛顿物理学中,还可以把"长度"、"面积"等量或物理过程的"持续时间"看作是单个客体的属性,那么众所周知,狭义相对论已经把它们的身份换成了关系。因为对于"某一客体的长度是多少?"这一问题,只有参照某一特定的惯性系,才能给出无歧义的回答。类似地,在玻尔的关系理论中,"某一粒子的位置(或动量)是什么?"这一问题要有意义的话,也必须以参照一个特定的物理装置为先决条件。

为了把两种情况统摄于一个标题之下,我们可以把它们统称为一种"配置"[或配景 perspective]的理论,所谓"配置"指的是测量工具的一个相协调的集合，可以是相对论中所用的参照系，也可以是玻尔所想的实验装置。重要的是要理解，虽然一种配置可以依附于一个观察者，但也可以不依附于观察者而存在。事实上，甚至可以断言，就如在光学中那样，配景是属于观察的对象，是由大量观察对象所承载的。一个"相对论性参照系"可以看作是一种几何的或更恰当地说是运动学的配置；而玻尔的"实验装置"则是一种仪器的配置。正像前者使长度和时间间隔相对化，并使它们不再成其为客体所"具有"的属性一样，后者对位置或动量这类动力学变量也有这样的作用。

关于互补性的这种关系的观念的最鲜明和最精彩的说法之一是福克给出的。福克在一篇前面已提到过的论文①中写道：

> 波函数所表示的几率是微观客体与仪器相互作用的某种结果（仪器的某个读数）的几率。可以把波函数本身解释为（以确定方式制备的）微观客体同各种类型的仪器的这样一种相互作用的潜在可能性的反映。用波函数对一个客体的量子力学描述相当于对观察手段的相对性要求。这就推广了经典物理学中所熟知的关于参照系的相对性的概念。

像福克所说的那样，把波函数解释为潜在的相互作用的一览表，并把相对性概念推广到观察手段，的确是对玻尔时量子力学态

---

① 207 页注①文献。

描述的关系性观念的一个最清楚的说明。然而,在一个根本点上爱因斯坦的相对论同玻尔的互补性观念有着很大的不同:即所讨论的客体的本体论地位。尽管相对论强调了相互关系的一面,它仍是建立在从本体论上说是真实而且绝对的存在物或事件的母体上的,因为它所讨论的点状事件被看成是实在的(在"实在的"这个词的每一种词义下)。事实上,正是这种实在论使相对论对普朗克有这样强烈的吸引力,普朗克"永远把对绝对的探求看成是一切科学活动的最崇高的目标。"

如果现在我们来问,玻尔在他关于量子现象的观念中是否也赞同类似的实在论,那么这就提出了一个困难问题。首先必须了解,"哥本哈根诠释"的各种各样的拥护者们虽然在互补性是必要的这一点上是一致的,但是关于互补性的本体论涵义的看法却各不相同。其中有些人,例如约尔丹,采取了一种实证论观点,认为量子力学的作用并不在于"超出经验去理解'事物的本质'"[①]。

然而,玻尔关于科学的哲学却不能归为实证论——在实证论这个词的通常意义下肯定不是,尽管偶尔有一些说法,若不加批判地解释的话似乎表露出一种实证论的观点。比如,在他的早期论文集[②]的"绪论"的一开始,玻尔就定义科学的任务为"既要扩大我

---

① "因此,科学的抽象和理论,并不表示从实际经验出发达到了对自然现象的'本质'认识的突破,而仅仅是为了记录和整理我们的感觉经验而由我们设想出来的一种有用的辅助结构,和地理经度和纬度大致相似"。P. Jordan, *Anschauliche Quantenmechanik* (Springer, Berlin, 1936), p.277.

② 120页注①文献(1934, p.1)。中译文:《尼耳斯·玻尔哲学文选》(商务印书馆, 1999),第5页。

们的经验范围又要把我们的经验条理化",这个定义同实证论的观点是完全一致的。可是在几行之后他就转而声称,"一切新经验都是在我们习见的观点和习见的知觉形式的框框中显现出来的"(重点号为本作者所加)。后来有一次[1],他曾强调"没有一个形式的框架就不可能掌握任何内容",这个说法令人回想起康德的著名的"范畴演绎",虽然没有明显提到任何先验本源[2]。

如果把玻尔对这些知觉形式的坚持——这个假设显然同实证论原则矛盾——同他一再重复的断言"一切经验都必须用经典的术语来表示"结合起来,也许会使人们得出这样的结论,用费耶拉本的话来说就是:由于在玻尔看来,那些知觉形式是"强加给我们的,而且不能被不同的形式所代替……玻尔的观点仍然保留着实证主义的一个重要因素。"[3]

据称玻尔有这样的观点:不是观察者的主观知觉,而是观察者用经典物理学术语对现象的描述,构成了科学结构的最终的"资料";费耶阿本德把这种观点叫做"一种更高级的实证主义"[4]。因此费耶阿本德认为,我们关于玻尔的互补性诠释中的本体论争论的问题的回答应当如下。虽然主要由于语言的简洁,保留量子力学客体这个概念证明是有用的,但它不应当使人错误地忽略掉这

①　124 页注③文献(1949,p.240)。中译文:《尼耳斯·玻尔哲学文选》(商务印书馆,1999),第 178 页。

②　关于量子力学的"先验性"(a priori)的认识论,参见 K. F. Von Weizsäcker,*Zum Weltbild der Physik*,123 页注③文献。

③　P. K. Feyerabend,"Complementarity",*Supplementary Volume 32 of the Proceedings of the Aristotelian Society* 75—104(1958).

④　Feyerabend,同上,p.82。

一点:"这种客体现在仅仅被描述为一组(经典的)现象,对于它的本质则毫未提及。而互补性原理的意义正在于下面这个论断:这是客体概念能够在微观层级上使用(如果终于还用这一概念的话)的唯一可能的方式。"[1]

按照费耶阿本德的解释,玻尔的"高级实证主义"认为种种微观物理学的概念只不过是宏观仪器的功能(functioning)的速记式的描述,而且只赋予宏观仪器以实在性;它们同微观客体不同,永远可以用经典的术语来描述。这种观点的确能够得到玻尔的某些说法的支持,当然特别是得到他对 EPR 论证的反驳的某些话的支持,这种观点在那里是作为一个方便的逻辑武器而出现的:"对量子力学符号的任何无歧义的解释,都必须体现那些熟知的法则,这些法则允许人们对完全以经典方式描述的给定的实验装置将要得到的结果作出预言。"[2]

玻尔在 1948 年本着同样的精神写道:"应当把整个形式体系看成是一种作出预言的工具,它能对以经典术语描述的实验条件下所能得到的信息作出确定的或统计的预言。"[3]此外,这个观点还提出把一个典型的量子力学现象精确地同那些需要用互补描述来说明的宏观情态联系起来。因此"量子"一词指的并不是描述的内容或对象,而是表征描述的类型,或者换句话说,"互补性原理的

---

①　Feyerabend,同上,第 94 页。

②　269 页注①文献(第 701 页)。

③　N. Bohr,"On the notion of causality and complementarity", *Dialectica* **2**, 312—319(1918).

目的就是对'量子描述'(quantum description)下一个定义,它并不意味着'对量子的描述'(description of quanta)"。[①]

很明显,在这个观点看来,"量子力学客体"这个概念是没有意义的——因为它不对应于任何实在的东西。有时,玻尔自己似乎也接受了这样一种根本的观点,因为据他长期的助手彼得森说,玻尔在一次被问到能否把量子力学算法看成是在某种程度上反映了一个基础的量子实在时曾说过:"没有量子世界。只有一个抽象的量子物理学描述。认为物理学的任务是发现自然界是怎样的,那是错误的。物理学关心的只是我们对自然界能够说些什么。"[②]

实际上,如果把这种观点的逻辑结论贯彻到底,那就意味着完全放弃经典的实在概念。让我们用下述历史插话来解释这一点。

经典物理学的实在概念,归根结底源出于留基波和德谟克里特的原子学说。他们的论点"只有原子是真实的"而"其他一切都只不过是想象的存在",[③]被伽桑第、波义耳、牛顿等人所接受(作了一些不影响我们目前讨论的修正),成了经典物理学中居统治地位的本体论原理。它意味着一个宏观的物体作为宏观客体是没有独立的实在性的;只有它由之组成的那些原子才是真实的。而按上述说法来解释的互补性学说,则反过来主张只有宏观仪器才是某种真实的东西,而原子则只是一种幻象。这种和经典观念相反

205

---

① D. L. Schumacher,"Time and physical language",载于 *The Nature of Time*, T. Gold,ed.(Cornell U. P.,Ithaca,N. Y.,1967),pp.196—213。

② A. Patersen,"The philosophy of Niels Bohr",*Bulletin of the Atomic Scientist* **10**,8—14(1963),引文见 p.12。

③ 参见 Diogenes Laertius,IX,42。

的实在性观念也是海森伯的量子力学哲学的一部分,这从他在 1959 年写的下面一段话可以看出,尽管提法不同并且着重点稍有区别:"在关于原子事件的实验中,我们必须同一些事物或事实打交道,同一些和任何日常生活现象同样真实的现象打交道。但是原子或基本粒子本身并不是同样真实的;它们构成一个潜在的或可能的世界,而不是一个事物或事实的世界。"①

　　科学史家或哲学史家也许会注意到,目前这种情况和早期的希腊原子论提出后的事态有某些相似之处。实际上,极端的互补性观点完全可以同公元前五世纪后半叶的"智者"*的教导相比较。同认为只有原子才真实的原子论者相反,"智者"主张平常的生活事实才是真正的实在,而科学的理论世界则不过是同人不相干的一种变幻不定的幻影。最近冯•弗里茨②强调过这一相似之点。他甚至声称,普罗泰戈拉*的著名格言"人是万物的尺度,是存在的事物存在的尺度,也是不存在的事物不存在的尺度",并不像人们常说的那样表示一种主观主义或感觉主义[Sensualism]或相对主义的哲学,而刚好是否定了所有这些哲学的正确性,认为它们像德

---

　　① W. Heisenberg, *Physics and Philosophy* (G. Allen and Unwin, London, 1958; Harper and Row, New York, 1959), p.160;德文本(1959,1970),意大利文译本(1961);中译本《物理学与哲学》,(商务印书馆,1999,第 123 页)。

　　* 由于古希腊奴隶制民主政治的发展,人们需要有讲演和雄辩的才能,当时就出现了一批职业教师,专门教授论和修辞,被称为"智者"[Sophist, $\sum\acute{o}\varphi\iota\sigma\tau o\iota$]。普罗泰戈拉[Protagoras](公元前 481 年—前 411 年)是智者的早期代表人物。他的哲学参见《古希腊罗马哲学》(生活•读书•新知三联书店,1957)第 125—138 页。下面格方的引文在第 138 页。——译者注

　　② K. von Fritz, *Grundprobleme der Ges G schichte der ankken Wizzenschaft* (W. de Gruyter, Berlin, New York, 1971), p.232.

谟克利特的原子论一样,把实在性赋予科学所假设的理论实体,而不是赋予人类行为世界中的事实。讲完了这段历史插话,现在让我们再回到玻尔的"高级实证主义"上来。

这种现象论的解释虽然很有吸引力,但它也带来严重的困难。量子力学形式体系的一个基本假设是:粗略地说,一个给定的物理系统的各个可观察量同这个系统所联系的希尔伯特空间上的各个(超极大)厄密算符之间,存在着一一对应的关系。但是在 1935 年,布里奇曼[①]在普林斯顿大学作的第三次凡努兴[L. C. Vanux-em]讲座讲演中,就已对这种对应是否能在操作上实现提出了怀疑,他问道:"用来使狄拉克的任意一个'可观察量'获得其物理意义的仪器是什么?"而薛定谔[②]则指出,反过来要找出对应于一些普通的操作(例如测量金刚石晶体碎片的长度或测量两个晶面之间夹角)的厄密算符,那简直是不可能的。此外,尽管量子力学原来的纲领(海森伯)是不承认任何不可观察量,但是正如费耶拉本强调指出的[③],在这方面它甚至还不如经典力学。希芒尼猜测[④],可以在量子场论的色散理论表述及其通过(可观察的)S 矩阵量对量子力学态的定义(如库特科斯基[⑤]所建议的)的基础上来解决这种困难;但是这种猜测如果实现的话,至多也只能说明那些可以化

----

①　83 页注②文献(1936,p.119)。

②　E. Schrödinger,"Measurement of length and angle in quantum mechanics", *Nature* **173**,442(1954).

③　243 页注①文献。

④　A. Shimony,"Role of the observer in quantum theory",*Am. J. Phys.* **31**,755—773(1963).

⑤　R. E. Cutkosky,"Wave functions",*Phys.Rev.* **125**,745—754(1962).

为脉冲性相互作用的操作。

现在回到前面的关于玻尔对微观物理客体的本体论地位的看法这个问题上来,我们应当期望在他对 EPR 的物理实在性判据的批评中找到这个问题的答案,他在批评中讲到需要"根本修正我们对待物理实在性问题的态度"。但是玻尔对待这个问题的经过修正的态度究竟是什么? 在他的"和爱因斯坦商榷"①一文中,他谈到了客体同测量仪器(它以经典术语确定现象出现的条件)之间的区别。玻尔指出,虽然测量从原子粒子传递给光阑或快门这类测量装置的动量或能量是难以实行的,但是这倒还不要紧,"有决定意义的只是,在这种情况下,与真正的测量仪器相反,这些物体与粒子一起将要构成必须应用量子力学形式体系的系统。"

这段话以及前面已指出过的一些类似的话②表明,玻尔在认识到现象论立场的不足之后,把测量仪器看成是既能用经典的术语又能用量子力学术语描述的东西。他作出结论说宏观客体在一组情况下(当用于测量时)是客观存在的并具有内禀的性质,而在另一组情况下又具有依赖于观察者的性质;或者换句话说,把互补性在一个新的层级上推广到宏观物理学,这样玻尔就避免了在唯心论与实在论之间表态。总之,我们可以这样说:对于玻尔说来,实在论与实证论之间(或实在论与唯心论之间)的这场争论乃是从属于互补性之下的。同样玻尔也认为,无论如何,量子力学中的本

① 124 页注③文献(1949) pp.221—222,中译文见《原子物理学和人类知识》(商务印书馆,1964),第 55—56 页。

② 285 页注④文献(p.269)。

体论假定是与相对论中不同的。

但是,这种不同并不影响就所讨论的客体具有关系特性而言的这两个理论的相似性。

玻尔果真是最先表述量子过程的关系本性的人吗?让我们暂且离开本题转而讨论互补性诠释的历史,我们发现,至少在某种程度上,赫尔曼[G. Hermann]比他更早。赫尔曼的科学生涯是从在哥廷根在诺特[E. Noether]门下学习数学开始的,她受到新弗里然学派[Neo-Frisian school]的奠基人、哲学家内尔逊[L. Nelson]很大的影响,并在 1934 年春参加了海森伯在莱比锡的讨论班。在三十年代初期,莱比锡不仅是仅次于哥廷根和哥本哈根的研究量子力学及其应用的主要中心之一[由于布洛赫(F. Bloch)、朗道、派厄尔斯、洪德(F. Hund)和特勒(E. Teller)都在这里],它还由于在量子论的哲学基础和认识论意义方面的研究而闻名,特别是在只有十八岁的冯·威扎克[C. F. von Weizsäcker]加入了海森伯的小组之后。赫尔曼相信因果性具有先验特征这一批判论*的命题在根本上是正确的,她也知道现代量子力学据称意味着普遍的因果性的破坏,于是就来到莱比锡,希望在海森伯的讨论班里能够找到对这个矛盾的解答。

虽然她不是科班出身的物理学专家,但是在范德瓦尔登[B. L. van der Waerden]和冯·威扎克的帮助下,她得以极活跃地参加讨论班的工作。作为这些讨论的结果,赫尔曼在 1935 年 3 月发

208

---

　　*　即康德哲学。——译者注

表了一篇关于量子力学哲学基础的长篇论文[①]，此文今天仍然值得人们注意。赫尔曼的出发点——它引导她得出量子力学描述是表示关系的这一观念——是下述经验事实：不可能预言测量微观物理客体的精确结果。通常的摆脱这种状况的方法——依靠用附加的参数来探寻对状态的更精细的描述——被理论所否定了。

因为赫尔曼否认冯·诺依曼关于隐变数不可能存在的证明[②]——由于后文要解释的原因，她认为这个证明是一个循环论证（*Petitio principii*）——她提出了是什么原因使得这种对隐变量的否定似乎有理的问题。倘若仅仅以目前还不能达到为根据就否定更精细地描述状态的可能性，那就违犯了经验的不完备性原则[*Satz con der Unabgeschlossenheit der Erfahrung*]。她宣称，放弃为一个观测结果探求原因（认为这种探求是无益的）的充分理由只能是：人们已经知道了原因。因此量子力学面临着一个两难命题：要么理论提供了唯一确定测量结果的原因——但是这时物理学家为什么不能预言测量结果？要么理论并不提供这种原因——但这时又怎么能断然否定在将来有可能发现它们呢？赫尔曼——这是这段历史插话的关键之点——在量子力学描述的关系性特征（或按她的说法，"相对性"特征）中，看到了这个两难命题的解答；她认为这种描述的关系性特征是"这个引人注目的理论的决定性成就"。

赫尔曼放弃了古典的客观性原则，并且将它换成对仪器的依

----

① G. Hermann，"Die naturphilosophischen Grundlagen der Quantenmechanik"，*Abhandlungen der Fries'schen Schule* **8**，75—152(1935).

② 冯·诺依曼的证明将在第七章讨论。

赖性的原则连同下述想法：从实际的测量结果能够因果地重建出
导致结果的物理过程；依靠这些，她解释了为什么理论不容许可预
测性，但并不排除在事后（*post factum*）对一特定结果的原因的认
证。赫尔曼以威扎克-海森伯实验①为例，描述了在细节上如何才
能实现这一点，我们已经指出过，这个实验正是爱因斯坦-波多尔
斯基-罗森思想实验的先导，而 EPR 思想实验反过来又使玻尔得
出量子力学态代表关系的观念。赫尔曼曾说过，海森伯赞同她对
上述两难命题的解答，他说："那正是我们早就试图搞清楚的东
西！"②

　　现在我们不谈赫尔曼的论文的历史意义，而只就它的哲学意
义，讨论如下。我们看到，赫尔曼否定附加参数的可能性的理由
是，量子力学虽然从预言方面来说是非决定论的，但从回溯方面来
说却是一个因果理论。换句话说，由于物理学家只要知道了测量
的最终结果就能够重建导致这个观测结果的因果序列，任何附加
的原因（或参数）就都只会对所讨论的过程造成超定［overdeter-
mination］的情况，从而导致矛盾。赫尔曼强调说，因果性和可预
测性是不同的。"量子力学对于不可预测的事件也都采取并且追
求一个因果的说明，这个事实证明把这两种概念等同起来是出于

209

---

① 246 页注②文献。
② "'那正是我们早就试图搞清楚的东西！'当时海森伯对我说"。赫尔曼的来信，
1968 年 3 月 23 日。

混淆。"①

　　但是,赫尔曼所主张的回溯的因果性并不见得正确。② 本作者认为,她并没有像她声称的那样,证明了对测量过程的回溯性的概念重建,对于所得到的特定结果提供了一个完满的解释。虽然这样一种重建可以证明所得结果的可能性,但并未证明其必然性。例如在威扎克-海森伯实验中,赫尔曼从观测出发所作的重建虽然说明了光子能够在它所击中的地方击中底片的事实,却并未说明它一定会击中那里。③

　　汉森后来在讨论量子力学中解释与预言之间的非对称性(与之相反,经典物理学中解释与预测之间则是对称的)时也独立地得出了赫尔曼的观点。他写道:"在我们看到发生了一个微观物理事件 X 之后,我们就可以在量子理论的总范围内对它的发生给出完备的说明。但是若要事先预测 X 的那些事后如此容易解释的特性,却是原则上不可能的。"④如果不得不把汉森所说的"在量子理论的总范围内"理解为对解释的"完备性的一种限定,即它不逾越理论的几率信条",那么汉森的话肯定是对的。但若该说法并不意味着这样一种限定,那么他的观点就同赫尔曼宣称的观点一样了,

---

　　① G. Hermann, "Die naturphilosophischen Grundlagen der Quantenmechanik (Auszug),"*Die Naturwissenschaften* **42**,718—721(1935),又见 G. Henry-Hermann, "Die Kausalität in der Physik",*Studium Generale* **1**,375—383(1947—1948)。

　　② 其他异议参见 M. Strauss 在 *Journal of Uniﬂed Science*(*Erkenntnis*) **8**, 379—383(1940)上的评论,和 W. Büchel. "Zur philosophischen Deutung des quante-mechanischen Indeterminismus",*Scholastik* **27**,225—240(1952)。

　　③ 288 页注①文献(pp.113—114)。

　　④ N. R. Hanson, "Copenhagen interpretation of quantum theory",*Am.J Phys.* **27**,1—151(1959).

这个观点看来是靠不住的,因为"解释"是一个逻辑过程,因而不依赖于时间顺序。

使这种非对称性可以被人们接受的唯一的另一种办法,是对"量子力学解释"同"经典的解释"加以区分,但是这样一区分又会恢复前面的限定。不过,如果我们还记得对量子现象的每次观测都不可避免地要包括一个不可逆的放大过程*,没有这个过程就不能记录这个量子现象,那么我们就必须承认,这种不可逆性不仅使原因与结果之间的链条(如果有的话)变复杂,而且它还使人们无法从关于结果的知识中无歧义地证认出原因来。

从赫尔曼的论文发表后不久海森伯在维也纳所作的演讲①可以看出,他对赫尔曼的观念的热情必定是立即就减退了。海森伯在这个演讲中驳斥了隐变数的可能性,但不是出于赫尔曼举出的理由,而是根据被观察客体与测量仪器之间的"分界"是可以移动的。海森伯认为,由于在这一分界线的两边各种物理关系都是唯一地(因果地)确定的,理论的统计特征正在这个分界上。一旦分界线移动(在冯·诺伊曼的测量理论的意义下)到另一个地方,在原来的地方插入任何附加的"原因"(隐变量)都将导致矛盾;因为这时原来分界线所在的地方就会成为因果地决定的发展过程的一

---

* 以将这一微观事件变成可以观测的宏面现象。——译者注

① W. Heisenberg,"Prinzipielle Fragen der modernen Physik",载于 *Fünf Wiener Vorträge*(Deuticke,Leipzig and Vienna,1936),pp.91—102;重印于 W. Heisenberg. *Wandlungen in den Grundlagen der Naturwissenschaft*(Hirzel,Stuttgart,第 8 版,1949),pp.35—46;Philosophic Problems of Nuclear Science(Faber and Faber,London,1952),pp.41—52。

部分,而插在那儿的"原因"(隐变量)就会同分界线移走之后在该地起支配作用的因果律相矛盾。

如果坚持认为,测量仪器的所谓经典的作用模式也应当包含隐参数,那么海森伯反对隐参数的论据看来就没有说服力了;在这种假设下,描述的"经典"部分与量子力学部分之间的分界不再能够唯一地定义为这些参数生效之处,而只能定义为在对过程的总体描述中这些参数被公开出来的地方,于是分界线的任何移动不再会导致矛盾。

在总结这一段历史插话时我们必须指出,严格说来,赫尔曼的关系论[relationalism]甚至要比玻尔的关系论更根本。在她看来,量子力学描述要充分有效,就必须不只考虑具体的实验装置,而且还得考虑观察的精确结果。她为解决"两难命题"而得出的结果是错的,这一事实并不使她关于量子力学描述的关系性观念也不合格。

鲁阿克(当时任北卡罗来纳大学物理学教授)在致《物理学评论》编者的一封信中[①],表示了这样的想法:可以用三位作者自己顺便提到的理由来反击 EPR 论证,即仅当 p_1 与 q_1 二者——而不只是其中的一个——可以同时测量时,p_2 和 q_2 才具有物理实在性。针对他们认为假定 p_2 与 q_2 的实在性可以依赖于对系统 I 进行的测量过程是不合理的这一主张,他提出异议说:"一个反对者可以回答:(1)测量是直接的还是间接的并无差别";而且(2)系统

---

① A. E. Ruark, "Is the quantum-mechanical description of Physical reality complete?" *Phys. Rev.* **48**, 466—467(1935).

Ⅰ也无非是一架仪器,对 p_1 的测量就使这架仪器不再适于测量 q_1 了。简言之,在鲁阿克看来,争论之点似乎主要是如何定义测量概念的问题。

6.6　数学加工

　　下一个为 EPR 争论出力的人是薛定谔。他在 1933 年 11 月辞去了他在柏林大学的理论物理学教授职位(这个位置他是在 1928 年接替普朗克的),接受林德曼[后来的彻韦尔勋爵(Lord Cherwell)]的邀请,定居在牛津,成为玛格达椤学院的一员。我们还记得[1]这位林德曼对量子力学的基础深感兴趣。薛定谔的(年长五岁的)朋友和同事玻恩刚在两个月前离开哥廷根,成为剑桥的斯托克斯[Stokes]应用数学讲座讲师。

　　正是在牛津任职期间(由于帝国化学工业公司的慷慨大度,他在那里得以有空随意研究他喜爱的问题),薛定谔对 EPR 的论文发生了兴趣。1935 年 8 月 14 日,即他收到论文后仅仅几个星期,薛定谔就向剑桥哲学学会呈交了一篇由玻恩推荐的论文,此文于 1935 年 10 月 28 日收到。薛定谔的论文(我们已引用过[2])在许多方面和玻尔关于 EPR 论证的论文正相反:薛定谔不去管互补性的认识论问题;他不讨论仪器装置的任何细节;而是限于进行和理论的形式体系紧密联系的深入的抽象研究。他不仅重新证实了三位

212

---

①　105 页注文②文献。

②　257 页注文①文献。

作者获得的结果,而且推广了它,并且把它看成是量子力学的严重缺陷的一个标志。

薛定谔的论文以叙述下述熟知的事实开始:在短暂的相互作用后分开的两个粒子组成的系统的波函数不再是各自单独的波函数之积,因此即使详尽知道了相互作用,对 Ψ 的知识也不能使我们赋予每个粒子一个单独的波函数;换句话说,对整体的最详尽的知识一般并不包含对其各部分的最详尽的知识。薛定谔在(各部分之间的)这种纠缠[entanglement]中看到了量子力学的特性——"是它造成了同经典的思想路线的完全背离。"通过对这两个粒子之一作一次实验,不但能够建立这个粒子的波函数,而且还可以推出它的伙伴的波函数,而不对这个伙伴粒子有任何干扰。按照薛定谔的说法,这一过程或"解纠缠"(disentanglement)具有"不祥的重要性",因为,既然在每次测量中都包含有这一过程,它就构成了量子测量理论的基础,"因而至少以一种无穷递推的方式(*regressus in infinitum*),威胁着我们,因为人们会注意到,这种过程本身又包含着测量。"这种解纠缠,特别是在薛定谔看来是作为 EPR 论据基础的那种形式的解纠缠,如上所述,具有某种悖论的性质。

我们遵循薛定谔的做法,只是对他的记号稍作改变,把其状态是(间接地)推算出来的那个粒子叫做粒子 X,并用变量 x 来表征它;它在过去曾与之相互作用过并且在其上进行过一次实验的那个伙伴称为粒子 Y,并用变量 y 表征。

我们可以把薛定谔在其论文第一部分所证明的定理叫做推出的态描述的非不变性定理,为了理解它的意义,我们作以下的预备说明。可以对粒子 Y 进行不同类型的测量或不同的"观察过程"，在每种情况下都可推出粒子 X 的态。由于粒子 X 在与粒子 Y 分离后不受任何干扰,假设所推出的态永远是同一个态并与选择的对粒子 Y 的观察程序无关,这似乎是很自然的。可是非不变性定理却声称这个假设是错误的:所推出的态完全由人们选择对另一粒子进行什么测量所决定。

为了证明这个定理,我们遵循薛定谔,令对粒子 Y 所作的实验所测量的是一个用算符 F 表示的力学量,F 的本征函数构成一个完备正交组 $\varphi_n(y)$,其相应的本征值为 y_n。在此情况下,要解除纠缠的系统的态函数 $\psi(x, y)$ 必须按 $\varphi_n(y)$ 展开:

$$\psi(x, y) = \sum_n c_n \gamma_n(x) \varphi_n(y) \tag{18}$$

引入 c_n 是为了保证 $\gamma_n(x)$ 归一化:

$$\int \gamma_n^*(x) \gamma_n(x) dx = 1 \tag{19}$$

方程(19)和方程

$$c_n \gamma_n(x) = \int \varphi_n^*(y) \psi(x, y) dy \tag{20}$$

决定了 $\gamma_n(x)$ 和 c_n(除了一个无关紧要的相因子外)。若测量 F 的结果是 y_k(几率为 $|c_k|^2$),则 $\gamma_k(x)$ 描述粒子 X 的态。

$\gamma_n(x)$ 虽然是归一化的,却并不一定互相正交。薛定谔研究了为了使 $\gamma_n(x)$ 构成一个正交组,$\varphi_n(y)$ 所必须满足的条件。先不管收敛性问题和一些例外的情况,他得到以下的结果:$\varphi_n(y)$ 和 $|c_n|^{-2}$ 必须分别是齐次积分方程

$$\varphi(y) = \lambda \int K(y, y') \varphi(y') dy' \tag{21}$$

的本征函数和本征值,其中厄密核 $K(y,y')$ 由方程

$$K(y,y') = \int \phi^*(x,y')\psi(x,y)dx \qquad (22)$$

确定。

在一般情况下,积分方程(21)的所有逆本征值互不相同,这时 $\varphi_n(y)$ 和 $\gamma_n(x)$ 唯一确定,并且通常存在有一个而且只有一个 $\psi(x,y)$ 的双正交展开式。当而且仅当对粒子 Y 实行的观察程序的本征函数包括(21)的本征函数时,实验才会导致双正交展开,并包含 $\gamma_n(x)$ 作为另一个函数组。

如果对于粒子 Y 实行的所有观察程序,粒子 X 的推出的态永远都是相同的,那么就必须出现相同的 $\gamma_n(x)$。但这些 $\gamma_n(x)$ 唯一地决定着双正交展开——正如 $\varphi_n(y)$ 一样——因此也决定了另一粒子 Y 的 $\varphi_n(y)$。然而由于对粒子 Y 实施的观察程序是任意的,因此情况必然并非如此——这就证明了非不变性定理。

若所有的 $|c_n|^2$ 都互不相同,$\varphi_n(y)$ 及 $\gamma_n(x)$ 就唯一地由 $\psi(x,y)$ 确定。这时(这是常规的情况),可以说纠缠就表现为粒子 Y 的一个确定的可观察量唯一地决定粒子 X 的一个而且只有一个可观察量,反之亦然。在这种情况下只存在一种解开 $\psi(x,y)$ 的纠缠的方法,同时不会表述出 EPR 型的悖论。在相反的极端下,若(21)的所有本征值都相同并且 $\psi(x,y)$ 的所有可能的展开都是双正交的,那么可以说纠缠表现为粒子 X 的每一个可观察量都由粒子 Y 的一个可观察量决定,反之亦然。这就是爱因斯坦-波多尔斯基-罗森讨论的情况。

在从数学的观点这样分析了 EPR 论证中提到的纠缠之后,薛

定谔推广了它的结论。他像玻尔那样(但是独立于玻尔)用一个 ψ 函数重新表述了所讨论的纠缠,这个 ψ 函数是对易的可观察量

$$x = x_1 - x_2 \quad 和 \quad p = p_1 + p_2 \tag{23}$$

的本征函数,其本征值分别假定为确定的已知数值。x' 和 p'。这些算符的本征值满足方程

$$x' = x_1' - x_2' \quad 和 \quad p' = p_1' + p_2'。 \tag{24}$$

因此,相应于 6.3 节的情况 Ⅱ,x_2' 可由 x_1' 预言出;或者相应于情况 Ⅰ,p_2' 可由 p_1' 预言出,反之亦然。只要这四次测量进行了一次,就解除了系统的纠缠,并使两个粒子每个都具有确定的态函数。

　　在重述了 EPR 论证的内容之后,薛定谔指出,它的结论可以大大推广,即证明下述定理:若粒子 Ⅰ 的一个厄密算符由可观察量 x_1 及 p_1 的一个"良序的"[well-ordered]解析函数

$$F(x_1, p_1) \tag{25}$$

给定,而且不显含 $\sqrt{-1}$,则这个算符之值等于可观察量

$$F(x_2 + x', p' - p_2) \tag{26}$$

之值,这个可观察量显然是属于系统 Ⅱ 的。因此两个观察结果之间总可以从一个预言另一个。在 EPR 论证中,显然 F 或者等同于其第一个自变数(情况 Ⅱ),或者等同于其第二个自变数(情况 Ⅰ)。正如薛定谔指出的,这个定理很容易证明,办法是证明——通过对大括号中的减式中各项作简单的代数运算——下面这个方程成立:

$$\{F(x_2 + x', p' - p_2) - F(x_1, p_1)\}\psi = 0 \tag{27}$$

薛定谔在他于 1935 年早秋在牛津写的一篇论文中给出了这

种推广的一个有趣的例子,该文分三次发表在《自然科学》[①]上。在谈到促使写出此文的 EPR 论证时,薛定谔把假设不受力学干扰的粒子 Ⅱ,比作一个"考试中的考生",人们询问这个考生他的位置或动量坐标之值是多少。他总是做好了准备正确回答向他提出的第一个问题,但是此后他"老是如此慌乱或者疲倦,使得后面所有的答案都错了。"但是既然他总是对第一个问题提供正确的答案而又不知道第一次要问他的是两个问题——位置或动量——中的哪一个,所以"他必须两个答案都知道"。

现在回到推广上来,薛定谔从(23)式出发,并为简单起见假设 $x=p=0$,从而

$$x_1=x_2 \quad 及 \quad p_1=-p_2 \tag{28}$$

他取算符函数 $F_2=x_2^2+p_2^2$ 为(25)式中的 $F(x_2,p_2)$,其本征值由谐振子理论已知是 $\hbar,3\hbar,\cdots,(2n+1)\hbar,\cdots$。[②] 因此,对于被假定为"考生"的粒子 Ⅱ(不受力学干扰),其 F_2 的本征值必须是上述序列中的一项,而且如在上一篇论文中证明的,必须与属于粒子 Ⅰ(测量是对它实行的)的 $F_1=F(x_1,p_1)=x_1^2+p_1^2$ 的本征值重合。

216　在同样的意义上,考生对于算符 $G_2=a^2x_2^2+p_2^2$ 的本征值总是给出正确的答案,其中 a 是任意正常数,本征值是 $a\hbar,3a\hbar,\cdots,(2n$

---

① E. Schrödinger, "Die gegenwärtige Situation in der Quantenmechanik", *Die Naturwissenschaften* **23**, 807—812, 824—828, 844—849(1935).

② 对于 $k=4\pi^2mv^2$ 的哈密顿量 $(p^2/2m)+(k/2)x^2$,本征值是 $(n+\frac{1}{2})hv$。在上述情况中 $m=\frac{1}{2},k=2$,故 $v=1/\pi$。

$+1)ah,\cdots$。

每一个新的 a 值提供了一个新问题,考生在被"问到"这个问题时会给出它的正确答案。更令人惊奇的是,这些答案在数学上是互不相关的,就是说,它们不能像上述公式表明的那样互相联系着,因为若 x_2' 是学生"脑子"里对 x_2 问题所存的答案,p_2' 是对 p_2 问题的答案,则对于给定的 x_2' 和 p_2' 之值和每一正数 a,

$$\frac{(a^2x_2'^2 + p_2'^2)}{ah} \tag{29}$$

不是一个奇整数。对于加于粒子Ⅱ的每一个"问题",我们是从对粒子Ⅰ作适当的测量而得出答案的,而对粒子Ⅱ的每次测量则会告知我们,若对粒子Ⅰ作相应的测量会得出什么结果,这个推断的正确性可以靠实际($de\ facto$)对粒子Ⅰ进行测量来检验。一旦两个系统的位置和动量坐标在(28)式的意义下一致,那么粗略地说它们的一切力学量都会一致。但是在同一个系统中所有这些力学量的数值是怎样互相关联的,我们却不知道。薛定谔认为,它仍是量子力学的一个不可思议之处。

在论文下面的部分,薛定谔指出,由于测量是时间上延伸的过程而不是瞬时的作用,因此隐含地假设的测量结果的同时性是有问题的。从而他说明了,上述这些困难,特别是 EPR 论证中显示出来的悖论,是不能在普通量子力学的框架中得到解决的。但是,他探讨了这种可能性:对理论做一修改,时间不只是当作一个参数,而且是当作服从测不准关系的力学量来处理,也许能妥善解决这个悖论。事实上,在他看来,这些概念上的困难使得对量子理论作这种修改是势在必行的。① 在这篇论文中,薛定谔还提出了一个不同于 EPR 论证的反对量子力学完备性命题的论证。它是根据所谓"态区分原理",或简称 PSD[principle of statedistinction]:可以通过一次宏观观测来辨别的一个宏观系统的各个态相互是不同的,无论是否对它进行观察。由于在一次量子力学测量过程中,用变量 x 表征的量子(微观)系统和用变量 y 表征的(宏观)测量仪器组合而成的总系统,是用形如(18)式的一个函数 $\psi(x,y)$ 来描述的,只要不进行观测,这个函数就仍是"未纠缠的",因此量子力学所描述的宏观系统的态不满足 PSD,因而量子力学对物理实在的描述是不完备的。薛定谔在所讨论的论文第一部分的结尾(第 5 节),用一个思想实验说明了这一点,这个思想实验自此之后就被称为"薛定谔的猫的案例"。

　　他设想有一个封闭的钢箱,内装一只猫和少量放射性元素,它的一个原子每小时的蜕变几率刚好为 0.5,如果发生蜕变,就使一只盖革计数器动作,并且接通一个电路,把猫电死。如果整个系统用一个波函数 ψ_1(表示"猫活着"的态)和 ψ_2(表示"猫死了"的态)来代表,则根据量子力学,在一小时末了,系统的态用(归一化的)波函数

$$\psi = 2^{-1/2}(\psi_1 + \psi_2) \qquad (30)$$

来表示,在这个叠加式中,"活猫"与"死猫"这两个态"等量地混合或掺和在一起",这与上述的宏观可观察量的 PSD 显然矛盾。

---

① 参见薛定谔关于时间算符的探索,209 页注②文献。

只有通过观察动作,即看一下猫,才使系统进入确定的状态。薛定谔说,若是认为(30)中的 ψ 函数描绘了实在,那是"天真的"。

这个例子描绘的情况并没有什么特别之处。实际上,它描述了每个量子力学测量的特征。"薛定谔猫案"不同于大多数量子力学测量的唯一特点是,在这个案例中,观察过程所导致的"波包收缩"只在具有互相排斥和矛盾的性质(活与死)的两种(可能的)态中进行选择: $\psi \rightarrow \psi_1$ 或 $\psi \rightarrow \psi_2$ 。

从事实际工作的物理学家并不受理论的这一缺陷的严重干扰,普特南[①]正确地说明了之所以这样的原因:

> 必须承认,大多数物理学家并不因薛定谔猫案而烦恼。他们的立场是,猫是否被电死本身也应看成是一次测量。于是在他们看来,波包收缩就发生在……猫感到或者不感到电流击中它的身体的震颤的时候。更准确地说,波包收缩正好发生在如果不发生波包收缩的话就将会预言某个宏观可观察量的不同状态的叠加的时候。这就表明,从事具体工作的物理学家们接受宏观可观察量总是取确定值(按宏观的确定性标准)的原理,并从这个原理来推断测量必须在何时发生,但是薛定谔猫案在智力方面的意义并不因此而受到损害。这个案例表明的是,宏观可观察量在任何时候都取确定值的原理并不是

218

① H. Putnam, "A philosopher looks at quantum mechanics", 载于 *Beyond the Edge of Certainty*, R. G. Colodny, ed. (Prentice Hall, Englewood Gliffs, N. J., 1965), pp.75—101。

从量子力学的基础导出的，而毋宁说是作为一个附加的假设硬拉进来的。

　　1953 年，爱因斯坦提出了一个类似的反对意见（虽然以不同措辞），反对对下述情况的量子力学描述方式，这种情况作为一个宏观组态要求清楚明确的描写。在玻恩从爱丁堡大学的泰特〔Tait〕自然哲学讲座退休之际，为他出了一本书，爱因斯坦为这本书写了一篇文章[①]，他在文章中考虑了下述问题。一个直径约 1 毫米的球在两个平行壁面之间来回弹跳，这两个壁面垂直于 x 轴，位于 $x=0$ 及 $x=L$ 两点；若球永远沿 x 轴运动且具有完全确定的能量，则按照量子力学，描述这个运动的波函数为

$$\psi_n = a_n \sin(\frac{n\pi x}{L}) \exp(\frac{iE_n t}{\hbar}) \qquad (31)$$

其中

$$E_n = \frac{n^2 h^2}{8mL^2} \qquad (32)$$

n 是一个整数。

　　由于 $E_n = p_n^2/2m$，所以动量 p_n 为

$$p_n = \pm \frac{nh}{2L} \qquad (33)$$

因而 ψ 描述了两个速度相反的运动的叠加；然而宏观上看，球只

----

　　① A. Einstein, "Elementare Überlegungen zur Interpretatio der Grundlagen der Qnanten Mechanik", 载于 *Scientific Paper Presented to Max Born* (Oliver and Boyd, Edingburgh, London, 1953), pp.33—40。

能有这两种运动中的一种。爱因斯坦得出结论说,可见波函数 ψ
并不描述单个过程,而只是代表一个由运动方向相反的粒子构成
的统计系综,通常所理解的量子力学是无力描述一个单个系统的
真实行为[*Real beschreibung für das Einzelsystem*]的。

　　爱因斯坦在他的论文末尾谈到了德布罗意和玻姆的隐变量方
法(我们将在下一章讨论[①]),也谈到了薛定谔把 ψ 场看作是最终
的物理实在的观念及其对粒子的否定和对玻恩几率诠释的否定,
他表示,这两种想要获得单个过程描述的尝试都是不能令人满意
的。

　　1953 年 1 月。爱因斯坦把这篇文章的一份预印本寄给已离
开普林斯顿到圣保罗去了的玻姆,并不期望玻姆会同意他的看法。
果然,玻姆回答说,[②]他既不同意爱因斯坦对他(和德布罗意)的因
果诠释的批评,而且甚至也不同意爱因斯坦对玻恩的通常诠释的
看法。玻姆特别声明:"我并不认为玻恩的理论满足把宏观系统的
行为作为极限情况而包含在内这一条件。因此如果你能给我机
会,让我伴随你的论文的刊出发表几句评论,我将极为感激。"爱因
斯坦当然[③]欢迎这个意见,但要求玻姆把他自己(爱因斯坦)的论
文副本连同玻姆的评论一起寄给德布罗意,以便德布罗意也能发
表他的评述,如果他愿意的话。由于篇幅所限,我们无法在此讨论

---

①　386 页注②、③文献。

②　玻姆给爱因斯坦的信,1953 年 2 月 4 日。

③　爱因斯坦给玻姆的信,1953 年 2 月 17 日。

爱因斯坦与玻姆之间就争论之点所进行的有趣的信件往来了[①]。但是玻姆所提出的主要论据,我们都将在后面分析他的隐变量理论时加以讨论。

在爱因斯坦写出这篇论文之后不久,布达佩斯中央物理研究所的杨诺西提出了一个思想实验[②],它包含一个听起来甚至比薛定谔猫的情况更加悖理的情态。在布达佩斯召开的第一届匈牙利物理学会议上,杨诺西描述这个思想实验如下。考虑一个有两条狭缝的光阑,每条狭缝各由一个快门来开闭,每个快门同一个单独的计数器连接,在两个计数器之间放一个弱 α 粒子源。在实验开始时,杨诺西想象两道缝都是关闭的;若 α 粒子击中两个计数器中的一个,与这个计数器相连的狭缝就打开,两个计数器停止工作,而且光栅前面的一个光源就接通,以照明放在光栅后面的照相底片。若 ψ_1 描述仅打开狭缝 I 时系统的态,ψ_2 描述仅打开狭缝 II 时系统的态,则根据量子力学,不受观察时整个系统的态由叠加

$$\psi = 2^{-1/2}(\psi_1 + \psi_2) \tag{34}$$

给出,它对应于底片上的一幅干涉图样。但是若对狭缝进行观察,则状态或者由 ψ_1 或者由 ψ_2 描述。于是杨诺西得出结论:"如果我们打开仪器,一直等到曝光完毕,在此之后才把底片显影,我们就将在底片上得到一组干涉条纹。然而,如果在曝光之前我们就通

[①]   1954 年 11 月 24 日爱因斯坦给玻姆写道:"我不相信有什么微观定律和宏观定律,而只相信普遍适用的构架性的定律[*nur an*(*Struktur*)*Gesetze*]。我并且相信这些定律逻辑上是简单的,对这种逻辑的简单性的信赖是我们最好的向导。"

[②]   L. Jánossy and K. Nagy, "Über eine Form des Einsteinschen Paradoxes der Quantentheorie", *Ann. Physik* **17**, 115—121(1956).

过观察知道是那条狭缝打开了,那么根据量子力学的通常原理,这次'观察'就将引起波包收缩 $\psi \to \psi_k$($k=1$ 或 $k=2$),此后就不会出现干涉了。杨诺西是联系着我们后面将要讨论的某些考虑谈到这个思想实验的,这个实验虽然看来容易在实验室里做出,却从来没有做过。

薛定谔对 EPR 论证所引起的问题的贡献的顶峰,是他在剑桥哲学会宣读的论文的续篇。在后面这篇于 1936 年 4 月完成、并经狄拉克推荐于 1936 年 10 月 26 日在学会宣读的论文[1]中,薛定谔证明,他以前的结果,即一个粒子的被推断出的状态决定性地依赖于实验者选择对另一个粒子进行什么测量,可以被赋予更强的形式。根据以前的结果,实验者用间接的无干扰的方法,对于要推断的状态的一个给定的谱有着某种控制作用。而在本文中薛定谔则证明,这种控制作用还要更强得多:"一般地说,一个老练的实验者通过一个并不测量非对易变量的适当装置,能够使系统进入他选定的任意状态的几率不等于零;而用通常的直接方法,则至少那些与原来的态正交的态会被排除。"要介绍这个说法的证明的数学细节,会扯得太远。薛定谔以他特有的谦虚,并不声称他在这个说法上有什么优先权,而只称它为关于"混合态"(与"纯态"相反)的一个定理的一条推论。

一个实验者真的能在丝毫不干扰远处系统的条件下,就操纵它进入无限多种可能的态中的任意一个态,这在物理上怎么会可

221

---

[1]　E. Schrödinger, "Probability relations between seperated systems", *Proceedings of the Cambridge Philosophical Society* **32**, 446—452(1936).

能,用湮灭光子的偏振态可以最简单地说明[1]。

总结一下薛定谔在我们讨论的这一争论上的工作,我们可以说,他同意爱因斯坦及其合作者的观点所根据的那些假设,但他并不满足于这三位作者得出的认识论结论,而是继续探索了这些例子的数学方面,并在对它的进一步分析中表明,概念上的态势甚至比爱因斯坦、波多尔斯基和罗森所设想的还要复杂。实际上,薛定谔认为,这已不仅是理论不完备的问题,而是理论的基础有着严重缺陷的表现。正如他在我们讨论的这三篇论文的每一篇末尾所表示的,在他看来这种缺陷的一个可能来源,乃是"时间"这个概念或变量在量子力学中所处的特殊地位,特别是在量子力学测量理论中所处的地位,测量理论可能把非相对论性理论用到了其合法范围之外。

当两个理论家在同一个数学形式体系上建立起相反的诠释时,理论的形式体系同它的诠释之间的逻辑缺陷就显示得再生动不过了。这方面的一个适当的例子,是薛定谔关于 EPR 论证的工作,特别是他发表在《剑桥哲学会会报》上的几篇论文,[2]和弗雷大约同时发表在《物理学评论》上的"关于量子力学测量理论的札记"。[3] 弗雷是伊利诺斯大学的毕业生,1934—1937 年在哈佛大

---

① 参见 O. R. Frisch, "Observation and the quantum", 载于 *The Critical Approach to Science and Philosophy*, M. Bunge, ed. (The Free Press of Glencoe, Gollier-Macmillan, London, 1964), pp.309—315.

② 257 页注①文献, 117.

③ W. Furry, "Note on the quantum-mechanical theory of measurement", *Phys. Rev.* **49**, 393—399(1936); "Remarks on measurement in quantum theory", *Phys. Rev.* **49**, 476(1936).

学肯布尔的系里当讲师,他独立于薛定谔的工作写出了他的论文,从数学观点来看得到了几乎完全相同的结果,但对这些结果的诠释却同波动力学创始人的诠释正好相反。弗雷认为,爱因斯坦、波多尔斯基和罗森同玻尔之间的分歧的关键点在于,前者认为理所当然的是,一个系统只要不受力学干扰,就具有独立的实在性质,并且处于一个确定的量子力学态。在弗雷看来,EPR论证的内容正是通常的量子力学形式体系同这样一种假设是不可调和的。

222

为了用普遍而抽象的术语来研究这种不一致的精确程度,弗雷首先对在以往某时刻曾相互作用过的两个系统明显地表述了相反的基本假设。在(18)式的记号下,组合系统由态函数

$$\psi(x,y)=\sum w_n^{1/2}\gamma_n(x)\varphi_n(y) \tag{35}$$

描述,其中 $|c_n|^2=w_n$[相因子吸收在 $\gamma_n(x)$ 或 $\varphi_n(y)$ 中], $\gamma_n(x)$ 是一个可观察量 G_x 的本征函数,本征值为 g_n, $\varphi_n(y)$ 是一个可观察量 F_y 的本征函数,本征值为 f_n。为简单计,假设所有的 g_n(和所有的 f_n)都是不同的。对 x 系统测量一次 G_x 或对 y 系统测量一次 F_y,必然总是分别得到一个 g_n 或 f_n,在这里得到 g_n 就意味着得到 f_n(反之亦然)。因此每个系统都可以用来作为测量另一个系统的态的仪器。

如果 G_x' 是 x 系统的任一可观察量(其本征函数为 γ_n',本征值为 g_n'),则 ψ 可以按 γ_n' 展开,其系数为 y 的函数;

$$\psi=\sum_n \gamma_n'(x)a_n(y) \tag{36}$$

从 γ_n' 的正交性可得

$$a_k(y) = (\gamma'_k, \psi) = \sum_n w_n^{1/2} (\gamma'_k, \gamma_n) \varphi_n \tag{37}$$

在对 x 系统测量一次 G'_x 得出值 g'_k 之后,根据量子力学规则,测量 y 系统的一个可观察量 F'_y(本征函数为 φ'_n,本征值为 f'_n)得到值 f'_r 的几率是

$$| (\gamma'_k \varphi'_r, \psi) |^2 \tag{38}$$

但这个表达式,或

$$| \sum_n w_n^{1/2} (\gamma'_k, \gamma_n)(\varphi'_r, \varphi_n) |^2 \tag{39}$$

223 也等于

$$| (\varphi'_r, \alpha_k) |^2 \tag{40}$$

因为它对于一切可观察量 F'_y 都成立,因此在对 x 系统进一步测量得出 G'_x 之值为 g'_k 后,y 系统的态除了归一化因子外,就由 $a_k(y)$ 给定。

正如冯·诺伊曼早先证明的,在只考虑单独一个系统时,(35)式提供的统计信息是由有关的态[分别为 $\gamma_n(x)$ 或 $\varphi_n(y)$]以权重为 w_n 组成一个混合态来表示的。

然后弗雷把量子力学计算的结果同根据下述假设所得到的结果做了对比,这个假设是,系统在停止相互作用之后,可以认为它独立地具有实在的性质。他认为这个假设是爱因斯坦方法的基础,简称它为假设A:在相互作用期间,每个系统都真实地跃迁到一个确定的状态,相互作用停止后它就停留在这一状态(忽略遵照薛定谔运动方程的通常的时间演化)。这些跃迁不是因果地确定的,而且我们若不做一次适当的测量,就不知道发生了哪个跃迁。没有测量时我们所能知道的全部东西只是,若 x 系统处于例如态

γ_k,则 y 系统就处于相应的态 φ_k,而且这个跃迁的几率是 w_k。借助于通常的概率论定理做出所需的全部预言(方法 A)。为了研究方法 A 导致的结论在何等程度上同用通常的量子力学计算(或简称方法 B)得到的结论相矛盾,费雷研究了四种类型的问题[在每种情形下都假设组合系统的态由式(35)给出]:

1. 对 x 系统不做任何测量,得到 F_y' 为 f_k' 的几率是多少?两种方法都得出

$$\sum_n w_n \mid (\varphi_n, \varphi_k') \mid^2 \tag{41}$$

2. 若测量 G_x 得到 g_n,那么得到 F_y' 为 f_k' 的几率是多少?两种方法都给出

$$\mid (\varphi_n, \varphi_k') \mid^2 \tag{42}$$

3. 若测量 G_x' 得到结果 g_j',那么 F_y 为 f_k 的几率是多少?两种方法都给出

$$\frac{w_k \mid (\gamma_k, \gamma_j') \mid^2}{\sum_n w_n \mid (\gamma_n, \gamma_j') \mid^2} \tag{43}$$

至此为止,两种方法之间没有分歧。

4. 若测量 G_x' 得到的结果 g_j',那么 F_y' 为 f_k' 的几率是多少?方法 A 给出

$$\frac{\sum_n w_n \mid (\gamma_n, \gamma_j') \mid^2 \mid (\varphi_n, \varphi_k') \mid^2}{\sum_n w_n \mid (\gamma_n, \gamma_j') \mid^2} \tag{44}$$

而方法 B 给出

$$\frac{\mid \sum_n w_n^{1/2} \mid (\gamma_n, \gamma_j')(\varphi_n, \varphi_k') \mid^2}{\sum_n w_n \mid (\gamma_n, \gamma_j') \mid^2} \tag{45}$$

比较(44)与(45)表明，假设 A 把熟知的几率幅之间的干涉现象给"化解"了。因为一般都把这种干涉的化解解释为仅仅是引入一种中间的测量仪器的结果[①]，人们可能容易错误地得出结论说：(44)式及其所依据的假设 A 同理论是不矛盾的。(44)式与(45)式之所以不符乃是由于，在对 x 系统进行了一次对 G'_x 的测量之后，y 系统就处于一个纯粹态，这个纯粹态一般说来并不是 $\varphi_n(y)$ 之一；可是按照假设 A，它的统计行为是用这些态的一个混合态来描述的，这个混合态不能通过对 w_n 的任何可能的处理化为 $\varphi_n(y)$ 之外的任何纯粹态。

为了表明假设 A 同已建立的量子力学理论之间的这种矛盾并不限于抽象的数学而是有具体的物理涵义，弗雷在 EPR 论证所提出的实验的基础上描述了一个思想实验，并且用详细的计算证明，倘若按照假设 A 处理，这个实验就会同位置-动量测不准关系矛盾。于是他得出结论说：数学论据和具体实验都证明，"假设一个系统在不受力学干扰时必然具有独立的实在性质，这是与量子力学矛盾的。"

我们看到，弗雷认为假设 A 是爱因斯坦及其合作者采用来作为他们的论证的基础的。但是严格说来，他们的论证所依据的只是系统的两部分之间存在一种相关性，而不是假设 A。因此弗雷的分析的重要性，并不在于人们常常以为的它企图否定 EPR 论证，而在于它提出了一个特殊的实验——即上面问题(4)所描述的

---

① 例如，见 88 页注①文献(1930，pp.59—62)。

实验,可以用这个实验检验假设 A(例如吴健雄和沙克诺夫的实验(1950),这个实验将在后面 §7.9 讨论)。

6.7　对 EPR 论证的进一步反应

在《物理学评论》编辑部收到弗雷的第一篇论文之后几个星期,他们收到了纽约市立学院的沃尔弗[1]的一封来信,信里提出了对 EPR 悖论的下述简单解决方法。沃尔弗认为,量子力学所涉及的并不是一个物理系统的"态",而是我们对这个态的知识,这个观念海森伯曾在各种场合表示过。沃尔弗主张,"对第一个系统的测量影响了我们关于两个系统的整体的知识,因而也影响描述这种知识的波函数。"因此沃尔弗认为,对第一个粒子所进行的不同测量向我们提供关于第二个粒子的不同信息,因而也给出不同的波函数,这是完全自然的。由此可得,对第一个粒子进行不同的测量将导致对第二个粒子的测量结果的不同的预言。

沃尔弗对 ψ 函数的这种纯粹唯心主义的诠释,即认为 ψ 函数并不描述物理系统的态而是描述我们关于这个态的知识,以前就已被许多物理学家所接受以解释波包收缩,把它解释成不是一个物理过程而是信息的一个突然变化。但是,大多数量子理论家认为,这种观点不仅否认了物理状态描述的客观性,而且使物理学成了心理学的一部分,从而威胁着物理学作为一门研究独立于人类

---

[1]　H. C. Wolfe,"Quantum mechanics and Physical reality",*Phys.Rev.* **49**,274 (1936).

之外的实在的科学的存在。这种观点的逻辑结论将是,物理学家根本不是在研究自然界,而只是在研究他自己的研究工作。

到此为止,想要解决 EPR 论证所提出的困难的一切企图都是涉及理论的诠释部分。第一个认为这个困难是表明理论的形式体系具有根本缺陷的人是马格瑙。马格瑙于 1929 年在耶鲁大学获得物理学博士学位,并成了那里的物理学与自然哲学的尤金·希金斯[Eugene Higgins]讲座教授。他在 1935 年底提出,[①]从量子力学的形式体系中抛弃投影假设就可以消除量子力学描述中的几个概念困难。投影假设说的是,对物理系统的任何测量,都把表征系统在测量前的状态的初始波函数转变成代表被测可观察量的算符的一个本征函数;换句话说,测量把初始态函数“投影”到希尔伯特空间中的本征矢量上去,这个矢量的本征值是测量所得的结果(“波包收缩”)。否定这个假设,显然就使表述 EPR 论证的必要前提之一归于无效,从而也就使两难局面消失了。

马格瑙列举了反对投影假设的四条主要理由:

1. 它在量子力学描述中引入了一种独特的时间不对称性,因为按照这个假设,系统的状态只是在测量之后才完全确定。

2. 它同更基本的薛定谔运动方程相矛盾。例如,若用坐标测量算符 M 测量一个处于确定的动量态 φ 的粒子的位置,则态 φ 就突然转变为一个 δ 函数 ψ:

$$M\varphi = \psi \qquad (46)$$

---

① H. Margenau, "Quantum mechanical description", *Phys. Rev.* **49**, 240—242 (1936).

但是,因为测量无疑是一种物理操作,这个过程必然可以用通常的形式体系描述为物理系统之间的一种相互作用。若 H_0 代表无相互作用的哈密顿量,H_M 代表与测量仪器的相互作用,且

$$H=H_0+H_M,$$

则

$$H\varphi=\frac{h}{2\pi i}\frac{\partial\varphi}{\partial t}。 \tag{47}$$

假定使 φ 变成 $\psi=\varphi+\Delta\varphi$ 的相互作用时间 Δt 很小,我们得到

$$\Delta\varphi=\frac{2\pi i}{h}\Delta t H\varphi \tag{48}$$

和

$$\left[1+\frac{2\pi i}{h}\Delta t(H_0+H_M)\right]\varphi=\psi \tag{49}$$

或

$$\left[1+\frac{2\pi i}{h}\Delta t(H_0+H_M)\right]=M \tag{50}$$

因为(46)式中的 ψ 是不可预测的,算符 M 就不能是唯一的,像形式体系中平常遇到的那样。然而,(50)式的左边却代表一个唯一的算符,不论 H_M 的具体形式如何。

3. 由于一个波函数例如 ψ 严格说来是一个几率分布,要决定它就需要做大量的观察,而不能像投影假设所主张的那样用单次测量就可以确定。

4. 投影假设不仅是不受欢迎的并同其他公理相矛盾,而且它也是不必要的,因为,根据马格瑙的意见,没有哪一个有物理意义

的量子力学计算要求它成立。①

1935 年 11 月 13 日,马格瑙把这篇论文的一份预印本寄给爱因斯坦,并附了一封信,他在信里表示他对迄今为止所有对 EPR 论证的"答复"都不满意。在他看来,这些答复没有触及所包括的基本的争端,而是用"肤浅的办法"来消除困难。爱因斯坦在给马格瑙的复信②中指出,量子力学的形式体系必须要有下述假设:"如果对一个系统的一次测量得出一个值 m,则随后立即进行的同一种测量肯定再次得出值 m"。他以一个光量子为例来说明这个假设,如果这个光量子通过了一个偏振片 P_1,则我们知道它肯定会通过方向与 P_1 平行的另一个偏振片 P_2。

正是爱因斯坦的回答,特别是其中的"如果",引导马格瑙把"态的制备"与"测量"区分开来。马格瑙的推理是这样的:为了从爱因斯坦的命题中去掉那个"如果",我们就必须检验光量子是否真的通过了 P_1,但为此目的就需要有另外某种装置(眼睛,光电管

---

① 马格瑙的学生 J. L. 帕克还一再主张,不仅通常的(或"强"的)投影假设必须否定,因为它只根据一个单次测量就确定一个态矢量(即描述一个系统的状态的矢量);而且"弱"的投影假设也是不必要的、无用的甚至是不合理的,"弱"投影假设要求:在测量后得到特定结果的系统的系综的状态必须用属于这个结果的本征函数来描述。参见 J. L. Park,"Nature of quantum states",*Am. J. Phys.* **36**,211—226(1968);"Quantum theoretical concepts of measurement",*Phil. Sci.* **35**,205—231(1968);J. L. Park and H. Margenau,文献 3—72。

② 参见 H. Margenau,"Philosophical problems Concerning the meaning of measurement in physics",*Phil. Sci.* **25**,23—33(1958);*Measurement—Definitions and Theories*,C. W. Churchman and P. Ratoosh,eds.(Wiley,New York;Chapman and Hall,London,1959),pp.163—176。文中引述了爱因斯坦的信件的摘要(1958,p.29)(1959,p.171)。

等等）来记录光子的出现。因此只有 P_1 与检验装置的组合才构成一具测量仪器，而单独的 P_1 只是制备一个态。

在马格瑙 1937 年发表的一篇短文[①]中，这些思想得到了进一步的发挥。在试图澄清量子力学的逻辑结构、特别是它的测量理论的这次尝试中，马格瑙——在这方面他遵循着亚里士多德的阐述问题的方法——首先尽可能公平地研究关于理论的本性的各种不同观点所导致的结果，按照客观的观点，ψ 函数指的是态本身，而按照主观的观点，它指的只是关于态的知识。马格瑙又强调了它们的不相容的性质，并且不隐瞒他倾向于前者。在他看来，只有客观的观点才能同经验的关于概率的频率诠释——与主观的"先验的"概率观念相反——相匹配，而只有概率的经验诠释才使概率不致成为本质上不可测量的。

这个立场接着又引导马格瑙得到量子力学的一种统计诠释，特别是测不准关系的一种统计诠释：它把测不准关系解释为对相似地制备的系统的共轭可观察量进行多次测量时出现的散布之间的关系——这种方法与波普尔的方法没有多大差别。马格瑙明确区分"态的制备"（例如令电子穿过一个磁场，磁场赋予电子一个新的自旋态，但并没有测量自旋）和给出数字结果的真正的"测量"，从而根本否定了非因果性跳变的理论，因此也根本否定了投影假设。

根据波函数的统计诠释，没有什么单项测量——如前所

---

① H. Margenau, "Critical points in modern physical theory", *Phil. Sci.* **4**, 337—370(1937).

述——能提供足够的信息以确定一个态。而且,一次测量(与制备相反)常常就把系统完全毁坏。例如,在照相底片上记录粒子位置的测量位置的办法就是如此。"按照客观的观点",马格瑙争辩说,"断言一次测量产生一个本征态,这句话的意义和在敲开一个核桃并且吃掉之后认为我仍然有一个核桃,只不过是在已敲开并吃掉的状态下的核桃这个说法完全一样。"[①]在文章末了,马格瑙把这些观念应用于过去曾相互作用过的两个粒子的情况中的波包收缩。他假定组合系统的状态可以写成[如(35)式中那样]一个双正交展开式

$$\psi(x,y) = \sum c_n \gamma_n(x) \varphi_n(y) \tag{51}$$

其中 γ_n 是第一个粒子的算符 G 的本征函数,本征值为 g_n, $\varphi_n(y)$、F、f_n 分别是第二个粒子的相应的量。如果对 G 的一次测量给出结果 g_k,那么通常的"跳变理论"(这是马格瑙模仿薛定谔的嘲弄说法)就把这个过程解释为 ψ 突然收缩为 $\gamma_k(x)\varphi_k(y)$。而根据马格瑙的观点,所发生的只不过是:g_k 与 f_j 的组合出现的几率除 $j=k$ 外都等于零。实际上,按照量子力学,这个几率等于

$$\left| \iint \psi(x,y) \gamma_k^*(x) \varphi_j^*(y) dx dy \right|^2$$

$$= \left| \sum_n c_n \int r_n(x) \gamma_k^*(x) dx \int \varphi_n(y) \varphi_j^*(y) dy \right|^2$$

$$= \left| c_j \int \gamma_j(x) \gamma_k^*(x) dx \right|^2 = \left| c_j \right|^2 \delta_{jk} \, 。 \tag{52}$$

---

① 前引文。第 364 页。

"这就是波包分解方法的任何应用中的全部内容。所谓态函数发生突然跃迁的结论与此是风马牛不相及的，而且是可以避免的"，这就是马格瑙在他的文章末尾得出的结论。

1936 年，爱因斯坦在一篇论文"物理学与实在"①里发布了他关于物理学的哲学的信条，文章一开头就说，科学不过是日常思维的一种提炼，并且说明，关于"实在的外在世界"的日常观念怎样引导科学家从其大量感觉经验中，提取某些反复出现的感觉印象的复合，从而形成有形物体（bodily object）的概念。从逻辑观点来看，有形物体这一概念并不等同于感觉印象的总和，而是"人类头脑的一种自由创造。"虽然我们原来是根据感觉印象形成这个概念的，我们却赋予它——这是构造"实在"的过程中的第二步——一种高度独立于感觉印象的意义，从而把它的地位提升到"真实存在"的客体的地位。爱因斯坦接着说，这个过程的正确性特别是以下述事实为根据的："借助于这些概念以及它们之间的心理上的关系，我们就能够在感觉印象的迷宫里找到方向。"在爱因斯坦看来，全部感觉印象能够整理出秩序来，这是一个"使我们深为敬畏的事实，因为我们永远不会理解为何能这样，"他宣称，"世界的永恒的秘密就在于它的可领悟性"。

以上简述的就是爱因斯坦所讨论的概念过程，爱因斯坦认为经典力学、场论和相对论的基本概念的建立，都是依据这一概念过

230

---

① A. Einstein,"Physik and Realität", *Journal of the Franklin Institute* **221**, 313—347(1936)，英译文是 J. Picard 翻译的，"Physics and reality"，同上，349—382；中译文见《爱因斯坦文集》第一卷（商务印书馆，1977）第 341—373 页。

程,并辅之以使用最少的原始概念和关系的原则。在论文末尾讨论到量子力学的时候,爱因斯坦提出了 ψ 函数对一个力学系统的实在状态能描述到何等程度的问题。为了回答这个问题,他考虑一个系统,原来处于最低能量 E_1 的态 ψ_1,它在一个有限的时间间隔里受到一个小的外力的作用。结果它的状态变成 $\psi = \sum c_r \psi_r$,其中 $|c_1| \approx 1$ 而对于 $k \neq 1$ 的 $|c_k| \approx 0$。爱因斯坦声称,如果对上述问题的答案是一个无条件的"是",[*] 那么我们就只能赋予这个状态以超过 E_1 一点点的确定的能量 E("因为根据相对论的一个完全确立了的结论,一个完整系统[在静止时]的能量等于它的惯性[作为一个整体]。这就必须有一个完全确定的值"。)爱因斯坦指出,这样一个结论违背弗兰克-赫兹关于电子碰撞的实验,根据这个实验,能量值处于各量子值之间的状态是不存在的,于是他得出结论:ψ 函数"根本不描述物体的一个单一状态,而只表示一种统计描述……"。

根据这个结论,即 ψ 函数并不描述单个系统,而是描述一个系综,爱因斯坦认为他也能解决他、波多尔斯基和罗森曾提出过的困难。在这里,测量共轭量之一的操作可以想象为向一个较小的系综跃迁。因此,一次位置测量所导致的子系综就不同于由动量测量所得出的子系综,所以态函数也依赖于"根据哪一种观点来使系综变小"。

在爱因斯坦的文章和 EPR 论文的鼓动下,爱泼斯坦(他对量

---

* 意即"ψ 是描述系统的实在状态"。爱因斯坦的原文在此句之前问道:"ψ 是不是描述系统的一个实在状态?"作者引述时少了这一句,所以语气不连贯。——译者注

子力学的贡献,例如对斯塔克效应的解释,是人所共知的)决定暂时搁置他的更专门的工作,而来研究物理学与实在的问题。爱泼斯坦1914年在索末菲指导下在慕尼黑获得物理学博士学位,他曾在苏黎世会见过爱因斯坦,并从1919年以来一直同他通信。这时爱泼斯坦在加利福尼亚理工学院工作,他写了一篇论文[①],在文中分析了实在论的观点,即认为事物的世界具有一种超乎进行观察的精神之外并独立于它的实在性,这同现象论者和感觉论者的观点相反,他们认为这样一种区分是虚幻的。爱泼斯坦区分了哲学的实在性问题和物理的实在性问题——对于物理学家来说,世界只不过是"所有批判地筛选过的观察的总和,不论这些观察是如何获得的"——他承认,物理学家也可以把他的观察解释为一个存在于他和他的仪器之外的自然界的表现,从而构成一种二元论的观念,它由两个相反的物理世界组成,一个是直接观察到的,另一个是推断的。然后爱泼斯坦提出了这样一种二元论的观点是否必要或是否可以用只承认观察而不承认任何外部实在的这种现象论的限制来代替的问题。他争辩说,如果这个问题的答案只以下述判据为准,即两种观点中那一种"更适于对积累起来的科学观察作逻辑描述",那么问题也许能够解决。

爱泼斯坦说,在量子力学中,可以给这个问题一个具体而确定的提法;我们能够——如果能,到什么程度——赋予一些不可观察量(例如动量精确知道的粒子的位置)以实在性吗? 为了说明这个

---

①　P. S. Epstein,"The reality problem in quantum mechanics",*Am.J. Phys.***13**,127—136(1945).

232　问题与 EPR 论证的关系,爱泼斯坦讨论了一个有趣的思想实验,
它以一个具有半镀银玻璃片和可动镜子的干涉仪的操作为基础,
爱泼斯坦声称,对这个实验的分析表明,一次测量的可能性本身就
可以成为态的一次突然变化的充足理由,即使对系统没有物理干
扰也是这样。于是他得出结论说,"爱因斯坦的批判性工作……对
于澄清量子动力学的观念所做的贡献是极为重要的,但对这些观
念绝不是致命的。特别是,它并不证明不可观察量具有的实在性
比量子理论给予它们的更多。"

　　在论文于六月发表之后不久,爱泼斯坦寄了一份抽印本给爱
因斯坦,爱因斯坦回信说,他以极大的兴趣读了它,并且感到很高
兴,不过并不是同意爱泼斯坦的意见,而是因为"这给了我一个给
你写信的机会。"爱因斯坦答复说,要断言 ψ 函数应当被看成是对
一种实在的实际情态[eines realen Sachverhaltes]的描述,就会
"导致与我的直觉相反的一些观念(一种极不合理的时-空超距作
用)"。他在回信的末尾写道,"我个人的意见是:量子论就其目前
形式而言乃是用不充分的手段(概念)实现的最成功的尝试。"[①]

　　在对爱因斯坦的复信[②]中,爱泼斯坦因迟复表示抱歉;信中也
包括有 EPR 论证的一个概述,在这个问题上并指出,所讨论的相
互作用是假设发生在"$t=0$ 附近"的。爱泼斯坦写道,当他再次批

---

① 爱因斯坦给爱泼斯坦的信(无日期),副本存普林斯顿(新泽西州)的爱因斯
坦遗产管理处。

② 爱泼斯坦给爱因斯坦的信,1945 年 11 月 4 日,爱因斯坦遗产管理处,普林斯
顿。

判地研究这个论证时,他对其中一些地方理解不了,希望托尔曼能对他加以解释。可是甚至托尔曼也解释不了,所以别无他法,只有向爱因斯坦本人请教。这样爱泼斯坦就把他自己对 EPR 论证赖以建立的物理情态所作的数学分析寄给了爱因斯坦。

爱泼斯坦不像爱因斯坦及其合作者提议的那样,从用(7)—(9)式描述系统的状态出发,因为他怀疑在这个式子中略去时间因子是否合法。[原文是:对我们来说困难在于要从这个式子里消去时间因子,而同时对于力学的普通波包,情况又并非如此。]因此他一开始(*ab ovo*)便从二粒子系统的含时间的薛定谔方程出发:

$$\left[H(x_1, x_2) + \frac{\hbar}{i} \frac{\partial}{\partial t} \right] \psi = 0, \tag{53}$$

爱泼斯坦得到普遍解

$$\psi(x_1, x_2, t) = \sum_E U_E(x_1, x_2) e^{-rEt/\hbar}, \tag{54}$$

对于没有相互作用的特殊情况,这时 $H = H_1(x_1) + H_2(x_2)$, $E = E_1 + E_2$,得到

$$\psi(x_1, x_2, t) = \sum_{E_1, E_2} u_{E_1}^{(1)}(x_1) u_{E_2}^{(2)}(x_2) e^{-i(E_1 + E_2)t/\hbar}, \tag{55}$$

其中 $\qquad [H_1(x_1) - E_1] u_{E_1}^{(1)}(x_1) = 0,$

且 $\qquad [H_2(x_2) - E_2] u_{E_2}^{(2)}(x_2) = 0。$

如果不用能量 E_1 与 E_2 而用动量 p_1 与 p_2 来描述状态,则态函数为

$$\psi(x_1, x_2, t) = \sum_{p_1, p_2} u_{p_1}^{(1)}(x_1) u_{p_2}^{(2)}(x_2) \times$$

$$\exp\left\{ \frac{-it[E_1(p_1) + E_2(p_2)]}{\hbar} \right\}。 \tag{56}$$

最后,若只考虑 $p_1 = -p_2 = p$ 的情形,其中 p 为连续变量,则

$$\psi(x_1, x_2, t) = \int_{-\infty}^{\infty} u_p^{(1)}(x_1) u_{-p}^{(2)}(x_2) \times$$

$$\exp\left\{\frac{-it[E_1(p) + E_2(-p)]}{\hbar}\right\} dp \qquad (57)$$

若将此式与爱因斯坦提出的出发点(7)—(9)式

$$\psi(x_1, x_2) = \int_{-\infty}^{\infty} \exp\left[\frac{ip(x_1 - x_2 + x_0)}{\hbar}\right] dp \qquad (58)$$

相比较,就表明爱因斯坦及其合作者是假设

$$E_1(p) + E_2(-p) = 常数, \qquad (59)$$

就是说,总能量不依赖于 p。

234   爱泼斯坦指出,条件(59)在例如两个电子的情况中,若一个处于正能态而另一个处于负能态,将会得到满足。但是负能态是不可观察的。在通常的力学系统中条件(59)从来不会被满足。爱泼斯坦通过计算这些通常的系统的与时间有关的态函数,能够证明,它只在 $t = 0$ 是一个 δ 函数,因此在以后的时刻对 x_2 的一次测量,就不可能推断出第一个粒子的坐标 x_1 的一个确定值,这样概念困难也就不发生了。

爱泼斯坦在结束他的说明时说道:"也有可能,我的计算中的某个地方犯了一个我未注意到的错误……如上所述,托尔曼在上述推理中未发现任何错误,因此我想把这全部计算寄给你是适当的。"

爱因斯坦在给爱泼斯坦的很快的复信[1]中承认,"有可能,我

---

[1]   爱因斯坦给 P. S. 爱泼斯坦的信,1945 年 11 月 10 日,爱因斯坦遗产管理处,普林斯顿,新泽西州。

们关于所讨论的这个题目的工作包含某些漏洞。但是关键之点并不因此而受影响。在我们的论文发表之后不久,薛定谔就彻底考察了它的形式方面,完全证实了它的计算。我自己对量子力学形式体系不够熟悉,不耗费大量时间就无法核对你的论证。……"。在信的末尾爱因斯坦重申了他的立场:"如果有人认为一个具有量子力学的结构的理论是物理学的某种终极的理论,那么他就得或者放弃实在的时-空定域性,或者用关于一切可能的测量结果的几率的概念来代替一个实在的情态的概念。我想这就是大多数物理学家目前所采取的观点。但是我不相信时间将会证明它是正确的方法。"

笔者好奇地想知道罗森教授对爱泼斯坦的批评会有什么反应(因为他已在1936年离开了普林斯顿,所以不知道这回事),就给他看了爱泼斯坦的计算的一个复印本。罗森的回答如下:"我认为波函数对时间的依赖性是无关紧要的。重要的是,具有某些性质的某一状态能够在某个时刻存在。状态在这个时刻之后会改变并取别的性质,这并不影响能够从所考虑的时刻的那个状态得出的结果。还可以补充一句,根据薛定谔的波动力学,我们有相当大的自由来选取某一时刻的波函数,所以我认为没有理由否定原来用以表述我们提出的问题的那个波函数。"①

罗森的回答受到下述事实的支持:EPR论证还有一些别的说法,它们得出与原来的说法相同的结论,但不含任何对时间的依赖

---

① 罗森给作者的信(希伯来文),1967年12月10日。

性。EPR 论证的这些新说法的最著名的例子是玻姆的说法,其中把通常的波函数换成了自旋函数。这种说法是为了使数学简易一些而设计的,玻姆将它叙述如下。[①]

考虑一个由两个自旋为 $\frac{1}{2}$ 的粒子组成的系统,它处于单态(总自旋为零);并且它的两个粒子向相反方向自由运动。系统的态由下面这个空间旋转不变的函数描述:

$$\psi = 2^{-1/2}[\psi \pm (1)\psi \pm (2) - \psi \pm (1)\psi \pm (2)] \quad (60)$$

其中 $\psi \pm (k)(k=1,2)$ 代表粒子 k 在被测量的方向上具有自旋 $\pm h/2$ 的状态的波函数。一旦两个粒子在总自旋不变的情况下分离开来并且不再相互作用,就可以测量粒子 1 的任意一个自旋分量[例如 x 分量 $s_x(1)$]。既然总自旋为零,我们就立刻得知粒子 2 在同一方向上的自旋分量与粒子 1 相反[即 $s_x(2) = -s_x(1)$],而没有对粒子 2 的任何干扰。根据爱因斯坦的物理实在性判据,就必须得出结论:推得的值[在我们的例子里是 $s_x(2)$]代表物理实在的一个要素,而且必定哪怕在进行测量之前就已经存在了。但是因为同样也可以选取任何别的方向,粒子 2 的所有三个自旋分量,在它与粒子 1 分开之后,都必须同时具有确定值。然而,由于量子力学(因为自旋算符的不对易性)在一个时刻只允许这三个分量中有一个可以完全精确的确定,因此量子力学并不对物理实在提供完备的描述。

---

① D. Bohm, *Quantum Theory* (Prentice-Hall, Englewood Cliffs, N. J. 1951), pp. 614—619.

注意到玻姆在 1951 年曾作过如下的评语是有历史兴味的：
"倘若这个结论是对的，那么我们就应当去寻找一种新的理论，用
这种新理论能得到更接近完备的描述。然而，我们将看到……［爱
因斯坦的］分析以一种整体的方式隐含着下述假定……即世界实
际上是由单独存在并且精确地确定的'实在的要素'所组成的。然
而，量子力学意味着，在微观层级上的世界结构有一幅完全不同的
图像。我们将看到，这幅图像在现有的理论框架中得出了 EPR 假
想实验的一个完全合理的解释。"①

玻姆在这里所谓的"在微观层级上的世界结构有一幅完全不
同的图像"，指的是玻尔对微观物理学本性的观念；我们在下一章
将看到，玻姆很快又起来反对这个观念，虽然并不是像通常所以为
的那样整个地（*in toto*）反对。

在泡利编辑的专门讨论互补性概念的《辩证法》（*Dialectica*）
杂志 1949 年号上，爱因斯坦写了一篇论文②，他在文中指出，如果
假定客体在空间互相分开之后仍能相互影响，那么就不可能表述
或检验物理定律。在这方面，爱因斯坦特别强调了空间有界区域
［*begrenzte Raumgebiste*］或互相隔开的空间范围的概念。但是，

236

---

①　D. Bohm，同上，p.615。与我们在注 40 中的说明相似，我们可以证明，能够制备
(60)式所描述的态，它显示出在两个粒子的自旋之间有一种完全的相关性，即 $s_n(1)+S_n(2)=0$，其中 n 表示 x 或 y 或 z，因为三个算符 $s_n=s_n(1)+s_n(2)$ 互相对易。例如，$[s_x(1)+s_x(2),s_y(1)+s_y(2)]=i[s_i(1)+s_z(2)]=0$，尽管单个粒子和各个自旋分量并不对易。

②　A. Einstein，"Quantenmechanik und Wirklichkeit"，*Dialectica* **2**，pp.320—324 (1948)。中译文见《爱因斯坦文集》第一卷（商务印书馆，1977），第 447—451 页。

虽然这种空间有界区域的存在在物理上被爱因斯坦用来作为支持 EPR 命题的一个论据，但是在数学上它又被库珀用来作为反对该命题的一个论据。

库珀是一个应用数学家，他在开普敦大学毕业后上了牛津，成为伦敦伯克贝克学院的讲师，他的主要兴趣是泛函分析。他在 1943 年找到了谱分解定理的一个新证明[①]。他表明，倘若不用冯·诺伊曼关于算符 H 是超极大算符的假设，而代之以一个物理上更有意义的假定，即如果哈密顿量是一个闭厄密算符，则含时间的薛定谔方程对于所有的时间 t 都有一个解；那么就可以证明恰好有一个单元分解存在（库珀用的是 M. H. Stone 的术语，把具有希尔伯特空间中稠密域的算符称为"对称算符"）。库珀在后一篇论文[②]中对这个证明做进一步的加工时，也对量子力学的哲学发生了兴趣，特别是对 EPR 论证发生了兴趣。

如果说马格瑙对 EPR 论证的批评是说它过于随便地使用量子力学形式体系（因为它依靠投影假设），而爱泼斯坦则又批评它使用这个形式体系过于拘泥（因为不容许对时间的依赖性），那么库珀则是直接了当地攻击它错误地使用了这个形式体系。为了理解库珀的推理，[③]我们必须回想起，展开式（7）假设算符 A_1 有一个

　　① J. L. B Cooper, "Symmetric operators in Hilbert space", *Proceedings of the London Mathematical Society* **50**, 11—50 (1949).

　　② J. B. Cooper, "The Characterization of quantum-mechanical operators", *Proceedings of the Cambridge Philosophical Socicty* **46**, 614—619 (1950).

　　③ J. L. B. Cooper, "The paradox of seperated systems in quantum theory", *Proceedings of the Cambridge Philosophical Socicty* **46**, 620—625 (1950).

本征函数完备组,因此当而且仅当 A_1 是自伴算符时(7)式才成立。还应当记起,一个算符只有在除了其数学结构外也规定了其定义域时,它才是确定的。例如,在平方可积函数 $f(x)$ 时的空间中,若 x 可以从 $-\infty$ 变到 $+\infty$,算符 $P=(\hbar/i)\partial/\partial x$ 是自伴的。但若 x 限于半直线 $x>0$,那么以 $\mathcal{L}^2(0,\infty)$ 为定义域的结构相似的算符 $P_1=(\hbar/i)\partial/\partial x$ 就不是自伴的了(虽然仍是厄米的),除非它所作用的函数 $f(x)$ 对满足边界条件 $f(0)=0$。事实上,在冯·诺伊曼的术语中,P_1 是极大算符但不是超极大算符[*],它完全没有本征函数,因为若有本征函数的话就会包括 P 的本征函数 $\varphi(x)$ $=\exp(ipx/\hbar)$,但 $\varphi(0)\neq0$。[①]

库珀认为,假设在相互作用之后两粒子在空间分开,就意味着动量算符不是 P 而是 P_1,因此展开式(7)不成立。"关于分开的系统的悖论的论证失效了。这或者是因为在量子力学中各个系统不能完全分离开,或者是因为如果它们完全分离开的话,它们就不再有自伴的动量表示式了。"

---

[*]　关于极大算符和超极大算符,参看边码第 150 页上的译者注。——译者注

[①]　上述陈述的一个初等证明如下:

$$(f_1,P_1f)=(\hbar/i)\int_0^\infty f^*(x)f^{'}(x)dx$$

$$=(\hbar/i)f^*(x)f(x)\Big|_0^\infty-(\hbar/i)\int_0^\infty f^{*'}(x)f(x)dx$$

$$=(\hbar/i)\,|\,f(0)\,|^2+(P_1f,f)。$$

关于这一点的较深入的讨论参见 J. von Neumann,"Zur Theorie der unbeschränkten Matrizen",*Journal für Mathematik* **161**,208—236(1926),特别见 p.234 及以后,*Collected Works* Vol.2,pp.144—172,或 M. H. Stone,*Linear Transformations in Hillbrt Space*(文献 1—5),p.435(定理 10.8)。

像爱泼斯坦的批评一样,看来库珀的批评也从来没有在纯数学形式的基础上受到过反驳。库珀在把他的论文送去发表之前两个多月,曾将它的一份手稿寄给爱因斯坦。[①] 爱因斯坦在复信中[②],并没有触及有关的数学方面,而是指出,他所指的一个系统的两个部分 A 与 B 的独立存在,并不意味着有一个势垒把 A 同 B 分开来,而是意味着"对 A 的一个作用对部分 B 没有直接的影响。"爱因斯坦说,只是在这个意义下,认为空间上分开的各部分是独立的存在的假设(a),才同认为 φ 函数提供了"对单个物理情态的完备描述"的命题(b)不相容。他对库珀写道:"大多数量子理论家都悄悄地放弃了(a)以能保持(b),但是我却强烈地相信(a),因此我觉得不得不放弃(b)。"库珀不满意这个回答,又对爱因斯坦讲了一些支持他的论点的补充理由[③]:"只有当存在一个位垒,使两部分不能一起运动时……关于分离系统的论据才能适用。"但是"在那种情况下……动量算符就没有表示定理",就是说,它不是自伴的。爱因斯坦在给库珀的最后一封信[④]中争辩说,要么量子力学提供的是不完备的描述,要么必须假定某种超距作用,这种二者必居其一的局面是不能用所讨论的数学的考虑来消除的。

正当库珀试图通过限制空间中的决定性作用来解决"分离系

---

① 库珀给爱因斯坦的信,1949 年 10 月 11 日。
② 爱因斯坦给库珀的信,1949 年 10 月 31 日。
③ 库珀给爱因斯坦的信,1949 年 11 月 19 日。
④ 1949 年 12 月 18 日。

统悖论"时,科斯塔·德博勒加尔[①]则试图通过放宽时间中的确定
作用来解决困难,他在 1940 年复员之后一直在德布罗意指导下在
国家科学研究中心(Centre National de la Recherce Scientifique)
工作,并于 1943 年获得博士学位。他声称,有关空间和时间的经
典推理,暗中都假定只容许推迟作用(推迟势)。但这是来源于宏
观经验的一种偏见,举不出什么先验的理由来证明,这个假设对于
单个量子现象是必然的。事实上,在科斯塔·德博勒加尔看来,
EPR 论证正是表明,单个量子过程遵从推迟作用与超前作用对称
的原理。一旦允许有超前作用,就可以设想对两个粒子之一的测
量过程在两个粒子仍在相互作用时对另一粒子产生了一种效应,
这个观念显然将会解决这个"悖论"。

　　科斯塔·德博勒加尔是在 1953 年提出这个猜想的,当时他是
想证明,超前作用并不一定意味着严格的决定论,因为这种作用可
以影响两个粒子间的相互作用,使得两个共轭的力学变量中,只有
以后将要测量的那一个成为确定的[②]。在我们所讨论的情况下,
于是就是假定对粒子 1 实行的测量(例如测量它的动量 p_1)并不
直接影响粒子 2,而是沿着时间逆转的方向影响两个粒子之间原

---

　　①　O. Costa de Beauregard,"Le 'Paradoxe' des correlations d'Einstein et de
Schrödinger et l'épaisseur temporelle de la transition quantique",*Dialectica* **19**,280—
289(1965)。比歇尔也提出了对于微观物理过程放弃宏观时空顺序的类似建议,见 W.
Büchel,"Eline philosophische Antinomie der Quanten physik",*Theologic and Philo-
sophic* **42**,187—207(1967)。

　　②　O. Costa de Beauregard,"Une réponse à l'argument dirigé par Einstein,Podol-
sky et Rosen contre l'interpretation bohrienne de phénomenes quantiques",*comptes
Rendus* **236**,1632—1634(1953).

来的相互作用,使得在测量 p_1 的时刻粒子 2 的动量 p_2 是确定的($=-p_1$),但其位置 q_2 则完全不确定。这样,不必求助于任何超距作用或超光速的速度,就保持了量子力学的逻辑一贯性。

　　库珀在他反驳不完备性论证时作为另一种可能的出路而提到过的建议,即"量子力学中各个系统不能完全分离开",在大约十年之后被普特南在普林斯顿大学的一个学生夏普[①]在一次对 EPR 论证的多方面的抨击中极为详尽地发挥了。

　　夏普在他对量子力学描述不完备性论证的第一个猛烈抨击(注①文献 p.229)中指出,这样的论证如要贴切,就必须是对量子力学中已有的最完备的描述而言,但是夏普认为,三位作者在使用相关系统的形式体系时,特别是当他们赋予"测量后的相关系统的各个部分以纯态"时,他们并没有使用已有的最完备的描述。因为在夏普看来,"严格地说,只有整个系统才有态函数;系统的各个单独'部分'即使在测量后也不能够用纯态表示。"夏普的第二个反对意见(p.229)只是提了一下而未"详加论述",这个意见批评了爱因斯坦等人提出的测量之后的状态的数学表示。在他第三个批评中,夏普对爱因斯坦关于可以精确测量系统 1 的可观察量的假设提出了异议,因为按照维格纳对冯·诺伊曼测量理论的进一步发展,[②]在一个包括被测量客体和测量仪器的封闭系统中,只有同一切守恒量都对易的那些量才是可以精确测量的。

240

---

　　①　D. H. Sharp,"The Einstein-Podolsky-Rosen paradox re-examined",*Phil.Sci*,**28**,225—233(1961).

　　②　关于这一点,参见第十一章。

最后——这个异议得到普特南的完全赞同——夏普认为,不管两个粒子分开多远,它们之间的相互作用能量绝不是严格为零。"特别是,我们可以想到据信在任何两个带电的物质粒子之间都存在的两种相互作用的形式,即引力相互作用和静电相互作用,只要粒子间的距离是有限的,就总不能认为这两种相互作用严格等于零。"关于在足够大的距离下这些相互作用近似为零的论据,夏普指出,"一种近似是否有理取决于作这种近似的具体情况"。他接着说,只有在不论是否取近似,最后结果实质上都相同时,取近似才有道理。因此,同经典力学或天体力学中大多数常见的问题相反,EPR 论证的情况不允许假定相互作用为零,因为这样一个假定的数学涵义——即组合系统的波函数分解为单个组分的波函数之积——与不作这个假定的数学涵义——即存在一种相互作用,无论它多么微弱,它使波函数不再分解——是根本不同的。夏普的批评同玻尔的批评就其也是鼓吹对自然界的描述的整体论特征而言是类似的,虽然它们所根据的理由完全不同。因此,倘若在夏普的论文的最后一节(讨论玻尔对 EPR 论证的回答)中,把两种整体论方法之间的区别非常鲜明地揭示出来的话,那将会是极有教益的。

可是,夏普批评玻尔的却是,说他简单地把爱因斯坦及其合作者的实在性判据换成一个新判据的做法是不适当的。玻尔的新判据是,只有当两个量可以同时测量时它们才同时是实在的。夏普说,这是因为"如果预先假定量子力学中通常所用的关于一个物理量的实在性的判据是正确的,而一个对抗的判据若与它不相容就事先断定为不正确的,那么对他们的批评并没有做出回答。当然,倘若能够证明量子力学本身就以某种方式包含着正确的关于物理量的实在性的判据,那么上述推理线索就完全令人满意了。但是情况是否如此,目前还不知道。"

普特南①在他支持夏普的论文的一篇评论中,责备量子力学概念结构中,特别是冯·诺伊曼的测量理论中的严重的内部矛盾,并且使这个问题的最终解决取决于搞出一个前后一贯而且物理上可以接受的测量理论。他的尖刻批评招来了马格瑙和维格纳②的一个激烈回答,他们为冯·诺伊曼辩护,反对他们所说的"普特南教授的评论中的混乱"。但是,他们同时也承认,并非量子力学诠释中的一切问题都已解决了。由于量子测量理论及其具体问题要到本书末尾才予讨论,在这里详细分析马格瑙和维格纳的评论和普特南对这些评论的评论③,就会过于打乱我们叙述的顺序。

对这场争论感兴趣的读者还可以极为得益地参阅西安大略[West Ontario]大学的胡克④最近的一些论文,他在这些论文中极为详尽地分析了夏普的论据以对它们逐点进行驳斥。

夏普对于玻尔反驳不完备性论证的方法的批评,不久前又被

---

① H. Putnam,"Comments on the paper of David Sharp",*Phil. Sci.* **28**,234—237(1961).

② H. Margenau and E. P. Wigner,"Comments on Professor Putnam's Comments",*Phil. Sci.* **29**, 292—293(1962).

③ H. Putnam,"Comments on comments on comments——A reply to Margenau and Wigner",*Phil. Sci.* **31**, 1—6(1964).

④ C. A. Hooker,"Sharp and the refutation of Einstein,Podolsky,Rosen Paradox",*Phil. Sci.* **38**,224—233(1971);"The nature of quantum mechanical reality",载于 Paradigms and Paradoxes,R. G. Colodny,ed.(University of Pittsburgh Press,1972),pp.67—302. 又见 C. A. Hooker,"Concerning Einstein's,Podolsky's and Rosen's objection to quantum theory",*Am.J. Phys.* **38**,851—857(1970).

澳大利亚阿德莱德[Adelaide]大学的克雷普斯①复活了。克雷普斯认为，由于玻尔的实在性判据坚持认为测量是实在的一个先决条件，结果就比它所反对的 EPR 判据更为复杂。于是玻尔本来有义务证明他的偏爱是合理的，而不仅仅是解决 EPR 问题。克雷普斯还说，此外，由于测量过程本身是一个包括客体与仪器的物理过程，所以一个描述这种情态的态矢量，只有当它测量它本身时，它才在玻尔的意义下是实在的，但这一程序显然导致一个无穷递归，因此是不能接受的。在这样否定了玻尔的解答之后，克里普斯说明了他自己的解答，他指出，禁止同时把 p 的本征矢与 q 的本征矢定为同一系统的态（否则就意味着 $\Delta q = \Delta p = 0$ 而与测不准关系矛盾）的禁令，"仅仅是对系综的态而言而不是指具体场合下的态"，因为测不准原理限制的只是力学量之值在系综中的分布，而不是像爱因斯坦、波多尔斯基和罗森想要声言的那样，限制了一个单个系统的力学量的同时值。但是随着承认这样一种同时赋值，EPR 论证就失去了它最强烈的特征。

　　克里普斯的解答又被胡克②反驳，在胡克看来 EPR 问题并不只是反映了量子力学形式体系中的一个形式上的困难，而是反映了其物理诠释中的一个根深蒂固的矛盾，必须把这个问题当作寻求对理论的更恰当的理解的一个主要线索。纽约斯泰坦岛社区学

---

　　①　H. P. Krips,"Two paradoxes in quantum mechanics",*Phil. Sci.* **36**,145—152 (1969);"Fundamentals of measurement theory", *Nuovo Cimento* 60B, 278—290 (1969);"Defence of a measurement theory",*Nuovo Cimento* **1B**,23—33(1971).

　　②　C. A. Hooker,"Against Krips' resolution of two paradores in quantum mechanics",*Phil. Sci.* **38**,418—428(1971).

院的埃里克森①也反对克里普斯的解答,说它是谬误的,理由是克雷普斯并没有证明,一个具有确定的位置值与动量值的态能够在量子力学的语言中表述,在埃里克森看来,克里普斯通过诉诸不同于"量子态"的所谓"特定场合下的态",他就抛弃了量子力学形式体系,因为这个形式体系并不提供这种区别。

密执安州立大学的施莱格尔②的一篇短文也引起了一场类似的但不那么激烈的论战。施莱格尔批评胡克要求从物理上澄清EPR 争论是多此一举,因为玻尔的答复正是提供了这样一种澄清。施莱格尔认为,从对粒子 1 进行的相应测量来推断粒子 2 的位置与动量的确定值,这件事要在物理上有意义,它就必须如玻尔所坚持的那样同一个允许人们测定这些值的实验装置相联系,但是这样一种测定将会同测不准性限制相矛盾,因而必须排除。胡克③反驳说,施莱格尔的推理对量子力学形式体系的物理意义限制得太过分了。埃里克森④则声称,施莱格尔责怪玻尔否认推断那些值的可能性,那是对玻尔的误解,玻尔所不同意的只是对物理实在的定义。施莱格尔在他的答辩中⑤引用玻尔的著作来支持自己的论点,虽然他承认他曾有意地简化了他的叙述。

———————————

① H. Erlichson,"The Einstein-Podolsky-Rosen paradox",*Am.J.Phys.* **39**,83—85(1972).

② R. Schlegel,"The Einstein-Podolsky-Rosen paradox",*Am,J.Phys.* **39**,458(1971).

③ C. A. Hooker,"Re:Schlegel's Bohrian reply to EPR",*Am.J.Phys.* **40**,633—634(1972).

④ H. Erlichson,"Bohr and the Einstein-Podolsky-Rosen paradox",同上,634—636.

⑤ R. Schlegel,"Reply to Hooker and Erlichson",同上,636—637.

我们关于对 EPR 论证的各种反应的讨论远不是详尽无遗的，因为要对关于这个题目的全部有意义的论文[1]做出充分的评判就需要一部比最近出版的关于相对论中著名的时钟佯谬的著作[2]篇幅更大的专著，同时钟佯谬一样，EPR 论证也不只有历史的意义。

在有哲学倾向的物理学家中间，对 EPR 问题的巨大兴趣无疑是由于下述事实：这个问题似乎把初看之下（*prima facie*）的一个纯物理的问题与基本的形而上学争论联系了起来，有些像坎特伯雷的安瑟伦那个著名的证明上帝存在的"本体论论证"，[*]那个论证自称建立了思维与存在之间的联系。人们常常（虽然并不总是）[3]

---

[1] 在这些文章中我们提下面一些：E. Breitenberg，"On the so-called paradox of Einstein，Podolsky and Rosen"，*Nuovo Cimen to* **38**，356—360（1964）；J. M. Jauch，*Foundations of Quantum Mechanics*（Addison-Wesley，Reading，Mass，1968）section 11—10；K. R. Popper，"Particle annihilation and the argument of Einstein，Podolsky，and Rosen"，载于 *Perspectives in Quantum Theory*，W. Yourgrau and A. van der Merwe，eds（M. I. T. Press，Cambridge，1971），pp.182—198；D. L. Reisler，"The epistemological basis of Einstein's，Podolsky's，and Rosen's objection to quantum theory"，*Am.J. Phys.* **39**，821—831（1971）；H. Erlichson，"Einstein and the Einstein-Podolsky-Rosen criterion of reality"，同上 **40**，359—360（1972）；P. A. Moldaner，"Reexamination of the arguments of Einstein，Podolsky and Rosen"（待发表）；M. Jammer，"Le paradox d'Einstein-Podolsky-Rosen"，*La Recherche* **11**，510—519（1980）；"Some remarks on the EPR argument"，收入文集 *Einstein* 1879—1979（Colloque du Centenaire，Collège de France，6—7 June1979），（Centre National de la Recherche Scientifique，Paris，1980）.

[2] L. Marder，*Time and the Space-Traveller*（George Allen & Unwin，London，1927）.

[*] 安瑟伦，（Anselm，1033—1109），坎特伯雷大主教，中世纪经院哲学家，唯实论的主要代表。他提出一个三段论式来证明上帝的存在：因为上帝的概念是最完善的概念；而最完善的东西必然包括存在，不然就不能说是最完善的；所以上帝是存在的，这就是说，只要把它想成是完善的，它就是存在的，这是赤裸裸的唯心论。——译者注

[3] H. Mehlberg，"Philosophical interpretation of quantum physics"（预印本）.

认为是"实在论还是唯心论"的哲学争论最终决定了对 EPR 问题的态度。由于我们不想使用哲学标签,我们将不去区分各种实在论(朴素的、批判的、结构的)或各种唯心论(本体论的、认识论的、主观的、先验的),而只限于指出,在大多数作者看来,EPR 的实在性判据至少在当前的情况下代表着实在论者(不论指的是哪一种)的观点,而玻尔在这个问题上的立场则一般被称为唯心论的或实证论的或哲学-实证论的(与方法论的实证论者不同)。但是,实在论者也常被定义为那些在一定条件下赋予未观察到的实体以存在性的人,而实证论者则是或者断然否认这种存在,或者至少拒绝关于这种实体的任何陈述,认为它们在科学上是无意义的。因而可以提出这样的问题:EPR 的实在性判据是否也意味着刚才所述的这种意义下的一种实在论。

对这个问题的答案是肯定的,如果人们接受(例如费耶阿本德[①]和德帕内特[②]所讨论的)对原来的 EPR 实在性判据的某些加工后的形式等价于原来的判据,或至少是原来的判据的直接结果的话。按照这些加工后的形式,那些确定地预言或推断的值(像原来的 EPR 论证里情况 I 中的 $-p$)甚至在测量的时刻之前就已存在了,它之所以存在,是因为在两个粒子之间没有任何相互作用时,只对粒子 1 进行的测量不能产生出所推断的粒子 2 的动量值。

244

---

①   P. K. Feyerabend,讲义(未发表)。

②   B. d'Espagnet, *Conceptual Foundations of Quantum Mechanics* (Benjamin, Menlo Park, Calif., 1971),第 7 章;The Quantum Theory and Reality(*Scientific American* 241,1979 年 11 月号,128—140);*A la Recherchs du Réel* (Gauthier-Villars, Paris, 1979)。

EPR 实在性判据的这种更强的说法的数学和物理涵义,早先已被弗雷[1]研究过(假设 A),他并发现它在一些特例中与通常的量子力学不一致。从历史的观点来看,有意义的是注意到,爱因斯坦虽然曾经说过"对一个独立于感觉的主体的外在世界的信念乃是一切自然科学的基础",但是从来没有承认过他的实在性判据的这种较强的说法。在他看来,他的实在性判据的一个逻辑结论只是通常的量子力学不完备,而不一定是它不正确。

人们在各种场合下提出,爱因斯坦的论证在下述意义上并没有到达它最终的逻辑结论:较细致的考察也许能证明,他的实在性判据不只是同假定这个描述是完备的不相容,而且甚至还同量子力学对物理实在提供了一个正确的描述这个假定不相容,这种主张的一个最近的例子,是哥伦比亚大学的弗里德伯格[2]提出的一个论证,它的一个附加的优点在于,它研究了实在性判据对于一般的物理学[3]而不是只对于量子力学的某些涵义。

在谈到实在性判据的 EPR 表述时(6.3 节),我们首先要提出这个问题:我们怎么知道,我们在丝毫不干扰系统 S_2 的情况下所肯定地预言的数值或结果的确属于系统 S_2 呢? 显然,只有当这个结果也能在除了 S_2 之外不干扰其他任何东西的情况下测量而得时,才是如此(为简洁计我们略去了对测量仪器的干扰),这样我

245

---

① 306 页注③文献。

② R. Friedberg, "Verifiable consequences of the Einstein-Podolsky-Rosen criterion for reality"(未发表,1969)。

③ 应当记得,爱因斯坦曾明白地讲过,这个判据当然也"同经典的……实在性概念相符合"。205 页注①文献(p.778)。

们就得出了 EPR 实在性判据的第一种重新表述:一个结果如果既能通过一种只干扰 S_2 此外不干扰任何东西的测量得到又能通过一种对 S_2 丝毫没有干扰的测量得到,那么就存在物理实在的一个要素,对应于这个结果并属于 S_2;或者简短地说,这个结果就是实在的一部分。由于暗中已经假设两种测量的结果相同,我们也可以这样说:如果一个只干扰 S_2 的测量与另一个对 S_2 毫无干扰的测量所得的结果相符,那么这个结果就是实在的一部分。把上面的说法中所述的第二种测量所干扰的一切东西叫作"系统 S_1",再明显地迈一步,我们就得到 EPR 实在性判据最后的重新表述(RF):

RF. 如果对 S_1 做的一个丝毫不扰动 S_2 的测量所得的结果同对 S_2 做的一个丝毫不扰动 S_1 的测量所得的结果肯定一致,[①] 那么这个结果就是实在的一部分——即使两种测量都没有实行过。

于是,若有三个数值量 x, y, z 满足 RF,那么它们就同时具有确定值,不论它们是否可以同时测量;而且 $A = xy + yz + zx$ 尽管也许不可测量,也应具有一个确定值。由于我们可以同时测量这三个量中的任意两个,一个对 S_1 测量,另一个对 S_2 测量,因此每个乘积 xy, yz, zx 都是可测量的。用重复制备全同的系统 S_1 和

---

① "肯定一致"这句话应当意味着,关于"一致"的情报不一定是从实际进行过的测量获得的,它也可以是理论本身的一个结论(如在 ERP 例子中那样)。对于实证主义的反对意见"如果任何一种测量都没做过"我们就不知道结果是否一致(或者甚至不知道这句话有什么意义),可以用对全同地制备的一系列 S_1, S_2 系统进行一系列测量来回答。

S_2 的办法,"乘积平均值"或期望值如 $\langle xy \rangle$、$\langle yz \rangle$、$\langle zx \rangle$ 也可以通过在这种全同的 S_1、S_2 系统的三个独立序列上测量它们而"同时"确定。于是这些乘积平均值和 $B = \langle xy \rangle + \langle yz \rangle + \langle zx \rangle$ 也是一个可测量的量。最后几步是和 RF 无关的,于是 RF 就意味着 $B = \langle A \rangle$,因为 RF 含有这样的意思:乘积平均值可以从一个单一的几率分布推出。

特别是,如果每个量 x, y, z 的数值是 $+1$ 或者 -1,我们不用 RF 时得到不等式

$$-3 \leqslant B \leqslant 3, \tag{61}$$

这是因为每个乘积平均值的范围是从 -1 到 $+1$;但利用 RF 我们会得到限制性更强的不等式

$$-1 \leqslant B \leqslant 3, \tag{62}$$

因为 A 或是 $+3$(若 $x = y = z = +1$),或是 -1(其他情形),并且 $B = \langle A \rangle$。换句话说,RF 具有可以验证的结论

$$\langle xy \rangle + \langle yz \rangle + \langle zx \rangle \geqslant -1, \tag{63}$$

这个式子是单从 RF 和普遍成立的统计假设导出的,因此应当在经典物理学与量子物理学中都成立。经典物理学是绝不会同这个不等式矛盾的,可是量子力学却会与之矛盾!

考虑两个自旋为 $\frac{1}{2}$ 的粒子 1 与 2,它们组成的系统处于单态(总自旋为零),如同早先在 EPR 论证的玻姆说法中讨论过的那样,并令 n 为任意单位矢量。粒子 1 的自旋分量 $\boldsymbol{\sigma}(1) \cdot \mathbf{n}$ 满足对 x 所加的所有条件:若它的数值($+1$ 或 -1)是对粒子 1 进行测量获得的,它肯定会同对粒子 2 做的测量所得的结果一致(反号),只

要假设哪一次测量都不干扰未被测量的粒子。同样,对于任何三个单位矢量 n_1,n_2 和 n_3,量 $\sigma(1) \cdot n_1$,$\sigma(1) \cdot n_2$,$\sigma(1) \cdot n_3$ 也满足这些条件。因此由(63)有

$$\langle \sigma(1) \cdot n_1 \sigma(1) \cdot n_2 \rangle + \langle \sigma(1) \cdot n_2 \sigma(1) \cdot n_3 \rangle + \langle \sigma(1) \cdot n_3 \sigma$$
$$(1) \cdot n_1 \rangle \geqslant -1 \tag{64}$$

这里对 $\sigma(1) \cdot n_j \sigma(1) \cdot n_k$ 的测量应理解为是这样进行的:对粒子 1 测量 $\sigma(1) \cdot n_j$,对粒子 2 测量 $\sigma(1) \cdot n_k = -\vec{\sigma}(2) \cdot \vec{n}_k$。

但是,根据量子力学有

$$\langle \sigma(1) \cdot n_j \sigma(1) \cdot n_k \rangle = n_j \cdot n_k \tag{65}$$

因此

$$n_1 \cdot n_2 + n_2 \cdot n_3 + n_3 \cdot n_1 \geqslant -1 \tag{66}$$

并且

$$(n_1 + n_2 + n_3)^2 = 3 + 2(n_1 \cdot n_2 + n_2 \cdot n_3 + n_3 \cdot n_1) \geqslant 1, \tag{67}$$

247　这个不等式一般并不成立,例如三个共面的互成 $120°$ 角的单位矢量就不满足它。

由此可见,EPR 实在性判据,至少就其 RF 形式而言,是同量子力学的统计预测不相容的,这个结论要比爱因斯坦、波多尔斯基和罗森得到的结论强得多。因此,夏普的那段结束语“是否……能证明量子力学本身就以某种方式包含着正确的关于物理量的实在性的判据……目前还不知道”,结果倒是在下述意义上被澄清了:已经知道了量子力学本身是排除某些几乎是不言自明的实在性判据的。如果相信量子力学及其统计预言的正确性,那就必须否定 EPR 实在性判据,至少是其 RF 形式,或者可以像夏普做过的那样,对于是否能够把两个粒子分开到这样的程度(使得可以对其中

一个进行测量而不干扰另一个)提出怀疑;但这样一来就必须允许有瞬时作用,这种作用不随距离减小,它会在一个适当的洛伦兹参考系中"在时间中后退"着起作用,如同科斯塔·德博勒加等人所猜测的那样。当然,我们也可以采用玻尔的互补性诠释,这种诠释虽然受到这些发展的涤荡,但仍留存下来,并未遭到严重的削弱。

6.8　互补性诠释之被人们接受

我们用关于人们接受互补性诠释的一些历史的叙述来结束这冗长的一章。尽管有爱因斯坦和薛定谔这样的第一流物理学家对玻尔观点的反对,绝大多数物理学家普遍无保留地接受了互补性诠释,至少在它创立之后的头两个十年中是如此。量子力学在微观物理学一切领域中的惊人成就给了他们强烈的印象,因此他们的兴趣主要便在它对实际问题的应用以及对未探索过的领域的推广上。

科研中的这些实用主义倾向对科学教育也有影响:大多数教科书都集中力量于教导如何解决问题,而很少注意所包含的概念的意义。学到新的数学技巧的需要挤掉了哲学分析的地位。通常的做法是在讨论海森伯关系的末尾加上一句话,说是位置与动量这两个概念之间的逻辑关系叫作互补性,并在一个脚注中提到玻尔的某些著作。不管怎么样,在 1930 年与 1950 年之间写出的所有教科书——其中包括后来转而反对哥本哈根观点的朗德、德布罗意和玻姆所写的书——都信奉互补性原理,即使他们不那样称呼它。事实上,要想找出一本那个时期的教科书,它否认"在对一个物理量进行观察之前它的数值没有任何意义"①,那是很困难的。

在战前的苏俄,玻尔和海森伯的教导对物理思潮有决定性的影响,因为当时大多数俄国的第一流物理学家都曾在欧洲各研究中心学习过,在那些地方互补性是官方哲学。甚至有一群物理学家,包括勃朗施坦、福克、朗道和塔姆,竟被称为哥本哈根学派的"俄国支部"。

诚然,在那时已对玻尔提出了某些批评,人们还记得,马赫的新实证定义在列宁的《唯物主义和经验批判主义》(1909)中曾受到猛烈抨击,说它与辩证唯物主义是不可调和的。辩证唯物主义承认物质及其物理属性是独立于精神之外并脱离精神而存在的。例如,像上面刚从珀西科的书(文献169)里援引的那句话,似乎同马克思主义哲学便是不相容的。沿着这种路线在一家正式的物理学刊物上出现的最早的抨击可能是尼科尔斯基1936年的论文"量子力学的原理"。② 它谴责互补性是对物理事实的唯心主义歪曲。但是,这种批判并没有给福克留下什么印象,福克曾在许多场合下为互补原理辩护,最雄辩的也许是他1949年的论文"从辩证唯物主义观点看物理学的基本定律"③。这些批判也未能阻止克雷洛

---

① E. Persico, *Fundamentals of Quantum Mechanics* (Prentice-Hall, Eagle. wood Oliffs., N. J., 1950, 1957), p.311.

② К.В.Ниводсний, "Принципы квавтовой Мехапики" *УФН* **16**, 337—565(1936).

③ В. А. Фок, "Основные Законы Физивк в свете Диалектического Материализма", *Весмнин Ленинградского Униеерсимема* **4**, 39—47(1949).

夫把这个原理作为他的《统计物理学基础论文集》[1]的基础，或是
阻止朗道和利弗希茨在他们 1948 年出版的著名的量子力学教科
书[2]中对它表示同情。就是后来成了苏联量子力学哲学的公认的
代表人物的乌克兰的科学哲学家奥米里扬诺夫斯基[3]，也在他的
早期著作中接受了玻尔的互补性原理，尽管认为它是自然界中客
观存在的二象性的表现，而不仅仅是一个认识论的规则。

　　反对互补性的官方意识形态运动是随着日丹诺夫 1947 年 6
月 24 日的著名讲话[4]而揭幕的，他在这个讲话中严厉谴责了资产
阶级对苏联科学的影响。实际上，当苏联科学院物理研究所的一
个研究人员马尔科夫在 1947 年发表了一篇文章[5]在 EPR 争论中
站在玻尔一边时，他就受到了马克西莫夫[6]的严厉责难。马克西
莫夫是一个哲学家，从 1922 年起就是 1944 年停刊的一个有影响
的哲学杂志《在马克思主义旗帜下》(Под Знаменθм Марксизма)

　　① Н. С. Крыдов, *Работы по Обоснованию Смамисмической Физики*（Академия Наук СССР. Мосвва, Ленииград, 1950）.

　　② Л. Ландау и Е. Лифщиц, *Квантовая Механика*（ГИТТЛ, Москва, Лениэград, 1948）; Quantum Mechanics（Pergamon Press, Oxford; Addison-Wesley, Reading, Mass; 1958）. 但是, 注意, 这本书里从来没有用过 "互补性" 这个术语.

　　③ М. Е. Омельяновсний, *В.И. Ленин и Физика XX Века*（Академия Наун СССР, Москва, 1947）; *Философские Проблемы Квантовой Механики*（Академка Наук СССР, Мосява, 1956）, 德译本 (1962)。

　　④ А. А. Жданов, "Выступление на дискуссин о книге Г. Ф. Александроаа 'Большевик'", 1947. 详见 L. R. Graham, "Quantum mechanics and dialectical material-ism", *Slavic Review* 25, 381—410 (1966); *Science and Philosophy in the Soviet Union*（Knopf, New York, 1972）.

　　⑤ М. А. Марков, "О природе фйзи чесвого знания", *Воп. Фил.* **1947**, 140—176.

　　⑥ А. А. Максимов, "Об одной философскои кентавре", *Лптература Газета* 1948 (4 月 10 日) 3.

的一名编委,他指责马尔科夫否认微观客体在各次观测之间的存在,以及把"微观世界的物理实在"同宏观测量仪器的状态等同起来。这场谴责的结果使得发表马尔科夫论文的《哲学问题》的主编凯德洛夫被迫辞职,而他的五名同事则被开除出编辑部,其中包括奥米里扬诺夫斯基。1952年版的半官方著作《现代物理学的哲学问题》[①]也严厉指责哥本哈根解释,因为它关于观察者的作用的重要性的学说被谴责为同辩证唯物主义的两个信条是绝对不相容的,这两个信条就是自然界独立于观察而存在,并且自然界在下述意义上是不可穷尽的:现存的每一个关于自然界的理论都只不过是永远不会完结的认识过程中的一个暂时阶段。

　　玻尔的反对者例如德布罗意、维日尔、洛查克[Lochak]和玻姆所写的文章,这时在苏联刊物上赢得了突出的地位。特别是,"层级理论"得到了官方的好评,维日尔和玻姆在这种理论中提出了他们关于物质在质上是不可穷尽的的论点。

　　然而,在福克于1957年到哥本哈根访问玻尔以及随后在《物理科学的成就》上发表了玻尔的论文"量子物理学与哲学"[②]之后,对玻尔的反对显著地降调了。[③] 福克在对此文的评注中声称,玻尔此文由于强调了"量子力学描述的客观性及其对知觉主体的独

250

----

①　*Философские Вопроси Совремеߙой физики*, Под редакцни А. А. Максимова и др.(Академив Наук СССР,1952).

②　146 页注①文献。

③　参见 S. Müller-Markus,"Niels Bohr in the darkneess and light of Soviet philosophy",*Inquiry* 9,73—93(1966)。又参见 Edwin Levy,"The de Broglie program and Soviet dialectical materialism"(未发表,University of British Columbia,Vanconver)和他的其他著作(未发表)。

立性"而"大大接近了唯物主义对待量子力学基本原理的态度",福克的评价为苏联的物理学的哲学同互补性观念重归于好铺平了道路。玻尔在 1961 年 5 月访问苏联期间所受到的热情款待和《物理科学的成就》1963 年为纪念玻尔而出的专号所表示出来的对他的敬意,都清楚地表明,玻尔的观点在俄国已不再是意识形态迫害的对象了。

到五十年代初期,哥本哈根学派在量子力学的哲学中的几乎不受挑战的统治地位在西方也开始受到人们的议论。某些方面把这个领域中过去缺乏普遍的批评的情况,解释为把所谓"哥本哈根教条"或"正统观点"带专制性地强加于年轻一代物理学家的结果。希尔普编的那本常被人们援引的纪念爱因斯坦 70 寿辰的文集在 1949 年的出版,对于形成一种对互补性哲学更具批判性的气氛起了显著的作用,这本书包括有玻尔与爱因斯坦的论战、爱因斯坦自己写的"讣告"* 和他的直率的"对批评的回答",有哲学兴趣的物理学家很多人读过这本书。"异端的"诠释被人们很快抓住作为权威观点的替代物,虽然它们有时还是高度空想和假定性的并且不完善。这个过程在何等程度上是由社会文化运动和政治因素(如西方对马克思主义意识形态的日益增长的兴趣)所引起并支持的,这

251

---

* 　所说的这本书即 124 页注②文献(P. A. Schlipp, ed., *Albert Einstein: Philosopher-Scientist*)。"讣告"是指爱因斯坦为此书写的《自述》,它开头一句就是:"我已经 67 岁了,坐在这里,为的是要写点类似自己的讣告那样的东西"。——译者注

个问题是值得认真考察的,正如最近研究了"魏玛文化"[①]对早期量子论的影响那样。然而,决定性的因素可能还是心理因素;我们将在关于隐变量诠释的那一章的开场白中叙述这个问题,隐变量诠释是支持上述发展,并且又被上述发展所支持的。

　　① P. Forman,"Weimar culture, causality, and quantum theory, 1918—1927,"载于 *Historical Studies in Physical Science*, R McCormmach ed. (University of Pennsylvania Press, Philadelphia, 1971), Vol.3, 第 1—115 页。译者按:"魏玛文化",指魏玛共和国(1919 到 1933 年的德意志共和国,其宪法于 1919 年在魏玛制定)时期的文化,特别指魏玛宪法,它是资产阶级宪法中民主、自由条款最详尽的宪法。

第七章　隐变量理论

7.1　提出隐变量的动机

　　不论理论物理学家们在讲坛上[*ex cathedra*]宣讲的观点是多么革命,他们终究是生长在一个经典物理学世界中。有人断言,哪怕是一个最"激进"的理论物理学家,他的内心深处也仍然是相信一个严格决定论的客观世界的,即使他的教导绝对否认这样的观点。这个论断是否正确,并不是一个物理学问题,而是一个关于人类行为的心理学问题。但是它的确说明了有些物理学家为什么不接受量子力学的流行的几率诠释,并且试图证明,现有的理论尽管有着惊人的成功,却只是更深邃的科学真理的一个暂时的近似。

　　量子力学的成功是太惊人了,以致不可能把它看作完全不正确而加以摒弃。此外,也看不到有什么根本不同的理论(哪怕是关于这样的理论的最细微的想法),可以在微观物理学内与之匹敌。因此,自然的做法就是去"改善"通用的方案,把通常的量子理论看成是一种统计力学,它只给出被测物理量的平均值,而在更深的——但在目前是经验所不能达到的——层级上,则应认为每个个体系统都遵照严格的决定论定律来运动。

　　经典粒子力学,不论是牛顿表述、拉格朗日表述还是哈密顿表述,作为一个关于个体系统的行为的理论,在逻辑上和历史上都先于其对系综的推广(即经典统计力学);但在量子物理学中情况则相反:必须从系综的统计学出发来建立一个说明个体系统的行为的理论,这个任务显然要比其逆问题复杂得多。

人们希望,这样一个理论不但将在微观物理学领域内恢复决定论和因果性,而且还会消除物理学之分为经典现象和量子现象这种独特的划分,而重新建立物理世界的一个统一的说明,这个前景有时①比对决定论的向往更使人激动。寻求理论的这样一种"完备化"的第三个更具体的推动力是由 EPR 论据引起的问题。在远离的位置上得到的两个测量结果之间的相关性暗示我们,这些结果实际上是当这两个系统还有相互作用时被一些力学变量预先确定的,这些力学变量在两个系统分开后也使它们的态发生联系。虽然这些变量是我们发现不到、控制不了的,但如果这些变量使系统的态这样联系起来,那就能够理解,从一次测量的结果便可以预言另一次测量的结果,而不必假定第一次测量的实行会对第二次测量的结果产生因果的影响。

---

① "正是这种对世界作出一个一致的说明的可能性,是我研究所谓'隐变量'的可能性的主要动机。"见 J. S, Bell, "Introduction to the hidden-variable question," 载于 *Foundations of Quantum Mechanice*(International School of Physics"Enrico Fermi"—Course 49),B. D'Espagnat, ed.(Academic Press,New York, London,1971) ,pp.171—181,引文在 p.172 上。关于保持决定论的愿望如何推动了对隐变量的信念,请读者参看 C. W. Rietdijk 对量力学基本原理的不落俗套的批判 *On Waves, Particles and Hidden Variables*(Van Gorcum,Assen,1971),它是以下面这句话结束的(p.130):"因此,我们唯一的得救——按照得救这个词的最深一层的意义——的希望,真正笃信宗教的人的唯一希望,只能寄托在决定论上,寄托在隐变量上。"

虽然 EPR 不完备性论证无疑是引起隐变量理论的近代发展的主要动力之一,但是像不久前一些作者那样[1],认为爱因斯坦是隐变量的一个提倡者甚至是"最有力的鼓吹者",则恐怕是错误的。的确,爱因斯坦对于探寻量子力学现有诠释的替代物的任何努力都是抱同情态度的,对于德布罗意的想法和玻姆的想法也是这样,但是他从来没有赞成过任何隐变量理论[2]。他所探索的是对通常的方法的更为根本的背离,与他的广义相对论取代牛顿的引力理论的方式有些相似[3]。实际上,波多尔斯基曾经口头告诉过古斯

① A Shimony,"Experimental test of local hidden variable theories,"同上(Academic Press),pp.182—194。

② 关于玻姆的隐变数理论,爱因斯坦在 1953 年曾写道:"但是我不相信这种理论能站住脚"。(爱因斯坦致仑宁格的信,1953 年 5 月 3 日)。几个月后,他在写给鹿特丹大学的库珀曼[A. Kupperman]的信中再次提到玻姆的观念:"我想,人们根本不可能通过仅仅对现有的统计性量子理论作一些补充就得到对个体系统的一个描述。"(译者按:关于爱因斯坦对待隐变量理论的态度,还可以补充一点资料。1953 年 5 月 2 日,他在写给玻恩的一封信中说:"你曾听说过玻姆认为——就像德布罗意 25 年前一样——他已能用决定论的精神来解释量子论了吗? 我觉得这种办法似乎是太廉价了。")错误地把爱因斯坦列入隐变量的提倡者之中的一个原因,可能是贝尔的被人们广泛阅读的论文"On the Einstein Podolsky Rosen parador",*Physics* 1,195—200(1964),这篇文章以下述的话开始:"人们提出这个悖论……作为必须对量子力学补充以附加变量的一个论据。"显然是在贝尔的影响下。J. F. Clauser,M. A. Horne,A. Soimony 及 R. A. Holt 在他们的论文"Proposed experiment to test local bidden variable theories",*Phys. Rev.Letters* 28,880—884(1939)中写道:"爱因斯坦、波多尔斯基和罗森得出结论,对一个物理体系的量子力学描述应当补充以存在有'隐变量'的假定,隐变量的确定将预先决定测量该体系的任何可观察量的结果。"贝尔曾引用爱因斯坦在"对批评的问答"(文献 4—9,p.672;中文《爱因斯坦文集》第一卷第 462 页)的话来支持他的说法,但是那些话肯定没有表明他相信隐变量是必要的。

③ 关于这点请参看 M. Sachs,"Comment on 'Alteratives to the orthodox interpretation of quantum theory,'"*Am.J. Phys.***36**,462—464(1968)。

[E. Guth]等人,爱因斯坦相信,将来的研究终将揭露出量子力学
同经验之间的重大矛盾。当爱因斯坦不提他的更加雄心勃勃的希
望——未来的统一场论将把量子现象也包括在内——时,看来他
比较喜欢统计系综诠释,这种诠释在关于隐变量的争论上是中立
的:它承认隐变量是可能的,但并不要求它们作为理论的一个必要
成分。

无疑,爱因斯坦的批评,特别是他同波多尔斯基和罗森的工
作,对隐变量理论的发展有很大的贡献,正如马赫的观念对爱因斯
坦的相对论的产生有贡献一样;但是,一个理论的精神父亲并不一
定和这个理论的进一步发展成熟相终始,这在物理学史上并不罕
见。

被引进以"改善"或"修订"理论的那些假设的量通常叫做"隐
参数",后来叫做"隐变量",而"改善"或"修订"后的理论则称为"隐
变量诠释",或"隐变量理论"。如果量子力学的通常形式体系保持
了下来,我们就用前一术语;如果它受到了修订,以致导致一个新
理论,则我们选用后一术语。在过去几十年里,人们关于隐变量写
过很多,但是在文献中很难找到一个人们普遍接受的隐变量定义。
实际上,对隐变量的本性的各种观点看来有很大的差别。例如,玻
姆①在一篇讨论这种理论的论文中,把隐变量规定为"一组描述新

---

① D. Bohm,"Hidden variables in the quantum theory,"载于 *Qucntum Theory*,
D. R. Bates,ed.(Academic Press,New. York,London,1962),Vol.3,p.348.此文中的中
译文"量子力学中的隐变量"作为附录载于《现代物理学中的因果性与机遇》一书(秦克
诚、洪定国译,商务印书馆,1965),第198—247页。

型实体的状态的新变量,这种新型实体存在于一个更深的亚量子力学层级之中并遵从具有新质的新型个体定律。"他并补充道,这些变量虽然目前还"隐藏着",但是可以"在将来我们发现了别的一些实验时被详细地揭露出来,这种实验之不同于现在的各种实验,正如现在的实验之不同于那些能揭露宏观层级的定律的实验一样。"

另一方面,米特尔斯特[1]认为,隐变量表征了这样一个理论的特色,在这个理论的表述中并"不要求理论的每个细节都可以实现。"他争辩说,为定义一个理论的基本观念所必需的先于科学而规定的[prescientific]操作测量程序,同从理论本体导出的各种测量规则,可以一致也可以不一致。换句话说,并不是每个理论都必然满足冯·威扎克[2]所谓的"语义一致性原则"[principle of semantic consistency],即"我们用来描述和指导我们的测量的规则(既然它们规定了一个理论的形式体系的语义学)必须同这个理论的各项定律相一致"这一要求。如果满足这一原理,那么该理论就具有自洽性(比如牛顿力学的情况),米特尔施特称之为一个经典理论;否则就叫做非经典理论。通常意义下的一切"经典的"物理学理论也都是米特尔施特所谓的经典理论,这是历史事实。在一

[1]　P. Mittelstaedt,"Verborgene Parameter und beobacktbare Grössen in physikalischan Theorien," *Philocophia Naturalis* **10**,468—482(1968);重印在下书中:P. Mittelstaedt, *Die Sprache der Physik* (Bibliographisches Institut,Manheim,Vienna, Zurich,1972), pp.33—50。又见 P. Mittelstaedt, *Klassische Mechanik* (B. I. Mannheim,1970),pp.13—18。

[2]　C. F. von Weizsäcker"The Coponhagen interpratation,"载于 *Quantum Theory and Beyond*, T. Bastin, ed.(Cambridge U. Press,Cambridge, 1971), pp.25—31; *die Einheit der Natur* (C. Hanser Verlag.Munich,1971),pp.231—232。

256

个非经典理论的情况下,也就是说,当该理论的操作先验基础同它的经验可实现性的要求矛盾时,存在有两种可能性:人们必须(1)要么放弃操作先验基础;(2)要么放弃经验可实现性。头一种可能性导致可观察量的理论(例如狭义相对论),第二种可能性导至隐变量理论。在后一情形下,原来在操作上定义的基本概念起着隐变量的作用,它们虽然被用来表述理论的各个定理,但是"根据它们本身的定义它们就是不可观察的"。[①] 显然,米特尔施特对隐变量的观念与玻姆的观念有很大的不同。还可以列举出关于隐变量的本性、功能和目的的许多种别的观点。种种隐变量理论(诠释)的发展深受这种一语多义的情况之害。

为了避免歧义,我们要在我们这个历史概述的一开始就给出隐变量的一个普遍定义,随后还要给出一个特别考虑到量子力学的更专门的定义。

定义 I 在关于某些物理体系 S 的一个给定的理论 T 中,描写 S 的状态的是一些变量 v;在关于 S 的一个理论 T' 中,描写 S 的状态的是在 T 的框架内不能在实验上探测到的一些变量 v'(它们可以是力学量或别的假设量);如果 v 之值,或在 T 中用于状态描写的与 v 相联系的显定义的函数(或泛函)之值,可以通过对 v' 之值作某种平均运算得到,则称 v' 为隐变量(相对于 T),而 T' 则被称为一种隐变量理论(诠释)(相对于 T)。

---

① 351 页注①文献(1968),p.478。又见 P. Mittelstaedt, *Philosophische Probleme der Modernen Physik*, 3rd ed., (Bibliographisches Institut, Mannheim, 1968), p.13。

注意：这个定义并不要求将 T 嵌入 T' 后就从一个统计的或几率的理论变换为一个决定论的或因果性的理论。

7.2　量子力学之前的隐变量

隐变量的观念和物理思想同样古老。在人类早期试图用一个假定的看不见的世界来解释看得见的世界的尝试中就已用到这种观念。实际上，[*]恩培多克勒[Empedocles]的四元素说，阿那克萨戈拉[Anaxagoras]的物质理论连同其同素体[homoeomereity，希腊文为 $\acute{o}\mu o\iota o\mu\varepsilon\rho\delta\acute{\iota}\alpha\varsigma$]、万物的混合[universal mixture]和优势[predominance]等原理，而更重要的是柏拉图的、留基伯[Leuoippus]和德谟克里特的各种原子理论（因为直到1911年威尔逊发明云室，或是1903年克鲁克斯发明闪烁计数器但在卢瑟福手里才首次得到卓有成效的应用之前，原子也曾是隐变量），都是这样的理论 T'，其中纳入了关于通常物体的理论 T。在这些理论中，也许并未用数学语言对求平均的运算严格定义，但缺乏定量的规定乃是古代的物理学的普遍特征。难道阿那克萨戈拉的"万物混合"的

---

　　[*]　恩培多克勒（约公元前490—前430年），古希腊唯物论哲学家，他认为一切物体都由火、气、水、土四种元素组成。阿那克萨戈拉（约公元前500—前428年），古希腊唯物论哲学家，他的学说认为，自然界的物体都是由一定质的粒子结合而成，这种物质粒子叫"同素体"或"种子"，它是万物的始基，它们的结合构成不同的物体，物体中哪一种同素体占优势就呈现哪一种性质。世界上一切事物都通过同素体混合在一起，"每一事物中都包含每一事物的一部分。"自然现象的变化就是这些粒子的结合和分离。这种学说和机械的发展现相近。参看《古希腊罗马哲学》（生活·读书·新知三联书店，1957）第63—72页。——译者注

理论(根据这种理论"在每一事物中都包含着每一事物的一部分"①)在实质上不就是关于绝非无弥散的[dispersion free]系综的一个隐变量理论吗?

最早的隐变量理论(其中的隐变量根据其定义便不能用直接察探测到的,并且是由数学性质——几何性质来表征的)也许是公元前四世纪前半叶由塔仑坦的阿契塔[Archytas of Tarentum]* 所提出的用"视线"(射线)来解释视觉的理论。这个理论是毕达哥拉斯学派关于从眼睛向视觉感到的物体行进的汽状流的学说的几何化加工,后来被大多数研究光学的希腊数学家如欧几里得、希罗[Hero]、依巴谷[Hipparches]、克利奥默德[Cleomedes]和托勒密[Ptolemy]所采用。按照阿契塔②的意见,由于直线视线(它们形成一个以眼睛为顶点的圆锥)是视觉过程本身的组成要素,它们永远不能"被看见";同时它们也不能用别种方式感觉到,因为它们对别的感觉来说是太稀薄了,彼此不能相互作用。根据定义,它们是一个观察理论中的不可观察的变量!

大家知道,德谟克里特的严格决定论的原于论,被伊壁鸠鲁[Epicurus]修订为一个非决定论的运动理论。在伊壁鸠鲁看来,所有的原子,虽然重量不相等,都以同等的速度穿过虚空下落。因为这样的原子永远不可能相撞以形成复合物因而"自然界就永远

① Simplicius, *In Aristotelis Physicorum Commentaria*, H. Diels, ed.(Reimer, Berlin, 1882), p.164, line 23. 又见《古希腊罗马哲学》(生活・读书・新知三联书店, 1957)第 70 页 11 款。

＊ 阿契塔,希腊数学家,约公元前 428—前 347,塔仑坦城邦(在意大利南部)的统治者,毕达哥拉斯学派的首领之一。——译者

② 见 Lucius Apuleius of Madaura, *Apologia*, Chap.15.

不会创造出任何东西",[①]于是伊壁鸠鲁便假设存在有突然的"偏斜"[拉丁文为 *clinameu*],"当原子被他们自己的重量拉着垂直向下通过虚空时,在极不确定的时刻和极不确定的地点[*incerto temporei incertisque locis*],会从它们的轨道稍稍偏斜,偏斜到你能称之为一次方向变化。"[②][*]伊壁鸠鲁把一个正统的决定论理论 T 嵌入一个更普遍的非决定论理论 T' 之中,对原子的偏斜作了非因果的描述。但是斯多葛学派的人争辩说:"每一事件都有它的前兆,即它所依赖的原因。"[③]在他们眼里这样一种非决定论的描述显得是不可接受的。他们认为(克吕西普[**]),若是平衡受到扰动而又感觉不到任何外部朕兆表示有一个原因,在这种情况下都必须假设有隐藏的原因存在:"因为没有任何东西是没有原因的或是自发的;在某些人发明的所谓偶然推动里,也有着隐藏于我们的视界之外的原因,是它们决定了作用在一定方向上的推动。"[④]于是

---

①　Carus Lucretius, *De rerum natura*, Book 2, lines 217—220. 中译本:卢克莱修,《物性论》,(方书春译,生活·读书·新知三联书店,1958)。又见《古希腊罗马哲学》第 414—415 页。

②　同上。

*　伊壁鸠鲁对德谟克里特的原子论的这一修订,是马克思的博士学位论文《德谟克里特的自然哲学与伊壁鸠鲁的自然哲学的差别》所讨论的主题。马克思在论文中说明了伊壁鸠鲁这一发展的哲学意义:德谟克里特否定了偶然性的发生,而把必然性片面地绝对化了,这样就必然要走到宿命论,而不能解释自由与必然的问题;而伊壁鸠鲁的学说,却既承认必然性(原子往下降落),又承认偶然性(偏斜运动),因此就保卫了唯物论。同时伊壁鸠鲁的这一学说也猜测到了事物运动的原因在于事物的内部。见马克思,《博士论文》(贺麟译,人民出版社)。——译者注

③　Alexender of Aphrodisias, *De fato*, p.192. Cice 6.

**　克吕西普[Chrysippus](约公元前 260—前 210 年)希腊早期斯多葛派哲学家。见 473 页注①。——译者注

④　Plutarch, *De Stoicorum Repugnantis*, line 1045c.

克吕西普通过假定有"隐原因",又把伊壁鸠鲁的非决定论的(因而是隐变量的)原子理论 T' 纳入一个隐变量理论 T'' 中。

另一个有趣的隐变量理论是阿布尔·胡德尔[Abu'l Hudhayl]对阿尔-纳扎姆[Abu Ishaq Ibrahim Al-Nazzam]的"跳跃"[leap]理论的修订。阿尔-纳扎姆[①](775—846)在他讨论运动的著作 *Kitāb fial-haraka* 中,试图通过提出下述观念以解决芝诺的悖论 [*]:一个物体能够在空间中从一点 A 运动到另一点 C,而不经过中间点 B。同卡拉姆[Kalam]对空间、时间和存在的原子论看法相反,阿尔-纳扎姆主张,一个运动中的物体不是湮没掉然后重新出现,而是好比进行一次跳跃:"运动体可以占据一定的位置,然后以跳跃的方式进到第三位置而不经过中间的第二位置。"[②]为了替他的观念辩护,他举出了某些跳越现象[skip phenomena],这些现象使人想到"亚里士多德之轮"。[**]它还引起过伽利略的兴趣。

---

① 对阿尔-纳扎姆的自然哲学的一个一般的讨论,见 J. van Essen,"Dirär b. `Amr und die 'Cahmiya',"*Der Islam* 43,241—279(1967);**44**,1—70,318—320(1968)。又见 Abu Ridah, *Ibrahim'ibn Saiyar al-Nazzām wa-ārā'uhu alkalāmiyah al-falsafiyah*(阿拉伯文)(Lognat al-talif, Cairo,1946)。

* 这里所说的悖论应当是指芝诺的"对分法悖论"。这个悖论是这样的:假如想沿一线从 A 走到 B,为了达到 B,必须先走过 A 和 B 的中点 B_1,而为了达到 B_1,必须先走过 A 和 B_1 的中点 B_2。这样继续下去,所以这种运动甚至于永远不能开始。显然,这个悖论中包含了一个物体无穷可分的观念,与我国《庄子·天下》中所说的"一尺之棰,日取其半,万世不竭"的意思相仿。——译者注

② Abul-Hasan Al-Ash'ari,*Kitāb Maqālāt al-Islāmiyyin*(阿拉伯文),H. Ritter,ed.(Istanbul, 1929—1930),p.321.

** 亚里士多德之轮[rota Aristotelis],是一个著名的关于不连续运动的问题:如果运动是由非无限小的跃变构成,那么一个刚体轮子怎么能够绕中心旋转而不解体成为一堆分散的原子呢?因为离中心越近,需要作的"跳跃"越小。——译者注

简而言之,阿尔-纳扎姆的运动学把宏观物体的外表上是连续的运动化为一系列微观过程,这些微观过程根据它们的定义便根本不会有任何彻底的时空描述。实际上,阿尔-纳扎姆的跳变观念,他对一个不可分析的中间现象的确认,可以看成是玻尔的量子跃迁观念的一个早期的先驱。阿布尔·胡德尔(751—849)是阿尔-纳扎姆的叔父,他试图通过假定存在的"隐状态"(hidden states)把他侄儿的间断跳跃的理论同亚里士多德的连续运动的学说调和起来。于是,通过附加隐状态,又把一个不连续的运动理论 T 纳入一个连续的运动理论 T' 之中。

要详细说明许多著名的中世纪神秘学说、许多炼金术理论、现代化学萌芽时期的燃素说以及十八世纪和十九世纪的大量的所谓引力的动力理论都是隐变量理论,[①]会使我们离题太远。比较著名的隐变量理论是麦克斯韦的以太理论和赫兹的隐坐标理论,赫兹的理论描写了"隐质量"的"隐运动",他企图用它来解释两个虽然彼此并不直接接触的物体怎么能够相互影响。J. J. 汤姆逊把位

---

① 详见 M. Jammer, *Concepts of Force* (Havard U. P., Cambridge, Mass., 1957; Harper and Brothers, New York, 1962), pp.188—199; 意大利文译本(1971)。在某些现代的洛伦兹不变的引力理论(如 W. E. Thirring 在他的两篇论文 "Lorenti-invariante Gravilationstheorien," *Fortschritte der Physik* **7**, 79—101(1959) 及 "An alternative approach to the theory of gravitation," *Annals of Physics* 16, 96—117(1961)中所描述的那种理论)中,事件之间的欧氏间隔必须看成隐变量,至少是米特尔斯特所定义的那种意义上的隐变量,这一点是米特尔斯特指出的,见 P. Mittelstaedt, "Die Sprache der Physik", 载于 *Qvanten und Felder* (F'estschrift für Werner Heisenberg), H. P., Dürr, ed. (F. Vieweg und Sohn, Braunschweig, 1971), pp.27—51; 重印于 P. Mittelstaedt, *Die Sprache der Physik* (Bi bliographisches Institut, Mannheim, Vienna, Zürich, 1972), pp. 84—115。

能解释为循环坐标的动能的早期工作是另一个例子。一般说来，
每当试图将超距作用化为邻近作用时，便要起用隐变量来作为问
题的一个自然的解决。

　　在量子力学中，我们将看到，引进隐变量的效果似乎将引向相
反的方向：坚持隐变量似乎会导致放弃局域性。

　　不但隐变量的概念，而且否定隐变量概念的可能性的企图，也
可以追溯到科学思想的萌芽时期。亚里士多德①这个古代原子论
的主要反对者，曾经一再热切地宣布原子论的学说在逻辑上是讲
不通的，在方法论上是不必要的，前一论断是因为不可再分的观念
有着内部矛盾，违反了数学原理和运动的原理，它的必要的前提是
有空虚的空间存在，而这在物理上是不合适的，后一论断是因为它
对凝聚、稀化等物理过程及化学变化的解释是肤浅的和失败的。
同样著名的是芝诺反对原子的论据，虽然还不太清楚他的著名的
悖论*是针对谁的。

　　利用隐变量从逻辑上否定原子的另一个有趣的例子可以从拉
克坦蒂乌[Caelius F. Lactantius]的著作中找到，他是一个早期的
基督教护教者（约公元 260—340 年），是阿诺比乌[Arnobius]的学
生，君士坦丁大帝[Constantine the Great]的儿子克里斯波[Cris-
pus]的导师。拉克坦蒂乌在其著作《神之怒》[De Ira Dei]②中，试

---

　　① 　Aristotle，*Physics* line 231a，*De Caelo*，lines 303a 及以下。

　　* 　参看前页上的译者注。

　　② 　Lactantius，*De Ira Dei ad Donatum liber unus*，Opera Omnia，1786.参照 H.
Kraft 和 A. Wlosok 编辑的新版（拉丁文、德文对照）（Wissenschaftlische Buchgesell-
schaft，Darmstadt，1957）。

图用如下的归谬证法*来否定假设的原子实体的存在："如果原子
是圆的或光滑的，它们肯定不能附着在一起构成一个物体……；
反之，如果它们是粗糙的并附有尖角或钩使得它们能够结合在
一起，那么它肯定还可以进一步分割。……如果看不见的东西是
由看不见的部分组成的，看得见的东西必定也应当是由看得见的
部分组成的。那么为什么没有任何人看见过它们呢？"[①]他的论
据，特别是联系微观实体与宏观物体的后一论据，受到了人们的严
肃对待，这从近代原子论的革新者伽桑第（1592—1665）[②]认为有
必要逐条驳斥这些论据这一事实即可看出。还可以引证许多进一
步的例子——且不说众多的不可能性证明了，比如亚历山大里亚
的狄翁尼修［Dionysius of Alexandria］在其著作《论自然》［περί
φύσεως］或奥古斯丁［A. Augustinus］**在他的著作《致狄斯可拉的
信》［Epistola ad Dioscorum］里所述的那些证明，后者用了神学的

261

---

　　* 　归谬证法［reductio ad impossibile 或 reductio ad absurdum］：列出一个命题的
种种结论，而后证明：这些结论为假或为不可能或相互矛盾，从而否定这个命题。——
译者注

　　① 　上页注②文献，p.26,p.30。

　　② 　P. Gassendi, *Animadversiones in decimum librum Diogenis Loertii* (1649)。
又见 K. Marwan, *Die Wiederaufnahme der griechischen Atomistik durch Pierre Gas-
sendi* (Kirsch, Beuthen, 1935)及 B. Rochot, *Les Travaux de Gassendi* (J. Vrin, Par-
is,1944)。译者按：伽桑第，启蒙时期法国新兴资产阶级的唯物主义哲学家和科学家，
与笛卡儿同时。他反对神学，拥护太阳中心说，恢复和发展了伊壁鸠鲁的原子论。马
克思说，伽桑第"把伊壁鸠鲁从禁书里解放出来了。"（《博士论文》序）

　　** 　这些人和前面的拉克坦蒂乌等都是教父哲学的代表人物。奥古斯丁（公元
354—430 年），古罗马末期的基督教神学家，教父哲学的主要代表，北非主教，后来被天
主教尊为"圣徒"。他提出理性应当服从信仰，哲学应当服从神学，宣扬神秘主义、禁欲
主义和教会权力。亚历山大里亚的狄翁尼修（约公元 200～265），基督教神学家。其所
著《论自然》是反对伊壁鸠鲁的原子论的。

或目的论*的论据。

　　量子力学中关于隐变量的论战在经典物理学中的前例[①]，当然是十九世纪后半叶展开的关于唯象热力学的机械论的动力学解释的辩论，辩论的一方是以玻尔兹曼为首的动力学解释的提倡者，他们的敌方或者是根据洛希密脱[J. Loschmidt]或策梅洛[E. F. F. Zermelo]提出的那些专门的理由，或者是根据马赫提出的那些哲学理由。洛希密脱的可逆性异议[22]（1876）和策梅洛的周期性异议[②]试图否定用气体动力论或统计力学中所假设的分子的种种看不见的运动来解释热力学定律的可能性。而近代的论点，即由于隐变数在实验上不能证明，因而它们是玄学量并且是在科学上无用的装饰品，则与马赫[③]以简单性和假设应当最少为理由

----

　　* 目的论[teleology]：一种反科学的宗教唯心主义学说，把自觉的、有意的行动加于自然界，认为世界上的一切都是合乎目的的，世界上的一切都是由神创造的。"根据这种理论，猫被创造出来是为了吃老鼠，老鼠被创造出来是为了给猫吃，而整个自然界被创造出来是为了证明造物主的智慧。"（恩格斯，《自然辩证法》导言）

　　① J. Loschmidt, "Über den Zustand des Wärmegleichgewichles eines Systems von Körpern mit Rücksicht auf die Schwere,"*Wiener Berichte* 73, 138—142(1876), **75**, 287—299(1877), 76, 204—225(1877).

　　② E. Zermelo, "Über einen Satz der Dyramik und die mechanische Wärme-theorie,"*Annoyender Physik* **57**, 435—494(1896); 英译文"On a theorem of dynamics and the mechanical theory of heat,"'收入 *Kinelic Theory*, S. G. Brush, ed.(Pergamon Press, Oxford, 1966), Vol.2, pp.208—217.译者按：洛希密脱的可逆性异议是人们熟知的，即微观系统服从动力学规律.而力学规律对于时间是可逆的，它同宏观过程的不可逆性矛盾。对策梅洛的周期性（可复原性）异议则可能比较陌生，它说的是，根据彭加勒[Poincaré]的重现定理，任何具有有限自由度的力学系统，在给定的近似条件下，可以无数次地通过任何状态，特别是，在将来会无数次地十分接近于重新回到系统所离开的低几率状态。参看王竹溪，《统计物理学导论》(高等教育出版社, 1956)，第 248 页。

　　③ E. Mach, *Die Prinzipien der Wärmclehre*(J. A. Barth, Leipzig, 1896).

反对玻尔兹曼的观念有其相似之处。实际上，这里不只是形式上的相似；因为正如我们看到的那样，马赫所倡导的逻辑实证论哲学对于量子力学的正统诠释的形成及其对隐变量的否定起着相当重要的作用。至于现代物理学家主要由于 1890 年以来对原子理论的严格实验验证而几乎一致追随玻尔兹曼而不是马赫，并不能成为在量子理论中支持隐变量的逻辑论据。

7.3　量子力学中早期的隐变量理论

在转而讨论量子力学中的隐变量的历史之前，让我们专门就量子力学的情况来重新定义隐变量的概念。下述定义虽然在隐变量理论发展的早期阶段从未明显陈述过，因而把它放在这个阶段讲述在年代顺序上是不对的，但我们仍把它放在这里，主要是为了引进一些术语，使用这些术语将使我们的讨论更加确切而简明。

定义 II　（1）每一个由通常的态函数 Ψ 描述的个体量子系统还被由一个参数 λ 标志的附加的隐状态表征，全部隐状态的总体是隐状态的相空间 Γ，Ψ 和 λ 决定了在此系统上测量任何可观察量的结果。（2）每个态函数 Ψ 都和 Γ 上的一个几率测度 $\rho_{\Psi}(\Lambda)$ 相联系，使得若 Λ 是 Γ 的一个可测子集，则 $\rho_{\Psi}(\Lambda)$ 是由 Ψ 和 λ 确定的态处于 Λ 中的几率。（3）每一个由自伴算符 A 代表的可观察量 $\mathcal{G}$ 都和一个单值的实值函数 $f_A:\Gamma\to R$ 相联系，它把 Γ 映射到一切实数的集合 R。（4）若 M 是 R 的一个可测子集，μ_{Ψ}^{A} 是量子力学几率测度，使得 $\mu_{\Psi}^{A}(M)$ 是 $\mathcal{G}$ 的值位于 M 之中的几率，那么

$$\mu_\Psi^A(M) = \rho_\Psi\left[f_A^{-1}(M)\right]$$

或等当地
$$\langle A \rangle_\Psi = \int_\Gamma f_A(\lambda)d\rho_W(\lambda)$$

在非简并的分立谱的情况下,最后两个条件可以重新表述如下:(3)每一个由自伴算符 A 代表的可观察量 α 都和一个单值的实值函数 $f_A(\lambda)$ 相联系,它把 Γ 映射到 A 的本征值的集合上。(4)若 Ψ_n 是 A 的一个本征矢,a_n 是相应的本征值,并且 Γ_{an} 是 a_n 在 Γ 中的逆映象 $f_{(\alpha_n}^{-1})$,即 $\Gamma_{an}=\{\lambda\,|\,f_A(\lambda)=\alpha_n\}$,那么对于一切 Ψ 有

$$\int_{\Gamma_{an}} d\lambda\rho_\Psi(\lambda) = |\,(\psi_n,\psi)\,|^2$$

其中 $\rho_\Psi(\lambda)$ 是根据(2)与 Ψ 相联系的几率密度。参数 λ(有时甚至它们所表征的态)称为(非交错的[noncontextual])隐变量;而满足上述条件(1)至(4)的一个空间 l^1、一组几率测度 ρ 和一组函数 f 则称为一种隐变量理论或诠释。如果我们知道了处于态 ψ 的一个单个系统的 λ 之值,我们就可以确定地预言对它的任何测量的结果,而如果我们知道隐变量的几率分布,我们就可以恢复量子力学的统计学。

上述定义中的(1)和(2)假定了无弥散的隐状态的存在及其几率密度,而(3)和(4)则通过对(1)和(2)的限定,保证了通常的量子力学的统计预言的重现。"非交错的"这一限制强调的是,$f_A(\lambda)$ 这个结果与在同一系统上测量 α 的同时还测量了哪些和 α 相容的其他可观察量无关。由于量子力学中的隐变量的早期倡导者们都以为(或默认)有这种非交错性或对于周围环境的实验装置的独立无关性,我们在讨论中将不提这一限制,有明显必要提出它的时

候。严格说来,对于另一种限制——隐变量的"局域"或"非局域"特性——也有同样的规定:若对处于 ψ,λ 态的系统 S_1 测量 $\mathcal{A}$ 的结果 $f_A(\lambda)$ 不依赖于对另一系统 S_2(它与 S_1 在空间是远离的)所进行的测量的种类(或其结果),则此时的隐变量称为局域的,否则称为"非局域的"。同样,在理论的早期阶段,所有的隐变量都默认为"局域的"。

显然,一个由定义Ⅱ所定义的隐变量为基础的诠释,本身[eo-ipso]也是通常的量子理论 T 在定义Ⅰ的意义上的隐变量推广 T'。

有了这些定义之后,我们现在回过来讨论量子力学中隐变量理论的历史。最早的隐变量理论是用来将量子力学纳入一个严格的决定论理论的。实际上,就是在玻恩[1]提出他的 ψ 函数的几率解释(根据这种解释,"粒子的运动遵从几率定律",并且在这种解释中只赋予 ψ 以统计意义)的那篇论文中,也未曾忽略隐变量的可能性。玻恩写道:"但是当然,任何对这些观念感到不满意的人都完全可以假定,还有附加的参数尚未引进到理论中来,正是它们决定了个体事件。在古典力学中这些参量是运动的'相'[pha-ses],比如各个粒子在某一时刻的坐标。开始我以为不太可能将对应于这些相的量合理地纳入到新理论中来,但是弗仑克尔先生告诉我说,这还是有可能做到的。"[2]

玻恩是在 1926 年 6 月写下这些话的。几个星期之后,8 月 10 日,在英国学术协会[British Association] 1926 年牛津会议上,玻

---

[1]　M. Born,"Quantenmechanik der Stossvorgänge",60 页注[1]文献。

[2]　同上,p.825(p.256;p.76)。

恩再次提到他称之为"微观坐标"的隐变数："经典理论引进了确定单个过程的微观坐标，只是由于缺乏关于它们的知识才通过对它们的值取平均的方法又把它们消去了；而新理论则根本不必引入它们就得到了同样的结果。当然，这并不禁止人们相信微观坐标的存在；但是，只有在设计出用实验观测它们的方法之后，它们才有物理意义。"[①]

弗仑克尔[Я.И. Френкель]从 1921 年起直到他 1952 年去世时都在列宁格勒工学院工作，1926 年，由于埃仑菲斯特的推荐，他得到了洛克菲勒基金会的一个奖学金名额，在哥廷根度过了一个夏天，在那里他是作为玻恩的一个助手。不幸的是，已找不到什么书面材料向我们说明弗仑克尔的隐变量理论的一些情况[②]。就近代物理学史而言，丢失了最早的量子力学隐变量理论显然是一次无可挽回的损失。

但是，我们可以猜测弗仑克尔可能是怎么想的。任何重建弗

---

①　M. Born, "Physical aspects of quantum mechanics," *Nature* **119**, 354—357 (1927); 重印入 M. Born, *Physics in my Generation* (Pergamon Press, London, New York, 1956), pp.6—13。

②　笔者曾试图追踪某些关于弗仑克尔理论的文件，但是徒然无效。玻恩在被问及此事时，已想不起任何细节了(1965 年 7 月 12 日在 Bad Pyrmont 对玻恩的访问)，弗仑克尔在 1930～1931 年度讲过学的明尼苏达大学，没有关于这个问题的任何记录，弗仑克尔的儿子，列宁格勒理工学院的 B.Я.弗仑克尔教授，没有在他父亲的手稿中看到关于这个题目的任何文献。弗仑克尔写了一本著名的量子力学教科书：*Ein fülhrung in die Wellenmechanik* (J. Springer, Berlin, 1929)，英文本 *Wavet Mechanics-Part I: E lementary Theory* (Oxford U. P., 1932, 1936; Dover, New York, 1950), *Part II: Advanced General Theory* (Oxford, 1934; Dover, 1950)，在这本书中也找不到任何地方提到这个问题。

仑克尔理论的努力都应考虑下面两点：(1)在当时，证明隐变量存在的最自然的方法是什么？(2)这种方法符合弗仑克尔的性格倾向吗？鉴于他除了量子力学之外对统计力学也极为感兴趣（他的统计物理学专著[①]初版在 1932 年即已问世）这一事实，他的理论的重建，要是用近代的术语来表述的话，也许应当如下所述。

弗仑克尔只限于考虑非简并分立谱的情形，即一个自伴算符 A 的本征值为 $\{a_j\}_{j=1}^{\infty}$，使得 $A\alpha_j = a_j\alpha_j$。弗仑克尔遵照玻恩的学说，知道在 ψ 态对 A 的一次测量得出 a_j 的几率为 $p_j = |(\alpha_j, \psi)|^2$，这里 $\sum p_j = 1$。必须定义一个隐变量，使得它在一个给定的 ψ 下的统计分布 $\rho_\psi(\lambda)$ 复制出 p_j。为此，采用下述方法已足够：使每一个 a_j 联系 λ 的一个域 I_j，并假定 $\rho_\psi(\lambda)$ 将 p_j 赋予 I_j。最容易的方法应当是把单位区间分成各个子区间 I_j，其长为 p_j，并按照定义 II 规定 $f_A^I(a_j) = I_j$。为了把这一措施推广到由 $A^{(1)}$、$A^{(2)}$、……代表的几个可观察量的情况，我们只须引进相应的隐变量 $\lambda^{(1)}$、$\lambda^{(2)}$、……，假定 $a_j^{(k)}$ 只与 $\lambda^{(k)}$ 有关，并令每一 $a_j^{(k)}$ 联系 $\lambda^{(k)}$ 的一个区间 $I_j^{(k)}$，使得当 $\lambda^{(k)}$ 处于 $I_j^{(k)}$ 内时就得到 $a_j^{(k)}$。若 $\rho_\psi^{(k)}(\lambda^{(k)})$ 和上述的 $p_\psi(\lambda)$ 定义相仿，于是总的分布为 $p_\psi(\lambda^{(1)}, \lambda^{(2)}, \cdots) = \Pi\rho_\psi^{(k)}(\lambda^k)$。对于分立谱，隐变量的个数可以减到 1。

虽然这只是一个简单的数学技巧，很难说这些隐变量有什么物理意义，但上述措施已足以表明，隐变量的观念并不是和量子力

[①] Я.И. Френкель Статистическая Физика (Наук, Москва, Ленинград, 1932)；修订版(1947)；德译本(1957)。

学的规则不相容的。但是这在当时显然还不是人所共知的常识，而且显然也不为冯·诺伊曼所知，下面我们就要来考虑他的著名的关于隐变量的不可能性的"证明"。

7.4 冯·诺伊曼的"不可能性证明"和对它的种种反应

当冯·诺伊曼[①]于二十世纪二十年代的最后几年担任柏林大学的无俸讲师[*]时，他主要是从事量子力学的数学方面的研究。但是他也对关于新理论的哲学涵义的讨论很感兴趣，这种讨论在该大学的著名的物理学讨论会的末尾经常进行。冯·诺伊曼所关注的主要问题是量子力学的统计特征的精确本性，即下面这个问题：尽管一个系统的态通过态函数有着无歧义的定义，为什么对其中的物理量（可观察量）的值只能作统计的陈述。

由同一态函数描述的系综呈现出弥散（disperasion），这一事

---

① 详细生平见 S. Ulam，"John von Neumann，1903—1957"，*Bulletin of the American Mathematical Society* **64**，1—49(1958).L. van Hove，"Von Neumann's contributions to quantum theory"，同上，95—99。E. P. Wigner，"John von Neumann"，*Yearbook of The American Philosophical Society* **1957**，149—153.*S. Ulam*，H. W. Kuhn，A. W. Tucker and C. E. Shannon，"John von Neumann，1903—1957". *Perspecivves in American History*，D. Fleming and B. Bailyn，eds.(Charles Warren Center for Studies in American History，Cambridge，Mass.，1968)，Vol.2，pp.235—269。可惜的是，至今为止，还没有看到有冯·诺伊曼的一部完整的传记问世，而他对近代科学的发展却有过这样大的影响。

* 无俸讲师[privatdozent]是德国大学中的一种讲师职位，校方不发给薪俸，而以学生所交的学费为报酬。——译者注

实使冯·诺伊曼想到,有着两种可以先验地想到的诠释:要么是
(1)各个单个系统虽然由同一 ψ 描述,但它们在附加的隐参数上
有差异,这些隐参数的值决定了测量的精确结果;要么是(2)系综
的全部单个系统都处于相同的状态,"但是自然界的定律不是因果
性的";弥散是由于自然界漠视了充足理由律而产生的。他说,支
持(1)的论据是,据称自然界绝不会违反充足理由律,因为这个定
律只不过是关于等同的一个定义;两个态,若而且仅若它们对相同
的测量得出相同的结果时,根据定义它们才是相等的(或全同的)。
冯·诺伊曼在对他的"证明"的非数学的介绍[①]中宣称,在量子力学
中,根据这一判据来引进因果秩序的任何试图都是注定要失败的。

　　为了详细证明这一点,冯·诺伊曼考虑在 N 个系统的一个系
综 E 上所进行的对物理量 R 的测量,为了简单起见,他假定 R 只
给出两种结果 r_1 和矿 r_2。设这种测量在 E 的子集 E_1 上给出 r_1,
在 E 的子集 E_2 上给出 r_2,E_1 和 E_2 对于立即重复的 R 测量是无
弥散的。然后我们再在这些子系综上测量另一个量 Q,它同 R 不
相容,并且只给出 q_1 或 q_2。若 q_1 是在 E_1 的 $E_{1,1}$ 和 E_2 的 $E_{2,1}$ 上
得到的,q_2 是在 E_1 的 $E_{1,2}$ 和 E_2 的 $E_{2,2}$ 上得到的。经验证明,
$E_{1,1}$ 和 $E_{1,2}$ 虽然是 E_1 的子集,同样 $E_{2,1}$ 和 $E_{2,2}$ 虽然是 E_2 的子集,
但是它们同 E_1 和 E_2 相反,对于 R 却是有弥散的。冯·诺伊曼的
结论是,上述试图[*]之所以失败,是因为"在原子中,我们已经到了

──────────

　　①　7 页注①文献,Chap.4,sections 1 and 2。
　　＊　即上述通过先测 R 后测 Q 来对系综中的系统进行分类,逐步限制隐变量的值
域,从而最后确定隐变量以引进因果秩序的试图。──译者注

物理世界的边界,这里每次测量都是一次和被测客体同一量级的干扰,因此要对被测客体发生根本性的影响。"看来冯·诺伊曼在这里所想到的一个明显的例子是对一个自旋为 $\frac{1}{2}$ 的粒子的两个自旋分量的测量。[①] 照冯·诺伊曼看来,如果有隐变量存在,那么次数足够多的这类测量应当使隐变量的值域逐步变窄,最后导致在一切方向上自旋分量都有确定值,这个结论是同量子力学不相容的。

冯·诺伊曼的亲密朋友之一维格纳,当时在柏林高等技术学校工作,后来(1930—1933)在普林斯顿大学和他共同担任一个教授席位。按照维格纳的说法,冯·诺伊曼之所以否定隐变数,上述考虑才是决定性的原因,而下面即将讨论的明显的数学"证明"所起的作用则要小一些。薛定谔曾提出异议说:"在一个方向上的自旋测量,虽然也许理清了一组隐变量,但它可能会恢复别的某一组隐变量的随机分布"。据维格纳说,冯·诺伊曼针对此争辩道,这个异议"预先假定了在用来测量的仪器中有隐变量。冯·诺伊曼的论证则只需假设有两组仪器,具有相互垂直的磁场,和用这两组仪器交替进行的一系列相继测量。即使两组仪器有隐变量,最后它们也会被对相应方向上的自旋分量的多次相继测量的结果固定下来,因此整个系统的隐变量即被固定。"[②]这种推理方法最近受

267

---

① 这个推测为维格纳所证实,见 E. P. Wigner, "On hidden variables and quantum mechanical probabilities", *Am. Jour. Phys.* **38**, 1005—1009(1970)。

② 同上。

到克洛塞①的批评,他建造了一个简单的隐变量模型,它既允许像薛定谔所说的那样恢复随机性,而又不需要在测量装置中有隐变量存在,并且这个模型也再现通常的量子力学预言。

冯·诺伊曼继续说道,人们还可以进一步提出异议说,即使承认不存在有物理的方法把 E 分成无弥散的子系综,但是在想象上总可以把每个有弥散的系综看成只不过是两个或多个彼此不同的无弥散的子系综的选加。冯·诺伊曼的著名的"证明"②的内容便是,连这种支持第一种可能诠释的"想象"也是行不通的。

这个"证明"是基于下述四条假设:*

P. I. 若一个量(可观察量)由一个算符 R 代表,则这个量的函数 f 由算符 $f(R)$ 代表。

P. II. 若几个量由算符 $R, S, \cdots$ 代表,则这些量的和由算

---

① J. F. Clauser, "Von Neumann's informal hidden-variable argument," *Am. Jour. Phys.* **39** 1095—1098(1971). 但又见 E. P. Wigner, "Rejoinder," 同上, 1097—1098, 及 J. F. Clauser, "*Reply to Dr.Wigner's objections*,"同上, 1098—1099。

② 7页注①文献, Chap.4, sections 1 and 2. 冯·诺伊曼在他的书的这两节里所表述的这些假设的逻辑无矛盾性,常常被提出疑问。特别是,假设 I 的可接受性曾受到怀疑。首先注意到这个问题的人中有 G. Temple(当时在伦敦的 King's College),在他的论文"The fundamental paradox of the quantum theory," *Nature* 135, 957(1935) 中,他证明假设 I 将导致严重的矛盾。又见 H. Fröhlich and E. Guth, "The fundamental paradox of the quantum theory,"同前, 136, 179(1935), 及 R. Peierls, "The fundamental paradox of the quantum theory,"同前, 136, 395(1935)。

* 在冯·诺伊曼的原书中,这些假设是散在各处的。并没有这样系统地列在一起。这里的讲法基本上是依照玻姆和巴布对冯·诺伊曼的论证的总结,但他们一共列举了五条假设,除了下面四条之外,头一条是:量子力学系统的每一可观察量对应于希尔伯特空间的一个超极大厄密算符(冯·诺伊曼原书假定是一一对应)。见本章文献133。——译者注

符 $R+S+\cdots\cdots$ 代表,不管这些算符是否对易。

P. III.　若一个量 $\mathscr{R}$ 的本性是非负的[*],那么它的期待值 $\langle\mathscr{R}\rangle$ 是非负的。

P. IV.　若 $\mathscr{R},\mathscr{S},\cdots\cdots$ 是任意的量且 $a,b,\cdots\cdots$ 是实数,则 $\langle a\mathscr{R}+b\mathscr{S}+\cdots\cdots\rangle=a\langle\mathscr{R}\rangle+b\langle\mathscr{S}\rangle+\cdots\cdots$。

为了使他的证明尽可能普遍,冯·诺曼从最基本的原理出发来推导期待值的统计公式。为此他在希尔伯特空间 $\mathscr{H}$ 中引进一个完备正交向量组 φ_k,并定义 $R_{mn}=(\varphi_m,R\varphi_n)$,这里括号表示内积。他又定义了几个矩阵:$U^{(n)}=(e_{\mu\nu}^{(n)})$,其中 $e_{\mu\nu}^{(n)}=1$,当 $m=\nu=n$ 否则为零;$V^{(mn)}=(f_{\mu\nu}^{(m,n)})$,其中 $f_{\mu\nu}^{(m,n)}=-1$,当 $\mu=m,\nu=n$ 或 $\mu=n,\nu=m$ 否则为零;$W^{(mn)}=(g_{\mu\nu}^{(m,n)})$,其中 $g_{\mu\nu}^{(m,n)}=i$,当 $\mu=m$ 及 $\nu=n,g_{\mu\nu}^{(m,n)}=i$,当 $\mu=n$ 及 $\nu=m$,否则为零。再定义 $A_{\mu\nu}$ 为

$$A_{\mu\nu}=\sum_n R_{nn}e_{\mu\nu}^{(n)}+\sum_{\substack{m,n\\m<n}}[R_{mn}]f_{\mu\nu}^{(m,n)}+\sum_{\substack{m,n\\m<n}}\{R_{mn}\}g_{\mu\nu}^{(m,n)},$$

其中方括号表示括号中的数的实部,曲线括号表示虚部,可证 $A_{\mu\nu}=R_{\mu\nu}$,因此

$$R=\sum_n R_{nn}U^{(n)}+\sum_{\substack{m,n\\m<n}}[R_{mn}]V^{mn}+\sum_{\substack{m,n\\m<n}}\{R_{mn}\}W^{(mn)}\qquad(1)$$

再定义　　　$u_{nn}=\langle U^{(n)}\rangle,$

$$u_{mn}=\frac{1}{2}\langle V^{(mn)}\rangle+\frac{i}{2}\langle W^{(mn)}\rangle\qquad\text{当 }m<n,$$

$$u_{nm}=\frac{1}{2}\langle V^{(mn)}\rangle-\frac{i}{2}\langle W^{(mn)}\rangle\qquad\text{当 }m<n,$$

---

[*]　例如,它是另一个量 S 的平方(冯·诺伊曼原书中的说明)。——译者注

结果

$$\langle \mathscr{R} \rangle = \sum_{m,n} u_{nm} R_{mn} = Tr(UR) \tag{2}$$

其中 U 是统计算符,由 $(\varphi_n, U\varphi_m) = u_{nm}$ 定义。U 的建构与 R 无关,U 是非负定的并且只依赖于系综。

在这样建立统计公式 $\langle R \rangle = Tr(UR)$ 之后,冯·诺伊曼再通过表明没有哪个量子力学系综是无弥散的来继续他的证明。一个无弥散系综应当对一切 R 满足方程 $\langle R \rangle^2 - \langle R^2 \rangle = 0$ 或 $Tr(UR^2) = (Tr(UR))^2$。选 R 为(幂等的)投影算符 $P_\varphi = |\varphi \rangle \langle \varphi |$,其中 φ 是任意一个归一化矢量,他得到 $Tr(UP) = (Tr(UP))^2$ 或 $(\varphi, U\varphi) = (\varphi, U\varphi)^2$,即对一切 φ 有 $(\varphi, U\varphi) = 0$ 或对一切 φ 有 $(\varphi, U\varphi) = 1$,因此要么 $U = 0$ 要么 $U = 1$。因为这两个结果都是不能接受的,因此就证明了,无弥散的系综是不存在的。

冯·诺伊曼然后提出了均匀系综或纯粹系综[homogenous or pure ensembles]是否存在的问题,所谓纯粹系综是这样的系综 E:对于每一个物理量 $\mathscr{R}$ 和每一对子系综 E_1 和 E_2,方程 $\langle \mathscr{R} \rangle_E = a\langle \mathscr{R} \rangle_{E_1} + b\langle \mathscr{R} \rangle_{E_2} (a > 0, b > 0, a + b = 1)$ 就意味着 $\langle \mathscr{R} \rangle_E = \langle \mathscr{R} \rangle_{E_1} = \langle \mathscr{R} \rangle_{E_2}$。这个均匀性条件——即一个系综的统计特性和它的任一子系综相同——可以等价地表述为:$U = aU_1 + bU_2$ 意味着 $U = U_1 = U_2$(或它们最多差一常数因子)。冯·诺伊曼很容易地证明了,一个系综 E 是均匀系综的充分必要条件是它的统计算符 U 是一个投影算符 $P_\psi = |\psi \rangle \langle \psi |$(准确到一常数因子)。条件的必要性是这样证明的:选取一个矢量 φ_0 使得 $U\varphi_0 \neq 0$,并构建算符 V 和 W 如下(φ 是任意矢量):

$$V_\varphi = \frac{(U\varphi_0, \varphi)}{(U\varphi_0, \varphi_0)} U\varphi_0 ; \quad W = U - V,$$

根据定义它们是厄米正定算符并且满足 $U = V + W$。[①] 因此根据假定 V 与 U 成正比。

冯·诺伊曼然后用下面的方程定义归一化的矢量 ψ 和正常数 c

$$\psi = \frac{U\varphi_0}{\| U\varphi_0 \|}, \quad c = \frac{\| U\varphi_0 \|^2}{(U\varphi_0, \varphi_0)}$$

并得到 $U\varphi \infty V\varphi = c\psi(\psi, \varphi) = cP_\psi\varphi$。他沿着相仿的线索证明了条件的充分性。特别是,如果 ψ 属于希尔伯特空间中的一个完备正交矢量组 φ_k,比如 $\psi = \varphi_n$,则 $\langle\mathcal{R}\rangle = Tr(UR) = Tr(P\varphi_n R) = (\varphi_n, R\varphi_n)$,这就是通常的期待值公式。像 φ_n 这样的普通的量子力学态描述的就是均匀系综。

为了完成他的不可能性证明,冯·诺伊曼指出,隐变量的假定意味着有弥散的系综都不能是均匀系综。因为如上所述每个系综都是有弥散的,因此就不能有均匀系综;不过,既然前已证明,均匀系综的确是存在的,于是关于隐变量存在的假定就被否定了。

冯·诺伊曼预计到会有某些反对意见(这些反对意见后来真的提出来了),于是他又补充了下面一段话,这一段话常常受到人们忽视:

---

① 为了证明 W 的正定性,冯·诺伊曼应用了施瓦兹不等式的如下推广:对于任何正厄密算符 Y 和任何 φ, φ_0,有
$$|(\varphi, Y\varphi_0)| \leqslant \sqrt{(\varphi, Y\varphi)(\varphi_0, Y\varphi_0)}.$$

现阶段所存在的唯一的形式理论即量子力学(它以差强人意的方式整理和总结了我们在这个领域内的经验),同因果性有着必须承认的逻辑矛盾。当然,要说因果性从此就被摒弃了,那是过甚其词;因为现行形式有的量子力学也有着一些严重的缺陷,甚至于可能是错的,虽然鉴于它在对一般问题的定性说明和对具体问题的定量计算方面的惊人的能力,不太像会有后一种可能性。尽管量子力学和实验符合得很好,并且它为我们打开了这个世界的一个具有新质的侧面,但是人们绝不能说这个理论已经被经验证实了,而只能说它是经验的已知的最好的总结。但是,在提醒了这些应当预先注意的事项之后,我们仍然可以说,在目前既没有机会也没有理由谈论自然界中的因果性——因为没有实验表明它的存在:宏观实验在原则上是不适合的,而同我们关于基元过程的经验相容的唯一已知的理论量子力学则与它矛盾。

要知道,我们讨论的对象只是全人类的一种古老的思维方式,而并不是一种逻辑必然性(这从人们完全有可能建立一个统计理论这一事实即可知道),任何不怀先入之见地考虑这个问题的人都没有理由固执因果性的观念。在这种情况下,为了它而牺牲一个合理的物理理论是明智的吗?[①]

冯·诺伊曼的信徒们欢呼他成功地把量子力学的首要的方法

---

① 　7页注①文献,p.173(英文版 pp.327—328)。

论和诠释问题从思辨的王国移入了数学分析和经验判决的领域，甚至他的对手们也赞誉这一点。因为他的证明的精髓似乎就是简单的一条：如果实验迫使我们把量子力学的形式体系建立在前述诸假设之上，那么为了把理论置于决定论体制之中（即使只是在概念上）而设计的任何隐变量观念都是和这些假设矛盾的。

关于隐变量与量子力学矛盾的另一种证明是朗之万的女婿雅克·所罗门[①]在 1932 年给出的，发表于 1933 年，这种证明与冯·诺伊曼的工作独立无关，并且不是建立在希尔伯特空间中的算符运算之上。所罗门在他于 1943 年被纳粹流放和处决之前，曾在巴黎、苏黎世、伦敦、哥本哈根等地学习过，并在柏林、伦敦、剑桥、哈尔科夫和莫斯科讲过学。他的证明的主要思想如下：

若想象一个与时间有关的物理量 $F(t)$ 还依赖于某些隐参数 u，$F(t,u)$ 的平均值将由 $F(t)=UF(t,u)$ 给出，其中 U 是某个求平均的算符。如果 U 的核为 $G(u)$，上述方程可写为

$$F(t)=\int F(t,u)G(u)du$$

或者经过积分变量变换后，

$$F(t)=\int F(t,w)dw。$$

把这个关系应用于位置坐标 $x=f(t,w)$ 的 n 次幂，此式中 w 表示隐变量，得

$$\overline{x^n}=\int f^n(t,w)dw。$$

---

① J. Solomon, "Sur l'indéterminisme de la, mécanique quantique," *Journal de Physique* **4**, 34—37(1933).

另一方面,若 t 时刻在区间 x 到 $x+dx$ 内找到系统的通常的几率密度为 $\rho(x,t)=|\psi(x,t)|^2$,那么 x 的 n 阶矩(即 x^n 的平均值)为

$$\overline{x^n}=\int x^n\rho(x,t)dx=\int w^n\rho(w,t)dw。$$

两相比较,前后一致性要求对于一切 t 和一切 n 有 $f^n(t,w)=w^n\rho(w,t)$,这只有当 $\rho(w,t)$ 恒等于 1 时才成立,而这同量子力学矛盾。由于对 u 的本性和求平均过程的本性都没有具体要求,所罗门声称他的证明是最普遍的;"因为我们为了确立隐参数理论而引入的这些假设看来是最广泛的,它们同量子理论是相容的,它所给出的证明在我们看来自然地最终消除了关于原子现象的一个决定论性理论的最后希望。"[①]

所罗门的论证方法在仔细考察后会引起许多问题,不过它似乎从未受到过什么评论。而与之相反,冯·诺伊曼的证明则成了人们广泛讨论的题目。但是有趣的是,除了隐变量证明之外还含有大量富于启发性的材料的冯·诺伊曼的书,除了 1933 年的两篇短评(一篇是布洛赫写的,另一篇是马格瑙写的)[②]之外,在 1957 年(即贝耶的英译本[③]出版之后两年)之前从未被人评论过。看来在当时,也许是由于政治局势和战争的原因,具有足够的数学知识的物理学家和具有足够的物理学知识的数学家——其知识足以对

272

---

① J. Solomon,"Sur l'indéterminisma de la, mécanique quantique," *Journal de Physiqus* **4**,p.37。

② F. Bloch, *Physikalische Zeitschrift* 34,183(1933),H. Margenau,*Bulletin of the American Mathematical Society* **39**,493—494(1933).

③ 英译本曾得到费耶阿本德的评论,见 P. K. Feyerabend,*BJPS* **8**,343—347 (1957/8)。

这部著作作出评价——是太少了。实际上,在五十年代,在发表了种种贯彻一致的隐变量理论的倡议之后,冯·诺伊曼的证明才成了大量讨论的主题,关于它是否成立的各种意见仍然分歧很大。

可以作为这一时期的局势的特征的是 H. 纳布尔[①]在 1959 年发表的一篇文章,他是玻尔兹曼的长期助手 J. 纳布尔的儿子。纳布尔指出了泡利、马尔奇[March]、玻普、罗森菲尔德、德布罗意、德斯图舍斯[Destouches]、费耶阿本德、费涅什[Fényes]、泽纳斯[Zinnes]等人在对冯·诺伊曼的证明的评价上的分歧是何等巨大,并且埋怨对这个证明是否已经被否定了这个问题没有一个清晰的回答。他在文章的结束语中呼吁一切物理学家和数学家来澄清这种局势,并且对任何能对他的问题提供一个不含糊的回答的专家预致谢意[②]。但是还要过相当一段时间这种局势才得到充分澄清。

对冯·诺伊曼的证明所提出的最早的批评包含在早些时候在本书另一处讲到的赫尔曼的文章[③]中。赫尔曼责备冯·诺伊曼犯了循环论证的错误,说他在他的证明的正式前提中引进了一个和待证明的结论在逻辑上等价的陈述。问题之点是关于期望值的可加性,即关系式 $\langle \mathcal{R} + \mathcal{Y} \rangle - \langle \mathcal{R} \rangle + \langle \mathcal{Y} \rangle$ 对任意系综是否成立。冯·诺伊曼当然充分了解,对于不相容的可观察量这个关系式需要特别

---

① H. Nabl,"Eine Frage an Mathematiker and Physiker——Wurde der Parameterbewsis J. von Neumanns widlerlegt?",*Die Pyramids* **3**,96(1959).

② "Welche Beurteilung des Neumannschen Beweises trifft tataächlich zu?...Der Eineender wäre dankbar, wenn ihm diese Frage,auf die es offanbar eine eindeutige Antwort gibt, vou eachverständiger Seite beanwortet würde."同上。

③ 288 页注①文献。

考虑。实际上,在他的书的脚注 164 中,他明白地举出了在由位势 $V_{(x)}$ 确定的电场中运动的电子的能量算符

$$H = (p^2/2m) + V_{(x)} = R_{(p)} + S_{(x)}$$

为例,其中第一项是动量算符而第二项是坐标算符。但是,因为能量测量需要一种完全不同的程序*,例如测量所发射的辐射的频率(根据玻尔的频率关系式),冯·诺伊曼感到他有理由宣称,上述关系式仍然"在一切情况下"都成立。

赫尔曼然后指出,因为一个任意系综是纯粹情况的混合,大概只有对于其全部成员都用同一(纯态)波函数来描述的系综,才有充分的理由宣称具有可加性。但是,赫尔曼说,冯·诺伊曼却对这种系综用了数学公式 $(\varphi, (R+S)\varphi) = (\varphi, R\varphi) + (\varphi, S\varphi)$,不管 R 和 S 是否对易都认为这个关系式成立。于是赫尔曼提出异议说,只要隐变量的可能性还未被否定,$(\varphi, R\varphi)$ 就只对其成员是用 φ 描述的系综 E 才表示 R 的期望值。这并不意味着,也许还未找到的判据(隐变量)确定的 E 的子系综 E_1 的 R 的期望值也相同,也不意味着 R 的期望值满足可加性条件。因此冯·诺伊曼的证明中欠缺重要的一步。但是冯·诺伊曼仍然要保留这个假设,这就等于假设一个由 φ 描述的系综的成员不能根据可能会影响 R 测量的结果的任何判据来进一步加以区分了。因为否定这种判据的存在正是要证明的命题,赫尔曼得出结论说,冯·诺伊曼的证明是循环论证。若我们暂且把一个不能纳入隐变量推广 T' 的理论 T

---

* 即既不是坐标测量又不是动量测量。——译者注

称为"完备的"（根据定义 I 的精神），则赫尔曼的批评可以小结如下：冯·诺伊曼已经证明了量子力学是一个完备的理论，但是这是仅就量子力学态而言的。[①]

此外，赫尔曼还指出，人们必须区分两类问题，一个问题是将来的研究能不能导致更精确的预言，这是一个物理问题；另一个是这些研究结果能不能在现有的量子力学算符运算的框架内表述，

---

① 由于不大肯定我是否已正确理解了赫尔曼的论文中有关的段落，作者曾把这一部分原稿寄给她，并得到答复如下："您对我的思路的复述使我非常高兴；它对我的意思表达得很准确。我曾长时间地沉思您关于我的批评的总结性的结论：'冯·诺伊曼已经证明了量子力学是一个完备的理论，但是这是仅就量子力学态而言的。但愿我对我认为很重要的那句附加的话理解得正确：'……但是这是仅就量子力学态而言的'，在这里'量子力学态'指的是在已被证实的量子力学形式体系内确定的物理状态。如果这就是您的表述的意思，那么我必须说，您比我在我本人的工作中所说的更加言简意赅地表述了我过去和现在对冯·诺伊曼的证明的判断。"（赫尔曼致作者的信，1968 年 4 月 11 日）。我们同意赫尔曼的批评：冯·诺伊曼的证明并未达到它宣称的目标，即证明量子力学系综不能分解为任何一种无弥散的子系综，其理由将在以后说明。但是我们并不把这个证明简单地当作无意义的。的确，鉴于冯·诺伊曼的过于严格的假设，它不是可以想象的任何一种隐变量的不可能性的证明，而应该说是冯·诺伊曼的公理系统（包括假设 IV）的完备性的证明，因为它表明这个形式体系不容许有非量子力学系综存在，甚至可以把它看成这个形式体系及其通常诠释的无矛盾性的证明。德布罗意曾说过，"冯·诺伊曼的证明并不在人们已经知道的东西上添加多少新内容，因为这个结论已经隐含在测不准关系中；但是这种看法一点也不减少他的结论的可靠性。"这个说法有其正确的一面，但是它没有指出，即使是完备性或无矛盾性的一个证明也对我们的知识增加了某些新内容。见 L. de Broglie, *Une Tentative d'Interprétation Causale et Non Linéair de la Mécanitque Ondulatoire* (Gauthier-Villars, Paris 1956), p. 66; *Non-Linear Wave Mechanice——A Causal Interpretation* (Elsevier, Amsterdam, 1960), p. 68. 又见 L. de Broglie, *La Théorie de la Mésure en Mécanique Ondulatoire* (Gauthier-Villars, Paris, 1957), pp. 25—30。费耶阿本德本于 1965 年在 Alpach 发表的一篇题为 "Der Neumannsche Beweis"（油印本）的讲演中，也表示了和我们类似的看法。

这是一个数学问题。现有形式体系在过去是成功的这一事实，并不能保证将来的一切经验也能够用具有现有结构的理论来说明。

值得注意的是，赫尔曼的批评正好触及了这个证明的最大的弱点之一——相加性假设。如果她的批评中所说的子系综是指由无弥散的态（其期待值与本征值全同）所构成的，那么相加性假设（根据这个假设，可观察量的线性组合的期待值等于各个期待值的同一线性组合）显然排除了无弥散的态（或隐变量）的存在，因为本征值一般不是按线性组合的。一个简单的例子是一个电子沿 x 轴与 y 轴之间的二等分角线方向的自旋分量，它由算符 $\frac{1}{\sqrt{2}}(\sigma_x + \sigma_y)$ 代表，它的本征值 ± 1 显然与 $\frac{1}{\sqrt{2}}(\pm 1)$ 不同。

这些理由能够说明赫尔曼关于循环论证的责备是有道理的吗？为了回答这个问题，我们来回想一下，所谓循环论证，就是待建立的结论包含在前提之中。那么让我们来检验一下对冯·诺伊曼的证明能不能这样说。

为了表明无弥散态不存在，冯·诺伊曼试图证明，不存在一个系综 α，使得对于希尔伯特空间上的一切自伴算符 A，都能满足关系式 $\langle A^2 \rangle_\alpha = \langle A \rangle_\alpha^2$。为了证明这一点，他用了 P.IV 中所假设的关系式，即对一切 α，对于一切自伴算符 A 和 B，不论它们是否对易，都有 $\langle A + B \rangle_\alpha = \langle A \rangle_\alpha + \langle B \rangle_\alpha$。这个关系式虽然对量子力学态 $(\alpha \equiv \psi)$ 总是成立的，但对于（非量子力学的）无弥散态，若 A 和 B 不对易则一般不能满足，因为如刚才所说，本征值不是线性组合的。在这种情况下，P.IV 将自动排除无弥散系综，而证明将是循环论证。但是,冯·诺伊曼并不要求这个关系式或 P.IV 应当只限于不对易算符或不相容的可观察量。因为对于对易算符这个关系式并不从一开始就排除无弥散系综,这时待建立的结论就不包含在前提里,因而循环论证的责备就没有道理了。反之,应当受到批评的是这一事实:这个证明通过只承认 P.IV 能成立的系综,对可能的系综的种类施加了苛刻的限制。

在法国,德斯图舍斯-费夫蕾在完成她在索邦[①]的学位论文"论物理理论的结构"[②]之后不久,于 1945 年发表了两篇文章[③]。她在文中从理论结构的观点研究了冯·诺伊曼的论点的逻辑态势,但未对这样的证明是否能成立提出疑问。她的工作虽然对科学的哲学是重要的,但是对于除了德布罗意所领导的巴黎理论物理学派之外的隐变量理论的发展,似乎只施加了有限的影响。不过她的工作在法国的确发挥了相当大的影响,例如对米居尔-谢什特[④](娘家姓伊斯科维奇 Iscovici)就是如此,她是索尔本的一个毕

---

① 索邦[Sorbonne],巴黎大学理学院所在地。——译者注

② P. Destonches Février,"Recherches sur la Structure des théories Physiques"(Faculty of Science,University of Paris,1945)(油印本)。又见 P. Destouches-Février,La Structure des Théories Physiques (Presses Universitaires, Paris, 1951)。

③ P. Destouches-Février,"Une nouvelle preuve du caractère essentiel de l'indéterminisme quantique," *Comptes Rendus* **222**,553—555 (1945);" Sur l'impossibilité d'un retour au déterminisme en microphysique,"同上,587—589;又见 *L' Interprétation Physique de la Mécaniqu Ondulatoire et des Théories Quantiques* (*Gauthier-Villars*,*Paris*,1956)。

④ M. Mugur-Schächter, "Sur la possibilité de trancher expérimentalement le problème du caractère 'complet' de la Mécanique quantique," *Comptes Rendus* **256**,5514—5517(1963);*Étude du Caractère Complet de la Théorie Quantique* (Gauthier-Villars, Paris, 1964).

业生,主要研究冯·诺伊曼的证明在测量理论方面的涵义。

巴黎综合工科大学[École Polytechnique]的一个卓越的哲学家于尔莫,驳斥了那种认为冯·诺伊曼定理证明了因果性在微观物理层级上的崩溃的看法。他在写于 1949 年至 1963 年的一系列论文[①]中,坚持必须清楚地区别相似系统[similar systems]和全同系统[identical systems],前者是由于经历相同的制备过程而由同样的态函数描述的系统,后者则除此之外还要求两个系统在同一位置[location,法文原文是 localisation]上被观察到[②]。单靠态函数只能给出系统的不完备的知识,而不足以确证它们是全同的。

和恩利克斯[Enriques]与弗兰克一样,于尔莫认为还必须区别决定论原理和因果性原理,他定义前者为意味着完全的可预言性,而定义后者为"两个全同系统以同样的方式演化"。[③] 因为在于尔莫看来,冯·诺伊曼的证明只涉及相似系统,因此它不能用来作为一个反对因果性的论据,它只是公理化量子力学的内部无矛盾性的一个证明,同具有不同逻辑结构的理论毫无关系。

赖欣巴赫[④]也强调指出,冯·诺伊曼的证明预先假定了量子

① J. Ulmo,"La mécanique quantique et la causalité,"*Revue Philosophique* **139**,257—287,441—473(1949);"Le théorème de von Neumann et la causalité,"*Revue de métaphysique et de Morale* **56**,143—170(1951);*La Crise de la physique Quantique*(Hermann,Paris,1955);"La philosophie d'Heisenberg," *La Nouvelle Revue Française* 22,296—308(1963).

② 同上(1949),p.267。

③ 同上(1949),P. 257。

④ H. Reichenbach, *Philosophic Foundations of Quantum Mechanics*(University of California Press,Berkeley and Los Angels,1944,1946,1965),P. 13.德译本(1949)。

力学的标准形式体系的唯一正确性,他并指出,在一个不同的理论框架内,将会导致决定论预言的隐变量完全是可以想象的,只要它们之间的统计关系不是用态函数来表示的话。他在 1944 年说:"虽然……我们举不出排除物理学的这样一种进一步发展的逻辑理由,并且一些杰出的物理学家也相信有这种可能性,但我们不能为这样一个假设找到很多经验证据。"

如果赖欣巴赫认为隐变量是一种逻辑上可能但物理上不合适的假设,那么布洛欣采夫(莫斯科大学)则把它看成是一个有待将来的研究决定的未定问题。在一篇用俄文发表、但很快就译成法文和德文的论文[①]中,他严厉批判了哥本哈根学派的"主观唯心主义观念",也提到了冯·诺伊曼的证明是"不令人满意的",因为它建立在量子力学形式体系的基础上。在他看来,只有当隐变量不拘泥于量子力学的通常形式体系时,才能建立一个贯彻一致的隐变量理论。他提出,这些隐变量的统计性质必须非常独特(*sui-generis*),作为这个主张的一条论据,他举出了冯·诺伊曼曾经举过用来反对隐变量的同一个例子,即对自旋分量的相继测量。于是我们看到,曾经一度被看作无可置疑的冯·诺伊曼的"证明"的令人信服性,已经逐渐受到人们的怀疑了;而尽管有冯·诺伊曼的反对,探索量子力学的一个决定论的改进方案的努力,似乎也不再是没有道理的了。

---

① Д. И. Блохинуев," Критика философскнк Воззренвй так называемой 'Копенгагенской школы' В Физике," *Философскпе Вопросы Современной Физике* (Мосввa, 1952), pp.358—395;法译文(1952);德译文(1953)。

在讨论这个方向上的主要突破之前,我们来讲一下近代物理学史上的一次奇特的重合:就在提出各种隐变量理论以在量子力学中恢复经典物理学的决定论的时候,有人也提出这样的主张,即经典物理学也是非决定论的,甚至比量子力学还要更加非决定论。波普尔[①]是首先表示这种观点的人之一,他争辩说,"大多数物理学体系,包括经典物理学的体系在内……是非决定论的,也许是在一种比通常归给量子物理学的非决定论(就事件的不可预告性……未被它们的频率的可预告性所冲淡而言)甚至更为根本的意义上"。玻恩[②]立即附和他,玻恩的主张所根据的理由是,关于经典的可观察量的准确初值的假设是一个未经证明的理想化。一年以后,布里渊[③]提到了里亚普诺夫和彭加勒对运动稳定性的经典研究,认为它是支持上述命题的。这两种相反的倾向同时互相独立地发展。[④]

278

① K. Popper,"Indeterminism in quantum physics and in classical physics,"BJPS **1**,117—133,173—195(1950),关于对这篇文章的一个批评见 G. F. Dear,"Deteminism in classical physics,"同上 **11**,289—304(1961)。

② M. Born,"Continuity,determinism and reality," *Kongelige Danske Videns-kabernes Selskabs*(*Math*,-*Fys.Medd*.)**30**,1—26(1955);"Ist die klassische Mechanik tatsächlich deterministisch?" *Physikalische Blatter* **11**,49—54(1955).

③ L. Brillouin, *Science and Information Theory*(Academic Press,New York,1956).

④ 详见 M. Jammer,"Indeterminacy in physics," *Dictionary of the History of Ideas*,P. P. Wiener,ed.(Charles Scribner's Sons,New York,1973),Vol.2,pp.586—594.

7.5 玻姆使隐变量复活

　　主要是由于玻姆关于隐变量的早期工作,才使得这些观念再次引起了物理学家的注意。达维德·玻姆[David Bohm]是宾夕法尼亚州人,宾夕法尼亚州立学院的毕业生(1939),他在加利福尼亚大学(伯克利分校)当研究生时开始对量子力学基础感兴趣,他在那里参加了奥本海默[I. R. Oppenheimer]的量子力学讲座,并于 1943 年在那里获得博士学位。在和伯克利的另一个研究生温伯格[Weinberg](他是玻尔的互补性哲学的一个热心的信徒)的长时间讨论中,玻姆试图彻底澄清量子理论的基本观念以及它们对运动概念和芝诺的著名的悖论的哲学涵义。[①]

　　玻姆对这些问题的兴趣,在他于 1946 年接受了普林斯顿大学的助理教授的职位以后并未减弱。遵照迪斯雷利[*]的忠告"熟悉一个问题的最好方法就是写一本关于它的书",玻姆写了一本教科书以说明"新的量子论概念的精确本性。"这本书[②]是 1951 年 2 月出版的,它的序言中写道:"关于一条连续的和精确确定的轨道的经典概念,由于引进了用一系列单次跃迁来描述运动这种描述方式而被根本地改变了"。这本书是以奥本海默的讲座和玻尔的观点

---

　　① 1972 年 4 月 24 日在耶路撒冷对玻姆的访问。

　　* 迪斯雷利[B. Disraeli](1804—1881),英国资产阶级政治家,曾两任英国首相(1868,1874—1880),近代形式的英国保守党的创立人。

　　② D. Bohm, *Quantum Theory*(Prentice-Hail, Englewood Cliffs, N. J., 1951);俄译本(1961)。中译本:量子理论,侯德彭译(商务印书馆,1982)。

为基础的,玻姆公开承认,[①]玻尔的观点"对于提供合理地理解量子理论所需的一般的哲学基础是极端重要的"。实际上,玻姆在这本书的末尾[②]提出了"量子理论同隐变量不相容的一个证明",这个证明是建立在 EPR 论证的基础上的:它表明,如果世界可以分解为判然确定的基元的话(这是种种隐变量诠释所依据的一个假定),那么各个不对易的变量就必须对应于实在的各个同时存在的基元,而测不准原理则必须看作是仅仅表示对得到完全的精确度的一个操作限制。但是由于玻姆在这本书前面的一章中已经表明,对测不准原理的这样一种解释是行不通的,他的结论便是"没有任何一种机械决定论的隐变量理论可以导出量子理论的全部结果。"

虽然如此,但是,在仔细考察之后,玻姆的书的有批判精神的读者仍然不会不注意到,某些说明——特别是对测量过程的讨论——并不完全反映玻尔的哲学的真意。玻姆把样书送给爱因斯坦、泡利和玻尔。"爱因斯坦喜欢这本书",[③]泡利也表示欣赏,但是玻尔却保持沉默!

那时,由于美国国会非美活动委员会主席、参议员麦卡锡发动的清洗运动的结果,玻姆被解职了。他利用这一段被迫的假期,在赴巴西的圣保罗大学任教之前,"用物理概念来做实验",如同他后来喜欢说的那样。玻姆受到他与爱因斯坦的讨论的激励和一篇批评玻尔的观点的文章的影响(据他告诉本书作者,这篇文章是"用

---

① D. Bohm, *Quantum Theory* (Prentice-Hail, Englewood Cliffs, N. J., 1951);俄译本(1961)。中译本:量子理论,侯德彭译(商务印书馆,1982),Preface, p. V。

② 同上,Chap. 22, section 19。

③ 1967 年 4 月 20 日在耶路撒冷对玻姆的访问。

英文写的”，“作者可能是布洛欣采夫或别的某个俄国理论物理学家比如捷尔列茨基”[①]），开始来研究引进隐变量的可能性。在这以后的几个星期内，他写了一篇关于他所建议的量子力学诠释的论文，[②]他把文章的预印本送给了他的同事和泡利。泡利退回了这篇文章，说它是“陈词滥调，早已被人讨论过了”。在这些话的刺激下，玻姆又写了论文的续篇[③]，他在文中提出了一个新的测量理论以与他的隐变量理论相一致。

280　　　玻姆在他的论文的引言中，承认量子力学的通常诠释是自洽的，但是争辩说它包含有一个不能由实验来验证的假设：波函数提供了一个单个系统的最完备的描述。不过，如果能够建立一种隐变量诠释，“使我们可以想象每一单个系统是处于完全一定的状态，状态随时间的变化则由和经典的运动方程相似（但不全同）的一定的定律确定，”那么这个假设就可以在理论上被驳倒。

---

①　玻姆已经忘了这篇文章的确实题目和作者。本书作者曾向布洛欣采夫教授问及此事，收到答复如下：“不幸，我难以指出玻姆教授可能想到过的文章是哪一篇。从一切方面来看，这篇文章是发表在 УФН 45，195（1951）上的那篇。”（布洛欣采夫的来信，1970 年 5 月 21 日。）他说的这篇文章“Критика идеалистического поиимания квантовой теории”是文献 53 中所述论文的原稿，但是它从未用英文发表过。（译者按：此文的中译文“批判对量子力学的唯心主义理解”载于科学通报 3 卷 8 期）。捷尔列茨基在当时写的文章中也没有哪一篇符合上面的描述。维日尔在他的论文“К Вопросу о теории поведения индивидуальных микрообьектов”（Вопросы Философии 1958，91—106）中也声称（pp.93—94），隐变量诠释在 50 年代初的复活至少部分是受到布洛欣采夫和捷尔列茨基的著作的鼓舞，但是没有给出文件证据。

②　D. Bohm,“A suggested interpretation of the quantum theory in terms of ‘hidden variables’,Part I,”*Phys.Rev.***85**,166—179（1952）；1951 年 7 月 5 日收到。

③　D. Bohm,“A suggested interpretation of the quantum theory in terms of‘hidden variables’,Part II,”*Phys.Rev.***85**,180—193（1952）；1951 年 7 月 5 日收到。

在玻姆看来,通常诠释的两条基本的、互洽的假定——(1)波函数连同其几率诠释提供了最完备的描述,和(2)单个量子从被观测系统到测量仪器的传递本质上就是不可预告、不可控制和不可分解的——虽然限制了数学形式体系的可能形式,但并没有对它唯一确定。若是理论被证明是不恰当的,那么总可以对这个形式体系作细致的修改,而不根本改变它的物理诠释。"因此通常诠释有相当大的危险性,可能使我们掉入一个由自我封闭的循环假设链条构成的陷阱,这些假设从原则上是不可验证的,即使为真的话。"[①]为了避免掉入这样一个陷阱的可能性,玻姆建议研究从一开始就同(1)和(2)矛盾的假设的结论。

在说了这些论辩性的话之后,玻姆描述了他的隐变量方法,它可扼述如下。令少 $\psi = R\exp(iS/\hbar)$,其中,R 和 S 为实函数,代入薛定谔方程,他得到 $\partial R/\partial t = -(\frac{1}{2m})(R\Delta S + 2\nabla R \nabla S)$ 及 $\partial S/\partial t = -[(\nabla S)^2/2m + V - \hbar^2 \Delta R/2mR]$,或利用几串密度 $\rho(x) = R^2(x) = |\psi|^2$,可写为

$$\frac{\partial \rho}{\partial t} + \nabla \cdot (\frac{\rho \nabla S}{m}) = 0$$

及

$$\frac{\partial S}{\partial t} + \frac{(\nabla S)^2}{2m} + V - (\frac{\hbar^2}{4m})[\frac{\Delta \rho}{\rho} - \frac{1}{2}\frac{(\nabla \rho)^2}{\rho^2}] = 0 。$$

① 386 页注②文献,p.169.关于玻姆对待物理学的哲学观点的进一步的细节,见 D. Bohm,*Causality and Chance in Modern Physics*(Routeledge and Kegan Paul, London,1957)。中译本:现代物理学中的因果性和机遇(商务印书馆,1966);及 P. K. Feyerabend 对此书的报导性书评,见 *BJPS* 10,321~388(1960)。

281 在经典极限下($\hbar \rightarrow 0$)后一方程化为哈密顿——雅科毕方程,因此根据一条著名的定理,$\nabla S/m$ 代表粒子在其垂直于等 S 面的轨道上通过 x 点的速度 $v(x)$。于是前一方程(它表示几率守恒)表明,ρv 可以相洽地解释为 ψ 所表征的系综中的平均粒子流。显然

$$v = \frac{\nabla S}{m} = \frac{h}{2im} \nabla \ln(\frac{\psi}{\psi^*}) = \frac{h}{2im} \frac{\psi^* \nabla \psi - \psi \nabla \psi^*}{\psi \psi^*} \tag{3}$$

并且 ρv 同量子力学中熟知的几率流密度一致。迄此为止,玻姆的分析与马德隆的流体力学模型、德布罗意的导波理论及类似的诠释相似。

为了历史的准确,应当指出,维也纳工科大学应用物理学教授格拉塞[W. Glaser](1906—1960),早在 1950 年 12 月在奥地利物理学会于格拉兹[Graz]举行的一次会议上发表的讲话[①]中,就已经把薛定谔方程和哈密顿-雅科毕方程之间的相似看成是有可能对量子力学作某种经典的重新解释的表征。布达佩斯大学的诺沃巴茨基[K. F. Novobátzky][②]进一步推敲了这种相似性,把它推广到电磁力的情况,他声称,量子力学之有别于经典力学,仅仅在于它用了一种"反经典的算符统计学"。虽然这些建议富于启发性,但并未导出什么重要结果或新颖见解。

玻姆所引进的新观念是:赋予 Ψ 系综中的每个粒子一个位置 x(隐变量)和一个动量 mv,也就是说,赋予每个粒子一条连续轨

---

① W. Glaser, "Zur Herleitung der Schrödingerschen Wellengleichung",(未发表)。

② K. F. Novobátzky, "Das klassische Modell der Quantentheorie," *Ann. der Physik* **9**,406—412(1951)。

道,只要知道粒子的初始(或终了)位置,这条轨道就完全确定。此外,如果初始速度由 $x=\xi$ 处之 $\nabla S/m$ 定出,其中 ξ 是隐变量,那么粒子的速度将满足经典的运动规律 $md^2x/dt^2 = -\nabla(V+U)$,其中除了经典的位势 $V(x)$ 之外,还有"量子力学位势"$U(x)$。为了求出它的明显表示式,玻姆计算了动量 $mv = \mathrm{Re}\{(\hbar/i)\ln\psi\} = P$ 对时间的全微商,即 $(\dfrac{\partial}{\partial t} + v\cdot\nabla)P$,得出 $-\nabla[V-(\hbar^2/2m)\cdot\Delta R/R]$,由此他得到[①]

282

$$U(x) = \frac{-(\hbar^2/2m)\Delta R}{R} \tag{4}$$

我们看到,量子力学势和位相 $S/\hbar$ 无关,但和几率密度及其前两阶导数在该点之值有关,ψ 乘上一个常数因子对它的值没有影响。它是粒子的非经典运动的来源,因为当 U 不存在时牛顿运动定律成立。U 这个物理上有意义的量是由 ψ 确定的,这一事实表明,波函数 ψ 同样代表一个客观实在的场,它的"场方程式"是薛定谔方程,正如麦克斯韦方程是电磁场的场方程式一样;ψ 场对粒子施加一个力 $-\nabla U$,正如电磁场通过洛伦兹力对电荷的作用。

[①]
$$\frac{\partial P}{\partial t} = \mathrm{Re}\left\{\nabla\left(\frac{h}{i}\right)\frac{\partial\psi/\partial t}{\psi}\right\} = \mathrm{Re}\left\{\nabla\frac{(\hbar^2/2m)\Delta\psi - V\psi}{\psi}\right\}$$
$$= -\nabla V + \frac{\hbar^2}{2m}\mathrm{Re}\left\{\nabla\frac{\Delta^2\psi}{\psi}\right\} = -\nabla V + \frac{\hbar^2}{2m}\nabla\frac{\Delta R}{R} - \nabla\frac{P^2}{2m}$$

因此
$$\left(\frac{\partial}{\partial t} + v\cdot\nabla\right)P = -\nabla\left(V - \frac{\hbar^2}{2m}\frac{\nabla R}{R}\right) - \frac{1}{m}\sum_{j=1}^{3}P_j\ \nabla P_j + \frac{1}{m}\sum_{j=1}^{3}P_j\ \nabla_j P.$$

由于 $P_j = \nabla_j S$,最后两项相互抵清。

　　若已知一个粒子的初位置,它的轨道可以用下述两种方法之一来确定:

　　1. 对于一个给定的 V 求解出薛定谔方程,通过 $|\psi|^2$ 算出 U;然后由(3)式算出初始动量,对运动定律积分:

　　2. 或者,对于 $S = (\hbar/2i)\ln(\psi/\psi^2)$ 求解一阶微分方程

$$m\frac{dx}{dt} = \nabla S 。$$

由于初位置不能用迄今所知的任何方法测出,它是一个隐变量。但是,未来对迄今尚不知道的某些类型实验的发现,可以完全改变它在方法论上的地位。在那之前,如上所述的玻姆的方法将不会给出比标准的量子力学所给出的更详尽的预言,而由于它是建立在薛定谔方程和量子力学的形式体系的基础上的,它的预言的详尽程度也不会比通常的量子力学的预言差。因此,虽然在概念上玻姆的方法与通常诠释不同,但是在经验上它们在一切方面都是一致的。

　　玻姆预计到有人会提出,他的办法既然是实验上不能验证的,那么应当作为"玄学"玩意而予以否定。于是他指出(我们前面已讲过),"量子理论的通常诠释……也包含一个不能由实验检验的假设,即:一个单个系统的最完备的描述是用波函数作出的描述,它只确定实际测量过程的或然的结果。"而在玻姆看来,他的诠释不但不劣于而且还要优于通常的诠释,因为它"提供了比通常诠释更宽广的概念框架",因而允许对形式体系作某些修改,这些修改用通常诠释甚至无法描述,但它却可能解决目前不能解决的一些困难(在大小为 10^{-13} 厘米量级或更小的领域内)而不损害现有的和实验(在上述领域以上)的一致。

玻姆看到，和别的场论中的情形相反，现在的初始动量与 ψ 场有关；于是他提出，作为一项修正，方程式 $P = \nabla S$（它若在某一时刻成立则将在以后所有时刻成立）只是在数量级为 10^{-23} 秒的一段弛豫时间之后才成立，因而他在运动定律中引进一项相加项 $f(P - \nabla S)$，它将使差值 $P - \nabla S$ 足够快地衰减下来，比方说在数量级为 $\tau = 10^{-13}/c$ 的一段平均衰减时间内，其中 c 为光速。因而初始动量可以为任意值，不过它很快地就变成 ∇S。

在往下讨论他的测量理论之前，玻姆通过对一系列特殊情况的应用来具体说明他的观念。对于一个能量为 E 的自由粒子，薛定谔方程的解为 $\psi = $ 常数 $\cdot \exp[-i(px + Et)/\hbar]$，它表明 $S = px + Et$ 及 $R = $ 常数，因此 U 恒等于零，而修正后的哈密顿-雅科毕方程就是经典形式。若用通常的方法解出这个方程，它就用粒子的动量和位置的初始值确定了粒子的轨道 $x = \pm(2E/m)^{1/2}(t - \beta)$，其中 β 取决于初始位置。已知 β，就能够预言精确的轨道；但是 β 是不能用今天已知的不破坏解的动量的单色性的方法测量出来的，因而 β 是一个隐变量。假设它的存在同薛定谔方程一点也不矛盾，而只是同认为该方程包含了关于粒子状态的一切可提供的信息这样一种诠释矛盾。在定态的情况下，计算表明 $S = $ 常数 $- Et$ 从而粒子速度为零，玻姆用作用力 $-\nabla V(x)$ 与量子力学力 $-\nabla U$ 相平衡的假设来解释这个事实。量子力学势也使玻姆能够解释大名鼎鼎的双缝实验：当粒子穿过其中一条缝后量子力学势对粒子作用的方式是使粒子进入一给定区域 dx 的几率等于通常的表示式 $|\psi(x)|^2 dx$。特别是，在该几率为零的地方，R 变为零，U 经过正值或者负值变为无穷大，从而或者产生一个无穷大的排斥粒子的力，或者使"粒

子以无穷大的速度通过这一点,因而不在这里消磨时间。"

玻姆的测量理论的细节我们推荐读者参看原始论文,在他的理论中力学变量是以三种不同的意义出现的:

1. 作为经典意义下的系统的真正的变量,不遵从测不准关系式,但是用现有的实验方法是不能测量的因而是隐变量。

2. 作为可观察量的测量值,它遵从测不准关系式,并且只能从统计上预言。

3. 作为上一种的量子力学期望值。

看来矛盾的是,由于独特的量子力学势 U 的存在,真正的经典变量服从非经典的运动方程,而期望值(如同埃仑菲斯特以前证明过的)反倒服从经典方程,最后,测量到的可观察量值则根本不服从任何运动方程。

玻姆讨论了装在一维箱子内(即处于两面彼此距离为 L 的不可穿透而且完全反射的墙壁之间)的自由粒子,他在讨论中指出,上述这三种意义绝不应混淆起来。在这个例子中,

$$\psi = \sin(2\pi nx/L)\exp(-iEt/\hbar),$$

其中 $E = \dfrac{1}{2m}(nh/L)^2$,$n$ 为整数。因为 $\nabla S = 0$,粒子是静止的,尽管 $E \neq 0$。玻姆用下述理由解决了这一表观的矛盾,即:这里的量子力学势正好等于总能量 E,因此与客观实在的 ψ 场相互作用的位能吸收了粒子的全部动能。因此第(1)种意义下的真正的动量为零。但是,当我们在第(2)种意义下测量动量可观察量时,比方我们可以突然撤除这两面墙壁并测量在一段时间内粒子移动的距离,然后将距离除以时间,但是,根据玻姆的意见,墙壁的撤除会改

变实在的场,并通过它改变粒子的动量。因为不知道粒子的初始位置,我们只能由几率密度推得,粒子必须处于在撤除箱壁后形成的朝相反方向运动的两个波包的一个之中。它的动量可求出为非常接近于 $\pm nh/L$,其符号取决于粒子是处于哪个波包之中。使用别的观测粒子速度的方法,也将导致与通常诠释的预言相同的结果。测量过程将这样影响量子力学势,使得原来储存的动能 E 又将释放出来。动量的期望值在这一情况下与其真值相等。

最后,玻姆讨论了 EPR 的理想实验,他在讨论中指出,不受直接的力学作用的粒子,随着对另一粒子进行哪一种测量而要么有确定的位置要么有确定的动量,这一事实并没有什么可奇怪的,因为经典粒子永远有确定的位置和动量值。反之,需要加以解释的是下述事实:测量第一个粒子的位置为什么会影响第二个粒子的动量等等。玻姆对此是这样来说明的:每当进行这样一种测量,ψ 场和整个系统的位势便会发生不可控制的涨落,使得动量也发生相应的涨落。是 U 通过场的媒介把即时发生的扰动从一个粒子传递到另一粒子。因为这一扰动并不增加讯息,它不是一个信号,因此它的速度可以超过光速,并不违反相对论的原理。

在完成他的论文的第一部分的手稿之后不久,玻姆才得知,他的某些想法,德布罗意在其早期的双重解理论和导波理论中,还有罗森[①]在 1945 年发表的一篇论文中已经表述过了。值得搞清楚的是,当时在北卡罗来纳大学的罗森,为什么不摘出一个像

---

① N. Rosen,"On waves and particles,"*Journal of the Elisha Mitchell Scientific Society* **61**,67—73(1945).

玻姆的理论那样的比较成熟的理论来。实质上,罗森的做法,直到修改后的哈密顿-雅科毕方程为止,都和玻姆的做法完全相同;他也引进了量子力学势,他称之为"量子力学改正"。但是当他把这一形式体系应用到一维箱子中的自由粒子的情况,并得到速度为零的似乎怪诞的结果时(这个结论在这种情况下"与我们对角动量和偏振的概念及其和辐射的选择定则的关系相矛盾"),罗森便放弃了用粒子轨道来解释波函数而支持玻尔的互补性原理。

　　按照玻姆的意见,这个箱中自由粒子的问题也在前述的爱因斯坦为玻恩纪念文集而写的那篇文章①中使爱因斯坦误入歧途。玻姆争辩说,并没有什么实验证据支持爱因斯坦的这一主张,即:宏观系统的运动趋近于经典力学所预言的运动。爱因斯坦的主张充其量可以看成一个新的原理或玻姆所谓的"扩大的对应原理",根据这条原理,"当考虑足够大的尺寸时,一切微观理论都必须变得和前已得到承认的宏观理论完全相同"。但是,玻姆用各种例子表明,这样一条原理在物理学中并不普遍成立。②

　　在结束我们对玻姆在隐变量方面的早期工作的概述之前,我们想要强调指出它的一个几乎被普遍忽略的特征。在玻姆的测量理论中,是假设所讨论的隐变量不但和被测系统的状态有关,而且和测量装置的状态有关。因为冯·诺伊曼并未考虑过这样一种隐

---

①   302 页注①文献。

②   D. Bohm,"A discussion of certain remarks by Einstein on Born's interpretation of the ψ-function"*Born volume*(302 页注①文献),pp.13—19。

变量,玻姆可以声称冯·诺伊曼关于隐变量与量子理论不相容的证明此时并不适用。实际上,玻姆完全同意冯·诺伊曼的结论:"假设在被观测系统中有一组隐参数,它们同时确定测量[两个不对易的可观察量比如]位置和动量的结果,这同计算量子力学几率的通常规则将是不相容的"。玻姆在其隐变量理论中指出,如他曾证明过那样,可观察量不是只属于被观测系统的属性,而是潜在的可能性[potentialty],它的精确的演变既决定于被观测系统,也同等地决定于观测仪器。因此,变量的统计分布"将随不同的互斥的实物实验装置而不同,这些互斥的实验装置是进行不同类型的测量所必须用的。"玻姆宣布,"在这一点上,我们与玻尔的看法一致,他一再强调测量仪器作为被观测系统的不可分割的一部分的基本作用。"①

玻姆在他的论文的第二部分里的这些话远远超出了上面引用的他的论文的引言中的提法。虽然第一部分整个说来看来是在隐变量的早期倡议者们(他们要寻求的是量子现象的一种机械论的和决定论的解释)的精神指导下写的(读者只要重读一下那些话就不难核对这一点),但是第二部分及其对隐变量的几率测度依赖于待测可观察量的种类(亦即依赖于系统和测量仪器之间的整体关系)这一点的强调(也许是由于泡利的批评的影响),显然是同玻尔的"整体性特征"[feature of wholeness]的明确的"恢复邦交" 287

---

①　386 页注③文献,pp.187—188。

[*rapprochement*]。[①] 因此我们看到,玻姆的测量理论已使他的隐变量方法(即使我们完全不管它所建议的非线性修正)不符合前面定义 Ⅱ 的各个条件。

正如我们可以预料到的,对玻姆的论文的早期反应一般是不利的。实际上,甚至在它正式印出之前,它就受到了严厉的批评,并且是来自玻姆根本没有料到会提出批评的一些人。在 1951 年夏天,论文发表六个多月之前,玻姆送了一份预印本给德布罗意,我们前面已经讲过,玻姆了解到德布罗意早年的理论同他自己的理论有某些相似之处。这样,德布罗意在法国科学院 1951 年 9 月 17 日的一次会议上,提到了玻姆的工作,他认为这一工作实质上是他自己很久以前所放弃的想法的复活。由于和以前相同的那些原因,其中主要是因为波函数是 $3n$ 维位形空间中的一个函数因而只是一个虚构的波,不能假设它去控制粒子的运动,德布罗意称玻姆的工作是行不通的,并补充说:"……玻姆先生的工作……照我看来会遇到不可克服的困难,主要是由于不可能赋予 ψ 波以物理实在性。"[②]

但是,此后不久,德布罗意对待玻姆的工作的态度就变得较为同情了,因为当时正在彭加勒研究所从事广义相对论中的统一场

① 关于符合玻尔的"整体性特征"的隐变量理论同玻尔的互补性诠释之间的仍然存在的重要差别见 J. Bub, "What is a hidden variable theory of quantum phenomena?", *International Journal of Theoretical Physics* **2**, 101—123(1969)

② L. de Broglie, "Remarques sur la théorie de l'onde pilote" *Comptes Rendus* **233**, 641—644(1951);重印在下书中:L. de Broglie, *La Physique Quantique restera-t-elle indéterministe?* (Gauthier-Villars, Paris, 1953), pp.65—69。

论工作的维日尔(他后来专攻量子力学中的因果理论)[①]使德布罗意注意到,在双重解理论与广义相对论中的某些研究工作之间存在着惊人的相似,后者特别是达穆瓦[G. Darmois]以及爱因斯坦和格罗默[Grommer]所完成的那些工作,在这些工作中,和在双重解理论中一样,把粒子的运动看成场的一个奇点的运动。[②] 此后,德布罗意就试图复活他早年的想法,我们还记得,他之所以放弃这些想法主要是因为它们在 1927 年索尔维会议上所遇到的不利的反应。虽然他并不在全部细节上都同意玻姆,但是他现在欢迎玻姆的办法同他自己的办法的类似。

288

　　在玻姆的论文发表后,对它的最早的批评是霍尔珀恩[③]提出的,他争辩说,玻姆并没有证明一种力学诠释的可能性,因为玻姆所定义的 $S(x)$ 并不依赖于 f 个非相加的积分常数,而为了使它成为哈密顿-雅科毕理论中的一个解却需要这样;而且因为玻姆没有表明,他的工作可以作相对论性推广以包括自旋。玻姆在答辩[④]中应允他不久后就要发表一篇论文,把因果诠释推广到狄拉克方程。第一个肯定的反应来自爱泼斯坦,他是麻省理工学院的毕业生并在该校获得博士学位,当时在波士顿大学任讲师。爱泼

　　①　J. P. Vigier 的学位论文"Structure des micro-objets dans l'interprétation causale de la théorie des quanta"(Paris,1954)是 1956 年出版的。

　　②　见 J. P. Vigier,"Introduction géométrique de l'onde pilote en théorie unitaire affiné,"*Comptes Rendus* **233**,1010—1012(1951) 及 L. de Broglier"Remarques sur la note précédente de M. Vigier,"同上,1012—1013。

　　③　O. Halpern,"A proposed re-interpretation of quantum mechanics,"*Phys.Rev.* **37**,389(1952).

　　④　D. Bohm,"Reply to a criticism of a causal re-interpretation of the quantum theory,"*Phys.Rev.* **87**,389—390(1952).

斯坦建议用动量表象或介于坐标表象与动量表象之间的别的表象来重新表述玻姆的诠释。[1] 虽然玻姆[2]表示他不同意爱泼斯坦的提议，但这是头一个迹象表明玻姆的观念作为量子力学的一种替代的诠释得到了人们的严肃考虑。

与此同时，玻姆[3]用一种与经典统计力学中所用的方法相似的方法，成功地证明了他的下述猜测：由于无规碰撞的结果，一个任意的初始几率密度最终将衰变成几率密度 $|\psi|^2$，这个关系一旦建立起来之后就会由于粒子的运动方程而永远保持下去。虽然迄今所做过的一切量子力学实验都是关于下面这种系统的系综的，这种系统已同别的系统碰撞过足够长的一段时间，使得足以建立上述关系，但是玻姆还是能够提出一些条件，在这些条件下，密度仍然同 $|\psi|^2$ 有可以由实验检测出来的差异。这是关于隐变量理论的经验验证的首次倡议。

289　　纽约大学柯朗[Courant]数学研究所的数学教授凯勒[4]指出，玻姆关于密度分布等于 $|\psi|^2$，是可以推导出来的这一主张，对于他所倡议的诠释究竟是不是一个决定论性的通常的统计力学，具有

① S. T. Epstein,"The causal interpretation of quantum mechanics,"*Phys.Rev.* **89,**319(1952).

② D. Bohm,"Comments on s letter concerning the causal interpretation of the quantum theory,"*Phys.Rev.* **89,**319—320(1952).但又见 S. T. Epstein,"The causal interpretation of quantum mechanics,"*Phys.Rev.* **91,**985(1953).

③ D. Bohm,"Proof that probability density approaches $|\psi|^2$ in causal interpretation of the quantnm theory,"*Phys.Rev.* **89,**458—466(1953).

④ J. B. Keller,"Bohm's interpretation of the quantum theory in terms of 'hidden' variables,"*Phys.Rev.* **89,**1040—1041(1953).

决定性的意义。他对玻姆理论的透彻的数学分析表明,如果这两个函数(它们虽然满足同一微分方程,但是各有独立的初始条件,因此并不一定相等)之间的相等关系必须单独地假定,那么几率之所以出现在理论中就不只是由于我们关于初始条件数据的知识不完备,而且还有其更深奥得多的原因:一个实验系综中的初始场将由系综本身的本性来确定;只有当这一关系像玻姆所主张的那样可以从理论的假设推出时,几率的地位才会和在通常的统计力学中一样。

在高林武彦[①]的一篇 40 页的长文中,对玻姆的理论提出了种种批评:既有和霍尔珀恩及凯勒的批评类似的那种批评意见,也有一些更为哲学性的批评意见。高林武彦是东京大学的毕业生,名古屋大学的教授,他的学术经历是从胶体化学和高分子聚合物开始的,但是不久他就对物理学史和物理学的哲学感兴趣,最后决定专攻理论物理学。他否定玻姆的理论是根据下面种种理由:这一理论不能推广为一个关于电子的相对论性场论,它只能在波函数的时-空表象内展开,因而不满足幺正变换下的不变性要求;ψ 场的特性将使它不能胜任量子现象的一个令人满意的模型,拟议中的隐变量只有通过对薛定谔方程或运动定律做"人为的并且不太可能的"修正才在物理上有意义。

---

① T. Takabayasi, "On the formulation of quantum mechanics associated with classical pictures," *Progress of Theoretical Physics* **8**, 143—182(1952).

玻姆在答复①中按照他早先的允诺，把他的理论推广到狄拉克方程，并且给出了种种论据以维护因果性，只要没有确凿的证据表明它与实验事实不相容。至于这种诠释与量子力学变换理论矛盾这个具体批评，玻姆说，变换理论在很大程度上是一个教学的上层建筑，只有有限的物理意义；一切有物理意义的可观察量——位置、动量、角动量、偶极矩和四极矩、能量及自旋——都已包括在因果解释内；此外，坚持变换理论同否定隐变量二者将是矛盾的，因为接受前者就意味着接受一切厄密算符都是可观察量的假设，并希望将来的实验会证实这一点，而否定后者却意味着否定这一希望。

在继续综述对玻姆的观念的接受情况时，我们应当指出，玻姆通过在运动定律或薛定谔方程中加进一项非线性项的办法来修改理论（也就是把量子理论修改为一个非线性理论）的倡议，受到了那些由于意识形态的原因而反对玻尔的互补性原理的人的欢迎。由于几率波的干涉（例如在双缝实验中）是互补性和波粒二象性的基本论据之一，由于这种干涉是叠加原理的一个结果，又由于叠加原理只能建立在一个线性理论的框架内，人们将会理解，非线性倡议具有影响深远的哲学涵义。实际上，由于受到米氏[Mie]、爱因斯坦、玻恩和英菲尔德[Infeld]等人的非线性场论②的鼓励，也由

①　D. Bohm，"Comments on an article of Takabayasi concerning the formulation of quantum mechanics with classical pictures," *Progress of Theoretical Physics* **9**，273—287(1953).

②　见 M. Jammer.*Concepts of Mass in Classical and Modern Physics*（Havard U. P.，Cambridge，Mass.，1961；Harper and Row，New York，1964），Chap.14；德文版(1964)；俄文版(1967)；意大利文版(1974)。

于以线性量子力学为基础的通常的量子场论面临着严重的概念困难（发散困难），苏联的物理学家，其中最突出的是捷尔列茨基[①]，在玻姆的论文发表以前就已经在探索量子力学的一种非线性表述。因此就不奇怪，对玻姆的观念的首批有利的评论来自出于种种原因而同情这种意识形态考虑的那些人。

对玻姆的工作的第一篇赞扬的评论是夏茨曼写的，他的职业是天体物理学家（巴黎大学 1947 年授予博士学位），但对物理学的哲学很感兴趣。在发表在《思想》[*La Pensée*]上的一篇文章[②]里（*La Pensée* 是郎之万和科尼奥[③]编辑的一份双月刊），夏茨曼强调了德布罗意的导波理论和玻姆关于非线性理论的倡议在概念上的优点，称后者是“一个决定性的进展”。另一篇赞扬的评论接踵而来，登在季刊《科学与社会》[*Science and Society*]的 1953 年春季号上，这是一家独立的马克思主义刊物，评论的作者是弗赖什塔特[④]，当时任纽瓦克工程学院[Newark College of Engineering]的助理教授。

291

---

①　Я. П. Терлецкий，"Проблемы рассиития квантовой теории," *Вопросы Фнлософии* **1951**(5)，51—61；德译文（1952）。又见 R. Washner，"J. P. Terletzkis Determinismusauffasung in der modernen Quantenphysik," *Deutsche Zeitschrift für Philosophie* **10**，1019—1032（1962）。

②　E. Schatzman，"Physique quantique et réalité," *La Pensée* **42—43**，107—122（1952）；德译文（1954）。

③　朗之万除了在法兰西学院[College de France]（他在这里是皮埃尔·居里的继任者）的科学活动外，还担任人权联盟[Ligue des Droits de l'Homme]的主席。科尼奥[G. Cogniot]是索尔本的文学教授，法共中央委员。

④　H. Freistade，"The crisis in physics," *Science and Society* **17**，211—237（1953），关于"弗赖斯塔特案件"见 *Bulletin of the Atomic Scientist* 5 169（1949）。

　　弗赖什塔特写道，从哲学观点来看，玻姆的诠释对物理学的活动余地的限制要少一些。弗赖什塔特完全同意玻姆的意见，宣称哥本哈根诠释的"独断的假设"（即 ψ 是能达到的最完备的描述）"远远超出了实验所承认的程度，［并且］不太可能引出独创的思想和新的大胆的假说。"三年后，弗赖什塔特[①]发表了一篇关于当时所知道的各种因果理论的综述，这篇文章对这些理论的概念基础和数学基础提供了深湛的分析，今天仍不失为关于这个问题的最好的说明之一。弗赖什塔特特别称赞玻姆的测量过程理论，认为它在概念上优于通常诠释的测量理论。

　　在这方面应当一提的是，对任何想要建立一个决定论性量子理论（诸如玻姆的理论）以反对几率诠释的所谓实证主义或唯心主义这一意识形态动机的谴责，没有比俄国物理学家福克更严厉的了。他声称，"要把决定论形式的定律强加于自然界，要不顾一切证据而放弃这些定律取更普遍的几率形式的可能性——这意味着从某种教条出发而不是从自然界本身的性质出发。这种立场在哲学上是不正确的。"[②]福克不是把因果性想象成拉普拉斯决定论那种严格意义上的因果性，而是当作"关于自然定律的存在特别是与时间和空间的普遍属性相联系的那些定律的存在的一种陈述，"于是他和于尔莫一样，认为因果性原理同量子力学是完全不矛盾的，

292

---

　　① H. Freistadt, "The Causal formulation of quantum mechanics of particles," *Nuovo Cimento* **5**, Supplementary volume, 1—70(1957).

　　② В. Фок, "Об интерпретаеии квантовой механики," *УФН* **62** 461—474(1957)；英译文 "On the interpretation of quantum mechanics," *Czechoslovak Jour. Phys.* 7, 643～656(1957)；德译文(1958)。

只不过是它的应用范围扩展到几率定律而已。因此他的结论是，几率诠释同唯物主义观点根本不发生矛盾。

玻姆的工作的一个有趣的副产物是重新唤起了对冯·诺伊曼关于隐变量不可能性的证明的兴趣。玻姆的工作即使可以根据别的理由来加以反对，但在逻辑上看来是无矛盾的，因此和这一证明相抵触。玻姆解决这个抵触的方法并不是人人都认为具有说服力。因此，看来值得再一次检查冯·诺伊曼的证明的逻辑。

当时在布里斯托尔〔Bristol〕大学教哲学的费耶阿本德①，突出地强调了下述观念：冯·诺伊曼的证明实际上同量子力学本身并没有多大关系，而是关于量子力学所依据的概率论或统计学的，我们将看到，在量子力学的随机过程诠释的早期发展中，特别是菲涅什，也曾独立地提出过这个概念。费耶阿本德首先指出，这个证明所根据的两条定理——不存在无弥散系综和存在均匀系综——并不是量子力学本身的特征，而是统计理论的一般特征。他附和波普尔所提的一个建议，引述了掷骰子的例子。他评论说，第一条定理的意义只不过是，在投掷（一个骰子）的无穷序列中，不会老是出现同一面；而第二条定理则意味着，不可能有一种赌具，不论设计得多么精巧，它能给出频率分布和原来的系综的频率分布（即每一面为 1/6）不同的子系综。

① P. K. Feyerabend, "Eine Bemerkung zum Neumannschen Beweis," *Zeitschrift far Physik* 145, 421—423(1956). 十二个月之后，在 1957 年 4 月，费耶阿本德本人宣布废弃这篇论文，因为它建立在一个严重的错误上。见其论文 "On the quantum theory of measurement" 中的脚注 6，收入文集 *Observation and Interpretation in the Philosophy of Physics*（后面的文献 102），pp.121—130。

如果冯·诺伊曼的命题是这两条定理的逻辑结论,那么通过增加不可观察的参数的办法用一个决定论理论来说明掷骰子的结果就应当是不可能的,而这和人们通常的一致看法相反。因此,照费耶阿本德看来,这就表明冯·诺伊曼的推理并不只是根据这两条定理,除此之外它还依靠一条暗中引入的假设:一个决定论的描述必须总是使得能够建造无弥散系综。但是,这个假设并不见得有道理,因为决定论断言的是,事件在其时间次序上或相继的演化中是不含糊地规定着的,但是,对它们在给定时刻的同时的分布并没有规定。因为已被正确证明的不存在无弥散系综的定理并不和隐变量假说相矛盾(隐变量可以存在但也是有弥散的),因此费耶阿本德认为,冯·诺伊曼犯了无前提推理[*non sequitur*]的错误。

在帕维业[Pavia]大学和米兰的国立原子核物理研究所工作的两个核物理学家博基耶里和洛因杰尔[①],反过来又对费耶阿本德对上述假设的否定提出了疑问。他们指出,只要人们仅限于用概率论来描述掷骰子,也就是说,只要人们假定作用在骰子上的微小撞击是不可控制的,那么显然就不可能建立一个无弥散的系综。但是,在一个决定论的数学描述中,这些撞击的效应是必须详细知道的,否则这种描述就是不可能的,但这时通过对投掷过程的适当调整,就能够给出一个无弥散系综。

---

① 　　P. Bocchieri and A. Loinger,"Einige Bemerkungen über die Frage dor verborgeneu Parameter,"*Zeitschrift fur Physik* **148**,308—313(1957).

俄克拉荷马大学的津纳斯[①]从不同的角度分析了冯·诺伊曼的证明，他得到的结论是："只有当人们要求这些隐变量的作用仅仅是扩大量子力学中现在所用的可观察量的集合时，这条定理才是正确的。不能把这条定理理解成，人们不能为了以下两个目的而引进这种附加的隐变量：(1)为了以经典的完备程度来标志一个状态，(2)为了把通常的可观察量定义为统计参数。"

舒尔茨[②]责备冯·诺伊曼的推理中有一个逻辑缺陷，此人是一个数学家。在柏林鹰宫(Adlershof)的德国科学院的光学和光谱学研究所任职，后来改行搞哲学。他把冯·诺伊曼的统计公式（已在隐变量不可能性证明的第一部分中得证）具有实验意义（亦即期望值可以通过实验测量）的那种子系综叫做"可由实验察觉的子系综"[experimentally accessible subensembles]，并且断言，冯·诺伊曼只考虑了"可由实验察觉的子系综"，而不是如他本应做的那样，考虑所有可能的子系综。塔拉茨[③]在 1960 年根据两个理由批评了冯·诺伊曼的证明。首先，他声称，满足在一切 φ 下(φ, $U\varphi$)=0 或 1 的条件的解并不像冯·诺伊曼所说的那样只有 $U=0$ 或 $U=1$，此外还有 $U=P_\psi=|\psi><\psi|$，其中 ψ 是包含 φ 的正交归一矢量组中的一个矢量，这个解使他的整个证明归于无效。阿

294

①　I. I. Zinnes, "Hidden variables in quantum mechanics," *Am. J. Phys.* **26**, 1—4 (1958).

②　G. Schulz, "Kritik des v. Neumannschen Beweises gegen die Kausalität in der Quantenmech anik," *Ann. Physik* **3**, 94—104 (1959).

③　J. Tharrats, "Sur le théorème de von Neumann concernant l'indéterminisme essential de la Mécanique quantique," *Comptes Rendus* **256**, 3786—3788 (1960).

尔贝逊[①]曾经说明,这个反对意见是错误的,因为对于 $U = P_\psi$ 上述条件并不是对一切 φ 满足,"而只是对属于包含 ψ 的正交归一集的那些 φ"才满足。但是阿尔贝逊的推理也不正确。

不论是阿尔贝逊还是塔拉茨看来都忽略了一点:由于下述事实[②],即 $(\varphi, U\varphi)$ 关于 φ 是连续的,并且希尔伯特空间中的两个归一化矢量 φ_0 和 φ_1 总可以用一个连续变化的归一化矢量 $\varphi(x)$ 连结起来使 $\varphi(0) = \varphi_0$ 及 $\varphi(1) = \varphi_1$,于是 $(\varphi, U\varphi) = 0$ 或 1 的条件就意味着,对于给定的 U,$(\varphi, U\varphi)$ 是一常数,即或者对一切 φ 它是 0,或者对一切 φ 它是 1,而不是对于 $\varphi \perp \psi$ 它是 0,对于 $\varphi = \psi$ 它是 1。塔拉茨的第二个反对意见是,"无弥散"这一属性只对可观察量才有意义,因此方程式 $Tr(UR^2) = [Tr(UR)]^2$ 不允许用 P_ψ 代替 R,因为投影算符不代表可观察量。就冯·诺伊曼的术语用法而言[③],这个反对意见似乎是有道理的。但是,这个矛盾可以通过像

---

① J. Albertson,"Von Neumann's hidden-parameter proof," *Am. J. Phys* **29**, 478—484(1961).

② 为了证明这一点,令 $\varphi_1 = a\varphi_0 + b\varphi'$,其中 $\varphi' \perp \varphi_0$,$a = e^{ia}cos\theta$,$b = e^{i\beta}sin\theta$。于是 $\varphi(x) = a_x\varphi_0 + b_x\varphi'$(其中 $a_x = e^{ixa}cos x\theta$,$b_x = e^{ix\beta}sin x\theta$)便是所要的"连结"矢量,它满足 $\varphi(0) = \varphi_0$ 及 $\varphi(1) = \varphi_1$。

③ 冯·诺伊曼的术语用法对代表"物理量"的算符与代表"属性"或"命题"(是非判决实验)的投影是做了区分的。见他的这样一段话:"除了物理量 $\mathscr{R}$ 之外,还存在另一个概念范畴,它们也是物理学的重要对象——即系统 S 的状态的属性。"见文献 1—2(1955,p.249)。

译者按:对于"属性"、"命题"、"是非判决实验"及"投影"之间的关系,由于下面在讨论 Jauch 和 Piron 的工作(关于量子力学中的命题演算,见下节)时还要用到,有必要在这里再作一些说明。系统 S 的属性,指的是比如某个量 $\mathscr{R}$ 取值 λ,或 $\mathscr{R}$ 之值为正等等。每一条关于这样的属性的陈述可以作为一个命题,在 S 的某一状态下,这一命题

狄拉克那样定义可观察量为其本征矢量构成完备集的厄密算符而消除掉[①]。因为对于任意的 ψ，$\psi = P_\varphi \psi + (1 - P_\varphi)\psi$ 是 ψ 用 P_φ 的本征矢 $P_\varphi \psi$（本征值为 1）和 $(1 - P_\varphi)\psi$（本征值为 0）来展开的展开式，投影算符 P_φ 具有一个完备的本征矢量集，因此它是一个（狄拉克的意义上的）可观察量。

　　赞成和反对[*pro and contra*]隐变量的战斗的另一个回合是在柯尔斯通研究协会的第九次讨论会[②]上打响的，这次讨论会于 1957 年 4 月初在布里斯托尔大学举行。建立这个协会是为了纪念十七世纪的教育家和慈善家柯尔斯通[E. Colston]，协会决定，把它的这次年会用于在物理学家与哲学家之间交流主要是关于量子力学诠释问题的各种观点。与会的物理学家有玻姆、玻普[F.

以一定的几率为真（成立）或为假（不成立）。是非判决实验[*yes-no experiment*]就是判断一个命题是否成立的实验。对于每一条这样的属性（命题）$\mathscr{F}$，可以让它和一个量（也用 $\mathscr{F}$ 表示）对应：当该命题成立，此量取值 1；该命题不成立，此量取值 0。显然，量 $\mathscr{F}$ 应当由投影算符代表。一个投影算符 P_m 有两个本征值 1 和 0，它在希尔伯特空间 $\mathscr{H}$ 中确定一个闭合子空间 $\mathscr{M}$，$\mathscr{M}$ 由 P_m 的本征值为 1 的本征矢张成。$\mathscr{M}$ 中的矢量代表命题 $\mathscr{F}_m$ 肯定成立的态，而 $\mathscr{M}$ 的正交补集中的矢量则代表 $\mathscr{F}_m$ 肯定为假的态。此外，$I - P_m$ 也是一个投影算符，它对应于 $\mathscr{F}_m$ 的反命题"非 $\mathscr{F}_m$"。若 $\mathscr{F}_m$ 永远为真则 $P_m = I$，$\mathscr{M} = \mathscr{H}$，这种命题叫庸命题[*trivial proposition*]，用 I 表示；若 $\mathscr{F}_m$ 永不为真，则 $P_m = 0$，$\mathscr{M} = 0$，这种命题叫谬命题[*absurd propositition*]。用 ∅ 表示。参看 *von Neumann* 书（文献 1—1，英文版）pp.74—77（投影算符的性质）及 pp.249—251（投影算符作为一个命题）。

　　① 见文献 98。我们和往常一样，忽略了具有超选择定则的系统（超选择定则见本书第 11 页上的译者注）。译者按：狄拉克关于投影算符可以当作可观察量的讨论，见狄拉克《量子力学原理》（第四版，科学出版社，1965）§10（第 37 页）

　　② *Observation and Interpretation in the Philosophy of Physics——With special reference to Quantum Mechanics*，S. Körner 和 M. H. L. Pryce 合编（Constable and Company，London，1957）。

Bopp]、达尔文爵士[Sir C. Darwin]*、菲尔茨[M. Fierz]、格仑纳沃德[H. J. Groenewold]、L. 罗森菲尔德、祖斯曼[G. Süssman]、维日尔等，哲学家有艾厄[A. J. Ayer]、布雷思韦特、费耶阿本德、盖利[W. B. Callie]、尼耳[W. C. Kneale]、克尔内[S. Körner]、波拉奈[M. Polanyi]、波普尔、奈尔[G. Ryle]等。

讨论会的高潮是第二次会议上玻姆和罗森费尔德的交锋。玻姆谈话的题目是"用亚量子力学层级上的隐变量来解释量子理论的一种倡议"，罗森菲尔德则谈的是"对量子理论基础的误解"。玻姆坚持需要有一种新型理论，它"比量子理论更接近决定论型"，它在极限情况下趋向量子理论，但在更深的层级上同量子理论有实质性的不同，在那里它甚至会预告性质上全新的物质属性；而罗森菲尔德则认为这种做法是"十九世纪的机械论哲学的一个短命的衰变产物"，认为任何通过引入隐参数的方法来取消量子力学的非经典特征的建议都是"空谈"。他争辩说，"这些参数要有任何用处，就得同可观察量（也就是同经典概念）联系起来，而不论这种联系是怎样的，都绝对不能违反由于作用量子的存在而对经典概念的使用施加的限制"。

玻姆解释了他的下述想法：亚量子层级上的量子力学涨落怎样可以引起所观察到的海森伯不确定性，正如错综复杂的原子运动引起布朗粒子的无规的不确定性一样，以及这样一个亚量子层级的假设怎样使得不再能够用海森伯原理当论据，以反对一个比现有的量子理论更为决定论性的理论的可能性。他接着说："冯·

---

　　*　这个达尔文是著名生物学家达尔文的孙子。——译者注

诺伊曼的论据也有同样的情况:它在逻辑上肯定是无矛盾的,但是它根本地依赖于这一假设,即一般的量子力学定律框架是普适地、完全精确地成立的。而引进一个亚量子层级,就是为了反驳海森伯和冯·诺伊曼的论据所依据的这个基本假设。"反之,罗森费尔德则指出,"并没有逻辑上的理由,要为一组给定的统计定律再加上一个'决定论的基础'。可能有、也可能没有这样一个基础,这是一个要由经验来判决的问题,而不是由形而上学来决定。"他继续说道,量子过程特有的整体性(由它得出正则共轭量的反比不确定性),是作用量子化定律的物理内容的直接结论。"因此,没有哪一种逻辑上无矛盾的形式理论,能够给出一个决定论的基础而不违反凝集在量子定律内的大量经验……这个领域内未来的进展的真正道路已经指明:我们所需要的新观念将不是通过回到一种已经发现是过于狭窄的描述方式而得到,而是通过对量子理论进行合理的推广来得到。"①

因此,这一争论还在继续——没有达到任何意见一致。按照玻普[Fritz Bopp]的说法,讨论之所以没有结果的原因,在于"我们承认玻姆的理论是不能否定的,但同时又说,我们并不相信它。"玻普总结了讨论的情况,评论道:"物理学的任务在于对实验的可能结果作出预言。而我们今天所做的乃是预言物理学的可能的发展——因此我们不是在搞物理学,而是在搞哲学。"②

---

① 同 407 页注②文献 p.42。

② 同上 p.51。

7.6 格里森、姚赫及其他人的工作

正当人们就赞成和反对隐变量的可能性的各种哲学论据在英格兰（布里斯托尔）展开争论的时候，在新英格兰*（马萨诸塞州的堪布里奇[Cambridge]）却得到了一个后来才知道对于整个这些问题极为重要的数学结果。关于如何在一个可分的希尔伯特空间的（闭合）子空间上用统一的方法构成全部测度（即非负的完全加性的实值函数）的问题，由于同隐变量不可能性的证明[1]有关，早就引起了冯·诺伊曼的兴趣，冯·诺伊曼的证明所依据的假设是：量子力学中的一切可能的统计态都要么是纯粹态，要么是混合态，即纯粹态的可数（有限的或可编号的）凸组合[convex combinations]。1957 年，当哈佛大学的一个数学家马基[G. W. Mackey]试图在数学严格的基础上建立他的量子逻辑方法（将在下一章详细讨论）的时候，他认识到多么迫切地有必要为这个假设提供一个无可指摘的证明，并且把这个问题提给了他的同事和学生们。

马基的同事格里森（他比马基小五年，是加利福尼亚州人，耶鲁大学 1942 年的毕业生，后来在哈佛当研究生，并于 1957 年任哈

---

* 新英格兰是美国东北部诸州的别称，堪布里奇是哈佛大学所在地（不要与英国的剑桥混淆）。——译者注
[1] 369 页注[2]文献。

佛的教授)很快就解决了这个问题,他证明,[1] 在一个多于二维的可分的实或复希尔伯特空间 $\mathscr{H}$ 中,$\mathscr{H}$ 的子空间上的每个测度 μ (A) 的形式都是 $\mu(A) = \text{trace}(TP_A)$,其中 P_A 表示子空间 A 上的正交投影,T 是一个固定的迹类算符[operator of trace class]。换句话说,格里森证明了 $\mathscr{H}$ 的子空间上的每一测度都是 $\|P_A\varphi\|^2$ 的一个线性组合,其中 φ 是一个单位矢量,P_A 是子空间 A 上的正交投影。格里森的证明的构思极其巧妙,它建立在"权重为 W 的标架函数"[frame function of weight W]这个概念的基础上,所谓权重为 W 的标架函数,就是定义在 $\mathscr{H}$ 的单位球面上的一个实值函数 f,它满足 $\sum f(\varphi_i) = W$,其中 $\{\varphi_i\}$ 是 $\mathscr{H}$ 的一组正交基;这个证明还基于下述论证:$\mathscr{H}$ 上的每一个非负的标架函数都是正规的,即 $\mathscr{H}$ 上存在一个自轭算符 T,使得对于所有的单位矢量 φ 有 $f(\varphi) = (\varphi, T\varphi)$。

　　格里森的定理简化了量子力学的公理系统,因为它表明,量子力学几率总可以用密度矩阵的方法来计算。它用较少的假设便建立了冯·诺伊曼的统计公式,因为它表明,如果在 $\mathscr{H}$ 中令每一投影 P 和一个非负的数 $\langle P \rangle$ 相联系,使得对于相互正交的 P_i 有 $\langle \sum P_i \rangle = \sum \langle P_i \rangle$ 及 $\langle I \rangle = 1$,那么存在着一个唯一的半定[semidefinite]自轭算符 U,使得对于每一投影 P 有 $\langle P \rangle = \text{trace}(UP)$。

---

① A. M. Gleason,"Measures on the closed subspaces of a Hilbert space,"*Journal of Mathematics and Mechanics* **6**,885—893(1957),重印在下书中:*The Logico Algebraic Approach to Quantum Mechanics*,C. A. Hooker, ed.(Reidel, Dordrecht-Holland,即将出版),Vol.1。

通过格里森的工作①人们弄清楚了,冯·诺伊曼关于隐变量的不可能性的结果并不取决于假设 IV(见前 7.4 节 P. IV),亦即并不取决于关于任意算符(即使它们不对易)的期望值的可加性假定。现在清楚了,在至少为三维的希尔伯特空间中,为了排除无弥散状态的可能性,仅仅假设对易的算符有这种可加性就足够了。

为了证明这一点(我们将只给出证明的梗概),考虑投影算符就够了。若 $\{\alpha_j\}_j = 1, 2 \cdots$ 是一个正交完备矢量组,则投影算符 $P(\alpha_j)$ 之定义为 $P(\alpha_j)\varphi = \|\alpha_j\|^{-2}(\alpha_j, \varphi)\alpha_j$,它们相互对易并满足条件

$$\sum_j P(\alpha_j) = I \text{(恒等算符)}。$$

根据我们关于对易算符的可加性的假设(以后将称之为经过限制后的假设 IV 或 P. IV′),对于一个给定的态 ψ,

$$(\psi, \sum_j P(\alpha_j)\psi) = \langle \sum_j P(\alpha_j) \rangle = \sum_j \langle P(\alpha_j) \rangle。$$

由于

$$\langle \sum_j P(\alpha_j) \rangle = \langle I \rangle = 1,$$

因此我们得到

$$\sum_j \langle P(\alpha_j) \rangle = 1。 \tag{5}$$

借助于(5)式,于是容易证明下面两条引理:

---

① 格里森定理的证明的一部分曾被 C. Piron, S. P. Gudder, J. S. Bell 等人简化。见 C. Piron, "Survey of general quantum physics"(油印本,日内瓦大学,1970), *Foundations of Physics* **2**, 287—314(1972),重印于 *The Logico-Algebraic Approach*(文献 106)中。Gudder 的文章未发表。Bell 的文章见文献 118,下一节主要就要讨论他的工作。

引理 1. 若 α_1 和 α_2 为正交矢量，则 $\langle P(\alpha_1)\rangle=1$ 就意味着 $\langle P(\alpha_2)\rangle=0$。

引理 2. 若 α_1 和 α_2 为正交矢量，并且对于一个给定的态 $\langle P(\alpha_1)\rangle=\langle P(\alpha_2)\rangle=0$，则对于一切实数 a，b 有 $\langle P(a\alpha_1+b\alpha_2)\rangle=0$。

两条引理的证明都是基于期望值的非负性以及下述事实：两个正交矢量总可以看作是属于一个完备正交组中的。引理 3 的证明[①]则比较难一些。

引理 3. 若 α 和 β 是至少为三维的希尔伯特空间中的矢量，并且对于一个给定的态 $\langle P(\alpha)\rangle=1$ 及 $\langle P(\beta)\rangle=0$，则 $\parallel\alpha-\beta\parallel>1/2$。

最后，我们就能够证明下述定理了：经限制后的假设 IV′ 排除了无弥散态的可能性（因而排除了隐变量的可能性）。对于一个无弥散态，一个投影算符的期待值为 1 或 0。于是希尔伯特空间内的全部矢量的集合可以无遗漏地分为两类，一类的期望值为 1，另一类之值为

① 令 $\beta=\alpha+s\alpha'$，其中归一化的 α' 垂直于 α，s 是实数。根据假设还存一个单位矢量 α'' 垂直于 α 和 α'，因而也垂直于 β。由引理 1 $\langle P(\alpha')\rangle=\langle P(\alpha'')\rangle=0$，因而由引理 2 有，对于任意的 s，t，$\langle P(ts\alpha''-s\alpha')\rangle=0$，因此也有 $\langle P(\beta+t^{-1}s\alpha'')\rangle=0$。因为 $\gamma_1=\beta+t^{-1}s\alpha''$ 和 $\gamma_2=ts\alpha''-s\alpha'$ 是正交矢量。引理 2 表明 $\langle P(\gamma_1+\gamma_2)\rangle=\langle P(\alpha+s(t+t^{-1})\alpha'')\rangle=0$。于是，若 $|s|\leqslant 1/2$，则将存在一个实数 t，使得 $s(t+t^{-1})=\pm 1$，因而 $\langle P(\alpha+\alpha'')\rangle=\langle P(\alpha-\alpha'')\rangle=0$。因为 $\gamma_1'=\alpha+\alpha''$ 和 $\gamma_2'=\alpha-\alpha''$ 是正交的。引理 2 意味着 $\langle P(\gamma_1'+\gamma_2')\rangle=\langle P(2\alpha)\rangle=\langle P(\alpha)\rangle=0$，和假设相反。因此

$$|s|>\frac{1}{2} \quad 及 \quad \parallel\alpha-\beta\parallel>\frac{1}{2}.$$

0,根据一个和上面脚注 99 中所述的方法类似的论证方法,可以证明存在着这样两个矢量,一个是属于第一类的,另一个是第二类的,它们的差小于 1/2,从而与引理 3 矛盾。因此无弥散态不能存在。

特别是,如果在希尔伯特空间中有三个厄密算符 A, B 和 C, A 和 B 对易也和 C 对易,但 B 和 C 不对易(例如角动量理论中的算符 L^2, L_x 和 L_y),那么就不能存在定义Ⅱ的意义下的单值相空间函数 $f_A(\lambda)$,它对 A 所代表的可观察量的测量提供一个决定论的隐变量描述。换句话说,在这种条件下,隐变量如果存在,也必定是交错的。

首先认识到格里森的结果对于隐变数问题的重要性的人大概是姚赫[J. M. Jauch],他是苏黎世的瑞士联邦工艺学院的毕业生,在明尼苏达大学获得博士学位(1940)。他长期留在美国(普林斯顿、伊阿华大学)和英国(海军研究局)工作,然后回到他的本国瑞士,于 1960 年担任日内瓦大学的理论物理研究所所长,并建立了一个从事量子力学基础研究的学派。姚赫是冯·诺伊曼的一个热诚的仰慕者,但是他也知道,对冯·诺伊曼提出的一些批评并不是毫无根据的,因此他试图把冯·诺伊曼的工作从一切先天缺陷中解脱出来[*ab omni naevo vindicatus*],恢复他的地位,如同撒切里[Saccheri]曾经为欧几里得所做的那样。"我知道",姚赫一次写道①,"量子力学的许多奠基者都一贯低估冯·诺伊曼的工作的重要性。但是,随着人们越来越广泛地感到量子理论需要有一个更严格的基础和一个推广,它的重要性也会越来越明显。我本人和

---

① 姚赫给本书作者的信,1966 年 10 月 3 日。

我的同事们在过去几年里的工作大部分是对冯·诺伊曼的这一工作的进一步加工,并且我可以说,非相对论量子力学的情况今天人们已经很好地解决和了解了。"

姚赫是从马基的讲义[①]中的一条参考文献而注意到格里森的结果的,这个结果给他以很深的印象;姚赫承认,冯·诺伊曼为他的隐变量证明提出的假设是过于苛刻了,特别是可加性假设 P. IV 难以讲出道理,于是他同皮朗合作修改了冯·诺伊曼的证明,以避免一切关于循环推理的反对意见,并使证明独立于可加性假设。此外,他们修改后的证明还将精确地表明,是哪些经验事实(通常的量子力学之得到人们接受即是根据这些经验事实)不容许对量子力学作隐变量推广。

姚赫和皮朗对冯·诺伊曼的证明的重新表述[②],是以他们对各个量子力学命题间的次序关系的研究为基础的,因此使用了通常叫做"量子逻辑"的格论的语言[③]。他们的出发点是如下的陈述:量子力学命题(是-非判决实验或更精确地说它们的等价类)[*]构成一个完备的正交有补格;半序关系定义如下:若凡是 a 为真时 b 亦为真,则称 $a \leqslant b$。两个命题 a 和 b 称为相容的(或用符号表示 $a \leftrightarrow b$),如果它们满足对称关系式 $(a \cap b') \cup b = (b \cap a') \cup a$。

[①]　见下面的 535 页注[③]。

[②]　J. M. Jauch and C. Piron,"Can hidden variables be excluded in quantum mechanics?",*Helvitca Physica Acta* **36**,827—837(1963).

[③]　不熟悉这些术语的读者,在接着往下读之前最好先读一下本书书末关于格论的附录和下一章里对 G. Birkhoff 和 J. von Neumann 的论文的讨论。

[*]　参见本章 406 页注[③]中译者的说明。——译者注

300

假设若 $a \leqslant b$ 则有 $a \leftrightarrow b$（假设 P）。一个量子力学系统的态——这种态的物理意义通常由一组足够多的可观察量的几率分布确定——用 L 的全部命题 a 的集合上（简称 L 上）的一个函数 $w(a)$ 来表示。进一步假设这个函数满足以下五个条件：

P.W1.　　　在 L 上　$0 \leqslant w(a) \leqslant 1$

P.W2.　　　$w(\theta) = 0, w(I) = 1$

P.W3.　　　在 L 上　$a \leftrightarrow b$ 意味着 $w(a) + w(b) = w(a \cap b) + w(a \cup b)$

P.W4.[①]　　　在 L 上　$w(a) = w(b) = 1$ 意味着 $w(a \cap b) = 1$。

P.W5.　　　$a \neq \theta$ 意味着存在一个态 $w, w(a) \neq 0$，这里 $\emptyset = \bigcap\limits_{a_j \in L} a_j$ 为谬命题，$I = \bigcup\limits_{a_j \in L} a_j$ 为庸命题 [trivial proposition]

此外并记住：a 的正交补 a'（"非 a"）具有如下的性质：$(a')' = a$，$a \cup a' = I$，$a \cap a' = \theta$ 及 $(a \cup b)' = a' \cap b'$。

301　　　一个态是无弥散的，如果在 L 上 $w(a) = w^2(a)$，亦即每个命题或者为真（$=1$），或者为假（$=0$）。两个态 w_1 和 w_2 是不同的，如果存在着一个命题 a，使得 $w_1(a) \neq w_2(a)$。如果 w_1 和 w_2 是不同的态，$\lambda_1 > 0, \lambda_2 > 0$，且 $\lambda_1 + \lambda_2 = 1$，那么 $w(a) = \lambda_1 w_1(a) + \lambda_2 w_2(a)$ 定义了一个不同于 w_1 和 w_2 的新的态，它是一个混合态。

---

①　姚赫和皮朗作了一个更强的假设 P.W4：$w(a_j) = 1$（对于某一指标集 J 中的全部 j）意味着 $w(\bigcap\limits_{j} a_j) = 1$。对于我们当前的目的，并不需要 P.W4 的这一更强的形式。

一个不能这样用(至少)两个不同的态来表示的态是均匀态或纯粹态。因为这样定义的混合态对于 $w_1(a)\neq w_2(a)$ 的命题满足关系式 $0<\lambda_1 w_1(a)+\lambda_2 w_2(a)<1$(对于一切 $\lambda_1>0_2,\lambda_2>0$ 和 $\lambda_1+\lambda_2=1$),显然每一个无弥散态都是均匀态。

有了这些定义和结论之后,现在我们可以来理解——姚赫-皮朗对冯·诺伊曼的证明的重新表述了。他们的重新表述由两条引理和一条定理组成。

引理 1. 若 L 容许有隐变量并且若对于所有的态 $w(a)=w(b)$,则 $a=b$。

　　若 $x=a\bigcap(a\bigcap b)'=\theta$,则由 P. W.5 可得,存在有一个态使得 $w(x)\neq 0$。因为 L 容许有隐变量,每个态都是无弥散态的混合态,并且必定会存在一个态,对于它有 $w(x)=1$。从 $a\bigcap(a\bigcap b)'\leqslant a$ 可得,$w(a)=1=w(b)$,由 P. W.4 有 $w(a\bigcap b)=1$ 或 $w((a\bigcap b)')=0$。由于 $a\bigcap(a\bigcap b)'\leqslant(a\bigcap b)'$,因而 $w(x)=0$,与假设相反。于是 $a\bigcap(a\bigcap b)'=\theta$　由于 $a\bigcap b\leqslant a$,根据假设 P 有 $a\bigcap b\leftrightarrow a$ 或 $((a\bigcap b)\bigcap a')\bigcup a=(a\bigcap(a\bigcap b)')\bigcup(a\bigcap b)$,它化简为 $a=a\bigcap b$因此 $a\leqslant b$。但前提关于 a 和 b 是对称的,因此还可推出 $b\leqslant a$。于是 $a=b$。

引理 2. 若 L 容许有隐变量,则对于 L 的任何一对命题 a,b 和任何态 w,有 $w(a)+w(b)=w(a\bigcup b)+w(a\bigcap b)$。

只需考虑无弥解态 $w(a)$ 就够了,它或者是 0 或者为 1。共有四种可能性:(1) $w(a)=w(b)=0$;(2) $w(a)=1,w(b)=0$;(3) $w(a)=0,w(b)=1$;(4) $w(a)=w(b)=1$。通过把 a 换为 a',b 换为 b',这四种可能性可约简为前两种。在第(1)种情形下 $w(a\bigcap b)\leqslant w(a)=0$ 意味着 $w(a\bigcap b)=0$;由于 $w(a')=1-w(a)=1$ 及 $w(b')=1$,P. W.4 要求 $w(a'\bigcap b')=1$ 因此 $w(a\bigcup b)=1-w((a\bigcup b)')=1-w(a'\bigcap b')=0$,于是论点得证。在第(2)种情形下 $w(a\bigcup b)\geqslant w(a)=1$ 意味着 $w(a\bigcup b)=1$;由于 $w(a\bigcap b)\leqslant w(b)=0$ 显然 $w(a\bigcap b)=0$,于是论点得证。

302 **定理** 若 L 容许有隐变量,则 $a\in L$ 及 $b\in L$ 意味着 $a\leftrightarrow b$。

对于每个态 $w,w((a\bigcap b')\bigcup b)=w(a\bigcap b')+w(b)=w(a)+w(b')-w(a\bigcup b')+w(b)=w(a)+1-w(a\bigcup b')=w(a)+w(a'\bigcap b)=w(a\bigcup(a'\bigcap b))$,因为 $w((a\bigcap b')\bigcap b)=w(a\bigcap(a'\bigcap b))=0$。于是由引理 1,$(a\bigcap b')\bigcup b=(b\bigcap a')\bigcup a$ 或 $a\leftrightarrow b$。

于是姚赫和皮朗在他们的假设的基础上证明了,一个命题系统,只有当它的全部命题都相容时,才容许有隐变量存在。他们断言:"有了这个结果,隐变量存在的可能性便被否定了。"由于经验表明,量子力学命题格 L 包含有不相容的命题,因此量子力学不能用隐变量来解释。像上面这样在根据认为是更可靠的基础上恢复了冯·诺伊曼的证明之后,他们说道:"这个结果也许足以驳斥那种说冯·诺伊曼的证明包含着循环推理的责难。反之,我们希望,它将有助于理解冯·诺伊曼的分析在量子力学发展的早期阶段的深远的影响。我们觉得,冯·诺伊曼的工作在今天比在它写成的当时更有意义,因为来自高能物理学的要求修改我们的概念框架的日益增长的压力,不应使我们忘记原来的基础,这个基础是可靠的,并且未来的发展必须建立在这个基础上。"①

7.7　贝尔的贡献

姚赫和皮朗建立他们的证明所依据的基础真正是可靠的吗?我们现在就要看到,贝尔立刻就对它的可靠性提出了疑问。如前所述,贝尔对于量子力学之把世界分为系统和观察者两部分而二者又并没有一条明确的界线这种情况是不满意的。这促使他去研究隐变量问题*。大学毕业之后,他读了玻恩的《关于因果和机遇的自然哲学》②一书中关于非决定论物理学的一章,对玻恩所描述的冯·诺伊曼在量子力学方面的工作印象很深。由于不能读德文——冯·诺伊曼的书的英译本到1955年才出版——贝尔在当时不能钻研冯·诺伊曼的证明。随后贝尔在哈威尔[Harwell]专门从事加速器设计,他在那里读到了玻姆1952年的论文,这篇文章重新点燃了他对量子力学基本问题的兴趣。在他的说德语的同事曼德尔[F. Mandl]的帮助下,贝尔终于彻底地研究了冯·诺伊

303

---

① 415 页注②文献,p.829。

* 见本章 348 页注①。——译者注

② Oxford U. P.,London,1949。中译本:商务印书馆,1964。

曼的工作。虽然曼德尔试图使贝尔相信,玻姆必定是在什么地方错了,贝尔却看出了可加性假设 P. Ⅳ 在冯·诺伊曼的推理中所起的特殊作用,但他那时觉得还没有足够的把握来对这个问题发表什么确定的见解。

1955 年,他以关于场论中的不变性问题的学位论文在伯明翰大学获得博士学位之后,在 1959 年年底进入 CERN[欧洲原子核研究中心]工作。1963 年,他在那里参加了姚赫主持的一个讲习班,姚赫当时刚刚完成了他和皮朗合写的论文,于是贝尔又再一次回到他的初欢[*premiers amours*]身旁。正是在这一次,姚赫使他注意到格里森的工作。在同姚赫进行的讨论的激励下,贝尔于1964 年夏天,当他请假离开 CERN 到加利福尼亚州斯坦福的SLAC[斯坦福直线加速器中心]工作时,写了一篇关于隐变量问题的论文[①],并把它投稿给《现代物理评论》[*Reviews of Modern Physics*]。审稿人认为它对测量过程讲得太少,因此把这篇文章又退回给贝尔,请他在这个题目上再作些补充。贝尔这样做了[②],并于 1965 年 1 月把修改后的稿子再寄给编者。不幸的是,这篇稿子被《评论》的编辑部门归错了档,而同时康敦[E. U. Condon](他从 1957 年起就担任《评论》的编辑)则在耐心地等着收到贝尔的文章以便付印。到 1965 年 6 月,康敦再也没有耐性等下去了,便按贝尔在 SLAC 的地址给他寄去一张催索单。但贝尔这时却已回

---

① J. S. Bell,"On the problem of hidden variables in quantum mechanics",预印本,1964 年 8 月(油印,SLAC-PUB-44)。

② 所加的话是在发表文本的第 Ⅱ 节的末尾;见上注文献。

CERN 去了。于是这封信又退回到康敦那里,还未拆封,上面盖有
"查无此人,退回原处"的印戳。直到 1966 年 1 月贝尔最后决定查
询他的稿子的命运时,康敦这才终于搞清楚了事情的经过,并请贝
尔寄一份新的稿子来,也许他还想在稿子上加点什么。这些事情
经过说明了这样一篇重要文章[①],虽然 1964 年就写好了,为什么
直到 1966 年才发表。

贝尔对冯·诺伊曼的证明是否同量子力学中隐变量问题有关
联——而不是这个证明的数学正确性!——的怀疑是由这一事实
引起的:他曾对无平移运动的自旋为 1/2 的粒子成功地建立了一
个无矛盾的隐变量理论。在这种情形下,全部可观察量都可用 $A =$
$\alpha + \beta \cdot \sigma$ 形式的 2×2 厄密矩阵表示,其中 α 是一个实数(乘以 2×2 单位矩阵),β 是一个实矢量,σ 的各个分量是泡利矩阵。对 A
的一次测量或者得出 $a_1 = \alpha + |\beta|$,或者得出 $a_2 = \alpha - |\beta|$。贝尔令
二维希尔伯特自旋空间 $\mathscr{H}_2$ 中的每个态矢量 ψ(旋量)和一组无弥
散态相联系,这一组无弥散态用闭区间 $\left[-\dfrac{1}{2}, +\dfrac{1}{2} \right]$ 中的一个实
数 λ 来标志(除了用 ψ 外)。选取一个坐标系,使 ψ 在此坐标系中
之形式为 $\begin{pmatrix} 1 \\ 0 \end{pmatrix}$,并用 β_x、β_y 和 β_z 表示 β 在这个坐标系中的分量,因
此 β 的方向与 z 轴之间的夹角 θ 由 $\cos\theta = \beta_a / |\beta|$ 给出,贝尔指出,
量子力学预言,a_1 之几率为 $p_1 = \cos^2 \dfrac{\theta}{2}$,$a_2$ 之几率为 $p_2 =$

[①] J. S. Bell,"On the problem of hidden variables in quantum machanics",*Rev. Mod. Phys*.**38**,447—452(1966).

$\sin^2\dfrac{\theta}{2}$，期望值为 $\alpha+\beta_z$。反之，对于任意一个态矢量，相对几率 p_1 和 p_2 可由期望值 $p_1 a_1 + p_2 a_2$ 及 $p_1+p_2=1$ 推出。贝尔然后规定，在由 ψ 和 λ 标志的态上对 A 的一次测量确定地给出下述结果：

$$a(\psi,\lambda)=\alpha+\mid\beta\mid\mathrm{sign}(\lambda\mid\beta\mid+\frac{1}{2}\mid\beta_z\mid)\mathrm{sign}X \qquad (6)$$

其中 X 是 β_z、β_x、β_y（按这个次序）中第一个不为零的数。量子力学期望值通过对 λ 等权重求平均得出（不论 $\boldsymbol{\alpha}$ 和 $\boldsymbol{\beta}$ 之值是什么）：

$$\langle\alpha+\boldsymbol{\beta}\cdot\boldsymbol{\sigma}\rangle=\int_{-\frac{1}{2}}^{\frac{1}{2}}d\lambda\big[\alpha+\mid\beta\mid$$

$$\mathrm{sign}(\lambda\mid\boldsymbol{\beta}\mid+\frac{1}{2}\mid\beta_z\mid)\mathrm{sign}X\big]=\alpha+\beta_z$$

　　虽然不能赋予 λ 什么物理意义，但是贝尔还是证明了"一种人们长期以为已经被冯·诺伊曼的推理否定了的可能性。"这样定义的隐变量不是交错的，这并不违反格里森的定理，因为所讨论的希尔伯特空间只有两维。

　　于是，贝尔问道，如果冯·诺伊曼的证明成立的话，怎么又有可能建立这样一个逻辑上无矛盾的隐变量诠释呢？为了解决这个明显的矛盾，贝尔联系着所讨论的例子，重述了冯·诺伊曼的证明。根据冯·诺伊曼的可加性假设 P. Ⅳ，$\langle A\rangle$ 应当是 $\langle\alpha\rangle$ 和 $\langle\beta\rangle$ 的线性组合，因为 A 本身就是 α、$\beta_x\sigma_x$、$\beta_y\sigma_y$ 和 $\beta_s\sigma_z$ 代表的可观察量的线性组合，并且这一条不但适用于量子力学态，也应适用于假设的无弥散态。但是，在无弥散态的情形下，期望值就是本征值。而 $\alpha\pm\mid\beta\mid$ 却不是 β 的线性函数。因此无弥散态不可能存在。在这样表明冯·诺伊曼的论证完全取决于可加性假设 P. Ⅳ 的成立之后，贝尔就澄清了局势,他指出,排除了隐变量的可能性的,并不是冯·诺伊曼断言的"受过客观检验的量子力学预言",而是冯·诺伊曼的假定对无弥散态也成立的可加性假设。贝尔认识到,这个假设之适用于量子态,正是量子力学的一个特性,而绝不是先验地就明显的;因为在不相容的可观察量 $\mathscr{R}$ 和 $\mathscr{S}$ 的情形下,测量 $\mathscr{R}+\mathscr{S}$ 的仪器一般是同测量单个可观察量所需的仪器完全不同的,因此预先不能期望在相应的结果之间有什么统计关系。它之所以对量子态成立,用伯林范特[①]的话来说,是因为"情况刚好是量子理论的其他公理和假设协同努力,使得 $\langle\mathscr{R}\rangle$ 可表示为 $\int\psi^{*}R\psi dx$ "。如果这种期望值可加性对于无弥散态不成立,那么导致本章方程(1)的步骤就不对,因而整个证明也就垮台了。

然而对于不依赖于 P. Ⅳ 的姚赫-皮朗证明,情况又怎样呢?为了找出这个证明的缺陷所在,贝尔又把这个证明重述如下。用是-非实验来表示任一命题相当于用投影算符来表示任一可观察量,而在 $\mathscr{H}_2$ 中,除了无用的零算符和恒等算符之外,所有的投影算符都具有 $A(\mathbf{u})=\dfrac{1}{2}+\dfrac{1}{2}\mathbf{u}\cdot\boldsymbol{\sigma}$ 的形式,其中 $\mathbf{u}$ 是一个单位矢量。它的本征值 1 对应于 $w(a)=1$,本征值 0 对应于 $w(a)=0$,互相对易的 $A(\mathbf{u})$ 和 $A(-\mathbf{u})$ 相加得出单位算符,既然假设对于对易的投影算符期望值可加性也成立,因而 $\langle A(\mathbf{u})\rangle=1$ 或 $\langle A(-\mathbf{u})\rangle=1$。

　　① 　F. J. Belinfante,"A survey of hidden-variables theories"(油印,修订本,1971),*A Survey of Hidden-Variables Theories* (Pergamon Press,Oxford,New York,1973),p.25.

同样,对于一个和 **u** 不共线的位矢量 **v**,有〈B(**v**)〉＝1 或〈$B(-\mathbf{v})$〉＝1。让我们假定〈$A(\mathbf{u})$〉＝〈$B(\mathbf{v})$〉＝1 因此 $w(a)=w(b)=1$。于是根据姚赫-皮朗的假设 P. W4,我们也必定有 $w(a \cap b)=1$,这意味着投影算符(其值域为 $A(\mathbf{u})$ 的值域和 $B(\mathbf{v})$ 的值域的交集)在这个态具有本征值 1。但是这个交集是空集(由于 **u** 和 **v** 不共线),$w(a \cap b)=0$。因此无弥散态不能存在。

于是贝尔得出结论说,对于无弥散态,必须放弃 P. W4,尽管这个假设同纯粹逻辑中一条普遍定理在形式上类似,这个定理说,两个真命题的合取(积)本身也是一个真命题。贝尔说:"我们〔在这里〕讨论的并不是逻辑命题,而是涉及(比方说)不同取向的磁铁的测量。这个公理对量子力学态是成立的。但是它是量子力学态的一个独特性质,而完全不是思维的必然法则"。照贝尔看来,姚赫和皮朗又重犯了冯·诺伊曼的错误,即无根据地把量子态的属性赋予假设的隐变量态。

当贝尔还在写他那篇发表在《评论》上的论文时,他就对爱因斯坦-波多尔斯基-罗森论证十分着迷。1964 年 9 月,他在布兰德斯[Brandeis]大学作短期逗留时,证明了一个定理(现在通称贝尔定理):[①]一个局域的隐变量理论不能重复量子力学的全部统计预言。贝尔引述了用自旋函数来表述的 EPR 论证的玻姆说法,它以转动不变的独态态函数(6.60)描述组合的复合系统的态。我们还

① J. S. Bell,"On the Einstein Podolsky Rosen paradox", *Physics* 1, 195—200 (1964),1964 年 11 月 4 日收到。

会记得,量子力学确定地预言:如果对粒子 1 的自旋 $\boldsymbol{\sigma}(1)$ 的 x 分量 $\sigma_x(1)$ 的一次测量给出 $+1$,那么对粒子 2 的自旋 $\boldsymbol{\sigma}(2)$ 的 x 分量 $\sigma_x(2)$ 的一次测量,不论粒子 2 可能离粒子 1 多么远,都将给出值 -1。鉴于转动不变性,这种相关性对空间中的任何方向都成立,亦即对 $\boldsymbol{\sigma}(1) \cdot \mathbf{b}$ 和 $\boldsymbol{\sigma}(2) \cdot \mathbf{b}$ 都成立,其中 $\mathbf{b}$ 是任意单位矢量,因此,根据定义 Ⅱ 中的第 3 点,一个隐变量推广便要求存在一个函数 $f_{\boldsymbol{\sigma} \cdot \mathbf{b}}(\lambda_2)$(或用不同的记号 $B(\boldsymbol{\sigma}, \lambda_2)$),它确定了 $\boldsymbol{\sigma}(2)$ 沿 $\mathbf{b}$ 方向之值(若隐状态用 λ_2 表征)。

同样,关于 $\boldsymbol{\sigma}(2) \cdot \mathbf{a}$ 的测量结果的知识,在量子力学中使我们可以确定地预言 $\boldsymbol{\sigma}(1) \cdot \mathbf{a}$ 的结果,其中 $\mathbf{a}$ 是随便一个单位矢量,因此,一个隐变量推广也要求存在一下函数 $A(\mathbf{a}, \lambda_1)$,它确定 $\boldsymbol{\sigma}(1)$ 沿 $\mathbf{a}$ 方向之值(若隐状态用 λ_1 表征)。假设 $A(\mathbf{a}, \lambda_1)$ 不依赖于 $\mathbf{b}$,$B(\mathbf{b}, \lambda_1)$ 也不依赖于 $\mathbf{a}$,或者换句话说,假设一次测量的结果不依赖于用来作另一次测量的仪器的安置;这个假设表示了所用的隐变量的局域性特征。这些函数的值域是 -1 和 $+1$。若 a 和 b 不在同一方向上,那么两次测量的结果可以是下列四种组合中的任何一组:$(+1, +1)$,$(+1, -1)$,$(-1, +1)$ 或 $(-1, -1)$,并且量子力学对所讨论的自旋可观察量的乘积的期望值预言如下:

$$P_{量}(\mathbf{a}, \mathbf{b}) = \langle \boldsymbol{\sigma}(1) \cdot a \boldsymbol{\sigma}(2) \cdot b \rangle = -\mathbf{a} \cdot \mathbf{b} \tag{7}$$

而这一乘积的隐变量理论期望值则由下式给出:

$$P_{隐}(\mathbf{a}, \mathbf{b}) = \int \rho(\lambda_1, \lambda_2) A(\mathbf{a}, \lambda_1) B(\mathbf{b}, \lambda_2) d\lambda_1 d\lambda_2$$

其中 $\rho(\lambda_1, \lambda_2)$ 是由 $\lambda_1 \varepsilon \Gamma_1$ 和 $\lambda_2 \varepsilon \Gamma_2$ 表征的一对对隐态的几率分布,可以假设它与 $\mathbf{a}$ 和 $\mathbf{b}$ 无关。$P_{隐}$ 可以改写为下式而无损于普

307

遍性：

$$P_{隐}(\mathbf{a},\mathbf{b})=P_{ab}-\int\rho(\lambda)A(a,\lambda)B(b,\lambda)d\lambda \qquad (8)$$

其中 $\lambda\varepsilon\Gamma_1\otimes\Gamma_2$，$\int\rho(\lambda)d\lambda=1$。因为 $\mathbf{a}=\mathbf{b}$ 时的期望值为 -1，$P_{\mathbf{bb}}=-1$ 便意味着对于一切 λ 有 $B(\mathbf{b},\lambda)=-A(\mathbf{b},\lambda)$，并且

$$P_{\mathbf{ab}}=-\int\rho(\lambda)A(\lambda,\lambda)A(\mathbf{b},\lambda)d\lambda。$$

对于第三个单位矢量 $\mathbf{c}$，由上有

$$\begin{aligned}
P_{ab}-P_{ac}&=-\int d\lambda\rho(\lambda)\big[A(\mathbf{a},\lambda)A(\mathbf{b},\lambda)\\
&\quad-A(\mathbf{a},\lambda)A(\mathbf{c},\lambda)\big]\\
&=\int d\lambda\ \rho(\lambda)A(\mathbf{a},\lambda)A(\mathbf{b},\lambda)\\
&\quad\big[A(\mathbf{b},\lambda)A(\mathbf{c},\lambda)-1\big]^{①}
\end{aligned}$$

因此

$$\begin{aligned}
|P_{ab}-P_{ac}|&\leqslant\int d\lambda\ \rho(\lambda)\big[1-A(\mathbf{b},\lambda)A(\mathbf{c},\lambda)\big]\\
&=1+P_{bc}。
\end{aligned}$$

关系式

$$|P(\mathbf{a},\mathbf{b})-P(\mathbf{a},\mathbf{c})|\leqslant1+P(\mathbf{b},\mathbf{c}) \qquad (9)$$

叫做"贝尔不等式"。贝尔根据（9）式断言，$P_{隐}$ 并不永远等于 $P_{量}$，因为在 $|\mathbf{b}-\mathbf{c}|$ 小时，（9）式左边一般为 $|\mathbf{b}-\mathbf{c}|$ 的量级，因此 $P_{隐}(\mathbf{b},\mathbf{c})$——和 $P_{量}(\mathbf{b},\mathbf{c})$ 相反——在极小值 -1 上不可能是稳定的。

---

① $A(\mathbf{a},\lambda)$ 是 $\sigma(1)$ 在 $\mathbf{a}$ 方向的分量之值，$\therefore A=\pm1$，$A^2(\mathbf{b},\lambda)=1$。——译者注

　　贝尔用比较量级的方法来证明的最后一步，还可以给出数学上较简单的另一种证明[①]如下。对于 $\mathbf{a}=\mathbf{b}-\mathbf{c}/|\mathbf{b}-\mathbf{c}|$，$P_隐=P_量$（即 $P_隐(\mathbf{x},\mathbf{y})=-\mathbf{x}\cdot\mathbf{y}$）的假设意味着，作为（9）式的结论，有

$$|-\mathbf{a}\cdot\mathbf{b}+\mathbf{a}\cdot\mathbf{c}|=|\mathbf{b}-\mathbf{c}|\leqslant 1-\mathbf{b}\cdot\mathbf{c}。$$

由于在 $\mathbf{b}\perp\mathbf{c}$ 的情形下最后这个不等式给出 $\sqrt{2}\leqslant 1$，因此用归谬法就推翻了 $P_隐=P_量$ 的假设。

　　总之，贝尔证明了，（8）式对于任意的 ρ、A 和 B 值给出的相关函数 P_{ab}，不能对一切 $\mathbf{a}$ 和 $\mathbf{b}$ 重复量子力学的期望值。这个结果可以推广到态空间的维数多于二维的系统，并且可以把这个证明加以推广[②]以包括表征测量仪器的状态的外部隐变量，只要它们在一个测量仪器上的分布不依赖于另一仪器的安置。贝尔 1964 年的论文以下面的话结束："对于一个在量子力学上增添一些参数以确定单次测量的结果而又不改变其统计预言的理论，在这个理论中必须有某种机制，使得一个测量仪器的安置会影响另一仪器的读数，不论它们相距多么遥远。此外，所用的信号必须是瞬时传播的，因此这样的理论不可能是洛伦兹不变的。"

　　从历史观点来看，有趣的是，贝尔的结果的基本思想，李政道在大约四年之前就预料到了。李政道是上海人，在贵州和昆明上大学，于 1950 年在特勒[E. Teller]指导下在芝加哥大学获得博士学位，从 1951 年以来一直在哥伦比亚大学工作。他由于其推翻宇

---

① 贝尔原来的论文中没有这另一种证明方法。
② 348 页注①文献。

称守恒的著名工作而获得诺贝尔奖（和杨振宁共同获得，他们是在昆明认识的）。在得奖三年后，1960 年 5 月 28 日，李政道在阿贡[Argonne]国立实验室就量子力学在宏观尺度上的某些触目的效应做了一次谈话。他在讲话中讨论了某些相关性，他指出，这些相关性存在于同时产生并向相反方向运动的两个中性 K 介子之间[①]。他认识到所讨论的这种情况同爱因斯坦、波多尔斯基和罗森提出的问题密切相关，立即就判明，经典系综（或者就这个问题来说，有隐变量的系统）绝不可能给出这种相关性。但是由于 K 介子的有限的寿命所造成的复杂性——对于无穷的寿命就将"退化"为贝尔所讨论的情况——他未能推出任何和贝尔不等式相当的结论，而是让他的助手舒尔茨[J. Schurtz]去进一步整理这些想法，可是舒尔茨不久就去搞别的方面的工作去了[②]。

　　贝尔的这一论题，即任何局域的隐变量理论不能重复全部量子力学预言，随后又得到另一些作者的不同的证明。哥伦比亚大学的弗里德伯格[③]在 1967 年独立于贝尔的计算证明，局域性假设若用于自旋测量，将导致同已观察到的量子力学预言相矛盾。比

---

　　① 下述文章对李政道在这次讲话中所述的想法只作了片断的报道：T. B. Day, "Demonstration of quantum mechanics in the large", *Phys. Rev.* 121, 1204—1206 (1961)；D. R. Inglis, "Completeness of quantum mechanics and charge-conjugation correlations of theta particles," *Rev.Mod.Phys.* **33**, 1—7 (1961)。

　　② 1973 年 3 月 12 日对李政道的访问。李教授明确声明，一切荣誉应当归功于贝尔教授。

　　③ 未发表。弗里德伯格是在得知贝尔的论文之前证明了他的命题的。私人通信，1968 年 12 月 11 日。

歇尔[①](他是一个神学家和研究自然科学问题的哲学家,以前在慕尼黑附近的伯尔希曼学院[Berchmanskolleg],近来在德国的博胡姆[Bochum]大学,以向神学学生介绍近代科学的弱点[problematics]而闻名)在 1967 年给出了贝尔的证明的一种重新表述,它同弗里德伯格的方法有些相似。维格纳[②]所提供的证明可能是最简单的,虽然这个证明未能推出贝尔不等式。维格纳所考虑的系统也是由两个自旋 $\frac{1}{2}$ 的粒子处于独态组成的,在 w_1、w_2 和 w_3 三个方向上测量自旋分量。令 $\sigma_k = \pm \frac{1}{2} h$(或简写为±)表示在 w_k 方向对第一个粒子的自旋的测量结果,$\tau_k = \pm$ 表示对第二个粒子的测量结果。如果要用隐变量来解释这些结果,那么就可以定义 $(\sigma_1, \sigma_2, \sigma_3; \tau_1, \tau_2, \tau_3)$ 为这样的系统的相对数目(或几率),在这种系统上,上述自旋测量将得出所标明的结果,例如,$(+--,-++)$ 表示 $\sigma_1 = +$,$\sigma_2 = -$,…的几率。如果 $\theta_{ik} = \theta(w_j, w_k)$(其值在 0 和 π 之间)表示 w_j 与 w_k 之间的夹角,那么根据量子力学,得到 $\sigma_j = \tau_k$ 的几率便是 $\frac{1}{2} \sin^2 \theta_{jk}/2$(这是因为,由于球对称性,得到 $\sigma_1 = +$ 的几率为 $\frac{1}{2}$;但是如果 $\sigma_1 = +$,那么肯定 $\tau_1 = -$,而 $\tau_2 = +$ 的

①　W. Büchel,"Ein quantenphysikalisches 'Paradoxon,'" *Physikalische Blätter*,23,162—165 (1967)。比歇耳的有趣的书 *Philosophische Probleme der Physik* 是在贝尔 1964 年的论文发表之前完成的,因此没有触及这个争论问题,虽然它非常详细地讨论了 EPR 论证的冯·威扎克说法。关于局域隐变量同量子力学预言的不一致性的其他(未发表)的证明在六十年代后期由 F. J. Belinfante 和 H. P. Stapp 给出。

②　E. P. Wigner,"On hidden variables and quantum mechanical probabilities",*Am. J. Phys.* **38**,1005—1009(1970).

几率便是 $\sin^2(\theta_{12}/2)$；因而 $\sigma_1 = +$ 及 $\tau_2 = +$ 的组合几率便是 $\frac{1}{2}$

$\sin^2 \frac{\theta_{12}}{2}$）。显然

$$\sum_{\sigma_2,\sigma_3,\tau_1\tau_2} (+,\sigma_2,\sigma_3;\tau_1,\tau_2,+)$$

$$=(++-;--+)+(+--;-++)$$

$$=\frac{1}{2}\sin^2\frac{\theta_{13}}{2}。$$

310　　但是，$(++-;--+)$ 是类似的表示式 $\frac{1}{2}\sin^2-\frac{\theta_{23}}{2}$ 中的一项，因

而不会大于此值；同样，$(+--;-++)$ 不大于 $\frac{1}{2}\sin^2\frac{\theta_{13}}{2}$。因

此，要和量子力学一致，就应当有

$$\frac{1}{2}\sin^2\frac{\theta_{13}}{2}\leqslant\frac{1}{2}\sin^2\frac{\theta_{12}}{2}+\frac{1}{2}\sin^2\frac{\theta_{23}}{2},$$

这个关系式对于任意的 w_1,w_2,w_3 并不成立。因此，一次这种类型的量子力学测量是不能用隐变量来解释的，如果假设决定一个粒子的测量结果的变量与另一粒子的自旋被测量的方向无关的话。

　　贝尔不等式(9)是从完全相关性假设推出的，所谓完全相关性假设即是，假定对于每一 b 都存在一个单位矢量 $\mathbf{b}'$（例如 $\mathbf{b}'=-\mathbf{b}$），使得 $P(\mathbf{b}',\mathbf{b})=1$。后来的经验表明，完全相关性假设在实验上是

不现实的。因此克洛塞等人[①]研究了不完全相关的情形；对于每一 **b** 存在着一个 **b'** 使得 $P(\mathbf{b'},\mathbf{b})=1-\boldsymbol{\delta}$，其中 $0\leqslant\boldsymbol{\delta}\leqslant1$；对于良好的相关，$\delta$ 接近于零。在这些条件下他们导出推广的不等式

$$|\,P(\mathbf{a},\mathbf{b})-P(\mathbf{a},\mathbf{c})\,|+P(\mathbf{b'},\mathbf{b})+P(\mathbf{b'},\mathbf{c})\leqslant2 \qquad (10)$$

311

---

① J. F. Clauser, M. A. Horne, A. Shimony, and R. A. Holt, "Proposed experiment to test local hidden-variable theories," *Phys.Rev.Letters* 23, 880—884(1969)。他们定义

$$\Gamma_\pm=\{\lambda\mid A(\mathbf{b'},\lambda)=\pm B(\mathbf{b'},\lambda)\}。$$

由

$$1-\delta=P(\mathbf{b'},\mathbf{b})=\int_{\Gamma+}A(\mathbf{b'},\lambda)B(\mathbf{b},\lambda)\rho d\lambda+\int_{\Gamma-}A(\mathbf{b'},\lambda)B(\mathbf{b}_j,\lambda)\rho d\lambda$$

$$=\int_{\Gamma+}\rho d\lambda-\int_{\Gamma-}\rho d\lambda$$

和

$$1=\int_{\Gamma+}\rho d\lambda+\int_{\Gamma-}\rho d\lambda$$

他们得到

$$\int_{\Gamma-}\rho d\lambda=\frac{1}{2}\delta。$$

由于

$$|P(\mathbf{a},\mathbf{b})-P(\mathbf{a},\mathbf{c})|\leqslant A(\mathbf{a},\lambda)B(\mathbf{b},\lambda)\cdot[1-B(\mathbf{b},\lambda)B(\mathbf{c},\lambda)]\rho d\lambda$$

$$=1-\int_\Gamma B(\mathbf{b},\lambda)B(\mathbf{c},\lambda)\rho d\lambda=1-D,$$

其中

$$D=\int_{\Gamma+}B(\mathbf{b},\lambda)B(\mathbf{c},\lambda)\rho d\lambda+\int_{\Gamma-}B(\mathbf{b},\lambda)B(\mathbf{c},\lambda)\rho d\lambda$$

$$=\left\{\int_{\Gamma+}-\int_{\Gamma-}\right\}A(b',\lambda)B(c,\lambda)\rho d\lambda$$

$$=\left\{\int_{\Gamma+}-2\int_{\Gamma-}\right\}A(b',\lambda)B(c,\lambda)\rho d\lambda$$

$$\geqslant P(b',c)-2\int_{\Gamma-}|A(b',\lambda)B(c,\lambda)|\rho d\lambda$$

$$=P(b',c)-2\int_{\Gamma-}\rho d\lambda=P(b',c)-\delta,$$

他们得到

$$|\,P(a,b)-P(a,c)\,|\leqslant1-P(b',c)+\delta=2-P(b',b)-P(b',c)$$

或最后得到不等式(10)。

　　最后，意大利的巴里［Bari］大学的塞勒里[1]给出了较强的形式的贝尔不等式的一个简单的证明，他证明，对于任意四个单位矢量 **a**、**b**、**c**、**d**，下述关系式成立：

$$| P(\mathbf{a},\mathbf{b}) - P(\mathbf{a},\mathbf{c}) | + | P(\mathbf{d},\mathbf{b}) + P(\mathbf{d},\mathbf{c}) | \leqslant 2 \qquad (11)$$

他还同卡帕索和福图纳托合作[2]研究了下述问题：对于何种态函数（贝尔所考虑的独态是其特例），不等式(9)和(11)会在矢量的适当选择下被违反？

　　贝尔关于(8)式所定义的 P_{ab} 不会完全重复各种量子力学预言这一结论，似乎破灭了在量子现象中恢复经典的决定论的一切希望[3]。诚然，一个 P_{ab} 改用 $P_{ab} = \int d\lambda \rho(\lambda) A(\mathbf{a},\mathbf{b},\lambda) B(\mathbf{b},\mathbf{a},\lambda)$

---

[1]　F. Selleri, "A stronger form of Bell's inequality"（预印本，1972）。塞勒里的推导可以小结如下：

$$| P(\mathbf{x},\mathbf{b}) \pm P(\mathbf{x},\mathbf{c}) | = | \int d\lambda \, \rho[A(\mathbf{x},\lambda)B(\mathbf{b},\lambda) \pm A(\mathbf{x},\lambda)B(\mathbf{c},\lambda)]$$
$$\leqslant \int d\lambda \, \rho \, | A(\mathbf{x},\lambda) | \, | B(\mathbf{b},\lambda) \pm B(\mathbf{c},\lambda) |$$
$$= \int d\lambda \, \rho \, | B(\mathbf{b},\lambda) | \, | 1 \pm B(\mathbf{b},\lambda) B(\mathbf{c},\lambda) |$$
$$= \int d\lambda \, \rho [1 \pm B(\mathbf{b},\lambda) B(\mathbf{c},\lambda)]$$
$$= 1 \pm \int d\lambda \, \rho B(\mathbf{b},\lambda) B(\mathbf{c},\lambda)。$$

在这些不等式的一个里取 $\mathbf{x}=\mathbf{d}$，另一个里取 $\mathbf{x}=\mathbf{a}$，然后相加，即得(11)式。

[2]　V. Capasso, D. Fortunato, and F. Selleri, "Sensitive observables of quantum mechanics," *International Journal of Theoretical Physics* **7**, 319—326(1973).

[3]　套用 Lucius Accius 的格言 "*Saepe ignavavit fortem ex spe expectatio*"（建立在希望上的预期常常使勇敢的人们失望）（引自《伊尼阿德》Aeneade），我们可以说，贝尔对期望的讨论破灭了一切期望。译者按：Lucius Accius，罗马悲剧诗人，公元前170—90 年。

来定义的隐变量理论会和量子力学完全一致,但是它的非局域性将使它显得更像是魔法而不像是物理学理论。比如,由于在两个自旋的实验中,每个仪器的安置都可以当两个粒子还在飞行中时改变,这两次测量就显得更像是一种神秘的协议,而不像是一种物理相关性。即使对许多并不信奉玻尔的互补性诠释的人来说,互补性诠释也显得没有那么古怪。

312

但是,导致同量子力学矛盾的结论的贝尔不等式(9)或其更强的形式(11),其推导所依据的假设真是这样普遍,使得足以保证影响如此深远的结论成立吗? 或者,也许它是建立在一个暗中假定的假设上,如果没有这个假设,贝尔的结果的成立会受到很大的限制? 墨西哥国立大学的德拉佩尼亚等人[①]最近宣称,情况正是如此。他们在对这些不等式的推导的分析中指出:对于不同的相关函数诸如 P_{ab} 和 P_{ac} 或 $A(\mathbf{a}, \lambda)$,$A(\mathbf{d}, \lambda)$,$B(\mathbf{b}, \lambda)$ 和 $B(\mathbf{c}, \lambda)$(它们是关于同一对粒子的并且对同样的 λ 取值)都保持同样的分布 $\rho(\lambda)$,这只有根据下述假设才能解释,即测量过程不引起 $\rho(\lambda)$ 的任何改变。但是,由于并不能预先就排除这种改变(特别是对于量子力学系统不能排除这种改变),贝尔不等式就必须用条件相关性(所谓条件相关性就是在由上述测量限定的系统上所得到的相关性)来重新表述。但是如果这样修改的话,贝尔不等式就将不再引起同量子力学的任何矛盾了。因此,断言贝尔的结果排除了一切

① L. de la Peña, A. M. Cetto, and T. A. Brody, "On hidden-variable theories and Bell's inequality"(预印本,IFUNAM—72—6,1972)。又见 D. S. Kershaw, "Is there an experimental reality to hidden variables?"预印本 1974。

局域隐变量理论，那将是错误的；它排除的只是假定测量过程不影响隐变量的分布的那些局域隐变量理论。从这些作者的观点看来，任何对贝尔的未经修改的不等式的实验否定，都应看作是下述事实的证实：测量过程的确影响隐变量的分布。他们对贝尔的工作所提出的反对意见，与40年前薛定谔对冯·诺伊曼的著名的证明的原始说法所提出的反对意见*非常相似。

7.8　近来在隐变量方面的工作

贝尔对冯·诺伊曼的工作的批评，促使玻姆和巴布[①]去建立一个独立于冯·诺伊曼的假设 P. Ⅳ 的隐变量理论。巴布是南非开普敦大学的毕业生(1962)，该校的哲学家惠特曼[M. Whitman]引起了他对物理学的哲学的兴趣。他得到了一笔为纪念史末资[J. Smuts]**而设立的资助学生赴国外留学的奖学金，他用这笔钱赴英国，参加了波普尔在伦敦经济学院主持的研究生讲习班，并在伯克贝克[Birkbeck]学院在玻姆指导下写他的博士学位论文(1966)"量子力学中的测量问题"。这篇学位论文的第二部分就构成了他对本文的贡献。

应用维纳[Wiener]和西格尔[Siegel]的微分空间理论中隐含

---

*　见 7.4 节。——译者注

①　D. Bohm and J. Bub,"A proposed solution of the measurement problem in quantum mechanics by a hiddenvariable theory",*Rev.Mod.Phys.***38**,453—469(1966).

**　史末资是第二次世界大战期间及大战之前的南非总理。——译者注的某些观念,玻姆和巴布提出了一个决定论的运动方程,以说明在一次测量过程中的波包收缩。他们还以这样的方式来陈述他们的理论,使得它同玻尔的"整体性特征",因而同贝尔从他对格里森的工作的分析中得出的结论相容。他们回顾了冯·诺伊曼的统计公式(2),写出

$$\langle \mathcal{R} \rangle = \sum_{mn} U_{nm} R_{mn}$$

其中
$$U_{nm} = \int u_{um}(\psi, \lambda) \rho(\lambda) d\lambda$$

从而
$$\langle \mathcal{R} \rangle = \sum_{mn} \int u_{um}(\psi, \lambda) R_{mn} \rho(\lambda) d\lambda \,。$$

于是 R 的一个特殊值 R' 将由下式给出:

$$R' = \sum_{mn} u_{nm}(\psi', \lambda') R_{mn},$$

它是 R 之值与其相伴矩阵 R_{mn} 之间的线性关系式。为了避免冯·诺伊曼的不必要地过于严格的线性要求,他们将上式换成一个非线性关系 $R = F(\psi, \lambda, R_{mn})$,使得对于一个系综,在适当的"正态"分布 $\rho(\lambda) = \rho_N(\lambda)$ 下 $\langle \mathcal{R} \rangle = \int F(\psi, \lambda, R_{mn}) \rho(\lambda) d\lambda$ 将重复量子力学的统计预言。容易看出,线性关系将导致冯·诺伊曼的有争议的可加性假设。

为了表明在这个非线性关系的基础上建立一个隐变量理论在概念上是可能的,玻姆和巴布考虑了一个无平移运动的自旋为 $\frac{1}{2}$ 的粒子的情形,它的归一化波函数由二维希尔伯特空间 $\mathcal{H}_2$ 中的矢量 $|\psi\rangle = \psi_1 |S_1\rangle + \psi_2 |S_2\rangle$ 表示,其中 $|S_1\rangle$ 和 $S_2\rangle |$ 是使自旋算符 S

314 对角化的基底。他们然后再假设一个对偶的希尔伯特空间 $\mathcal{H}_2'$，这个空间中的矢量为 $\langle\xi| = \xi_1\langle S_1| \langle + \xi_2\langle S_2|$，并且把 $\langle\xi|$ 的分量 ξ_1 和 ξ_2 看作他们的理论的隐变量，假定它们随机分布在单位超球面

$$\sum_j |\xi_j|^2 = 1$$

上。测量过程则用一个把 $|\psi\rangle$ 的分量和 $\langle\xi|$ 的分量联系起来的非线性微分方程来描写：

$$\frac{d\psi_1}{dt} = \gamma(R_1 - R_2)\psi_1 J_2, \frac{d\psi_2}{dt} = \gamma(R_2 - R_1)\psi_2 J_1$$

其中 $R_1 = \dfrac{|\psi_1|^2}{|\xi_1|^2} = \dfrac{J_1}{|\xi_1|^2}, R_2 = \dfrac{|\psi_2|^2}{|\xi_2|^3} = \dfrac{J_3}{|\xi_2|^2},$

并且 γ 是一个近似于常数的正量，在（脉冲式的）测量过程之前及之后可以忽略不计。容易验证 $|\psi\rangle$ 仍然保持归一化。若初始时 $R_1 > R_2$ 并且 $J_2 \neq 0$，则 J_1 增大直到 $J_1 = 1$ 及 $J_2 = 0$ 为止，给出本征态 $|S_1\rangle$。同样，$R_2 > R_1$ 将给出本征态 $|S_3\rangle$。于是互斥的实验结果 $+\hbar/2$ 和 $-\hbar/2$ 就这样被 $\langle\xi|$ 的分量（隐变量）和 $|\psi\rangle$ 的分量的初始值决定。为了证明量子力学的统计预言得到恢复，玻姆和巴布令 $\xi_1 = \rho_1\exp(i\theta_1) = a_1 + ib_1, \xi_2 = \rho_2\exp(i\theta_2) = a_2 + ib_2$，并令 $\rho_1 = \rho\cos\varphi, \rho_2 = \rho\sin\varphi$，得出隐参数空间的体积元 $d\Omega$ 为

$$d\Omega = \frac{1}{2} \cdot d(\sin^2\varphi)d\theta_1 d\theta_2,$$

这是假设对偶矢量也是归一化的（$\rho = 1$）。对于在单位半径超球面上 $\rho_N =$ 常数这种正态分布，得到 $+\frac{1}{2}\hbar$ 的几率由在对偶空间中所有满足下述条件的点上求积分给出：

$$\frac{|\psi_1|^2}{|\xi_1|^2} > \frac{|\psi_2|^2}{|\xi_2|^2}, \ |\psi_1|^2 + |\psi_2|^2 = 1, \ |\xi_1|^2 + |\xi_2|^2 = 1。$$

计算积分,他们得到这个几率的值为 $|\psi_1|^2$。同样,在所有 $R_2 > R_1$ 的点上积分给出得到 $-\frac{1}{2}\hbar$ 的几率值为 $|\psi_2|^2$。于是我们看到,所提出的这个隐变量理论重复了通常的量子力学预言,并且将波包收缩描述为一个决定论的物理过程:若初始时 $R_1 > R_2$,那么结果便是 $+\frac{1}{2}\hbar$;若初始时 $R_2 > R_1$,结果便是 $-\frac{1}{2}\hbar$ ($R_1 = R_2$ 可忽略不计,因为它对应于一个测度为零的集)。

在薛定谔方程之外新假设的决定论方程和表象有关(代表待测的可观察量的算符的矩阵在此表象内对角化),这个事实在物理上意味着表象倚赖于测量装置的作用。因为一个用来测量自旋的 x 分量的仪器在 $\mathscr{H}_2$ 中引起的运动不同于一个其安置方向是为了测量 y 分量的仪器所引起的运动,所测量的可观察量不仅同系统有联系,而且还同与测量装置的特定相互作用过程有联系。换句话说,若实验装置或宏观环境允许一组特定的矢量 $\Sigma = \langle \psi_1, \psi_2, \cdots \rangle$ 在测量动作之后可能成为本征矢,那么它们之中究竟是哪一个特定的 ψ_k 在测量后必须和系统相联系,是由 ψ 和 λ 的初值确定。至于 Σ 本身,则不是由初值确定,而是由测量装置,或更一般地说由进行测量的具体环境所确定。

玻姆和巴布认为测量装置只是系统的宏观环境的一部分,并且认为必须考虑系统与其宏观环境之间的全部相互作用,他们建议对运动方程作如下的推广:

$$\dot{\psi}_k = \gamma \psi_k \sum_j J_j (R_k - R_j) - \frac{i}{h} \sum_j H_{kj} \psi_j \quad (k = 1, 2, \cdots, n),$$

其中增添的非幺正项代表同环境的相互作用。在连续谱的情况下，上述方程应为

$$\dot{\psi}_x = \gamma \psi_x \int J_y (R_x - R_y) dy - \frac{i}{h} H \psi_x$$

这个方程表明，波函数在一点的变化与波函数在空间其他每一点之值有关。因此，他们提出的运动方程不只是非线性的，而且是非局域的，并且不能推广到相对论性现象（作者自己也承认这点）。和这种非局域性有联系的另一个限制，是它只容许"完备"测量，所谓"完备"测量是这样的测量过程，它在复合系统的情形下只把整个复合系统的态函数（而不是系统的各个部分的态函数）化为它的一个本征函数。由于在这种情形下根本不能实行对个别系统（复合系统的一个部分）的测量，因此这个理论甚至连表述爱因斯坦、波多尔斯基和罗森所考虑的那种理想实验也不容许。按照玻姆-巴布的隐变量理论，一个复合系统必须永远看成一个不可分割的整体。正是在这个意义上，这个理论完全反映了玻尔的"整体性特征"。[①]

最后，他们声称，可以对比着标准量子力学的统计预言来检验他们的理论。我们已经看到，只要对偶矢量$<\xi|$初始时在单位超球面上作随机分布，那么标准量子力学的统计预言和他们倡议的

---

① 理论的这一侧面在下文中有更详细的讨论:J. Bub,"Hidden Variables and the Copenhagen Interpretation—A reconciliation,"*BJPS* **19**,185—210(1968)。

理论的预言相同。但是,由于随着在给定方向上对自旋的测量,对偶矢量也失去其随机性(因为这时不是 $R_1 > 1$ 就是 $R_1 < 1$),因此对于立即相继进行的一次在另一方向上的自旋测量,这个初始条件并不满足,因而统计结果与标准量子力学的结果可以有很大的不同。玻姆和巴布推测了进行两次测量的时间间隔短于随机化时间(使对偶矢量再次完全随机分布所需的时间)的实验的可能性,他们指出,他们的理论为进一步的实验研究提供了种种机会,而在通常理论的概念结构中,这种实验研究将是没有意义的。虽然他们认为他们的理论"只是通向一个应当把相对论性现象也包括在内的更精心设计的理论的一步",但是他们在这个理论里看到了"一种新的理论结构,这个理论结构能够讨论超出形式量子力学的理论结构之外的一些关系,"他们相信这些关系对于充分理解测量问题是重要的。

我们前面看到,姚赫和皮朗所提出的反对隐变量的可能性的证明是不依赖冯·诺伊曼的线性假设的。这样,玻姆和巴布用来使他们的理论免受冯·诺伊曼的证明牵连的论据,在姚赫和皮朗的挑战面前就不适用了。于是玻姆和巴布认为,要捍卫他们的理论,就必须驳倒姚赫和皮朗的证明。他们所用的策略与赫尔曼在1935年试图反驳冯·诺伊曼的证明时所用的策略相似:表明所要反驳的论证是循环论证。按照玻姆和巴布的说法[1],姚赫和皮朗"暗中假设

---

[1]　D. Bohm and J. Bub, "A Refutation of the Proof by Jauch and Piron that hidden Variables Can be Excluded in Quantum Mechanics," *Rev. Mod. Phys.* **38**, 470—475 (1966).

一切实验都必须用通常的量子力学术语来分析",而在玻姆和巴布看来,则这种术语为隐变量问题提供了"一组不适当的命题。"

317 　　玻姆和巴布责备姚赫和皮朗的证明是循环论证的理由是:这一证明是建立在下述假定之上的,即同时描述对两个不相容的可观察量的测量结果的命题的不可能性是一个经验事实,但是这个假定当而且仅当人们首先假定姚赫和皮朗打算证明的命题后才能推出,那就是首先得假定"量子力学现行的语言结构是唯一可以用来正确地描述理论所依据的经验事实的"。

　　为了证实他们的主张,玻姆和巴布举出了姚赫和皮朗的假设 P. W4,对这一假设的正当性贝尔[①]已经提出过严厉的异议。若 a 和 b 是不相容的,它们对应的投影算符不对易并且没有共同的本征矢,于是 $a \bigcap b$ 是谬命题 $\varnothing$,根据 P. W2,$w(a \bigcap b)=0$,因此根据 P. W4 就排除了 $w(a)=w(b)=1$ 的可能性。但是,玻姆和巴布争辩说,在他们的理论中,命题是关于 ψ、表示在对偶空间中的(原则上可测量的)隐变量以及测量装置的;每个可观察量都同系统和适当的测量装置之间的特定相互作用过程相联系;于是我们可以说两个测量过程在下述意义上是不相容的,即它们的作用相互干扰,但是要说可以把对应的两个陈述看成是不相容的,那就没有意义了:由不对易的投影算符代表的 a 和 b 可以二者都确定为真,只要有相应的过程证实它们为真的话,尽管(由于干扰)证实 $a \bigcap b$ 的命题的过程不存在。在这种情形下,$w(a \bigcap b)=0$ 并不排除

　　① 　420 页注①文献。

$w(a)＝w(b)＝1$的可能性。简而言之，虽然 $a \bigcap b$ 可以是谬命题，但是在玻姆-巴布理论的框架内，却没有物理根据由此就得出结论说，这时 a 和 b 就绝对不能在同一态也确定为真了。

姚赫和皮朗[①]在他们对这一"责难"的措辞相当尖刻的反驳中，责怪他们的论敌误解了他们的意思。他们声称，量子力学的成立并不是假设的。"相反，只假设了是-非判决实验（称为命题）的格结构，而这是直接从实验事实得出的。"姚赫和皮朗还强调指出，微观物理学可以用不同的方式来公理化，例如米斯拉，[②]他用普遍的代数方法来研究隐变量问题，他的工作证明了：在 C^* 代数表述（这种表述是不能包摄在格论方法内的，反之亦然）之内，对于第 I 类因子[factors of type I]，必须排除掉隐变量的可能性。虽然他们同意米斯拉所说的"只有当态——甚至是物理上不能实现的态——被物理考虑所限定时，探索隐变量才成为一件有意义的科学工作，"但是他们反对玻姆和巴布对运动方程的修正，在姚赫和皮朗看来，这种修正意味着"所有的系统都按照薛定谔方程演化，只有构成一次测量的过程除外。"姚赫和皮朗声称："仅仅为了适应隐变量就修改一个得到普遍证实的科学理论，这同良好的科学的方法论是背道而驰的"。

318

---

① J. M. Jauch and C. Piron, "Hidden variables revisited", *Rev. Mod. Phys.* **40** 228—229(1968)，致编者的信。

② B. Misra, "When can hidden variables be excluded in quantum mechanics?" *Nuovo Cimento* A47, 841—859(1967).

在对这一批评的答复中,玻姆和巴布①坚持认为,姚赫和皮朗所说的"只假设了是-非判决实验的格结构,而这是直接从实验事实得出的"的说法是含糊不清的,因为并不清楚,它到底是意味着格结构本身是一个事实呢,还是意味着,观测事实唯一导致这个格结构,但是,这两种解释都是错误的。因为物理学中并没有什么实验显示出命题的格结构是一个直接观察到的事实,而且他们的隐变量理论表明,观察事实同别种方法也可以适应得很好。为了明显示出其中包含的谬误,他们把姚赫和皮朗的命题同下述说法相比较:由于欧几里得的假设"直接来自实验事实",因此非欧几何将是不可能的。玻姆和巴布的结论是:"如果承认实验事实排除了隐变量,那么就不可能设想如何用实验来判断是否存在有隐变量的问题。"

就在这时,古德尔对这一争论提出了一个折衷的解决方法。S. P. 古德尔是伊利诺大学的毕业生(1960 年获得硕士学位),并于 1964 年在该校获得博士学位,学位论文的题目是"量子力学的一个推广的几率模型"[A Generalized Probability Model for Quantum Mechanics],是在巴托[R. G. Bartle]指导下写的,巴托是谱论方面的一个专家和很有影响的书《线性算符》[Linear Operators]的作者之一(另外两个作者是 N. Dunford 和 J. T. Schwartz)。古德尔也受到应用数学家威尔夫[H. S. Wilf]和理论物理学家哈格[R. Haag]很深的影响,哈格那时在伊利诺大学工作。

---

① D. Bohm and J. Bub, "On hidden variables—A reply to comments by Jauch and Piron and by Gudder," *Rev. Mod. Phys.* **40**, 235—236(1968),致编者的信。

在古德尔[①]看来,以前对隐变量问题的提法是不正确的:"人们不应当问一个系统是否允许有隐变量,而只应当问用来描述这个系统的一种特定的模型是否允许有隐变量。"由于对于同样的物理系统有着各种各样不同的数学模型,有的允许隐变量存在而有的则不允许,在古德尔看来,问题就在于找出哪一种模型对物理情况描写得最精密。因此,一方面,古德尔同意玻姆和巴布的意见,认为不能在一种绝对的意义上排除掉隐变量;另一方面,古德尔又试图表明,玻姆和巴布对姚赫和皮朗的具体模型所提出的反对意见是可以克服的。实际上,古德尔在其论文中规定了一大类排除隐变量的数学模型。

古德尔同马基、姚赫和皮朗稍有不同:他把关于一个物理系统 S 的一个问题 a 叫做一个实验问题[experimental question],如果在 S 上有可能建立一个实验,其结果对 a 既能给出"是"(成立)又能作出"否"(不成立)的回答的话;他并把全部这样的实验问题的集合称为 Q_0。这个 Q_0,连同理想化的问题 ϕ(每个回答它的实验都作出"否"的回答)和 I(每个回答它的实验都作出"是"的回答),就构成了问题体系 Q。像姚赫一样,古德尔定义:两个问题 a 和 b,若只要 a 成立时 b 也成立,则有关系 $a \leqslant b$;并假设 Q 由这个关系式来规定半序关系。于是假设 Q 有下述性质:

<hr/>

① S. P. Gudder,"Hidden variables in quantum mechanics reconsidered", *Rev. Mod. Phys.* **40**, 229—231 (1968),致编者的信。

Q.1. 对于一切 $a \in Q$ 有 $a \leqslant a$。

Q.2. 若 $a \leqslant b$ 及 $b \leqslant c$，则 $a \leqslant c$。

Q.3. 若 $a \leqslant b$ 及 $b \leqslant a$，则 $a = b$。

Q.4. 对于一切 $a \in Q$，有 $\phi \leqslant a \leqslant I$。

问题 $a \bigcap b$（即"a 与 b 成立吗？"这个问题），只有当存在有一个对这个问题既能回答是又能回答否的实验时，才是 Q 的一个元素。问题 $a \bigcup b$（即"a 或 b 成立吗？"的问题）也是如此。古德尔进一步假设：

Q.5. 若 $a \bigcap b \in Q$，则 $a \bigcap b \leqslant a$ 及 $a \bigcap b \leqslant b$；若 $c \leqslant a$ 及 $c \leqslant b$，则 $c \leqslant a \bigcap b$。对偶的性质对于 $a \bigcup b$ 成立。若对于一切 $\alpha \in A$（指标集）$a_a \in Q$，则 $\bigcap\limits_A a_a$ 和 $\bigcup\limits_A a_a$（如果它们存在的话）也类似地确定。

Q.6. 存在有一个从 Q 到 Q 的映射 $a \rightarrow a'$ 使得对于一切 $a \in Q$ 有 $(a')' = a$。

Q.7. 若 $a \leqslant b$ 则 $b' \leqslant a'$。

Q.8. 对于一切 $a \in Q$ 有 $a \bigcup a' = I$。

320 于是 a' 应解释为这样的实验问题：只要 a 不成立时它就成立（a 和 a' 由同一实验回答）；若 $a \leqslant b'$，则 a 和 b 称为不相交的［dis-joint］，用符号表示是 $a \perp b$；若 Q 内存在有互不相交的元素 a_1, b_1

和 c,使得 $a_1\bigcup c$ 和 $b_1\bigcup c$ 也在 Q 内,并且令 $a=a_1\bigcup c, b=b_1\bigcup c$,则 a 和 b 称为相容的,用符号表示是 $a\leftrightarrow b$。

Q.9.　若对于一切 $\alpha\in A$(指标集)a_α 是 Q 内互相相容的元素,则 $\bigcup_A a_\alpha$ 和 $\bigcap_A a_\alpha$ 在 Q 内存在。

Q.10.　若 $a\leqslant b$,则有 $c\in Q$ 使得 $a\perp c$ 并且 $b=a\bigcup c$。

　　因为如果知道了 Q 内每个元素成立的几率,则 S 的态就确定了,古德尔考虑 Q 上的实函数的一个集 M,它满足以下条件:

M.1.　对于每一 $a\in Q$,有 $0\leqslant m(a)\leqslant 1$。

M.2.　$m(I)=1$。

M.3.　若 $a\perp b$,则 $m(a\bigcup b)=m(a)+m(b)$。

M.4.　若 $a\neq\phi$,则存在有一个 $m\in M$ 使得 $m(a)=1$。

M.5.　若对于某一 $m\in M$ 有 $m(a)=m(b)=1$ 并且若 $a\bigcap b\in Q$,则 $m(a\bigcap b)=1$。

M.6.　若对一切 $\alpha\in A$(指标集)元素 a_α 互相相容,并且对于一切 α 和某一 $m\in M$ 有 $m(a_\alpha)=1$,则 $m(\bigcap_A a_\alpha)=1$。

　　Q 上满足条件 M.1 到 M.6 的函数称为态,一个只取 0 或 1 值的态称为无弥散的态。若 m_j 是态的一个序列,λ_j 是非负实数的一个序列并且 $\sum\lambda_j=1$,则由 $m(a)=\sum\lambda_j m_j(a)$(对于 Q 内的一切 a)所定义的态 $m=\sum\lambda_j m_j$ 称为各个态 m_j 的一个混合态。若

Q 是满足 $Q.1$ 至 $Q.10$ 的一个问题体系，M 是 Q 上实函数的一个集，它对于混合态是闭合的并且满足条件 $M.1$ 到 $M.6$，则(Q, M)是一个量子系统。

　　为了讨论古德尔的论文①中的两条主要定理，必须记住：Q 的中心[center]指的是 Q 的子集，这个子集的元素和 Q 的一切元素相容；并且 $a \varepsilon Q$ 叫做一个原子[atom]，如果 $a \neq \phi$ 并且 $b \leqslant a$ 意味着 $b=a$ 或 $b=\phi$；最后 Q 叫做原子性的[atomic]，如果 Q 中的每个非零元素都包含一个原子（见附录"格论"定义 5）。如果存在有无弥散态的混合态的一个集合 M，使得(Q, M)是一个量子系统，我们就说 Q 容许隐变量存在。

　　现在可以来陈述古德尔的定理了（其证明见原始论文）：

定理 1.　当而且仅当 Q 的中心内有一原子时，一个量子系统(Q, M)具有一个无弥散态。

定理 2.　当而且仅当一个问题体系 Q 是一个原子性的布尔[Boole]代数时，Q 容许隐变量存在。

　　由于对应于真正的量子力学情况的任何问题体系都有不相容的实验问题，古德尔得出结论说："物理上有意义量子力学问题体

_____

　　①　对于古德尔的论文的更详尽的数学加工，又见 S. P. Gudder,"Dispersion-free states and the etclusion of hidden variables," *Proceedings of the American Mathematical Society* **19**, 319—324(1968), 及 "Atiomatic quantum mechanics and generalized probability theory,"收入 *Probabilistic Methods in Applied Mathematics* 一书。A. T. Bharucha-Reid, ed.(Academic Press, New York, London, 1970), pp.53—129。

系不容许有隐变量存在"。

在评论古德尔的方法时,我们不可不看到,除了所用的术语之外,它同姚赫和皮朗的公理系统只有细小的差别。通过把姚赫和皮朗的公理系统减弱到量子命题 $a \cap b$ 可以根本不存在,古德尔就消除了玻姆和巴布对姚赫-皮朗的形式体系的主要反对意见。我们在第八章量子逻辑中将看到,斯特劳斯[M. Strauss]早在1936 年在他的"互补性逻辑"中就已经对这样的命题合取的构成提出过类似的限制。虽然如此,古德尔的量子力学中不容许有隐变量的证明,由于它如上所述避免了某些物理上成问题的或者也许是不合理的假设,肯定仍是对姚赫和皮朗所提出的证明的一个改进。实际上,古德尔的证明似乎给卡帕索、福图纳托和塞勒里以很深的印象,以致他们在他们那篇对隐变量问题的评述文章[1]中毫不犹豫地写道:"只有在有人能够以令人满意的方式批判古德尔的假说(正如对冯·诺伊曼的假说和姚赫-皮朗的假说所做的那样)以后,我们才能再度考虑得到一个比量子力学更普遍(在隐变量的意义上)的理论的可能性。"

最近,慕尼黑大学的厄克斯[2]对古德尔的证明的正确性以及其假说的可靠性真正提出了挑战。厄克斯成功地建立了一个模型,这个模型尽管满足 Q. 1 到 Q. 10 和 M. 1 到 M. 6 的全部假设,

322

　　① 　V. Capasso,D. Fortunato,and F. Selleri,"Von Neumann's theorem and hidden-variable models,"*Rivista del Nuovo Cimento* **2**,149—199(1970).

　　② 　W. Ochs,"On Gudder's hidden-variable theorems," *Nuovo Cimento* **108**,172—184(1972).

却容许隐变量的存在。发表在《美国数学会公报》[*Proceedings of the American Mathematical Society*](见文献 141)的古德尔的证明的一种较弱的说法,是建立在比假设 $Q.5$ 更强的一个假设之上的,照厄克斯看来,这一证明虽然从数学上看是正确的,却依赖着一个从物理上来看是不合理的假设,和以前的各种"不可能性证明"的情况一样。古德尔在答辩[①]中指出,他发表在 *Rev. Mod. Phys.* 上的论文只是一篇为感兴趣的物理学家写的在数学上作了简化的概述,它的表述上的不严格致使厄克斯以为其意图与发表在 *Proceedings* 上的论文所表示的意图不同。

与此同时,两个数学家,比利时出生的柯尚(他是麦基尔[MoGill]大学毕业的,1958 年在普林斯顿大学获得博士学位,在康乃尔大学任教授,由于得到 Guggenheim 奖学金在苏黎世的瑞士联邦理工学院度过了 1962—1963 学年)和他在联邦理工学院的瑞士同事斯佩克(他是 Gonseth 的学生),发表了建立在一个新论据上的关于隐变量的不可能性的一个证明[②]。柯尚和斯佩克把一组可观察量 A_j(同一字母既代表可观察量也代表相应的算符)称为"可同时测量的",如果存在有一个可观察量 B 和(波莱尔)函数 f_j 使得 $A_j = f_j(B)$。在这种情形下能够同时测量 A_j,因为这时只需测量 B 并对测量结果应用各个函数 f_j 以得到各个 A_j 的值。

---

① S. P. 古德尔致本书作者的信,1971 年 9 月 27 日。又见 S. Gudder,"Hidden-variable models for quantum mechanics," *Nuovo Cimento* **108**,518—522(1972)。

② S. Kochen and E. P. Specker,"The problem of hidden variables in quantum mechanics," *Journal of Mathematics and Mechanics* **17**,59—87(1967),重印在 *The Logico-Algebraic Approcch* 一书中,411 页注①文献。

根据首先由冯·诺伊曼证明，随后又由纳依马克[M. A. Наймарк]以不同的方法证明的一条定理[1]，两两对易的可观察量是可同时测量的。柯尚和斯佩克又把一组可观察量称为一个"部分代数"[partial algebra]*，如果它对于按照下述规则构成的对可同时测量的可观察量求和与求积的"部分运算"是封闭的：若 $A_1 = f_1(B)$ 及 $A_2 = f_2(B)$，则 $r_1 A_1 + r_2 A_2 = (r_1 f_1 + r_2 f_2)(B)$ 及 $A_1 A_2 = (f_1 f_2)(B)$，其中 r_1 和 r_2 是实数。

　　他们论证道，由于一个部分代数的代数结构与所用的特定理论无关，一个隐变量理论不仅必须满足定义Ⅱ的各项条件（7.3节），而且还必须保持这种结构。"于是隐变量存在的一个必要条件，是这个部分代数可以嵌入一个交换代数（比如一个相空间上的全部实值函数的代数）。"让我们把这个条件简称为"柯尚-斯佩克条件"，并用 Σ 表示 Γ 上的全部实值函数的集合 R^Γ，它是一个交换代数。柯尚-斯佩克条件对定义Ⅱ中的函数 f 加以一定的限

323

---

　　① J. von Neumann, "Über Funktionen von Funktionaloperatoren", *Annals of Mathematics* 32, 191—226(1931); *Collected Works* (10 页注①文献), Vol. 2, pp. 177—212. M. A. Neumark, "Operatorenalgebren im Hilbertschen Raum,"in *Sowjetische Arbeiten zur Funktionalanalysis*(Verlag Kultur und Fortschritt, Berlin, 1954), p. 227。对于分立谱的情况证明很简单，例如见 J. L. Park and H. Margenau, "Simultaneous measurement in quantum theory", *International Journal of Theoretical Physics* 1, 211—283(1968)，特别是 pp. 231—332。

　　* 这里所谓的"代数"是指一种特殊的代数系统，它定义在一个域上，并且定义了以下三种运算，即：（1）域中的一个元素和代数中的一个元素的乘法；（2）代数中的两个元素的加法；（3）代数中的两个元素的乘法。对于后一种乘法，一般并不要求满足结合律和交换律，也不要求在代数中存在单位元。乘法满足交换律的代数，就是下文中所说的交换代数。——译者注

制。若 $f_A(\lambda)=a_n$ 是 A 的一个本征值,并且 $B=g(A)$,则 B 在 $|a_n\rangle$ 态取值 $g(a_n)$,因而 $f_B(\lambda)=g(a_n)=g(f_A(\lambda))$ 或

$$f_{g(A)}=g(f_A)。 \tag{12}$$

容易证明[①],上面这个限制就意味着映射 $f:\Gamma\to R$ 保持部分运算。因此只有当存在着厄米算符的一个部分代数 P 到 Σ 的嵌入时,隐变量推广才有可能。因为由关系式 $h_\lambda(A)=f_A(\lambda)$ 定义的 h_λ 对于每一个 $\lambda\in\Gamma$ 定义了部分代数 P 到 R 中的一个同态 [homomotphism][②]$h_\lambda:P\to R$,因此这样一个同态的存在是可能有隐变量理论的一个必要条件。但是柯尚和斯佩克通过一个相当复杂的数学证明程序得以表明,不存在这样的同态。

柯尚和斯佩克也用一个直接的直观论据证明了这一论点,他们在这个论据中引用了处于 $j=1$ 态的正氦的最低轨道态 $n=2,l=0,s=1$ 下的角动量算符方程 $J^2=J_x^2+J_y^2+J_z^2$。由于对任何三个相互交的方向 (x,y,z),算符 J_x^2、J_y^2、J_z^2 都彼此对易而且也和 J^2 对易,因而这些量都是可以同时测量的;令 $h=1$,J^2 将取值 2,故 J_x^2、J_y^2、J_z^2 之值恒有一个为零,另外两个每个为 1,因此一个隐变量理论应当提供一个函数,它正确地赋予每个方向以测量这个方向的角动量分量的平方时将获得的结果。通过一个几何的论

324

---

① $\quad f_{r_1A_1+r_2A_2}=f_{(r_1g_1+r_2g_2)(B)}=(r_1g_1+r_2g_2)(f_B)=r_1g_1(f_B)+r_2g_2(f_B)$
$\qquad\qquad =r_1f_{g_1(B)}r_2f_{g_2}=r_1f_{A_1}+r_2f_{A_2}$
$\quad f_{A_1A_2}=f_{(g_1g_2)(B)}=(g_1g_2)(f_B)=g_1(f_B)g_2(f_B)=f_{g_1(B)}f_{g_2(B)}$
$\qquad\qquad =f_{A_1}f_{A_2}$

② 因为 $h_\lambda(r_1A_1+r_2A_2)=r_1h_\lambda(A_1)+r_2h_\lambda(A_2),h_\lambda(A_1,A_2)=h_\lambda(A_1)h_\lambda(A_2)$ 及 $h_\lambda(I)=1$。

据，他们能够证明，不存在这样的函数或赋值。

普度[Purdue]大学的伯林范特在其关于隐变量理论的详尽研究[①]中对这个几何论据做了很大的简化。另一种有趣的简化是哥伦比亚大学的弗里德伯格在 1969 年研究出来的，但从未发表过。遵照后者的办法，我们下面将提出也许是这个论据的最简化的说法。

考虑一个自旋为 1 的系统的自旋矩阵（例如，见 A. Messiah，文献 5—58，第 8 章，§ 21）：

$$S_x = \begin{pmatrix} 0 & 0 & 0 \\ 0 & 0 & -i \\ 0 & i & 0 \end{pmatrix}, \qquad S_y = \begin{pmatrix} 0 & 0 & i \\ 0 & 0 & 0 \\ -i & 0 & 0 \end{pmatrix},$$

$$S_x = \begin{pmatrix} 0 & -i & 0 \\ i & 0 & 0 \\ 0 & 0 & 0 \end{pmatrix}。 \tag{13}$$

三个自旋分量的平方所对应的矩阵

$$S_x^2 = \begin{pmatrix} 0 & 0 & 0 \\ 0 & 1 & 0 \\ 0 & 0 & 1 \end{pmatrix}, \qquad S_y^2 = \begin{pmatrix} 1 & 0 & 0 \\ 0 & 0 & 0 \\ 0 & 0 & 1 \end{pmatrix},$$

$$S_x^2 = \begin{pmatrix} 1 & 0 & 0 \\ 0 & 1 & 0 \\ 0 & 0 & 0 \end{pmatrix} \tag{14}$$

---

①　423 页注①文献，pp.35—43,63—64。

各自只有本征值 0 和 1,显然,这三个矩阵相互对易,因此它们所
代表的可观察量可以同时测量。它们的和 S^2 等于 2(乘以单位矩
阵)。厄密算符

$$aS_x^2 + bS_y^2 + cS_z^2 = \begin{pmatrix} b+c & 0 & 0 \\ 0 & a+c & 0 \\ 0 & 0 & a+b \end{pmatrix} \tag{15}$$

325　(其中 a,b,c 是三个不同的数)具有三个本征值 $a+b,a+c,b+c$,
根据量子力学,对这个算符所代表的可观察量的一次测量将得到
这三个本征值中的一个。因此这三个测量结果中的每一个都揭示
了 S_x^2,S_y^2,S_z^2 这三个中哪一个之值为 0,而另外两个之值为 1。令
空间中的每一方向 d(单位矢量)同一个 d-命题(即命题"S 在 d
方向的分量之值为 0")相联系,我们就在 d 方向同 d 命题之间建
立了一个一一对应关系,以致我们甚至可以把方向和这种命题等
同起来。于是我们就使"正交的命题"或"成 α 角的两个命题"这样
的说法变得有意义了。由于 (x,y,z) 是任意一组相互正交的方向
的三重轴,从前面的讨论我们得出结论:下述语句

　　三个相互正交的 d 命题中有一个而且只有一个为真 (16)
是实验上可以验证的。然而,$x+y,x-y,z$ 这三个方向——或者
用矢量记号是 $\frac{1}{\sqrt{2}}(1,1,0),\frac{1}{\sqrt{2}}(1,-1,0),(0,0,1)$——是相互正交
的;$x+z,x-z,y$ 这三个方向也是一样。因此 $x+y,x-y,x+z,x-z$ 这四个 d 命题不能全部为假,否则 y 和 z 两个 d 命题都
将为真,这与(16)矛盾。进一步说,由于 $x+y,x-y,x+z,x-z$

这四个方向中每一个都和 $d_1 = y+z+x, d_2 = y+z-x$ 这两个方向之一正交,命题 d_1 和 d_2 不能二者都为真,否则命题 $x+y, x-y, x+z, x-z$ 将全为假,同我们上面的结论矛盾。显然,d_1 和 d_2 之间的角 α 为 $\cos^{-1}(\frac{1}{3})$(或近似等于 $70°30'$)。鉴于坐标系前任意性,于是我们得到:

成 α 角的两个 d 命题不能二者都为真。 (17)

现在令方向 d_3 在 xy 平面上并且与 y 轴成 α 角。若 d_3 为真,则由(16)得 z 为假,从(17)得 y 为假,再由(16)得 x 为真。因为 d_3 和 x 之间的角度 β 为 $\frac{\pi}{2} - \alpha$(或约 $19°30'$)以及坐标系是任意取的,我们得出结论:

成 β 角的两个 d 命题互相蕴涵。 (18)

但是从空间的每一方向 d 出发,任何其他方向 d' 都可通过环绕适当选择的一些转轴做有限次旋转(每次转动一个 β 角)而得到。实际上,由于 $\beta > 18°$,所需的转动次数不多于五。因此由(18)得每个 d 命题互相蕴涵,这同(16)矛盾。

如果我们忽略一个 d 命题的真假值(成立不成立)还可以与同时测量哪些别的 d 命题有关这种可能性,那么就必定会得出结论:任何对一切可能的 d 命题同时赋予真假值的情况 A 都是同(16)相矛盾的。但是,因为每种(非交错的)隐变量理论都对每一个 d 命题给定一个确定的真假值,因而意味着有这样的赋值 A 的可能性;又因为刚刚证明了这样的赋值 A 是不可能的,我们便得出了柯尚和斯佩克的结论:量子力学排除这种隐变量。

　　他们指出,对于量子力学的限定部分,这个结论并不一定成立。实际上,通过把二维复希尔伯特空间上的厄密算符的部分代数嵌入到一个适当的相空间上的实值函数的交换代数中去,柯尚和斯佩克本人就建立了电子自旋的一种隐变量理论,它满足全部所需的条件。认识到这同冯·诺伊曼的证明是矛盾的,他们对照了冯·诺伊曼的假设同他们自己的证明所依据的假设。在他们对冯·诺伊曼的证明的重新表述中,柯尚和斯佩克指出,冯·诺伊曼认为隐变量存在的必要条件是函数 $E: H \rightarrow R$ 的存在,其中 E 表示期望值〈　〉,H 表示自伴算符的集合,它被映入实数的集合 R,假设函数(或泛函)E 是满足下面的条件的:

P_I. $E(I)=1$。

P_{II}. 对于一切 $a \in R$ 和一切 $A \in H$,$E(aA)=aE(A)$。

P_{III}. 对于一切 $A \in H$,$E(A^2)=E^2(A)$。

P_{IV}. 对于一切 $A, B \in H$,$E(A+B)=E(A)+E(B)$。

(冯·诺伊曼的 P. III 不需要了)。

　　在一条引理中证明了:如果一个映射 E 满足 P_I 到 P_{III} 及 P'_{IV}(对于一切对易的 $A, B \in H$,$E(A+B)=E(A)+E(B)$),则 E 对于对易算符是相乘的,因为

$$E^2(A)+2E(A)E(B)+E^2(B)=[E(A)+E(B)]^2$$
$$=E^2(A+B)=E[(A+B)^2]=E(A^2+2AB+B^2)$$
$$=E^2(A)+2E(AB)+E^2(B)。$$

其次,在一条推论中证明了,对于一个满足 P_I 至 P_{III} 和 P'_{IV} 的映射

E,对一切 $A \in H, E(A)$ 处于 A 的谱中。因为否则的话 $A - E$ (A) 将会有一个逆算符 B,并且 $1 = E(I) = E\{[A - E(A)]B\} = E[A - E(A)]E(B) = [E(A) - E(A)]E(B) = 0$。最后,柯尚和斯佩克考虑下述算符

$$A = \begin{pmatrix} 1 & 0 \\ 0 & 0 \end{pmatrix} \quad \text{和} \quad B = \frac{1}{2}\begin{pmatrix} 1 & 1 \\ 1 & 1 \end{pmatrix}$$

其本征值为 0 和 1。因为 $A + B$ 的本征值是 $1 \pm 2^{-1/2}$(它不是 0,1 和 2),$E(A+B) \neq E(A) + E(B)$,同 P_{IV} 矛盾。于是证明了条件 P_1 到 P_{IV} 的不相容性,即使 E 的定义域只限于二维希尔伯特空间上的厄密算符。这样,不用冯·诺伊曼的假设 P. IV(我们看到,赫尔曼已经对它的可靠性提出了疑问),把它换成 P'_{IV}(它只涉及对易的可观察量),柯尚和斯佩克就几乎毫不费力地再次得到了格里森对冯·诺伊曼的证明的改进。此外,如同贝尔已指出的那样,他们的论文的主要结论——不存在上述的同态——可以从格里森定理得到。柯尚和斯佩克再一次证明了,量子力学中不存在非交错的隐变量。因此,隐变量在量子力学中永远不能预言力学量的真实值,充其量只能预言人们所发现的值。①

　　这些结果在古德尔②对隐变量理论的重新定义里得到了充分的考虑,这个定义我们将称之为定义Ⅲ。这个定义不再把隐变量看作是根据有关 φ 和 λ 的知识来预言所有可能的测量的结果的概

①　对这一点的一个特别透彻的强调说明见 Belinfante,423 页注①文献。

②　S. P. Gudder,"On hidden-variable theories,"*Jour. Math. Phys.* **11**,431—436 (1970).

念工具,而把它们的作用限于只预言任何一次单次的、十分确定的
测量的结果,当然,在作这样的预言时不得违犯标准理论的统计预
言。应用量子逻辑的语言(其要点我们已从对姚赫和皮朗的不可
能性证明的讨论得知),古德尔定义一个命题系统为一个具有始元
素和末元素(分别是零和一)的半序集 $L = \{a, b, c, \cdots\}$,它有一个
正交补集,并且对于 L 中的不相交元素 a_j 的一个序列,$\bigcup a_j$ 也在
L 中。定义一个态为一个映射 $m: L \rightarrow [0,1]$,并且 $m(1) = 1$,m
$(\bigcup a_j) = \sum m(a_j)$(对于不相交的 a_j 的序列)。

　　格里森的工作同柯尚和斯佩克的工作之间的逻辑关系(就后
者涉及前者的部分而言),可以更精确地解释如下。格里森的工作
的含意是,对于任何至少有三维的希尔伯特空间 H,不存在定义
在 H 的子空间上的几率测度 μ,它使张成 H 的每一组正交基 B
中的一个而且仅仅一个矢量取值 1(当然还假设 μ 也满足别的一
些条件,这些条件在这里可以暂时不管)。如果对应于每一组这样
的 B 都有一个可观察量(它的本征矢就是 B 的各个矢量),那么就
可推出,不是全部量子力学可观察量都同时具有精确值,这一结果
对非交错的隐变量理论是致命的。

　　但是,可以提出这样的反对意见:虽然对应于每一可观察量都
存在有一组基 B,但是相反的陈述(对应于每一组这样的 B 都存
在有一个可观察量)并不一定成立。如果一个系统(其态由 H 中
的矢量表示)的全部可观察量的集合真的小于 H 中一切正交基组
的集合,那么可以想象,不能使 μ 满足上述条件(即:使正交基中
的一个而且仅仅一个矢量取值 1)的那些基底正是没有可观察量
与之联系的那些基底。但是这样一来上面的反对隐变量理论的论

据就失效了。这种局势也许可以用一个从数学上表征量子力学可观察量的普遍理论——如果有的话——来改善（并不是每一个厄密算符都代表一个量子力学可观察量！）。这时问题就应当是：在 H 中是否总是存在一个 μ，它除了满足其他条件外，还使张成 H 并且对应有一个可观察量的每一组正交基中的一个而且仅仅一个矢量取值 1。

但是即使没有这样一个普遍理论，也可以对这个问题作一个否定的判决。只要举出一个这样的例子就够了：存在有一个量子力学系统 $\sum$ 及其上的可观察量的集合 A，可以证明，对于它们不存在有使集合 A 中的每个可观察量的正好一个本征矢取值 1 的 μ。柯尚和斯佩克正是这样做的。他们选取了处于最低轨道态的正氦为 $\sum$，而 A 则选取了自旋角动量的 117 种不同的坐标分解的集合。

我们称态的一个集合 M 是满的[full]，如果对于任何 $a \neq \varnothing$，M 含有一个 m 使 $m(a)=1$，并且对于 $a \neq b$，有一个 m 使 $m(a) \neq m(b)$。对[pair](L, M) 叫做一个量子命题系统。L 上的一个无弥散态 S 是一个映射 $S: L \to \{0,1\}$，使得 $S(I)=1$ 及 $S(\bigcup a_j)= \sum m(a_j)$（对于不相交的 a_j 的一个有限集）。各个单次测量（这才是重要之点）对应于 L 的布尔子－σ－代数①B，并且，说这样一次测量的各种结果是完全确定的就意味着是在处理 B 上的一个无

---

① 一个非空集合 L 的子集的一个 σ 代数 B 是一个非空的集合类，它包含 L 并且在补集和可数并集下是闭的。

弥散态 S。用 M_B 表示这种态的集合,现在我们可以仿效古德尔,对一个隐变量理论重新定义如下:

定义Ⅲ　(L,M)容许一个隐变量理论存在,如果有一个几率空间 (Ω,F,μ),它具有以下的性质:对于任何极大[①]布尔子 σ-代数 $B \subseteq L$,有着一个从 $M \times \Omega$ 到 M_B 上的映射 h_B,使得(1)对于每个 $m\varepsilon M,a\varepsilon B,\omega \rightarrow h_B(m,\omega)(a)$ 是可测的;及(2)对于每个 $m\varepsilon M$,$a\varepsilon B,\displaystyle\int_\Omega h_B(m,\omega)(a)d\mu(\omega)=m(a)$。最后,若 $\mathcal{B}$ 表示 L 的极大布尔子 σ-代数的集合,$((\Omega,F,\mu),\{h_B \mid B\varepsilon\mathcal{B}\})$ 便称为(L,M)的一个隐变量理论。

　　在隐变量理论 T' 的这个抽象定义的基础上,古德尔证明了:在量子力学的现有框架 T 内,总能够建立这样一个推广 T';甚至还证明了:如果这样的 T' 是极小的[即,如果 $h_B(m,\omega_1)=h_B(m,\omega_2)$(对一切 $m\varepsilon M$ 和 $B\varepsilon\mathcal{B}$)意味着 $\omega_1=\omega_2$ 的话],则 T' 实质上唯一确定(即确定到一个一对一的映射)。

7.9　诉诸实验

　　人们已设计了或者做过一些实验,以求弄清楚自然界是究竟由非决定论性的量子理论还是由某种决定论性的隐变量理论支配的。我们对这些实验的讲述将限于只作一个简短的历史概述,而

---

①　B 是极大的,如果不能扩张它而不损害分配律。

不涉及技术细节。[①]

显然,这种实验是否可以实现,取决于是否存在有这样的效应:根据隐变量对这种效应的预言同根据通常的量子力学对这种效应的预言不同。此外,这种不一致还必须是实验上可以检测的。一个完全重复通常理论的全部预言的隐变量诠释,当然是不能在经验上同量子力学分辨开来的。但是我们看到,几乎没有这种隐变量倡议。即使玻姆的五十年代初期的理论,也声称包含有同通常的量子力学相矛盾的效应。

在这方面,最重要的结果是贝尔的工作,根据这一结果,任何定域的隐变量理论,不论它的变量的本性是什么,都在某些参数上同量子力学有矛盾。正是为了探索这些不一致之处,近几年里设计了一些极精巧而且极昂贵的实验,以求对上述问题作一判决,在某些作者看来,这个问题的重要性远远超出了物理学的纯科学兴趣的范围。例如,伯林范特强调它对宗教的含意,他指出,可以认为量子力学的非决定论和对上帝的信仰是调和一致的:上帝对这个世界上发生的事情不断地作出自己的决定,这些决定是我们不能预言的;而"如果自然界是完全决定论性的,那么就可以推论说,在这个世界上'上帝'便没有什么活干了"。[②]

最早提到用实验来检验同量子力学的通常诠释的可能的歧离,并不是直接同隐变量问题有关的;但是由于它涉及 EPR 的论

---

① 要知道更多的知识,可以看原始的论文、博士学位论文、技术报告及 F. J. Belinfante,"Experiments to disprove that nature would be deterministic"(油印本,Purdue University,1970),即将出版。

② 同上(1970),p.27。

据,它同隐变量争论有一定的联系,特别是因为它为后来检验隐变量提供了一个范型。它所讨论的问题是,现有的实验事实同弗雷①提出的假设是否能相容,弗雷假设对于空间远离的粒子的情形,通行的量子力学多体问题表述不成立,或用更专门的话来说,假设这时的态函数(纯粹态)应当换成混合态。玻姆和阿哈朗诺夫②提出了 EPR 的论文中描述的物理情态究竟在实验上是否得到过验证的问题,他们注意到,要是没有这种验证,就可以无阻碍地采用弗雷的假设,于是就避免了"悖论"而又不与现有的实验结果相矛盾。玻姆和阿哈朗诺夫然后指出,如果彼此相互作用的两个远离的电子换成正负电子偶湮没中产生的两个光子,电子的自旋分量换成光子的偏振分量,那么这样的实验确实已经做过:那就是吴健雄和沙克诺夫③于 1949 年 11 月在哥伦比亚大学的浦平[Pupin]实验室完成的对湮没辐射光子的偏振相关性的测量。这个实验本身有一段有趣的历史。

　　1945 年 10 月 1 日,惠勒(他从 1938 年为杜邦公司完成一项研究计划后就是普林斯顿的教授会中的一员)投寄给纽约科学院一篇关于湮没辐射的论文④,以应征摩里逊[A. C. Morrison]自然科学奖。惠勒在文中讨论了正负电子对理论及其可能的应用,并

---

① 见 6.6 节。

② D. Bohm and Y. Aharonov,"Discussion of experimental proof for the paradox of Einstein,Rosen and Podolsky,"*Phys.Rev.***108**,1070—1076(1957).

③ C. S. wu and I. Shaknov,"The angular correlation of scattered snnihilation radiation,"*Phys.Rev.* **77**,(1950);给编者的信,1949 年 11 月 21 日。

④ J. A. Wheeler,"Polyelectrons",*Annals of the New York Academy of Sciences* **48**,219—238(1946),此文得到 1945 年的摩里逊奖金。

提出了检验这个理论的某些预言的各种可能性,特别是关于下述
预言:在独态湮没中向相反方向发射的两个光子的偏振方向成直
角。于是,若一个光子在一个平面内线偏振,那么伴随着以相同的
动量向相反方向发射出来的另一个光子,必定在与之垂直的平面
内线偏振。想到自由电子对光子的散射同光子的偏振方向有关,
惠勒建议用下述方法来检验理论。一个发射慢正电子的放射源用
足够厚的金属箔包起来,以保证全部正电子都湮没,把它置于一个
铅球的中心,沿着铅球的一条直径钻一个狭长的孔。在孔道两端
放上碳的散射体。被其中一个散射体散射约 $90°$ 的光子用一个置
于给定方位的计数器记录下来,再用另一个计数器记录与前者符
合的、在另一端被散射的光子。通过测量不同相对方位的符合计
数率,就可以检验偏振的垂直相关性。为了历史的精确,应当提
到,英国剑桥的开文迪什[Cavendish]实验室的汉纳[R. C. Han-
na],在 1947 年也独立地提出了类似的建议。

　　普赖斯和沃德[1]在 1947 年计算了不同的散射角 θ 下的比值 ρ
$= N_\perp : N_\parallel$,其中 $N_\perp$ 表示两个探测器互成直角时的符合计数,
$N_\parallel$ 表示两个探测器在一个平面内时的符合计数。斯奈德等人[2]
随后也进行了这一计算。这些预言最早的实验验证是由普度大学

　　[1]　M. H. L. Pryce and J. C. Ward,"Angular correlation effects with annihilation
radiation,"*Nature* **160**,435(1947).

　　[2]　H. S. Snyder,S. Pasternack,and J. Hornbostel,"Angular correlation of scat-
tered annihilation radiation,"*Phys.Rev.* **73**,440—448(1948).

的布吕勒和布拉特[①]和剑桥的汉纳[②]于 1948 年同时完成的。不久之后弗拉索夫等人[③]在俄国重复了这一测量。正是鉴于布吕勒和布拉特所得到的结果的误差限是如此之大,以致似乎难以同理论进行细微的比较,并且又鉴于汉纳的结果一贯地小于所预言的结果,才使吴健雄和沙克诺夫想到,用效率有显著提高的新发展起来的闪烁计数器来重新研究这个问题值得一试。他们的结果同理论计算值符合得很好。[④]

这些实验与 EPR 论文的物理局势的关系可阐明如下。假设两个光子在 $-z$ 和 $+z$ 方向运动,那么宇称守恒定律和角动量守恒定律就要求,组合系统的态可以写成 $\psi = \dfrac{1}{\sqrt{2}}(\psi_r^1\psi_r^2 + \psi_l^1\psi_l^2)$,其中 ψ_r^k 代表第 k 个光子($k=1$ 或 2)是右旋圆偏振的,ψ_l^k 代表它是左旋圆偏振的;或者可以写成 $\psi = \dfrac{1}{2}(\psi_x^1\psi_y^2 - \psi_y^1\psi_x^2)$,其中 ψ_x^k 代表第 k 个光子是沿 x 方向线偏振的,ψ_y^k 的意义相仿。于是正如在关于电子的 EPR 论据的玻姆说法中那样,如果测量光子 1 的圆偏振,那么根据量子力学的定律,这个测量结果(比方说是 ψ_r^1)就要求光

　　① E. Bleuler and H. L. Bradt,"Correlation between the states of polarization of the two quanta of annihilation radiation," *Phys. Rev.* **73**, 1398(1948).

　　② R. C. Hanna,"Polarization of annihilation radiation," *Nature* 162, 332(1948).

　　③ Н. А Власов и В. С. Даелепов, "Попяривация аннигиляционних Гамма-Квантов", *Доклады Академии Наук СССР* **69**, 777—779(1949).

　　④ 应当指出,G. Bertolini 等人后来得到了一个没有这么令人满意的结果,见 G. Bertolini, M. Bettoni, and E. Lazzarini,"Angular Correlation of scattered annihilation radiation," *Il Nuovo Cimento* 2, 661—662(1955)。又见 H. Langhoff,"Die Linearpolarisation der Vernichtungsstrahlung von Positronen," *Z. Physik* **160**, 186—193(1960)。

子 2 处于态 ψ_r^2 中。但是如果测量光子 1 的线偏振,那么测量结果(比方说是 ψ_x^1)就意味着光子 2 处于态 ψ_y^2。因此,通过选取光子 1 的线偏振或是圆偏振为直接测量的可观察量 $\mathscr{A}_1$(见 6.3 节),人们就能随便预言光子 2 的线偏振或是圆偏振的值。但是根据量子力学,光子 2 不能对两种偏振同时具有确定值。因此,现在的情态同爱因斯坦、波多尔斯基和罗森考虑的局势是完全类似的。

玻姆和阿哈朗诺夫然后考虑弗雷所叙述的假设,根据这个假设,两个光子一旦离开足够远,那么波函数就不再是它的各个分量的带有确定位相关系的叠加(这带来那些特殊的相关性),而是每个光子将具有某个确定的偏振态,这个偏振态同另一光子的偏振态有关,并且一个这种光子对的系综应具有绕 z 轴的转动对称性以及在 xy 平面内的反射对称性,以恢复所期望的对称性。他们证明了,同爱因斯坦和他的合作者所考虑的位置和动量测量的情况相反,在现在的情况下这个假设是可以检验的。实际上,在玻姆和阿哈朗诺夫看来,吴健雄和沙克诺夫的实验正是这样一个检验并且已否定了这个假设。弗里德伯格[①]最近指出,所讨论的争端可以表述为贝尔处理隐变量的那种数学形式:因为可以证明,弗雷的上述假设意味着,所考虑的那种类型的混合态将得出一个相关函数 $P(a,b)=C\cos2(a-b)$,其中 a 和 b 是检偏振器轴线的方向,并且 $|C|\leqslant\dfrac{1}{2}$,而根据量子力学则 $C=-1$,吴健雄和沙克诺

① L. Kasday, "Experimental test of quantum predictions for widely separated photons," 载于 *Foundations of Quantum Mechanics*(348 页注①文献,pp.195—210)。

夫得到的实验结果与后者一致。

玻姆和阿哈朗诺夫认为吴健雄和沙克诺夫的实验可以看成是否定弗雷假设的经验证据的这一主张,受到了皮雷斯和辛格[①]的严厉批评,他们当时同玻姆和阿哈朗诺夫一样,也在海法[Haifa]理工学院。他们的主要论据是,玻姆和阿哈朗诺夫忽视了偏振和自旋之间的一个重要差别:一个光子的自旋(园偏振)永远是指向传播方向的,从而不是规范不变的,因此没有物理意义。他们宣称,"于是人们看到,如果单取光子的自旋,那是不能用来作为EPR悖论的玻姆表述的,因为它只有一个分量。"玻姆和阿哈朗诺夫驳斥了[②]这些以及类似的反对意见,并且阿哈朗诺夫教授告诉本书作者[③],皮雷斯和辛格终于承认他们的异议是不成立的。最近霍恩[④]举出了另一条有力的论据以表明,"用湮没辐射 γ 射线和康普顿偏振计来对决定论性的局域隐变量理论进行实验检验是不可能的"。

无论如何,在实验室里似乎从来还没有实现过对 EPR 的态势进行实验检验的任何其他建议,诸如 π 介子散射、自电离、皮雷斯和辛格在他们的论文中提出的质子互致散射等实验以及杨诺西和

---

① A. Peres and P. Singer,"On possible experimental tests for the paradox of Einstein,Podolsky and Rosen,"*Il Nuovo Cimento* **15**,907—915(1960).

② D. Bohm and Y. Aharonov,"Further discussion of possible experimental tests for the paradox of Einstein, Podolsky and Rosen," *Il Nuovo Cimento* **17**, 961—976 (1960).

③ 口头交流,1968 年 4 月 9 日。

④ M. Horne,"Experimental consequsces of local hidden variable theories,"博士学位论文,Boston University(油印本,1970)pp.82—85。

纳吉[①]早先提出的电子被一个质子散射(此质子由两个波函数的叠加表示)这个有趣的、但是很成问题的实验。所有这些实验都将需要用散射技术和康普顿偏振计,因此,即使它们终于可以实现的话,也会受到与吴健雄和沙克诺夫实验所受到的相同的批评,即这个实验所分析的终竟不是偏振相关性,而是关于康普顿散射的依赖于偏振的联合分布。

为了取消对散射技术的要求,就必须把对光子的偏振相关性的研究限于低能量,因为低能时有效率高的偏振滤波器。科赫尔和康明斯[②]于 1966 年在伯克利(加利福尼亚州)做了这样一个实验。他们研究了钙的级联跃迁 $6^1S_0 \rightarrow 4^1P_1 \rightarrow 4^1S_0$ 中两个相继发射的光子($\lambda_1 = 5513 \mathring{A}$,$\lambda_2 = 4227 \mathring{A}$)的线偏振的相关性。由于这些级联光子的行为很像自旋单线,可以用它们来检验量子力学预言和建立在隐变量上的预言之间的不一致性,并且,由于它们位于光谱的可见区,可以为此目的使用光学偏振器。

虽然科赫尔和康明斯在他们的论文里没有提到贝尔不等式,但是,从贝尔不等式的观点来分析他们的工作是极有教益的。在他们使用的级联($J=0 \rightarrow J=1 \rightarrow J=0$)中,初始和终了的角动量为零。因此角动量守恒就要求双光子态具有零角动量。这样的态 ψ 的最一般的表示式为

$$a\psi^1_{r+}\psi^2_{l+} + b\psi^1_{l+}\psi^2_{r+} + c\psi^1_{r-}\psi^2_{l-} + d\psi^1_{l-}\psi^2_{r-} + e\psi^1_{r+}\psi^2_{r-} +$$

① L. Jánossy and K. Nagy, "Über eine Form des Einsteinschen Paradoxes der Quantentheorie," *Ann. Physik* **17**, 115—121(1956).

② C. A., Kocher and E. D. Commins, "Polarization correlation of photons emitted in an atomic cascade," *Physical Review Letters* **18**, 575—577(1967).

$$f\psi_{l+}^1 \cdot \psi_{l-}^2 + g\psi_{r-}^1 \cdot \psi_{r+}^2 + h\psi_{l-}^1 \cdot \psi_{l+}^2$$

其中 ψ_{r+}^1 是表示光子 1 的右旋圆偏振并沿 $+z$ 轴方向运动的本征态,其他类推。宇称守恒(要求 $a=d$, $b=c$, $e=h$, $f=g$)、转动不变性(要求 $a=b$ 及 $e=f$)以及光子 1 是沿 $+z$ 方向运动而光子 2 是沿 $-z$ 方向运动等要求,使态函数简化为 $\dfrac{1}{\sqrt{2}}(\psi_{r+}^1 \cdot \psi_{r-}^2 + \psi_{l+}^1 \cdot \psi_{l-}^2)$,或者,通过变换到一组线偏振的基底(每个光子各有一个独立的右手坐标系),可写为 $\dfrac{1}{\sqrt{2}}(\psi_x^1 \psi_x^2 - \psi_y^1 \psi_y^2)$,其中省略了多余的符号。把 ψ_x^1 用 $\begin{pmatrix}1\\0\end{pmatrix}_1$ 表示,ψ_y^2 用 $\begin{pmatrix}0\\1\end{pmatrix}_2$ 表示,等等,我们得到

$$\psi = \frac{1}{\sqrt{2}}\left[\begin{pmatrix}1\\0\end{pmatrix}_1 \begin{pmatrix}1\\0\end{pmatrix}_2 - \begin{pmatrix}0\\1\end{pmatrix}_1 \begin{pmatrix}0\\1\end{pmatrix}_2\right].$$

用 φ_k 表示光子 k($k=1$ 或 2)的单独坐标系中的 x 轴与偏振器的轴线之间的夹角(沿 $+z$ 方向看,相对于 x 轴),那么对光子 k 的线偏振的测量由下述厄密算符表示:

$$Z_k(\varphi_k) = \begin{pmatrix}\cos 2\varphi_k & \sin 2\varphi_k\\ \sin 2\varphi_k & -\cos 2\varphi_k\end{pmatrix}.$$

因而联合偏振测量的期望值由下式给出:

$$P_{量}(\varphi_1,\varphi_2) = \langle\psi|Z_1(\varphi_1)Z_2(\varphi_2)|\psi\rangle$$
$$\cos 2(\varphi_1+\varphi_2) = \cos 2\varphi,$$

其中 $\varphi = \varphi_1 + \varphi_2$ 根据定义为两个偏振器的轴线之间的夹角。现在应用贝尔的记号,但是注意到对于偏振相关性有 $B(\mathbf{b},\lambda) = A(\mathbf{b},\lambda)$ ——和上面不一样——于是代替 7.7 节的(9)式我们得到不

等式 $|P(\mathbf{a},\mathbf{b})-P(\mathbf{a},\mathbf{c})|\leqslant 1-P(\mathbf{b},\mathbf{c})$。若我们定义 α 为单位矢量 $\mathbf{a}$ 和 $\mathbf{b}$ 之间的夹角，β 为 $\mathbf{b}$ 和 $\mathbf{c}$ 之间的夹角，因此 $\alpha+\beta$ 为 $\mathbf{a}$ 和 $\mathbf{c}$ 之间的夹角，我们最后就得到到 $|P(\alpha)-P(\alpha+\beta)|\leqslant 1-P(\beta)$。对于 $\alpha=\beta=30°$（最大偏离），将 $P_{量}(\varphi)=\cos 2\varphi$ 代入，得到

$$|\cos 60°-\cos 120°|\leqslant 1-\cos 60° \quad \text{或者} \quad 1\leqslant \frac{1}{2},$$

这表明对于这些取向，隐变量的预言和量子力学预言是不能一致的。

　　科赫尔和康明斯对符合计数率的测量结果是同量子力学的预言相一致的。但是他们的偏振器的效率还不够高，不足以保证他们的结果可靠。更重要的是，他们只取了 $\varphi=0°$ 和 $90°$ 的数据，而没有如所需要的那样取中间值如 $30°$ 或 $60°$ 的数据。因为不久就清楚了，某些类型的隐变量理论在 $\varphi=0°$ 和 $\varphi=90°$ 可以很好地重复量子力学的结果，因此科赫尔和康明斯的实验（它们初看之下似乎否定了隐变量），即使用理想的偏振器来做，也不能排除所有各种可能的隐变量理论，因而以没有结果而告终。

　　当时在另一个不同的关于隐变量的实验中也用了线偏振器。哈佛大学的帕帕利奥利奥斯[①]试图用它们来验证玻姆和巴布在他们的具体的隐变量理论[②]中所引进的隐变量 ξ 的存在。他们假定这些变量的分布在一个特征的弛豫时间 τ 内达到随机化，在室温下 τ 的量级为 10^{-13} 秒。帕帕利奥利奥斯使光子穿过一组三个线偏

336

---

　　①　C. Papaliolios, "Experimental test of a hidden-variable quantum theory," *Phys. Rev., Letters* **18**，622—625(1967)。

　　②　见 434 页注①文献。

振器,测量当第三个偏振器转动一个角度 θ 时透射率的变化。由于第二个偏振器同第三个偏振器之间的飞行时间是 7.5×10^{-14} 秒,据推测 ξ 还来不及弛豫,他希望这样能检测出透射率(作为 θ 的函数)和通常的量子力学预言的不一致之处。但是,他的结果同量子理论的预言一致的程度达到了偏差在 1% 以下。帕帕利奥利奥斯打算[1]使用更薄的偏振器,从而为 τ 定下一个更低的上限,以改进他的测量,如果这些测量得出肯定的结果的话,本来会赋予薛定谔的对冯·诺伊曼否定隐变量的非数学论据[2]的反对意见以实质内容。

再回到科赫尔和康明斯的实验上来。电子自旋和光子偏振这两种情形,虽然从数学观点来看形式上相似,但是从物理观点来看则根本不同,注意到这一点是有趣的而且对以后是重要的。普林斯顿大学的内尔逊[M. R. Nelson]和沃林顿[D. M. Warrington](后者现在在新西兰的昂达戈[Ontago]大学)在一篇未发表的论文"论所倡议的一种对隐变量的实验检验"(1970)中表明,在电子自旋的情况下,下述两个假定就足以否定隐变量的存在,这两个假定就是:(1)测量结果由一个隐变量理论决定,(2)测量结果当 $\mathbf{a}_1 = \mathbf{a}_2$ 时与量子力学一致(单位向量 $\mathbf{a}_1$ 和 $\mathbf{a}_2$ 如同贝尔的记号中的 $\mathbf{a}$ 和 $\mathbf{b}$ 一样,代表测量仪器的取向)。而在光子偏振的情况下,

---

① 1967 年 12 月 19 日给笔者的信。关于检验玻姆-巴布理论的一种不同的倡议,见 P. M. Clark and J. E. Turner, "Experimental tests of quantum mechanics," *Physics Letters* **26A**, 477(1968)。

② 见 7.4 节(本书第 366 页)。

我们将看到,上述论证是不成立的。

为了证明上述结论,让我们写下贝尔不等式 $|P_{ij}-P_{ik}|\leqslant 1+P_{jk}$,其中 P_{ij} 是 $P(\mathbf{a}_i,\mathbf{a}_j)$ 的缩写,并将它重复写出如下:

$$|P_{12}-P_{13}|\leqslant 1+P_{23},$$

$$|P_{12}-P_{14}|=|P_{12}-P_{13}+P_{13}-P_{14}|,$$

$$\leqslant |P_{12}-P_{13}|+|P_{13}-P_{14}|,$$

或　　　　　　　$$|P_{12}-P_{14}|\leqslant 1+P_{23}+1+P_{34},$$

重复 $n-2$ 次以后,我们得到

$$P_{12}-P_{1n}\leqslant \sum_{k=3}^{n}(1+P_{k-1,k}) \qquad (20)$$

现在把所有的矢量取成共面的,并取 $\mathbf{a}_1=\mathbf{a}_2$,$\mathbf{a}_n=\mathbf{a}_1$,其余的中间单位矢量两两相隔一角度 $\pi/(n-2)$ 均匀地铺开,令 $n\to\infty$,因此 $a_{k-1}\to a_k$ 并且 $P_{k-1+k}\to -1$(在自旋的情况下!);我们得到 $|P_{12}-P_{1n}|\to|(-1)-(+1)|=2$,而(20)式右边的和式则趋于零[①]。这个矛盾驳倒了关于局域隐变量的假设。显然这种证明方法对光子偏振是不适用的,因为这时 $P_{k-1,k}\to +1$,因此和式发散。

上面的讨论表明,不仅需要改进科赫尔和康明斯的测量的精确度,而且还必须扩展这些测量的范围,才能使它们得到明确的结果。

在贝尔 1964 年的论文[②]的激励下,哥伦比亚大学的一个研究

---

① 若 $P_{k-1,k}\approx -\cos\pi/(n-2)\approx -\cos\pi/n$,那么根据不定式的洛必达法则,有 $\lim\limits_{h\to\infty}\sum\limits_{3}^{n}\left(1-\cos\dfrac{\pi}{n}\right)=\lim\left[n\left(1-\cos\dfrac{\pi}{n}\right)\right]=0$。

② 424 页注①文献。

338　生克洛塞[①]精密地研究了扩展科赫尔-康明斯实验的各种可能

性。波士顿大学的希芒尼和他的学生霍恩[②]也同时想到了这个

主意。他们的实验的理论是建立在贝尔不等式的推广[③]之上的。

考虑相关粒子对的一个系综,每对粒子中一个进入仪器I_a,另

一个进入仪器II_b,其中a和b是可调节的仪器参数(例如偏振仪

器的取向)。在每个仪器中每一粒子进入标有$+1$和-1的两个孔

道中的一个,因此I_a中的结果是数目$+1$或-1的一个序列A

(a),其中数目$+1(-1)$代表粒子进入孔道$+1(-1)$,$B(b)$同样是

关于II_b的一个数目$+1$或-1的序列,$+1$和-1有相应的定义。

这些作者把$A(a)=\pm1$和$B(b)=\pm1$解释为从取向分别为a和

b的线偏振滤波器(其后跟随有探测器)中有或者没有光子发

出,他们并引进a及b的特殊值∞以表示去掉$\text{I}_a(\text{II}_b)$处的偏振

器,因此

$$A(\infty)=B(\infty)=1。$$

假定联合检测到从I_a和II_b发出的一对光子的几率以及进入每

个测量装置的通量与a,b无关并且是常数,他们考虑实验上可以

测量的符合计数率$R(a,b)$,$R(a,b)$是和$W[A(a)_+,B(b)_+]$成

　　① J. F. Clauser,"Proposed experiment to test local hidden-variable theories," *Bulletin of the American Physical Society* 14,578 (1969)。克洛塞是在哥伦比亚大学开始他的研究工作的(1968年),他在那里参加了本书作者主办的一个讲座。后来他到伯克利(加州大学)去与康明斯的一个学生 S. J. Freedman 合作使用科赫尔和康明斯的仪器。

　　② J. F. Clauser, M. A. Horne, A. Shimony, and R. A. Holt."Proposed experiment to test local hidden-variable theories," *Phys. Rev. Letters* 23,880—884(1969)。

　　③ 430页注①文献。

正比的,其中 $W[A(a)\pm,B(b)\pm]$ 表示 $A(a)=\pm 1$ 及 $B(6)=\pm 1$ 的几率。定义

$$R_0=B(\infty,\infty),R_1(a)=R(a,\infty),R_2(b)=R(\infty,b),$$

并利用公式

$$P(a,b)=W[A(a)_+,B(b)_+]-W[A(a)_+,B(b)_-]$$
$$-W[A(a)_-,B(b)_+]+W[A(a)_-,B(b)_-],$$
$$W[A(a)_+,B(\infty)_+]=W[A(a)_+,B(b)_+]$$
$$+W[A(a)_+,B(b)_-],$$

等等,他们得到

$$P(a,b)=\frac{4R(a,b)-2R_1(a)-2R_2(b)+R_0}{R_0} \qquad (21)$$

因此,由 $R_1(a)=R_1$(常数), $R_2(b)=R_2$(常数),从(10)式得到可以用实验来检验的关系式

$$R(a,b)-R(a,c)+R(b',b)+R(b',c)-R_1-R_2\leqslant 0$$
$$\qquad (22)$$

通常的量子力学的统计预言是违反这个关系式的。

这个实验虽然在概念上直接了当,但是从仪器的观点来看是相当复杂的,正因为如此,人们决定用几个独立的实验来检验这个结果。因此,在贝尔实验室、在哈佛大学、在伯克利以及在用不同的原子源来产生光子对的每个地方,都进行了这个实验。所得到的结果看来是证实了量子力学的预言而不是局域隐变量

理论的预言。因此,它们提供了强有力的证据,反对局域隐变量
的存在①。

① S. J. Freedman and J. F. Clauser,"Experimental test of local hidden-variable theories,"*Physical Review Letters* 28,938—941(1972)。但是,应当注意到,R. A. Holt 在哈佛所得到的结果(他用了一个汞源)同量子力学的预言并不完全一致。这是否仅仅是由于实验误差还是有更深刻的原因,还有待于用经过改进的仪器来检验。又见 A. Aspect,"Proposed experiment to test the nonseparability of quantum mechanics,"*Phys.Rev.*D14,1944—1951(1976);J. F. Clauser and A. Shimony, "Bell's theorem:experimental tests and implications",*Report on Progress in Physics* 41,1881—1927 (1978);S. M. Roy and V. Singh,"Experimental tests of quantum mechanics versus local hidden variable theories," *Journal of Physics* 11A, L167—L171(1978);S. P. Gudder, "Proposed test for hidden variables theory",*International Journal of Theoretical Physics* 19, 163—168(1980)。

第八章　量子逻辑

8.1　量子逻辑的历史根源

在第一章中曾概略地讲过,一个物理理论 T 可分解为一个数学形式体系 F、一组认识关系 R 和一幅物理图像 M,这意味着 T 的一个诠释应当集中力量于这些成分中的一个或几个上。迄今所述的一切量子力学诠释都是根据这一假设行事的。

但是,数学和哲学中的某些发展导致这样的观念:迄今讨论过的各种方案并没有穷尽一切可能性,还有一个极为普遍的第四种成分——正是由于它太普遍了使得它曾被人们完全忽视——也可以是寻求一种诠释时的探究对象,那就是表述 T 所用的演绎推理的形式结构。有人提出,如果某个理论 T 陷入了死胡同,那么必须修改的不一定是它的数学形式体系,也不一定是它的处于逻辑范围之外的概念的意义。T 的表述所依据的逻辑同样有可能必须进行修正。沿着这条线索来寻求量子力学的一种诠释,通常就称为量子逻辑方法。

这种方法在历史上的一个前导,是布劳维[L. E. Brouwer]在 1908 年提出并且海丁[A. Heyting]在二十世纪三十年代初期进一步发展的对古典逻辑的直觉主义的修正。进行这种修正的动机，旨在避免论集中那些著名的悖论，诸如"罗素[Russel]悖论"或"布拉里-福尔蒂[Burali-Forti]悖论"*。同时也变得明显的是，纯粹数学可以建立在不同的逻辑系统上，比如罗素和怀特海[Whitehead]在《数学原理》[*Prineipia Methematica*]（1910—1913）一书中所提出的逻辑系统以及卡尔纳普[Carnap]、丘奇[Church]、塔尔斯基[Tarski]对它的修正，或勒斯涅夫斯基[S. Leśniewski]的逻辑系统（1927—1931），或建立在蒯因[W. V. Quine]的《新基础》[*New Foundations*]（1937）之上。这一事实有力地支持着逻辑的相对性这个主张，这个主张是刘易士[C. I. Lewis]、哈恩[H. Hahn]、卡尔纳普等人在三十年代初提出来的。

对量子力学应用逻辑相对性原理的最早的成果，是建议对于

---

　　* 集合论中的悖论同逻辑悖论有直接的联系。罗素悖论：令 R 是一切不含自己的集合的集合，即 R 包含了一切不包含自己的集合。那么 R 是否包含它自己呢？有两种可能性：1. R 不含它自己，于是 R 应是 R 的一个元素，换句话说，R 包含它自己，带来一个矛盾。2. R 包含它自己，于是 R 就有一个元素是包含自己的集合，这又是一个矛盾。这表明，"一切不以自己为元素的集合的集合"这一概念有着内在的矛盾，因为根据定义，它是它自己的元素，当而且仅当它非自己的元素时。罗素本人把这个悖论在逻辑上更生动地表述为所谓"理发师的悖论"：村里的理发师只替一切自己不刮脸的人刮脸。那么他是否替自己刮脸呢？如果他自己刮脸，那么他就不替自己刮脸；如果他自己不刮脸，那么他就替自己刮脸。布拉里-福尔蒂悖论：若 W 是一切序数[ordinal number]的集合，则 W 是一个良序集[Well-ordered set]，它有一个序型[order type]Q，Q 是一个大于其一切元素的序数。但 W 已是一切序数的集合，因此 Q 也是它的一个元素，$\therefore Q > Q$，这是一个矛盾。——译者注

微观物理学放弃传统的亚里士多德逻辑或更精确地说克吕西普[1]
逻辑,这种逻辑在它的所谓二值性定律[law of bivalence]中只承
认"真"(成立)和"假"(不成立)这两个真假值[truth value]*。由
于即使是理论物理学家也难得熟悉这些问题,我们在历史方面稍
微离题扯远一点将会是有用的。

亚里士多德是否承认有既不为真又不为假的命题存在还是一
个有争议的问题[2]。他对论述未来可能发生的事件的命题所发的
议论(这种命题如"明天将会有一场海战",[3]假如战斗是否会发生
仍然未定的话),似乎并未表明他究竟取何种立场。在中世纪,未
来的可能事件[*futura contingentia*]的真理地位是伊斯兰世界和
拉丁世界讨论得很多的一个问题[4]。某些中世纪思想家把这种命

342

---

[1] 索里的克吕西普[Chrysippus of Soli](约公元前 280—210 年)是斯多噶学派
的领袖人物之一,他大概是第一个明确宣称一个命题不为真便为假的人。见 J.
Lukasiewicz, "Philosophische Bemerkungen zu mehrwertigen Systemen des
Aussagenkalküls", *Comptes Rendus des Séances de la Société des Sciences et des Lettres
de Varsovie* **23**, 51—77(1930)。

* 在逻辑电路的文献中,truth value 一般译作真值,truth table 译为真值表。本
书遵照英汉数学词汇,分别译为真假值和真假值表。——译者注

[2] W. Kneale and M. Kneale, *The Development of Logic*(Oxford U. P. 1962,
1968), pp.45—54. 又见"On the history of the law of bivalence", *Polish Logic*, S. Mc-
Call, ed.(Oxford U. P., London 1967), pp.63—65.

[3] Aristotle, *De Interpretatione*, 19a27—19b4.

[4] N. Rescher, *Studies in the History of Arabic Logic*(University of Pittsburgh
Press, Pa.1963), pp.43—54.

题归类为既非真又非假而是不确定的[①]。在十五世纪，彼得·德里沃[②]在卢汶[Louvain]大学极为严格地捍卫不确定的真假值的论题。近代最早的关于一种多值逻辑的建议可能是[③]麦柯尔[④]提出的。著名的美国逻辑学家、心理学家和实用主义的创始人之一佩尔斯[O. S. S. Peirce]，也是邓斯·司各脱的哲学的一个热心的研究者（这一点比较不为人们所知），最近有人指出[⑤]，他早在 1909 年就设想过一种三值逻辑的可能性。

公开发表的第一个关于非克吕西普逻辑的清晰表述，是喀山大学的一个哲学教授华西里也夫[⑥]提出的系统。就在罗巴切夫斯基于 80 年前否定欧几里得几何的唯一正确性的同一地方，华西里

① 有人曾声称，在邓斯·司各脱(1266—1308)和威廉·奥卡姆[William of Ockham](约 1295—1349)的著作里，找到了明显的对三值逻辑的预料。见 K. Michalski，"Le Problème de la volonté à Oxford et à Paris au XIVe siècle," *Studia Philosophica* 2，233—365(1937)，及 H. Scholz 对 Ph. Boehner 版本的 Ockham 的 *Tractatus de Praed estinatione* 的评论，载于 Deutsche Literaturzeitung 69，47—50(1948)。译者按：邓斯·司各脱，见注 4—55 中的译者按。威廉·奥卡姆，中世纪英国经院哲学家，唯名论者。

② L. Baudry, *La Querelle des Futurs Contingents* (Vrin, Paris, 1950).

③ 人们可以提出反对意见说，麦柯尔所认为的"命题"实际上是命题函词[propositional function]。见 B. Russell，"Symbolic logic and its applications," *Mind* 15，255—260(1906)。

④ H. MacColl, *Symbolic Logic and its Applications* (Longmans, Green, London, 1906).

⑤ M. Frisch and A. R. Turquette, "Peirce's triadic logic," *The Transactions of the Charles S. Peirce Society* 2，71—85(1966)。

⑥ H. A. Васильев，"О частных суждениях，О Треугольннке противоположностей，О законе исключенного четвертого"，*Учение и Записки Казакского Унивесрсимема* 1910，47—61。*Воображаемая Догика*（*Конспекм Лекчии*）Қазан，1911。"Воображаемая（Неаристотелева）Логика，"*Журнал Мпнпсмерсмва Наробного Цросеещения* 40，207—246(1912)。

也夫对二值性定律的真理性提出了挑战,这条定律像欧氏几何一样,实际上在20多个世纪里垄断了人类的思想。华西里也夫仿照罗巴切夫斯基的"虚拟"几何,把他的逻辑系统叫做"虚拟"[Воображаемая]逻辑,在这个逻辑系统中,命题可以是肯定的、否定的或"中性的",这三种可能性中的每一个,当另外两种可能性中有一个但不是两个当真时,它便为假[①]。华西里也夫这样否定了矛盾律之后,他得出结论说,"中性"命题"S 是 A 并且 S 不是 A"既不为真又不为假。

第一个建立在三个(或多个)真假值之上的命题演算是乌卡谢维奇搞出来的,他曾在勃仑塔诺的学生特瓦尔多夫斯基的指导下进行过研究(里沃夫大学1902年哲学博士),并且成了著名的里沃夫-华沙哲学学派的创始人之一。1915年,他接受了华沙大学的一个讲师席位,随后任该大学的教授和校长,直到1946年他离开这里到都柏林去为止,他在都柏林担任爱尔兰皇家学院的数理逻辑教授,度过了他一生中的最后十年。为了解决亚里士多德的未来可能事件的问题,乌卡谢维奇在1920年呈交给波兰哲学学会的

---

① 详见 В. А. Смирнов "Логические Взгляды Н. А. Взсильева",载于 *Очерки по Исттории Лошки в России* (Издательство Московското Уннверсиктета, Москва, 1962),СТР. 242—257.G. L. Kline, "N. A. Vasil'ev and the development of many-valued logics," 载于 *Contributions to Logic and Methodology in honour of J. M. Bochenski*, A. T. Tymieniecka, ed. (North-Holland Publishiug Company, Amsterdam, 1965), pp.315—325。

一篇论文[①]中引进了第三个真假值 $\frac{1}{2}$，它不同于假命题的真假值 0，也不同于真命题的真假值 1。于是他把通常的真假值表[truth table]推广如下：(1)若只涉及 0 和 1，老规则仍然成立，(2)若 p 的真假值为 $\frac{1}{2}$，则 Np（"非 p"）之真假值为 $\frac{1}{2}$，(3)蕴涵式 pCq（"p 蕴涵 q"）根据下述规则来计值：若前项 p 之值小于或等于后项 q 之值，则此式之值为 1，否则为 $\frac{1}{2}$。于是乌卡谢维奇的三值系统可以总结为下述真假值表：

P	1	$\frac{1}{2}$	0						
Np	0	$\frac{1}{2}$	1						

p	1	1	1	$\frac{1}{2}$	$\frac{1}{2}$	$\frac{1}{2}$	0	0	0
q	1	$\frac{1}{2}$	0	1	$\frac{1}{2}$	0	1	$\frac{1}{2}$	0
pCq	1	$\frac{1}{2}$	0*	1	1	$\frac{1}{2}$	1	1	1

344　由 $pCq.C.q$ 定义的 pOq 相当于"p 或 q"；由 $N(Np.O.Nq)$ 定义的

---

① J. Lukasjewicz,"O logike trójwartościowej"（波兰文，论三值逻辑），*Ruch Filozoficzny* 5，169—171（1920）；重印在下书中：J. Lukasiewicz, *Selected Works*，L. Borkowski，ed.（North-Holland Publishing Company，Amsterdam，1970），pp.87—88. 另一种多值命题逻辑同时也得到了发展，见 E. L. Post,"Introduction to a general theory of elementary propositions," *Journal of Mathematice* 43，163—185(1921).

* 这个值在上面的(3)中没有讲到，大概是(3)中遗漏了。它应该取值 0，这时下面的 $p.O.Np$ 当 $p=1$ 时之值才为 1：$p.O.Np=pCNp.C.Np=1C0.C.0=0.C.0=1$，仅当 $p=\frac{1}{2}$ 时 $p.O.Np$ 之值才为 $\frac{1}{2}$。原始文献未能查到。——译者注

pAq 相当于"p 与 q";由 $pCq.A.qCp$ 定义的 pEq 相当于"p 等于 q"。在通常的二值逻辑中,不论 p 的真假值是多少,$pV-p$(p 或非 p)之真假值恒为 1;与之相反,在乌卡谢维奇的逻辑中 $p.O.Np$ 之值在 $p=\frac{1}{2}$ 时为 $\frac{1}{2}$,因此排中律($tertium\ non\ datur$)不再成立。

乌卡谢维奇也设想过把他的系统推广到无穷多值逻辑的可能性:若 $[p]$ 表示 p 的真假值,假定它是位于闭区间 $[0,1]$ 内,并且若对否定和蕴涵采用如下的定义:

$$[Np]=1-[p]$$

$$[pCq]=\begin{cases}1 & 若[p]\leqslant[q]\\1-[p]+[q] & 若[p]>[q],\end{cases}$$

那么显然,若只允许区间的边界即 0 和 1 为可能的真假值,就恢复了通常的二值逻辑;若除此之外 $\frac{1}{2}$ 也是一个许可值,乌卡谢维奇的三值逻辑便恢复了。

乌卡谢维奇建立三值逻辑系统纯粹是为了数理逻辑的目的;最早把量子力学看成是应用三值逻辑系统的一个领域的荣誉,要归于波兰的逻辑学家查维尔斯基,他曾就学于柏林和巴黎(1906年获得博士学位),并且在特瓦尔多夫斯基的影响下,立即就加入了里沃夫-华沙学派。在二十世纪二十年代末,查维尔斯基成了波兹南大学的逻辑学教授,他在那里于 1931 年提出了对量子力学应用三值逻辑的建议。他的论文①是用波兰文发表的,在物理学界中实际上不为人所知。他的第二篇论文②用法文发表,也没有引起多少人注意。查维尔斯基的出发点是他的这一主张:波粒二象性是一个自相矛盾的然而仍然是成立的陈述。他多次引用海森伯的话,根据海森伯的意见,"一样东西不能同时既是波动的一种形式又由粒子组成"③,但是尽管如此,这两种陈述却都正确地描述为同一物理态势;这两种描述的同等合法性以及支持一种描述而消除另一种描述的不可能性,是海森伯测不准关系的不可避免的结果。可是,查维尔斯基指出,在二值逻辑中,一个蕴涵着两个矛盾的命题之间的等价性 $q = -q$ 的命题 p 一定不成立。因此在通常的逻辑的框架内,海森伯测不准关系 p 和波粒并行性 $q = -q$ 都是不能相容的原理。但是,由于在乌卡谢维奇的三值逻辑中,$[p \supset (q \equiv -q)] \supset -p$ 不成立,$q \equiv -q$ 在 $q = \dfrac{1}{2}$ 时具有真值1,并且(查维尔斯基争辩说)由于没有任何物理学家对海森伯原理或波粒二象性有怀疑,那么解决这个两难推理的唯一办法就是采用新逻辑:"摆脱这种事态的唯一方法,就在于采用乌卡谢维奇的新逻

---

① Z. Zawirski, "Logika trójwartościowa Jana Lukasiewicza. Próby stosowania iogiki wielowartościowej do wapólczasnego przyrodoznawstwa"(波兰文,"Jan lukasiewicz 的三值逻辑. 对现代自然科学应用多值逻辑的试图"),*Sprawozdania Poznanskiego Towarzystwa Przyjaciol Nauk* **2**, nos.2—4(1931)。

② Z. Zawirski, "Les logiques nouvelles et le champ de leur application," *Revue de Métaphysique et de Morale* **39**, 503—519(1932)。

③ 88 页注①文献(芝加哥,1930,p.10)。

辑的观点"[①]。查维尔斯基在这篇论文中也讨论了把乌卡谢维奇的无穷多值逻辑应用于概率论的可能性。

一年之后,赖欣巴赫提出了类似的建议。赖欣巴赫的履历开始时是一个电子工程师,但他立刻觉察到,他的主要兴趣是科学的哲学。从1926年起他担任柏林大学的物理学哲学教授,他和查维尔斯基一样,建立了一种具有连续标度的真假值的几率逻辑。[②] 由于赖欣巴赫的几率逻辑赋予每个命题以一个确定的几率而不是一个不确定的真假值,它更符合于经典物理学而不是量子力学。

保加利亚出生的瑞士-美国天体物理学家兹维基提出了一个在微观物理学中使用非古典逻辑的建议。兹维基于1922年在苏黎世的瑞士联邦高等工业学校获得博士学位后,来到了加州理工学院。他提出了[③]他所谓的"科学真理的灵活性原理",根据这条原理,"不可能建立一组二值真理并期待这组真理最终能经受得住经验的考验。"他主张,科学真理的表述"一定是多值的"。在对各种电子散射过程和湮没过程以及泡利不相容原理的一个分析中,兹维基建议放弃排中律,以考虑范围更广的各种可能性。"可以把量子力学中的概念困难解释为是由这个理论独特的不一贯性所引

346

① 上页注①文献(p.513)。在后来一篇论文中:"Über die Anwendung der mehrwertigen Logik in der empirischen Wissenschaft," *Erkenntnis* **6**,430—435 (1936),查维尔斯基对他的观点作了某种程度的修正。

② H. Reichenbach,"Wahrscheinlichkeitslogik",*Berliner Berichte* **1932**,476—488.

③ F. Zwicky,"On a new type of reasoning and some of its possible consequences," *Phys.Rev.***43**,1031—1033(1933).

起的,它在某些方面符合我们的灵活性原理,而在别的方面……量子力学和相对论是建立在很过时的观念之上的。从我们的讨论也应当看得很清楚,最近关于测不准原理与因果性的绝对真理性质的争论是很无谓的,因为科学真理本质上就不能是绝对的。"兹维基的同事、数学史家贝尔在一段附言[1]中强调了这个"灵活性原理"同"逻辑的相对性"和乌卡谢维奇的工作之间的相似。

兹维基的观念受到了马格瑙的批评[2],他指出,多值逻辑的应用并不导致多值真理;的确,物理定律由于它们的经验本性,是处于一种不断变动的状态之中,随着研究的进展,一个代替了另一个;但是,这并不意味着,一条定律在给定的时候可以在某些场合下成立而在另一些场合下不成立——要是这样的话它就不成其为一条定律了。马格瑙主张,多值逻辑系统对现有物理知识的应用,并不能改变物理知识的有效程度,这种有效程度的根源并不在于逻辑,而在于物理学作为一门经验科学的发展状况。

马格瑙等人对兹维基的观念的拒绝促使贝尔在他那本关于数学史的名著中写下了这样一段话[3]:"……这些〔多值〕逻辑被物理

---

① E. T. Bell,"Remarks on the preceding note on many-valued truths,"同上,1033.

② H. Margenau,"On the application of many-valued systems of logic to physics," *Phil.Sci.*1, 118—121(1934).在他后来的一篇讨论赖欣巴赫的概率论的短文中,马格瑙对应用多值逻辑采取了更肯定的态度。他甚至声称"多值逻辑有朝一日可能使科学发生一场革命",但是他也告诫说,"如果允许关于它们〔多值逻辑〕同各种现代方法之间的关系的混乱状态潜入它们的建立过程的话,它们的潜在价值将受到损害。"见"Probability, many-valued logics, and physics,"*Phil.Soc.***6**, 65—87(1939).

③ E. T. Bell, *The Development of Mathematics* (McGraw-Hill, New York, 1945), p.574.

学家们接纳的情况同一切非欧几何的情况类似,直到爱因斯坦发现黎曼几何为止。"不过,从发现非欧几何到它在物理学中的首次应用,大约过去了 100 年时间,而对于非亚里士多德逻辑,相应的时期大约只有 20 年。实际上,非古典逻辑在量子力学中的首次重大突破是 1936 年作出的。这次攻击的主要靶子,不是古典逻辑的二值性定律而是其分配律。

8.2 非分配逻辑和互补性逻辑

量子力学的逻辑可能在某些方面和经典力学的逻辑不同,这一观念冯·诺伊曼已经想到过,他在他那本关于量子力学基础的专著中写道:"一个物理系统的性质和投影之间的关系,使得有可能用这些[命题]来进行逻辑演算。但是同通常逻辑的概念相反,这一系统还补充了量子力学所特有的'同时可决定性'的概念"。[1] 几年之后,他同 G. 伯克霍夫讨论了这些观念。G. 伯克霍夫是数学家 G. D. 伯克霍夫的儿子,从哈佛大学毕业,在英国的剑桥进行过抽象代数和格论方面的重要研究,这时刚进入哈佛执教。分析学家同代数学家[2]之间的这一合作的成果,是发表了一篇论

---

[1] 7 页注①文献(1932,p.134;1955, p.253)。

[2] G. Birkhoff 和 S. MacDane 合写的 *A Survey of Modern Algebra*(Macmillau, New York, 1941)一书成了这方面的一本标准教材。重印于 411 页注①文献内。

文，①这篇文章的目的是"要研究，在和量子力学相似、不遵照古典逻辑的各种物理学理论中，人们可以期望找到哪种逻辑结构。"

伯克霍夫和冯·诺伊曼从分析经典力学的命题演算来开始他们的讨论。他们所用的方法稍加简化后如下。关于一个经典力学系统的态的命题，最好是用一个适当的相空间 Γ 来表述，系统的每一状态用相空间中的一点 P 代表。表示一次测量的结论的命题判断说，肯定能在 Γ 的哪一个子集 S 中找到代表点 P。于是每个实验命题 a 对应于 Γ 的一个子集 S_a，如果代表 a 中提到的状态的点 P 处于 S_a 中，则命题 a 成立。两个命题 a 和 b，如果 P 处于 S_a 和 S_b 的交集中，则其合取式 $a \cap b$ 成立；如果 P 处于 S_a 和 S_b 的并集中，则其析取式 $a \cup b$ 成立；而 a 的否定（或补足）a' 则断言 P 不在 S_a 中。若只要 a 成立时 b 亦成立（这个关系用"a 蕴涵 b"这句话来表示，用符号则表示为 $a \subseteq b$），那么 S_a 是 S_b 的一个子集。蕴涵关系 $\subseteq$ 是自反的、可递的及反对称的②。若 $a \subseteq b$ 及 $b \subseteq a$，则"a 等于 b"或 $a = b$。然后伯克霍夫和冯·诺伊曼把一个物理量定义为等价于一个给定的实验命题的全部实验命题的集合。由于蕴涵产生的半序关系也导出等价类之间的一个半序关系，于是伯克霍夫和冯·诺伊曼就可以得出结论说，"可以归属于任意物理系统的各种物理属性构成一个半序系统"③。此外，由于表示集合

348

① G. Birkhoff and J. von Neumann,"The logic of quantum mechanics," *Annals of Mathematics* **37**，823—843（1936），重印在 J. von Neumann 的全集中：*Collected Woks*（10 页注①文献），Vol.4，pp.105—125。

② 余见本书附录格论。

③ 偏序的概念是 C. S. Peirce 引入的，见"On the algebra of logic," *American Journal of Mathematics* **3**，15—57（1880），**7**，180—202（1884）。

组合的一个特性的分配恒等式在经典力学中成立,他们很容易地
证明了,经典力学的命题演算构成一个布尔格[1]。

现在转而讨论量子力学,这里系统的态是用厄密算符的本征
矢来定义的,因此经典力学中所用的 Γ 的子集必须换为一个希尔
伯特空间 $\mathcal{H}$ 的子空间,而一个命题 a 的真假值则必须对应于与 a
中涉及的子空间相联系的投影算符的本征值(1 或 0)。伯克霍夫
和冯·诺伊曼建议,量子力学的命题演算是一个有补格[2],这里的
补足[complementation]相当于从一个子空间转到它的正交补
[orthogonal complement]。

至此为止,经典力学和量子力学的逻辑结构的形式特性基本

---

[1]　格的概念是 E. Schröder(1841—1902)引入的,见其专著 *Vorlesungen über die Logik der Algebra* (Teubner, Leipzig, 1890; Chelsea Publishing Co., New York, 1966)。"对偶群"(它等价于一个格,见附录的定理 6)是 R. Dedekind (1831—1916)引入的,见其论文 "Über die Zerlegungen von Zahlen durch ihre grössten gemeinsamen Teiler," *Festschrift der Technischen Hochschule ru Braunschweig* **1897**, 1—40;重印收入 R. Dedekind, *Gesammelte Mathematische Werke* (Vieweg, Braunschweig, 1931), vol. 2, pp.103—147。一个有补分配格(见附录的定义 7)叫做一个布尔格,它是以英国数学家和逻辑学家布尔(G. Boole, 1815—1864)的名字命名的,布尔在其专著 *Mathematical Analysis of Logic* (Macmillan, Cambridge, 1847; Blackwell, Oxford, 1848)中开创了对这种逻辑系统的研究。

[2]　伯克霍夫和冯·诺伊曼在这篇论文中所称的"补足"后来叫做"正交补足"[orthccomplementation],后一术语是 G. 伯克霍夫在其巨著 *Lattice Theory* 的第一版中引入的(American Mathematical Society, Colloquium Publications, Vol.25, Providence, R. I., 1940)。伯克霍夫在 1961 年称 1936 年的论文(文献 24)为"把量子力学的命题演算当作一个正交有补格——也许还是一个模格来处理"的一个建议。见 G. Birkhoff, "Lattices in applied mathematics," 载于 *Proceedings of the Symposia in Pure Mathematics*, Vol.2 (*Lattice Theory*) (American Mathematical Society, Providence, R. I., 1961), pp.155—184,引文在 p.157 上。

上是一样的。根据伯克霍夫和冯·诺伊曼的意见,只有在我们考虑分配恒等式时,它们的根本差异才变得明显起来。因为伯克霍夫和冯·诺伊曼发现,这些分配恒等式在经典力学中成立但在量子力学中不成立。在量子力学中,分配恒等式必须换成弱得多的"模恒等式"[modular identity]:

$$\text{若 } a \subseteq c, \text{则 } a \cup (b \cap c) = (a \cup b) \cap c, \tag{1}$$

根据两位作者的意见,这个关系适用于[1] $\mathscr{H}$ 中子空间的交集和"直线和"[straight linear sums],正如分配关系 $(a \cup b) \cap c = (a \cap c) \cup (b \cap c)$ 或 $(a \cap b) \cup c = (a \cup c) \cap (b \cup c)$ 适用于 Γ 中的集合组合一样。

分配恒等式虽然在经典力学中有效,但在量子力学中实际上却不成立,这一点伯克霍夫和冯·诺伊曼是用下述理想实验来证明的[2],"若 a 表示实验观察到一个波包 ψ 在普通空间中的一个平

---

① 根据伯克霍夫和冯·诺伊曼,这一点可以如下看出。$S_a \subseteq S_c$ 的假设(这里 $\subseteq$ 表示被包含,$\cup$ 表示相并,$\cap$ 表示相交)得出 $S_a \subseteq (S_a \cup S_b) \cap S_c$。由于普遍有 $S_b \cap S_c \subseteq (S_a \cup S_b) \cap S_c$,可得 $S_a \cup (S_b \cap S_c) \subseteq (S_a \cup S_b) \cap S_c$。$(S_a \cup S_b) \cap S_c$ 的任何矢量 ξ 都在 S_c 中并且在 $S_a \cup S_b$ 中。两位作者争辩说,但是 $S_a \cup S_b$ 中的每一矢量 ξ 是 S_a 中的一个矢量与 S_b 中的一个矢量之和。〔按:只有两个子空间中至少有一个只有有限维时才如此!〕因此 ξ 可以写成 $\xi = \alpha + \beta$,其中 $\alpha \varepsilon S_a$ 而 $\beta \varepsilon S_b$。根据假设 $S_a \subseteq S_c$ 有 $\alpha \varepsilon S_c$。而 $\beta = \xi - \alpha$ 也和 ξ 同在 S_c 中,因此 $\beta \varepsilon S_b \cap S_c$。于是可得 $\xi = \alpha + \beta$ 在 $S_a \cup (S_b \cap S_c)$ 中。因此,由于 $(S_a \cup S_b) \cap S_c \subseteq S_a \cup (S_b \cap S_c)$ 以及 $S_a \cup (S_b \cap S_c) \subseteq (S_a \cup S_b) \cap S_c$,便有 $S_a \cup (S_b \cap S_c) = (S_a \cup S_b) \cap S_c$,(1)式证完。恒等式(1)也可以等价地表述为,要求任意三个元素 a, b, c 满足恒等式 $a \cap [b \cap (a \cap c)] = (a \cap b) \cup (a \cap c)$;见 P. Jordan "Zum Dedekindschen Axiom in der Theorie der Verbände," *Abhandlungen aus dem Mathematischen Seminar der Universitat Hammburg* **16**, 71—73 (1949). 由于 Dedekind 引进了模性("Modulgesetz,"见前文献 27 中 Dedekind 文集 p.115),模格也叫做"Dedekind 格"。显然每个分配格都是模格,但是反之每个模格并不一定是分配格。

② 上页注②文献(1936, p.831)。

面的一边，a' 相应表示观察到 ψ 在另一边，b 表示观察到 ψ 处于一个相对于平面对称的状态中，那么很容易验证："

$$b\bigcap(a\bigcup a')=b\bigcap 1=b\supset 0=b\bigcap a=b\bigcap a'=(b\bigcap a)\bigcup(b\bigcap a')$$

$$(2)$$

其中 $\supset$ 当然表示 $\supseteq$ 去掉等号。因此 $b\bigcap(a\bigcup a')\neq(b\bigcap a)\bigcup(b\bigcap a')$。[1] 因此伯克霍夫和诺伊曼得到的结论是：虽然经典力学的命

350

---

[1]　我们下面将看到，伯克霍夫和冯·诺伊曼的例子举得不太好。下述例子可以避免任何误解。令 b 代表命题"$S_z=\hbar/2$"，a 代表命题"$S_x=\hbar/2$"，因而 a' 代表命题 $S_a=-\dfrac{\hbar}{2}$"，其中 S_z 和 S_x 表一个自旋为 $\dfrac{1}{2}$ 的粒子的自旋分量。显然 $b\bigcap(a\bigcup a')=b$ 但 $(b\bigcap a)\bigcup(b\bigcap a')=0$。举出非分配性的例证显然绝不是一件容易事，这在下面的历史说明中有很好的记录。如 G. Birkhoff 所指出的［*Lattice Theory*（1948），文献 28，p.133］，"C. S. Peirce 竟会以为每个格都是分配格，这是令人感到奇怪的"。实际上，Peirce 在文献 26 中（p.33）宣称，分配律公式"是容易证明的……不过这个证明要在这里给出就嫌太冗长了。"但是，此后不久，E. Schröder（文献 27，Vol.1，P. 283）就证明了（通过建立一个非分配格的一个相当复杂的实现）从关于一般格的假设出发，不可能导出 $a\bigcap(b\bigcup c)\leqslant(a\bigcap b)\bigcup(a\bigcap c)$（见附录中的定理 7）。非分配格的最早的简单例子也许是 A. Korselt 在一篇短文中给出的，见 "Bemerkungen zur Algebra der Logik," *Mathematische Annalen* 44，156—157(1894)。Korselt 考虑由零空间（＝0）、点、直线、平面和整个（欧氏）空间（＝1）组成的集合 L，并且用"a 处于 b 中"（几何包含）来定义 $a\leqslant b$，因而 $a\bigcap b$ 定义为 L 的处于 a 中和 b 中的最高维元素，$a\bigcup b$ 定义为 a 和 b 都处于其中的 L 的最低维元素；在证明 L 是一个格之后，他考虑处于一条线 g 上的三点 P_1、P_2 和 P_3；由于 $P_1P_2=P_1\bigcap P_3=0$，$P_1g=P_1$ 及 $P_2\bigcup P_3=g$，显然有 $P_1=P_1\bigcap(P_2\bigcup P_3)\neq(P_1\bigcap P_2)\bigcup(P_1\bigcup P_3)=0$。Perice 在读过 Schröder 的书以后承认了他的错误，他写道（文献 26，p.190）："我的朋友 Schröder 教授发现了这个错误，并且证明了，分配律公式……不能用三段论的原理推导出来。"但是后来在 1903 年 12 月 23 日致 E. V. Huntington 的一封信中（Huntington 的下述论文中引了这封信："Sets of independent postulates for the algebra of logic," *Transactions of the American Mathematical Society* **5**，288—309(1904)），Peirce 提供了他曾提到过的那个"冗长的证明"，不过显然没有认识到，证明所依赖的各个假设中有一个（Huntington 的编号中的假设 9，见上 p.297）等价于分配性要求，因此是关于一般格的假设之外的一个附加的假定。

题演算的逻辑结构是一个布尔格的逻辑结构,量子力学命题演算的逻辑结构却是一个正交有补模格的逻辑结构。

用这两个作者的话来说,这个结论是"建立在公认为启发式的论据的基础上的",他们把这个结论看成只是朝向更深刻地理解经典物理学逻辑与量子物理学逻辑之间的关系的第一步。在文章的结尾,他们提出了下面两个问题:(1)对两个已知的实验命题的相交和相并,能给予什么实验意义?(2)模性恒等式[modularity identity]的物理意义是什么?提出这两个问题的明显的动机是这一事实:与经典物理学相反,在量子力学中,两个命题的相交和相并,只有当它们是涉及相容测量时,才能给以清晰的意义。

从冯·诺伊曼大约在 1937 年写的一篇未完成的手稿①可以看出,这些问题吸引了他的注意力,他在这篇手稿中试图把他和伯克霍夫的文章中所讨论的"严格逻辑"[Strict logics],推广为一种"几率逻辑"。在这种几率逻辑中,考虑一个几率函数 $P(a,b)$,它赋予一次表明 b 为真的测量以一个几率值 $\theta(0\leqslant\theta\leqslant1)$,如果紧靠它之前的一次测量已经表明 a 为真的话。虽然 $P(a,b)=1$ 和 $P(a,b)=0$ 可以分别约化为 $a\subseteq b$ 和 $a\subseteq b'$,但是一般说来这样一种向严格逻辑的约化看来是不可能的。用冯·诺伊曼的话来说,"几率逻辑不能约化为严格逻辑,而是构成一种实质上比后者更广泛的系统,并且 $P(a,b)=\theta(0<\theta<1)$ 这种形式的陈述是物理实在的全新的、独特的侧面"。

---

① "Quantum logics (strict—and probability—logics)",收入 J. von Neumann, *Collected Works* (10 页注①文献),Vol.4,pp.195—197。

冯·诺伊曼也认识到，一旦假设量子力学系统的命题演算是
一个正交有补模格，那么用来描述这种系统的数学形式体系就必
定具有一种矩阵代数的完全独特的结构。冯·诺伊曼对这个定理
的证明从来没有发表过，甚至也不能肯定他是否得出过这样一个
详尽证明[①]。扎森豪斯[H. J. Zassenhaus]似乎是第一个得出这个
证明的人，当时他在汉堡，做阿尔廷[E. Artin]的助手，开了一门
关于投影几何的公理化的课。尽管它的新颖的特性，伯克霍夫和
冯·诺伊曼的格论方法却几乎为量子理论家们普遍忽视。一个少
有的例外是约尔丹，从他和玻恩在对易关系的矩阵表述[②]问题上
的历史上有名的合作时起，他一直对量子力学的纯粹代数方面保
持着浓厚的兴趣，并且不倦地探索量子力学形式体系的各种代数
推广[③]。

只是到六十年代初期，主要由于姚赫及其在日内瓦大学的学
生厄姆赫[G. Emoh]、古恩宁[M. Guenin]、马尚[J. P. March-
and]、米斯拉[B. Misra]和皮朗的研究工作，对格论方法的兴趣才
复活了。因此从年代的观点来看，伯克霍夫和冯·诺伊曼的论文

---

①　从冯·诺伊曼的论文[“Continuous geometry”, *Proceedings of the National Academy of Science* **22**，92—100，101—108(1936)]中的一些话可以重建这个证明，那篇文章中说，一个正交有补模格等价于一种投影几何：它的元素是这种几何的线性子空间。

②　见 6 页注①文献（pp.209—215）。

③　P. Jordan, “Zur Quantum-Logik,” *Archiv der Mathematik* **2**，166—171，(1949)；“Algebraische Betrachtungen zur Theorie des Wirkungsquantums und der Elementarlänge,” *Abhandlungen aus dem Mathematischen Seminar der Universität Hamburg* **18**，99—119(1952)。

在发表了三十多年之后,又受到波普尔的苛刻的检查[1],这并不令人感到特别惊奇。波普尔声称他发现了,伯克霍夫和冯·诺伊曼的论文"最后得出的结论竟然与两位作者所作的每个假设都相矛盾",即使对波普尔本人来说,这个发现势必也是一次很大的震动。为了支持对这篇论文的逻辑不一贯性的这一严厉批评,波普尔提到在 1936 年以后发现的下述诸定理:任何唯一有补格 L,如果至少满足下述四个条件中的一个,它就是一个布尔格:(1)L 是模格(或甚至只是弱模格)[2],(2)L 是完全格和原子格(或有限格),[3](3)L 是正交有补格[4],(4)L 是可测的(即定义了一个有界、可加的实值函数,它满足某些测度论条件)。波普尔说,由于伯克霍夫和冯·诺伊曼所倡议的格满足所有这四个条件,因此同他们的意愿和宣告相反,它是布尔格。即使假定这个格(虽然它是唯一正交有补格)并不是唯一有补格也无济于事;因为如波普尔所说明的那样,可以证明,每个有补可测格都是唯一有补格。

波普尔对伯克霍夫和冯·诺伊曼所提出的另一个责备,是关于他们用来否定分配律在量子力学的命题演算中的适用性的思想

① K. R. Popper, "Birkhoff and von Neumaun's interpretation of quantum mechanics," *Nature* **219**,682—685(1968).

② 这个定理的最早的证明由冯·诺伊曼在下述著作中给出:*Lectures on Continuous Geometries* (Princeton U. P., Princeton, N. J., 1936—1937).注意一个唯一正交有补格(因而一个弱模格)并不一定是布尔格。

③ 这个定理的一个证明见 G. Birkhoff and M. Ward,"A characterization of Boolean algebra,"*Annals of Mathematics* **40**, 609—610(1939).

④ 见 G. Birkhoff, *Lattice Theory* (484 页注①文献),第二版,1948,重印 1960,p.171:"如果一个格 L 中的每个 a 有一个唯一的补 a',并且若 $a \rightarrow a'$ 是一个对偶自同构,则 L 是一个布尔代数。"

实验。用波普尔的话来说,两个作者所犯的错误"只不过是一次简单的疏忽——即使是一个伟大的数学家一生中也可能发生一次的那种疏忽"。这个错误在波普尔看来也不是专门关于量子力学的——他写道,普通空间中的一只"大象"也可以用"波包"代替;按照波普尔的意见,他们的错误只不过是:命题 a(代表在普通空间中一个平面的一侧实验观察到一个波包 ψ)的补 a' 并不是"在另一侧观察到 ψ",而是"不是在一侧观察到 ψ";因此 a' 同论证中的命题 b("在一个关于平面为对称的状态中观察到 ψ")完全相容,因而 $b = \bigcap a'$ 而不等式(2)不成立[①]。波普尔还坚持说,他们关于 b 有别于 a 与 a' 的假设意味着否定"排中律",这个建议是直觉主义者提出来的,但被伯克霍夫和冯·诺伊曼所拒绝。

波普尔的完全否定的批评虽然只是对伯克霍夫和冯·诺伊曼提出的,却立即被看成是对整个格论方法的攻击,这是违反波普尔的本意的[②]。像姚赫、拉姆赛和普耳[③]等理论家们立即披挂上阵为他们的立场辩护,说波普尔的批评是一个"严重的错误","容易在哲学家和科学家中间引起混乱"。他们在同波普尔的通信中,承认他的批评揭露了伯克霍夫和冯·诺伊曼的论文中的许多含糊之

---

①　比较 D. Finkelstein "Matter, space and logic" p.209 上的命题"左∪右＝1",上文载于 *Boston Studies in the Philosophy of Science* (Reidel, Dordrecht, Holland, 1969), Vol.5, pp.199—215。

②　"我关于伯克霍夫和冯·诺伊曼的论文是一篇关于历史的文章,指出这两位作者曾犯了一些错误。我从来没有断言过,别人……也犯了同样的错误。"波普尔致笔者的信,1971 年 6 月 7 日。

③　拉姆赛[A. Ramsay]是科罗拉多大学(Boulder)数学系的,普耳[J. C. T. Pool]是马萨诸塞大学(Amherst)数学和统计学系的。

处,但是就主要争端而言,他们责备他所驳斥的都是他自己对这篇文章的误解。1968 年 10 月 16 日,拉姆赛和波普耳投寄给《自然》杂志[*Nature*]一篇对波普尔的论文的答复,波普尔在 1969 年 2 月又对这篇答复作了评论。1969 年秋天,拉姆赛和普耳对这篇评论又写了一篇答复。出于偶然的、但从未充分说明过的原因,这些文章虽然显然是为了发表而写的,却从来没有印出来过。实际上,迄今为止还没有公开回击过波普尔的挑战[①]。

波普尔认为,他的论文的中心论题是对两位作者的理想实验的否定[②],就它显示了物理学家使用的行话不满足哲学的无歧义性的要求而言,波普尔的批评是有道理的。但是,两位作者心里想的可能是下述情况:令 $P_{左}$、$P_{右}$ 和 $P_{对称}$ 是投影算符,它们由以下方程定义:

$$若\ x \leqslant 0, P_{左}\ \psi(x) = \psi(x);若\ x > 0, P_{左}\ \psi(x) = 0;$$

$$若\ x \leqslant 0, P_{右}\ \psi(x) = 0;\qquad 若\ x > 0, P_{右}\ \psi(x) = \psi(x);$$

$$P_{对称}\psi(x) = \frac{1}{2}[\psi(x) + \psi(-x)],$$

并令 a 是命题 $P_{左}\ \psi(x) = \psi(x)$,a' 是命题 $P_{右}\ \psi(x) = \psi(x)$,b 是命题 $P_{对称}\psi(x) = \psi(x)$。显然,$P_{左}$ 和 $P_{右}$ 的值域都是子空间并互

---

① 笔者所知的唯一的例外是下述文章 p.171 上的一个脚注:J. M. Jauch and G. Piron,"What is 'quantum-logic?',"收入 *Quanta—Essays in Theoretical Physics dedicate I to Gregor Wentzel*, P. G. O. Freund, C. G. Goebel, and Y. Nambu, eds.(University of Chicago Press, Chicago, 1970), pp.166—181.脚注中说:"波普尔作了……一个附加的假设,即对一切态有 $p(a) + p(b) = p(a \cup b) + p(a \cap b)$〔格上的泛涵 $p(a)$〕(其值在 0 和 1 之间)代表系统的状态〕,这个假设在量子力学中是不成立的。"

② 波普尔致姚赫的信,1968 年 11 月 27 日。

为正交补。因而 a' 是 a 的正交补。但是 a' 同 b 是不相容的,因为否则的话 $P_{对称}P_右 = P_右P_{对称}$,这一般是不成立的。

伯克霍夫和冯·诺伊曼看来完全清楚关于两个不相容命题的合取或析取的解释所遇到的困难。他们写道:"值得注意的是,在经典力学中,任何两个实验命题的相交或相并很容易定义为一个实验命题——只要有独立的观察者记下包括每一命题的测量结果,并且把这些结果逻辑地连结起来。在量子力学中,这只是在例外情况下——只有在所涉及的全部测量都对易(相容)时才成立;一般说来,只能把两个给定的实验命题的相并或相交表示为逻辑上等价的实验命题的一个类——即一种物理属性"[①]。

解决这个困难的最早的尝试也许是伏见康治在他 1937 年呈交日本物理-数学学会的一次会议的一项倡议中提出来的,他提议直接从经验事实,而不是像伯克霍夫和冯·诺伊曼那样,从量子力学形式体系中所用的希尔伯特空间的结构来推导量子力学的非布尔逻辑的定律。伏见康治用前项的数值几率小于等于后项的数值几率这一陈述来确定蕴涵关系,他证明,相交的存在需要两个量的和,他从一条对应原理推出这个和的存在,按照这条原理,"经典理论中的各个平均值之间的每一个线性关系都在量子化过程中保持不变"[②]。后来的一些理论家(包括姚赫和波边慧[③])建议,若系统

---

① 483 页注②文献(pp.829—830)。

② K. Husimi, "Studies in the foundations of quantum mechanics. I," *Proceedings of the Physico-Mathematical Society of Japan* **19**, 766—789(1937).

③ 7 页注②文献(p.75)。S. Watanabe, *Knowing and Guessing* (Wiley-Interscience, New York, 1969), p.495。

能够通过一个相间的分别对 a 和 b 的滤波器的无穷序列,则定义命题 $a \bigcap b$ 为真,否则为假。

希蓝[①]批评姚赫的这一解决方法违反了量子逻辑学家的经验主义原则,因为一个无穷的实验滤波器是永远不能在实际上造出来的,因此不能把它看成是实验的。姚赫显然预见到会有这样的反对意见,他说:"虽然无穷过程在实际的物理测量中当然是不可能的,但是这一结构还是可利用来作为近似确定这个命题的基础,确定到所需的任何精确度"[②]。

但是,即使先不管无限滤波器序列在实际上的不可能性,这样一种极限考虑也包含有下述概念问题:与各自的命题 a 和 b 相联系的投影算符 P_a 和 P_b 的交错序列 $P_a, P_b P_a, P_a P_b P_a, \cdots$,同序列 $P_b, P_b P_a, P_a P_b P_a, \cdots$ 是否趋于同一极限,以及这个极限本身是否是一个投影算符。因为这样的收敛性只是在强拓扑中才成立,因此不是普遍在一切量子态上都有效。最近希芒尼[③]试图对用于这个目的的滤波器的类施加若干限制以克服这个困难。

人们还曾提出过下面这些建议来解决这个问题:

1. 定义 $a \bigcap b$ 为真,若下述两个实验程序中的每一个都永远给出真假值 1:一次对 P_b 的测量后接着进行一次对 P_b 的测量,以及一次对 P_b 的测量后接着一次测量 P_a。

① P. Heelan, "Quantum and classic logic: Their respective roles," *Synthese* **21**, 1—33(1970).

② 上页注③文献(Jauch,1968,p.75)。

③ A. Shimony, "Filters with infinitely many components," *Foundations of Physics* **1**,325—328(1971).

2. 根据态的制备的可复现性的假定,我们可以对一个处于所讨论的态的系统测量 P_a,再对另一个处于同一态的系统测量 P_b,再对第三个处于这一态的系统测量 P_a,如此等等,然后再定义。若所有的测量(现在没有相互干扰了)都得出真假值 1,则 $a \bigcap b$ 为真。这个建议是伯克霍夫本人提出的[①]。

3. 人们可以只容许有属于同一子格的命题的合取,这个子格是布尔格。

4. 人们可以赋予不相容命题的合取以一种逻辑上特殊的地位,办法是用一种多值逻辑来修正对象语言,使得不必有什么元语言判据[metalinguistic criteria]就可以不让这种命题合取作为有意义的命题。

我们下面将看到,这些可能性中的某一些在建立量子力学的不同诠释中起着重要的作用。

实际上,上述可能性 3 是用来作为量子力学的一种修订的逻辑的基础的,这种逻辑是斯特劳斯提出的,并由冯·劳厄于 1936 年 10 月呈交给柏林的德国科学院,即与伯克霍夫和冯·诺伊曼的论文同时发表。斯特劳斯相信,理论物理学的进展要求建立一种技术语言,这种语言用它的语法就能说明物理经验的更普遍的性

[①] 见 M. D. McLaren, "Notes on axioms for quantum mechanics," *AEC Research and Development Report ANL*-7065(1965), p.11.

质,他在其论文①中试图证明,量子力学的通常的形式体系只不过是他所谓的"互补性逻辑"的数学表示。斯特劳斯接受这个形式体系的冯·诺伊曼说法在数学上是正确的,但是在方法论上是不能令人满意的,不能令人满意的原因是:同热力学②或相对论的形式体系相反,冯·诺伊曼的形式体系缺少一个把形式体系和实验经验联系起来的明确的假设;并且它用了古典概率论,这是没有把握的,因为古典概率论对量子力学的适用性受到互补性原理的严格限制。斯特劳斯争辩说,古典概率是建立在通常的命题演算之上的,而通常的命题演算与一个给定集合的诸子集的集论系统同构,因此古典概率的几率函数的定义域也同这个系统同构,因而要求任何两个命题的同时可决定性。但是,量子力学的命题演算,由于互补性原理的原故,则排除不相容命题的同时可决定性。因此,斯特劳斯得出结论说,量子力学中必须使用一种不同的概率论。他在探索这样一个理论的过程中推理的线索如下。

古典概率的概念出现在 $w(a;b)=p$ 型的陈述中,就是说,若

---

　　①　M. Strauss,"Zur Begründung der statistischen Transformationstheorie der Quanteuphysik," *Berliner Berichte* **1936**,382—398,写于 1935—1936 学年冬季访问哥本哈根玻尔的研究所时。英译文"The logic of complementarity and the foundation of quantum theory,"收入 M. Strauss, *Modern Physics and its Philosophy* (Reidel, Dordrecht, Holland,1972), pp.186—199.重印在 411 页注①文献内。

　　②　斯特劳斯显然只考虑了建立在卡诺定理或其等价物之上的热力学形式体系,而忽略了 C. Caratheodory 的公理化工作[*Mathematische Annalen* **61**,(1909)],这一工作虽然在概念上优于前者,但仍是容易受到同样的责备的。斯特劳斯坚持用观测上有意义的词语来表述诸公理的优越性,这看来是在追随他在柏林大学时(1926—1932)的老师赖欣巴赫;关于这方面见 H. Reichenbach, *Axiomatik der relativitischen Raum-Zeit-Lehre*(Vieweg, Braunschweig, 1924), pp.2—3.

a 为真的话,b 为真的概率为 p,并且这个概率用 $w(a,b)=f(a\bigcap b)/f(a)$ 这个数学式子来解释,其中 $f(a)$ 表示发现 a 为真的事例的数目[①]。在量子力学中,命题合取 $a\bigcap b$ 只有当 a 与 b 相容时才有意义。必须有一条语法规则排除互补命题的合取(及析取)。这样修订过的命题演算斯特劳斯称之为"互补性逻辑"[Komplementaritätslogik],在这种命题演算中,古典概率不再普遍适用,而是可以在命题空间中他所称的某些"岛"上应用(若是斯特劳斯使用格论的语言的话,他应当把这些岛叫做"布尔子格")。

根据斯特劳斯的意见,在量子力学中,一种物理性质及其对应 357 的命题 a 同一个投影算符 P_a 有同构联系,使得 $\sim a$(非 a)对应于 $I-P$(I 是恒等算符),$a\bigcap b$ 对应于 P_aP_b,$a\bigcup b$ 对应于 $P_a+P_b-P_aP_b$,这些算符当而且只当 $P_aP_b=P_bP_a$ 时才是投影算符。一般表示从 a 到 b 的跃迁几率的几率函数 $w(a,b)$,在特殊情况下与上述经典物理学的表示式一致,因此必定满足 $w(a,b)=g(P_aP_b)/g(P_a)$ 形式的关系,其中 g 是一个实值加性函数 $g(P_a+P_b)=g(P_a)+g(P_b)$。由于满足这个条件的唯一的函数是 P 的迹,斯特劳斯的结论是

$$w(a,b)=\frac{T_r(P_aP_b)}{T_r(P_a)},\qquad(6)$$

它就是冯·诺伊曼的统计公式,如果 P_a 是统计算符的话。为了不让不存在的几率取实数值,互补性逻辑的表示空间(投影算符即

---

① 斯特劳斯的论文是引入格论之前写的,他的论文中的符号 $\bigcap$ 等是代表通常的逻辑联结词"与"等。

定义在这个空间里)的度规必须是幺正的而不是实欧几里得的。据斯特劳斯说,造就是为什么复值函数(希尔伯特矢量)在量子力学中是必不可少的东西,而不像在经典力学中那样只是一种可以消除的数学工具的原因:度规的幺正性是保证"无意义的问题不会得到有意义的回答"的必要条件①。正如冯·诺伊曼和扎森豪斯从量子力学命题格推演量子力学的形式体系一样,斯特劳斯(独立于他们甚至在他们之前)从互补性逻辑的结构来推导量子力学形式体系。

　　斯特劳斯在其 1938 年于布拉格在弗兰克、弗斯及罗纳〔K. Löwner〕指导下所写的博士学位论文②"Mathematische and logische Beiträge zur quantenmechanischen Komplementaritätstheorie"〔关于量子力学互补性理论的数学的和逻辑的研究〕中,考察了伯克霍夫和冯·诺伊曼的论文,并且声称他证明了他们的方法容许有"玄学的"命题存在,所谓"玄学的"意即不能存在有什么物理情态与这些命题相符合或相矛盾。他还争辩说,拒绝关于命题联结词的分配律,就意味着放弃(语义的)二值性,因为"在任何二值逻辑中分配律的两边具有同样的真假值",这一涵义是伯克霍夫和冯·诺伊曼的"量子逻辑"(他后来这样称呼它)的拥护者

358

---

　　① M. Strause, "Grundlagen der modernen Physik," 收入 *Mikrokosmos-Makrokosmos: Philosophisch-theoretische Probleme der Naturwissenschaft, Technik und Medizin*, H. Ley and R. Löther, eds.(Akademie-Verlag, Berlin, 1967), pp.55—92.英译文(部分)"Foundations of quantum mechanics",收入 494 页注①文献(1972, pp. 226—238)。重印在 411 页注①文献中。

　　② 未发表。斯特劳斯所有的两份副本在战争中丢失了。斯特劳斯给笔者的信,1970 年 5 月 26 日。

们似乎从来没有注意到的。最后,他论证说,由于同他自己的互补性逻辑相反,这种"量子逻辑"和几率计算相结合并不给出么正的度规,因此它不是量子力学的特征。

关于最后这一论据,应当注意到,由于最近的研究结果[①],现在已经知道,除了复数域之外,至少在某种程度上量子力学也可以在实数域或四元数域上的希尔伯特空间中表述。根据弗罗本尼乌斯[Frobenias]的一条著名的定理(1878),复数、实数和四元数是仅有的几种域,它们包含实数作为一个子域[②]。

让我们在这方面再补充一点。斯徒克尔伯及其合作者[③]曾证明,实希尔伯特空间上的量子理论中测不准原理的存在,要求引入一个算符 J(有性质 $J^2 = -1$),J 同一切可观察量对易,因而要求引入一个超选择定则,依靠这条超选择定则,至少对于简单系统来

---

① D. Finkelstein, J. M. Jauch, S Schiminovich, and D. Speiser, "Foundations of quaternion quantum mechanics," *J. Math. Phys.* **3**, 207—220(1962);又见同上,4,136—140,788—796(1963)。

② 更精确地说,实数域上仅有的可除代数(即具有单位元元素以及非零元素的逆元素的线性结合代数)只有实数域本身、复数域和四元数,四元数是实数域上唯一的非交换可除代数。这个定理的证明见 F. G. Frobenius, "Über lineare substitutionen und bilineare Formen," *Journal für reine und angewandte Mathematik* 84,1—63(1878),重印入 F. G. Frobenius, *Gesammelte Abhandlungen* (Springer, Berlin, Heidelberg, New York, 1968), Vol.1, pp.343—405。

③ E. C. G. Stueckelberg, "Quantum theory in real Hilbert space," *Helvetica Physica Acta* 33, 727—752(1960).E. C. G. Stueckelberg and M. Guenin, "Quantum theory in real Hilbert space II,"同上, 34,621—628(1961)又见同上,**34**,675—698(1961);35,673—695(1962)。有限域一般被排除,证明见 J. P. Eckmann and Ph.Ch. Zabey,"Impossibility of quantum mechanics in a Hilbert space over a finite field,"同上,**42**,420—424(1969)。

说,命题系统在一个实希尔伯特空间中的实现同在一个复希尔伯特空间中的实现实质上是等价的。厄姆什[①]则研究了四元数量子力学同通常的复数量子力学之间的关系,他证明,至少就单粒子系统来说,相对论性考虑导致两种表述之间的等价性。

因此,即使量子力学的这些不同的表述的物理涵义的差别也许尚未完全澄清,但是迄今已得到的结果,看来已对斯特劳斯关于他的互补性逻辑比伯克霍夫和冯·诺伊曼的格论方法优越的最后一个论据提出了异议。

两个不相容命题的合取和析取的不可容许性,斯特劳斯在建立他的互补性逻辑时是把它当作一条语法规则的,最近又被苏黎世大学的坎伯[②]和斯坦福大学著名的统计学家和逻辑学家苏珀斯(他的推理线索稍有不同)独立地复活了并作了修改,他们不是采用它作为加于命题演算之上的一条句法规则,而是作为关于在这种演算上运行的概率论的基础的一个数学限制。要充分理解这一微妙差别,我们来简短地扼述苏珀斯对量子逻辑的研究。

1964 年 5 月,在巴黎召开了一次纪念 E. W. Beth 的学术讨论

---

① G. Emch,"Mécanique quantique quaternionienne et relativité restreinte,"*Helvetica Physica Acta* **36**,739—769,770—788(1963).

② F. Kamber,"Die Struktur des Aussagenkalküls in einer physikalischen Theorie," *Göttinger Nachrichten* **1964**, 103—124;"Zweiwertige Wahrscheinlichkeitsfunktionen auf orthokomplementären Verbänden," *Mathematische Annalen* **158**,158—196 (1965).

会,苏珀斯①在会上提出了他所谓的"在量子力学中应用非古典逻辑的独一无二的最有力的论据"。苏珀斯认为概率论当然是量子力学的一个基本的组成部分,同时他坚持:在包括概率的应用的物理问题中,重要的"功能逻辑或工作逻辑"是被赋予几率的事件或命题的逻辑。他进一步作为前提而假定"事件的代数应当满足这一要求:对这个代数的每一事件或元素都能赋予一个几率。"从不存在共轭变量(如坐标和动量)的联合几率分布的事实,他得出结论说,量子力学的工作逻辑不是古典逻辑。苏珀斯关于应用非古典逻辑的论据归根结蒂是斯特劳斯的语法规则的数学化。苏珀斯明确地宣称,应当能赋予这个事件代数的每一元素以一个几率,但在量子力学的情况下,几率虽然可以赋予事件,却不能无限制地赋予两个事件的合取。为了支持这一论点,苏珀斯谈到了他 1961 年的论文,他在该文中证明了,维格纳和莫雅尔所推导的在给定时刻关于位置和动量的联合分布(我们将在第九章中讨论)根本不是一个真正的几率分布,因此不存在有可以用来表示这些变量的同时测量(不论是精确测量还是不精确测量)的基本的样本空间[Sample space]。苏珀斯引出的结论要比海森伯测不准原理更强:"位置和动量不仅不能同时精确测量,而且它们根本不能同时测量"。

斯特劳斯和苏珀斯之间的差异现在可以表述如下。为了得到

---

① P. Suppes, "The probabilistic argument for a non-classical logic of quantum mechanics," *Phil. Sci.* **33**, 14—21 (1966); "L'argument probabiliste pur une logique nonclassique de la mécanique quantique," *Synthèse* **16**, 74—85(1966); 又见其"Probability concepts in quantum mechanies," *Phil. Sci* **28**, 378—389(1961). 关于对苏珀斯的方法的一个批评以及关于量子理论可以建立在古典(布尔)几率方法之上的主张,见 A. I. Fine, "Logic, probability, and quantum theory," *Phil. Sci.* **35**, 101—111(1968).

概率论同命题演算之间的一致性,苏珀斯不像斯特劳斯那样,对命题演算施加语法限制规则,而是对概率论有关事件代数的部分加以修正,允许这个代数在事件的合取下不必仍是封闭的。更精确地说,若$(X,\mathscr{F},P)$代表几率空间(即 X 是一非空集合,$\mathscr{F}$是 X 上集合的一个代数,P 是 $\mathscr{F}$ 上的一个归一化的非负函数),苏珀斯建议对 $\mathscr{F}$ 作如下的修正:不认为 $\mathscr{F}$ 是一个古典代数(即 $\mathscr{F}$ 在求补和可数并集下为闭合的),而假定 $\mathscr{F}$ 是 $\mathscr{X}$ 上的一个"量子力学代数",即,对于任何子集其补集也是 $\mathscr{F}$ 的一个元素,对两个不相交的子集它们的并集也是 $\mathscr{F}$ 的一个元素,最后,$\mathscr{L}$在两两不相交的集合的可数并集下是闭合的。为了得到命题演算,苏珀斯通过把蕴涵[implication]同包含[inclusion]、否定[negation]同求补[complementation]这些运算联系起来,用通常的方式来定义有效性[validity]的观念。一个命题公式,若在一切量子力学代数中均被满足,则称此公式有效;苏珀斯并指出,一切这种有效公式的集合,表征了量子力学的命题逻辑的特征。

　　我们希望,对苏珀斯的方法的这一简短的概述,已足以证实我们的主张:苏珀斯的推理(施特格缪勒[①]认为它是量子逻辑的"唯一使人信服的论据")归根结底只不过是斯特劳斯的语法限制规则的数学化。当然,这种分析绝不是要贬低苏珀斯所作贡

---

　　① W. Stegmüller, *Probleme und Resultate der Wissenschaftstheorie und Analytische Philosophie*, Vol. 2, *Theorie und Erfahrung* (Springer, Berlin, Heidelgerg, New York, 1970), pp.438—462.施特格缪勒赞誉苏珀斯是头一个认识海森伯关系式的通常解释的不可靠性的人(p.442),这肯定是错的。施特格缪勒关于拒绝这个通常解释的论证在我们看来也不是无懈可击的。

献的重要性,特别是鉴于苏珀斯似乎完全不知道斯特劳斯的
工作。

我们看到,斯特劳斯的互补性逻辑的某些基本思想独立地重
新出现在后来的各种的诠释中,并且(比方说)在古德尔[①]关于隐
变量的工作中或者在耿森[②]对量子力学的代数结构的分析中,也
仍然可以辨认出来,甚至他们的动机也常常相同。例如,冯·诺伊
曼的形式体系"只有以引入物理意义很不明显的一些公理为代价
才能得到"这同一件事,就像它曾在三十多年前激励过斯特劳斯一
样,也促使耿森去探索量子理论的公理基础的一种重新表述。虽
然如此,但是主要由于当时的政治形势,斯特劳斯的工作本身实际
上不为人所知,并且置身于量子力学诠释的发展的任何一种主要
流派之外。

8.3　多值逻辑

在第二次世界大战前后的那几年里,这个领域中最重要的发
展是由于企图对量子力学系统地应用一种多值逻辑所带来的,前
述第 4 种可能性[③]就暗示过这个办法。在本章一开始就曾讲过,
这种方法的根源是"逻辑的相对性"。特别是,三十年代初在日内

---

① 454 页注②文献。

② J. Gunson, "On the algebraic structure of quantum mechanics,"*Communications in Math.Phys.***6**, 262—285(1967).

③ 见上节。

瓦和巴黎提出的那些想法,经过认识论的加工之后,似乎对这一发展(肇始于法国)有决定性的影响。同认为逻辑是一门纯粹的形式科学(不但在柏拉图主义的解释的意义上,而且也在其近代修正的意义上)的学说相反,也同认为思维规律是进化的产物的观念(玻尔兹曼[①]已发表过这样的见解)相反,这些哲学家坚持逻辑是一门关于实在的理论。在保罗·赫兹[②]、巴谢拉[③]、贡瑟特[④]或卢日尔[⑤]等人看来,逻辑是经验的,"逻辑学首先是一门自然科学"[⑥]。他们认为,逻辑的基本规律比如同一律或矛盾律,是从我们对物理客体的经验中抽象出来的,它们在认识上的地位和物理空间的几何学定律相同,它究竟是不是欧几里得几何,只能由实验来决定而不能由先验的思维来决定。这些哲学家的这种科学哲学使得有可能宣称,对于一门给定的科学,表述其理论所用的逻辑系统依赖于实验技术的进展,意即所用的逻辑系统是可以加以修正

---

① 见 E. Broda,*Ludwig Boltzmann*(Deuticke,Vienna,1955),pp.104—111。

② P. Hertz,"Über das Wesen der Logik und der logischen Urteilsformen,"1934年6月在日内瓦国际数理逻辑会议上的讲演;重印在 *Abhandlungen der Friesschen Schule*,(Öffentliches Leben,Berlin,1935),Vol.6,pp.227—272。

③ G. Bachelard,*Le Nourel Esprit Scienlitique*(Presses Universitaires de France,Paris,1934)。

④ F. Gonseth,"La logique en tant que physique de l'objet quelconque,"lecture delivered at the Congrès International de Philosophie Scientique,Sorbonne,Paris,1935;重印于 *Actualités Soientifiques* No.393(Hermann,Paris,1936);*Les Mathematique et la Réalité*(Alcan,Paris,1936);*Qu'est-ce que la Logique?*(Hermann,Paris,1937)。

⑤ L. Rougier,"La relativité de la logique," *The Journal of Unified Science* **8**,193—217(1939).

⑥ 见注④文献(Alcan,Paris,1936,p.155)。

的,如果新发现的实验使这种修正成为可取的或者甚至是必要
的的话。

正是在这些想法的影响下,费芙蕾在完成她的博士学位论
文[1]以前很久,就曾提出过也许是最早的关于在量子力学的表述
中系统地应用一种多值逻辑的倡议。费芙蕾早在 1937 年就曾在
她的论文[2](这篇论文由德布罗意呈交巴黎科学院)中指出,同一
般的观点即把海森伯测不准关系看成是古典逻辑的框架内的量子
力学数学形式体系的结果这种观点相反,应当把这些关系看作是
对于建立一种适用于微观物体属性的逻辑有基本意义的定律,这
和贡瑟特认为逻辑是"任何一个物体的物理学"的逻辑观是一致
的。费芙蕾用如下的讨论来解释这种逻辑必须具有三个真假值。
令 a 表示"能量 E 之值为 E_0"这一命题,我们假定能谱是分立的。
如果 E_0 在能谱之内(即 E_0 可以作为 E 的一个值而得到),那么若
对 E 的一次测量给出 E_0,则 a 为"真"(用"V"表示,来自法文 $vraie$
一字);若这种测量不给出 E_0,则 a 为"假"(用"F"表示,来自法文
$fausse$ 一字);如果 E_0 不属于这个能谱(即 E_0 不可能是 E 的一
个值),则命题 a 为"绝对假"(用"A"表示)。费芙蕾把这种三分法
应用于她所谓的"非共轭"命题(即与可以同时实行的(相容的)测
量相联系的命题)的合取,得到如下的真假值表[3]:

---

[1]　380 页注[2]文献。

[2]　P. Février,"Les relations d'incertitude de Heisenberg et la logique," *Comptes Rendus* **204**,481—483 (1937).

[3]　容易看出,这个表同乌卡谢维奇的三值逻辑中关于 pAq 的真假值表是一致
的。

&	V	F	A
V	V	F	A
F	F	F	A
A	A	A	A

363　　把同样的考虑应用于"共轭"命题的合取并且考虑海森伯关系,费芙蕾得到下述真假值表[共轭(互补)命题:]

&	V	F	A
V	A	A	A
F	A	A	A
A	A	A	A

费芙蕾在接着的一篇论文①中,引进了所谓"价"[valency](真假值的个数)和"类"[genus](为了表征逻辑合取所需的不同的真假值表的个数),根据它们来对逻辑进行分类,以表述她所提出的三值逻辑的可资区别的特征。因此费芙蕾所提出的逻辑的价为 3,类为 2。

　　小结一下,我们可以这样说:费芙蕾不是用一个元语言的论证来决定一个合取是否构成一个容许的命题,而是扩展合取的适用

---

① P. Février,"Sur une forme générale do la définition d'une logique," *Comptes Rendus* **204**,958—959(1937).

性的定义域。如她后来所解释的①,这一方法似乎具有若干方法
上的优点。

费芙蕾的提议立即被证明是不能令人满意的,因为这种方案
不可能限于只对命题演算的公理和规则作一些修改,而必然还会
要讨论到量词化[quantification]的问题,例如和不同形式的合取
或析取相联系的存在量词[existential quantifier],以及用来对确
立的公式赋予真假值的语义规则的问题。实际上,费芙蕾提出来
证明她的论点的某些更技术性的论据②,后来就是根据这些理由
而被否定的③。

另一种三值量子逻辑系统是赖欣巴赫(我们已讨论过他对测
不准关系的看法④)于四十年代初提出的,它在科学哲学家中间受
到很多的注意。赖欣巴赫曾在柏林进行过他那著名的关于时间和
空间的哲学的研究工作,1933 年离开柏林之后,他在伊斯坦布尔
得到一个教授席位。他在那里全力从事研究几率的哲学问题,并
发展了一个"意义的几率理论"[probability theory of meaning],

364

---

①　"但是,由于数学方法的原因,采用作用于所考虑的类的一切元素上的运算是
非常方便的……"。P. Destouches-Février, *La Structure des Théories Physiques* (Pres-
ses Universitaires de France, Paris, 1951), p.33。

②　P. Destouches-Février,"Logique et théories physiques," *Congrès Internation-
al de Philosophie des Sciences*, *Paris*, 1949, Vol.2 (Hermann, Paris, 1951), pp.45—
54。

③　见 J. C. C. McKinsey 的评论,载于 The Journal of Symbolic Logic 19, 55
(1954)。

④　见 221 页注②文献。

这个理论[①]他在 1938 年到美国洛杉矶的加利福尼亚大学教哲学之后不久就发表了。根据这个"意义的几率理论","一个命题,只有当能够为这个命题决定一个权重即一个几率的大小时,它才有意义",并且"两个命题具有同样的意义,如果每一种可能的观测都赋予它们同样的权重或几率大小的话。"看来,赖欣巴赫没有认识到,要是他把这些想法应用到量子力学,他本会得到一种二值量子逻辑的逻辑框架,在这种逻辑框架中,一个物理系统的态被定义为命题集合上的一个几率函数[②]。与此相反,当他在洛杉矶研究量子力学时,发展了一个三值逻辑系统,他于 1941 年 9 月 5 日在芝加哥大学的科学的统一性讨论会上的一次演讲中,首次对此作了报道。与会者很感兴趣地讨论了他的观念,在所表现的这种兴趣的鼓励下,他把他的建议写成了一本书,书名叫《量子力学的哲学基础》[③]。

---

① H. Reichenbach, *Experience and Prediction* (University of Chicago Press, Chicago, 1938), pp.54 以下。关于赖欣巴赫生平的更详尽的情况, 见 M. Strauss, "Hans Reichenbach and the Berlin School," 载于 494 页注①文献(1972, pp.273—285)。关于赖欣巴赫所发表的著作的目录, 见他的遗著 *Modern Philosophy of Science, Selected Essays by Hans Reichenpach*, Maria Reichenbach 翻译并编辑 (Humanities Press, New York; Routleage and Kegan Paul, London, 1959), pp.199—210。

② 例如, 见 J. M. Jauch, *Foundations of Quantum Mechanics* (Addison Wesley, Reading, Mass, 1968), p.94。

③ H. Reichenbach, *Philosophic Foundations of Quantum Mechanics* (University of California Press, Berkeley and Los Angeles, 1944, 1965); 德文本(1949); 意大利文本(1954); §§29—37 重印在 411 页注①文献中。中译本: 量子力学的哲学基础, 侯德彭译(商务印书馆, 1965)。译者按:侯译《量子力学的哲学基础》及本书的上次印本中将 interphenomena 译为中间现象, 不妥, 因为已明确宣称 interphenomena 与 phenomena 不同。今改译为"介象"。

在这本书的第一部分中,赖欣巴赫讨论了作为量子力学的基础的某些一般的观念,在第二部分他陈述了量子理论的数学方法的概要。在第三部分,利用第一部分的哲学观念和第二部分的数学表述,叙述了用一种三值逻辑系统的语言来解释量子力学的倡议。我们将只限于评述这一倡议,这并不意味着,赖欣巴赫在这本书里提出的许多其他的论点不值得详细讨论。

对赖欣巴赫的方法有根本意义的是他对微观物理学中的现象[phenomena]和介象[interphenomena]的区分。现象的定义是"一切诸如电子之间的符合,或是电子与质子之间的符合之类的事件",它们以较短的因果链条同宏观世界的事件相联系,"并且能够用盖格计数器、照相乳胶、威尔逊云室等仪器证实"。另一方面,"符合之间所发生的事件,比如电子的运动",则称为介象,它们是通过复杂得多的推理过程以对现象世界的内插的形式而引入的。这一区别使赖欣巴赫把量子力学的一切可能的诠释区分为两类:彻底的诠释[*exhaustive interpretations*]和限制性的诠释[*restrictive interpretations*],前者既提供现象的描述也提供介象的描述,后者"把量子力学的断言限制为仅是关于现象的陈述"。赖欣巴赫把符合下述原则"不论客体是否被观测,自然规律都一样"的描述叫做正常描述(广义的),因此它意味着现象的规律和介象的规律完全相同;然后赖欣巴赫谈到双缝实验这一类的实验以表明,在量子物理学中,同经典物理学相反,每个彻底的诠释,像使用波动语言的诠释或使用粒子语言的诠释,都将导致因果反常[causal anomaly],比如在隔开的两条缝上的事件之间的超距作用。即使关于每种介象都存在一个正常描述,可是关于一切介象的正常描述是不存在的。

因为因果反常只是与介象相联系而出现,那么在限制性诠释中它们是可以避免的,比如玻尔和海森伯所提倡的诠释,根据这种诠释,关于介象的陈述被当作无意义的而被抛弃掉。特别是,在这种诠释中,宣称两个不对易的物理量不能同时有确定数值的物理定律被表示为一条规则:对应的两个互补的陈述之中(这两个陈述把同时的确定值分别赋予两个不对易的物理量),至少有一个必定是没有意义的。赖欣巴赫争辩说,量子理论的对象语言中的一条基本定律,就这样被转换为该理论的元语言中的一条语义学规则了:一条物理定律被表示为一条关于陈述的意义的规则。"这是不能令人满意的",赖欣巴赫写道,"因为物理定律通常是用对象语言来表述,而不是用元语言来表述的"①。

鉴于这些以及类似的一些不足之处,赖欣巴赫提出了下述问题:是否能够建立一种诠释,它能避免这些缺点,而又不带来因果反常。其所以在物理学的语言中包括了无意义的陈述,是由于我们认为有关未经观测的量的数值的陈述是无意义的(玻尔)。如果我们想要避免这个讨厌的特征,那"我们就必须使用一个排除这种陈述的诠释,但不是把它们排除在有意义的范围之外,而是排除在

---

① H. Reichenbach, *Philosophic Foundations of Quantum Mechanics* (University of California Press, Berkeley and Los Angeles, 1944, 1965);德文本(1949);意大利文本(1954);§§29—37 重印在 411 页注①文献中。中译本:量子力学的哲学基础,侯德彭译(商务印书馆,1965)。译者按:侯译《量子力学的哲学基础》及本书的上次印本中将 interphenomena 译为中间现象,不妥,因为已明确宣称 interphenomena 与 phenomena 不同。今改译为"介象"。(1965, p.143; 1949, p.157)。

可断言的范围之外。这就导致三值逻辑,它具有这种陈述的一个特别的范畴"①。

于是,赖欣巴赫在"真"(T)和"假"(F)之外,还引入第三个真假值"不定"(I),它用来表征在玻尔-海森伯诠释中被看成是"无意义的"这种陈述。不得把"不定"同宏观情况下所用的"未知"相混淆,这可用下面的例子来说明。如果某甲说(命题 a),"如果下一回骰子由我来掷,我会得六点",而某乙说(命题 b),"如果由我掷,我会得五点",最后是由某甲掷的骰子,得四点,于是 a 为假。b 到底为真还是假,显然不能用再掷一次的办法来决定。但是因为掷骰子是一个宏观事件,我们还有别的手段可以考验 b 的真假值,比如精确测量骰子的位置或是某乙的肌肉状态。因此 b 的真假值虽然是未知的(对我们,而不是对拉普拉斯的超人*),但并不是不定的。

可以由真值表定义的逻辑运算或逻辑连词的数目,在三值逻辑中显然要比在二值逻辑中多得多。许多运算可以看成是二值逻辑中的运算的推广,其中较重要的由赖欣巴赫定义如下。若命题 a 之值为 T,I,F,则定义 a 的"循环否定"[cyclical negation]$\sim a$ 之值相应为 I,F,T;a 的"对立否定"[diametrioal negation]$- a$ 之

---

① 　同上(1965,p.145;1949,p.159)。

* 十八世纪,由于牛顿力学的巨大成功,科学家普遍持有机械决定论的观点,其中拉普拉斯是典型的代表。拉普拉斯假设整个宇宙都由遵循牛顿定律在空间运动的物体组成,这些物体之间的作用力通过实验最后是可以知道的。于是,只要在任一时刻给定了一切物体的位置和速度(初始条件),那么通过牛顿运动方程,整个宇宙中每一事物未来一切时刻的行为就被确定了。拉普拉斯想象有一个超人,他能够知道所有这些位置和速度,能够绝对精确地计算出宇宙中将要发生的每一件事物。于是,对这个超人来说,世界上就不会有任何事物是未知的。——译者注

值相应为 F, I, T；a 的"完全否定"[complete negation]$\bar{a}$ 之值相应为 I, T, T。在各种二元运算中，析取 $\vee$，合取 $\wedge$，二中择一蕴涵 [alternative implication]*$\rightarrow$，和标准等值 $\equiv$ 这几种运算由下表定义[非共轭（非互补）命题]：

a	T	T	T	I	I	I	F	F	F
b	T	I	F	T	I	F	T	I	F
$a \vee b$	T	T	T	T	I	I	T	I	F
$a \wedge b$	T	I	F	I	I	F	F	F	F
$a \rightarrow b$	T	F	F	T	T	T	T	T	T
$a \equiv b$	T	I	F	I	T	I	F	I	T

367　　根据赖欣巴赫的意见，真假值"是这样定义的，使得只有其值为 T 的语句才能被断言"，虽然也能陈述一个语句的真假值不为 T。例如，断言 $\sim\sim a$ 陈述 a 为不定。同样，断言 $\sim a$（或 $-a$——在这种情况下）陈述 a 为假。"否定的这种用法使我们能够清除元语言中关于真假值的语句"，于是"我们能够贯彻这个原则：凡是我们想要说的，都用对象语言的真语句说出"[①]。

　　特别是，量子力学互补性规则可以用对象语言表述如下。令 U 代表一个语句"物理量 X 之值为 u"，V 代表语句"物理量 Y（与 X 互补）之值为 v"，X 和 Y 是不对易的量，那么互补性规则读为

---

* 从下表可以看出 $\rightarrow$ 运算的结果，只剩下 T 和 F 两个值，不是 T 就是 F，因此叫二中择一蕴涵运算。——译者注

① 506 页注③文献（1965, p.153；1949, p.168）。

$$U \vee \sim U \rightarrow \sim \sim V, \tag{4}$$

若而且仅若两个语句 U,V 之中至少有一个之值为"不定"(I)时，它的值才为"真"(T)。不难证明，互补性的条件是对称的：若 U 是 V 的互补语句，则 V 也是 U 的互补语句[①]。

赖欣巴赫在其说明的最后，解释了那些通常导致因果反常的语句，怎样通过三值逻辑变成"不确定的语句"，从而在量子力学的诠释中失去其有害的品性。因为这些语句，虽然作为物理学的对象语言的一部分是可以同别的语句以逻辑运算组合起来的，但是它们不再能够用来作为推出那些不想要的结论的前提。作为这种消除因果反常的方法的一个例证，让我们也跟随赖欣巴赫，用粒子语言来讨论标准的双缝实验。一个（二元）析取式，若一项为假时另一项一定为真，则称为封闭的；若一项为真时另一项一定为假，则称为互斥的；若它的诸项中总有一项为真，则称为完全的。令 $a_i(i=1,2)$ 为下述语句："粒子通过缝 S_i"。一旦在屏上发现了粒子，我们就知道了析取式 $a_1 \vee a_2$ 是封闭的和互斥的，因为我们知道，如果粒子不通过这条缝，它就一定是通过那条缝；并且如果它通过的是这条缝，它就不通过那条缝。现在的关键之点在于，在赖欣巴赫的三值逻辑中，同通常的二值逻辑相反，一个封闭的和互斥的析取式并不一定为真，也可以是不定的。实际上，如果 a_1（因而必然还有 a_2）是不定的，也就是说，如果没有进行过观察来确定粒子是穿过哪条狭缝，那么上述析取式便是不定的。这种不可断言

368

────────────

[①]　506 页注③文献（1965，p.157；1949，p.172）。

性于是便不让我们应用一般将导致因果反常的通常的几率考虑。但是,如果比方说在 S_1 处进行过观测定位,那么 a_1 就将要么为真要么为假,而析取式 $a_1 \lor a_2$ 就将是完全的并为真,我们知道,这时不会出现干涉效应。

在把他的诠释同斯特劳斯和费芙蕾所提出的诠释进行比较时,赖欣巴赫指出,斯特劳斯的不可连结性原理和费芙蕾所指定的真假值 A,是把互补性的物理定律表示为一条语义学规则,而不是像他的诠释中那样,表示为对象语言中的一个语句。说起费芙蕾的方法和后来遵照极端的逻辑相对性的观点对它的加工,我们还可以补充评论说,这个方法是认为一个逻辑理论对一部分世界是合适的或成立的,而对另一部分是不合适的或不成立的;但是赖欣巴赫的逻辑哲学则只承认一个逻辑系统,它在宏观系统的场合化为通常的逻辑作为它的一个特例[1]。

不论对赖欣巴赫的工作最后怎样评价,无论如何它是一个开创性的、内容广泛的、并且构思很巧妙的试图澄清量子力学的基本的认识论问题的尝试。它也是由一个科学哲学家写的第一本专门讨论量子力学的哲学的专著。

一切评论这本书的人,甚至那些不赞同它的主要论点的人,在对这本书的下述评价上意见是一致的,即它是一个重大的、起促进

---

[1]　关于这些系统之间的形式差别的更专门的研究见:H. Törnebohm,"On two logical systems proposed in the philosophy of quantum-mechanics," *Theoria* **23**,84—101(1957).又见 Max Bense 对赖欣巴赫的书的德文版的书评,载于 *Deutsche Literaturzeitung* **71**,6—10(1950)。

作用的、启发性的贡献。韦斯登[J. O. Wisdom]（当时他还是亚历山大里亚的法鲁克一世大学的哲学教授，后来到伦敦经济学院任职）在对赖欣巴赫的书的一篇书评中写道："书中我几乎找不到什么可以批评的东西——这并不是因为我喜欢它的结论，我并不喜欢它，并且我想书的作者同样也不喜欢它"①。

　　著名的逻辑学家和科学哲学家亨佩尔（他于 1937 年离开德国，1948 年任耶鲁大学教授，从 1955 年起任普林斯顿的教授）的态度则要更为批判性一些。他承认，"这本书整个说来极大地推进了对量子理论的逻辑结论和意义的理解"，但是对于使用多值逻辑来建立经验科学中的语言系统的做法是否可取有严重的保留②：(1)赖欣巴赫没有说明真假值 T 和 F 的准确意义，在他的三值逻辑中，它们不可能同通常的逻辑概念真和假同义；(2)同样，赖欣巴赫对他的可断言性的观念以及他所说的 T 是其必要条件的话也没有作说明；(3)像赖欣巴赫那样假定：在他的逻辑系统中两个命题在相同的情况下都取真值 T 的事实，就是它们作出相同的断言的充分条件，那是错误的；(4)严格表述他的论点需要用量词，因此要用低等的和高等的谓词演算[funetional calculus]的逻辑工具，而不是像赖欣巴赫那样只用命题演算的逻辑工具就得出来了。"只要通向这样一种推广的方法还没有被概括出来，那么究竟是在什么意义上我们可以说量子力学能够用一种由三值逻辑支配的语言来表述，似乎就还不清楚。"

369

---

① *Mind* 56，77—81(1947).

② *The Journal of Symbolic Logic* **10**，97—100(1945).

　　康乃尔大学的塔凯特(他是关于多值逻辑的标准著作[1]的作者之一)也抱有类似的反对意见。他说[2]，赖欣巴赫的书虽然"有趣而且富有启发性"，但是它"包含着一些难以理解的特点"，其中包括这一点:虽然在赖欣巴赫的三值逻辑中"真"和"假"是由通常的客观判据来决定的，但是"不定"的判据却只是用诸如"在原则上是不可知的"或者"对拉普拉斯的超人是不可知的"这样含糊的认识概念来描述。

　　对赖欣巴赫的书的最透彻的批评，也许是来自哥伦比亚大学的知名哲学家纳杰尔，当时他刚刚发表了那篇引起很多讨论的文章"没有本体论的逻辑"[3]，他在这篇文章中说，逻辑原则是"管理的原则"，"规定着语言的使用"，并且各种可能的逻辑系统之间的选择，应当是基于"它们之中哪一种更适宜于作为一种工具，以达到知识的某种系统化"——这种立场显然是最能赞助赖欣巴赫的观念的立场了。但是纳杰尔的批评[4]却是这样严厉，以致它促使赖欣巴赫发表了一篇答复[5]，而纳杰尔又对它写了一篇答辩[6]。篇幅不容许我们详细分析这两个杰出的哲学家之间的这场有趣的争论。

　　关于上面讨论过的那些问题，纳杰尔也责备赖欣巴赫没有指

---

　　①　J. B. Rosser and A. R. Turquette, *Many-Valued Logic* (North-Holland Publishing Company, Amsterdam, 1952).

　　②　*The Philosophical Review* **54**, 513—516 (1945).

　　③　E. Nagel, "Logic without ontology," 载于 *Naturalism and the Human Spirit*, Y. H. Krikorian, ed. (Columbia U. P., New York, 1944), pp.210—241; 重印在 *Readings in Philosophical Analysis*, H. Feigl and W. S. Seltars, eds. (Appleton, New York, 1949), pp.191—210。

　　④　*The Journal of Philosophy* **42**, 437—444 (1945).

　　⑤　H. Reichenbach, "Reply to Ernest Nagel's criticism of my view on quantum mechanics," *The Journal of Philosophy* **43**, 239—247 (1946).

　　⑥　同上, pp.247—250。

明,对于三个可能的真假值"真"、"不定"和"假"究竟应当怎样理解;因为既然在赖欣巴赫的系统中"真"有两个互斥的替换值,而不是如二值逻辑中那样只有一个,那么"真"就不能具有它通常的意义。此外,纳杰尔接着说,按照赖欣巴赫的看法,某些语句天生就是不定的,因此不能验证它们为真或为假,这种情况同赖欣巴赫所宣称的已保证了"意义的可验证性理论"是相矛盾的。赖欣巴赫在对这一批评的回答中说,在他的系统中,"如果一个语句可以被验证为真、或假、或不定时,这个语句才是有意义的",对此纳杰尔反驳说,如果赖欣巴赫的推理站得住脚,那么,一个语句虽然被验证为无意义,但它还是可以验证的,因而不是无意义的!

物理学家们对于在量子力学中使用三值逻辑是怎么想的呢?前面讲过[1],1948 年秋季号的《辩证法》[*Dialectica*]杂志是讨论互补性的专辑,它给了他们一个适当的机会来说出他们在这个问题上的意见。实际上,这一期杂志上就包括有赖欣巴赫[2]的一篇文章,讨论他的因果反常原理,据根这条原理,"只要赋予未观察量以确定值,也就是说,只要一使用量子力学的一种彻底的诠释,接触作用[action by contact]原理就将受到违犯";并讨论因果反常原理的逻辑结论:为了消除这种反常,就需要用他的三值逻辑。这一期杂志还包含有德斯图舍斯[3]和德斯图舍斯-费

---

[1]　123 页注[2]文献。

[2]　H. Reichenbach, "The principle of anomaly in quantum mechanics,"*Dialectica* **2**, 337—350 (1948).

[3]　J. L. Destouches, "Quelques aspects théoretiques de la notion de Complementarité,"同上, 351—382.

芙蕾①的各一篇文章,他们同样坚持说,互补性"这个当代科学思潮的基本特征之一"要求把非亚里士多德逻辑应用于量子力学。如果我们还记得,贡瑟特、巴谢拉和伯奈斯[P. Bernays]邀请泡利(他在从普林斯顿回到苏黎世后不久成了《辩证法》的顾问会的一员)来主编这一期特辑,那么很有可能,它的内容大纲是有意这样计划的,使得它包括有物理学家同哲学家之间关于量子力学中的多值逻辑问题的一次意见交换。

这个计划实行了。泡利在一篇编辑部评述文章②中预述了这些文章的要点之后写道:"尽管在这个领域中已经作过许多研究工作,其中包括冯·诺伊曼和伯克霍夫的非常说明问题的论文,但是物理学家们(我也在内)对接受新的逻辑公理仍有很大的阻力……的确,物理学家不仅在对观测纪录(照相底板上的黑点等)的描述中,而且在希尔伯特空间中的矢量及其在适当选定的子空间内的投影这种纯数学的模型中,都找到了共同语言"。照泡利看来,这个数学模型的使用,使得逻辑运算的任何新定义都不必要,并且使得可以把任何关于几个可观察量的同时值(对它不存在有希尔伯特空间矢量)的陈述都称为无意义的。泡利写道:"'意义'的这一定义,必须预先假定关于量子力学模型的知识,但是它并不意味着任何实际的经验验证。因此赖欣巴赫对这种'意义的限制'的反对意见在我看来并不是最后结论性的"。

---

① P. Destouches, "Manifestations et sens de la notion de Complementarité,"同上, 383—412。

② W. Pauli, Editorial,同上,307—311。

在同一期《辩证法》上，玻尔[①]也发表了他在这个问题上的看法。他指出，互补性并没有丝毫放弃通常关于诠释的要求，而是"旨在对原子物理学中的分析和综合的真实状况作出恰当的辩证的表达。……顺便提一句，"玻尔接着写道，"有时提出三值逻辑以作为对付量子理论的古怪特性的手段，在我看来，求助于三值逻辑并不能对情况给出更清晰的说明，因为一切确立的实验证据，即使是那些不能用经典物理学的术语来分析的实验证据，都必须通过使用共同语言[Common language]的通常语言[ordinary language]来表达"。玻尔在"量子物理学和哲学"这篇论文[②]中(以前曾说过[③]，玻尔认为这篇文章特别清楚地表述了他的观点)，也表示了同样的看法。他在该文中说，对通常的逻辑的一切背离都是完全可以避免的，如果保留"现象"一词仅仅用来指可以无歧义地传达的信息的话。

玻恩[④]于1948年在牛津所作的 Waynflete 讲座的讲演中，把赖欣巴赫的方法称作是"一场符号游戏……它肯定是有趣的，但是我怀疑自然哲学会从玩这种游戏而得到很多收获。"在玻恩看来，这"不是一个逻辑的或符号逻辑的问题，而是常识的问题。因为完全能够说明实际观测的(量子力学的)数学理论只利用了通常的二值逻辑"。玻恩争辩说，甚至赖欣巴赫自己，也只有靠利用通常的

372

---

①　N. Bohr,"On the notions of causality and complementarity,"同上，312—319；重印于 *Science* **111**，51—54(1950)。

②　146 页注①文献。

③　269 页注①文献。

④　225 页注②文献(1949,1964,pp.107—108)，中译本《关于因果和机遇的自然哲学》(商务印书馆 1964)，第 112 页。

二值辑逻才能解释三值逻辑。

　　面对这些首要的物理学家的反对意见,赖欣巴赫在一篇为了向著名的核物理学家和空间物理学家勒格纳[E. Regener,1881—1955]表示敬意(赖欣巴赫同他从在斯图加特的高等技术学校同学的时候起就是好友)而发表的论文①中,试图捍卫自己的观点。赖欣巴赫在这篇文章中重复了他的论据:除非人们接受逻辑的一种推广,否则微观物理学中的一个彻底诠释就不能避免因果反常,比如双缝实验中的一个超距作用,或是费因曼对正电子的解释②(把正电子看作"在时间中后退"的电子)中时间方向的倒转。赖欣巴赫责备他的论敌误解了这个观念。就日常的观测或"现象"而言,他的逻辑系统提供了通常的二值描述,因为一种三值逻辑包含有这样一个二值系统作为特例,正如同语反复的单值逻辑是通常的二值逻辑的一个特例一样。他再次强调,三值逻辑只是应用于"介象"上。而且,用二值的元语言来解释三值逻辑,这并不涉及什么逻辑不一贯性,而只是通过对我们爱使用二值逻辑的习惯的让步来求得对三值逻辑的承认。赖欣巴赫接着说,一切逻辑系统都是

---

　　①　H. Reichenbach,"Über die erkenntnistheoretische Problemlage und den Gebrauch einer dreiwertigen Logik in der Quantenmechanik,"*Zeitschrift für Naturforschung* **65**,569—575 (1951).

　　②　赖欣巴赫在他去世前两年写这篇文章时,是在一心考虑时间不对称性的问题。对于当时讨论得很多的基本粒子物理学中的时间反演问题——这个问题是由 E. C. G. Stückelberg 所提出[*Helvetica Physica Acta* **14**,588—594 (1941), **15**, 23—37, (1942)],并由 R. P Feynman 在其著名的论文"The theory of positrons"[*Phys. Rev.* **76**, 749—759(1949)]中加工的——赖欣巴赫是把它看作是用一个因果反常来消除另一个因果反常。见他的遗著 *The Direction of Time* (Univ.of California Press, Berkeley and Los Angeles, 1956), p.265。

可以相互转译的,因此没有一种逻辑系统,若不另加补充假设的
话,能够表示真实的世界的结构。但是,只要人们假设,比如,任何
对中间现象的说明都应该排除因果反常,那么微观物理学(与宏观
物理学相反)就需要三值逻辑来作为描述物理实在的一种能够胜
任的语言。

不论是这篇文章还是他关于这个题目的多次演讲,比如他去
世前 10 个月在巴黎的彭加勒研究所所作的一系列演讲[①],都没有
使任何主要的量子物理学家改变观点转而相信他的观念。在受他
影响的人中有缪勒[②],他是一个工程师和物理学家,从 1949 年起
是美因茨[Mainz]大学的讲师,他完全赞同赖欣巴赫的提议;还有
弗吉尼亚州里奇蒙[Riohmond]市的君特(来自南非开普敦),他在
汉堡大学担任一年客座教授时,曾对 1954 年在苏黎世举行的一次
科学哲学家讨论会就这个题目讲过话,并试图证明唯有三值逻辑
才能胜任地表述量子力学的非经典特征[③]。

在赖欣巴赫的门徒中,普特南成了量子力学的三值逻辑的雄
辩的鼓吹者。普特南在获得博士学位(加州大学洛杉矶分校,1951

373

---

① H. Reichenbach, "Les fondements logiques de la mécanique des quanta," *Annales de l'Institut Henri Poincaré* **13**, 109—158 (1952—1953).

② H. Müller, "Mehrwertige logik und Quantenphysik," *Physikalische Blätter* **10**, 151—157 (1954).

③ G. Günther, "Dreiwertige Logik und die Heisenbergsche Unbestimmtheitsrelation," *Proceelings of the Second International Congress of the International Union for the Philosophy of Science* (Griffon, Neuchatel, 1955), pp.53—59。又见 G. Günther, "Über Anschauung und Abstraktion," 载于 *Dialog des Abendlandes-Physik und Philosophie*, E. Heimendahl, ed.(List, Munich, 1966), pp.199—207。

年)之后,从 1953 年到 1961 年在西北大学和普林斯顿大学任教,最后进了麻省理工学院和哈佛大学。他从和伯克霍夫的谈话中打听到,冯·诺伊曼已经想到过这些观念,但是避不发表,其原因和高斯在 100 多年以前,由于担心"愚人的吵嚷"而对他所发现的非欧几何保密一样。1957 年,普特南[①]发表了一篇关于三值逻辑的论文,他在文中试图证明,使用除 T("真")和 F("假")之外的第三个真假值"中"(M)是有道理的。他说道:"要使用三值逻辑,就得这样来看待它的意义:使用一种三值逻辑就意味着采用一种不同的使用逻辑语词的方式。更准确地说,在其中所有各分量的真假值均为已知的分子命题[molecular sentence]的情况下,它对应于通常的方式:但是,从一个人处理包含有真假值未知的分量的命题的方式,可以暴露出(或者部分暴露出)这个人是在使用三值逻辑而不是通常的二值逻辑"。在一个并非是每个在经验上有意义的陈述都至少有可能证明为真或证明为假的世界中,引进第三个真假值[它和另外两个值一样也是无时态的(tenseless)]是"朝向简化整个定律体系的方向走的一步。"普特南争论说,微观世界正是这样一个世界,在那里,正如赖欣巴赫解释过的那样,使用三值逻辑"使人既维护了量子力学定律,又维护了不存在以无穷大速度传播的因果信号——'不存在超距作用'——的原则。"

普特南和赖欣巴赫受到了布里斯托尔大学和加州大学(伯克利分校)的费耶阿本德的严厉批评,费耶阿本德对互补性的观点我

---

① H. Putuam,"Three-valued logic," *Philosophical Studies* **8**,73—80(1957)。重印在 411 页注①文献中(pp.99—108)。

们在前面①已经谈过。在费耶阿本德向他们提出的许多责难②中，最一般性的一个是他的这一说法：他们的"小动作"违反了"科学方法论的最基本的原则之一，即严肃地对待否证的原则。"因为如果真如赖欣巴赫和普特南所说，量子力学定律同接触作用原理在通常的二值逻辑的框架内是逻辑上不相容的，而采用他们明显地为了这个目的而提出的三值逻辑将不需要修改量子力学或是接触作用原理；但是这样一来无非是使一个不正确的理论在面对否定证据的情况下保持活力。普特南坚持非欧几何是显示改变理论的形式结构的好处的一个例子；费耶阿本德认为这完全是两回事，因为非欧几何的应用产生出富有成果的新理论（倒如爱因斯坦对水星近日点进动的解释），而从赖欣巴赫-普特南的做法则没有推出任何结果，正相反[*tout au contraire*]，它只会导致科学发展的停滞。

　　费耶阿本德的第二个论据主要是针对赖欣巴赫的，他指出，赖欣巴赫对于详尽诠释这一观念，曾给出过两个定义：一次③是"包含对介象的完备描述"的诠释，另一次④是在给定类别的某些性质上"赋予不可观察量以确定值"的诠释。但是一个第一种意义上的彻底诠释（即对量子力学系统的本性的描述），并不一定是一个第二种意义上的诠释（即"一种把量子力学系统表示成总是具有出自有关的每个经典范畴中的某种性质的东西的企图"）。

---

① 281 页注③文献。
② P. Feyerabend，"Reirbenbach's interpretation of quantum-mechanies,"*Philosophical Studies* 9，49—59（1958）。重印在 411 页注①文献中。
③ 506 页注①文献（1965，p.33；1949，p.36）。
④ 同上（1965，p.139；1949，p.153）。

第三,赖欣巴赫所说的一切彻底诠释(第二种意义上的)都带来因果反常,这不过是量子力学不能解释为一个经典理论这个事实的另一种说法。但是,一个理论作经典诠释时会带来矛盾,这并不成其为摈弃经典逻辑的理由。此外,费耶阿本德接着说,普特南的近距作用原理同量子力学不相容的论点是靠不住的,因为不论是波动语言中一个波的崩溃,还是粒子语言中的特定特征,都不能用来传送讯号,而近距作用原理只能应用于发生这种信号传送的领域。费耶阿本德然后证明,每一个包含不对易算符的量子力学陈述,在赖欣巴赫的体系中其真假值都可以只取"不定",这意味着甚至连基本的对易关系也将是"不定",这个结果和赖欣巴赫自己关于诠释是否胜任的判据相矛盾,按照这个判据,每条量子力学定律的真假值必须要么为"真"要么为"假",而绝不能是"不定"[1]。在他的论文的其余部分,费耶阿本德对赖欣巴赫和普特南用来支持自己的主张并反对哥本哈根诠释的一切论据都提出了挑战。

有趣的是,尽管费耶阿本德显然持苛刻的态度,但当赖欣巴赫的书在 1965 年以简装本形式再版时,却邀他为这本书写一篇书评。这给了他一个机会[2]来重述他的某些主要批评意见,并对其中一些进行了加工。在大约同一时期于萨尔兹堡[Salzburg]召开的一次关于科学中的解析陈述的会议上,费耶阿本德[3]作了一次

① P. Février,"Sur une forme générale do la définition d'une logique," *Comptes Rendus* **204** (1965, p.160;1949,p.174)。

② *BJPS* **17**,326—328(1966)。

③ P. Feyerabend,"Bemerkungen zur Verwendung niht-klassischer Logiken in der Quantentheorie,"载于 *Deskription*, *Analyzität und Existenz*,P. Weingartner, ed. (A. Pustet, Salzburg, Munich, 1966), pp.351—359。

演讲,他在其中提出了下述论据。如果接触作用原理真是一条已经确证的原理,并且如果它的证实真的如普特南所称就是否定了量子理论,那么赖欣巴赫和普特南用一种三值逻辑来消除这些矛盾,只不过减少了量子理论的经验内容,被否定的可能性已经对这个理论作出了评价。费耶阿本德的这些反对意见,似乎没有得到过任何多值逻辑倡议者的回答。最近哈佛大学的伽德纳①又举出了进一步的论据,其中有一些包含有他所谓的"修改过的 EPR 悖论",以驳斥赖欣巴赫的理论的貌似有理。

一个甚至比赖欣巴赫更为大胆的把多值逻辑引入量子力学的企图,是与冯·威扎克的名字连在一起的,我们前面已经讲到过他。1953 年,冯·威扎克还是哥丁根的普朗克研究所的一员,他以官方代表的资格访问了巴西,在圣保罗会晤到玻姆,同他讨论了隐变量的问题。回到哥廷根之后,冯·威扎克很想完成在他同玻姆的讨论中涌现的一些想法,便决定同祖斯曼[G. Süssmann]一起主办一届讨论班,其目的是研究量子力学的别种可能的表述。海森伯也参加了这个讨论班,正是在这个讨论班的期间,冯·威扎克搞出了他的"互补性逻辑"②。

冯·威扎克自己承认,这一工作还受到裴希特[G. Picht]关于逻辑与科学之间的关系的哲学研究的影响。裴希特是一个语言学家和教育家,他同物理学家闵斯特[Cl.Münster]一起在巴伐利

①　M. R. Gardner,"Two deviant logics for quantum theory: Bohr and Reichenbach," *BJPS* **23**, 89—109(1972).

②　对冯·威扎克的访问,Starnburg,1971 年 7 月 21 日。

亚广播电台上举办了一次关于近代教育的目标的讨论,它触及了当代文化和文明的基础。在得出教育(在其最普遍的意义上)的终极目标是发现真理和吸收真理这个结论之后,闵斯特和裴希特就面临着这个问题:科学知识究竟在何等程度上代表客观真理。这个问题又使裴希特去分析本体论和逻辑之间的关系,并得出结论说,逻辑定律反映了存在的结构[①],这个结论同前述瑞士和法国哲学家所得到的结果[②]相似。这样一来,裴希特就把现代物理学的认识论危机说成是由于发现了一个新领域,而这个领域的本体论结构不再同应用通常的逻辑相适应的结果。

冯·威扎克对这些观念有很深的印象,他写了一篇关于裴希特的研究的评介文章。用这篇评论的话来说,裴希特的论点是说"逻辑是一种假设地隐含着某种本体论的设计"[③],这个论点指引着冯·威扎克建立了一种独特的、但是很少有人接受的量子逻辑形式,这种量子逻辑连同他对"平行互补性"和"循环互补性"之间的区别,是在前面已提到过的文章[④]中发表的。

冯·威扎克的"互补性逻辑"是作为对偶然命题逻辑的修正、

① "逻辑规律是被人们认识的关于实在的规律。……到现在为止的考虑使我们认识到,逻辑规律……从根本上说完全不是关于陈述的规律,而是在陈述中所说明的实体的规律,并且对于这种陈述来说,逻辑规律只是当这种陈述是表述该实体时才有效。"见 G. Picht, "Bildung and Naturwissenschaft," 载于 Cl. Münster and G. Picht, *Naturwissenschaft und Bildung* (Werkbund-Verlag, Würzburg, 1953), pp.33—126, 引文在 pp.62—63。

② 500 页注①,502 页注③,502 页注④文献。

③ *Göttingische Gelehrte Anzeigen* **208**, 117—136(1954).

④ 125 页注①文献。

特别是作为对"简单的二中择一"[德文为 *einfache alternative*]的修正而建立的,所谓"简单的二中择一",就是像讨论双缝实验时的陈述:粒子到达屏幕之前要么是通过缝 1 要么是通过缝 2。按照前述的总的想法,冯·威扎克提出,要从量子力学本身的情态来推导逻辑规则。双缝光阑之后的态函数是由两个复数 u 和 v 唯一确定的,它们由方程 $\psi = u\varphi_1 + v\varphi_2$ 定义,其中 $uu^* + vv^* = 1$, φ_1 和 φ_2 已经归一化, $w_1 = |u|^2$ 和 $w_2 = |v|^2$ 分别是粒子通过缝 1 或缝 2 的几率。若 $u=1$,则 $v=0$,命题 a_1 "粒子通过缝 1"为真;若 $v=1$,则 $u=0$,命题 a_1 为假。于是若 1 代表为真而 0 表示为假,并且若我们把描述纯粹态的命题称为"基元命题",那么按照冯·威扎克所述,他所提议的互补性逻辑的观念可以小结为:每个基元命题的真假值除了 1 和 0 之外还可以是一个复数。绝对值的平方(如上面的 $|u|^2$)给出了这个真假值为 u 的命题在受到实验检验时为真的几率。因此冯·威扎克的体系可以看成是一种无穷多值逻辑。为了理解这个复数真假值的位相的意义,必须考虑互补的择一[complementary alternative]。把二分量矢量 (u,v) 同原来的二中择一(即 a_1 还是 a_2 为真的问题)联系起来,使 $(1,0)$ 对应于 a_1 为真, $(0,1)$ 对应于 a_2 为真,冯·威扎克提出,对于每一个矢量 (u,v),若它已像上面那样归一化,都存在有一个命题,当原来的二中择一的两个命题的真假值为 u 和 v 时,此命题为真。每个由 (u,v) 表征的命题是不同于 a_1 和 a_2 的,冯·威扎克称之为同 a_1 和 a_2 互补的命题。这样互补性就作为一个纯逻辑概念而被引入。如果两个互补命题有一个为真或为假,则另一个既不为真也不为假。

为了举例说明这些观念，冯·威扎克提出了直旋为 $\frac{1}{2}$ 的粒子的量子理论，它似乎是冯·威扎克的数学加工的现成的范例。在这个例子中，矢量 (u,v) 就是泡利二分量旋量。若给定的磁场指向正 z 方向，那么原来的二中择一由命题 a_1 "自旋在正 z 方向"和命题 a_2 "自旋在负 z 方向"组成，并且每个旋量 (u,v) 对应于自旋指向的一个方向，若 a_1 之真假值为 u 而 a_2 之真假值为 v，此方向由极角 θ 和方位角 φ 通过下述方程给出：

$$u = \cos\frac{\theta}{2}\exp\left(-\frac{i\varphi}{2}\right), \qquad v = \sin\frac{\theta}{2}\exp\left(\frac{i\varphi}{2}\right).$$

如果 θ 既不是 0 也不是 π，那么命题"自旋之方向为 $\{\theta,\varphi\}$"同 a_1 和 a_2 互补。

冯·威扎克指出，通过指定真假值 u 和 v，就引进了更高的一级逻辑，因为原来的二中择一是关于物理客体的一种性质的，但现在我们问的却是这个择一的真假值，或更确切地说这个择一的答案的真假值，而这是一个"元问题"：可能的答案的真假值是什么？在互补性逻辑中，这是由下述无穷择一来回答的：对元问题的可能答案是归一化矢量 (u,v)。这是一种古典逻辑意义上的择一，任何答案要么为真要么为假。于是我们就通过一种应用通常的二值逻辑的元语言把互补性逻辑引进到对象语言之内。在古典逻辑中 a_1 同"a_1 为真"是等价的，但是在互补性逻辑中则不是这样。虽然从 a_1 为真（或为假）推得命题"a_1 为真"成立（或不成立），但是其逆并不成立：若命题"a_1 为真"为假，a_1 并不一定为真或是为假，即使"a_1 为真"确定为假。

在这篇论文的其余部分及其在三年后发表的续篇①中,详尽地分析了对象语言同元语言之间的关系,把冯·诺伊曼的量子力学数学形式体系重新解释为互补性逻辑的一种应用,并且证明了,导致量子场论的高阶量子化怎样可以看成是所提议的量子逻辑量子化的重复应用。最后,通过推广量子化程序,即不是指定一个复数而是指定一对复数作为真假值,引进了反粒子。

冯·威扎克的互补性逻辑在物理学家或哲学家中间很少有人接受,当然那些积极卷入这一方案的人如祖斯曼、舍贝〔E. Scheibe〕等人是例外。前面说过②冯·威扎克曾把这些论文的第一部分题献给玻尔,玻尔正如拒绝冯·威扎克对"平行"互补性和"循环"互补性的区分一样,也拒绝了这些观念。在致冯·威扎克的一封信③中,玻尔解释了为什么他"担心引进一个明确的'互补逻辑'——不论它可以怎样前后一贯地建立起来——反而会使在一种更简单的逻辑基础上得出的对局势的阐明更加模糊",而不是有助于它的澄清。他写道,虽然其全部细节,比如用波函数描述原子系统的状态或者波包收缩,必须看成是不能用经典图像描绘的纯粹数学抽象,但是互补的描述方式最终是以经验的交流为基础的,而经验"必须使用和我们在日常生活中的习惯相适应的语言"。尽管"一切知识都是在一种适合于说明以往的经验的概念框架中

---

① C. F. von Weizsäcker, "Die Quantentheorie der einfachen Alternative," *Zeitschrift für Naturforschung* **13a**, 245—253 (1958). C. F. von Weizsäcker, E. Scheibe, and G. Süssmann, "Komplementarität und Logik," 同上,705—721.

② 125 页注①文献。

③ 日期为 1955 年 12 月 20 日。

表述出来的"，这个"框架可能过于狭窄，不适于理解新经验"，但是经验的客观描述还是永远必须用"适应实际生活和社会交往的需要的平常语言"来表述；关于这个问题的进一步的细节，玻尔请冯·威扎克去读他在哥伦比亚大学的一次讲话[1]。毫不奇怪，冯·威扎克不满意玻尔的回答。在他致泡利[2]的一封信中，他甚至表示怀疑玻尔是否曾对逻辑的本性的问题或者为什么逻辑能够用于对自然的研究的问题有过严肃的考虑。

8.4　代数方法

在冯·威扎克的工作之后，似乎再也没有作过什么认真的尝试，来进一步精心搞出量子力学的一个多值逻辑的方案。无论如何，对量子逻辑的这一分支的兴趣很快就减退了。奇怪的是，如果如普特南所说，冯·诺伊曼真的支持这种方法，他却从来没有对它做过任何贡献，甚至也没有在赖欣巴赫的书出版之后表示过对它有一点点赞同。他的主要兴趣明显在另外一个发展方向上，这个方向至少部分地是约尔丹开创的。

主要在朗道和派厄尔斯[3]对于把量子力学方法推广到相对论性现象时所遇到的困难的研究的推动下，特别是由于他们的结论：

---

① 　N. Bohr，"Unity of Knowledge"，1954 年 10 月 27 日—30 日在纽约一次纪念哥伦比亚大学二百周年的集会上的讲话，重印在文献 4—5 中（英文版 pp.67—82）。中译文："知识的统一性"，载入《尼耳斯·玻尔哲学文选》（商务印书馆，1999），第 180—198 页。

② 　日期为 1956 年 8 月 27 日。

③ 　198 页注①文献。

不能建立一个像非相对论理论那样的关于物理可观察量及其可重现的测量的相对论量子理论,约尔丹把这些困难归之于量子力学形式体系本身。他试图通过舍弃乘法的结合律来修正算符代数,从而为所谓量子力学的"代数研究方法"奠下了基础。他向自己提出这样一个问题[①]:可观察量的哪些代数运算是物理上有意义的?他考虑了一切有界自轭算符的集合,这包括算符的和、一个算符与实数的相乘和算符的整数次幂,但不包括那些一般不是自轭的算符的相乘,虽然(对称的)"拟相乘"$\frac{1}{2}(AB+BA)$必须包括在内,因为它可以只通过和与平方由$\frac{1}{2}[(A+B)^2-A^2-B^2]$来表示。任何域(只有实数域似乎是物理上有兴趣的)上的一个满足恒等式$(A^2B)A=(AB)A^2$的非结合代数,后来叫做"约尔丹代数"。

约尔丹主张,测量的统计学可以通过一种超复数代数相当简单地表示出来,这个主张实际上是冯·诺伊曼同约尔丹和维格纳合作搞出来的。在他们关于有限维实数非结合代数(即有限个线性基的约尔丹代数,这些基满足只有当$A=B=\cdots=0$时才有$A^2=B^2=\cdots=0$的条件)的研究[②]中,他们证明了每个这种类型的代数都是不可约代数的直和。他们所得到的最重要的结果,是证明了

①　P. Jordan, "Über eine Klasse nichtassoziativer hyperkomplexer Algebren", *Göttinger Nachrichten* **1932**,569—575; "Über Verallgemeinerungsmöglichkeiten des Formalismus der Quantenmechanik",同上,1933,209—217.

②　P. Jordan, J. von Neumann, and E. Wigner, "On an algebraic generalization of the quantum mechanical formalism", *Annals of Mathematics* **35**,29—64(1934).

所有这些不可约代数正是实数、复数或四元数域上的(有限)厄密
矩阵的代数;唯一的例外是一种 3×3 矩阵(矩阵元是凯莱数[1])的
代数,叫做 $\mathscr{M}_3$,它有 27 个单元。阿尔伯特[2]立即证明,这个代数
不能用任何从实矩阵的"拟相乘"得出的代数来——表示,而是构
成一种新的代数,在其上可以建立量子力学的一种新的形式体系。

因为这种有限维的代数不能满足海森伯对易关系,冯·诺伊
曼[3]修改了他的假设基础,把有限维限制换成较弱的拓扑条件,但
是保留了分配性假设 $(A+B)C=AC+BC$,这个假设尽管缺乏物
理诠释,但是冯·诺伊曼认为必须得接受它,否则的话"一个代数
讨论简直就不可能"。一个实数或复数希尔伯特空间上的算符的
弱封闭自轭代数上的自轭算符的集合,被发现是冯·诺伊曼的修
改后的公理化及继之而来的谱论的一个模型。

在冯·诺伊曼的工作的鼓舞下,齐格尔对算符代数发生了很
大的兴趣[4]。齐格尔是普林斯顿(1937 年文学学士学位)和耶鲁

---

① 这些数是凯莱作为四元数的推广而引进来的,见其论文"On Jacobi's, elliptic
function and on quaternions,"*Philosophical Magazine* **26**,208—211(1845),重印于 A.
Cayley, *The Collected Mathematical Papers* (Cambridge U. P., 1889), Vol.1, pp.
127—130,参看例如 L. E. Dickson, *Linear Algebras* (Cambridge U. P., 1930),pp.
14—16。

② A. A. Albert, "On a certain algebra of quantum mechanics", *Annals of
Mathematics* **35**,65—73(1934).

③ J. von Neumann,"On an algebraic generalization of the quantum mechanical
formalism",*Matematiceskij Sbornik—Recueil Mathématique* **1**,415—484(1936),重印
入 *Collected Works* (文献 1—5),Vol.3, pp.492—559。这篇论文的第二部分从来没有
发表过,也没有在冯·诺伊曼的档案中找到过。

④ I. E. Segal,"Irreducible representations of operator algebras,"*Bulletin of the
American Mathematical Society* **53**,73—88(1947).

（1940 年博士学位）的毕业生,他 1946 年在普林斯顿高等研究所担任 O. Veblen 的助手时曾和冯·诺伊曼有过个人接触。在他的研究过程中他得出了量子力学的一种概念上很简单的公理化[①],它后来成了 Haag 和 Wightman 的量子场论的基础。

齐格尔仿照着约尔丹和冯·诺伊曼,取可观察量为他的公理化中的本原(无定义)元素。客体的一个集合 $\mathscr{A}$ 称为可观察量的一个系统,如果它满足下述假设:

1. $\mathscr{A}$ 是实数的一个线性空间。

2. $\mathscr{A}$ 中存在一个恒等元素 I,并且对于每一个 $U \in \mathscr{A}$ 和每一个非负整数 n,$\mathscr{A}$ 中存在一个元素 U^n,使得通常的对单变量的多项式起作用的各条规则成立。

3. 对于每一个可观察量 U,定义了一个非负的实数 $\|U\|$,使得 $\mathscr{A}$ 是一个以 $\|U\|$ 为范数的实巴纳赫空间(即一个完全的赋范线性空间)。

4. $\|U^2 - V^2\| \leqslant \max\{\|U^2\|, \|V^2\|\}$.

5. $\|U^2\| = \|U\|^2$

6. 若 S 和 R 是 $\mathscr{A}$ 的有限子集并且 $R \subset S$,则

$$\|\sum_{U \in R} U^2\| \leqslant \|\sum_{U \in S} U^2\|.$$

7. U^2 是 U 的一个连续函数。

一个态被定义为 $\mathscr{A}$ 上的一个实值线性函数 w,使得对于一切 $U \in \mathscr{A}$ 有 $w(U^2) \geqslant 0$ 及 $w(I) = 1$;若它不是两个别的态的线性组

合(具有正系数),则它是一个纯粹态。$w(U)$叫做U在态w中的期望值。态的一个集合叫做完全的,如果对于每两个可观察量,这个集合都包含有一个态,这两个可观察量在这个态有不同的期望值。任意两个可观察量U和V的形式积$U\cdot V$之定义为

$$\frac{1}{4}\big[(U+V)^2-(U-V)^2\big];$$

如果这个形式积是结合的、分配的(相对于加法)和齐次的(相对于标量乘法),则系统称为交换的;可观察量的一个集合也称为交换的,如果由这些可观察量生成的(封闭)子系统是交换的。

在上面的两条代数假定和五条度规假定的基础上,齐格尔能够证明,一个交换系统在代数上和度规上同一个致密的豪斯道夫[Hausdorff]空间上的所有实值连续函数的系统同构。(所谓致密的豪斯道夫空间是一个拓扑空间,在这个空间中,对于每个$x\neq y$,存在有开集S_x和S_y,使得$x\in S_x$,$y\in S_y$,及$S_x\bigcap S_y=\varnothing$,并且在这个空间中波莱尔-勒贝格致密性条件得到满足,即一个子集的每个开复盖都包含一个覆盖这个子集的有限子族。)由于这个结果,齐格尔就能够定义一个可观察量的谱值为:通过这种同构和这个可观察量相联系的函数的值。他证明:任何可观察量系统S都有一个完全的态集合;$\|U\|=\sup\{|w(U)|\}$;一个交换的可观察量系统对于一个给定的态的联合几率分布可以这样定义,使得一个可观察量在这个态的期望值是这个可观察量的谱值相对于几率分布的平均,他证明,这个条件唯一确定了分布。

读者将会注意到,齐格尔关于对任何两个可观察量都存在一个其期望值不同的纯粹态、每个可观察量都有一个谱分解、一个态

自然地导出每个可观察量的谱值值域上的一个几率分布,以及当而且仅当各个可观察量对易时它们才可以同时观测(测量)等的证明,一句话,关于定态的量子理论的全部主要特征的证明,都是完全不依靠希尔伯特空间而得到的。齐格尔认为这种方法要优于希尔伯特空间形式体系,他指出,"希尔伯特空间即使是对于〔一切有界自轭算符的系统〕作为一个空间也显得不太合适,因为存在有系统的纯粹态,它们不能按通常方式用希尔伯特空间的半射线来代表。"[①]因此,齐格尔不依靠希尔伯特空间而发展了一种谱论,它说明了定态量子理论的主要特征。齐格尔的公理化系统从概念来看是很简单的,虽然从数学观点来看并不太简单;值得注意的是,这种概念上如此简单的公理化方法蕴涵着一个普遍的测不准原理的存在。齐格尔对这一特征是这样评述的:"因为这些假设是比较简单的,这就可以用来驳倒认为测不准原理是量子力学的表述过分复杂的反映的那种观点,而加强这种观点:这个原理是物理学中,或任何以定量测量为基础的经验科学中所固有的。"[②]

尽管有这些引人注目的结果,齐格尔的表述方法仍然有许多弱点。宾夕法尼亚大学的舍尔曼[③](从 1964 年起在印第安纳大学)在 1956 年证明了齐格尔的假设 6 是多余的。舍尔曼,还有加

---

①　531 页注②文献,p.930。

②　同上,p.931。

③　S. Sherman, "On Segal's postulates for general quantum mechanies," *Annals of Mathematics*, **64**, 593—601(1956).

州大学(伯克利分校)的罗登斯莱格①也独立地通过建造适当的模型证明,形式积的分配性(尽管没有任何已知的物理理由说明它必然成立,但它却是实际用的量子力学形式体系中所需要的一个条件)不能从齐格尔的假设推出。舍尔曼和罗登斯莱格研究了齐格尔的可观察量系统和一个 C^* 代数的自轭元素之间的关系。特别是罗登斯莱格得到了可观察量系统是一个 C^* 代数的必要充分条件。

8.5　公理方法

虽然如我们前面所述,齐格尔的工作是对量子力学的近代的 C^* 代数理论的发展的一个重要贡献,但是马基的公理方法对量子逻辑的更近代的发展,也是一个重要性不亚于它的贡献。马基是赖斯学院(1938 年获得学士学位)和哈佛(1939 年获得硕士学位,1942 年获得博士学位)的毕业生,从 1943 年起在哈佛执教。当他在 1955 年夏天在芝加哥大学担任访问教授时,他遇到了齐格尔,后者当时是芝加哥的数学教授。马基仔细地熟悉了齐格尔的工作,特别是他的讲义"研究基本粒子和它们的场的一个数学方法"②,这份讲义是在他的 1948 年的论文的基础上写成的。它又

---

① D. B. Lowdenalager, "On postulates for general quantum mechanics," *Proceedings of the American Mathematical Society* **8**, 88—91(1957).

② 芝加哥大学,1955。

是齐格尔对 1960 年夏季应用数学讲习班所作的报告[①]的出发点，这次讲习班是美国数学会于 1960 年 7 月底在科罗拉多大学安排的，其明确目的是加强数学家和物理学家之间的接触。康乃尔大学的数学家卡克[M. Kao]为讲习班致开幕词，题为"一个数学家对物理学的看法：是什么把我们分开了，又是什么会使我们走到一起来"。除此之外，马基也向这届讲习班呈交了一篇论文，他在文中讨论了群表示理论同量子力学的关联[②]。马基的工作下面马上就要讨论，它是一个现代数学家遵循卡克所宣扬的那种精神，对当代理论物理学发展作出贡献的一个出色的例子。

在齐格尔的影响下，马基决定详细研究量子力学的公理方法和量子逻辑方法。在 1960 年春季学期里，他在哈佛开了一门关于量子力学的数学基础的课，它的讲义由他的学生们（包括兰赛）编辑以油印本印行。在后来几年里马基对这些讲义作了订正和改进，最后出版了一本书[③]。

马基和齐格尔相反，把他对量子力学的公理化建立在两个原始（无定义的）概念上：可观察量和态。他的方法可以概述如下。

属于每一物理系统，有可观察量的一个集合 $\mathfrak{O}$ 和态的一个集

---

① I. E. Segal, *Mathematical Problems of Relativistic Physics* (American Mathematical Society，Providence，R. I.，1963).

② G. W. Mackey, "Group representations in Hilbert space," 文献 143 的附录，pp.113—130。

③ G. Mackey, *Lecture Notes on the Mathematical Foundations of Quantum Mechanics* (Havard University，1990，油印本)；*Mathematical Foundations of Quantum Mechanics* (Benjamin，New York，1963)，俄译本 (1965)；又见 G. Mackey,"Quantum mechanics and Hilbert space," *American Mathematical Monthly* **64**，45—57(1957)。

合 $\mathcal{S}$。令 $\mathscr{B}(R)$ 是实线 R 的全部波莱尔子集的集合。$p(A,\alpha,E)$ 之意义为在处于态 $\alpha \in \mathcal{S}$ 的系统上的一次对可观察量 $A \in D$ 的测量给出一个值在波莱尔集合 $E \in \mathscr{B}$ 中的几率,它形式上是一个纯粹的数学概念;它是从笛卡儿乘积 $D \times S \times \mathscr{B}$ 到闭区间 $[0,1]$ 中的一个映射。马基的前三个假设说,p 具有 $\mathscr{B}$ 上的一个几率测度的以下性质:

1. $p(A,\alpha,\varnothing^*)=0,\quad p(A,\alpha,R)=1,\quad p(A,\alpha,\bigcup E_j)=\sum\limits_j$ $p(A,\alpha,E_j)$,对于一切 $A \in \mathfrak{D}$、一切 $\alpha \in \mathcal{S}$ 和一切两两不相交的波莱尔集 E_j。

2. 若对于一切 α 和 E 有 $p(A,\alpha,E)=p(A',\alpha,E)$,则 $A=A'$。若对一切 A 和 E 有 $p(A,\alpha,E)=p(A,\alpha',E)$,则 $\alpha=\alpha'$。

3. 若 f 是 R 上的一个实值的波莱尔函数,$A \in \mathfrak{D}$,则 $\mathfrak{D}$ 中存在有 B,使得对一切 $\alpha \in \mathcal{S}$ 和一切 $E \in \mathscr{B}$ 有 $p(B,\alpha,E)=p(A,\alpha,f^{-1}(E))$。

由于假设 2,上面假设 3 中的可观察量 B 是由 A 唯一确定的,把它表示为 $f(A)$。下一假设保证了混合态的存在:

4. 若 $\alpha_j \in \mathcal{S}$ 及 $\sum\limits_{j=1} i_j=1$,其中 $0<t_j<1$,则存在有 $\alpha \in \mathcal{S}$,使得对一切 $E \in \mathscr{B}$ 和一切 $A \in \mathfrak{D}$,有 $p(A,\alpha,E)=\sum\limits_j t_j p(A,\alpha_j,E)$。唯一确定的 α 将用 $\sum t_j \alpha_j$ 表示。

在接着讨论其余的假设之前,我们必须先定义马基所称的"问题"(它们是姚赫的"是-非实验"或"是-非命题"的先驱):一个"问

---

*　　$\varnothing$ 代表空集。——译者注

题"Q 是一个可观察量,它的几率测度集中在 R 的两点 0 和 1,即对于一切 $\alpha\in\mathfrak{S}$,有 $p(Q,\alpha,\{0,1\})=\alpha_Q(\{0,1\})=1$。令 L 为一切问题的集合。L 不是空集。因为若 χ^E 是 $E\in\mathfrak{B}$ 的特征函数,则由上述假设 3 有 $\chi^E(A)\in L$ 对于一切 $A\in\mathfrak{D}$。这个问题将用 Q_E^A 表示。由 $p(Q,\alpha,\{1\})$ 在 L 上定义的函数 $m_\alpha(Q)$ 导出 L 中的一个半序关系:

$Q_1{\leqslant}Q_2$ 当而且仅当 $m_\alpha(Q_1){\leqslant}m_\alpha(Q_2)$　　对于一切 $\alpha\in\mathfrak{S}$。

于是,就可以按通常方式定义最大下界 $Q_1\cap Q_2$ 和最小上界 $Q_1\cup Q_2$,如果它们存在的话。$1-Q$(由于上面的假设 3 它是一个可观察量)和 Q 一样也是一个问题,这个问题得出结果 0(或者"非"),如果 Q 得出 1(或者"是"),反之亦然。若 $Q_1{\leqslant}1-Q_2$ 或者等当地若对于一切 $\alpha\in\mathfrak{S}$ 有 $m_\alpha(Q_1)+m_\alpha(Q_2){\leqslant}1$,则 Q_1 和 Q_2 是不相交的,$Q_1\perp Q_2$;在这种情形下将 $Q_1\cup Q_2$ 写成 Q_1+Q_2。为了保证一个给定的问题序列是一个问题,马基引进下一个假设:

386

5. 若 $Q_1,Q_2,\cdots$ 是两两不相交的问题的一个序列,则 $Q_1+Q_2+\cdots$ 存在。

这个假设的问题的唯一性由假设 2 推出,当而且仅当各个问题 Q_1 中至少有一个得出"是"时,这个问题也得出"是"。卡迪逊[R. V. Kadison]证明了,它是一切 Q_j 的最小上界。

仿效马基,我们把一个从 $\mathfrak{B}$ 到 L 的映射 $q:E\to q_E$ 称为一个问题定值测度[question-valued Measure],如果它满足以下条件:

a. $E\cap F=\varnothing$ 蕴含着 $q_E\perp q_F$。

b. $E_j\cap E_k=\varnothing(j=k)$ 蕴涵着 $q_{E_1\cup E_2\cup\cdots}=q_{E_1}+q_{E_2}+\cdots$

c. $q_\varnothing=0$ 及 $q_R=1$。

显然,对于任何,$A \in \mathfrak{O}$,Q_B^A 是一个问题定值测度,它唯一确定可观察量 A。因此可观察量同某些问题定值测度一一对应。马基的第六个假设把这个关系推广到一切问题定值测度:

6. 若 q 是一个问题定值测度,则存在一个可观察量 A,使得对一切 $E \in \mathfrak{B}$ 有 $Q_B^A = Q_E$。

认识到 $Q \rightarrow 1-Q$ 是 L 中的一个正交取补 $Q \rightarrow Q'$,我们看到,马基的前六个假设保证了一个系统 $\langle \mathfrak{O}, \mathfrak{S}, p \rangle$ 的概念等价于一个正交有补半序集 $\mathfrak{O}$ 的概念,马基仿照伯克霍夫和冯·诺伊曼,把它叫做这个系统的逻辑。不需要进一步的关于 $\mathfrak{O}$ 的结构的假设,就可以发展出一个谱论。我们仿照马基,定义实线的一个波莱尔集 E 是 A 零测度的[1],如果 $Q_E^A = 0$ 或者等价地 $\alpha_A(E) = 0$(对一切 α $\in \mathfrak{B}$)的话。全部 A 零测度的开区间的并集 O_A 本身是一个开集,它也有 A 零测度。由不在 O_A 中的全部实数组成的闭集 S_A 是 A 的谱,$Q_{(\varphi)}^A \neq 0$ 的全部点 x 的集合是 A 的点谱 P_A。若 P_A 是一个其补有 A 零测度的波莱尔集,则 A 有一个纯粹点谱。量子理论的量子化规则是某些可观察量具有非空点谱的结果。

总结马基的前六条假设的内容,我们可以说它们蕴涵着下述结论:对于每一个物理系统,可以有一个半序的正交有补集合 $\mathfrak{O}$ 与之相联系,它使得可以把可观察量等同于实线的波莱尔集上的 $\mathfrak{O}$ 定值测度[$\mathfrak{O}$-valued measure],把态等同于 $\mathfrak{O}$ 上的几率测度,并且允许推导出量子力学的一些定理,而不必求助于希尔伯特空间

---

① 　A 零测度[A measure zero]即关于 A 为零测度。——译者注

的概念。

　　由于前面的六个假设既适用于经典力学也适用于量子力学，因此必须引进一条假设来表述量子力学的独特的特征。为了这个目的，让我们跟随马基，考虑任何两个问题是否可以同时有答案。Q_1 和 Q_2 是可以同时有答案的，如果存在有三个不相交的问题 R_1, R_2 和 Q_3，使得有 $Q_1 = R_1 + Q_3$ 及 $Q_2 = R_2 + Q_3$。然后可以证明，如果任何两个问题是可以同时有答案的，则 $\mathfrak{L}$ 是一个布尔格，反之，如果 $\mathfrak{L}$ 是一个布尔格，则任何两个问题可以同时有答案。但是，因为在马基看来，经典力学和量子力学的根本区别就在于在量子力学中并不是所有的两个问题都可以同时有答案，因此就可以推出，$\mathfrak{L}$ 不能具有一个布尔格的结构。为了不仅仅从反面表述出 $\mathfrak{L}$ 不是什么而且还要从正面说出 $\mathfrak{L}$ 是什么，马基作了下述假定(后来把它叫作马基的"希尔伯特空间公理")：

　　7. $\mathfrak{L}$ 同一个可分的无穷维希尔伯特空间 $\mathscr{H}$ 的一切(闭)子空间的半序集同构。

　　如马基和角谷静夫[Shizuo Kakutani]所证明的，这种同构关系总可以这样选取，使得若 Q 对应于 $\mathscr{H}$ 的一个子空间 X，则问题 $1-Q$ 对应于 X 在 $\mathscr{H}$ 中的正交补 $X^\perp$。因为 $\mathscr{H}$ 中的投影 P 又同 $\mathscr{H}$ 的子空间一一对应，因此问题和投影也一一对应。

　　为了决定问题上的哪种测度应当被看作状态，马基对每个问题 Q 考虑表达式 $m_\varphi(Q) = (\varphi, P\varphi)$，其中 φ 是 $\mathscr{H}$ 中的一个单位矢量，P 是和 Q 对应的投影。显然，m_φ 是 $\mathfrak{L}$ 上的一个几率测度。任何凸线性组合 $\gamma_2 m\varphi_1 + \gamma_2 m\varphi_2 + \cdots$（其中 $\gamma_j \geqslant 0$，$\sum \gamma_j = 1$，φ_j 是单位矢量）也是 $\mathfrak{L}$ 上的一个几率测度，并且根据格里森的定理，每个

几率测度都是这样一个组合。虽然预先并没有理由假定,所有这些测度都表示态,但是可以证明,正如马基借助于格里森定理所表明的,只要引入下述假设它们就都代表态:

8. 若 Q 是任何一个不为 0 的问题,那么存在有一个态使 $m(Q)=1$。

容易看到,在问题上规定 m_φ(其中 φ 是 $\mathscr{H}$ 中的单位矢量)形式的测度的态都是纯粹态,并且没有别的态是纯粹态,由此可以推出,$\varphi \to m_\varphi$ 是 $\mathscr{H}$ 的单位矢量到纯粹态的一个一对一的映射,只要当 $|c|=1$ 时 φ 等同于 $c\varphi$(因此 $m_\varphi = mc_\varphi$)。我们看到,问题和 $\mathscr{H}$ 中的投影是一一对应的,因此可以等同起来。此外,由于每个可观察量都规定一个问题定值测度,也被一个问题定值测度所规定,而且一切问题定值测度都出现,由此可得可观察量同 $\mathscr{H}$ 中的投影定值测度一一对应,而后者根据谱定理又是同自轭算符一一对应的。把这些对应关系联结起来,我们就得出结论:可观察量同自轭算符一一对应。

在这样建立了可观察量同一个可分的希尔伯特空间中的自轭算符之间的一一对应以及纯粹态同希尔伯特空间的一维子空间之间的一一对应关系之后,马基得出结论说,在一维子空间 S 所定义的纯粹态中,算符 A 所定义的可观察量的几率分布由 $E \to (\varphi, P_E^A \varphi)$ 给出,其中 φ 是 S 中的一个单位矢量,P^A 是根据谱定理同 A 相联系的投影定值测度,因而 P_E^A 是同问题"这个可观察量的值在波莱尔集 E 中吗?"相联系的投影。

马基的最后一个假设 9 是关于态随时间的变化的,它通过一个从 $\mathfrak{S}$ 到 $\mathfrak{S}$ 的变换的单参量半群来表述,这个变换保持着凸组合,并且自然地导出含时间的薛定谔方程。由于主要是因为马基对量子静力学(即在一特定时刻的态与可观察量之间的关系)的讨论方法才使他的工作成为后来对公理化量子力学和量子逻辑的研究的一个重要框架的,因此我们将不对他的量子动力学公理9进行任何详细讨论,而我们对马基的工作的介绍也到此为止。

当然人们立即看到,引出上述的集合ℜ的马基的前六条假设,是自然的和物理上言之成理的,但是他的第七个假设,"希尔伯特空间公理",则是很特别的并且没有任何物理上的正当理由。实际上,在马基的书出版之前,他的一个学生齐尔勒[①]就已经在他的哈佛大学博士学位论文中讨论过这一争论点。虽然马基的前六条公理可以减弱一些甚至数目也可以减少[②],但是希尔伯特空间公理看来却怎样也不能换成一个物理上完全有道理的假定。在这个方向的最高成就也许是马琴斯基最近所得到的结果。马琴斯基曾在华沙学习化学和数学(1966年获得博士学位),并在加利福尼亚的斯坦福大学做过一些研究工作,在他参加听莫林[K. Maurin]于1966年在华沙大学开的物理学中的数学方法的课程(这门课是依据马基的方法的精神)时,他像他的工作在这一领域的波兰同事一样,对量子逻辑发生了兴趣。在1968年访问了伊利诺斯大学之

----

①　N. Zierler,"Axioms for non-relativistic quantum mechanics,"*Pacific Journal of Mathematics* **11**,1151—1169(1961),重印于文献7—106中。

②　见 M. J. Maczyński,"A remark on Mackey's axiom system for quantum mechanics", *Bulletin de l'Académie Polonaise des Sciences*(*Série des sciences mathématiques*,*astronomiques et physiques*)**15**,583—587(1967),及 S. Gudder and S. Boyce,"A comparison of the Mackey and Segal models for quantum mechanics",*International Journal of Theoretical Physics* **3**,7—21(1970).

后,马琴斯基特别对格论定理的物理诠释感兴趣。

为了理解马琴斯基对马基的希尔伯特空间公理的处理,首先必须讲一下,麦克拉仑[①]还有皮朗[②]也独立地于 1964 年建立了下述定理:若 L 是一个不可约完全正交有补原子格,它满足覆盖条件(即:若 a 是一个原子,b 是 L 的一个元素,满足条件 $a \bigcap b = 0$,则 $b < b \bigcup a$),并且它的长度 $\geqslant 4$(即:L 中存在有元素 $a_1, a_2, \cdots,$ a_n 使得 $0 < a_1 < \cdots < a_n = 1$,并且 $n \geqslant 4$),则存在着一个具有对合反自同构的可除环 K,并且在 K 上存在一个具有确定厄密形 f 的向量空间 $\mathscr{H}'$,使得 L 同 $\mathscr{H}'$ 的子空间的格同构。如果能够证明马基的逻辑 $\mathfrak{L}$ 满足对 L 所加的条件,那么希尔伯特空间公理也许能够换成一个较简单的假设,由这条假设可以把向量空间 $\mathscr{H}'$ 等同于一个希尔伯特空间 $\mathscr{H}$。

马琴斯基证明了,这个方案的确是可以实现的。借助雨宫一郎和荒木富士弘[③]所证明的下述定理:一个内积空间(前希尔伯特空间,pre-Hilbert space)的子空间的格,当而且仅当这个空间是一个希尔伯特空间时,才是一个正交模格,马琴斯基[④]能够证明,不

① M. D. MacLaren, "Atomic orthocomplemented lattices," *Pacific Journal of Mathematics* **14**, 597—612(1964).

② C. Piron, "Axiomatique quantique," *Helvetica Physica Acta* **37**, 439—468 (1964).

③ I. Amerniya and H. Araki, "A remark on Piron's papers," *Publications of the Research Institute for Mathematical Scicnces. Kyoto University Series* **A2**, 423—427(1966).

④ M. J. Maczyński, "Hilbert space formalism of quantum mechanics without the Hilbert space axiom," *Reports on Mathematical Physics* **3**, 209—219(1972).

必假设希尔伯特空间公理,只要引进他所说的"复数域假设"(即由 L 确定的可除环 K 是复数域)就够了。由于在实现这个方案时,马琴斯基略为改变了马基的前六条公理的说法,因此他必须确保,这样的重新表述并不损害它们的物理合理性。为此,他定义一个陈述为在物理上是基本的,如果它可以借助于代数符号、逻辑联结词和关于 $\mathfrak{D},\mathfrak{S}$ 及 $\mathfrak{B}(R)$ 的元素或其子集的量词而只用几率函数 $p(A,\alpha,E)$ 表示的话;并且能够证明,马琴斯基的全部公理的确是以在物理上是基本的陈述的形式表示出来的——只有复数域假设是例外,"它的正确性只能靠它发展成的理论所给出的预言与实际一致来验证"。马基的第七条假设的特殊性质被减弱了,但未完全除去。

主要由于马基的原故,从 1960 年前后以来,量子力学的基础特别是量子逻辑,成了数学家、物理学家和逻辑学家之间合作进行的一项深入细致的研究的题目。日内瓦量子逻辑学派的盟主姚赫,由于同马基的讨论和通信而受到强烈的影响[1]。瓦拉达拉詹也是于 1961 年夏天在西雅图的华盛顿大学听马基的课时受到鼓励在这个领域工作的;他是加尔各答大学的毕业生(1959 年获得博士学位),曾任普林斯顿大学的助理研究员,1965 年到洛杉矶的加利福尼亚大学数学系任教,后来他写了一本极为渊博和深奥的关于研究量子力学的格论方法的著作[2]。当然,马基的书里用了

---

[1] 7 页注[2]文献(1968,序言,p.VII)。

[2] V. S. Varadarajan, *Geometry of Quantum Theory* (Van Nostrand, Princeton, N. J., 1968).

这么多的数学例如抽象代数、点集理论、拓扑学、测度论、泛函分析以及格论,并不是用来作为学生的教科书的。波士顿的物理学家罗曼[1]在一个数学刊物上关于此书的书评中说得对:"能够把这本书读下去并且真正从中受益的学生人数少到近于零"。

　　具有数学和哲学倾向的物理学家立即就认识到,应用严格的数学是使得任何逻辑分析简单化而不是复杂化,因为它使人们明确区分了诠释的语法问题和语义问题;此外,它还精确地澄清,为了推导出某个对诠释有用的结论,必须作什么假设。举个例子。冯·诺伊曼[2]在 1931 年曾对分立谱的情况证明过一条对于联合几率分布问题很重要的定理:如果一些自轭算符对易,那么一定存在一个自轭算符,这些对易的自轭算符都是它的函数。这一定理经发现单从"逻辑"就可以推导出来,只依靠问题(或"是-非实验")的正交有补半序集,而完全不用希尔伯特空间。

391　　　此外,马基在他的书里还提出[3],只依靠前六条假设就能证明,如果 A 和 B 是两个有公度的(commensurable)可观察量,那么还存在有第三个可观察量 C 和从 R 到 R 的波莱尔函数 f 和 g,使得 $A=f(C)$ 及 $B=g(C)$。瓦拉达拉詹[4]甚至在马基的书印刷出版之前就已指出,限制没有这么严的"逻辑"前后关系已足以证

――――――――――

①　*Mathematical Reviews* **27**,1044―1045 (1964).

②　448 页注①文献。

③　535 页注③文献(1963,pp.70―71)。

④　V. S. Varadarajan,"Probability in physics and a theorem on simultaneous observability," *Communications on Pure and Applied Mathematics* **15**,189―217 (1962),特别是 p.206(定理 3.3)。

明这个定理。不过普耳[①]在其学位论文中指出,还有兰赛[②]也独立地用反例表明,瓦拉达拉詹关于有公度的可观察量的一个可数集的推广的证明是错误的。但是如果假设"逻辑"是一个格,那么这个定理对可数多个可观察量的情形也是成立的,如瓦拉达拉詹[③]曾证明过的那样。

马基的方法对哲学思考所产生的影响的一个例子是斯坦因的工作,他是开土[Case]大学的一个科学哲学家。斯坦因的结论明显是以马基的研究为根据的,他在其著作中[④]争辩说,虽然关于量子力学的意义还存在有未解决的问题(指的是有关物理世界的问题),但是并没有什么量子力学所特有的、关于这一理论的认识论诠释的困难;量子力学的概念结构远不是不严密的或者混乱的,在斯坦因看来,它表现出一种"真正不可思议"的内在的一贯性。

尽管有那些可以只从命题演算(或问题)的"逻辑"就推得的初看似乎很有希望的结果,但是很快就清楚的是,量子逻辑理论的真正发展要求知道这个"逻辑"是一个格。由于这个逻辑是正交有补的,如果假设每一对问题都有一个最大下限,那么这一点就会得到

---

① J. C. T. Pool,"Simultaneous observability and the logic of quantum mechanics",博士学位论文,艾奥瓦大学(1963)。

② A. Ramsay, "A theorem on two commuting observables",*Journal of Mathematics and Mechanics* **15**,227—234(1966).

③ 543 页注②文献。

④ H. Stein,"Is there a problem of interpreting quantum mechanics?" *Nous* **4**,93—104 (1970);"On the conceptual structure of quantum mechanics",载于 *Paradigms and Paradoxes*,332 页注④文献(pp.367—438)。

保证。实际上,古德尔[①]和齐尔勒[②]以及皮朗[③]采用这个要求作为一个假设,尽管缺乏充分的物理理由[④]。反之,麦克拉仑[⑤]则假设任何两个有界的可观察量之和是一个唯一的可观察量,从而把量子逻辑同代数方法联结起来,代数方法在邓布洛夫斯基和霍内费尔的一篇重要的然而知道的人很少的论文[⑥]中,在盖尔芳德[Гепьфанд]的交换巴拿赫代数的表示理论的基础上,也同时得到了重大的改进。从历史的观点来看,所有这些公理化中影响最大的无疑是皮朗的工作。

皮朗于 1956 年在洛桑大学的综合技术学院得到物理学家-工程师文凭,在该校当助教,教画法几何。他在 1959 年 2 月听了姚赫、芬克耳斯坦和斯派瑟在 CERN(欧洲原子核研究中心)所开的关于四元数量子力学的课。皮朗通过这次听课,才首次得悉伯克霍夫和冯·诺伊曼关于量子逻辑的论文,并且试着根据它来表述互补性的观念。姚赫很快就把他请到日内瓦大学物理系。在皮朗

---

① S. Gudder, "A generalized probability model for quantum mechanics," 博士学位论文,伊利诺斯大学(1964)。

② N. Zierler, "On the lattice of closed subspaces of Hilbert space," Technical Memorandum TM-04172, Mitre Corporation, Bedford, Mass.(1965).

③ C. Piron, "Axiomatique quantique," 学位论文,洛桑大学(1963)。

④ 见 491—493 页上注文献关于合取式的类似问题。

⑤ 493 页注①文献。

⑥ H. D. Dombrowski and K. Horneffer, "Der Begriff des physikalischen Systems in mathematische Sicht," *Göttinger Nachrichten* (*Mathematische-Physikalische Klasse*), **1964**, no.8, 67—100.

的公理系统中[①],如同在伯克霍夫和冯·诺伊曼的公理系统中一样,实验命题的集合也是被描绘为一个完全正交有补格,但是与他们的公理系统相反,这个集合一般不是一个模格。为了证明这一点,皮朗讨论如下。在一个无穷维希尔伯特空间中,(闭)子空间 $S_{a\cup b}$ 不是[②](非空的)子空间 S_a 和 S_b 的线性和,而是也包含有 S_a 和 S_b 谁也不包含的极限矢量。若 φ 是这样一个极限矢量,若 S 和 S_b 不相交,并且若 S_c 是 S_a 的矢量与 φ 生成的子空间,则 $S_{b\cap c}$ 只包含零矢量。因而 $a\cup(b\cap c)=a$ 并且 $(a\cup b)\cap c=c$,这表明子空间的格不是模格[③]。

为了克服下述反对意见,即:既然并不是每个投影都必然是一个命题,那么命题的格仍然可以是模格,皮朗考虑对应于可观察量 p(动量)或 q(位置)的谱的有界区间的谱投影算符的例子,它们肯定是可以承认的命题,皮朗证明,对应于有界不相交的区间并且覆盖 p 和 q 的谱的投影,它们的交集和正交补所生成的完全格绝不会是模格。根据关于命题的相容性及其原子性的附加论据,皮朗得出结论:对应于"是-非实验"的可观察量的集合的结构是一个弱模(正交模)正交有补原子格的结构。仿照马基,他定义一个物理

---

①　皮朗的学位论文"Axiomatique quantique"发表于 *Helvetica Physica Acta* **37**,439—468(1964),也有过私下传阅的英译文,题为"Quantum axiomatics",译者为 M. Cole.

②　S_a 表示与命题 a 相联系的子空间。关于所涉及的数学又见 P. R. Halmos, *A Hilbert Space Problem Book* (Van Nostrand, Princeton, N. J., 1967), p.8 及 p.175(问题 8)。

③　伯克霍夫在其论文"Lattices in applied mathematics"(文献 28,1961)中提出了这个格的精确本性的问题,但是没有回答。见 p.162(25 行):"我们将很有兴趣地想知道……"。

系统的态为这个格到区间$[0,1]$的一个内射$w(a)$,使得有

$$(1)\ w(\emptyset)=0,(2)w(I)=1,(3)w(a)=w(b)=0$$

$$\text{蕴涵}\ w(a\bigcup b)=0,\text{及}$$

$$(4)w(\bigcup a_j)=\sum w(a_j)\quad \text{对于两两不相交的}\ a_j。$$

由于态的这一定义含有几率,因此只适用于统计系综而不适用于单个系统,姚赫和皮朗[1]在 1969 年将这个定义修改如下:一个量子力学系统的态是一切真命题的集合,这里一个命题是定义为等价的"是-非实验"的类,并且当而且仅当对应的等价类的任何(因而每一)"是-非实验"都肯定给出测量结果为"是"时,这个命题为真。通过证明:对于每个态S,命题$\bigcap\limits_{a\in S} a$ 也包含在S 中并且是一个原子,因此每个命题(谬命题除外)至少含有一个原子,姚赫和皮朗就论证了他们的最后主张是有道理的,根据姚赫在他的书里[2]详细说明的这一主张,一切量子力学"是-非实验"的命题系统是一个完全、正交有补、弱模原子格,此外,它还是不可约的,并且满足覆盖定律。

394　　　　哈佛和日内瓦的量子逻辑学派的工作实质上是伯克霍夫和冯·诺伊曼的观念的一种加工,而在德国,主要是米特尔施特,却发展了一种不同的方法,这种方法源自洛仑岑[P. Lorenzen]的所谓操作逻辑[operative logic]。米特尔施特在耶拿学习之后,参加了洛仑岑在波恩的讲习班,然后于 1956 年在哥丁根在海森伯的指

---

① 　J. M. Jauch and C. Piron,"On the structure of quantal proposition systems," *Helvetica Physica Acta* **42**,842—848(1969).

② 　7 页注②文献。

导下就理论原子核物理学中的一个问题写了他的博士学位论文。在哥丁根，米特尔施特也参加了冯·威扎克关于量子力学基础的讲习班(1954—1956)，在这个过程中他对量子逻辑发生了兴趣。在 CERN 和慕尼黑的普朗克研究所做过一阵研究工作后，他到慕尼黑大学任教，他关于量子逻辑的主要研究就是在那里发表的。

米特尔施特[①]的量子力学哲学是从把经典物理学中同量子力学中的实体[substance]概念作一个本体论的区别开始的。米特尔施特回顾了实体观念从亚里士多德经过笛卡儿到康德的发展，康德对"事物"[thing]的实体的看法表现在他的下面一段话中[②]："每一件事物，就其可能性而言，则又遵从'完全确定原理'，按照这个原理，如果把事物所有一切可能的谓词[predicate]连同其矛盾对立面都取来，那么每一对矛盾对立面中必有其一属于此事物"；他指出，康德的这种实体观虽然对经典物理学是正确的，但是在量子力学中，却不能不受限制地应用。由于只有那些其值不依赖于测量顺序的属性，我们把它们赋予在其上进行测量的客体才是有意义的，并且由于只有这些属性才能被看成是"客观的"(客体或实体中固有的)，因此在经典物理学中，可以像康德那样把实体看作

---

① P. Mittelstaedt, "Untersuchungen zur Quantenlogik", *Sitzungsberichte der Bayerischen Akademie der Wissenschaften* **1959**, 321—336; "Quantenlogik", *Fortschritte der Physik* 9, 106--147 (1961); *Philosophische Probleme der modenen Physik* (Bibliographisches Institat, Mannheim, 1963, 1965, 1968)，第 4,5,6 章。

② I. Kant, *Critique of Pure Reason*, 英译者 N. K. Smith (Macmillan, London, 1929)，p.488. 中译本：《纯粹理性批判》，蓝公武译(生活·读书·新知三联书店，1957)第 414 页。引文译文有修改。

固有性与存在性[inherence-and-subsistence]的一个先验范畴*,因为在经典物理学中一切属性都满足这些条件。

只要我们仅限于考虑相容的可观察量,那么实体范畴的应用(亦即属性的客观化)在量子力学中也可以贯彻下去,甚至比在经典物理学中还更有效,因为一个单一的量即态矢量就表征了客体。但是,如果考虑一个量子系统的所有一切可测量的属性(可观察量),那么在古典逻辑的框架内便不可能有客观化。因为如果已经肯定知道一个系统具有属性 A,并且如果又对一个和 A 不相容的属性 B 进行测量,并发现这个系统具有属性 B,那么系统具有 A的几率现在就会小于1(肯定地)。观察者原来所具有的关于此系统的知识,就这样通过获得新加的信息而失去了,这个结论与古典逻辑的"无限制的适用性"[unrestricted availability]的原理矛盾,如果假定属性能够客观化的话。但是,因为这个原理在逻辑上独立于其他的逻辑假设,米塔尔施特提出,人们可以通过使用一种其中不含这一原理的逻辑,来试图挽救一切可测量的属性的可客观化的性质。

这使米特尔施特去研究逻辑在自然界中的正确性[①],特别是在可以用量子理论的陈述来描述的那部分时空实在中的正确性。为了避免由于量子理论的表述本身也是以逻辑为基础而引起的循环推理的危险,也为了避免下述反对意见,即:所讨论的逻辑是一

---

* 康德在《纯粹理性批判》的范畴表中,把固有性与存在性(实体及属性)归入关系的范畴中。——译者注

① P. Mittelstaedt,"Über die Gültigkeit der Logik in der Natur,"*Die Naturwissenschaften* **47**, 385—391(1960).

个只能由经验来验证的依条件而定的理论(如果所提到的逻辑是例如像希尔伯特和阿克曼所公理化的那种形式逻辑,就可能提出这样的反对意见),米特尔施特按照洛仑岑[①]的做法,求助于逻辑的操作解释。

按照洛仑增[②]的看法,逻辑定律并不是一些适应于特定的事实范围的任意的形式化的断言,而是一些规则,其证据来自对证明这些断言的各种可能性的考察。若 a,b 和 c 是有程序可以证明它们为真的基元命题,那么它们可以通过蕴涵运算→结合起来。若某人断言 $a→b$,那么他就有义务在 a 能够或已经被证明的情况下证明 b;同样,如果一个"提议者"断言 $(a→b)→(c→d)$,那么他就有义务在他的"对手"能够证明 $a→b$ 的情况下证明 $c→d$。于是这个证明就采取提议者与对手之间的一场对话的形式。如果提议者有一个策略,它不论基元命题的实际内容如何,都能保证提议者在一切情况下赢得对他的对手的胜利,那么他的断言就是一个逻辑陈述,或更精确地说,一个"有效逻辑"陈述。例如, $a→(b→a)$ 是一个逻辑陈述,如以下的对话所表明的:

提　议　者　　　　　对　　　手　　　　　396

1. $a→(b→a)$　　　　2. a

---

①　P. Lorenzen, *Einführung in die operative Logik und Mathematik* (Springer, Berlin and Heidelberg, 1955); *Metamathematik* (Biblio-graphisches Institut, Mannheim, 1962).

②　关于操作逻辑的历史根源和随后的发展(在 1956—1960 年间)见 P. Lorenzen, "Operative Logik", 载于 *Contemporary Philosophy*, Vol.1, R. Klibansky, ed.(La Nuova Italia Editrice, Firenze, 1968), pp.135—140。

3. 为什么有 a? 　　　　4. a 的证明

5. $b \rightarrow a$ 　　　　　　6. b

7. 为什么有 b? 　　　　8. b 的证明

9. a 　　　　　　　　10. 为什么有 a?

11. 见 4

由于对手已经以他自己的武器(a 的证明)被挫败了,并且提议者赢得了这场较量的胜利,不论命题 a 和 b 的具体内容为何,因此上述的 1 是一个逻辑陈述。显然,上面用了无限制地适用的原理,因为在这场对话的一步(如 4)上证明过的一个断言,被假定在对话的以后任何一步(如 11)上也都保持有效。如果提议者断言的是合取式 $a \wedge b$,那么他就有义务证明 a 与 b 二者;如果他断言析取式 $a \vee b$,那么他就应当证明两个基元命题中的至少一个。

下面 10 个永远能够由一个提议者成功地加以辩护的陈述 L_1 至 L_{10} 构成所谓肯定逻辑演算(其中 → 是命题的一部分,而 ⇒ 则属于元语言,例如,$X \Rightarrow Y$ 表示若命题 X 是可以推导的则命题 Y 也是可以推导的):

L_1. $a \rightarrow a$

L_2. $a \rightarrow b, b \rightarrow c \Rightarrow a \rightarrow c$

L_3. $a \wedge b \rightarrow a$

L_4. $a \wedge b \rightarrow b$

L_5. $c \rightarrow a, c \rightarrow b \Rightarrow c \rightarrow a \wedge b$

L_6. $a \rightarrow a \vee b$

L_7. $b \rightarrow a \vee b$

L_8. $a \rightarrow c, b \rightarrow c \Rightarrow a \vee b \rightarrow c$

$L_9.\ (a \bigwedge (a \rightarrow b)) \rightarrow b$

$L_{10}.\ a \bigwedge c \rightarrow b \Rightarrow c \rightarrow (a \rightarrow b)$

为了推广肯定逻辑,引入(庸)断言 V 和(谬)断言 Λ,根据定义,前者是永远不会出问题的,而后者如果在对话中被人断言,就会使断言的人输掉这场对话。最后,按照直觉主义的方法用 $a \rightarrow \Lambda$ 来定义 $\rceil a$(非 a)。再加上两个附加的断言

$L_{11}.\ a \bigwedge \rceil a \rightarrow \Lambda$

$L_{12}.\ a \bigwedge b \rightarrow \Lambda \Rightarrow b \rceil a$

有效逻辑的演算就完全了。大家将会注意到,断言

$L_{13}.\ \Lambda \rightarrow a \bigvee \rceil a$　　　(排中律)

是不能用对话方式证明的。但是,因为可以证明,经典物理学的陈述和相容的可观察量的量子物理学的陈述都满足 L_{13},它可以同 L_1 到 L_{12} 联合起来以构成经典逻辑 L_c。L_c 的结构是一个布尔格的结构,以 $\rceil a$ 为 a 的补。

米特尔施特然后提出了一个问题:当涉及不相容的可观察量时,L_c 在量子力学中是否也有效呢? 他的回答是这样的:如果预先知道所讨论的陈述是相容的还是不相容的,经典逻辑就仍然有效,不过它的某些定律不能应用了。如果预先没有对陈述作出这样的分类,并且一切可测量的量都同样地当作"非正常的"("improper")客体或实体的可客观化的属性来对待,那么 L_c 的某些定律就不再有效了。那些仍然有效的就构成他所谓的量子逻辑 L_q。

米特尔斯特主张,L_c 的某些定律失效,是因为无限制地适用的原理对不相容命题不再成立。例如,回想 $a \rightarrow (b \rightarrow a)$ 的对话证明过程,但不假设 a 和 b 相容,我们看到,提议者不再能在(11)中

让对手去参考(4),因为有了(8)中对 b 的证明之后,在(4)中所得到的系统状态可能已被破坏了。同一个经典物理学中的命题相反,一个量子力学命题 a 只有有限制的适用性,要在对话式证明中"引述"它,只有当在 a 的证明和后来对它的引述这两步之间所证明的一切命题都同 a 相容才行。这条规则对于对话式证明的可能性施加了很大的限制,米特尔施特称之为"可公度性定则",并把满足这一定则的、可由对话来证明的蕴涵式,如 L_1 到 L_9,叫做可由量子对话证明的蕴涵式。L_{10} 不是可由量子对话证明的,如果把它换成

398　$Q_{10}.\ a \wedge c \rightarrow b \Rightarrow (a \rightarrow c) \rightarrow (a \rightarrow b)$

就得到了肯定量子逻辑。若此外再把 L_{12} 换成

$Q_{12}.\ a \wedge b \rightarrow \Lambda \Rightarrow (a \rightarrow b) \rightarrow \neg a$

肯定量子逻辑就成为有效的。

最后,由于根据米特尔施特的看法量子力学命题的属性保证了排中律的有效,排中律同有效量子逻辑的结合就完成了量子逻辑的建立,量子逻辑的结构是一个正交有补模格的结构。

米特尔施特用他的量子逻辑来分析双缝实验,以 a 表示命题"粒子到达屏上某处",以 b 表示命题"粒子穿过上面的缝",他指出,$a \rightarrow (a \wedge b) \vee (a \wedge \neg b)$ 这个陈述虽然在古典逻辑中成立,但是在量子逻辑中不成立。但是,米特尔施特补充说,如果把这个结果解释为摈弃了排中律[*tertium non datur*],则将是一个错误;排中律断言的是 $V \rightarrow b \vee \neg b$,它在量子逻辑中也仍然有效,并不涉及发现系统处于一个确定状态的事实,上述陈述中的命题 a 正表示这个事实。对于上述这个相似的、但在量子逻辑中不成立的陈述,米

特尔施特提议把它叫做"相对于 a 的排中律"。米特尔施特认为,错误地把"相对"排中律同"绝对"排中律等同起来,正是德斯图舍斯-费芙蕾或赖欣巴赫所提出的错误地摈弃逻辑的二值性的原因。

米特尔施特否认 $a \rightarrow (b \rightarrow a)$ 在量子逻辑中成立,这受到了许布纳的非难,许布纳是基尔[Kiel]大学的一个哲学家,但当时是柏林理工大学哲学系主任。按照许布纳[1]的意见,这个命题断言:"如果 a 已被证明,则若证明了 b,便也证明了 a"。许格纳争论说,因此,如果 a 未能被证明,这个命题仍是成立的,因为它只在 a 已经得到证明的情况下才断言某种东西;而如果 b 的证明破坏了 a 的成立,那么,这是前提又不成立了,而命题仍然有效;它在一种给定情况下是否可以应用并不影响它的成立。此外,许布纳还问道,一个具有先验特征的(如米特尔施特明确承认的那样)逻辑的一部分,怎么可能会随着人们具有或者不具有量子力学的经验知识而成为假的或不能用的?

维也纳的科学哲学家尤霍斯[2]也批评米特尔施特的推理,其理由是:一个逻辑命题,即使它是涉及某个一定时刻 t 的,在任一个别的时刻 t' 都保持它的真假值(t 时刻的)不变,因为逻辑命题的真假值是与时间无关的。在尤霍斯看来,米特尔施特所主张的

399

<hr>

[1] K. Hübner, "Über den Begriff der Quantenlogik", *Sprache im technischen Zeitalter* **12**, 925—984 (1964), 关于一个更一般性的批评,这个批评声称米特尔施特通过求助于直觉主义的逻辑而混淆了数学的基本问题同物理学的基本问题,并且他把互补性的物理假设当作仿佛是一个逻辑规则来处理,见 W. Stegmüller, 文献 63, p.459。

[2] C. Juhos, *Die erkenntnislogischen Grundlagen der modernen Physik* (Duncker and Humblot, Berlin, 1967), pp.234—237.

一个一度被宣布为有效的命题可以失去其"有效性",是一个四名
谬论*型的谬误。最后,卡尔斯卢赫[Karlsruhe]大学的伦克①责
备说,米特尔施特关于蕴涵式 $a \rightarrow b$ 的量子逻辑定义("如果 a 已
由一次测量证实,则 b 总可以由一次适当的测量来证实")根本不
能用于 $a \rightarrow (b \rightarrow a)$ 中的第一个蕴涵式,因为 $a \rightarrow b$ 本身并不是一个
可用测量来检验的基元命题。此外,由于每一次物理的测量都与
一个确定的时刻 t 有关,伦克主张,所讨论的命题应当读为 $a(t_1) \rightarrow$
$[b(t_2) \rightarrow a(t_1)]$,这表明米特尔施特混淆了测量过程的时间顺序
与对话中不同阶段的逻辑顺序。所说的米特尔施特的这一误解,
对伦克来说,正是他的总的主张的另一个论据,这个主张就是:迄
今试过的一切用哲学的理由来论证"古典逻辑必须换成某种形式
的量子逻辑才能胜任近代物理学"的试图都已失败了。

8.6　量子逻辑和逻辑

　　为了分析关于量子逻辑同一般的逻辑之间的关系的各种更新
的观点,让我们接着讨论前面已进行过部分讨论的这一问题:量子
逻辑究竟是否有可能取代通常的逻辑? 虽然如上所述,伯克霍夫

---

　　*　四名谬论[quaternio terminorum]:一种逻辑谬误,在三段论中具有四项而不是
三项时发生,因为这时中项(在大前提和小前提中都出现的共同概念)的意义是含糊不
清的,具有两种不同的意义。——译者注

　　①　H. Lenk,"Philosophische Kritik an Begründungen von Quantenlogiken"*Philosophia Naturalis* 11,413—425(1969),它是以 1968 年 9 月 4 日在维也纳的第 14 届
国际哲学会议上发表的一篇讲稿为基础的:*Kritik der logischen Konstanten*(Walter
de Gruyter, Berlin, 1968)pp.611—618。

和冯·诺伊曼的开创性论文中的某些话似乎表明,这两位作者相信他们已奠定了一种新逻辑的基础,但是大多数后来的量子逻辑学家只把他们的"逻辑"看作辖域[scope]有限的一种演算,而不是看成一种唯一正确的正式的逻辑。人们争议说,一方面声称某种非标准逻辑对于量子力学理论的有效性,而同时却对量子力学计算应用以标准逻辑为前提的通常的数学,这是自相矛盾的。为了避免这种矛盾,就必须在所提议的非标准逻辑的框架内建立一个完全公式化的理论,不但包括逻辑原理和物理原理,而且包括要用的数学原理,这一规划"同罗素和怀特海写《数学原理》[*Principia Mathematica*](1910—1913)有些相似,虽然要更艰巨得多",麦金赛和苏珀斯一次曾这样说过[①]。

正是出于这些理由,约尔丹在 1959 年把量子逻辑的辖域明确地限于关于物理系统的态的各个陈述之间的可能联系的定律,并补充说,这样定义的"逻辑"是一门经验科学,因为只有经验才能告诉我们,可能的陈述的哪种组合才属于一个物理系统[②]。皮朗一直坚持,他为之进行过公理化的格论方法并不构成一种新逻辑,而只是在通常逻辑的框架内对演算规则的一种形式化,1964 年,他

---

① J. C. C. McKinsey and P. Suppes,对 P. Destouches-Février 的 *La Structure des Théories Physiques* 一书的书评,载于 *Journal of Symbolic Logic* **19**,52—55 (1954)。

② P. Jordan,"Quantenlogik und das kommutative Gesetz,"载于 *The Axiomatic Method*,L. Henkin,P. Suppes,and A. Tarski,eds.(North-Holland Publishing Company,Amsterdam,1959),pp.365—375。约尔丹的量子逻辑观最近得到 B. C. van Fraassen 的赞同,在他看来,"每个建立量子逻辑的试图都是试图阐明和显示各个基元陈述之间的语义学关系。"见 B. C. van Frassen,"The labyrinth of quantum logic",*Boston Studies in the Philosophy of Science*,**13**,224—254,(1974)。重印在文献 7—106 中。

举出了一个新的并且更专门的论据来支持他的主张。他写道[①]，"某些作者想要在前面这些公理中看到一种新逻辑规则，但是这些公理只是一些演算规则，并且通常的逻辑可以应用，而不必作任何修正。"为了证明他的论点，皮朗指出，次序关系 $a \leqslant b$ 是古典逻辑中的条件语句"如果 a 则 b"在格论中的类推，它同在古典逻辑中不一样，本身并不是一个新命题。

为了充分理解这一点对于量子"逻辑"是否能够用作通常理解的那种意义下的逻辑这一问题的重要性，必须想到，人们总是把逻辑定义为不仅是对命题的结构、而且是对演绎推理或论证的结构的研究。实际上，亚里士多德的《分析前篇》（这篇著作包括了他关于逻辑的最成熟的思想）的开头一句"我们的探究的主题……是论证"[②]就表明，他评价逻辑的主要标准是它所提供的对论证的结构的洞察。容易看到，后来的绝大多数逻辑学家也都持有这样的观点。为了使逻辑推理形式化，必须有一个演绎规则，这个规则一般表述如下：若 p 为真并且若 p 蕴涵 q，则 q 为真。而这又使得必须把条件语句"若 p，则 q"看作一个命题，因为否则的话就不能说一个条件语句与其前项的合取会得出后项。这一点看来麦加拉[Megaric]的哲学家斐洛（Philo，最盛期约在公元前 300 年）早已充分理解了，他是狄奥多拉斯[Diodorus Cronas]的门徒[*]。斐洛

401

---

① 547 页注①文献(p.441)。

② Aristotle, *Analytica Priora*, 24a10.

* 麦加拉，希腊古代一地名，公元前四世纪左右，麦加拉的攸克里德斯[Euclei-des]和狄奥多拉斯等创立了麦加拉学派，特别擅长于形式逻辑，以对亚里士多德的批评和对斯多噶学派的影响而闻名。——译者注

用下面的话对条件真理下了一个功能的定义，他说，它是"可靠的，除非它以一个真理开始而以一个谬误结束。"①

这个条件蕴涵，即所谓斐洛条件蕴涵或实质蕴涵（material implication，这是罗素和怀特海的用语），用 ⊃ 或 → 表示，在任何可以容纳基元推理格式的命题演算中，它本身都必须是一个命题；所谓基元推理格式，例如用肯定来肯定的推理[*modus ponendo ponens*][$(p→q)\&p$]→q，或用否定来否定的推理[*modus tollendo tollens*][$(p→q)\&\sim q$]→$\sim p^{*}$。把这一结果应用到量子力学命题演算 L_q，就必然会得出结论，只有当 L_q 使两个命题 a 和 b 联系于第三个命题，而这第三个命题代表着蕴涵式 $a→b$ 的时候，L_q 才有资格称为一种逻辑。不过还应记得，在 L_q 中，$a\leqslant b$ 表示一个蕴涵式，因为它意味着只要 a 为真则 b 亦为真。但是不幸的是，正如皮朗在他的学位论文中所指出的，"虽然 $a\leqslant b$ 是逻辑蕴涵 $a→b$ 的类比，但是不能把 $a\leqslant b$ 看成一个命题，因为它不是一个是-非判决实验[ce n'est pas une mesure du type oui-non]；因此不能给予表示式 $a\leqslant(b\leqslant c)$ 以任何意义，而这个表示式应当是逻辑中完全确定的关系式 $a→(b→c)$ 的对应物"。在皮朗看来，这是量子力

---

① Sextus Empiricus, *Pyrrhoneiae Hypoltyposes* 2, 110; *Outlines of Pyrrhonism* (Loeb edition) (W. Heinemann, Harvard U. P., Cambridge, 1959), Vol. 1, pp. 220—221. 关于对条件式的本性的早期争论的历史，见 W. Kneale and M. Kneale, *The Development of Logic* (Clarendon Press, Oxford, 1962, 1968), pp. 128—138。

＊　肯定推理格式，或译假言推理格式，从一个假设前提或条件前提出发的推理格式，若前项被肯定则后项亦被肯定：若 A 为真，则 B 为真；但 A 为真，因此 B 为真。否定推理格式，从一个条件命题出发的推理格式，若后项被否定，则前项被否定：若 A 为真，则 B 为真；但 B 为假，因此 A 为假。——译者注

学命题格 L_q 为什么不能称为一种逻辑的原因之一。

姚赫和皮朗还举出了进一步的论据[①]。他们以关于光子偏振态的简单命题格为例表明，同可以用命题"非 a 或 b"定义的实质蕴涵 $a \rightarrow b$ 相反，关系 $a \leqslant b$ 是不能无矛盾地用命题 $a' \cup b$ 来定义的。他们也注意到了法依证明的一条定理[②]，根据这条定理，任何唯一正交有补格 L，若对于 L 中的一切 $a, b, c, a' \cup b = 1$ 及 $b' \cup c$ $= 1$ 蕴涵着 $a' \cup c = 1$，则 L 是一个分配格因而是一个布尔格。

姚赫和皮朗还表明，求助于一种多值量子"逻辑"将是毫无用处的。更精确地说，他们表明，对于一个希尔伯特空间中的各个子空间的格，条件式 $p \rightarrow q$（它在一种无穷多值逻辑中的真假值由 $[p \rightarrow q] = \min\{1, 1 - [p] + [q]\}$ 给出，其中 $[p]$ 和 $[q]$ 各自是 p 和 q 的真假值）是不能被定义为一个是-非实验的。同二值逻辑的情况类似，这个蕴涵式也可以用作一个演绎定律，这一点来自下述事实：$[p] = 1$ 和 $[p \rightarrow q] = 1$ 蕴涵着 $[q] = 1$。

格里歇和古德尔[③]对姚赫和皮朗所获得的结果作了有意义的推广，把它推广到正交模性半序集 L。考虑 L 上态 m 的一个次序确定的集合 $S \left(S \text{ 中若含有 } m_1 \text{ 和 } m_2，\text{则也包含 } \frac{1}{2} m_1 + \frac{1}{2} m_2 \right)$，并且把 L 中的 a, b 称为一个"条件"对，如果 L 中存在一个元素 c，使

① 490 页注①文献。

② G. Fáy, "Transitivity of implication in orthomodular lattices," *Acta Universitatis Szegediensis* (*Acta Scientiarum Mathematicarum*) **28**, 267—270(1967).

③ R. J. Greechie and S. P. Gudder, "Is a quantum logic a logic?" *Helvetica Physica Acta* **44**, 238—240(1971).

得对 S 的一切 m 有 $m(c)=\min\{1,m(a')+m(b)\}$；然后他们定义 L 为"条件"的，如果它的每一对元素都是"条件"对。格里歇和古德尔然后再证明，当而且仅当 L 为 $\{0,1\}$ 时，它才是"条件"的。

但是，姚赫和皮朗所宣布的结论，即因为 $a'\cup b$ 在非布尔格中不能解释为蕴涵式，而除非这种格可以容纳一个蕴涵式，它们就不能解释为逻辑，并不是有充分把握的。因为可以想象，$a'\cup b$ 的一个适当的推广，即一个在布尔格中化为 $a'\cup b$ 的延拓，将对非布尔格精确起着 $a'\cup b$ 对布尔格所起的作用。实际上，洛仑增的一个学生富克斯[①]曾假设过这样一种推广，而冯·威扎克的一个学生昆斯缪勒[②]则在模格的情况下给出了这一推广的明显形式。同样的推广即 $a'\cup(a\cap b)$ 也可以在正交模格的情况下用于此目的，这是米特尔施特在 1970 年所证明的[③]，他用 $a'\cup(a\cap b)$ 定义二元运算 $q(a,b)$［或用米特尔施特原来的记号 $b\urcorner a$，并且证明当而且仅当 $a\leqslant b$ 时 $q(a,b)\simeq 1$。的确，若 $a\leqslant b$ 或 $a\cap b=a$］，则 $a'\cup(a\cap b)=a'\cup a=1$ 或 $q(a,b)=1$；反之，若 $1=q(a,b)=a'\cup(a\cap b)$，则通过对 $a\cap b\leqslant a\leqslant(a')'$ 应用拟模性条件，有 $a\cap b=a\cap[(a\cap b)\cup a']=a\cap 1=a$ 或 $a\leqslant b$；但是 $a\cap q(a,b)\leqslant b$ 正是格论的假言推理［*modus portens*］。米特尔施特还根据类似的理由证明，可以把可公度性关系解释为一种运算，依靠这种运算，关于可公度性的

403

①　W. R. Fuchs, "Ansätze zu einer Quantenlogik", *Theoria* **30**, 137—140(1964).

②　H. Kunsemüller, "Zur Axiomatik der Quantenlogik", *Philosophia Naturalis* **8**, 363—376(1964).

③　P. Mittelstaedt, "Quantenlogische Interpretation orthokomplementärer quasi-modularer Verbände," *Zeitschrift für Naturforschung* **25a**, 1773—1778(1970).

命题就成了格的元素。正交模性的假设对于这两个证明都是必需的。这些结果显然同皮朗和姚赫所得出的结论不一致,附带说一句,直到 1972 年春,米特尔施特还不知道他们的结论。

在笔者让米特尔施特注意到这种不一致之后,他决定更深入地研究这个问题。他为此在慕尼黑的普朗克研究所度过了 1972 年的夏天,并得到以下的结论[①]。

在古典逻辑中,假设同每两个命题 a,b 有一个蕴涵式 $c(a,b)$ 与之相联系,它满足以下的条件:(1)$a\bigcap c(a,b)\leqslant b$ 及(2)若 $a\bigcap x\leqslant b$,则 $x\leqslant c(a,b)$;然后可以证明(3)$c(a,b)$ 是唯一的,(4)$c(a,a)=1$,(5)当而且仅当 $c(a,b)=1$ 时 $a\leqslant b$,及(6)这种逻辑是分配的。在希尔伯特空间的子空间的格或量子力学命题的格 L_q 中,不可能存在这样的 $c(a,b)$,因为 L_q 不是分配的。但是,对于 L_q 的每一对 a,b,在 L_q 中存在一个元素 $q(a,b)$——"拟蕴涵式",它满足以下的条件:(1′)$a\bigcap q(a,b)\leqslant b$,(2′)若 $a\bigcap x\leqslant b$,则 $a'\bigcup(a\bigcap x)\leqslant q(a,b)$;然后可以证明(3′)$q(a,b)$ 是唯一的,实际上,它就是 $a'\bigcup(a\bigcap b)$,(4′)$q(a,a)=1$,(5′)当而且仅当 $q(a,b)=1$ 时 $a\leqslant b$,及(6′)这个格是正交模格(或用米特尔施特的术语是拟模格)。由于可以证明 $q(a,b)$ 是可递的,意即从 $q(a,b)=1$ 和

①　P. Mittelstaedt,"On the interpretation of the lattice of subspaces of the Hilbert space as a propositional calculus", *Zeitschrift für Naturforschung* **27a**,1358—1362(1978);"Zur aussagenlogischen Interpretation des Verbandes der Teilräume des Hilbertraumes,"在慕尼黑的"量子力学基础"讨论会上的讲演,1972 年 7 月 17—18 日;E. W. Stachow,"Logical foundation of quantum mechanics", *Internatincal Journal of Theoretical Physics* **19**,251—304(1980)。

$q(b,c)=1$ 有 $q(a,c)=1$,并且由于在布尔格的情况下 $q(a,b)$ 化为 $c(a,b)$,米特尔施特便认为 $q(a,b)$ 是古典蕴涵式的一种方便的推广[鉴于(3′)、(4′)和(5′)],即使同 $a\leqslant c(b,a)$ 相反,$a\leqslant q(b,a)$ 并不普遍成立。此外,米特尔施特还指出,(6′)表明(1′)和(2′)是能够加之于 $q(a,b)$ 上的最强的条件,因为它们是正交模性的必要充分条件。

在姚赫领导下的日内瓦学派看来,量子"逻辑"在意义上和功能上和通常的逻辑有根本的不同,前者是由归纳得出的经验事实的形式体系化,而后者是对命题结构的意义的分析,它"在所有情况下都是正确的,甚至成了正确一词的同义反复"[1]。这两种逻辑不应被具有的特征(这些作者认为它们是造成许多混淆的原因),所共同解释为本质上的等同或功能上的可互换性的表现。同样,米特尔施特[2]也再三强调形式逻辑和量子"逻辑"之间的区别;对于量子力学中的某些命题,由于它们只有有限的适用性 [*beschränkter Verfügbarkeit*]这一原逻辑的[protological]性质,形式逻辑(有效逻辑)对它们不再能适用了,这一事实并不影响逻辑的先验特征。甚至他对菲洛的条件式当作一种量子逻辑操作的格论形式体系化,也应当被看成是量子"逻辑"范围之内的一种手段,而不涉及两种逻辑之间的关系。

同上面这些观点截然相反,一些理论家则提议,把量子"逻辑"看成一种正式的和成熟的新逻辑,经验要求它取代古典的逻辑。他

①　7 页注②文献(Jauch,1968,p.77)。
②　549 页注①文献(1968,Chap.6,pp.162—201)。

们用来论证其观点的理由,与逻辑的相对性的早期倡议者们所提出的理由相似。他们之中一个最雄辩的提倡者是理论物理学家芬克耳斯坦,他于1950年在麻省理工学院获得博士学位,曾在史蒂文斯理工学院、并于1960年起在贝尔弗[Balfer]研究院和纽约大学任教,根据他的观点,根本没有什么先验的、普适的逻辑这回事;逻辑和几何学一样,也经历了一个演化过程,它的第一个重大的革命性变化或他所称的"决裂"①,就是对分配性的摈弃——正如传统的欧几里得几何中的第一次决裂是摈弃欧几里得的第五公设*一样。

　　和广义相对论推翻欧氏几何一事的类比,似乎也对普特南从原来拥护赖欣巴赫的解释转向这些新观念起着重要的作用。他声称②,

---

　　①　D. Finkelstein,"Matter, space and logic,"*Boston Studies in the Philosophy of Science* **5**, 199—215(1969).

　　*　即平行公设。——译者注

　　②　H. Putuam,"Is logic empirical?"*Boston Siudies in the Philosophy of Science* 5, 216—241(1969).参看 R. Butnick 对这篇文章的批评,"Putnam's revolution",*Phil. Sci.* 38,290—292(1971)。同 Butnick 相反,巴布最近对普特南的文章表示无保留的赞同,用巴布的话来说,这篇文章把他从教条主义的沉睡中唤醒。它促使巴布把统计理论的完备性问题重新表述为证明理论中固有的两种代数结构之间存在某种同构的问题。他区分了对希尔伯特空间的作用的统计诠译和逻辑诠释,前者取希尔伯特空间为统计态空间,而后者则把希尔伯特空间各子空间的部分布尔代数看作幂等量的代数结构(赋予它的可能值域以几率)。巴布争辩说,统计诠释在量子力学的情形下并不导致所要求的同构,因此意味着量子力学是不完备的;统计诠释的动机只不过是下述偏见,认为逻辑的布尔特性是先验的。但是,如果否定了逻辑的这一先验的特征,"那么量子力学作为一个完备理论的一个实在论诠释就要求对希尔伯特空间的逻辑诠释。"巴布声称他已证明,一旦放弃了逻辑是先验的和布尔的这个假设,就能得出量子力学的完备性。见 J. Bub,"On the completeness of quantum mechanics,"载于 *Contemporary Research in the Foundations and Philosophy of Quantum Theory*(Proceedings of a conference held at the University of Western Ontario, London, Canada), C. A. Hooker, ed.(Reidel, Dordrecht, 1973), pp.1—65。

过去曾被看成是逻辑的"必然真理"的东西,后来可以根据经验的
理由被判明原来是假的。他在波士顿讨论会上的讲话中宣称[①]：　405
"我认为逻辑学中的认识论形势同几何学中的认识论形势之间完
全相似。"为了克服下述反对意见,即几何概念(如"直线")是有操
作意义(测地线或光线的路程)的,而逻辑概念如联结词"与"或
"或"则没有这种意义,普特南提到芬克耳斯坦的工作[②],其中实验
命题通过蕴涵关系的偏序[③]以及逻辑联结词是在操作"检验"(滤
波器)的基础上定义的。普特南主张,正如摈弃欧氏几何使爱因斯
坦能够摆脱万有引力之类的宏观矛盾一样,只要放弃古典逻辑的
分配定律,各种微观矛盾便也随之迎刃而解。他通过对"互补性案
例"(如双缝实验和位垒佯谬)的分析表明了这一点。

　　此外,在普特南看来,通常所说的"量子力学非决定性"也可以
从分配性的摈弃中得到一个简单的证明。例如,若 $q_1, q_2, \cdots, q_n$
是一个粒子可能的位置,$p_1, p_2, \cdots p_n$ 是它的可能的动量,那么,
虽然 $q_1 \cup q_2 \cup \cdots q_n$ 和 $p_1 \cup p_2 \cup \cdots \cup p_n$ 真是量子逻辑中成立
的陈述,但是合取式 $q_i \cap q_j$ 不成立。普特南争辩说,若是知道 t_0
时刻的 q 值,我就能够推演出 $t(>t_0)$ 时刻的 q 值,因为存在有一

---

①　同上(p.234)。

②　D. Finkelstein, "The logic of quantum physics," *Transactions of the New York Academy of Sciences* **25**, 621—637(1962—1963)；"The physics of logic,"International Centre for Theoretical Physics, Trieste, IC/68/35(1968)。

③　假设对应于每种物理属性 P_i 有一个"检验"(滤波器)T,使得若一系统具有属性 P_i,它就"通过"T_i。于是蕴涵式 $P_i \leqslant P_j$ 的操作定义就相当于证明,每一个从假设具有 P_i 的总体[population]中所取的大样本[large sample]系统都"通过"检验 T_j。

406　个么正变换 $q(t_0) \to q(t) = Uq(t_0)$。但是为什么我不能预言 t 时刻对 p 的测量结果呢？答案在于 $q(t_0)$ 同 $p_j(t_0)$（对一切 j）是不相容的，虽然 $q(t_0)$ 同 $(p_1(t_0) \cup p_2(t_0) \cup \cdots \cup p_n(t_0))$ 并不是不相容的。简而言之，虽然一个粒子，即使是位置已知的粒子，在任何时候都有一个动量，但是不能预言它在 t 时刻的动量值的原因，是由于对它在 t_0 时刻的动量值的无知。普特南得出结论说，"量子力学与其说是非决定论的，倒不如说是决定论的，因为它之所以不能预言是由于无知。"[①]在他看来，不确定性不是由于定律是非决定论性的所引起的，而是因为这些态本身虽然在逻辑上是最强的真实陈述，却并不包含对一切物理上有意义的问题的答案。

从芬克耳斯坦和普特南所理解的那种量子逻辑的观点看来，"几率"和"测量引起的干扰"同量子力学并没有什么特殊联系，而是和经典物理学中同样的原因和同样的程度存在于量子力学中。例如，他们宣称，那种主张一次动量测量"带来了"p 的终值的诠释，是建立在错误的假设之上的，这个错误假设就是：如果一个粒子的位置 q_i 已知，那么由于所有的 $q_i \cap p_j$ 都为假，$q_i(p_1 \cup p_2 \cup \cdots \cup p_n)$ 为假；换句话说，如果一个粒子具有确定的位置，那么它就没有动量，因而测量过程必须把它"造"出来。从 $(q_i \cap p_1) \cup (q_1 \cap P_2) \cup \cdots \cup (q_i \cap p_n)$ 为假推论出 $q_i \cap (p_1 \cup p_2 \cup \cdots \cup p_n)$ 为假，因而测量"造"出某个 p_k 这一观念的根源，就是非法的分配性

---

① 564 页注②文献（p.230）。

假设。

1968 年 10 月，在科学哲学协会于匹兹堡召开的两年一次的会议上，普特南就他的观念讲了一次话，他在讲话中提出挑战，要求他的听众找出，他支持量子逻辑各个原则的推理和论证的表述是否有任何前后矛盾之处。当时在福特汉[Fordham]大学的希兰也是听众之一，他接受了挑战，试图用普特南来反驳普特南[①]。普特南正如赖欣巴赫以前的做法一样，是沿着下面的线索来建立他的论证的：(1)量子逻辑和古典逻辑二者之中必有一个是正确的；(2)古典逻辑为假(如果不承认隐变量、不承认"哥本哈根的二重思维*"和类似概念的话)；(3)因而量子逻辑是正确的。因此普特南所用的推理方案如下：

$$p \cup q$$
$$\underline{\sim q}$$
$$p \qquad\qquad (5)$$

但是希兰指出，这种推理的方案或模式，正是在量子逻辑中不成立的模式之一。为了使他的论点清楚，希兰把 p 解释为命题"电子的自旋向上"，q 为命题"电子的自旋在水平方向向左"；于是叠合 $p \cup q$ 张出了整个自旋空间，因而一定为真；但是 $\sim q$ 意味着自旋是在水平方向向右，而不是从古典逻辑所应推出的向上。于是，这种否定推理模式[modus tollens]在量子逻辑中便失效了，因此，希兰声称，普特南对量子逻辑的论证所依靠的推理模式正是他那种

407

---

① 492 页注①文献。

* 哥本哈根的二重思维(Copenhagen double-think)，在这里是用作对哥本哈根学派的互补性观念的一个带贬义的称呼。——译者注

量子逻辑所否定的。

希兰还责备芬克耳斯坦和普特南所提议的方案意义不明确，因为它不是建立在直言命题［categorioal proposition］之上，而是建立在"如果进行某种检验，那么这个系统将会通过这一检验"这种形式的虚拟条件式之上。希兰说，量子逻辑所谋求揭露的"自然界的逻辑"，必定是建立在断言类型的经验命题之上，而不是建立在违背真实的条件式之上。希兰本人对这个问题的观点可以用他自己的话小结如下："我并不否认，一种特殊的量子逻辑在量子物理学中有它的一席地位，但是我是把它摆在关于条件的元关系语言［meta-context-language］的水平，在这种条件下，具体的量子事件语言［event-language］可以适用，而不是像关于量子逻辑的一些作者所习惯做的那样，把它摆在量子事件语言本身的水平。"①

芬克耳斯坦和普特南基本上是从量子力学来推出新逻辑的②，而渡边慧（他的最终的出发点不是物理学或哲学而是信息论）则是从新的逻辑来推出量子力学，据他声称这种新逻辑的本性是建立在非量子的考虑之上的。渡边慧是东京大学的毕业生（1933 年获得博士学位），又是巴黎大学的物理学博士（1935），他从 1937 年到 1939 年在莱比锡大学当博士后研究助理［postdoctoral fellow］，在 1940 年进入韦恩［Wayne］州立大学，然后加入纽约的 IBM［国际商业机器公司］研究实验室，在耶鲁大学和哥伦比亚大学任教之后，于 1966 年到夏威夷大学任教。伏见康治是他从

---

①　见 492 页注①文献（p.9）。

②　见 564 页注②文献（1969，Chap.5"量子力学的世界观"）。

中学一年级到大学最后一年的同窗好友,前面说过,伏见曾试图根据原子物理学中的经验事实来建立量子逻辑,而不求助于精心制作的量子力学形式体系;在伏见的影响下,渡边慧也在探索尽可能一般的论据以证实非分配逻辑。早在 1948 年,在发表在一本日文的逻辑手册①中的一篇讨论非布尔逻辑的论文中,他认为这种逻辑的应用领域超出了原子物理学的范围。在他于 1956 年在 IBM 实验室和 1959—1960 学年秋季在耶鲁大学的物理研究院所作的一系列关于量子逻辑的讲演中,他对这些想法作了发挥②,并且引进了函数 $f(A/a)$,我们马上就要看到,这个函数在他的理论中起着基本的作用。他在 1959 年③和 1960 年④甚至提议把这种新逻辑应用于灵-肉问题。

408

渡边慧在他于耶鲁所作的关于物理信息论的讲演中指出,通常的逻辑与布尔格之间的同构是下述事实的结果,即通常逻辑的各条定律可以从特征函数 $f(A/a)$ 推出,如果客体 a 属于类 A,这个函数之值为 1,如果客体 a 不属 A,函数之值为 0;这个类被理解为一个谓词 p_A 的扩张,即 $A=\{x\,|\,x$ 有谓词 $p_A\}$。如果假定在每

---

① *Handbook of Philosophy* (Kawade Shobo, Tokyo, 1950)(日文,原书名及出版者未查到)。

② 耶鲁的讲演首先是用油印的形式出版的,它的内容发表在下文中:S. Watanabe,"Algebra of observation",*Supplement of the Progress of Theoretical Physics*, *Nos.* **37 & 38**, 350—367(1966),并在下一书中得到进一步的发挥:S. Watanabe, *Knowing and Guessing* (Wiley, New York, London, 1969), Chapters 7 and 9。

③ S. Watanabe, "Comments on key issues," 载于 *Dimensions of Mind*, S. Hook,'ed.(New York U. P., New York, 1960),pp.143—147。

④ S. Watanabe,"A model of mind-body relation in terms of modular logic,"*Synthese* **13**,261—301(1961).

一时刻,每个谓词都一一对应于一个满足这个谓词的完全确定(固定)的客体集合——渡边慧把这个假定叫做"确定(或固定)真值集合假设",最近①又称之为"弗雷格原理"②——那么 f 的值 1 和 0 就明确确定;如果是这样,命题演算就可以归结为集合论的各个公理,因而自动地成为布尔性的。

　　芬克耳斯坦和普特南把古典逻辑受到违反或"决裂"的日期,定为从玻尔引入互补性开始,并且由伯克霍夫和冯·诺伊曼发现量子力学命题演算的非分配性而被充分揭露;但按照渡边慧的看法,则弗雷格原理连同布尔逻辑早在伽利略的时代就已经出问题了,当时把事物的性质区分为"第一性的性质"[primary quality] 和"第二性的性质"[secondary quality],前者如广袤、形相或运动,假设它们是独立于观察者的,后者如色、香、味,用洛克的话来说,它们"不是客体本身中的什么东西,而是客体的第一性的性质在我们心中产生不同感觉的能力"③。渡边慧争论说,这时特征函数就不只是依赖于 a 和 A,而且也同第三个参量即观察者 x 有关。但

---

　　①　S. Watanabe,"Logic,probability and complementarity,"在纪念尼尔斯·玻尔研究所五十周年的专门讲习班上的讲话。

　　②　渡边慧用德国数学家和哲学家弗雷格[G. Frege]的名字来命名这个假设,因为弗雷格是头一个讨论(并怀疑)这个假设的人:"或许我们必须假设存在有这样的情形,在这种情形下,一个无可指摘的概念却没有相应于它的类作为它的扩张?"见 G. Frege,*Grundgesetze der Arithmetik* (H. Pohle, Jena, 1893—1903; G. Olms, Hildesheim, 1962) Vol.2, p.254; *Translations from the Philosopincal Writings of Gottilob Frege*, Translated by P. Geach and M. Black (Blackwell, Oxford, 1952),p.235。

　　③　J. Locke, *Escay Concerning Human Understanding* (London, 1690).参看《十六——十八世纪西欧各国哲学》(三联书店,1958 年)第 247 页。

是,这个挑战不算严重,通过规定关于 x 的精确状态,或者把具有不同的 x 值的类区分为不同的类,很容易挽救弗雷格原理。弗雷格原理后来又受到罗素的著名悖论的非难,即关于一切不含自己的集合的集合 S 的悖论。看来没有哪个完全确定的客体集合同谓词"不包含自己"相对应;因为既要完全确定,这样一个客体集合就得要么包含 S 要么不含 S,但是不论哪种情况都导致矛盾。但是,兰西和蒯因所发展的罗素本人的"类型论"[theory of types],以及别的对悖论的解答(策梅洛、A. Fraenkel、冯·诺伊曼)再次挽救了弗雷格原理。

当科学随后面临这样的局面,即客体和观察者的相互作用达到了这种程度,使得观测的行为带来对客体的不可控制的干扰时(如同在许多心理学测验或在量子力学中那样),弗雷格原理就不再能够保持了。渡边慧承认,实际上,对这个原理的最致命的一击,是量子力学所带来的。在这时,逻辑和概率论可以重建在所谓"佩尔斯原理"[1]上,根据这个原理,蕴涵是人类推理的最基本的运算。渡边慧曾详细说明,合取和析取以及非分配格的所有定律,都可以从蕴涵(→)的观念推出。例如 $a \bigcap b$ 渡边慧就定义为元素 c,它满足(1) $c \to a$ 及 $c \to b$,(2)若 $x \to a$ 及 $c \to b$,则 $x \to c$。渡边慧接着说,但是日常生活中我们的推理和判断,通常都是概率性的;因

---

① 其所以这样叫,是因为佩尔斯曾写道:"我从 1867 年起就主张,有着一个原初的和基本的逻辑关系,那就是演绎……"。见 C. S. Peirce, *Collected Papers*, Vol.3 (Havard U. P., Cambridge, Mass., 1933, 1960), p.279。

为一个人很难绝对肯定知道"如果 a 则 b"。于是渡边慧得出结论说,概率(更精确地说是条件概率)是先于逻辑的。实际上,若允许 $f(A/a)$ 在闭区间 $[0,1]$ 上连续变化,则蕴涵式可以用下述考虑来定义。积谓词 $C = BA$ 是一个这样的谓词,当而且仅当在检验 A 后立即检验 B 而发现 A 和 B 均为真时 C 才为真[即 $f(C/a) = 1$];若对于一切 a 有 $f(AA/a) = f(A/a)$,则称 A 为单纯的;两个单纯的谓词 A 和 B 称为相容的,若对于一切 a 有 $f(AB/a) = f(BA/a)$。然后称 A 蕴涵 B(即 $A \rightarrow B$),若 A 和 B 是单纯的,并且对一切 a 有 $f(AB/a) = f(BA/a) = f(A/a)$。这样定义的蕴涵关系是可递的和自反的。

　　根据前面的从蕴涵式导出合取式的步骤,渡边慧得到结论:$A \bigcap B$ 等价于无穷乘积 $\cdots ABAB \cdots$;由此,在引入被一切可能的谓词所蕴涵的谓词 1 和蕴涵一切可能谓词的谓词 0 之后,渡边慧就能够用德摩尔根[de Morgan]定则来定义析取式。从函数 $f(A/a)$ 这样导出的格 L 经发现一般为非分配的。但是如果在一种特殊情况下所有谓词都是相容的,那么 $A \bigcap B$ 归结为 $AB = BA$(A 和 B 是单纯的)并且格 L 是布尔格。在这样证明了新逻辑(如果限于一定的范围内)归结为通常的布尔逻辑之后,并承认存在着一个通常的逻辑仍然有效的推理领域,渡边慧就能够赋予通常的逻辑一种"元逻辑"的地位,通过这一元逻辑可以说明和"处理"新逻辑辑[1],这样就避开了希兰使普特南陷入的那个陷阱。

---

[1]　569 页注[2]文献(1969,p.450)。

渡边慧指出,在相容性假定下,方程 $f(A\bigcap B/a)+f(A\bigcup B/a)=f(A/a)+f(B/a)$ 连同 $f(0/a)=1-f(1/a)=0$(对一切 a 都成立)表明,f 满足一个概率函数的条件(σ 代数上的一个归一化的非负的测度),并且 f 在 0 与 1 之间的任何一个值可以解释为指的是 f 值为 0 或 1 的客体的一个混合。在相容性假定不存在的情况下,这些结论不再成立。假定这时至少还存在着一个客体 g,使得 $f(A\bigcap B/g)+f(A\bigcup B/g)=f(A/g)+f(B/g)$,并且若 $A\rightarrow B$ 但非 $B\rightarrow A$ 有 $f(A/g)<f(B/g)$,渡边慧借助于狄德金[Dedekind]的一条定理,证明这个格是模格;最后,把谓词 A 换成一个(有限维)希尔伯特空间中的投影算符 P_A(如所周知,这个空间的子空间构成一个模格),把客体 a 换成密度矩阵 $Z(a)=\sum w_i P_j$(态)[1],渡边慧导出了方程 $f(A/a)=T_r[P_A\cdot Z(a)]$,它就是冯·诺伊曼的统计公式。

我们看到,渡边慧建立量子力学的方法是建立在摈弃弗雷格原理的普适性之上的;在结束我们对这个方法的概述时,应当指出,查德[2]在发展他所谓的"模糊态"[fuzzy states]理论时,也采用了同一出发点,它导致特征函数的连续推广。至于渡边慧的逻辑观(在某些作者看来它是不明确的[3]),应当强调的是,他把逻辑看

411

---

[1] 详见 569 页注[2]文献(1969)及 S. Watanabe,"Modified concepts of logic, Probability, and information based on generalized continuous characteristic function," *Information and Control* **15**,1—21(1969)。

[2] L. A. Zadeh,"Fuzzy sets," *Information and Control* **8**,338—353(1965).

[3] 例如见 492 页注[1]文献(p.32)。

成基本上是经验的①,只要把"经验的"一词理解为包括了"生物在长期的进化过程中所学到的东西。"②

8.7　种种推广

一般说来,早期的量子逻辑学家是致力于分析经典物理学和量子力学的逻辑结构,分析它们的相似点和不同点,而较近的研究者则试图在一个统一的概念框架之内建立一个物理学的普遍理论,既包括经典物理学,也包括量子力学,说明为什么某些现象只受这两个"分支理论"之一的支配,并为一个理论从另一个理论中涌现提供言之成理的理由。不同的量子逻辑学派已经而且正在从事以此为目标的研究工作。皮朗③在 1970 年秋天在丹佛[Denver]大学作的一系列讲演中就提出过这样一个表述体系。

冯·威扎克④承担了一项哲学上更雄心勃勃的工作,试图从经验的前提条件导出一种统一的物理学。冯·威扎克同意柏拉图

---

① 见 S. Watanabe,"Logic of the empirical world,"在关于心理学中的哲学问题的国际会议上的讲演,Honolulu, Hawaii, 1968(未发表)。

② 渡边慧致笔者的信,1973 年 2 月 6 日。在这封信中渡边慧支持蒯因在下书中所表示的"自然主义"观点: W. V. Quine, *Ontological Relativity and Other Essays* (Columbia U. P., New York, London, 1969), pp.114—138。

③ 412 页注①文献。

④ C. F. von Weizsäckar,"The unity of physics",载于 *Quantum Theory and Beyond*, T. Bastin, ed.(Cambridge U. P., London, New York, 1971), pp.228—262; "Die Einheit der Physik"(特别是 §5: Die Quantentheorie), 载于 C. F. von Weizsäcker, *Die Einheit der Natur* (Carl Hanser Verlag, Munich, 1971), pp.129—275。

和休谟的看法,承认单靠经验是绝不能建立严格的规律的,他主张,经验所能为规律提供的唯一论证是康德的做法,把一般的规律看作是使经验成为可能的条件的表述。因此,冯·威扎克试图证明,正是经验的前提条件自然而然地导致一种统一的物理学的逻辑基础。在他看来,经验的最一般的先决条件是时间——因为经验的实质乃是"为了未来而向过去学习",而时间则将导出表示时间的命题的逻辑(时态逻辑,tense-logic),对它的分析提供了量子逻辑和客观概率理论的概念框架,后者只不过是时态逻辑(即关于时间的可判定的各种二者择一)的特殊表述。量子力学既然提供了一切可能的客体的运动规律,于是在冯·威扎克看来,它就是全部物理学的普遍基础,而经典物理学是通过引入不可逆性从它产生出来的,不可逆性是测量的一个前提条件,因而也是量子力学的语义学的一个前提条件。因为经典物理学"只是对适用于客体(就真正能够充分观察的程度而言)的量子理论近似的描述"。玻尔所坚持的量子力学只有用经典物理学的术语才在语义学上有意义,于是就是不言自明的了。

如同冯·威扎克所强调指出的,这个方案迄今尚未得到充分的加工。特别是,完善地重建量子力学所不可少的那些物理学基本概念,比如"态"或"变化",迄今尚未能从分析经验的前提条件导出。作为一种补缺的权宜之计,人们可以求助于公理化方法,建立一个足够推导出通常的量子力学的公理系统,而同时接受一种简单的诠释,这种诠释用的是从分析经验的前提条件所得出的概念。

威扎克的学生德里什纳[①],在附有某些限制(对一个有限维希尔伯特空间表述的有限域[finistic]量子理论)的条件下,已经实现了这项从公理建立量子力学的工作,所用的公理"限定的内容,并不比使任何物理科学可能成立的前提条件更多。"

路德维希及其在马尔堡[Marburg]大学的同事(G. Dähn, K. E. Hellwig, R. Kanthack, H. Neumann, Q. Stolz 等人),发起了一个就内容的广泛而言不亚于前者的计划,要在物理理论的一般的方法论的基础上重建量子力学。路德维希于 1943 年在柏林大学获得博士学位,1949 年成了西柏林自由大学的理论物理学教授,并于 1963 年到马尔堡大学执教。路德维希从一个看来并不太繁重的任务——修改他关于量子力学基础的著名教科书[②]——出发,他立即发现他面对着大量严重的方法论问题[③]。他认识到,只

413

① M. Drieshner, "Quantum mechanics as a general theory of objective predicton," 学位论文, University of Hamburg and Max-Planck-Inslitute, Munich, 油印本, 1969。"The structure of quantum mechanics: Suggestions for a Unified Physics," 收入 *Foundations of Quantum Mechanics and Ordered Linear Spaces*, A. Hartkämper and H. Neumann, eds.(Lecture Notes in Physics 29)(Spriuger-Verlag, Berlin, Heidelberg, New York, 1974), pp.250—259.

② G. Ludwig, *Die Grundlagen der Quantenmechanik* (Springer, Berlin, Göttingen, Heidelberg, 1954)。

③ G. Ludwig, *Deutung des Begriffs "physikalische Theorie" und axiomatische Grundlegung der Hilbertraumstruktur der Quantenmechanik durch Hauptsötze des Messens* (Lecture Notes in Physics 4, Springer, Berlin, Heidelberg, New York, 1970), 有 K. Baumann 的书评,发表在 *Acta Physica Austriaca* 35, 162—164 (1972); *The Measuring Process and an Axiomatic Foundations of Quantum Mechanics* (Notes in Mathematical Physics 3, 油印本, 马尔堡, 1971); *Makroskopische Systeme und Quantenmechanik*(同上, 4, 1942); *Mess-und Präparierprozesse* (同上, 6, 1972); *Das Problem der Wahrscheinlichkeit und das Problem der Anerkennung einer physikalis-*

有事先决定"什么东西才能被严格地看成一个物理理论,以及这样一个理论完全建立后的结构将是什么样子",才能对量子力学有一个透彻的理解。在他自己的事先决定中(他再三强调并不强迫任何人接受这些决定),他列举了以下这些:坚持只使用古典逻辑,只限于客观数据,以及拒绝接受包含有"感觉"、"知识"或"意识内容"字样的陈述。即使在冯·威扎克的方案中起着如此重要的作用的"预言"概念,在路德维希看来也是不能容许的,理由是:"严格地说,应当把预言看成是先知或工程师所关心的事,因为工程师们才建造种种具有可以预言的功能的器械。作出预言不是物理学的事,并且如果执着于预言这个词的严格意义的话,它甚至不应当出现在物理学中。"[1]

就关于量子力学客体的一切知识是得自宏观物理仪器的行为这一点而言,路德维希的方法是宏观物理学的,因为在他看来,只有客观数据才能够作为理论的基础和出发点。路德维希接着说,这意味着,量子力学本身并不是物理学中最基本或最全面的理论——这是一个很好的结论,他补充说,因为很难相信一个包含多于 10^{20} 个原子的系统的量子理论会是(比方说)一张桌子的现实理论。现在他必须解决的问题是要表明,尽管把量子力学归结为宏观系统的行为,还是可以在迄今仅由模糊的观念表示出来的那种意

chen Theorie(同上,7,待出版);*Das Problem der Wirklichkeit der Mikroobjekte*(同上,8,待出版);又见 U. Wegener,"Eln Vergleich der von Ludwig, Popper vorgeschlagenen Interpretationen der Quantenmechanik",*Zeitschrift für allegemeine Wissenschaftstheorie* **11**,357—366(1980)。

　　[1]　上页注③文献(1971,pp.11—12)。

义上,前后一贯地把宏观系统看成是由原子组成的。路德维希在其公理化的陈述中,把宏观客体分为制备部分[*Präparierteil*]和生效部分[*Effektteil*],比方说一块铀(制备部分)和一个云室(生效部分);两部分都参与可能的相互作用,这些相互作用由"测量定理"[*Hauptsätze des Messens*]描述,并且是依靠物理上真实的"作用载体"[*Wirkungsträger*]发生的,在所考虑的例子中,作用载体就是 α 粒子;而"物理上真实的"究竟何所指则由理论本身的语法规则确定[①]。作用载体被分为类,每一个类由一个超选择定则的一个不同的值表征,因而被一个希尔伯特空间描述。

对各个宏观部分之间的相互作用模式的进一步分析,使路德维希区分开组合系统和基元系统,并得出结论说,只能赋予基元系统以服从海森伯测不准关系的位置和动量可观察量。于是,用一种构思很巧妙的理论间的关系,路德维希声称他已解决了上述问题。鉴于路德维希的工作同冯·威扎克的工作一样离完成还很远,上面这些介绍并不打算给予读者以这些发展的最粗浅的概述,而是想引起读者对它们的注意,它们有希望成为现代物理学的哲学这一领域中的重要成就。

本章讨论了两种量子逻辑:一种是多值的量子逻辑,如赖欣巴赫倡导的那种,一种是二值的量子逻辑,如伯克霍夫和冯·诺伊曼、马基或渡边慧所发展的那几种。那么,这两种方案之间的关系究竟如何呢? 为了回答这个问题,让我们再次考虑每种方案的基

本元素,即量子力学命题 p:"可观察量$\mathfrak{A}$在一个处于态 φ 的给定物理系统上之值为 a"。若 $A\varphi = a\varphi$,其中 A 表示同$\mathfrak{A}$相联系的自轭算符,则命题 p 为真。两种方案在这一点上是一致的。若 $A\varphi = a\varphi$ 不成立,即若命题 p 不为真,那么有两种可能:

1. 存在着一个和 a 不同的值 a',使得 $A\varphi = a'\varphi$。

2. 根本没有使得 $A\varphi = x\varphi$ 的值 x 存在。

正是第二种可能性使量子物理学不同于经典物理学,因为在经典物理学中每一个可观察量总是有确定的值。

现在如果我们规定,当而且仅当 p 之否定为真时 p 为假,那么我们就必须决定否定 p 到底是什么意思,究竟是$(\alpha)p$ 的否定等价于(1)的断言,还是$(\beta)p$ 的否定等价于(1)或者(2)的断言。如果我们采用(α),并且在可供选择的值的一个确定的集合的范围内来取否定,那我们就是把这些可供选择值之一的否定当成是等于断言,剩下的可供选择值或可能性中的一个得到了实现;对于我们的情形,否定 $A\varphi = a\varphi$ 就意味着断言 $A\varphi = x\varphi$ 对于一个不同于 a 的 x 值是成立的。用荷兰的数理哲学家曼努里的术语,我们把这种否定叫做选择否定[*choice negation*][1]。但是,如果我们采用(β),只要 p 不为真就认为 p 的否定为真,那我们就是接受曼努里所谓的排他否定[*exclusion negation*]了。只有在选择否定的

---

① G. Mannoury, *Woord en Gedachte* (P. Noordhoff, Groningen, 1931), p.55 *Les Fondements Psycho-Linguistiques des Mathématiques* (Editions du Griffon, Neuchatel, 1947), pp.45—54. 关于对一些主要的研究量子逻辑的方法的更详尽的分类(以这两种否定之间的抉择以及语句联结词的两种不同的特征化之间的抉择为基础),见 B. C. van Fraassen, "The labyrinth of quantum logic,"557 页注②文献。

基础上,"不为真"才不同于"为假",从而为增添的真假值留有余地。于是我们认识到,二值量子逻辑系统的根源是排他否定,而多值量子逻辑系统的基础则是选择否定。如果我们还记得,早在一切哲学的终极发源地古希腊,就已经普遍使用这两种否定了(选择否定是 $o\grave{\upsilon}$,排他否定是 $\mu\acute{\eta}$*),并且还记得它们之间的这一区别对于中世纪的逻辑(阿贝拉**、穆斯林逻辑学家)和更近代的直觉主义的发展起着重要的作用,那么它们重又出现在现代量子逻辑的基础中就不会使我们惊讶了。

正如量子逻辑学家有两个学派、二者在量子逻辑是应表述为二值的还是多值的这个问题上意见分歧一样,关于量子逻辑在方法论上所必须起的作用,大体说来,也有两种对它的观点。按照更激进的学派的观点,非布尔逻辑作为经验逻辑,在物理学中起着一种说明性原理的作用;量子力学所带来的概念变革的终极意义在于逻辑的"解放",把它从一种先验的和纯粹形式的戒律的地位,变成一种具有经验意义的待解释物[explicans]。芬克耳斯坦和普特南在指出几何学的类似的发展时,心里就是这种想法,几何学在物理学中也具有一种先验的地位,而在广义相对论中却变成一条由经验来证明的大规模时空现象的说明性原理。

对立的量子逻辑学家的学派反驳说,这种类比是不成立的,理由是:我们能够不用几何原理而表述一种几何系统,但我们却不能

---

* $o\grave{\upsilon}$ 和 $\mu\acute{\eta}$ 是希腊语中的两个否定词,用于不同的场合。——译者注

** 阿贝拉(P. Abelard, 1079—1142),中世纪法国学者,逻辑学家,神学家,诗人。——译者注

不用逻辑原理而表述一种逻辑系统；并且由于逻辑原理的前科学的〔prescientific〕或元科学的〔metascientific〕使用永远是以通常的逻辑为基础的，逻辑的基础性地位绝没有改变。这种较稳健的看法的支持者们，诸如姚赫或皮朗，可以指出如下的情况：冯·威扎克在发展他的复数值量子逻辑时，已经承认了"多值逻辑不再是一种真正的逻辑"[①]，而是"一种数学演算，它的解释要以二值逻辑为前提"；甚至芬克耳斯坦，在建立他的量子逻辑联结词的操作定义时也承认这个困难，因为他说过，"我们处在一个棘手的地位上，要用逻辑来研究改变逻辑的需要"[②]。

　　在稳健的量子逻辑学派看来，非标准逻辑起着一种解析的表述的作用，以描述经验给出的量子力学命题演算的结构；它们所说明的并不是物理事实，而是物理事实的数学表述同实验命题的关系。按照这个学派的看法，量子逻辑在其试图澄清经典物理学同量子力学之间的逻辑关系、特别是试图说明量子力学何以需要用希尔伯特空间中的一种算符运算来表述的尝试中所得到的一些见解，极大地增进了我们对这一理论的基础的理解。

---

　　① *"Die mehrwertige Logik ist nicht mehr eigentliche Logik."* 冯·威扎克致 A. Gechlen 的信，1942 年 8 月 28 日，发表于 *Die Tatwelt* 18，107（1942）。

　　② 564 页注②文献（p.622）。E. B. Davies 最近提出了更严厉的批评，这个批评也是针对稳健的量子逻辑学家的，见其论文"Example related to the foundations of quantum theory"，*Jour.Math.Phys.*13，39～41（1972），他在文中宣称"量子力学的结构不能从对其统计本性的纯哲学讨论推导出来，并且现有的论证同把量子理论归结为物理上有意义的一组原理还有很大的距离。"为了证明他的论点，Davies 设计了一个相当简单的统计系统的例子，它满足各个量子逻辑学家所用的公理，但是它不能用任何希尔伯特空间或约尔丹代数来描述。

第九章 随机过程诠释

9.1 形式上的类似

  量子力学的随机过程诠释的主要目标是要表明,量子理论从根本上来说是一个关于概率过程或随机过程的经典理论,从而与爱因斯坦-斯莫卢霍夫斯基的布朗运动理论(它涉及坐标空间中的马尔可夫过程[*])或其改进型如厄恩斯坦-乌仑贝克[Ornstein-Uhlenbeck]理论(它涉及相空间中的马尔可夫过程)在概念上具有相同的结构,因此对经典物理学的概念框架的根本背离(诸如玻尔的互补性原则)是不必要的并且会带来误解。为了支持这一主张,曾经有人指出,比如,经典的密度涨落理论曾成功地说明了从胶体化学到星系动力学这样广阔的领域内的大量物理和物理化学现象,而一点也不违背经典物理学的本体论。但是,对随机过程诠释发生兴趣的最直接的原因,还是薛定谔方程同扩散过程或布朗

---

  [*] 马尔可夫过程是随机过程的一种。对于这种过程,系统未来的态的几率分布完全由现在的态决定,而与过去的历史无关。也就是说,给定 t_0 之后,$t > t_0$ 的事件的条件概率与 $t < t_0$ 时之值无关。马尔可夫过程在布朗运动理论中有着重要的应用。——译者注

运动理论中的方程之间的引人注目的相似。

首先注意到这种相似性的有薛定谔本人。他在 1931 年 3 月 12 日呈交给柏林科学院的一篇论文[①]中，比较了他的波动方程和扩散方程 $D \dfrac{\partial^2 w}{\partial x^2} = \dfrac{\partial w}{\partial t}$，后一方程中的 $w(x,t)$ 是浓度或粒子的几率密度，D 是扩散常数。薛定谔研究了下述问题：若已知 $w(x, t_2)$ 和 $w(x,t_3)$，求时刻 $t\,(t_1 \leqslant t \leqslant t_2)$ 的分布几率；他证明，其解为两个因子之积，与量子力学几率密度的表示式 $\psi^* \psi$ 极为相似。他在 1931 年 5 月于巴黎的彭加勒研究所发表的一篇讲演[②]中，更详细地讨论了这种"存在于这个经典的概率理论和波动力学之间的表面的相似性"，他并补充说，这种相似性"大概是没有一个熟悉这两种理论的物理学家不知道的。"

同样熟悉这两种理论的人是不多的，而薛定谔肯定是其中的一个。当他还是厄克斯纳[F. Exner]的学生的时候，他曾经研究过经典物理学中的随机过程问题，并且当他卷入埃仑哈夫特[F. Ehrenhaft，气体中的布朗运动的发现者]所发起的关于是否有比电子更小的电荷存在的争论时，曾经发表过一篇讨论布朗运动的论文[③]。不过，在薛定谔看来，比起它们之间的那些巨大差异（w

[419]

①　E. Schrödinger, "Über die Umkehrung der Naturgesetze," *Berliner Sitzungsberichte* **1931**, 144—153.

②　E. Schrödinger, "Sur la théorie relativiste de l'électron et l'interprétation de la mécanique quantique," *Annales de l' Institut Henri Poincaré* **2**, 269—310(1932).

③　E. Schrödinger, "Zur Theorie der Fall-und Steigversuche an Teilchen mit Brownscher Bewegung," *Physikalische Zeitschrift* **16**, 289—295(1915).

为实数而 ψ 为复数;在经典物理学中是几率密度本身遵从一微分方程,而在量子理论中则只有几率幅才遵从一微分方程等等)来,这点相似是不足以说服他赞同一种量子力学的随机过程诠释的。他在巴黎时的短期合作者梅塔迪埃[①]也没有得出过任何这样的结论。

对于作一维运动的自由粒子,薛定谔方程可以写为

$$\dot{\psi} = \varepsilon \psi'' \quad \left(\varepsilon = \frac{ih}{4\pi m} \right) \tag{1}$$

其中用点代表对时间的微商,用撇代表对空间的微商。不但这个方程在随机过程方面有其类似物,即扩散方程(或无对流的福克尔-普朗克方程)

$$\dot{w} = D w'' \tag{2}$$

(其中扩散系数 D 为实数),而且位置与动量之间的海森伯关系式(我们看到,这些关系式常常被人们看作是量子力学的特征)也有其类似物,这是弗斯[R. Fürth]在 1933 年令人信服地证明过的。弗斯是兰帕[A. Lampa]在布拉格的一个学生(后来 1927 年他也在那里成了物理学教授),他对斯莫卢霍夫斯基的工作有很深的印象,在他看来,斯莫卢霍夫斯基是"头一个认识到统计方法在物理学中的重要性的人,认识到它构成连接我们的宏观世界同分子和原子的微观世界的纽带"[②]。弗斯后来编辑了斯莫卢霍夫斯基的

① J. Métadier, "Sur l'équation générale du mouvement brownien," *Comptes Rendus* **193**, 1173—1176(1931).

② R. Fürth, *Schwankungserscheinungen in der Physik* (dedilcated to the memory of M. von Smoluchowski) (Vieweg, Braunschweig, 1920), Preface.

著作集(1923),为《物理大全》[*Handbuch der Physik*]写了关于统计学原理的论文,并且成了在涨落和扩散过程中的一个公认的权威[①]。

在他关于海森伯关系式在随机过程中也存在有类似物的证明[②]中,弗斯首次用统计方法导出这个关系式如下。若 x_0 是系综中的一个粒子的初始位置,v 为其初速度,则它在 t 时刻的位置为

$$x = x_0 + vt. \tag{3}$$

因此均方值 $\overline{x^2} = \alpha$ 为

$$\alpha = \overline{x_0^2} + 2\,\overline{x_0 vt} + \overline{v^2}t^2. \tag{4}$$

从均方值的定义

$$\alpha = \int x^2 \psi\psi^* \, dx \tag{5}$$

出发,利用(1)式及其复共轭,重复进行分部积分,得

$$\frac{d^2\alpha}{dt^2} = -8\varepsilon^2 \int \psi'\psi^{*\prime} dx \qquad \text{及} \frac{d^3\alpha}{dt^3} = 0, \tag{6}$$

上式表明 α 是 t 的二次函数,t^2 项的系数 $\overline{v^2}$ 为

$$\overline{v^2} = \frac{1}{2}\frac{d^2\alpha}{dt^2} = -4\varepsilon^2 \int |\psi'|^2 dx. \tag{7}$$

由明显的不等式

$$\left| \frac{x}{2\alpha}\psi + \psi' \right|^2 \geqslant 0 \tag{8}$$

---

①　他的研究论文多得不胜枚举,发表在 1917 年至 1930 年的 *Physikalische Zeitung*, *Z. Physik* 和 *Zeitschrift für physikalische Chemie* 等刊物中。

②　R. Fürth, "Über einige Beziehungen zwischen klassischer Statistik und Quantenmechanik," *Z. Physik* **81**,143—162(1933).

及 $\int |\psi|^2 dx = 1$ 可得

$$\int |\psi'|^2 dx \geqslant \frac{1}{4\alpha} \tag{9}$$

因此由(7)式有

$$\overline{x^2} \cdot \overline{v^2} \geqslant -\varepsilon^2. \tag{10}$$

于是,令 $\Delta x = \sqrt{\alpha}$ 及 $\Delta p = m\sqrt{\overline{v^2}}$,弗斯得出了海森伯关系式

$$\Delta x \Delta p \geqslant \frac{h}{4\pi} \tag{11}$$

同上述推理过程相仿,弗斯定义扩散过程的位置不确定度为

$$\beta = \overline{x^2} = \int x^2 w \, dx \tag{12}$$

其中 w 是扩散方程(2)的解,并按 $\int w \, dx = 1$ 进行了归一化。因而

$$\frac{d\beta}{dt} = 2D \tag{13}$$

并且

$$\beta = x_0^2 + 2Dt. \tag{14}$$

于是,与(4)式相反,这个不确定度随着时间线性增大,这是因为现在与前面的情况不同,前面每个粒子的运动是由于各自具有一个初始速度,而现在每个粒子的运动则是由于别的粒子的无规碰撞而引起的。扩散流 Q(即在单位时间内穿过固定的单位面积所扩散的量)由下式给出:

$$Q = -D \operatorname{grad} u, \tag{15}$$

弗斯利用这个式子定义“速度”如下:

$$v = \frac{1}{u} Q = -\frac{D}{u} \frac{\partial u}{\partial x}. \tag{16}$$

显然,

$$\overline{v^2} = \int v^2 u \, dx = D^2 \int \frac{u'^2}{u} \, dx \tag{17}$$

由明显的不等式

$$\left(\frac{u'}{u} + \frac{x}{\beta} \right)^2 \geqslant 0 \tag{18}$$

及 $\int u \, dx = 1$,弗斯得出关系式

$$\int \frac{u'^3}{u} \, dx \geqslant \frac{1}{\beta} \tag{19}$$

于是由(17)式得

$$\overline{x^2 v^2} \geqslant D^2. \tag{20}$$

再定义 Δx 和 Δv 如前,弗斯就得出扩散理论中与(11)式相似的
关系式

$$\Delta x \, \Delta v \geqslant D \tag{21}$$

但是,正如他指出的,(11)式中的下界是一个普适常数,来自测量
过程本身所产生的干扰,而与之相反,(21)式中的下界则与环境媒
质对所观察的系统的随机骚扰有关,我们可以使它任意小,例如,
通过降低绝对温度 T 的办法,因为 T 是 D 的一个因子[①]。

---

① 例如,像熟知的爱因斯坦关系式 $D = BkT$ 所示的那样。见 A. Einstein, "Die
von der molekularkinetischen Theorie der Wärme geforderte Bewegung von in ruhenden
Flüssigkeiten suspendierten Teilehen," *Ann. Physik* **17**, 549—560 (1905)。英译文收
入 *Investigations on the Theory of the Brownian movement* (Methuen, London, 1926;
Dover, New York, 1956)。

　　弗斯所发现的相似性激起人们对量子力学同概率论之间的各种可能的关系作进一步的研究,概率论当时正经历着其历史上最重大的发展。1931 年,冯·米赛斯[R. von Mises]发表了他的有广泛影响的著作 *Wahrscheinlichkeitlehre*[概率理论],书中强调了概率的频率诠释;而更为重要的是,1933 年出版了柯尔莫戈洛夫[A. H. Колмогоров]的 *Grundbegriffe der Wahrscheinlich-keitsrechnung*[概率论的基本概念]一书,书中通过把概率论表述成一个布尔 σ 代数上的测度理论,赋予了概率论一个坚实的和严格的基础。于是,就有可能用现代方法去分析随机变量的集合或随机过程(在这个词的狭义的意义上),特别是像柯尔莫戈洛夫,杜布[Doob]、辛钦[Хинчин]等人所做的那样,用现代方法去研究马尔可夫过程(以俄国数学家 A. A. Марков 的名字命名,他首先认识到这种过程的重要性)。

　　为量子力学探索一个像古典意义下的概率理论那样的诠释的努力,在三十年代和四十年代,从维格纳得到的一个数学结果[1]中得到了支持和鼓舞。维格纳的这一工作比单纯的相似性考虑似乎更有分量一些,实际上,它表明有可能通过相空间系综来表述量子力学。

　　为了计算对一种气体的第二维里系数的量子力学改正,维格纳利用了当他还在柏林研究一个完全不同的问题时同西拉德[L. Szilard]合作得到的一个数学表达式:那是坐标变量和动量变量的

---

　　[1]　E. Wigner, "On the quantum correction for thermodynamic equilibrium," *Phys.Rev.* **40**, 749—759(1932).

一个函数 $f_w(q,p)$，它在对动量积分时给出位置的量子力学几率分布 $|\psi(q)|^2$，对位置积分时给出相应的动量的几率分布 $|\varphi(p)|^2$，此外，在许多场合下它以经典方式给出量子力学变量的正确的期待值，即，若 $a(q,p)$ 是量子力学算符 A 所由之生成的经典函数，那么

$$\iint a(q,p)f_w(q,p)dq\,dp=\langle A\rangle.$$

这个函数就是所谓维格纳分布函数

$$f_w(q,p)=(2\pi)^{-1}\int\psi^*\left(q-\frac{\hbar}{2}\alpha\right)$$

$$\exp(-i\alpha p)\psi\left(q+\frac{\hbar}{2}\alpha\right)d\alpha \qquad (22)$$

它具有边缘分布[marginal distribution]

$$\int f_w dp=|\psi(q)|^2 \quad 及 \quad \int f_w dq=|\varphi(p)|^2 \qquad (23)$$

这里

$$\varphi(p)=(2\pi\hbar)^{-\frac{1}{2}}\int\exp\left(-\frac{iqp}{\hbar}\right)\psi(q)dq. \qquad (24)$$

当然，维格纳认识到，f_w 并不是处处非负的，因此"不能真正解释为坐标和动量的联合几率"，虽然它可以"作为一个辅助函数用在计算中，并且这个函数满足我们预期这种联合几率应当满足的许多关系。"实际上，如果用它来计算只含坐标或是只含动量或是含有二者之和的函数的期待值，它都给出用通常的量子力学方法所得到的结果。

人们自然要考察一下上述这些限制是否能放宽一些。格朗宁

根[Groningen]大学的格仑纳沃德[1]在一篇对量子力学原理的全面分析中,特别考虑了这个问题以及下述更普遍的问题:量子过程是否能够用对各个唯一决定的过程的统计平均来描述,如同在经典统计力学中那样。贝尔法斯特的女王大学[Queen's University in Belfast]的莫雅尔[2]曾研究过下面这种可能性:用纯统计的方式来重新表述量子力学,因而可观察量将由随机变量来表示,并且量子力学的算符和波函数就不再具有一种内在的意义,而只是作为帮助计算平均值和分布之用。他的出发点是下述事实:一个给定的态 ψ 用一组完备的对易算符 S 的本征函数 ψ_i 展开的展开式 $\psi = \sum a_i \psi_i$ 直接就给出了 S 的本征值的联合几率分布,因为相应的几率就由 $|a_i|^2$ 给出。但是,单用 S 并不足以对系统作完备的描述;还需要另一组互补的算符 R,R 一般与 S 不对易。莫雅尔声言,通常的论证,即由于不可能同时测量不对易的可观察量、因而不存在它们的联合分布(类似于统计力学中的相空间分布),这一论证由于下面两个原因并不是无可争论的:(1)这种测量的不可能性"并不妨碍我们去考虑下述命题,即存在有完全确定的几率使这两个变数取某特定值或某一组特定值",以及(2)在原则上能够构成和不对易的可观察量的函数 $G(r,s)$ 对应的算符 G,G 在 ψ 态的期待值由 $(\psi, G\psi)$ 给出。但是,众所周知,r 和 s 的联合分布可以从

---

[1] H. J. Groenewold, "On the principles of quantum mechanics," *Physico* **12**, 405—460(1946).

[2] J. E. Moyal, "Quantum Mechanics as a statistical theory," *Proceedings of the Cambridge Philosophical Society* **45**, 99—124(1949).

这种期待值重现出来,例如,可以从一切联合矩 $r^k s^\pi$ 的值得出。于是莫雅尔得出结论说:"因此,量子理论的形式体系允许我们间接推出相空间分布,如果规定了一个关于不对易的可观察量的函数的理论的话。反之亦然"。

　　但是,要不含糊地定义这些分布却是很大的难题,莫雅尔用简谐振子的例子阐明了这种困难的实质。简谐振子的位置本征函数和动量本征函数(厄密函数)各自是 q 和 p 的连续函数,因此和单独分布 $|\psi(q)|^2$ 和 $|\psi(p)|^2$ (作为边缘分布)相洽的 q 和 p 在一态的联合分布必须连续地扩展到整个 $q-p$ 平面上。但是,因为能量本征值

$$E_n = \left(n + \frac{1}{2}\right) hv$$

是一组分立值,因此能量和相角的联合分布将集中在一组椭圆上。

$$\frac{1}{2}(p^2/m + mwq^2) = E_n$$

莫雅尔接着写道:"于是我们被迫得出结论:一个给定态的相空间分布不是唯一的,而是与人们要进行测量的变数有关",这是贝尔后来得到的结果的先导(我们已经看到,贝尔是从分析格里森的工作得到该结果的)。在莫雅尔的论文的其余部分里,他从运动方程出发推导出制约着这些相空间分布随时间变换的规律,并且证明,在解决诸如跃迁几率的计算等问题方面,它们可以用来代替薛定谔方程。

　　莫雅尔得出相空间分布 $f(r, s)$ 的办法,如果用到正则共轭变

425 数 q 和 p 上,得出的正是维格纳分布 $f_w(q,p)$,前已指出,它不是非负定的。虽然如此,莫雅尔主张,维格纳分布或其可能的代替物,还是可以以与通常的概率论几乎全同的形式,用于求解量子力学问题的大多数实际目的。他同巴脱莱特(当时是曼彻斯特大学的数理统计学教授)讨论了这个问题,结果后者写了一篇讨论负几率的论文[①],他在文中试图论证使用这种几率是合理的,只要它们遵从概率计算的规则(除了非负性要求之外),并且最后组合出非负的几率。能够给出正确的边缘分布并重现通常的量子力学期待值的最普遍的分布函数 $f(q,p)$[②]不可能是非负定的,这一点是马格瑙的一个学生柯亨[③]最近证明的。

9.2 早期的随机过程诠释

头一个认真的试图把量子力学解释为关于位形空间中的马尔可夫过程的理论的努力,是匈牙利的德布赖岑[Debrecen]大学的

---

① M. S. Bartlett, "Negative probability," *Proceedings of the Cambridge Philosophical Society* **41**, 31—33(1945).

② 维格纳分布是 $f(q,p)$ 的一种特例,马格瑙-希尔分布亦然;见 H. Margenau and R. W. Hill, "Correlation between measurements in quantum theory," *Progress of Theoretical Physics* **26**, 722—733(1961)。

③ L. Cohen, "Can quantum mechanics be formulated as a classical probability theory?," *Philosophy of Science* **33**, 317—322(1966); "Generalized phase distribution functions," 博士学位论文的第 II 部分, Yale Univ., 1966 (未发表); "Generalized phase-space distribution functions," *Jour. Math. Phys.* **7**, 781—786(1966)。

费涅什[①]于 1952 年做出的。他把位置坐标看成一组随机变数,然后定义一个几率密度和一个跃迁几率作为这些坐标以及时间的函数;在对几率密度进行适当的归一化之后,他通过一个定义一个马尔可夫过程的积分方程使它们联系起来。从存在于三个不同时刻的跃迁几率密度之间的积分关系式,他推得两个微分方程,其中代表连续性方程或守恒方程的那个就是福克尔方程。费涅什然后定义一个全随机速度[total stochastic velocity],并导出一个不确定度的方程,它和海森伯关系对应。同薛定谔和弗斯相反,他所得出的结论是:量子力学不只是和随机扩散理论相似,而且它本来就是随机过程理论。他声称,海森伯关系不是由测量引起的干扰所产生的,而是由所讨论的过程的随机本性所引起的[②]。他陈述了一种用随机过程方法从一个统计的拉格朗日原理导出薛定谔方程的推导,以此来支持自己的说法。

　　这种推导方法受到了魏策尔[③](从 1936 年起任波恩大学的教授)的驳斥,他的理由是以对一个特定的平衡问题的分析为根据的,在这个问题中,各个力抵消了扩散速度,并产生出一个稳恒的分布,与费涅什的结果相反。因此,魏策尔主张量子力学不能解释为一个随机过程理论,他在玻姆 1952 年的论文的影响下,提出了

426

　　① I. Fényes, "Eine wahrscheinlichkeitstheoretische Begründung und Interpretation der Quantenmechanik,"*Z. Physik* **132**, 81—106(1952).

　　② 又见 G. Herdan, "Heisenberg's uncertainty relation as a case of stochastic dependence," *Die Naturwissenschaften* **39**, 350(1952), 及 I. Fényes, "Stochastischer Abhängigkeitscharakter der Heisenbergschen Ungenauigkeitsrelation," 同上, 568。

　　③ W. Weizel, "Ableitung der Quantentheorie aus einem klassischen, kausel determinierten Modell," *Z. Physik* **134**, 264—285(1953).

一个因果决定的模型:假设粒子除了外场以外,还受有固定数目的间歇的冲击,这些冲击同粒子的运动无关,并且不改变粒子的平均动量。这些冲击是由假设的以光速运动的粒子给出的,魏策尔称之为"零子"[Zeronen],因为他假定它们的静止质量为零。通过对相互作用求平均(普朗克常数 h 在相互作用中起了一个耦合常数的作用),魏策尔恢复了惯常的几率分布,与通常的量子力学一致。他在一篇后续的论文[①]中把他的理论推广到处于均匀电场或磁场中的任意多粒子的系统。

费涅什的工作也受到了尼科耳逊[②]的严厉批评,尼科耳孙当时在伦敦的伯克贝克学院在弗斯的指导下刚刚完成他在统计力学方面的博士学位论文。尼科耳逊责备费涅什所用的拉格朗日函数只是一个特例,责备费涅什并没有证明所得的方程及其容许的解等价于薛定谔方程及其容许的解,还责备说,费涅什的积分方程,除非对所含的马尔可夫方程的解的类另外加上附加的限制,是不会导致量子力学的。尼科耳逊还争论说,费涅什所推出的薛定谔方程只适用于与外场的相互作用可以完全用标量位势函数表示出来的粒子,因此甚至对于在一个外部磁场中运动的粒子也不适用。最后他责备费涅什把他由随机过程方法导出的不确定度关系式和量子力学的海森伯关系式等同起来在逻辑上是矛盾的,因为它建

---

① W. Weizel, "Ableitung der Quantentheorie aus einem klassischem Modell, II", *Z. Physik* **135**, 270—273(1953).

② A. F. Nicholson, "On a theory due to I. Fényes," *Australian Jour. Phys.* **7**, 14—21(1954).

立在把位形坐标和时间的某个函数等同于一个动量分量之上,而后一等同本身就是对海森伯关系式的违反。总之一句话,"费涅什的理论不是量子力学的一种可能的表述。"①

在二十世纪五十年代,玻普(他于 1937 在哥丁根大学获得物理学博士学位,自 1947 年起任慕尼黑大学理论物理教授)发展了一种建立在与随机过程的相似之上的诠释,它导致了影响深远的哲学结论。玻普在同索末菲一道工作过之后,对量子理论和经典统计力学之间的关系深感兴趣②。在同里德尔一道写的一本非专门的解释量子理论的书③中,玻普把波粒二象性说成是"实在的两种同构的表述",并补充说,不存在有什么判据使我们对这两种表述可以厚此薄彼。但是,根据我们从偶然写出的几句自传性的话④中所得知,玻普在 1937 年前就已赋予粒子意义下的玻恩几率诠释以更基本的地位。玻普在其早年的统计学研究⑤中,曾遇到过一个

①　同上页注②,p.18。

②　F. Bopp, "Quantenmechanische Statistik und Korrelationsrechung," *Zeitschrift für Naturforschung* **2a**, 202—216(1947).

③　F. Bopp and O. Riedel, *Die Physikalische Entwicklung der Quantentheorie* (C. E. Schwab, Stuttgart, 1950).

④　F. Bopp, "Die anschaulichen Grundlagen der Quantenmechanik," Lecture delivered at the Freiburg-Colloquium "Foundations of Physics," Oberwolfach, June 30—July 7, 1966.

⑤　F. Bopp, "Ein für die Quantenmechanik bemerkenswerter Satz der Korrelationsrechung", *Zeitschrift für Naturforschung* **7a**, 82—87(1952); "Stratistische Untersuchung des Grundprozesses der Quantentheorie der Elementarteilchen," 同上, **8a**, 6—13(1953); "Ein statistisches Modell für den Grundprozess in der Qusnten."theorie der Teilchen, 同上, **8a**, 228—233(1953); "Wellcn und Teilchen," *Optik* 11, 255—269 (1954); "Über die Natur der wellen," *Zeitschrift für angewandte Physik* **6**, 235—

428　相关几率,它可以唯一地分解为两个分别满足特定条件的因子;并且得到了通常的相关统计学中的平均值的一个表示式,经发现它与量子力学系统中的吉卜斯系综的平均值一致。于是玻普得出结论说:"存在有这样的随机过程方程,它们在实验上是不能同量子力学方程区别开来的"[①]。他用由棋盘和棋子构成的一种游戏(棋子的走法随机地取决于掷骰子的结果)来形象地说明这一结论。

在玻普看来,只有把波看成独立的存在物(像否定以太假说之后的电磁场理论中那样),粒子观同波动观之间才存在着矛盾;但是,如果与这种实体的观念(在韦尔的意义上)相反,而是把波看成仅仅是粒子系综的集体性质(例如像声波的情况那样),这样的矛盾便不存在,这时波只描绘粒子的运动。玻普建议把量子力学波函数看成是后面这种意义,并且建议把玻恩的几率诠释中的在一

238(1954);"Korpuskularstatistische Begründung der Quantenmechanik," *Zeitschrift für Naturforschung* **9a**, 579—600(1954);"Das Korrespondenz-prinizip bei Korpuskularstatistischer Auffassung der Quantenmechanik," *Münchener Sitzungsberichte* **1955**, 9—22;"Würfel-Brettspiele, deren Steine sich näherungsweise quantenmechanisch bewegen," *Zeitschrift für Naturforschung* **10a**, 783—789(1955);"Quantenmechanische und stochaslische Prozesse,"同上,**10a**, 789—793(1955);"Einfaches Beispiel aus der stochastischen Quantenmechanik," *Z. Physik* **143**, 233—238(1955);"La mécanique quantique est-elle une mécanique statistique classique particulière?," *Annales de l'Institut Henri Poincaré* **15**, 81—112(1956);"Statistische Mechanik bei Störung des Zustandes eines physikalischen Systems durch die Beobachtung,"收入文集 *Werner Heisenberg und dis Physik unserer Zeit*,F. Bopp, ed.(Vieweg, Braunschweig, 1961), pp.128—149;"Zur Quantenmechanik relativistischer Teilchen bei gegebenem Hilbert-Raum,"*Z. Physik* **171**, 90—115(1963);"Grundvorstellung der Quantenphysik"收入 *Quanten und Felder*(文献7—17)一书中,pp.111—124.

① 595页注⑤文献(1955,p.233,p.783)。

个给定的体积元中出现的几率看成不是属于一个固定的、永远是同一个粒子的,而是属于虚拟的全同粒子系综中的一个粒子的,当然这个几率也应服从通常的关于几率函数的归一化条件。因为在相互独立的粒子的一个虚拟系综的统计理论中,可以赋予每一体积元以一个在其中找到粒子的一定的几率。特别是,玻普证明[①],这些几率可以发生振荡,只要统计性质满足与海森伯测不准关系式相联系的某些条件。

由于根据海森伯关系式,由位置和动量坐标所定义的系统状态在任何时候都是不能确定的,这就必须建立一种新的统计学,它只给出位置和动量的期望值,而绝不给出系统在相空间的精确位置。因此玻普的出发点是他在 1956 年证明的下述定理[②]:每一个量子力学系统都可以映射到某一相空间中粒子的一个统计系综内,使得每一量子力学过程都对应于这个系综的一种运动。然后玻普试图根据一些相当普遍的原理来重新得出量子力学的形式体系。他的第一原理[③]定义了在相空间中运动的粒子系综的概念,第二原理肯定了统计描述的可能性。从这些假定和别的一些假定,他导出了冯·诺伊曼的方程 $ih\,\dot\rho = H\rho - \rho H$,其中 ρ 是统计矩阵,H 是系统的哈密顿量,从而对纯粹态的情形导出了薛定谔方程。波动的概念只是在这时才引入,并且完全遵照物理实况:粒子

429

---

①　595 页注⑤文献(1954,p.579)。

②　同上(1956,p.81)。

③　F. Bopp, "The principles of the statistical equations of motion in quantum theory," 在 407 页注②文献中,pp.189—196;又上注文献(1961,p.128)。

呈现在给定各点的相对频率之间的相互关系同干涉现象中的强度相同;因此这些频率可以用波动方程来描述,而不必赋予这些波以任何本体论的独立地位。

玻普在不久前发表的论文①中,把他的结论表述成这种方式,可以称之为一幅频闪式的世界图像[a stroboscopic worldpicture],或像他自己说的那样,是赫拉克里特的不断变化、产生和湮没的哲学,这和通常的观点(他把它归之为泰利斯和牛顿的哲学)相反,按照通常的观点,变化是物质和永恒的实体的连续不断的重新安置。因为量子场论的产生和湮没过程(比如从高能质子产生中性 π 介子的过程 $p+p \rightarrow p+p+\pi^0$)是不能还原为通常的运动或隐运动的基元过程,而反过来通常的在空间中的运动则可以想象为一连串在相邻的位置上的突然产生和湮没,玻普就试图在粒子在空间的这种突然出现的系综上建立一种同海森伯关系相容的统计学。他用一种与场论中规定占有数的方法相似的方法得出了随机过程函数或几率波。表示事件次序的统计方程经发现具有定域的互相耦合的振子方程的结构,因而使得能够引入波的概念。当然,最后这些概念重新表述了统计力学的新推广,玻普用它导出了量子力学的各个定律。根据他的诠释,粒子是时空中可能发生的事件的本因[德文 Ursachen möglicher Geschehensakte],而波只表示这些事件发生的秩序[德文 die Ordnung, nach der sich alles Geschehen vollzieht]。这种秩序的规律只具有统计本性,因为

① F. Bopp, "Elementarvorgänge der Quantenmechanik in stochastischer Sicht" *Ann. Physik* **17**, 407—414(1966).

自然界中的基元事件是间断的产生和湮没的过程[①]。

我们对玻普的理论只能作这样极简略的概述,他的理论尽管在逻辑上和哲学上是贯彻一致的,但在物理学家或哲学家中间却似乎只激起了很有限的兴趣。一个明显的例外是圣保罗大学的马查多和舒泽尔所写的一篇论文[②],文中说明了,玻普的形式体系,由于采用了统计系综的描述方法(这种描述绝不会是个体系统的完备描述),是如何避免了 EPR"悖论"的困难的。

通过随机过程和新假设的物理实体重新推导出量子力学形式体系,用这种方法来解释量子力学形式体系的另一试图(这个试图的大胆甚至超过了玻普的理论)是达泽夫在二十世纪五十年代后期提出的,达泽夫是索非亚大学的毕业生(1933),索尔本的科学博士(1938),并且从 1950 年起任索非亚大学的理论物理学系主任,有时并任保加利亚驻莫斯科大使馆的科学参赞。达泽夫主要受到玻姆和维日尔[③]关于无规亚量子涨落的观念的影响,他的理论[④]建立

---

①　F. Bopp, "Die anschaulichen Grundlagen der Quantenmechanik"(未发表,1966)。

②　W. M. Machado and W. Schützer, "Bopp's formulation of quantum mechanics and the Einstein-Podolsky-Rosen paradox," *Anais da Academia Brasileira de Ciencias* **35**, 27—35(1963).

③　74 页注④,75 页注①文献。

④　A. B. Datzeff, "Sur l'interprétation de la mécanique quantique," *Comptes Rendus* **246**, 1502—1505(1958); "Sur la probabilité de présence en mécanique quantique,"同上, 1670—1672; "Sur le formalisme methématique de la mécanique quantique," 同上, 1812—1815; "Sur les conditions de Sommerfeld et la mécanique ondulatoire,"同上, **247**, 1565—1568(1958); "Sur l'interprétation de la mécanique quantique I," *Journal de Physique et le Radium* **20**, 949—955(1959); "Sur l'interprétation de la mécanique quantique Ⅱ, "同上,201—211;Ⅲ,同上,**22**,35—40;Ⅳ,同上,**21**,101—111;

在关于物理场的一种物质承担者的假设之上，他管这种媒质叫
"subvao"（substance du vaccum 即真空质素的简写），以区别于
经典物理学中的以太；它同以太在性质上有差异。达泽夫根据
与扬诺西所提出的理由类似的理由，声称这样一个假设并不违
反相对论，然后他就赋予 subvao 以一种不连续的结构，假设它是
由他所谓的 AS 粒子（atomes du suvao 的简写，即 subvao 的原子）
组成的。

　　尽管按照达泽夫的看法，普通的微观物理粒子比如电子是由
AS 粒子构成的，并具有一定的大小和内部的力学规律性，但是
AS 粒子本身却产生混乱无章的电力和磁力，使得普通粒子产生
的场是变化着和振荡着的。在初级近似下，可以把这些场看作是
由一个会聚波和一个发散波组成，它们一起形成一个驻波。在一
定的条件下，AS 粒子构成稳定的生成物。它们同微观物理粒子
相互作用，引起了后者的运动，而鉴于前者的涨落，这种运动只能
用随机过程来描述。这些定性考虑使达泽夫定义一个粒子出现的
几率密度 $w(x, y, z)$ 并定义一个满足 $|f|^2 = w$ 的函数 $f(x, y, z)$，达泽夫证明，在适当的初始条件下，f 满足一个斯图姆-刘维型
微分方程，并且得出一个和薛定谔方程相同的几率方程。

　　达泽夫在他的 1961 年的论文中，从他的基本假定出发，一步
一步地导出了非相对论量子力学的整个形式体系。特别是发现
了，在他的体系中，测不准原理是正则共轭变量之间的统计依赖性

Mécanique Quantique et Réalité Physique（Editions de l'Académie Bulgare des Sciences, Sofia, 1969）。关于达泽夫的著作的进一步的参考文献目录，见最后一书 p.243。

的一个表示式,而不是禁止一个粒子的坐标和动量同时具有确定数值的禁令。

由于达泽夫的观念的高度猜想的性质,它几乎没有受到什么评论。甚至玻姆和维日尔(达泽夫以为他的想法在他们的理论中得到了支持)也保持沉默。

9.3 后来的发展

随着统计电动力学在二十世纪五十年代和六十年代的发展,发现了经典的随机过程系统同量子力学系统之间的更多的相似之处。例如,人们发现,在一个随机电磁场中,某些带电系统比如简谐振子的行为实质上同它们所对应的量子力学系统相似。博赖特、布拉福特、马歇尔、苏尔丁、塔朗尼和扎拉[1]对这一结果作出了重要贡献。1964 年,克尔肖[2](当时是哈佛的研究生)给出了一个严格的证明,证明对于在给定位势场中运动的单个粒子或者对于一个其相互作用位势是彼此之间的距离的函数的双粒子系统,薛

---

[1]　P. Braffort and C. Tzara, "Énergie de l'oscillateur harmonique dans le vide," *Comptes Rendus* **239**, 1779—1780(1954).R. C. Bourrett, "Quantized fields as random classical flelds," *Physics Letters* **12**, 323—325(1964); "Fiction theory of dynamical systems with noisy parameters," *Canadian Journal of Physics* **43**, 619—639(1965). P. Braffort, M. Surdin, and A. Taroni, "L'énergie moyenne d'un oscillateur harmonique non-relativiste en électromagnetique aléatoire," *Comptes Rendus* **261**, 4339—4341(1965).T. W. Marshall, "Statistical electromagnetics," *Proceedings of the Cambridge Philosophical Society* **61**,.537—546(1965).

[2]　D. Kershaw, "Theory of hidden variables," *Phys. Rev.* **136B**, 1850—1856(1964).

定谔方程的定态解正好就是看成马尔可夫链的系统运动的平稳概率分布。

与此同时,在加利福尼亚的宇航公司[Aerospace Corporation]从事研究工作的一位物理学家科米萨尔[1],发展了一种有趣的直线布朗运动模型,这种模型对于足够长的时间间隔,保持波函数的通常的统计诠释。科米萨尔像那时在随机过程量子力学方面工作的别的许多物理学家一样,受到费恩曼的路积分[path integral]方法[2]的强烈影响,根据这一方法,波函数可以看成在布朗运动的轨道上的路积分之和。

费因曼积分、马尔可夫过程和薛定谔方程之间的联系变成了在全世界进行紧张研究的题目。在美国,普林斯顿大学的一位数学家内尔逊,通过采用爱因斯坦-斯摩卢霍夫斯基的布朗运动理论的运动学(它把布朗运动描述成坐标空间中的马尔可夫过程,其扩散系数与质量成反比)和牛顿动力学(如同在厄恩斯坦-乌仑贝克理论中那样),借助于经典的时空运动概念,导出了一个非线性运动方程,这个方程经过因变量的适当改变,可以通过一个满足不含时间的薛定谔方程的波函数表示出来[3]。在意大利,托里诺[Torino]

---

[1] G. G. Comisar, "Brownian-motion model of non-relativistic quantum mechanics," *Phys.Rev.* **138B**, 1332—1337(1965).

[2] 随着下面这本书的出版,路积分方法已经广为人知了:R. P. Feynman and A. R. Hibbs, *Quantum Mechanics and Path Integrals* (McGraw-Hill, New York, 1965), 俄译本(1968)。

[3] E. Nelson, "Derivation of the Schrödinger equation from Newtonian mechanics," *Phys.Rev*, **150**, 1079—1085(1966); *Dynamical Theories of Brownian Motion* (Princeton U. P., Princeton, N. J. 1967).

大学的法韦拉[1]独立地得到了内尔逊的结果,所用的办法是证明,从量子力学中的格林函数到马尔可夫过程中的转移概率的一个变换,将使薛定谔方程等同于一个扩散系数为 $h/4\pi m$ 的柯尔莫戈洛夫-福克尔-普朗克方程。

在波兰,弗罗茨拉夫[Wrocław]大学的加尔琴斯基[2]试图用马尔可夫过程来解释包括 S 矩阵理论和量子场论在内的全部量子力学。加尔琴斯基假定,每一量子系统都对应于一个马尔可夫过程,它由一组振幅 $a_{ik}(s,t)$ 规定,使得 $|a_{ik}(s,t)|^2$ 是已知系统在时刻 s 时处于态 i 后,在 t 时刻发现系统处于态 k 的几率。加尔琴斯基为这些几率振幅规定了如下条件,由此推导出薛定谔方程:

1. $a_{ik}(s,t)=a_{ki}^*(t,s)$ 运动可逆性条件。

2. $\lim\limits_{t\to s}a_{ik}(s,t)=\delta_{ik}$,时间连续性条件。

3. $\sum\limits_{j}a_{ij}(s,t)a_{jk}(t,s)=\delta_{ik}$,幺正性条件。

4. $\sum\limits_{j}a_{ij}(s,r)a_{jk}(r,t)=a_{ik}(s,t)$(对于 $s\leqslant r\leqslant t$),量子因果性条件,和斯莫卢霍夫斯基-夏普曼-柯尔莫戈洛夫方程相似。

他的方法同古典的马尔可夫过程理论中熟知的推导柯尔莫戈洛夫方程的方法类似。

量子力学的随机过程诠释得到了一个雄辩的提倡者:墨西哥国立大学的德拉佩尼亚-奥埃巴赫。他在墨西哥国立综合技术学院以及在索科洛夫[A. A. Соколов]指导下在莫斯科大学(1964 年

---

① L. F. Favella, "Brownian motions and quantum mechanics," *Annales de l'Institut Henri Poincaré* **7**, 77—94(1967).

② W. Garczyński, "Stochastic approach to quantum mechanics and to quantum field theory," *Acta Physica Austriaca*, *Suppl*.**6**, 501—517(1969).

在那里获得博士学位)学习之后,对费涅什、魏策尔和内尔逊等人的工作印象很深,并决定在这一领域内深造。重读他的一篇早期论文[1],使我们有很好的机会,通过一个只要有概率论的这一分支的初步知识就可以理解的例子,来说明随机过程方法的精神。

令 $x(t)$ 是在对相空间内一点的运动的统计描述中定义随机过程的一组随机变量。$x(t)$ 处的几率密度 $\rho(x,t)$ 是一个正定的量,它可以写为

$$\rho = \exp(2R),\qquad(25)$$

其中 $R=R(x,t)$ 为实数。总几率守恒意味着下述连续性方程成立:

$$\frac{\partial \rho}{\partial t} + \mathrm{div}\, j = 0 \qquad(26)$$

由此可得,如果想象成一个马尔可夫过程的话,几率流的分量可以写成(见本章末尾的附录):

$$j_i = a_i \rho + \sum_k \partial_k (b_{ik}\rho). \qquad(27)$$

将(25)式代入(27)式,得

$$j = v\rho \qquad(28)$$

其中

$$v_i = a_i + 2\sum_k b_{ik}\partial_k R + \sum_k \partial_k b_{ik}. \qquad(29)$$

———————

① L. de la Peña-Auerbach, "A simple derivation of the Schrödinger equation from the theory of Markoff processes," *Physics Letters* **24A**, 603—604(1967); "A new formulation of stochastic theory and quantum mechanics," 同上, **27A**, 594—595 (1968)。

由于(25)式和(28)式,(26)式可以写为:

$$\frac{\partial R}{\partial t} = -\frac{1}{2}(\nabla \cdot \upsilon) - (\upsilon \cdot \nabla)R. \tag{30}$$

令

$$\upsilon = \alpha \nabla S \tag{31}$$

其中 $S = S(x, t)$, α 为实数,并定义

$$\psi = \exp(R + iS) \tag{32}$$

因此有 $\rho = |\psi|^2$,即 ψ 是几率幅,我们看到,(30)式通过一个微分方程联系了 $\nabla S = \alpha^{-1}\upsilon$ 和 R,将(30)式乘以 ψ,并将由(32)式算出的 $\psi \frac{\partial R}{\partial t}$ 和 $\psi\nabla^2 S$ 代入,就得出这个微分方程如下:

$$\frac{\partial \psi}{\partial t} - i\frac{\partial S}{\partial t} = \frac{1}{2}i\alpha \nabla^2 \psi - \frac{1}{2}i\alpha[\nabla^2 R + (\nabla R)^2 - (\nabla S)^2]\psi. \tag{33}$$

最后,引进由下式定义的函数 V,

$$V = -\frac{\partial S}{\partial t} + \frac{1}{2}\alpha[\nabla^2 R + (\nabla R)^2 - (\nabla S)^2] \tag{34}$$

我们得到

$$i\frac{\partial \psi}{\partial t} = -\frac{1}{2}\alpha \nabla^2 \psi + V\psi, \tag{35}$$

若 $\alpha = h/2\pi m$,这个方程就是薛定谔方程。于是,只在两个假设*的基础上(为了得出马尔可夫过程理论中的微分方程,经常要作这

---

　　* 即(1)总几率守恒,(2)速度 υ 可写成一个实函数 S 的梯度 $\upsilon = \alpha \nabla S$.——译者注

两个假设),就导出了薛定谔方程。至于这个方程中的常数要用实验来确定,这在普通的量子理论中也是一样的。

在 1968 年证明了[①]布朗运动的问题怎样可以通过求解与薛定谔方程相似的关于几率幅的方程来处理之后(但这种处理方法限于比弛豫时间大得多的时间间隔),德拉佩尼亚-奥埃巴赫同加西亚-科林合作,开始研究相反的问题,即用经典轨道和随机力来说明一个量子力学粒子的运动。他们的结果发表在一系列论文[②]中,这些论文的讨论内容越来越普遍。1969 年,德拉佩尼亚-奥埃巴赫和他的妻子塞托一道[③],证明从一个广义的达朗贝尔原理出发,可以把前面得出的随机过程理论的基本方程表成拉格朗日形式,从而导出在普遍性受限制的电磁场中运动的粒子的薛定谔方程。1970 年,上述处理方法被进一步推广到无自旋粒子[④]和自旋

---

① L. de la Peña-Auerbach, E. Braun and L. S. Garcia-Colin, "Quantum-mechanical description of a Brownian particle," *Jour*, *Math*.*Phys*. **9**, 663—674(1968).

② L. de la Peña-Auerbach and L. S. Garcia-Colin, "Possible interpretation of quantum mechanics," *Jour*. *Math*.*Phys*. **9**, 916—921(1968); "Simple generalization of Schrödinger's equation," 同上, 922—927; "On the generalized Schrödinger equation," *Revista Mexicana de Fisica* **16**, 221—232(1967); "A new formulation of stochastic theory and quantum mechanics," 同上, **17**, 327—335(1968); L. de la Peña-Auerbech, "New formulation of stochastic theory and quantum mechanics," *Jour*. *Math*.*Phys*.**10**, 1620—1630(1969)。

③ L. de la Peña-Auerbach and A. M. Cetto "Legrangian form of s'ochastic equations and quantum theory," *Physics Letters* **29A**, 562—563(1969); "A new formulation of stochastic theory and quantum mechanics Ⅲ," *Revista Mexicana de Fisica* **18**, 253—264(1969).

④ L. de la Peña-Auerbach, "New formulation of stochastic theory and quantum mechanics," *Revista Mexicana de Fisica* **19**, 133—145(1970).

为整数或半整数的粒子[①]的随机过程理论的相对论表述。

为了进一步考查随机过程诠释的潜力,德拉佩尼亚-奥埃巴赫和塞托[②]研究了随机过程表述是否允许引入经典电动力学的辐射阻尼项的问题,这个问题有其特别的兴趣,因为如所周知,对电子的自相互作用的经典处理由于发散而失败了。应用于类氢原子的一级微扰计算导出了自相互作用的非相对论的无自旋部分($2s$ 能级的兰姆移位)而不出现发散或重正化困难,这是一个令人鼓舞的结果。

鉴于这个题目的高度专门的性质,如果我们要再稍微详细地讨论一下近来对量子力学的随机过程诠释的大量其他的贡献,例如雷洛夫的想要把非相对论量子力学解释为"相对论性布朗运动理论的一种变型"的企图[③],也将使我们过于陷入各种数学讨论。吉尔逊不久前对这个方向上的各种最主要的尝试作出了一个重要的批评性的评价,此人是伦敦大学毕业的,是巴特勒特[M. S. Bartlett]的学生。他在二十世纪五十年代后期读了费曼 1948 年写的关于量子力学中的泛函积分的著名论文以及大约在同时读了维纳[N. Wiener]更早写的关于布朗运动中的泛函积分的论文之

① L. de la Peña-Auerbach, "Stochastic quantum mechanics for particles with spin," Physics Letters **31A**, 403—404(1970).

② L. de la Peña-Auerbach and A. M. Cetto, "Self-interaction corrections in a nonrelativistic stochastic theory of quantum mechanics," *Phys. Rev.* **D3**, 795—800 (1971).

③ Y. A. Rylov, "Quantum mechanics as a theory of relativistic Brownian motion," *Ann. Physik* **27**, 1—11(1971).

后,对下述问题发生了兴趣:这两个形式上相似、但是数学上不同的概念相互之间,以及它们同经典物理学是怎样联系的? 这一考虑使他对正统的量子力学的统计基础提出了疑问。

吉尔逊在他的批判性评述[①]中表明,用费恩曼积分对量子力学的结构做一分析,就会导致这样的结论:和人们在一种真正的随机情况下所应期望的相反,量子跃迁几率是与初态有关的,并且更像一个 δ 函数而不像一个高斯分布;此外,只有假设扩散系数恒等于零,福克尔-普朗克方程和薛定谔方程才是一致的。由于这些结论,吉尔逊声称"量子力学同随机过程理论没有多大关系……不过,根据这一工作,似乎可以把薛定谔量子理论看作一个离散时间随机过程理论的连续极限,不过我们也看到了,当过渡到这个连续极限时,随机的图像也完全消失了。"吉尔逊的分析是完全建立在使用费曼积分的基础上的,因此他的结论取决于薛定谔方程的费曼积分解同用通常的方法所得到的解一致到何种程度。

但是即使可以把量子力学贯彻一致地看成一个随机过程理论,可以把微观粒子描述成是在作某种布朗运动,这样一种说明也只是接着马上就会提出粒子同以太的相互作用的问题,因而也就提出了假设的实体的存在问题。只要还举不出什么经验事实以确证这些猜想的实体的存在,量子力学的任何随机过程诠释,即使在数学上站得住脚,在哲学上也还是不能令人满意的。

---

① J. G. Gilson, "On stochastic theories of quantum mechanics," *Proceedings of the Cambridge Philosophical Society* **64**, 1061—1070(1968).

附录 从方程(26)导出方程(27)

在文献 9—41 中,要求读者参阅 S. Chandrasekhar 的评述文章"Stochastic Problems in Physics and Astronomy"[*Rev. Mod. Phys.* **15**,1—89 (1943)]。我们为非专业的读者给出下面的更初等的推导。

对于平稳的马尔可夫过程,$\rho = P(x \mid z, t)$ 表示在 $t = 0$ 给定 x 后,于 t 时刻在区间 $(z, z + dz)$ 内找到 z 的条件概率密度。从初等的概率考虑可得,$\int dz \, P = 1$ 并且

$$P(x \mid y, t + \Delta t) = \int dz P(x \mid z, t) P(z \mid y, \Delta t),$$

这就是斯莫卢霍夫斯基方程。Δt 内坐标变化的矩为

$$\mu_n(z, \Delta t) = \int dy (y - z)^n P(z \mid y, \Delta t).$$

假定它们在 $\Delta t \to 0$ 时正比于 Δt(只对 $n = 1$ 和 2)。因而 $a(z) = \lim \mu_1 / \Delta t$ 和 $b(z) = \lim \mu_2 / \Delta t$ 存在。如果当 $y \to \pm 0$ 时任意函数 $f(y)$ 足够快地趋于零,那么由于斯莫卢霍夫斯基方程,积分

$$I = \int dy \, f(y) \partial \rho(x \mid y, t) / \partial t$$

在交换积分次序后就变为

$$I = \lim \frac{1}{\Delta t} \int dy \, f(y) \big[\rho(x \mid y, t + \Delta t) - \rho(x \mid y, t) \big]$$

$$= \lim \frac{1}{\Delta t} \Big[\int dz \rho(x \mid z, t) \int dy \, f(y) \rho(z \mid y, \Delta t)$$

$$- \int dz \, f(z) \rho(x \mid z, t) \Big].$$

把 $f(y)$ 展成 $(z-y)$ 的泰勒级数,我们得到

$$I = \int dz\, \rho(x \mid z,t)\left[f'(z)a(z) + \frac{1}{2}f''(z)b(z)\right],$$

分部积分后,把 z 写成 y,

$$\int dy\, f(y)\left[\frac{\partial \rho}{\partial t} + \frac{\partial}{\partial y}(a\rho) - \frac{1}{2}\frac{\partial^2}{\partial y^2}(b\rho)\right] = 0.$$

由于 $f(y)$ 是任意的,普遍的福克尔-普朗克方程成立

$$\frac{\partial \rho}{\partial t} = -\frac{\partial}{\partial y}(a\rho) + \frac{1}{2}\frac{\partial^2}{\partial y^2}(b\rho).$$

438 对于一个 n 维的马尔可夫过程,其 a_i 和 b_{ik} 的定义与 a 和 b 相似,我们得到

$$\frac{\partial \rho}{\partial t} = -\sum_i \frac{\partial}{\partial y_i}\left[(a_i\rho) + \sum_k \frac{\partial}{\partial y_k}(b_k\rho)\right] = -\sum_i \partial_i j_i$$

从而得出(27)式。

第十章 统计系综诠释

10.1 历 史 起 源

在到目前为止讨论过的各种对量子力学形式体系的诠释中，普遍都把态矢量或波函数看作是对单个系统（例如电子）的描述。人们或者假设它是单个物理系统的最完备的描述，如各种版本的哥本哈根诠释中那样；或者假设顶多只要对形式体系作少量的修改就可以使它进一步完备化，如同隐变量诠释中那样。如果有一种诠释，它认为态矢量提供的并不是单个系统的描述，而是对一个系综的描述，这个系综是由全同地（或相似地）制备的系统构成，那么这种诠释就将称为一种统计系综诠释或简称统计诠释[①]。

在前几章里有时已提到过统计系综诠释。实际上，我们在谈到 1927 年的索尔维会议时已经说明[②]，正是爱因斯坦在这次会议

[①] 因此我们仿效福克，对"几率诠释"和"统计诠释"两个术语加以区别，把前一术语用于所有那些认为基元过程不受决定论定律制约的诠释。（译者按：一般的量子力学教科书中，也把玻恩对波函数的几率诠释称为统计诠释。因此，虽然作者对这两个术语规定了这一区别，我们在中译本中只采用"统计系综诠释"一词而不用"统计诠释"，以免混淆。）

[②] 5.1 节。

上提出了一种统计系综诠释,即他所谓的"第一种观点",以避免用另一种诠释(认为波函数是属于单个系统)来描述波包收缩时所产生的概念困难。在另一处[①],我们也曾指出,爱因斯坦终他一生,都坚持现有形式体系的统计系综诠释,尽管他曾希望,总有一天会有一个"完备的"微观物理理论,它虽然建立在和量子力学不同的概念基础上,但却将后者包括在内作为一个统计近似。只要回想起爱因斯坦在 1936 年说的这句话就够了:"ψ 函数所描述的无论如何不能是单个系统的状态;它所涉及的是许多个系统,从统计力学的意义来说,就是'系综'"[②]。在他逝世前几年,他在他的"对批评的回答"中,在承认玻尔的诠释"从纯逻辑的角度来说肯定绝不是悖理的"之后写道:"如果人们坚持这样的命题,说统计性的量子理论原则上能够给出对单个物理系统的完备描述,那么就会得到一些很讲不通的理论概念。反之,如果人们认为量子力学的描述是关于系综的描述,那么这些理论解释上的困难就会消失。"[③]

由于这些历史原因,人们有时把这一命题(量子力学所预言的是对由全同地制备出的系统构成的一个系综进行测量的结果的相对频率)叫做"爱因斯坦假说",以和所谓"玻恩假说"相对照,后者认为,量子力学预言的是对单个系统进行测量的结果的几率。但是,只有在能够区分一个预言频率的理论同一个预言单个事件的

---

①　349 页注②文献。

②　317 页注①文献。中译文参看《爱因斯坦文集》第一卷(许良英等译,商务印书馆,1977)第 366—367 页。

③　124 页注②文献(1949,1959,p.671)。中译文参看《爱因斯坦文集》第一卷,第 468 页。

几率的理论时,这样的对照才有意义。如果典型的量子力学几率和相对频率有所不同,即使用来验证两类预言的实验程序显得完全一样,就肯定可以作出这样的区分。许多物理学家否定这种区分的逻辑合法性。

在这方面,注意到玻恩(他一般地把量子力学中的几率看作某种特殊的东西)曾经至少在两个场合表示赞成频率诠释,是有其历史的兴趣的。玻恩在提出他原来的波函数几率诠释[①]之后不久,于1926年8月10日,在牛津对英国学术协会宣读了一篇论文,他在文中宣称:"量子论的描述……并不回答……某个粒子在给定时刻的位置的问题。在这方面,量子理论是和实验工作者一致的:因为微观坐标也是实验者力所不及的,所以他只能对事例进行计数,并且满足于统计学。这表明量子力学同样只回答适当提出的统计问题,而关于个别现象的过程则是说不出什么来的。因此,量子力学乃是力学和统计学的一种奇特的融合。"[②]在席尔普[Schilpp]主编的文集 *Albert Einstein：Philosopher-Scientist*(《阿尔伯特·爱因斯坦：哲学家-科学家》爱因斯坦的上述声明就发表在这本书上)出版之后,玻恩写信给爱因斯坦说,他同意他对 ψ 函数的解释,并且说"(他们的观点的)分歧不是实质性的,而只是语言上的。"[③]

在量子力学专家中,首先赞同统计系综观点的,大概是斯莱特

---

① 59 页注①文献。

② M. Born, "Physical aspects of quantum mechanics," *Nature* **119**，354—357 (1927)；重印于文献 6—11(1956，pp.6—13)；参见 *Reports of the British Association for the Advancement of Sciencs* (Oxford，August 4—11，1926)，p.440。

③ 169 页注①文献(1969，p.250；1971，p.186)。

[J. C. Slater]，他是哈佛大学毕业的(1923 年获得博士学位)，曾在

442 剑桥和哥本哈根进修，然后执教于哈佛大学(1924)和麻省理工学院(1930)，以其对量子理论的许多贡献而著名[*]。在美国物理学会主持下于 1928 年 12 月 31 日在纽约市召开的一次关于量子力学的讨论会上，斯莱特宣称："波动力学并不是通常的牛顿力学的推广，而是统计力学的推广；这一简单看法足以解释它的许多特征，要不这样看的话，这些特征就会使人感到迷惑。"[①]他并补充说，作为一个统计理论，波动力学处理的是系综，这种系综它是用空间中的分布函数来描述的，这个空间虽然和通常的统计力学的相空间不同(主要由于测不准原理)，但"在根本上"仍是和它相似的。虽然当我们计算态随时间的变化时，我们并不是直接用这些分布函数，而是用波函数 ψ，但是 ψ 的意义，照斯莱特看来，仍在于它关于这类系综分布所提供的统计信息。

我们已经讲过[②]，肯布尔[E. C. Kemble]是完全同意他的年轻同事的意见的。他说："当我们说一个运动的电子的'态'是由 ψ (x, t) 描述时，我们的意思是：一个由极大量的这样制备得的电子构成的系综的统计性质应当由这个函数来描述，而关于单个电子，我们所知道的只能到这一事实为止，就是它属于某一适当挑选过的、具有这一特性的潜在系综。"[③]他的著名的教科书从头至尾都

---

[*] 斯莱特的主要工作是应用量子力学计算原子和分子结构。——译者注

① 264 页注①文献。

② 263 页注①文献。

③ 同上(p.974)。

是用的统计系综诠释。例如他这样写道："我们可以把一个物理系统的态等同于一个吉卜斯系综的态,这个系综的各个全同系统是这样制备的,使得它的全部成员过去的历史,在能够影响未来的行为的一切细节上,都和原来的系统完全相同。"[①]不过,虽然肯布尔在他的书的序言里强调了全同系统的吉卜斯系综对于他对形式体系的诠释的基本的重要性[②],但在他后面对测不准关系的阐述中,似乎并没有贯彻他所宣布的立场,因为他在那里提到了"对一个粒子进行的观察……以决定它的坐标 q 和动量 p 的同时的数值",并且赞成海森伯的思想实验,包括对单个系统进行的各次测量互相干扰的观念。而在这方面应当看到,在统计系综诠释的框架内的一种对海森伯关系的讲法,1934 年就已经由波普尔[③]提出来了。

　　为什么在已经有了根据统计系综诠释的精神来表述海森伯关系的方法的时候,肯布尔还要犯这个前后解释不一贯的错误呢?肯布尔在序言中说,他写这本书是为了沟通"冯·诺伊曼的严密方法和量子理论通常的不太严格的表述",因为他觉得冯·诺伊曼的工作"对于任何学习这一学科的学生(除了那些最富于数学才能的学生之外)"是太困难了。肯布尔只不过是在追随冯·诺伊曼。实际上,冯·诺伊曼对玻尔和海森伯的思想实验和他们原来的诠释

①　264 页注②文献 6—54(p.54)。

②　同上(p.Ⅶ)。

③　6.2 节。又见 H. Margenau, "Measurement in quantum mechanics," *Ann. Physics* **23**, 469—485(1963),这篇文章中包含有把这些关系式解释为统计散布关系的透彻分析。

的赞同①,是和统计系综诠释的总调子相矛盾的,而他那本讨论量子力学数学基础的名著正是在这个总调子下写的。有趣的是,冯·诺伊曼似乎从未明确地[*verbis expressis*]赞同统计系综观点,虽然他的对量子现象进行数学讨论的方法常常强烈要求这种诠释。无论如何,布洛欣采夫下面这句措辞谨慎的话肯定是有道理的:"我想,对量子力学的统计系综诠释的一个很大的贡献是冯·诺伊曼做出的,同传统的讲法相反,他强调了对量子系综有一清楚理解的重要性。"②

10.2   意识形态方面的原因

众所周知,尽管有爱因斯坦、波普尔、斯莱特、肯布尔和别的几个理论物理学家(其中最著名的是杰出的物理学家朗之万)鼓吹的论据,但是统计系综诠释比起哥本哈根诠释来,在几十年的时间里只得到很少人的接受。朗之万在法国传播爱因斯坦的理论,他为统计系综观点的辩护可以回溯到他 1933 年 10 月 15 日在巴黎召开的国际物理化学会议开幕式上的讲话,他在讲话中批判了对海森伯关系式的通常解释③。不过,在实际工作里,许多物理学家,

---

①   7 页注①文献(Chap.3, section 4)。

②   布洛欣采夫致笔者的信,1970 年 5 月 21 日。

③   P. Langevin, *La Notion de Corpuscule et d'Atome* (Hermann, Paris, 1934), pp.44—46;摘要重印在下书中:P. Langevin, *La Pensée et l'Action* (Les Éditeurs Français Réunis, Paris, 1950), pp.114—116。中译本:朗之万,《思想与行动》(何理路译,生活·读书·新知三联书店,1957)第 70—71 页。俄译文载于《郎之万选集》[Нзбранные произведения](1949)。

虽然自以为是站在哥本哈根学派一边的，他们在其日常工作中仍
然用着统计系综诠释的逻辑以及术语，特别是在涉及散射过程或
有关的问题时[①]。

前面提到过[②]，在苏联，是把玻尔的互补性观念解释为对唯心
主义哲学的赞同，因而和辩证唯物主义不相容的，因此，在那里，统
计系综诠释也更顺利地被接受为哥本哈根观点的代替物。首批在
苏联赞成统计系综诠释的人之一（如果不是最早一个的话）是尼科
耳斯基[③]。在福克把 EPR 的 1936 年论文译成俄文[④]、并对它作了
有利于玻尔的评注时，尼科耳斯基[⑤]站在爱因斯坦一边。

爱因斯坦的论文《物理学和实在》[⑥]也于 1937 年译成俄文，发
表在《在马克思主义旗帜下》(*Под Знаменем Марксизма*)[⑦]这个刊
物上，这是当时苏联最有影响的哲学杂志。莫斯科和列宁格勒的
一些物理学家和哲学家欢呼这篇文章，说它是哥本哈根哲学的一
剂可喜的解毒剂，这鼓励了尼科耳斯基去写出一本题为《量子过

[①]　这方面的一个例子是海森伯对电子轨道概念的讨论，他在讨论中指出，通过同
波长足够短的单个光子的一次碰撞，"只有假设的轨道上的单独一点被观察到。但是，
人们可以在大量的原子上重复这种单次观察，从而得出电子在原子内的一个几率分
布。根据玻恩的诠释，这个几率分布在数学上是由 $\psi^* \psi$ 表示的……这就是'$\psi^* \psi$ 是在
给定一点观察到电子的几率'这句话的物理意义。"见文献 3—19(1930, p.33)。

[②]　401 页注①文献。

[③]　342 页注②文献。

[④]　В. Фок，"Можно ли считать，что квантомеханическое описание физической
реальности является полным？" *УФН* **16**，436—457(1936).

[⑤]　К.В.Николский，"Ответ В.А. Фоку，" *УФН* **17**，555(1937).

[⑥]　317 页注①文献。

[⑦]　А. Эйнштейн，"Физика и реальнсть"，*Под Знаменем Марксизма* **1937**，126—
151.

程》的专著①,他在书中对量子现象的统计系综诠释作了系统的加工。

尼科耳斯基的书不是用来给学生当教科书的。用俄语写的第一本完善的大学量子力学教科书,布洛欣采夫的《量子力学导论》②,是根据海森伯诠释的精神来写的,按照这种诠释,波函数代表的是人对态的知识,而不是系统的态本身,更不用说系综的态了。五年后,布洛欣采夫出版了这本书的修订版《量子力学基础》③,这本书由于其卓越的教学法安排,成了用俄语写的量子力学教科书中最普及的书之一,并且翻译成多种文字④。在这一版中,布洛欣采夫完全否定了玻尔-海森伯诠释⑤,而是在统计系综诠释的基础上来陈述理论。实际上,他在这一版(1949)的序言中指出,"关于量子力学中的态的概念的那一章经过了改写,……并对当前国外流行的对量子力学的唯心主义理解进行了批判。"

斯托尔察克在他对此书修订版的书评中透露,马尔可夫同马克西莫夫和日丹诺夫的纲领性讲话之间那场有名的意识形态冲

---

① К.В.Николский, *Кеанмовые Прочессы* (ГИТТЛ, Москва-Ленивград, 1940).

② Д. И. Блохинцев, *Веебение е Вантовую Механику* (ГИТТЛ, Москва-Ленинград, 1944).

③ Д. И. Блохинцев, *Осноеы Квантовой Механицы* (ГИТТЛ, Москва, Ленинград, 1949).

④ 226 页注①文献。

⑤ 本页注③文献(§14,第55页及以后)。

突[①]可能促使布洛欣采夫改变了他的立场[②]。

根据布洛欣采夫的诠释,现代量子力学并不是一个关于微观过程的理论,而是使用统计系综来研究微观过程的性质,这些统计系综是用从经典的宏观物理学借用的术语(诸如能量、动量、坐标)来描述的。在他的测量过程理论中,是把测量仪器看作量子系综的谱分析器,它根据仪器的本性,从给定的系综中选出一些子系综来,或把一个系综(纯粹态)分离成各个子系综的混合(混合态)。这样的一个子系综各自具有一个新的波函数,这相当于通常所说的"波包收缩"。"在物理上,波包收缩意味着,一个粒子在测量之后从属于一个新的纯粹系综。"[③]

布洛欣采夫的基本主张是:由于波函数描述的并不是粒子的状态而是粒子从属于某一系综,因此量子力学就消除了观察者并且变得具有客观意义。海森伯批判[④]这一主张是自相矛盾的,他争辩说,要为粒子指定一个系综,也需要有观察者方面关于粒子的某种知识。

在后来发表的文章中[⑤],特别是在最近的一本关于量子力学

---

① 343 页注④,⑤,⑥文献。

② Л. И. Сторчак, "За материалистическое освещение основ квантовой механики," Вои.Фцл, **1950**, 202—205。德译文(1952)。

③ 226 页注①文献(英文版),pp.65—70。译者按即 § 17),俄文原书(1963 年版)стр.76—80。中译本(吴伯泽译,1965),第 79—85 页。引文见第 82—83 页。

④ 81 页注③文献。

⑤ 386 页注①文献。

基础的专著[①]中,布洛欣采夫对他的统计系综诠释给出了更详细的说明。他定义系综为全同微观系统的(理想)无穷序列,每一微观系统都处于相同的宏观装置 M(一组宏观物体例如准直狭缝、磁力检偏器)之中;宏观环境以某种方式决定了微观系统的运动状态或简称为"态"。如果一个系综满足关于位置和动量坐标 q、p(对系综取平均)的测不准关系,它就是一个"量子系综",这个条件不容许量子系综中存在 p 和 p 的联合几率分布(这和经典吉卜斯系综相反)。为了找出在量子系综中代替这种联合几率分布的是什么,布洛欣采夫推广了海森伯关系,并依靠玻尔的互补性原理,他认为,如果剥除掉它的全部哲学装饰,互补性原理只不过是一条"互斥性原理":它把力学变量分成一组组互相排斥的、不能在量子系综内共存的量。根据这一原理,微观系统虽然不能用相空间 R(p,q)来描述,但是可以用位形空间 $R(q)$ 或是用动量空间 R(p)或是用任何别的力学变量完备组的空间来描述,但是每种描述都将导致一个不同的几率测度。

　　但是,存在有一个量,它在下述意义上完备地表征了量子系综;关于它的知识使人们能够计算所有这些不同的几率测度;这个

　　① Д.И. Блохинцев, *Принцилиальные Вопроси Квнтовой Механики* (Наука, Москва, 1966);法译本 *Principes Essentiels de la Mécanique Quantique* (Dunod, Paris, 1968);英译本 *The Philosophy of Quantum Mechcnics* (Reidel, Dordrecht, Holland; Humanities Press, New York, 1968).按照布洛欣采夫的意见,法译本"比较接近俄文原意"(1970 年 5 月 21 日布洛欣采夫致作者的信)。英译本的书名会带来误解,因为正如序言中明显说过的,这本书的内容"更多地是关于理论物理学的而不是关于哲学的。"由于书名引起的误解,不久前一位书评作者写道,这本书对量子力学的哲学的贡献"基本上等于零"。见 J. Bub 的书评,*Phil. Sci.* **37**, 153—156(1970)。

量就是波函数 ψ_M，它既在坐标表象内、又在动量表象内，或者也在
任何别的力学变量完备组的表象内描述了量子系综，并且正如附
标 M 示出的那样，它同宏观装置有关。虽然能够取不同的表象，
波函数还是量子系综的一个客观特征；或者说，正因为能够取不同
的表象，波函数才成了量子系综的一个客观特征。波函数对量子
系综所起的作用，就和经典的联合几率对吉卜斯系综所起的作用
相似，而 M 则类似于正则分布中的绝对温度 θ；于是，"波函数并
不是决定任何特定测量的统计行为的量，而是决定量子系综的统
计行为的置。"[1]

为了历史的准确，应当指出，曼捷尔什塔姆也采取同布洛欣采
夫类似的观点，正如对他的讲义[2]的细致分析所表明的那样。另
一方面，福克则批评布洛欣采夫的方法，他所持的理由是，波函数
是代表某种潜在可能的而不是实际实现的东西；在他看来，量子力
学中的统计系综的观念只有在涉及测量的结果时才有其存在的理
由，每个系综是和一种特定的实验装置相联系的，而不是和微观客
体相联系的[3]。布洛欣采夫和福克的立场之间的冲突成了五十年
代苏联的大量讨论的主题[4]。

---

[1]　226 页注[1]文献(英文版，p.25)。

[2]　Л.И. Манделштам, *Полное Собранние Трудое* (Академия Наука СССР,
Москва, 1950), T.V, 特别是 стр.356。

[3]　В.А. Фок, "О Так называемых ансамблях в квантовой механике", *Воп.Фил.*
1952，170—174；402 页注[2]文献。

[4]　例如，见 А. Д. Александров, "О смысле волновой функции," *Доклабы
Академии Наук СССР* **85**，292—294 (1952)，Г. Дз. Мякишев, "В чём причина
статистйческого характера нвантовой механики?"*Вои.Фил.***1954**，*выл.*6，146—159.

10.3 从波普尔到朗德

这段期间,在西方国家里,统计系综诠释只有很少几个公开承认的信徒。造成这一事态的一个原因,无疑是玻尔、海森伯和哥本哈根诠释的其他杰出的倡导者在量子力学领域内所享有的巨大权威。为了理解另一个比较不明显的原因,还应想到,在那些年代里,冯·诺伊曼的隐变量不可能性证明仍然被人们普遍认为是绝对无可怀疑的。虽然有人争辩道,既然单个物理系统存在于自然界内作为实验研究的对象是一个无可争辩的事实,那么就有理由预期,一个统计诠释只是通向一个描述单个系统的行为的理论的第一步;但是为了符合统计观点的精神,这样一个理论就必然得是一个隐变量理论,而隐变量理论的逻辑合法性已经被否定了。

但是也有少数例外。我们还记得[1],波普尔曾在二十世纪三十年代初期提出过海森伯关系式的一种统计诠释,他从未放弃过他的观点。虽然他曾有一次明白宣布过[2],一个蕴涵统计结论的、并且只能用统计的检验方法来检验的理论并不一定具有统计的意义,但是他总是主张,需要用到量子力学的问题本质上是统计问

---

[1] 见第 3.1 节和 6.2 节。

[2] K. R. Popper, "Philosophy of Science: A personal report," 载于 *British Philosophy in the Mid Century*, C. A. Mace, ed.(Allen and Unwin, London, 1957), pp. 153—191; 重印于下书中: K. R. Popper, *Conjectures and Refutations* (Routledge and Kegan Paul, London, 1963), pp.33—96, 特别是 p.60。

题,因此需要统计性的答案。实际上,在波普尔看来,希尔伯特空间中的矢量提供的是统计性的断言,从它是得不出关于单个粒子的行为的预言的。但是,量子力学作为统计理论并不排除精确的单次测量(例如对位置和动量的测量)的可能性;相反,波普尔声称,这种测量是检验理论的预言所必不可少的:比如,要检验预言共轭变量的散布互成倒数关系的海森伯关系式,那么就必须决定共轭变量的统计分布;而这只有当测量的精度远远高于散布的范围时才有可能;这些高度精确的测量正是那些被海森伯错误地斥为理论上没有意义的回溯性测量或非预告性测量[①]。

在波普尔看来,哥本哈根学派所犯的一个甚至更严重的错误,是把统计分布等同于系综的元素的一种物理属性:分布是系综的性质,而不是系综的元素的性质。波普尔声称,这种不合逻辑的概念混杂是一个"巨大的量子泥谭",它引起了出名的"波粒二象性",因而也导致了互补性诠释[②]。

波普尔关于量子力学的本性的原来的看法,由于他对几率的解释而有重大的修改。他把几率解释成一种倾向性[propensity],即,一种可以同对称性或反对称性或某种广义力相比拟的物理属性,它附属于进行重复测量的全部实验装置。虽然波普尔并不是

449

---

① 88 页注①文献。又见 85 页注③文献中波普尔的 *The Logic of Scientific Discovery* 一书第 231 页上的重要的脚注,那里给出了对这一论据的详尽说明。

② K. R. Popper, "Quantum mechanics without 'the obssrver'," 载于 *Quantum Theory and Reality*, M. Bunge, ed.(Springer, New York, 1967), pp.7—44.

第一个提出这种观念的人①,但是他显然独立地于 1953 年发展了
他的倾向性诠释,以作为几率的频率诠释的一种改进②。在他于
1957 年柯尔斯通讨论会上宣读的论文中③,他声言这种几率诠释
"从量子理论中清除了神秘性,而只留下了几率和非决定论"。

在这种诠释中,波函数决定了粒子各状态的倾向,即给出了粒
子的各种可能状态的权重。例如,应用到双缝实验上去,它解释了
如此经常地从这类实验推出的波粒二象性的无益空论,因为实验
装置的每一变化,例如关闭一条缝,都会影响各种可能性的权重分

---

① 　按照 N. L. Rabinovitch 的说法,摩西·本·迈蒙[Moses ben Maimon],更通
行的名字是迈蒙尼德[Maimonides](1135—1204),已经提出了一种几率的倾向性诠
释。他在他的《*Guide to the Perplexed*》一书的第二部的引言里,提到了"物质的容量
或倾向[capacity or propensity]中所固有的接受给定的形式"的可能性。(前提 23 和
24)。迈蒙尼德的几率观念随后又被阿尔伯特·麦格劳[Albertus Magnus]、托马斯·
阿奎那[Thomas Aquinas]及其他中世纪的经院哲学家继承下来。见 N. L. Rabino-
vitch, *Probability and Statistical Inference in Ancient and Medieval Jewish Literature*
(University of Toronto Press, Toronto, 1973), pp.74—76;及 E. Gilson, *Le Tho-
misme*(Vrin.Paris, 1923), pp.60—61。说到作为波普尔的探索的前驱的近代探索,那
么,C. S. Peirce (1839—1914)也提出过一个几率的倾向性理论,他写道:"骰子具有某
种'想要怎么做[would be]'的意向⋯⋯这个性质同一个人可能有的任何习惯颇为相
似。"见文献 8—211(Vol.2,§664)。这个解释在 B. Braithwaite 的书 *Scientific Expla-
nation* (Cambridge U. P., Cambridge, 1953)中也曾提到(p.187)。倾向性诠释的最近
的倡导者是 I. Hacking (*Logic of Statistical Inference*, Cambridge U. P., 1965), I.
Levi (*Gambling with Truth*, Knopf, New York, 1967)和 D. H. Mellor (*The Matter
of chance*, Cambridge U. P., Cambridge, 1971)。

② 　622 页注②文献;K. R. Popper, "Three views concerning human knowledge",
载于 *Contemporary British Philosophy*,H. D. Lewis, ed., (G. Allen and Unwin, Lon-
don, 1956), pp.355—388。

③ 　K. R. Popper, "The propensity interpretation of the calculus of probability,
and quantum mechanics",407 页注②文献(pp.65—70)。

布,因此产生一个不同的波函数。在玻珀看来,这种情况在原则上同把普通的弹球戏*中的钉板弄倾斜、因而使滚落的小球的新分布曲线相对于钉板未倾斜时的正常曲线形状发生变化并没有什么不同之处。简而言之,按照波普尔的意见,量子力学如果解释为粒子的"经典统计力学的一种推广"[1],它遵从几率的倾向性诠释,那么它并没有什么地方比关于任何机遇性游戏的任何经典理论更神秘,因为迄今被看成是量子力学的特点的那些特征,只不过是几率的一些性质,这些性质甚至对于像弹球钉板或杯子中的骰子这样的装置也是共同的[2]。

费耶阿本德在一篇为互补性诠释作全面辩护的文章[3]中,对波普尔的诠释及其反对玻尔的论战作了严厉的批评。关于倾向性诠释,费耶阿本德争辩说,"波普尔的立场更接近他所攻击的玻尔,而不是他所捍卫的爱因斯坦。"因为在费耶阿本德看来,波普尔所坚持的全部物理装置的实验条件决定几率分布,正是玻尔在使用"现象"的概念以包括对全部实验装置的说明时的想法。费耶阿本德接着写道,但是,互补性超出了倾向性诠释,因为它不仅把几率,

450

---

* 弹球戏是这样一种游戏:由钉有许多钉的斜板下端把球弹上去,穿过钉子滚落到有编号的洞中。——译者注。

[1] 623 页注[2]文献(p.16)。

[2] 有趣的是,L. Sklar 在一篇对波普尔的倾向性诠释的分析中得出了几乎完全相反的结论:在经典情况下,这个倾向性的观点是靠不住的(由于它"忽视了世界的一个客观特征,正是这一客观特征使得几率具有其意义和用处"),而在量子力学中(迄今为止也只有在这里),它可能是可以接受的。见 L. Sklar, "Is probability a dispositional property?", *The Journal of Philosophy* **67**, 355—366(1970)。

[3] P. K. Feyerabend, "On a recent critique of complementarity", *Phil. Sci.* **35**, 309—331(1968); **36**, 82—105(1969).

而且把系统的力学变量(例如位置和动量)都从单个物理系统中抽出来,并归之于实验装置:于是,它就不仅把几率,而且把一切力学量都相对化了。波普尔的实验条件的改变就意味着几率的改变的论据,并不足以说明比如在双缝实验或其变型中所遇到的那种改变。

为了驳斥波普尔对海森伯关系式的解释,费耶阿本德重新考察了这样一个衍射实验[①],把它看成是波普尔的钉板模型的一个变型。费耶阿本德声称,波普尔关于粒子同时有确定的位置和动量存在的主张,只有在下述情况下才能一贯地坚持,那就是由屏上的"干涉"图样所显示出来的粒子轨道的重新分布,可以通过某些力来作出力学的说明,并且这种说明同守恒定律符合一致(玻特和盖革以及康普顿和西蒙已经在实验上证明,这些守恒定律在每一单个事例中成立)[②]。但是,因为我们不知道有这种力存在,而且,哪怕只是想象这种力存在的任何试图也必定会引起不可克服的概念困难(爱因斯坦和埃仑菲斯特曾经表明这一点[③]),因此不能给出这样的力学说明。

摆脱这种两难处境的途径就是玻尔的做法:放弃粒子轨道的概念,否认粒子同时具有确定的位置和确定的动量。费耶阿本德接着写道,玻尔依靠波动模型和德布罗意关系式(作为经验定律),得出了关系式 $\Delta x \Delta p > h$,同波普尔的看法相反,其中 Δx 和 Δp 并不是统计量值而是"描述诸如位置和动量这样的概念仍然适用

---

① 同上,p.94。
② 6页注①文献(pp.185—186)。
③ 同上(pp.134—135)。

的程度。"①。费耶阿本德强调,这个关系式并不仅仅是对我们的知识的一个限制,而是表示这个世界上缺少一个客观的特征,正如玻尔对主观主义术语的经常使用,如果更仔细分析的话,指的并不是知识的状态而是客观条件。玻尔把海森伯关系式看成是表示了单个系统的某种客观的不可确定性[indefiniteness]的这一观念,并不排斥把它们当作统计公式推导出来,这时 Δ 代表方均根偏差。实际上,按照费耶阿本德的看法,可以把玻尔所想象的这些关系式看成是统计诠释下的这些关系式的一种检验和说明:它们说明了为什么测量结果必定总是和统计关系一致,并且就它们指出了量子理论(连同玻恩的诠释)同已经知道在微观物理学中成立的全部物理定律之间的一致这一点而言,它们也是一种检验。波普尔所谓的"巨大的量子泥潭"的断言,在费耶阿本德看来,"纯粹是一派虚构",是由于波普尔在"量子理论就是纯粹的统计学"这个不可靠的观念的错误引导下,混淆了经典波和 φ 波,忽略了单个粒子的动力学,而引导出来的。

费耶阿本德声称,波普尔对哥本哈根诠释的批评,乃是"从 1927 年就已经得到的成果向后倒退的糟糕的一大步"②,因为它忽视了正确估价互补性所必不可少的种种重要事实。费耶阿本德认为,波普尔的下述主张,即"著名的波包收缩并不是量子理论特有的一个效应,而是概率论普遍具有的效应"③,是建立在一个严重的缺陷之上的。波普尔在他的第九个命题里——他以 13 个命题

---

①　625 页注③文献(p.95)。

②　同上(p.103)。

③　同上,p.34。

的形式表述了他的诠释——提到钉板实验以解释这一"收缩"。他

452　把原来的实验条件的标志称为 e_1，把（比方说）只考虑（或选出）碰

到某一个钉子 q_2 的那些球时的新标志称为 e_2，波普尔指出，于是

很明显，一个球到达钉板下端的某一点 a 的两个几率 $p(a,e_1)$ 和

$p(a,e_2)$ 一般是不相等的，因为由 e_1 和 e_2 标志的两个实验是不同

的。但是根据波普尔的看法，"这并不意味着告诉我们条件 e_2 已

实现了的新信息会以任何方式改变 $p(a,e_1)$：从一开始我们就能

够计算不同的 a 的 $p(a,e_1)$，也能计算 $p(a,e_2)$；并且我们知道 p

$(a,e_1)\neq p(a,e_2)$。如果通知我们说小球实际上碰到了钉子 e_2，

那不会有任何东西发生变化，除了一点之外：那就是这时我们可以

把 $p(a,e_2)$ 用到这一情况了（如果我们想要这样做的话）；或者换

句话说，我们可以把这一情况看成实验 e_2 而不是实验 e_1 的一个

事例了。但是我们当然也可以继续把它看成是实验 e_1 的一个事

例，因此继续用 $p(a,e_1)$：各种几率（以及几率包，即对不同的 a 的

分布）都是相对几率，它们是相对于我们把什么实验看成我们的实

验的重复，换句话说，相对于哪些实验被当成同我们的统计检验有

关或无关。"[①]

　　费耶阿本德完全同意波普尔的结论：实验条件的改变也将造

成几率的改变，认为它是绝对正确的——但和我们所讨论的问题

也同样是绝对不相干的！"因为使我们感到惊讶（并且导致哥本哈

根诠释）的，并不是这时有着某种改变；使我们惊讶的是所遇到的

---

① 　623 页注②文献（pp.35—36）。

改变的性质：从经典立场来看完全可能的轨道突然被禁止了，没有任何粒子进入这些轨道。正是为了说明这些奇特的事件，才逐渐建立起哥本哈根诠释来"[1]。

　　上述最后一点又得到巴布的进一步加工[2]，巴布是费耶阿本德曾向之出示他的论文原稿的人之一。为了证明波普尔的诠释不能解决量子力学的基本问题，巴布提到了刚才引述过的波普尔的钉板的例子，并且把碰上钉子 q_2 又碰上另一个钉子 q_3 的那一组轨道用符号 b 代表，把碰到 q_2 和第四个钉子 q_4 的那组轨道用符号 c 代表。他指出，$p(b,e_1) \neq p(b,e_2)$ 和 $p(c,e_1) \neq p(c,e_2)$ 没有任何费解之处；而量子力学的波包收缩所特有的不等式 $p(b, e_1)/p(c,e_1) \neq p(b,e_2)/p(c,e_2)$，在波普尔的诠释中仍然是不可理解的。在巴布看来，波普尔忽视了下述事实：在量子力学中，由一个初始几率分布到一个新的、以某些附加的信息为条件的几率分布的过渡，同布尔概率计算中的情况是不同的，因为在量子力学中，附加信息会使关于子集在相空间中的相对几率的初始信息归于无效，这种初始信息是用相空间方法重建量子统计学所用到的。巴布责难波普尔的推理的矛头所指，归根结底同姚赫和皮朗在别的地方[3]对波普尔提出的批评是一样的，那就是不应该把布尔逻辑应用于非布尔逻辑空间。

---

①　625 页注③文献(p.326)。

②　J. Bub, "Popper's propensity interpretation of probatility and quantum mechanics"(预印本,1972)。

③　490 页注①文献。

如果在波普尔看来，哥本哈根诠释的波粒二象性原理是来源于逻辑的谬误，那么对朗德来说，它则是来自对纯物理的论据的严重曲解。朗德[Alfred Landé]对量子理论和原子结构的贡献当然是每个学物理的人所熟知的*，他在马尔堡[Marburg]，哥丁根、慕尼黑等大学学习过，并于 1914 年在索末菲指导下在慕尼黑大学获得博士学位。在哥丁根当了一阵希尔伯特的助教并在法兰克福当了一阵无俸讲师①之后，他于 1922 年当了蒂宾根[Tübingen]的教授，由于他的工作，那里成了最先进的光谱学研究中心之一。1931年他到了俄亥俄州立大学，他在那里于 1951 年出版了一本量子力学教科书②，这本书和玻姆的书③（也出版于 1951 年）一样，也是为了要澄清理论的物理意义。像玻姆的书一样，这本书也是根据哥本哈根诠释的精神来写的，玻姆的书更倾向于玻尔的说法，而朗德的书更倾向于海森伯的说法。

朗德在他的书中宣称，"量子理论的任务是调和粒子和波动这两个经典概念之间的矛盾"，其办法是证明用两种概念来描述物理现象是等效的。实际上，朗德很详细地说明了，对于物质波的卢瑟福散射、光线的汤姆逊散射、正常塞曼效应以及许多别的过程，粒子理论同波动理论是怎样导致完全相同的结果的。他特别着重说

---

*　朗德的主要工作在原子光谱方面，特别是反常塞曼效应的定量说明（朗德 g 因子）。——译者注

①　无俸讲师，见本书边码第 265 页上的译者注。

②　A. Landé, *Quantum Mechanics* (Pitman, London, 1951). 朗德的更早的书 *Principles of Quantum Mechanics* (Cambridge U. P. ; Macmilian, New York, 1937) 也是遵奉哥本哈根观点的。

③　384 页注②文献。

明了,劳厄对于 X 射线在晶体上的衍射的波动解释,怎样才能和杜安的粒子解释配合起来,这只要比较布拉格公式 $2d\sin\theta = n\lambda$ 和杜安方程① $2p\sin\theta = nP$ 就行了。

但是,如果更仔细考察的话,那么在朗德的书里已经可以看出一种新方法的苗头,特别是在书末的回顾中(pp.298—300)。虽然他仍然承认"波动理论和粒子理论都是自洽的方案",但是他强调说,在衍射实验里"粒子通过完全正常的力学过程产生出衍射强度的极大极小,但是,这个过程被人们在形式上同波动解释联系起来。"还应当指出,朗德没有在他的书中任何地方明显地叙述玻尔的互补性观念。

就在他的书出版后不久——正好和玻姆所发生的情况一样——朗德离开了哥本哈根学派,并且成了它的最激烈的反对者之一②。在他看来,正统诠释由于独断地宣布二象性是不可避免的,就把二象性提高到一条基本原理的地位,于是"使我们回避了理论物理学的一个困难问题,而不是用理论物理学本身的手段和方法去解决它。"这样,由于对哥本哈根诠释的解释的内容感到不满意,认为它是用语言的改进来代替物理学中的建设性探索,朗德觉得必须为量子力学重复笛卡儿曾为哲学做过的事:通过把基础建立在"简单的、言之成理的并且几乎是自明的"假设或原理上,让

454

---

① W. Duane, "The transfer in quanta of radiation momentum to matter," *Proceedings of the National Academy of Science (Washington)* **9**, 158—164(1923).

② "就在我写那本教科书的时候,我心中对二象性越来越觉得别扭,我也总是为吉卜斯悖论的不彻底的'解决'而感到烦恼。"朗德致笔者的信,1971 年 5 月 24 日。

一切都重新开始。对他来说,解释一个理论就等于从像连续性、对
称性和不变性这样的很少几条基本原理出发,直接推出这个理论。
同薛定谔的一元的波动诠释和玻尔的二元的波-粒子诠释相反,朗
德把他的方法叫做一元的粒子诠释,它实际上是统计系综诠释的一
种特殊的样式。从 1952 年开始,朗德倾全力于发表一长串文章
和书籍[1],以对他的观点进行加工。

---

① A. Landé, "Quantum mechanics and thermodynamic continuity", *Am. J. Phys.* **20**, 353—358(1952); "Thermodynamic continuity and quantum principles", *Phys.Rev.* **87**, 267—271(1952); "Probability in classical and quantum theory," 载于文献 6—111 中(pp.59—64); "Quantum mechanics—A thermodynamie approach", *American Scientist* **41**, 439—448(1953); "Continuity, a key to quantum mechanics", *Phil. Sci.* **20**, 101—109(1953); "Thermodynamische Begründung der Quantenmechanik," *Die Naturwissenschaften* **41**, 125—131, 524—535(1954); "Quantum indeterminacy, a consequence of cause-effect continnity", *Dialectica* **8**, 199—209(1954); "Quantum mechanics and thermodynamic continuity Ⅱ", *Am.J. Phys.* **22**, 82—87(1954); "Le principe de continuité et la théorie des quanta", *Journal de Physique et du Radium* 16, 353—357(1955); *Foundations of Quantum Theory* (Yale U. P., New Haven, Conn., 1955); "Quantum mechanics and common sense", *Éndeavour* 15, 61—67(1956); "ψ-Superposition and quantum rules", *Am.J. Phys.* 24, 56—59 (1956); "The logic of quanta", *BJPS* 6, 300—320(1956); "Déduction de la théorie quantique à partir de principes nonquantiques", *Journal de Physique et du Radium* 17, 1—4(1956); "*Quantentheorie auf nichtquantenhafter Grundlage*", *Die Naturwissenschaften* **43**, 217—221(1956); "ψ-superposition and quantum periodicity", *Phys.Rev.* **108**, 891—893(1957); "Wellenmechanik und Irreversibilität", *Physikalische Blatter* 13, 312—316(1957); "Non-quantal foundation of quantum theory", *Phil. Sci.* **24**, 309—320(1957); "Quantum physics and philosophy", *Current Science* **27**, 81—85 (1958); "Quantum theory from non-quantal postulates", 载于 *Berkeley Symposium on the Axiomctic Methods* (North-Holland Publishing Company, Amsterdam, 1958), pp. 353—363; "Determinism versus continuity", *Mind* **67**, 174—181(1958); "Ist die Dualität in der Quantentheorie ein Erkenntnisproblem", *Philosophia Naturalis* **5**, 498—502(1958); "Zur Quantentheorie der Messung", *Z. Physik* **153**, 389—393(1958);

455

和隐变量理论的倡议者们不同,朗德否认微观物理学几率可

"Heisenberg's contracting wave packets", *Am. J. Phys.* **27**, 415—417(1959); "Quantum mechanics from duality to unity", *American Scientist* **47**, 341—349(1959); "From dualism to unity in quantum mechanics", *BJPS* **10**, 16—24(1959); *From Dualism to Unity in Quantum Theory* (Cambridge U. P., London, New York, 1960); "From duality to unity in quantum mechanics", 载于 *Current Issues in the Philosophy of Science* (Holt, Rinehart and Winston, New York, 1961), pp.350—360; "Unitary interpretation of quantum theory", *Am. J. Phys.* **29**, 503—507(1961); "Dualismus, Wissenschaft und Hypothese"载于文献 2—30(1961,pp.110—127); "Ableitung der Quantenregeln auf nicht-quantenmässigar Grundlage", *Z. Physik* **162**, 410—412(1961); "Warum interferieren die Wahrscheinlichkeiten?", *Z. Physik* **154**, 558—562(1961); "The case against quantum duality", *Phil. Sci.* 29,1—6(1962); "von Dualismus zur einheitlichen Quantentheorie", *Philosophia Naturalis* **3**, 232—241(1964); "Why do quantum theorists ignore the quantum theory?" *BJPS* **15**, 307—313(1965); "Solution of the Gibbs entropy paradox", *Phil. Sci.* **32**, 192—193(1965); "Nonquantal foundations of quantum mechanics", *Dialectica* **19**, 349—357(1965); "Quantum fact and fiction", *Am. J. Phys.* **33**, 123—127(1965), **34**, 1160—1163, (1966); *New Foundations of Quantum Mechanics* (Cambridge U. P., London, New York, 1965), "Quantum theory without dualism", *Scientia* **101**, 208—212(1966); "Observation and interpretation in quantum theory", 载于 *Proceedings of the Seventh Inter-American Congress of Philosophy* (Presses de l'Université Laval Quebec, 1967), pp. 297—300; "New foundations of quantum physics", *Physics Today* **20**, 55—58(1967); "Quantum physics and philosophy", 载于 *Contemporary Philosophy* (La Nuova Italia Editrice, Firenze, 1968), pp. 286—297; "Quantum observation and interpretation", 载于 *Akten des XIV. Internationalen Kongresses für Philosophie* (Herder, Vienna, 1968), pp.314—317; "Quantenmechanik, Beobachtung und Deutung", *International Journal of Theoretical Physics* **1**, 51—60(1968); "Dualismus in der Quantentheorie", *Philosophia Naturalis* **11**, 395—396(1969); "Wahrheit und Dichtung in der Quanten theorie", Physikalische Blätter **25**, 105—109(1969); "Quantum fact and fiction Ⅲ", Am. J. Phys. **37**, 541—548(1969); "The non-quantal foundations of quantum mechanics", 载于 *Physics, Logic, and History* (Plenum Press, New York, London, 1970), pp.297—310; "Unity in quantum theory", *Foundations of Physics* **1**, 191—202(1971); "The decline and fall of dualism", *Phil. Sci.* **38**, 221—223(1971); "Einheit in der Quantenwelt" *Dialectica* **26**, 115—130(1972); *Quantum Mechanics in a New Key* (Exposition Press, New York, 1973); "Albert Einstein and the quantum riddle", *Am. J. Phys.* **42**, 459—464(1974)。

以归结为经典的决定性；正相反，他声言：决定论"不仅不能说明任何不弄虚作假的'古典'机遇游戏的结果，而且一个把经典热力学归结为决定论力学的纲领也是不可能实现的，尽管为了在决定论力学的基础上推导出第二定律曾作了大量的努力。"[1]那么，为什么必须把测不准性看作物理学中的一个基本特征呢？为了探索这个问题的答案，就使朗德得到了他的理论的第一条基本原理：因果连续性原理。他争辩说："量子教义的核心——客体的各个态之间的不连续跃迁的测不准性，其实是一条很普遍的原理——决定论因果关系的连续性原理——的一个必然的对应物。"

朗德把莱布尼兹[2]奉为这一原理的首倡者，并将此原理重述如下："结果的非无限小的变化要求原因有非无限小的变化。"[3]为了解释他的论据，朗德讨论了小球——刀口游戏的例子。在这种游戏中，小球从一个斜槽掉下来，掉到一个刀口上。使开始时所有的小球都落到右边，然后慢慢改变初始条件，使得最后所有的小球都落到左边。由于原因只发生无穷小的（非有限大小的）变化，结果也不能产生有限大小的变化。根据因果连续性原理，这就必定会有这样一种情况：对于一定范围的初始条件，结果（右或左）不能突变。也就是说，必定存在有一个统计频率比，它在肯定落到右边和肯定落到左边这两个极端之间连续变化。因此必须承认，由因果关系连续性带来的不确定性是物理世界的一个基本特征。朗德

---

①   632 页注①文献 64(1953, p.59)。

②   G. W. Leibnitz 在 1687 年致 P. Bayle 的信。

③   同本页注①(1960, p.18)。

在二十世纪五十年代初期把因果连续性原理叫做热力学连续性原理,他起初是从它是解决吉卜斯佯谬的必要的先决条件[*]来论证这个原理的。

在这样引进了几率之后,朗德考虑一个给定的力学系统的一个物理量 A(例如能量),若用一只 A 表或 A 滤波器对系统进行一次 A 的测量,它可取值 $A_1, A_2, \cdots, A_m$,(本征值个数有限的条件以后可以放宽)。若对处于态 $A_k (1 \leqslant k \leqslant m)$ 的系统随后又进行关于另一物理量 B 的测量,B 可取值 $B_1, B_2 \cdots, B_n$,那么根据可重现性假设,B 之值为 B_j 将有一定的统计频率或跃迁几率 $P(A_k, B_j)$。这些实验上可测定的跃迁几率构成一个矩阵

---

[*]　"吉卜斯佯谬"是热力学中的一个佯谬。根据热力学理论,两种不同的理想气体,处于相同的温度 T 和压强 P 下,由于扩散而混合,这个扩散过程是一个不可逆过程,扩散后熵增加 $\Delta S = -R \sum_i N_i \ln x_i$(其中 N_i 是每种气体的克分子量数,$x_i = \dfrac{N_i}{\sum_i N_i}$),不能再用简单手续把它们分开。只要两种气体可以分辨,不论它们性质上的差别多么微小,上述结论都是正确的。但是,如果把上述结果应用到同类气体,则会引出一个不合理的结果,即两同类气体这样混合后,总熵也增加,但事实上同类气体的混合前后没有任何差别,$\Delta S = 0$,重新分成两部分也极容易。这就叫"吉卜斯佯谬"。它表明,上述结果不能应用于同类气体的混合过程,即工作物质的可分辨性对这种过程的性质起着决定的作用。可参看王竹溪《热力学》(第二版,人民教育出版社,1962),第237—238 页。

朗德在文献 64(1952,p.354)中提出,吉卜斯佯谬的根源在于描述两种气体的状态之间关系的那种狭隘的"要么相似、要么不相似"的经典做法。从理论上避免吉卜斯佯谬的方法,应当在两种气体之间定义一种"部分相似度"q,q 之值在 0 与 1 之间,使得 $\Delta S = -f(q) R \sum_i N_i \ln x_i$,$f(q)$ 是 q 的连续函数,对于不一样的气体,$q = 0$,$f(q) = 1$;对于同样的气体,$q = 1$,$f(q) = 0$。即结果的非无限小的差别是由原因的非无限小的差别所造成,朗德把它称之为"热力学连续性原理"。——译者注

$$\begin{pmatrix} P(A_1,B_1) & P(A_1,B_2) & \cdots \\ P(A_2,B_1) & P(A_2,B_2) & \cdots \\ \cdots & \cdots & \cdots \end{pmatrix} = (P_{AB})$$

矩阵中每一行的元素求和等于 1。定义 A_k 态和 B_j 态之间的"部分等同度"[fractional degree of equality]为 A_k 态的系统经过一个 B_j 滤波器的统计"通过率"[passing fraction],并利用经典力学中过程的可逆性[1],朗德言之成理地论证了"对称性原理"

$$P(A_k B_j) = P(B_j, A_k)$$

由此他得出 (P_{AB}) 中每一列求和也等于 1,并且这个矩阵是二次的。

朗德然后研究了如果要从 (P_{AB}) 和 (P_{BC}) 决定出 (P_{AC}) 的话在随机矩阵之间必须具有的数学关系。根据上述在求和上的限制,以及群论方面的某些要求(例如 $P(AB)$ 和 $P(BA)$ 结合起来应导出单位矩阵 $P(AA)$ 的条件)[2],使朗德得以建立一种"几率度规",[3]后来发现它就是幺正变换的度规,并且和几率幅叠加定律全同。由于所加的条件限制得如此之严,使得只可能想象一种相关定律。对应于每个 $P = P(A_k, B_j) = P(B_j, A_k)$ 有两个矢量 $\psi(A_k, B_j)$ 和 $\psi(B_j, A_k)$,二者的大小都是 $P^{\frac{1}{2}}$,方向则相反(相对于它们的平面内的一个固定轴)。度规问题的唯一的简单而又普遍的解是相关关系

---

① 632 页注①文献(1961,p.506)。

② 同上(1952,p.268)。

③ 同上(1957,**24** pp.316—318)。

$$\psi(A,C) = \psi(A,B) \times \psi(B,C)$$

其中×代表矩阵乘法,或写得更详细些,是

$$\psi(A_k,C_m) = \sum_j \psi(A_k,B_j)\psi(B_j,C_m)$$

它服从条件

$$P = |\psi|^2,$$

这个相关关系表示了"几率幅的干涉定律"。朗德指出,通常的量子力学是把它看成一条作为波粒二象性的基础的基本原理的。但是朗德声称他已证明,它不过是"自然界要进行几何化的唯一可能的方式;所谓几何化,就是要建立各个跃迁几率之间的一条普遍的定律,而不是听任它们成为一堆杂乱无章的互无联系的数据。"[①]

为了导出几率幅 $\psi(q,p)$ 的波状函数

$$\psi(q,p) = 常数 \cdot \exp\left(\frac{2\pi iqp}{h}\right)$$

并借助于它导出量子规则 $p = h/\lambda$ 和 $E = h\upsilon$,朗德[②]假定了如下的不变性原理:任何可观察量 $T(q)$ 的矩阵元 $T_{pp'}$ 只同差值 $p-p'$ 有关;同样,任何可观察量 $S(p)$ 的矩阵元 $S_{qq'}$ 只同差值 $q-q'$ 有关。也就是说,在普通空间或动量空间内没有地位特殊的零点。对于 E 和 t 也有类似的条件。然后,朗德为了推导出上述波状函数,把变换

458

① 632 页注①文献(1961,pp.358—359)。
② 同上(1954,p.86;1960,p.87;1961,pp.410—412)。

$$T_{pp'} = \int \psi_{pq} T(q) \psi_{qp'} dq$$

应用于狄拉克函数 $T(q) = \delta(q - q_0)$ 的特殊情况。于是,根据不变性假设,相应的 $T_{pp'}$ 或 $\psi_{pq_0} \psi_{q_0 p'} = \psi_{pq_0} \psi_{p'q_0}^*$ 必须只是 $p - p'$ 的函数。因此,将 q_0 换成 q,我们就得到 $\psi_{pq} \psi_{p'q}^* = f(p - p')$。朗德然后建议把 ψ 分别展开成 p 和 p' 的幂级数:

$$\psi_{pq} = a(1 + a_1 p + a_2 p^2 + \cdots)$$
$$\psi_{p'q}^* = a^*(1 + a_1^* p' + a_2^* p'^2 + \cdots)$$

其中 a_k 只是 q 的函数,把两个级数相乘,并且把乘积按照 p 和 p' 的线性项、二次项、三次项等的次序排起来。这个乘积只是 $p - p'$ 的函数的条件是 $a_1 = i\alpha(q)$ 及 $a_2 = \dfrac{1}{2}(i\alpha(q))^2$ 等等,其中 $\alpha(q)$ 是实数。换言之,

$$\psi_{pq} = a_0(q) \exp[i\alpha(q)p].$$

交换 q 和 p 并且再次应用上述推理,朗德得到

$$\psi_{qp} = b_0(p) \exp[i\beta(p)q] = \psi_{pq}^*$$

其中 $\beta(q)$ 为实数。比较

$$\psi_{pq} = b_0^*(p) \exp[-i\beta(p)q]$$

和

$$\psi_{pq} = a_0(q) \exp[i\alpha(q)p]$$

二式表明,$a_0(q) = b_0^*(p)$ 及 $\alpha(q)/q = -\beta(p)/p$,亦即 a_0 和 $\alpha(q)/q$ 是常数。于是他就得出了想要得到的波状函数

$$\psi_{pq} = 常数 \cdot \exp[iqpc],$$

459　其中 c 是一个常数,它的值 $\hbar^{-1}$ 必须从实验求出。

最后,为了了解朗德是怎样从他的基本原理推出量子规则 $p = h/\lambda$ 和 $E = h\upsilon$ 的,让我们考虑一个"一维晶体",它关于 q 是周期性的,周期为 l,于是 $T(q)$ 在 q 和 $q+l, q+2l$ 等处取相同的值。因此 $T(q)$ 可以展成周期性为 l/n 的傅立叶级数:

$$T(q) = \sum_n c_n \cos\left(\frac{2\pi n q}{l} + \alpha_n\right)$$

或

$$T(q) = \sum_n \frac{1}{2} c_n \exp\left(\frac{\pm 2\pi i n q}{l} \pm i\alpha_n\right).$$

鉴于 $\psi(q, p) = $ 常数 $\cdot \exp(2\pi i p q/h)$,普遍的变换公式

$$T_{pp'} = \sum_{q \cdot q'} \psi_{pq} T_{qq'} \psi_{q'p'}$$

对于函数 $T(q) = T_{qq'}\delta_{qq'}$ 就化为

$$T(p, p') = \int T(q) \exp\left[\frac{2\pi i (p - p')q}{h}\right] dq$$

把上面给出的 $T(q)$ 展开式代入,得

$$T(p, p') = \sum_n \frac{c_n}{2} \int \exp\left[2\pi i \left(\frac{(p - p')}{h} \pm \frac{n}{l}\right) q \pm i\alpha_n\right] dq,$$

只有当被积函数中 q 的系数为零亦即 $\Delta p = p - p' = \pm nh/l$ 时,上式才不等于零。于是,若 l 为一块晶体中各个平行晶格面之间的距离,则垂直于这些平面的动量只能改变这个公式所允许的大小 Δp。当把这些挑出来的动量值授予入射粒子时,简单的几何考虑表明,粒子将正好偏转到冯·劳厄和布拉格等人的波动干涉理论(它把波长 λ 同 h/p 联系起来)所预言的那些方向上去。于是,杜安对衍射的纯粒子说明就无须祈求朗德所谓的"由神秘的

'二象性的显灵'所造成的从粒子到波和从波到粒子的超自然的来回变化"了,也不会为解释衍射过程而混淆客体本身及其属性。因为在双缝实验中光阑及其上的缝的作用与晶体相似,经常讨论的在底片上产生的干涉型图样也在一元的粒子诠释的框架内得到了自然的说明。在朗德看来,玻恩在像双缝实验这样一些实验的冲击下放弃他原来的粒子-几率诠释[①],是一个非常严重的错误。按照他的看法,如果杜安对选择性衍射的解释在当时没有被人们遗忘的话,物理学就不至于陷入这种"受到一些伟大的名字支持的虚妄的'量子哲学'"了。

朗德这种用非量子假设来破除量子力学的神秘性的做法,和他对人们广泛接受的观念所持的打破偶像的态度,一般说来,受到物理学家的强烈反对,当然特别是受到哥本哈根诠释的拥护者们的强烈反对,但是得到科学哲学家的热烈同情和赞同。在发表于 *Nuclear Physics*(编者为罗森菲尔德[L. Rosenfeld])上的[②]一篇对朗德的 *Foundations of Quantum Theory*[③] 一书的书评中,书评作者(L. R.)表示极度的不赞同,称这本书是使人混乱的,"把完全清楚的局势又搅浑了。"这个刊物也刊登了——这在科学文献中是少有的例外——朗德对这篇持敌意的书评的评注[④],使他有机会捍卫自己的立场。朗德关于热力学同量子力学的统计方面之间

---

① 见 2.5 节。
② *Nuclear Physics* **1**,133—134(1956).
③ 632 页注①文献。
④ *Nuclear Physics* **3**,133—134(1957).

的联系的看法,通过对吉卜斯佯谬的实在性的否定,曾使他建立起他的部分相似性和分离滤波器等概念;这种看法虽被 L. R. 斥为无根据的,但是波多尔斯基在对同一书的一篇书评[①]中,却称之为"一项重大的成就"。但是,波多尔斯基对朗德所作的其他假设(例如,$f_{E'E''}$只同$E'-E''$有关)提出了疑问;因为在波多尔斯基看来,E 和 t 之间的共轭性只有在相对论的基础上才能说明,而在相对论中假设只有能量差值才有意义是不对的。尽管有这些和别的一些不足之处,波多尔斯基仍然声称,朗德的工作"对于更深刻地理解量子力学是一个有价值的贡献。"

互相对立的批评的另一个例子,是尤格劳和梅尔伯格对朗德的书 *Form Dualism to Unity in Quantum Mechanics*[②]《量子力学从二象性到一元论的转变》的评价。尤格劳[W. Yourgran]在其长达九页的书评中,虽然也批评了许多问题,并且埋怨朗德"把他的论据浓缩到这样紧密的程度",以致"从中理出不同的主张常常是一件真正吃力的工作",特别是关于几率度规方面,但是称这本书是"有力的论证的一部杰作,二象性的一曲真正的丧歌,即使不是庄严的,至少也是可信的。"尤格劳特别指出,"对量子物理学中的'态'这一术语的意义的分析是精确而且恰到好处的解释的一个例子。"[③]另一方面,梅尔伯格于 1959 年 12 月在芝加哥对美国科学促进协会的讲话中,则对下面一事表示遗憾:"朗德先生回避了

①　*Phil. Sci.* **24**,363—364(1957).

②　632 页注①文献。

③　*BJPS* **12**,158—166(1961).

对唯一最有决定意义的争论点的讨论,而正是这一点使他对量子力学的看法不同于哥本哈根学派的半官方立场",即态 ψ 究竟应解释为是适用于单个系统,还是作为这种系统的一个虚拟的系综的统计属性。但是尽管梅尔伯格认为存在着必须责备的逻辑缺陷,他仍称朗德的方法是一个"使人印象深刻的进展",它提出了一个"涵义深远的希望"①。

在物理学家中间,表示赞同的有剑桥大学的弗里什[O. R. Frisch],他写了一篇措词谨慎的表示赞赏的书评②;有南非的比勒陀里亚大学的范德默夫[J. H. van der Mervo],他称朗德的书是"每个对量子理论的基础感兴趣的人的必读书"③;有波士顿大学的罗曼[P. Roman],他赞扬了该书作者的"精湛的技巧和雄辩才能"④;还有克洛格达尔[W. S. Krogdahl],他"热忱地向每个对量子论的基础感兴趣的读者推荐本书"⑤。开始工作时在哈佛搞哲学、后来于1939年成为伯克莱(加利福尼亚大学)的物理学教授的伦增[V. F. Lenzen]声称,"朗德教授的开创性的巧妙的讨论,应当把也许正处于'教条主义的瞌睡'之中的量子理论家们唤醒,并且可能通告了量子理论的二元论诠释的死亡。"尽管伦增有某些保留,比如他认为朗德对运动方程(薛定谔方程)的说明是不完备的

---

① H. Mehlberg,"Comments on Landé's 'From duality to unity in quantum mechanics',"载于 *Current Issues in the Philosophy of Science* (632 页注①文献),pp. 360—370。

② *Contemporary Physics* **2**,332(1960—1961)。

③ *South-African Journal of Sciencs* **57**,114(1961)。

④ *Mathematical Reviews* **1962**,305—306(B1897)。

⑤ *American Scientist* **98A**,210—211(1962)。

以及不能因为玻尔和海森伯用了粒子图像和波动图像这些术语就给他们扣上实证主义和主观主义的帽子等等，但是他说："朗德教授建立量子理论各条原理的独创的方法，可能是二十世纪二十年代创立量子力学以来对基础问题的最重大的贡献。"[①]

1962 年，在 Nature［《自然》杂志］上发展了伯明翰大学的斯托普斯-罗和朗德之间的一场有趣的意见交换[②]。斯托普斯-罗声称，朗德用入射粒子同作为一个整体的屏幕之间的一种力学的相互作用对双缝实验或任何其他衍射现象的解释，甚至同朗德的局域粒子方法的假设相矛盾，因为这种解释包含一种扩展的或是集体的而不是局域集中的作用。斯托普斯-罗问道，如果考虑这样一个双缝实验，其中光阑的三部分——边上的两块和双缝中间的一块——是分别固定的，那么朗德还能不能够贯彻一致地宣称"这种屏幕组合能够集体地起作用使得以量子方式传递动量"。朗德回答说，在一个承认瞬时的信息传递的非相对论理论中，这样一个集体作用的假设是完全说得通的；如果一个粒子斜着撞到一面厚墙壁上，那么入射角和反射角的相等也是"根据墙壁是一个整体"而从守恒定律推出的，它和晶体的唯一差别在于墙壁没有能起选择作用的周期性。"可是"，朗德说道，"如果一个二元论者要告诉我，这两个角的相等是由于一段波动的中间插曲，是粒子把自己'显示'为扩展到整个面上的波并按照惠更斯原理被反射的结果，那我

---

① *Phil. Sci.* **29**，213—216(1962).

② H. V. Stopes-Roe，"Interpretation of quantum physics，" *Nature* **193**，1276—1277(1962).

是不会同意的。"①美国海军军械署的菲普斯也参加了这场争论，他建议说只要对数学形式体系作一些修改就可以解决这个两难命题②。不论朗德的回答还是菲普斯的建议都没有使斯托普斯-罗满意③。

当朗德的书 *New Foundations of Quantum Mechanics*④［量子力学的新基础］于 1965 年出版时，他的方法再次成为许多讨论的主题。但是，总的说来，真正的有争论之处却几乎并未接触到。只说一个典型例子，比如，惠坦⑤在批评了反对互补性诠释的一些说法之后写道，"如果有谁仔细地读一下费曼物理讲义第三卷的开头几节，他就会发现，费曼说的正是朗德所说的，不过是用一种甚至更清楚的方式，同时并不向哥本哈根学派扔手套挑起决斗。"虽然如此，并且尽管这本书的"吹毛求疵的"风格，惠坦还是认为这本书是"对量子理论文献的一个有价值的补充"，它把关于互补性和波粒二元性的迷信换成物理上更合理的观念。

一场更加深入问题核心的讨论是希芒尼的评论⑥。希芒尼的批评的首当其冲的靶子并不是朗德本人而是他的批评者，他责备他们在评价朗德的方法时批判态度还不够。因为，按照希芒尼的看法，朗德的工作的前提是有含糊的，论据是有错误的。针对朗德

---

① *Nature* **193**，1277(1962).

② T. E. Phipps，"*Interpretation of quantum physics*，" *Naturs* **195**，1088—1089(1962).

③ 同上，p.1089。

④ 632 页注①文献。

⑤ *Am.J.Phys*.**34**，1203—1204(1966).

⑥ *Physics Today* **19**，85—91(1966).

的单个事件的非因果性可以从宏观现象（比如机遇游戏）推出的论点，希芒尼坚持，虽然各态历经理论还远不是完备的，但是已经知道有许多类物理系统，它们的有物理意义的量沿着一切轨道具有相同的统计分布，这就提供了统计行为的一个解释，而这是朗德完全忽略了的。针对朗德应用因果连续性原理，他反对说，如果不是对于量子理论和关于态叠加的经验证明，别的假设比朗德所作的假设应当更讲得通一些。

为了反驳朗德所主张的作为跃迁几率矩阵之间的相互关系的一个可能规律的幺正变换的唯一性，希芒尼建立了态的一个几何模型，它虽然满足朗德所规定的全部要求，却容许不同的变换规律。事实上，这个模型虽然同朗德的 1965 年的书里所假设的全部七条公理一致（据称有了这七条公理就足以从非量子假设推导出量子物理学），但却根本不表现任何量子性质。于是希芒尼声称，他已经驳倒了朗德关于已实现这种推导的断言。

朗德在 1967 年发表在 *Physics Today* 上的文章的一条脚注中承认，"评论者用一个反例的形式对书中说法所提出的反对意见……是有道理的，因为我没有充分强调普遍性和物理恰当性的要求。"因而他在 1969 年发表在 *American Journal of Physics* 上的论文里修改了有关的假设，即他 1965 年的书里假设的七条公理中的最后一条，而保持前面六条不变，他声称，这样他就弥合了逻辑上的缺陷。希芒尼以前的一个学生纳通尼斯[D. K. Nartonis]（伊利诺州 Principia 学院）在一篇未发表的文章"Quantum Fact and Fiction"[量子：事实和虚构]里，根据数学上的理由提出责难说，即使从这一修改方案[①]，也不能严格推导出由未加改动的六条公理所定义和描述的几率的"干涉"性质。

1968 年八月，发表了另一场观点交锋[②]，它是 1715—1716 年间以捍卫绝对空间和绝对时间观念的牛顿和克拉克为一方，同反对他们的莱布尼兹为另一方之间的那场著名的论战的某种重演，虽然规模要小得多。在 250 年后爆发的这场争论中，争论的一方是玻恩和比姆（Jülich 的原子核研究所的一位固体物理学家），他们捍卫波-粒二象性的观念，另一方是反对他们的朗德。同它的先例一样，这场争论有着有趣的历史小花絮。玻恩和比姆争辩说，玻尔和海森伯并不像朗德声称的那样是二元论观点的创始人，相反，这个人是爱因斯坦，因为他在 1905 年提出的辐射能密度涨落的公式，只有当人们接受了光既有粒子的一面又有波动的一面之后才能理解。至于朗德喜爱的话题——杜安的量子规则，他们指出，这个规则在早期讨论中不能起任何作用，因为没有德布罗意的波-粒关系式这个规则就不能真正理解。朗德反驳说，只是在电子衍射实验看来不允许别的解释之后，二象性才开始被人们认真地接受，而爱因斯坦从来不是二元论的一名战士。

这一对话在 *Physics Today* 上发表一个月之后，朗德在维也纳召开的第十四届国际哲学会议（1968 年 9 月）上讨论了他的一

---

① 632 页注①文献（1969，p.544，方程（4）及以下）。

② M. Born and W. Biem, "Dualism in quantum theory"; A. Landé, "Replies", *Physics Today*, **21**, 51—56(1968).

元论理论。当他的讲稿登在 *Physikalische Blätter*[①][物理学报]上时,也请玻恩和比姆写了一篇答辩[②],而朗德又加上了他对这篇答辩的回答[③]。这场讨论以海森伯的评论[④]结束,他的评论带来一种调停的调子;因为他指出,双方对量子理论的内容的意见不一致的程度,并没有他们在表述这一理论的语言上的分歧那么大。他声称,大多数物理学家所使用的"波动"和"粒子"的语言,是物理学四十年来的有机发展的产物,而并不是教条主义的先入之见的结果;只要它不带来误解,就不必改变它;而只要合理地使用它,就不存在这种危险。

著名的数学家和宇宙学家邦迪[H. Bondi],很好地表达了朗德的量子力学的非量子推导这一工作(不论它最后是否会成功)的哲学重要性。他在 1969 年的丹佛会议上说[⑤]:"我总是希望,有一天,我们能够从有固体存在这样简单的事实推导出量子理论来……朗德的论文在这个方向上迈了很好的一步,但是我真希望这一步能继续走下去,使得最后我们能够看到量子理论作为一个推论直接从初等的观测事实中推出来。"

---

① 632 页注①文献(1969,pp.105—109)。

② M. Born and W. Biem. "Zu Alfred Landés Auffassung von der Quantentheorie," *Physikalische Blätter* **25**, 110—111(1969).

③ A. Landé, "Antwort zu den Einwänden von Born und Biem," 同上,p.112。

④ W. Heisenberg, "Zur Sprache der Quantentheorie", 同上, p.112—113。

⑤ 见 W. Yourgrau and A. D. Breck, *Physics*, *Logic and History* (Based on the First International Colloquium held at the University of Denver, May 16—20, 1966), (Plenum Press, New York, London, 1970), p.307.

10.4 其他尝试

1966 年秋天,珀尔(弗雷在哈佛大学的学生)提出了统计系综诠释的一种有趣的修正。为了用简洁的形式表达他的思想,我们用 I_c 代表通常(正统)诠释,按照这种诠释,态矢量描述的是单个系统(粒子)的行为;用 I_s 代表统计系综诠释,按照这种诠释,态矢量描述的是由全同地制备的系统构成的一个系综的行为;并且用 R 表示波包收缩。珀尔的出发点[①]是下述问题:这两种诠释中,哪一种可以更容易地消除 R?*

珀尔详尽地分析了限制在给定体积 V 内的单个粒子的位置测量的实验,他表明,I_c 如果除掉 R,将导致不正确的预言。因为如果用一架仪器来进行并记录两次相继的位置测量的结果,其中一次紧接着另一次,那么应当很难记录到两个测定的位置是彼此相距很远的;但是,没有 R 的 I_c 赋予这种结果的几率,却和两个位置在空间是邻近的几率相同。但是,没有 R 的 I_s 却给出关于这种实验的结果的正确的预言,因为这时应当考虑体积 V 的一个系综,其中每个成员都含有一个单个粒子。那么,I_s 是否与 I_c 相反,

---

① P. Pearle, "Alternative to the orthodox interpretation of quantum theory", *Am.J.Phys.* **35**, 742—753(1967); "Elimination of the reduction postulate from quantum theory and a framework for hidden-variable theories", 预印本,无日期。

* 由于测量后的波包收缩是量子力学中最引起人们议论的一个命题,因此,"从量子理论中去掉波包收缩这一程序,也就去掉了这些反对意见,从而得到一个'更好的'量子理论。"(文献 100,p.744)。——译者注

容许放弃 R 呢?

如果没有一个附加条件,上述问题的答案一般是否定的,珀尔通过分析另一个实验证明了这一点,这个实验是在位置测量之后再进行一次能量测量。但是,如果采用把测量仪器也包括在态矢量之内的"埃弗勒特程序"[①],那么珀尔表明,没有 R 的 I_s 将得出与通常诠释相同的预言。于是,在珀尔的"另一种诠释。"中,态矢量是关于系综的,永远不会"收缩",并且总是包括了测量仪器;珀尔声称,他的诠释所给出的预言与迄今实行过的一切实验都完全一致。珀尔争论说,由于两种诠释会给出不同的预言的任何实验(比如用来确定系统加仪器的量子态的实验)实际上都是不能实行的,因此并没有什么实验证据更加支持通常的诠释而不是他提出的另一种诠释。

珀尔所提出的诠释立刻受到范德比尔特[Vanderbilt]大学的布洛赫[②]的批评,说它是不一贯的和无根据的。它是逻辑上不一贯的,因为珀尔在实验中提到的系综,在他做这些实验之前,就必须定义为那些被观察到是处于特定态的系统加仪器,它们是从更广泛的一组系统加仪器中挑出来的,而这一定义是避免不了波包收缩的。它又是无根据的,因为的确存在着这样的实验,对这种实验两种诠释给出不同的预言,布洛赫引证他本人和布尔巴[A.

---

① 埃弗勒特的"相对态"表述将在第十一章中讨论。

② I. Bloch, "Comment on; 'Alternative to the orthodox interpretation of quantum theory'," *Am.J. Phys.***38**, 462—463(1968).

Burba]一道进行的实验来说明这一点。珀尔在他对布洛赫的答复[①]中,对这些论点提出了疑问。

与此同时,帕克(他在马格瑙指导下在耶鲁学习后当时刚刚进入华盛顿州立大学工作)对一般的统计理论中的系综态和单个系统的态这二者之间的关系进行了细心的分析。他的意图是要证明,量子力学同经典物理学相反,不允许人们从系综的态得出任何有关单个系统态的存在的结论。帕克在其论文[②]的一开始便指出,量子理论的占支配地位的主旨是其几率特征。虽然自从通过玻恩的几率假设赋予量子理论以经验意义以来,就必须认为量子力学态的概念在经验上是同统计系综相联系的而不是属于单个系统的,但是态的概念也能同单个系统联系起来的理论上的可能性似乎并没有被排除掉。

为了查明这样一种理论建构是否合法,帕克考查了一个抽象范型理论的结构,它对一般的几率理论是有代表性的,并研究了如果这个理论允许给出一个贯彻一致的关于单个系统的态的概念的话,应满足哪些条件。经查明,一个条件是普遍的系综分解为纯粹的子系综(单个系统的态的标志必须以这种子系综为基础)的唯一性。帕克然后指出,同经典物理学相反,量子力学不满足这个条件,因为一个普遍的量子系综可以用无穷多种方式分解为纯粹的子系综。为了证明这一点,帕克考虑自旋为 1/2 的粒子的一个系综,它在二维旋量空间中由下述统计算符描述:

---

① 同上,p.463。

② J. L. Park, "Nature of quantum states", *Am. J. Phys.* **36**, 211—226(1968).(帕克的博士学位论文的一部分。)

$$\rho^{(1)} = \frac{3}{4} \mid \alpha \rangle\langle \alpha \mid + \frac{1}{4} \mid \beta \rangle\langle \beta \mid$$

其中 $\sigma_z \alpha = \alpha$ 及 $\sigma_z \beta = -\beta$,

他显而易见地得出两个纯粹的子系综,一个由原来的系综的 3/4 构成,由 α 表征,另一个由原来的系综的 1/4 构成,由 β 表征。另一个系综由统计算符

$$\rho^{(2)} = \frac{3}{8} \mid \delta \rangle\langle \delta \mid + \frac{5}{8} \mid \eta \rangle\langle \eta \mid$$

描述,其中

$$\sigma_x \delta = \delta, \quad \sigma_x \gamma = -\gamma \quad \text{并且} \quad \eta = \left(\frac{1}{5}\right)^{1/2}(\delta + 2\gamma),$$

这个系综同样分解为两个纯粹子系综,一个由原来的系综的 3/8 构成,由 δ 表征,另一个由原来的系综的 5/8 构成,由 η 表征。但是帕克指出,如果把 $\rho^{(2)}$ 表示成 $\alpha - \beta$ 表象中的矩阵算符,容易验证 $\rho^{(1)} = \rho_0^{(2)}$。

由于统计算符完全描述了对一系综的全部测量结果,因此原来的两个系综在物理上是同一个系综。于是帕克证实,量子系综分解为纯粹子系综的方法不是唯一的,他指出,这种非唯一性很可能导致理论上的悖论[①]。此外,一个个体态的概念,要是有意义的话,应当在一切时候都可以用于这个系统,这个条件意味着一个纯粹系综必须在其整个时间演化进程中都保持为纯粹。由于一个量子纯粹系综在与另一个纯粹系综相互作用时要变成一个混合系

① 事实上,EPR 的论据正是以这种不唯一的分解为基础的,读者回想 6.3 节中描述的 $\psi(x_1, x_2)$ 的两个不同的展开式,就会认识这一点。

综,因此量子力学中也不满足这个判据。于是帕克声称,他已证明"虽然经典统计力学允许无歧义地规定个体态,但是量子理论并不满足必需的判据"。应用统计理论中的术语,帕克声称量子理论是"一个具有(系综的)宏观态而没有作为其基础的(单个系统的)微观态的理论"。

帕克关于可以断然否定个体态概念的合法性的这一主张,没有得到统计系综诠释的全部拥护者的公认。的确,西蒙·弗拉塞[Simon Fraser]大学(加拿大)的巴仑泰因(他曾在一篇综合性论文[①]中恳切地呼吁必须把哥本哈根诠释扩展为一种统计系综诠释)似乎完全赞成帕克的主张[②]。另一方面,荷兰的格朗宁根[Groningen]大学的格仑纳沃德(他是统计观点的一个坚定的提倡者,早在1946年就在一篇透彻的但是不太为人们所知的研究工作中揭示了统计系综诠释之外的任何一种诠释的困难)在最近写道:

> 我认为,在经过一场彻底的、不怀偏见的讨论之后,也许一切物理学家都会同意,考虑统计系综是有道理的,甚至也许还会同意,统计诠释是一个贯彻一致的诠释。他们可能永远不会在下述问题上取得一致意见:是否也能给出一种贯彻一致的个体诠释,它对单个个体系统作出明确的陈述,还是统计诠释在这方面已经到顶了。我要说的是,如果我们当心严格

①　L. E. Ballentine,"The statistical interpretation of quantum mechanics", *Rev. Mod. Phys*.**42**,358—381(1970).

②　"本文同他〔帕克〕的结论是一致的,"见上, p.380。

遵从统计诠释的规则,并且只说到系综的话,它的确是贯彻一
致的。但是由于这是极其令人困倦的,我们习惯于对它草率
处理,因而容易陷入悖论。虽然我不知道有任何贯彻一致的
和适当的个体诠释,但是我不相信人们能够普遍证明个体诠
释是不可能的。我只是并不抱有总有一天会找到个体诠释的
期望;并且在原则上必须作好准备在它遭到惨败之后转变立
场。①

---

① H. J. Groenewold, "Foundations of quantum theory——Statistical interpreta-
tion,"载于 *Induction*, *Physics*, *and Ethics*, P. Weingartner and G. Zecha, eds, (Rei-
del, Dordrecht-Holland, 1970), pp.180—199, 引文在 p.182 上。

第十一章　测量理论

11.1　经典物理学与量子物理学中的测量

在我们对量子力学各种诠释的介绍中,测量是一再谈到的题目。归根结底,测量构成了理论与经验之间的联系,因此对它的分析是任何诠释的最敏感的部分。然而,由于量子力学的形式体系大体说来是超前于它的诠释的这一历史事实,早期的各种诠释并不把测量问题当作出发点——虽然它当然早晚得讨论测量问题。

按照坎贝尔①的说法,物理学是关于测量的科学。可是在量子力学兴起之前,测量的概念并不怎么引起人们的兴趣,只有不多的科学家,例如亥姆霍兹②和赫尔德③,似乎曾经认识到测量的概

① N. Campbell, *An Account of the Principles of Measurement and Calculation* (Longmans and Green, London, 1928).

② H. von Helmholtz, "Zählen und Messen erkenntnistheoretisch betrachtet", 载于 *Philosophische Aufsätze, Eduard Zeller gewidmet* (Fues' Verlag, Leipzig, 1887), 第 17—52 页;重印于 *Wissenschaftliche Abhandlungen* (Barth, Leipzig, 1895), Vol.3., 第 356—391; *Counting and Measuring* (van Nostrand, New York, 1930).

③ O. Hölder, "Die Axiome der Quantität und die Lehre vom Mass", *Leipziger Berichte* **53**, 1—64(1901).

念在哲学上绝不是那么简单。

在经典物理学中，认为观察及其定量的提炼即测量必然包含着种种物理过程：要观察或测量的客体ᖶ（例如，行星、重物、电流）和测量装置ᴁ（望远镜、秤、安培计）之间有一个物理的相互作用 I_1 ＝$I_{ᖶ\leftrightarrow ᴁ}$，以及ᴁ和观察者ᕼ（他的感官，最终是他的意识）之间有一个心物的［psychophysical］相互作用 I_2。经典物理学描绘的物理实在是由一些没有感觉属性的客体（在空间中运动的有广延的物体或场）所组成的；但是理论只有通过它的可验证性（或可证伪性）才能成立，就是说，要通过理论的预言能够被检验这一事实，而这一操作最后必然要涉及人类的意识。结果，关于物理客体与人类意识这双方之间的关系的本体论问题和认识论问题就被卷进来了。

然而，下述办法使得能够忽略这些问题。严格说来，$I_{ᖶ\leftrightarrow ᴁ}$意味着ᖶ对ᴁ有一个作用 $I_{ᖶ\to ᴁ}$，ᴁ对ᖶ也有一个作用 $I_{ᴁ\to ᖶ}$。但是由于可以认为后者的数量级远远小于前者，就把 $I_{ᴁ\to ᖶ}$ 当作是可以忽略的，或至少是在原则上可以消除的；$I_{ᖶ\to ᴁ}$ 则不能忽略，因为如果要用ᴁ作为测量仪器的话，ᴁ的指针位置必须取决于ᖶ的状态。此外，关于ᴁ与ᖶ之间关系的心理物理学问题，则被认为是超出物理理论之外的。这就使得能够把经典物理学"客观化"，就是说，把经典物理学过程当成是独立于观察者来处理，并忽略观察者的作用。

随着量子力学的兴起，人们立即认识到，由于普朗克常数 h 不是无限小，$I_{ᖶ\to ᴁ}$ 与 $I_{ᴁ\to ᖶ}$ 可能是同一量级，从而使经典的测量观念保持贯彻一致的条件就不再能满足了。结果，上述这些问题就不再能忽略了。

472

　　起初,在海森伯测不准关系的哲学含义的影响下,大多数关于测量的讨论都试图为海森伯关系建立一个理论说明。这些早期的测量理论的一个典型例子,是布里吉曼①对位置与动量之间的测不准关系的解释,他把它解释为是由于缺乏比基本粒子间的完全碰撞[complete collisions]更精细的测量工具而造成的。我们还记得,虽然玻尔曾极详细地分析过各种测量程序在实验方面和其他的方法论方面的问题,他的方法基本上仍是启发性的而不是一个形式理论。

　　对于玻尔说来,缺少一个正式的测量理论并不表明他对量子力学的认识论分析有任何不完善或不完备之处,反而正是为了前后一贯所要求的。在他看来,代表着共同经验的最直接的数据的经典概念,作为最后一招是不能形式化的;因为任何形式化的加工都只有用经典概念来解释它时在物理上才有意义。因此玻尔所坚持的在逻辑上(虽然不是在物理上)有必要在客体与测量仪器之间进行明确的划分,就绝不能换成任何形式化的处理。

　　正是由于这个原因,玻尔从未对量子力学的一种公理化表述发生过真正的兴趣。因为这种公理化表述仍然离不开设有定义的原始概念和关系,而这些概念和关系的具体意义又只有靠日常经验的语言才能表达出来。由于量子力学公理化表述的目的就是要澄清后者,它就不仅是不带来新成果的(公理化表述通常都是如此),而且也必定是循环的;它至多可以用来检验推理的前后一贯

---

　　① P. W Bridgman, "The new vision of science", *Harpers Magazine* **158**, 443—451(1929).

性,但是是绝对解决不了任何认识论与方法论的困难。

同样,如果我们看看哥本哈根诠释的后期阶段,并且按照它的最极端的说法,认为一个量子现象只是可以经典地描述的实验装置的一种不能经典地描述的作用,那么量子力学中的测量并不比经典物理学中的测量更成问题,因为希尔伯特空间矢量只是一种纯形式的东西,它是用来把同这些实验装置相联系的统计学与经典物理学中的观察的物理学相联系起来的。

但是,如果不接受玻尔的观点,那么在理论的早期阶段缺乏对测量问题的系统讨论的原因可以解释为:在所讨论的可观察量只限于位置、动量和能量,假定算符与可观察置之间有一普遍的对应关系的公理化形式表述尚未建立时,人们并不感觉到有进行这种讨论的需要。例如,海森伯在他的经典的芝加哥讲演[1]中极详细地讨论过位置、动量和能量的测量,但他并没有发展一个普遍的测量理论。早期的量子力学教科书,如韦尔(1928),弗仑克尔(1929),玻恩和约尔丹(1930),以及狄拉克(1930)写的那些书,也都没有触及这样一个理论。唯一可能的例外是马德隆 1930 年写的一篇短文,它以一种更普遍的方式讨论了测量,但忽视了它的认识论问题[2]。

按照哥本哈根诠释,在任何测量中,被观测客体的状态受到宏

---

① 文献 3—19,后来海森伯部分赞同冯·诺伊曼的测量理论,但把波包收缩解释为从潜在的可能性到现实性的转变。见他的论文 3—4(1955)结尾。

② E. Madelung: "Geschehen, Beohachten und Messen im Formalismus der Wellenmechanik", *Z. physik* **62**, 721—725(1930).

观测量仪器的影响,宏观仪器的存在和操作方式虽然对于有可能观察量子力学过程来说是必须的,但却不是用量子理论自身来说明的,而是被看成是在逻辑上先于量子理论的。人们还进一步假定,这些宏观装置可以用任意的精度来观察,并且对指针读数或记录结果这些动作并不影响测量结果。但是同时,为了前后一贯,又得假设这些装置或其一部分服从量子力学定律——至少人们认为对质心的位置或动量的任何测定都服从海森伯测不准关系;玻尔对双缝理想实验中的可动光阑 D_2 的讨论[①]就是一个例子。宏观仪器的这种两重性[②](一方面是经典客体,另一方面又服从量子力学定律)在玻尔对量子力学测量的看法中仍然是一个有些可疑或至少是含混不清之点;前面我们已看到,玻尔正是靠这种两重性才成功地捍卫了他的立场。

　　另一个成问题的方面的严重涵义只是到后来才逐渐理解。只要一个量子力学单体或多体系统不与宏观客体相互作用,只要它的运动是由决定论的含时间的薛定谔方程来描述,就不能认为会有什么事件在系统中发生。即使是像一个粒子散射到确定方向这样的基元过程,也不能认为它会发生(因为这会要求发生"波包收缩"而没有和宏观物体的相互作用)。换句话说,如果整个物理世界只由微观物理实体组成(根据原子论即应如此),那么它就将会是一个只有演化中的潜在可能性(与时间有关的 ψ 函数)而没有真实的事件的世界了。

① 见 5.2 节。
② 见 6.5 节。

认识到这些认识论上的困难,当然就强调了测量理论的重要性,但是,首先,主要是由于要探索量子力学形式体系的一个完备的操作解释而导致寻找一个系统的测量理论的;因为逻辑一贯性要求一个成熟的、有诠释的理论不仅说明它所提供的信息,而且也说明获得这种信息的过程。同样很明显的是,这样一个测量理论主要关心并不是物理系统的电荷或磁矩这类结构性质的测量,而是系统状态的测量。

11.2 冯·诺伊曼的测量理论

根据我们上面的讨论可以预期,冯·诺伊曼的量子力学公理基础,虽然一般地说是建立在哥本哈根诠释上的,但却包含了一个明确的测量理论[①],它在某些点上必定会超越玻尔对量子力学的诠释。由于冯·诺伊曼关于测量问题的观念已成为几乎所有后来的测量理论的构架,我们将对它进行详细讨论。冯·诺伊曼的出发点[②]是,假设量子力学态有两种变化:(1)"不连续的,非因果的和瞬时作用的实验或测量",他称之为"测量造成的任意改变"〔willkürliche Veränderungen durch Messungen〕;以及(2)"时间进程中的连续的和因果的变化",它按照运动方程演化,他称它为"自动改变"〔automatische Veränderungen〕。前者或简称为"第一类过程"是不可逆的,而后者即"第二类过程"是可逆的。

---

① 7页注①文献(第4—6章)。
② 同上,第5章,1。

　　冯·诺伊曼认为,一次测量实质上是"在被观察系统中暂时插入某种能量耦合"或是一种在客体Ⓢ的态与测量仪器𝔄的态之间建立一个统计关系的相互作用。观察者并不是直接注意Ⓢ而是注意𝔄,从观察𝔄的态来推断出Ⓢ的态。若Ⓢ是要对Ⓢ进行测量的物理量(或可观察量),它用自伴(或超级大厄密)算符 S 表示,其本征值——为简单计假设是离散的并且是非简并的——将用 S_k 表示,相应的归一化本征矢用 $\sigma_k = \sigma_k(x)$ 表示,其中 x 是表示系统坐标的符号。

　　与玻尔相反,冯·诺伊曼把测量仪器𝔄当作量子力学系统处理。它的可观察量 $\mathscr{A}$ 对应于自伴(超极大厄密)算符 A,它具有非简并的离散本征值 a_k 和归一化本征矢 $\alpha_k \equiv \alpha_k(y)$,其中 y 是仪器坐标(例如指针的位置)。

　　如果Ⓢ的初始(纯)态 $\sigma \equiv \sigma(x)$ 由统计算符 $\rho_\sigma = |\sigma\rangle\langle\sigma|$ 表征,不连续的("第一类")变化可用下式表示:

$$\rho_\sigma \rightarrow \rho_{\sigma'} = \sum_k \rho_{\sigma_k} \rho_\sigma \rho_{\sigma_k} \tag{1}$$

其中 $\rho_{\sigma'}$,显然[①]表示权重(统计几率)为 $w_k = |(\sigma_k, \sigma)|^2$ 的各个态的一个混合态。

　　另一方面,连续(第二类)变化可以用下式表示:

$$\rho_\sigma \rightarrow \rho_{\sigma_i} = U_H(t)\rho_\sigma U_H(-t) \tag{2}$$

---

①　若矢量 $|\beta_n\rangle$ 是一组基矢,则

$$(\rho_{\sigma'})_{ij} = \sum_k \langle\beta_i | \sigma_k\rangle\langle\sigma_k | \sigma\rangle\langle\sigma | \sigma_k\rangle\langle\sigma_k | \beta_j\rangle = \sum_k w_k(\rho_{\sigma_i})_{ij}$$

$$\text{或} \quad \rho_{\sigma'} = \sum w_k \rho_{\sigma k}.$$

其中 $U_H(t) = \exp(-iHt/\hbar)$，$H$ 是系统 $\mathfrak{S}$ 的哈密顿量。根据薛定谔方程，这个变化是一个（可逆的）幺正变换

$$\sigma_t = U_H(t)\sigma \tag{3}$$

$\rho_{\sigma}{}'$ 同 ρ_{σ_i} 有一个根本的区别：ρ_{σ_i}，即纯态 ρ_σ 的幺正变换，是一个纯态；而 $\rho_\sigma{}' = \sum w_k \rho_{\sigma_i}$ 则是一个混合态[①]。

在冯·诺伊曼的理论中，不连续变化(1)不能化为连续变化(2)，而是当成一个不可化简的事实。只是在后来的测量理论中，它与连续变化的协调才成了一个中心问题。

冯·诺伊曼的测量理论中的主要问题是，根据(1)式所得到的结果与插入一个测量仪器 $\mathfrak{A}$ 并测量 $\mathscr{A}$ 得到的结果是否能一致。为了解决这个一致性的问题，冯·诺伊曼定义一个设计良好的测量为将组合系统 $\mathfrak{S} + \mathfrak{A}$（假定 $\mathfrak{S}$ 处于待测量的可观察量 $\mathfrak{S}$ 的本征态 σ_k 中）的初态 $\sigma_k \alpha$ 连续地改变为终态 $\sigma_k \alpha_k$ 的测量。这样，这个一致性问题就等价于下述问题：能不能找到组合系统的一个哈密顿量 H'，使得在一个时间间隔 t 内 $\sigma = \sum c_k \sigma_k$ 连续地变换为

477

---

① 我们要提醒读者，一个统计算符 ρ 当且仅当它是幂等的（即 $\rho^2 = \rho$），才描述一个纯态（由希尔伯特空间中的一个矢量表示）。$\rho_{\sigma'}^2 = \sum w_k \rho_k$（我们不写出 ρ_{σ_k} 中的 σ）并不满足这条件，这可如下看出：

$$\begin{aligned}
\rho_{\sigma'}^2 &= \sum_{m,n} w_m w_n \rho_m \rho_n = \sum_m w_m^2 \rho_m + \sum_{m<n} w_m w_n (\rho_m \rho_n + \rho_n \rho_m) \\
&= \sum_m w_m^2 \rho_m + \sum_{m \neq n} w_m w_n \rho_m - \sum_{m<n} w_m w_n (\rho_m - \rho_n)^2 \\
&= \sum_m w_m^2 \rho_m + \sum_m w_m (1 - w_m) \rho_m - \sum_{m<n} w_m w_n (\rho_m - \rho_n)^2 \\
&= \rho_{\sigma'} - \sum_{m<n} w_m w_n (\rho_m - \rho_n)^2 \neq \rho\sigma'.
\end{aligned}$$

$\sum c_k \sigma_k \alpha_k$,换句话说,使得

$$\varepsilon_{H'}(t)\sigma\alpha = \sum_k c_k \sigma_k \alpha_k \tag{4}$$

其中 $c_k = (\sigma_k, \sigma)$

为了证明(4)式,冯·诺伊曼[①]重新对 σ_j 编号,使 $j = 0$,± 1,± 2,$\cdots$,并重新对 α_k 编号,使 $k = 0$,± 1,± 2,$\cdots$,并用下面的方程定义 $U = U_H(t)$:

$$U \sum_{j,k=-\infty}^{\infty} x_{jk}\sigma_j\alpha_k = \sum_{j,k=-\infty}^{\infty} x_{jk}\sigma_j\alpha_{j+k} \tag{5}$$

因为 $\sigma_j\alpha_k$ 和 $\sigma_j\alpha_{j+k}$ 在组合系统的希尔伯特空间中都构成完备正交归一组,U 是幺正的。由恒等式 $\sigma = \sum(\sigma_i,\sigma)\sigma_j$ 和 $\sigma\alpha = \sum(\sigma_i,\sigma)\sigma_j\alpha$,以及 U 的定义,他推出

$$\varepsilon\sigma_\alpha = \sum_{j=-\infty}^{\infty}(\sigma_j,\sigma)\sigma_j\alpha_j,$$

因而的确有 $c_j = (\sigma_j,\sigma)$ 这样就证明了,H' 在客体系统 $\mathfrak{S}$ 的态与测量仪器 $\mathfrak{A}$ 的态之间建立了一对一的相互关系,一个在 $\mathfrak{A}$ 上测量 $\mathscr{A}$ 的观察者得到 α_k 并从而推断出 s_k 的几率为 $w_k = |c_k|^2$,正如(1)式中那样。这就完成了冯·诺伊曼的一致性证明。

在这样证明了量子力学的形式体系能够前后一贯地说明测量仪器的作用之后,冯·诺伊曼继续对测量过程进行分析,认为它由两个阶段组成:(I)客体与仪器相互作用,(II)观察动作。

---

① 7页注①文献(1932,**9**,235;1955,9,422)。

阶段 I. 为了使说明尽可能简化,我们假定待测量的量 $\mathfrak{S}$ 是二分的(dichotomic),即它只能取 s_1 或 s_2 两个值,而且系统只能存在于两种状态 σ_1 或 σ_2 之中(例如,自旋沿一给定方向的两种取向)。在系统(客体)与仪器相互作用之前,系统的纯态 $\sigma(x)$ 可以按属于 s_1 和 s_2 的本征函数 $\sigma_1(x)$ 与 $\sigma_2(x)$ 展开,

$$\sigma(x) = c_1\sigma_1(x) + c_2\sigma_2(x). \tag{6}$$

因此用 T 代表的任何物理量(可观察量)的期望值是

$$(\sigma, T\sigma) = |c_1|^2(\sigma_1, T\sigma_1) + |c_2|^2(\sigma_2, T\sigma_2) +$$
$$c_1^* c_2(\sigma_1, T\sigma_2) + c_1 c_2^*(\sigma_2 T\sigma_1) \tag{7}$$

在客体同用来测量 $\mathfrak{S}$ 是取值 s_1 还是 s_2 的测量仪器已相耦合,并且相互作用消失之后,系统加仪器止于态

$$\psi = c_1\sigma_1(x)\alpha_1(y) + c_2\sigma_2(x)\alpha_2(y) \tag{8}$$

如同前面解释过的,由 $\sigma(x)$ 与 $\alpha(y)$ 因果地决定的态函数 ψ 对于系统加仪器这个组合来说是一个纯态,而且只要这个组合体系保持孤立,它就总是一个纯态。然而,只对于仪器(可观察置 $\mathscr{A}$)来说,或只对于系统(可观察量 $\mathfrak{S}$)来说,ψ 是一个混合态。

为了最容易地看出这一点,考虑只属于系统(客体)的算符 T,由于 $\mathscr{A}$ 的本征函数的正交性,T 的期望值为

$$(\psi, (T \otimes 1)\psi) = (c_1\sigma_1 \otimes \alpha_1 + c_2\sigma_2 \otimes \alpha_2, (T \otimes 1)(c_1\sigma_1 \otimes \alpha_1 +$$
$$c_2\sigma_2 \otimes \alpha_2)) = |c_1|^2(\sigma_1, T\sigma_1) + |c_2|^2(\sigma_2, T\sigma_2). \tag{9}$$

干涉项已消失了,就是说,在与仪器相互作用之后,系统加仪器的行为相对于 T 来说就像是 σ_1 和 σ_2 的一个混合态。正是在这个意义上,而且也只是在这个意义上,我们说一个测量把一个纯态"改

变"成一个混合态[①]。

在一般情况下,系统加仪器在相互作用后的态函数显然是

$$\psi = \sum_k c_k \sigma_k \alpha_k \tag{10}$$

只要组合体系保持孤立,它就是一个纯态。

阶段Ⅱ. 冯·诺伊曼完全明白关于组合系统的态的知识并不足以推出客体的态或 $\mathfrak{S}$ 的值,如果能够断定在相互作用之后仪器

---

① L. Landau 已发现了并于 1927 年在他的论文"Das Dämpfungsproblem in der Wellenmachanik"中应用了这一结果,见 Z. Physik **45**,430—441(1927)、事实上,若
$$\psi = \sum_{j,k} g_{jk}\sigma_j(x)\alpha_k(y)$$
则 $\mathfrak{A}$ 的一个可观察量 $F(x)$ 在态 ψ 下的期望值由下式得出:
$$\langle F \rangle = \sum_{jkmn} g_{jk}^* g_{mn}\langle \sigma_j \mid F \mid \sigma_m \rangle\langle \alpha_k \mid \alpha_n \rangle = T_r(\rho_\psi F)$$
其中
$$(\rho_\psi)_{mj} = \sum_k g_{mk}g_{jk}^*.$$
令
$$w_k = \sum_m \mid g_{mk} \mid^2, g_m^{(k)} = w^{-1/2}g_{mk}, \quad \text{及 } g_{mj}^{(k)} = g_m^{(k)}(g_j^{(k)})^*,$$
即得
$$(\rho_\psi)_{mj} = \sum_k w_k g_{mj}^{(k)}$$
从而
$$\rho_\psi = \sum w_k \rho_k$$
其中元素为 $(\rho_k)_{mj} = g_{mj}^{(k)}$ 的统计算符 ρ_k 满足 $\rho_k^2 = \rho_k$,因此描述一个纯态。然而,这就表示 ρ_ψ 描述一个混合态。即使 $g_{jk} = c_j\delta_{jk}$ 及 $g_{mj}^{(k)} = (\rho_k)_{mj} = \delta_{mk}\delta_{jk}$,这个结论也成立。因此
$$(\rho_\psi)_{mj} = \sum_k \mid c_k \mid^2\delta_{mk}\delta_{jk}.$$
显然,ψ 是组合希尔伯特空间 $\mathfrak{A} \otimes \mathcal{H}$ 中的一个纯态,因为纯态 σ_a 的一个幺正变换生成一个纯态。ψ 只有相对于单独的 $\mathfrak{A}$(或 $\mathcal{H}$)才是一个混合态,或者用德帕内特的术语,是一个"非正常混合态"。关于这个在测量理论中引起了某些混乱的问题,见 B. D'Espagnat, "An Elementary note about 'mixtures'",载于 *Preludes in Theoretical Physics* (North-Holland Publishing Company, Amsterdam, 1966), pp.185—191; *Conceptions de la Physique Contemporaine* (Hermann, Paris, 1965); *Conceptual Foundations of Quantum Mechanics* (Bejamin, Menlo Park, Calif., 1971), pp.82—87。

处于态 α_j，就会知道客体是处于态 σ_j，而 $\mathfrak{S}$ 取值 s_j，但是我们怎样才能发现仪器是不是处于态 α_j 呢？或许会有人提议，再把仪器 $\mathfrak{A}$ 同第二个测量装置 $\mathfrak{A}'$ 耦合起来。但是这个建议将要导致一个无穷递推，因为从概念上来看，$\mathfrak{A}'$ 与 $\mathfrak{A}$ 的关系又和 $\mathfrak{A}$ 与 $\mathfrak{S}$ 的关系是一样的；更大的组合系统的态函数将是

$$\psi' = \sum c_k \sigma_k \alpha_k \alpha'_k$$

冯·诺伊曼推理说，但是一次测量显然必须是一个有限的操作，通常它是以观察 u 的指针位置的动作而宣告完成的。他得出结论说，因此得出这个结果的过程不再能够是第二类变化，而必须是一种不连续的，非因果的和瞬时的动作。这个动作是发生在什么地方并且是怎么发生的呢？

冯·诺伊曼对这个问题的答案受到了他的同胞、比他大五岁的西拉德[①](1898—1964)的巨大影响，冯·诺伊曼曾同西拉德在柏林就这个问题进行过长时间的讨论。西拉德刚刚发表了他关于一个有智力的生物对一热力学系统的干预同热力学第二定律的关系的很有影响的研究[②]。他是由于研究斯莫卢霍夫斯基讨论第二

480

---

　　① 　西拉德：匈牙利出生的物理学家（冯·诺伊曼也是匈牙利人），二次大战前由德国移民美国。曾建议爱因斯坦写信给罗斯福提请他注意纳粹德国发展原子弹的威胁并建议美国制造原子弹。——译者注

　　② 　L. Szilard, "Über die Enitropieverminderung in einem theomodynamischen System bei Eingriffen intelligenter Wesen", *Z. Physik* **53**, 840—856(1929).

定律的限度的论文[①]而被引向这个问题的。斯莫卢霍夫斯基认为，一个经常得悉一个力学系统的瞬时状态的智能生物，能够不作功就推翻热力学第二定律；他这种观念标志着人们关于精神对物质的物理干预的效果的某些发人深思的推测的开始，从而为冯·诺伊曼的影响深远的主张铺平了道路；这个主张就是，若不提到人类意识，就不可能表述一个完备的、前后一贯的量子力学测量理论。

在冯·诺伊曼看来，观察者在测量的结尾看到仪器指针位于 n 这一事实，就表明了在测量之后组合系统的态为 $\sigma_n \alpha_n$ 而客体的态为 σ_n，因此冯·诺伊曼必须回答的问题是：叠加 $\sum c_j \sigma_j \alpha_j$ 是怎样变成 $\sigma_n \alpha_n$ 的？如上所述，不仅 $\sum c_j \sigma_j$ 而且 $\sum c_j \sigma_j \alpha_j$ 也是一个纯态，即使后者相对于单独的 $\mathfrak{S}$（或 $\mathfrak{A}$）来说是一个混合态。人们也许会想要这样来解释所考虑的变换的统计特征：假定 $\mathfrak{A}$ 的初态不是纯态而是个混合态，例如 $\sum v_k \rho_k$ 其中 $\rho_k = |\alpha_k\rangle \langle \alpha_k|$ 是 α_k 的统计矩阵而 v_k 是与 σ 无关的任意权重。冯·诺伊曼承认，这样一种机制是完全可以想象的，因为如果提到的是 $\mathfrak{D}$ 而不是 $\mathfrak{A}$，由于自然定律，观察者关于他本身的状态的讯息的状态是有绝对限制的（用 v_k 之值表示）。但是冯·诺伊曼根据下述理由很容易就否定了这种解决问题的企图。在相互作用后，整个系统的状态的确将用一个形如 $\sum v'_k \rho'_k$ 的统计矩阵来描述，其 $\rho'_k = U \rho_k \varepsilon$ 而 $v'_k = v_k$。量子力

① M. von Smoluchowski, "Gültigkeitsgrenzen des zweiten Hauptsatzes der Wärmetheorie", 载于 *Vorträge über die kinetische Theorie der Materie und Elektrizität* (Teubner, Leipsig, Berlin, 1914), 第 89—121 页; *Pisma Mar ana Smoluchowskiego-Oeuvres de Marie Smoluchowski*, L. Natanson ed. (Imprimerie de l' Université Jagueilonne, Cracow; Beranger, Paris, 1927), pp.361—398.

学要求 $v'_k = |c_k|^2 = |(\sigma, \sigma_k)|^2$ 因而 v_k 就将与 σ 有关，这同上述假设矛盾。

　　这就使冯·诺伊曼认为，$\sum c_j \sigma_j \alpha_j$ 向 $\sigma_n \alpha_n$ 的转变是一个第一类过程，亦即是理论的一个不可约化的元素。更精确地说，他相信，在紧接着一次给出值 α_n 的对 $\mathscr{A}$ 的测量之后，$\mathfrak{A}$ 的态为 α_n 而 $\mathfrak{S}$ 的态为 σ_n。这个假设现在通称为"投影假设"[①]，因为所讨论的过程把选加"投影"到属于得出的本征值的本征空间（即本征矢所张成的子空间）[②]。冯·诺伊曼支持这个假设的论证是以对康普顿—西蒙实验（光于一电子的弹性碰撞）的分析为依据的，这个论证受到了费耶阿本德[③]和斯尼德[④]的批评。

　　不过，根据马格瑙[⑤]的报导，冯·诺伊曼在私人交谈中承认，这个假设虽然"具有图像化的用处并且与量子力学的公理一致"，但也完全是可以取消的。但是冯·诺伊曼在他的论著中明白地说过[⑥]，通过第一类过程，"测量把 $\mathfrak{S}$ 从态 σ_0 变换为态 σ_j 中之一，其

----

　　①　314 页注②文献，这个术语是马格瑙 1958 年创造的。

　　②　G. Lüders 证明，在简并情况下冯·诺伊曼的表述必须修改，见"Über die Zustandsanderung durch den Messprozess"，*Ann. Physik* **8**，322—328(1951)。又见 W. H. Furry，"*Some aspects of the quantum theory of measurement*"，载于 *Lectures in Theoretical Physics*，Vol.8A，*Statistical Physics and Solid State Physics* (University of Colorado Press，Boulder，1966)，pp.1—64，特别是 pp.14—16。

　　③　P. K. Feyerabend，"On the quantum theory of measurement"，载于文献 7—102(pp.121—130).

　　④　J. D. Sneed，"Von Neumann's argument for the projection postulate"，*Phil. Sc.* **33**，22—39(1966).

　　⑤　H. Margenau，"Measurement in quantum mechanies"，*Ann. Physics* **23**，469—485(1963).

　　⑥　7 页注①文献(1932, p.234；1955, p.439).

几率各自为$|(\sigma_0,\sigma_j)|^2$。"

　　至于第一种过程的任何细节,冯·诺伊曼则是三缄其口;今后我们将把这种过程称为叠加的"分解"或"收缩"("波包的崩溃"),或简称为"收缩"。他在一段文章中写道:"对于那些发生在世界的被观察部分的事件,只要它们同观察部分不发生相互作用,现在量子力学是用[第二类]过程来描述的;但是一旦发生这种相互作用,亦即一次测量,它就需要应用一个[第一类]过程。"[①]这种关于第一类过程的必不可少性的论证似乎也提示我们,这些过程不发生在世界的被观察部分,不论分界的划分多么深入观察者的身体。因此它们只能发生在他的意识中。于是按照冯·诺伊曼的理论,一次完整的测量也包括观察者的意识。由于把过程划分为两种互相不能约化的范畴,相应于把世界划分为被观察的和进行观察的两个部分,这两部分尽管其分界线可以移动,但也是互不约化的,所以冯·诺伊曼的理论是一种二元论。事实上,把它的哲学内容同阿那克萨戈拉关于物质与心灵[νοῦs]的学说加以比较是有启发的;后者是关于世界的最早的二元论观念之一,按照这种学说,"一个统一世界中的东西不是彼此分开的,不是刀砍斧截下来的,热不能同冷分开,冷也不能同热分开"[②](叠加?!),但是"当心灵开始推动事物运动时,心灵就同每个被推动的东西发生了分离,而且心灵所推动的一切都被分开了"(收缩?!)。

482

---

① 文献 1—2,(1932,p.224;1955,p.420).

② Simplicius, *Physics*,175,12;176,29;Diogenes Laertius Ⅱ,8,译者按:阿那克萨戈拉的著作残篇见《古希腊罗马哲学》(生活·读书·新知三联书店:1957),第68—72页。

11.3　伦敦和鲍厄的进一步加工

由于冯·诺伊曼的测量理论是他对量子力学基础的公理化表述的顶峰，而且需要有高水平的数学知识，它是不容易被人们理解的，特别是不易被实验工作者理解，要不是伦敦和鲍厄发表了一个它的简化说明的话。弗里茨·伦敦[①]的名字，由于他关于同极化学键的工作——海特勒-伦敦共价理论(1927)，以及他同他的兄弟海因茨·伦敦[Heinz London]合作关于超导电性中的迈斯纳效应的工作(1935)，在物理学界是人所共知的。他整个一生都对哲学深感兴趣。事实上，当他还在慕尼黑索末菲的系里学物理的时候，他的博士学位(1921，最优等)就是由芬德尔[②]指导下的一篇哲学方面的学位论文[③]而获得的，芬德尔则深受里普斯的移情作用[empathy，Einfühlung][*]的心理学理论的影响[④]。里普斯是慕尼

---

①　弗里茨·伦敦的遗孀埃迪丝·伦敦写的一篇他的简单传记，载于 F. London, *Superfluids*(Dover, New York, 1961), Vol.1, pp.X—XIX.

②　参见 A. Pfänder, *Einführung in die Psychologie* (Barth, Leipzig, 1904, 1920).

③　F. London, "Über die Bedingungen der Möglichkeit einer deduktiven Theorie", *Jahrbuch für Philosophie und phänomenologische Forschung* **6**，335—384 (1923).

*　移情，或译感情引入，神入。一种想象自己处于他人的处境，并理解他人的情感、欲望、思想及活动的能力，特别用于美学体验。最明显的实例是演员觉得自己已化身为所扮演的角色。——译者注

④　Th. Lipps, *Psychologische Untersuchungen* (Engelmann, Leipzig, 1907—1972); *Psychological Studies* (Williams and Wilkins, Baltimore, Md., 1926); *Zur Einführung*(Engelmann, Leipzig, 1913).

黑大学心理系的创建人，根据他的观点，当我们看到一种美学对象时，我们所体验到的心理状态并不只是一种动觉的推断[kinesthetic inference]，而且还有一种唯一客观的参照[reference]，它是一种"客观化的自我欣赏"[objectivated enjoyment of self]；移情作用也是关于其他自我的知识的一个独特的来源，它是推断与直觉的一种融合。在里普斯看来，逻辑学是心理学的一个特殊分支。芬德尔后来成了胡塞尔[E. Husserl]的现象主义的鼓吹者，并且参加编辑《哲学与现象逻辑研究年鉴》[Jahrbuch für Philosophie und phänomenologische Forschung]。我们将看到，里普斯的移情作用的观念对伦敦关于量子力学中测量过程的看法是有影响。

伦敦在 1928 年到 1933 年在柏林当无俸讲师，后来又移居牛津三年，然后他往巴黎，担任法兰西学院研究员（后来是研究室主任）。他在那里遇到了鲍厄，他是物理实验室的副主任。伦敦和鲍厄渴望就一项共同感兴趣的课题进行合作，他们决定对冯·诺伊曼的测量理论写一篇"简明扼要的"介绍[①]。第十一节（测量与观察。客观化的动作）主要是伦敦写的[②]。作为慕尼黑大学的一个哲学学生，他曾受他的老师贝歇尔[E. Becher]的影响，贝歇尔总是坚持灵-肉问题是形而上学的核心问题。正如慕尼黑大学的档案所记载的，伦敦在 1921 年夏季参加听贝歇尔关于逻辑学与认识

----

① F. London and E. Bauer, *La Théorie de l'Observation en Mécanique Quantique*(Hermann & Cie., Paris, 1939).

② 当该书还在印刷中时，伦敦不得不离开法国。他最后去了北卡罗来纳的杜克大学(Duke University)，在那里一直到去世。

论的课,每星期四讲;此外,他还听贝奥克尔[Beaumker]讲亚里士
多德和盖格[Geiger]讲哲学史与数理哲学史。因此伦敦每周听
十二讲哲学课,而在物理学方面,他这学期只参加听索末菲关于
流体力学的讲课(和习题课),以及索末菲的讨论班,合起来每周
只有八小时。贝歇尔对这个问题的兴趣是他在埃尔德曼[Er-
dmann]指导下在波恩[Bonn]研究斯宾诺莎的属性学说时培养起
来的[1]。贝歇尔后来的绝大部分著作讨论灵-肉问题[2]。伦敦在他
的学位论文中曾引述过贝歇尔的两本书[3]。贝歇尔声称,他已证
明心灵与肉体之间的相互作用服从能量守恒定律,他反对心身平
行论[Parallelism],偶因论[Occasionalism]和附带现象论[epi-
phenomenalism],而成为相互作用论[interactionalism]的一个坚
定捍卫者*。他宣称,各种生理过程连续不断地影响着大脑,它们

484

---

[1]　E. Becher, *Der Begriff des Attributes bei Spinoza* (Niemeyer Halle, 1905).

[2]　E. Becher, "Naturphilosophie"载于 *Die Kultur der Gegenwart* (Teubner, Leipzig, 1914), Part 3; "Erkenntnistheorie und Metaphysik"载于 *Die Philosophie in ihren Einzelgebieten* (Ullstein, Berlin, 1925)pp.301—392(特别是第 3 章: Der Zusammenhang von Seele und Materie-ansicht); *Grundlagen des Naturerkennens* (Duncker und Humblot, Munich, 1938), 特别是 pp.69—82。

[3]　E. Becher, Die philosophischen Voraussetzungen der exakten Naturwissenschaften (Barth, Leipzig, 1906); Geisteswissenschaften und Naturwissenschaften (Duncker und Humblot, Munich, 1921).

*　这些都是心理学中关于生理现象与心理现象之间的关系的各种不同的学说。心身平行论认为生理过程与心理过程二者是并行的,不相互作用,无因果联系。偶因论认为生理活动与心理活动之间的对应纯粹是偶然的,它们本质上是不能相互影响的。附带现象论认为意识是大脑过程的产物,是一种附带现象,由大脑过程决定,但对大脑过程不能施加任何影响。相互作用论则认为心理过程与生理过程是有区别的,但是相互作用。——译者注。

除了生理效应之外还产生心理效应,后来反过来又决定性地影响着生理活动①。

于是伦敦在量子力学中发现了一块用武之地,他可以在这里有意义地应用里普斯和贝歇尔的哲学;而我们在伦敦和鲍厄的专著里当讨论冯·诺伊曼的叠加分解的观念时读到下面的话也就不奇怪了:

> 观察者具有完全不同的观点:在他看来只有客体 $\mathfrak{S}$ 与仪器 $\mathfrak{A}$ 是属于外部世界的,是属于他称为"客观的"东西。相反,他同他自身有一些性质十分独特的关系:他能支配一种特有的、十分娴熟的本领,我们可称之为"内省的本领"因为他能够立即说明他自身的状态。正是依靠这种"内在的认识"(*Connaissance immanente*),观察者才自称他有权为自己造出一种客观性,即割断由 $\sum c_j \sigma_j \alpha_j \alpha'_j$ 表示的统计标示的主张,而改说"我处于态 α'_j 中"或更简单地"我看到 $A = \alpha_j$",或甚至更直接地"$S = s_j$"②。

人们还记得③,在冯·诺伊曼的测量理论发表之后不久,薛定谔就提出了他那著名的现在称为"薛定谔猫"的思想实验。根据伦敦和

---

① 参见 P. Luchtenburg."Erich Becher", *Kantstudien* **34**,275—290(1929).

② 670 页注①文献(第 42 页)。这里 $\mathfrak{A}$ 表示观察者自己,α'_j 表示他的一个状态。原文的记号不同。

③ 298 页注①文献。

鲍厄的观点,猫是活着还是死了,只有在观察者打开钢箱"看"一眼猫时才确定。冯·诺伊曼、伦敦和鲍厄在探索一个他们的物理理论解决不了的问题的解答时最后求助于人类意识,这可以同牛顿在探索不能由他的方程产生的基本惯性参考系时乞灵于"上帝的感觉中枢"相比[①]。

严格说来,像伦敦—鲍厄理论那样,把精神的能动性看作是一种物理的相互作用,这种观点并不是新的。事实上,心灵具有生理-物理本性这种观念(它仍反映在"灵感"一类的现代说法中[*])在早期的西方思潮中曾经占统治地位。亚里士多德认为,"感知即在于被运动和被作用……它似乎是一种状态的变化"。[②]

达尔文主义的雄辩的传播者赫胥黎,在一篇有趣的论文"论动物是自动机的假设及其历史"(1874)中,曾追溯了这种观念从十七世纪到十九世纪的发展。他关于法国军队中一个被炮弹击伤(炮弹击碎了他的左颅顶骨)的二十七岁的 F 军曹的记述[③],听起来简直就像是关于精神状态的叠加的描述[④]。赫胥黎写道,"意识是物质变化的一种直接作用……;一切意识状态都是大脑物质的分子变化直接引起的。"他甚至声称"任何意识状态都是有机体物质运

485

[①]　M. Jammer, *Concepts of Space* (Harvard U. P., Cambridge, 1954, 1969; Haper and Brothers, New York, 1960),第 113—117 页。(意、德、西班牙文本从略。——译者)

[*]　灵感(inspiration)原意为"神灵的启示"。——译者注

[②]　Aristotle, *De anima*, 416b, 33—35.

[③]　T. H. Huxley, *Science and Culture and other Essays* (Appleton, New York, 1893), pp. 206—252.

[④]　同上,pp.230—233。

动中的变化的原因"。[①] 但是,所有这些相互作用论的或附带现象
论的讨论当然都是没有牢固的科学基础的。能对伦敦和鲍厄的叠
加的精神收缩理论作出实验检验的"自动脑镜"(autocerebro-
scope)仍是一种幻想。

把感觉模糊、犹豫不决、矛盾心理或(弗洛伊德意义下的)"前
意识"(preconsoiousness)这些状态看成是心灵状态叠加的表现,
会导致严重的困难。因此叠加的精神状态这个观念看来是难以接
受的。此外,伦敦和鲍厄引用以挽救不同主体间的(intersudjec-
tive)一致性的论据,在经过仔细分析之后,看来同他们最初的假
设(认为测量仪器在本体论上与微观物理客体处于同等地位)相矛
盾。在这方面还应指出,冯·威扎克把客体与观察者之间的不可
分离性[die untrennbare Kette zwischen Objekt und Subjekt]不
仅建立在认识[Wissen]的精神行为上,而且还建立在意愿[Wol-
len]的精神行为上:"意识的两种基本功能构成了物理学中每个陈
述的基础:认识与意愿"。[②]

量子力学不仅是不提主体的知识状态就不能作出任何陈述
(在冯·威扎克看来,这就是量子力学与经典力学的本质区别);而
且它的陈述还永远是观察者方面的意愿决定的结果。从"ψ 函数
表示每一种可能的实验的每一种可能的结果的几率"[③]这句话,可

---

① 同上 p.245。

② 原文为 "… Zwei Grundfunktionen des Bewustseins gehen in jeden Satz der
Naturbeschreibung ein: Wissen und Wollen."见 C. F. von Weizsäcker, "Zur Deutung
der Quantenmechanik", *Z. Physik* **118**, 489—509(1941).

③ 同上,p.504,又见 C. F. von Weizsäcker, 文献 6—77(第四版,p.89)。

以最清楚地看出这一点,其中后一个"可能的"承认了主观的无知
[Nichtwissen]状态,而前一个"可能的"则承认了关于做一个实验
或者不做这个实验的意愿决定。冯·威扎克对海森伯的 γ 射线
显微镜思想实验的分析清楚地表明了这种情况[1]:电子是具有确
定的动量(平面波)还是具有确定的位置(球面波),取决于观察者
决定把照相底片放在哪里。

11.4 别种测量理论

马格瑙是最先反对冯·诺伊曼的测量理论的人之一[2]。我们
已经讨论过他反对投影假设的各种论据;讨论过他如何因否定这
个假设而自认为已经解决了在 EPR 论证中遇到的困难;还讨论过
由于同爱因斯坦通信的结果,使他把测量与态的制备清楚地区别
开来。他把测量定义为"能够借以确定一个物理量的数值的任何
物理操作"。[3]

马格瑙认为,测量中的测不准性来源于态的制备,而不是来源
于测量本身。如果在一个用来测量自由电子的动量的 β 射线谱仪
中不放盖革计数器,那么电子究竟是否会到达计数器本来要放的
那个位置将是不确定的。

我们也曾讲过马格瑙反对不能同时测量互补量的主张以及他

---

① 246 页注①文献。

② 312 页注①文献。

③ 315 页注①文献(pp.356—357)。

把海森伯原理解释成一种统计散布关系。至于伦敦和鲍厄所提出的一种心灵作用使叠加分解的观点，马格瑙写道：

> 比方一个人也许正在注视着记录装置，但因为思想开小差而未能清醒地注意到记录。一切物理过程（按照通常对这个术语的解释）将和他清醒地注意结果时完全相同，但是在一种情况下态函数是连续地演化的，而在另一种情况下则突然改变。……如果像有时做的那样用下述意见来为这种谬论辩护，即：人类大脑中的过程的确至关重要，并且在某处把自我引入到这个机制中来，那么我们相信，唯一有意义的回答是，迄今为止量子力学并不自封为一个心理学理论。要是一个心理学理论，它就必须在纯心理学领域中更胜任一些。[1]

因为在马格瑙看来，一次测量，例如用两个偏振片和一张照相底板对一个光子的偏振的测量（没有照相底板就不成其为测量）不仅要损毁被观测客体的态，而且还常常要损毁客体本身，所以他认为态的非因果跃迁的假设是不必要的，而且会带来错误。

朗道和派厄尔斯[2]已经强调过，并不是每种测量都满足下面的条件：如果它给出了一个确定的结果，若立即重复的话，它还肯定产生同样的结果。他们指出，一次测量可以确定在测量已终止

---

① 同上，p.367。
② 198页注①文献。

之后属于客体的态,或者可以揭示出客体在测量开始之前所处的态[①]。在经典力学中客体与仪器之间的相互作用可以忽略不计,并不需要做这种区分,每种测量都可以重复;但是在量子力学中情况却不是这样。实际上,朗道和派厄尔斯发现,只有当被测量的可观察量同(客体与仪器之间的)相互作用哈密顿量对易时,测量才具有上述意义下的可重复性;而因为它们的相互作用能量总是位置坐标的一个函数,所以他们的结论是,只有这种坐标的测量才在上述意义下是可以重复的。

遵照朗道和派厄尔斯的观点,泡利[②]也对两种测量做了区分,一种测量是立即进行的重复测量又复制出原来的结果,他称之为"第一类测量";另一种则以一种可以控制的方式改变系统的状态,使得第二次测量并不重复得到第一次测量的结果,但是可以明确地推断出可观察量在测量之前的值,他称这种测量为"第二类测量"。用斯特恩-盖拉赫方法测量自旋属于第一类,而用电子的非弹性碰撞来确定原子能级则属于第二类。每次第一类测量——特别是每一次满足投影假设的测量——也是一次态的制备(在马格瑙所说的意义下),但一次态的制备并不一定是一次测量。

马格瑙的论文"现代物理学理论中的转折点"[③](他在此文中

488

[①] 朗道和派厄尔斯并没有进一步讨论这种差别在方法论上的重要性:一个物理理论是通过证实(或否定)其预言而成立(或推翻)的,这就要求能够进行这样的测量,这种测量能够确定在测量动作干扰客体之前客体所具有的态变量之值。如果一个物理理论的原理只允许那些给出客体在测量作用之后的态的信息的测量,那就很难说这个理论是成立(还是被推翻),除非能够无歧义地推断出测量前的值。

[②] 85 页注[①]文献(1958,p.73)。

[③] 315 页注[①]文献。

陈述了他关于测量的异乎寻常的观念），推动了约尔丹[①]在为1949年召开的一次关于量子力学的专题学术会议而写的一篇文章中提出了澄清测量过程的一种新方法，这种方法反对那种认为"测量"是不应再作分析的基本概念的观点。约尔丹利用马格瑙测量光子偏振的例子，他指出，只要仍能互相发生干涉的这一列波或那一列波还没有落到底片上时，叠加的收缩或他所称的"决定"就还未发生，但一旦波落到底板上了，"这张底板就作出了决定"。把纯态转变为混合态的，必定是一个真实的物理过程而不是观察者心中的精神作用。约尔丹声称，"在我看来重要的是，这个过程必须是一个宏观物理过程……（因为）它属于宏观物理学的范围，即我们在这里从来没有碰到过微观物理学所特有的互补性"。约尔丹然后指出，在每一种测量中，微观物理客体都要留下宏观尺寸的踪迹（通常是以一个雪崩过程的形式，例如在威尔逊云室或计数管中）；既然具有经典物理学意义下的客观性和实在性的一个宏观物理系统是大量微观个体的集合，而且从一次观察得出了有关"后来的……实验的几率"的结论——这是一种不可逆的时间关系，因此解决收缩问题的钥匙一定是在热力学或统计热力学中，因为那里也显现出类似的特征。

　　约尔丹这种把叠加的收缩解释为热力学不可逆过程的观念，被路德维希以巨大的独创性接着研究下去，他的著作我们在§8.7中已引用过。路德维希只限于讨论第一类测量（在泡利所说的意

489

　　① P. Jordan, "On the process of measurement in quantum mechanics", *Phil. Sci.* **16**, 269—278(1949).

义下),他试图证明:冯·诺伊曼所讨论的两种变化之间的关系与可逆的微观物理过程同不可逆的宏观物理过程之间的关系是相同的。[①] 他的论证根据的是亚稳态的热力学性质,特别是各态历经定理,在关于能量本征值的统计分布的某些假定(泡利的无规性假定)之下,这个定理将导出 H 定理,从而保证了一个亚稳态系统向稳态变化的趋势。把仪器看成一个处于热力学亚稳态的宏观系统,因此在受到一个微观系统的扰动时能向一个热力学稳态演化。如所周知,电离室、云室、照相乳胶、电子倍加器和晚近发明的气泡室都含有处于亚稳态的物质,它们若受到一个微小扰动的触发,就会突然变成稳定平衡状态。测量理论的任务就在于把微观系统的状态同宏观系统的稳定平衡状态联系起来。

由于这种热力学过程,测量就不是如冯·威扎克所认为的是"客体与主体之间的一个不可分的链环",而是一个微观物理系统与一个宏观物理系统之间的不可分的链环[②]。

路德维希继续写道,因此,量子力学同经典物理学之间的根本区别,不在于冯·威扎克所声称的观察者所起的不同作用,而在于唯有在经典物理学中才有可能从其效果的形态推断出客体的形态:倘若一个客体在一个软的(塑性的)支承物上留下的压痕是球

---

① G. Ludwig, "Der Messprozess", *Z. Physik* **135**, 483—511(1953); Die Grundlagen der Quantenmechanik(Springer, Berlin, Göttingen, Heidelberg, 1954); 第 5 章, pp.122—165 页。

② G. Ludwig, "Die Stellung des Subjekts in der Quantentheorie", *Veritas Insti-tia-Libertas; Festschrift zur 200 Jahrfeier der Columbia University*, New York *(überreicht von der Freien Universität Berlin und der Deutschen Hochschule für Poli-tik)* (Colloquium-Verlay, Berlin, 1954), pp.262—271.

形的或长形的,经典物理学就有根据推断客体本身的形状相应是
球形的或长形的;但是,如果一个同衍射装置相互作用的电子产生
出像波动似的效应(干涉),或者如果一个同计数管相互作用的电
子产生粒子似的效应,量子力学却没有根据推断说,电子是一个波
还是一个粒子。[①]

　　虽然路德维希反对冯·威扎克的认为量子力学陈述同观察者
的认识动作有关的论点,但是他还是承认这些陈述同观察者的意
愿干预有关,不过这种干预只限于客观领域,而且主要限于测量仪
器的技术构造和选择应用。人类为什么不能直接干预微观客体,
这个问题仍然没有得到解答。

　　1955 年,路德维希在一篇很好读的文章中概述了他的测量理
论。他写道[②],量子力学在宏观物体层级上研究它认为是由微观客
体所引起的热力学不可逆过程,并且描述这些效应的发生之间的
相关性。它的非决定论性质反映了不可能用宏观装置制备这样一
个系综,这个系综的一切单个成员随后在所有其他宏观装置上都
将产生同样的效应。因此量子力学以其属性可以经典地描述的宏
观物体的存在、特别是热力学第二定律的存在为先决条件。然而,
因为宏观物体应该是由原子组成的,因此必须证明,由其宏观效应

490

　　①　路德维希显然指的是康德的那个放在枕头上的球的例子。见 I. Kant, *Kritik der reinen Vernunft*(第二版, pp.248—249)。中译本:康德,《纯粹理性批判》,(蓝公武,生活·读书·新知三联书店,1957)。

　　②　G. Ludwig, "Zur Deutung der Beobachtung in der Quantenmechanik", *Physikalische Blätter* **11**, 489—494(1955);重印于 Erkenntnisprobleme der Naturwissenschaften, L. Krüger, ed.(Kiepenhauer & Witsch, Köln, Berlin, 1970), pp.428—434.

推论出来的关于微观客体的陈述怎样能够正如(比方说)第二定律所要求的那样解释宏观客体的行为。更确切地说,必须证明薛定谔方程所规定的可逆变化在宏观客体的极限情况下怎样演变为表征测量的不可逆过程。只有这样一种证明才能保证量子力学描述的逻辑一贯性。

路德维希把测量解释为宏观装置中的一种由微观事件触发的不可逆记录过程的企图,导致引入"宏观可观察量"的概念,导致重新考察量子力学同宏观(经典)物理学之间的关系(不能简单地认为宏观物理学可以用极限过程 $h \to 0$ 而得到),特别是在什么程度上以及在什么精确条件下经典物理学可以从量子物理学推导出来的问题。

范坎彭[①]独立于路德维希的研究,这时刚刚证明了,统计力学中的某些关于占有数的方程(从这些方程已足以推出昂萨格的唯象的不可逆热力学)在纯量子理论的论据的基础上就可以说明(甚至无需微扰论)。路德维希的学生昆梅尔[②]确定了,为了足以对气体与流体的动力学(欧拉方程)进行量子力学的推导,同宏观可观察量相联系的能量本征值与本征函数所应满足的精确条件,在他的第二篇论文中,又确定了对可逆和不可逆过程的统计力学和热力学的基本定律进行量子力学推导所应满足的精确条件。鉴于这

①　N. G. van Kampen, "Quantumstatistics of irreversible Processes", *Physica* **20**, 603—622(1954).

②　H. Kümmel, "Zul quantenitheoretischen Bergründung der klassischen Physik", *Nuovo Cimento* **1**, 1057—1077(1955); **2**, 877—897(1955).

些也许能建立起一个关于宏观系统的量子理论的有希望的结果，路德维希的方法为若干测量理论或测量过程的模型①奠定了基础。

这些理论中最精致的理论之一无疑是米兰的意大利国立核物理研究所的丹内里、洛因杰尔和普洛斯佩里②提出的测量理论。这些理论家曾同博基耶里③和斯科蒂④一起探索过为了使各态历经定理在量子统计力学中成立所需要的精确的各态历经条件；他们认识到，这些条件被如下一类哈密顿量所满足，范霍夫⑤曾为这类哈密顿量导出了一个主方程[master equation]并阐明了它所蕴含的不可逆性，他们又假设这些结果可以推广到大多数宏观系统；于是在路德维希的工作推动下，他们认为有可能在这些基础上建立一个满意的量子测量理论。按照他们的基本观念，被观测的微

① P. K. Feyerabend，"On the quantum theory of measurement"，载于文献 7—102(pp.120—130).H. S. Green，"Observation in quantum mechanics"，*Nuovo Cimento* **9**，880—889(1958).

② A. Daneri, A. Loinger, and G. M. Prosperi，"Quantum theory of measurement and ergodicity conditions"，*Nuclear Physics* **33**，297—319(1962)；"Further remarks on the relations between statistial mechanics and quantum theory of measurement"，*Nuovo Cimenio* **443**，119—128(1966)。又见 G. M. Prosperi，"Quantum theory of measurement"，载于 *Encyclopedic Dictionary of Physics*，Supplementary volume 2 (Pergmen Press, Oxford, 1967)，pp.275—280.

③ P. Bocchieri and A. Loinger，"Ergodic foundation of quantum statistical mechanics"，*Phys.Rew*.**114**，948—951(**1959**).

④ G. M. Prosperi and A. Scotti，"Ergodic theorem in quantum mechanics"，*Nuovo Cimento* **13**，1007—1012(1959).

⑤ L. Van Hove，"The ergodic behavior of quantum many-body systems,"*Physics* **25**，268—276(1959).

观系统的量子态的收缩并不是由它与宏观测量仪器的相互作用来实现的,而是由一个具有各态历经特征的过程所实现的,这个过程在相互作用已完全消失之后,仍在测量仪器中发生,并且留下了一个持久的标志。按照普洛斯佩里和斯科蒂[①]以前得出的结果;认为宏观测量仪器 $\mathcal{M}$ 这个系统除了能量 E 之外还有另一个运动常数 J,因此在 $\mathcal{M}$ 的希尔伯特空间中可以引入一组适当的基矢 $\{\Omega_{akvi}\}$ 而张成流形 C_{akv}。脚标 a 与 k 分别表示 E 与 J 之值,它们在系统的自由演化过程中不变,而 v 表示宏观变量之值,它是变的。这样,每层能量"壳"C_a(即对于给定的 a,对应于能量间隔 $E_\sigma,E_{\sigma+1}=E_a+\Delta E$ 的能量本征矢的流形)就被分割成一些正交子流形或"通道"C_{ak}(由对应于间隔 $J_k,J_{k+1}=J_k+\Delta J$ 的 k 的本征矢所张成),假定各态历经条件在其中成立。因此若用 s_{ak} 表示 C_{ak} 的维数,用 s_{akv} 表示其"胞腔"C_{akv} 的维数,并且若在通道 C_{ak} 中存在一个胞腔,C_{akek} 使得对于一切 $v\neq e_k$ 都有 $s_{akek}\gg s_{akv}$。那么初始时处在属于通道 C_{ak} 的一个态上的系统 $\mathcal{M}$,就会自发地向胞腔 C_{akez} 中的宏观平衡态之一演化。因此,如果测量仪器 $\mathcal{M}$ 起初处于某个通道 C_{a0} 的平衡胞腔 C_{a0e} 中,并且微观系统 $\mathfrak{S}$ 与 $\mathcal{M}$ 的相互作用引了 $\mathcal{M}$ 的状态从通道 C_{a0} 到同一能壳中的 C_{ak} 的一次跃迁(取决于 $\mathfrak{S}$ 的状态),那么 $\mathcal{M}$ 在测量过程的终了将到达最后的平衡宏观态 C_{ake_k},并依靠它记录下微观系统 $\mathfrak{S}$ 的初始状态。(关于丹内里、洛因杰尔和普洛斯佩里的量子测量理论的理详细的说明,请

---

　① 　G. M. Prosperi and A. Scotti,"Ergodicity conditions in quantum mechanics", *J. Math.Phys.***1**, 218—221(1960).

读者参看原始论文①。)

在这些作者看来,他们的测量理论克服了下述反对意见:量子理论能够说明微观物理客体的行为,但是不能说明它们的行为是怎样被观察到的,因此他们认为他们的测量理论是"现行的量子力学的基本结构的一个必不可少的完善化,是它的一个自然的圆满结束"②。他们的观点得到罗森菲尔德的充分赞同,他声言:由于他们"对测量过程所作的非常彻底而优美的讨论,[这些]意大利物理学家已决定性地建立起[量子力学]算法规则的完全的逻辑一贯性,不留下任何漏洞使人陷入过头的玄想"③。罗森菲尔德宣称,他们的分析"非常清楚地表明了量子力学算法规则所规定的原子系统初始状态的(收缩)的来源和特征",而且通过把各态历经理论用于测量问题,他们把一个物理论据翻译为数学语言,"这样就可以用简单概念来更简短地陈述,直接或间接诉谱共同经验。"

由于这些话显然是指前面讲过的玻尔对待测量问题的态度,罗森菲尔德对丹内里、洛因杰尔和普洛斯佩里的测量理论的无保留的赞扬就引起了一个问题:这个理论是否真的同哥本哈根诠释的基本原则相投合,或至少是与它不矛盾。巴布对这个问题作了否定的回答,巴布不仅批评这个理论未能实现它的规划,因为宏观

---

① 定性的介绍见 P. Caldirola, "Teoria della misurazione e teoremi ergodici nella meccanica quantistica"("Théorie de la mesure et théorèmes ergodiques en mécanique quantique"), *Scientia* **99**, 219—231(129—140)(1964)。

② 682 页注②文献(1966, p.127)。

③ L. Rosenfeld, "The measuring process in quantum mechanics", *Supplement of the Progress of Theoretical Physics*, Commemoration Issue for the 30th Anniversary of the Meson Theory by Dr.H. Yukawa, 1965, pp.222—231.

状态仍然允许发生叠加从而并没有证明宏观态在经典的宏观态的意义下是客观的,而且还指出①所讨论的测量理论"同玻尔的观念基本上是对立的。"因为它根据纯量子理论的论据在宏观层级上应用经典概念,从而认为经典力学是"宏观系统的量子理论的一种近似",并因此在原则上可以用量子理论代替;而在玻尔看来,经典力学的概念框架对于描述量子现象是必不可步的,因而其逻辑地位是先于量子力学的任何应用的。

丹内里、洛因杰尔和普洛斯佩里的理论受到了姚赫、维格纳和柳濑睦夫②的严厉批评。他们的论据之一是这个理论(如我们还记得的)把测量过程的微观部分看成是宏观测量仪器中的一个各态历经放大作用的触发装置,它不适用于伦宁格讨论过的"负结果测量"。在这种测量中,态函数的叠加显然无需任何微观触发过程就被分解了。

鉴于这类测量对整个测量理论具有普遍的重要性,看来在这个问题上多说几句是必要的。

伦宁格是慕尼黑工科大学的毕业生(1930 年获得工程学博士),从 1946 年起在马尔堡大学晶体学系工作;他在三十年代后期在斯图加特听过艾瓦尔德[P. P. Ewald]关于量子论的课以后一

---

① J. Bub, "The Daneri-Loinger-Prosperi quantum theory of measurement", *Nuovo Cimento* **57B**, 503—520(1968).

② J. Jauch, E. P. Wigner, and M. M. Yanase, "Some comments concerning measurements in quantum mechanics", *Nuovo Cimento* **48B**, 144—151(1967). 此文激起洛因杰尔发表了一篇相当尖刻的回答,它在结尾说:"将来我们将只回答合理的批评。"参见 A. Loinger, "Comments on a recent paper concerning the quantum theory of measurement", *Nuclear Physics* **108**, 245—249(1963).

494 直对量子力学的基本问题很感兴趣。1953 年伦宁格发表了一篇论文,[1]这篇文章引起了轰动,因为它包含一个思想实验,设计这个思想实验是用来证明同一实验装置可以既显示波动性又显示粒子性。这同互补性诠释相反,互补性诠释认为显示波粒二象性需要有两种不同的而且互斥的实验装置。这个思想实验是一个设计得巧妙的干涉实验,包括可以移动的反射镜、半镀银板和 $\lambda/2$ 波片等[2],这个实验似乎意味着,光子既是一个在空间和时间中经过一条连续轨道的粒子,但是又像一个场或一个波一样散布开来。它使伦宁格得出结论说,"每个量子是被一个无能量的波所'携带'或'引导'的一个能量粒子"[3]。

伦宁格知道,早在 1927 年,德布罗意[4]就已在其"领波"理论中提出过类似的观念,所以他认为他的实验的重要性和新颖性在于,它把微粒性与波动性这两个成分描述为先于解释和理论的"简单明白的实验事实。"伦宁格在德国与奥地利物理学家因斯布鲁克会议(有海森伯、薛定谔和冯·劳埃参加)上所作的演讲[5]中指出,他的打算并不是要提出一种新理论来代替正统诠释,而只是要揭

---

[1] H. Rennisger, "Zum Wellen-Korpuskel-Dualismus", *Z. Physik* **136**, 251—261(1953).

[2] 详见上注。

[3] 同上,p.253。

[4] 伦宁格把德布罗意的 La Physique quantique restera-t-elle indéterministe? 〔量子力学是非决定论性的吗?〕(Gauthier, Villars, Paris, 1953)中的引论性的几章译成了德文,在 *Physikalische Blätter* **9**, 488—548(1953)上以"*Wird die Quantenphysik indeterministisch bleiben?*"为题发表。

[5] "Experimental physikalische Überlegungen zum Wellen-Korpuskel-Dualismus"(未发表),在因斯布鲁克会议(1953 年 9 月 20—25 日)上宣读。

示一个关于微观物理现象的完备理论应当应能够解释哪些东西。

伦宁格给爱因斯坦寄去他 1953 年论文的一份预印本,他收到了这样的答复:"读到你的细致的研究使我很高兴,它的结果同我自己对这个问题的观点完全一致:在具体的单个事件中,人们必须既赋予波场也赋予(多少)定域化的量子以真实的存在,除非他准备承认在空间不同区域的客体之间的一种传心术的耦合"[①]后来,爱因斯坦又写信给伦宁格说,"我认为,你用你的思想实验再次使人们注意到波粒二象性是一种不能用形而上学的手法回避的实在,这是非常合理的。"[②]从玻恩那里,伦宁格得到了的回答是:"你的观点同我从一开始(1926 年)就信奉的观点完全相同:粒子和波都具有某种实在性,但必须承认波不是能量或动量的运载体。"[③]可是,他们后来的通信表明,玻恩不同意伦宁格的结论,约尔丹也不同意——伦宁格曾同他有长期的书信往来。

1960 年伦宁格发表了一篇论文[④],也是关于量子力学的诠释这个老大难问题的,并成为大量讨论的主题。伦宁格在他的文章开头说道,一般把海森伯关系解释为是由于在测量中测量仪器对客体的干扰甚至在原则上也不能消除所造成的,作为证据,除了玻

[①] 爱因斯坦给伦宁格的信,1953 年 5 月 3 日。

[②] 爱因斯坦给伦宁格的信,1954 年 2 月 27 日。

[③] 玻恩给伦宁格的信。1955 年 5 月 23 日。接着玻恩提到他的书《关于因果和机遇的自然哲学》(商务印书馆,1964 年)第 108 页及 110 页。他在那里表示过这样的观念,并补充说,所谓的两个互补侧面是后来对玻尔的互补性观念的一种误解,它本来指的是共轭变量的测量及其相应的装置。

[④] H. Renninger, "Messungen ohne Störung des Messobjekts", *Z. Physik* **158**, 417—421(1960).

尔和约尔丹的早期著作外,他还援引了海森伯在 1958 年和布里渊在 1959 年关于这个效应的话。因此他认为必须指出,存在着某些类型的测量,他认为这种测量根本不干扰被测量的客体。这种测量的特征是,它们不像通常的那种测量是通过一个物理事件的发生来得出测量结果的,而是通过不发生某一物理事件来得出测量结果。①

伦宁格认为下面的思想实验就是这种"负结果实验"的一个简单例子:在 $t=0$ 时一个光子从一点 P 发射,P 点在径向距离 R_1 处被一个立体角为 $4\pi - \Omega$ 的球形屏幕 S_1 部分地包围着,又在较远的距离 R_2 处被一封闭的球形屏幕 S_2 完全包围。如果在 $t_1 = R_1/c$ 时刻在 S_1 上未观察到闪烁,那么在 t_1 之前是两个分量(一个是撞到 S_1 上,另一个是撞到 S_2 上)的叠加的光子波包,甚至在光子于 t_2 时刻到达 S_2 之前(即 $t_1 < t < t_2$)就已被分解为第二个组分了。伦宁格并不否认,S_1 的存在这件事本身,即用 S_1 观察光子的可能性,即使光子不碰上 S_1 也会对客体有影响;S_1 所产生的在 S_2 上的像中的衍射——特别当 Ω 很小时——就证实了这一点。伦宁格认为,这种干扰并非由测量过程本身引起,其根源在于波包的初始形式。

海森伯读了此文的预印本,并被要求发表评论。他写信给伦

---

① 当然,"负结果实验"的观念在伦宁格之前很久就已被人们想到了。这样一种实验的一个有趣的例子(并且它在许多方面与伦宁格的实验相似)是爱泼斯坦所述的可动反射镜的实验,见 319 页注①文献。

宁格说[①]，哥本哈根诠释中关于在测量过程中对客体的干扰不可避免的论点，并不一定指的是实际的测量程序[Mess-Vorgang]；单单测量仪器的存在，就已构成了这种干扰。"另一方面，导致态的收缩的记录动作，与其说是一个物理过程，倒不如说是一个数学过程。随着我们的知识的突然改变，我们的知识的数学表示式当然也要发生一个突然的变化。"海森伯对伦宁格的思想实验的反应和玻尔对爱因斯坦-波多尔斯基-罗森论证的回答相似，而伦宁格的思想实验和 EPR 论证则是有某些共同之处的。

洛因杰尔在他的回答（脚注 69 中已提到）中争辩说，在这种"负结果测量"中，即使不发生"触发"，量子各态历经性也起着重要的作用；他的论证是建立在对斯特恩-盖拉赫测量自旋分量的实验的负结果方式的分析上的。

我们看到，上述发展都是由约尔丹对冯·诺伊曼的测量理论的认识论涵义的批评引起的。1952 年，维格纳[②]又对冯·诺伊曼的测量理论发动了更为正式的批评，他指出，冯·诺伊曼的基本假设 $\varepsilon_H(t)\sigma_k(x)\alpha(y)=\sigma_k(x)\alpha_k(y)$［见（4）式］仅对这样一种可观察量的测量才严格成立：它所对应的算符同代表系统的一个守恒量的任何可观察量的算符对易。为了证明每出现一个守恒定律就对可测量性加上这样一个限制，维格纳考虑下述简单情况：在总角动量的 z 分量假定为守恒的情况下测量一个自旋为 $\frac{1}{2}$ 的粒子的

497

① 1960 年 2 月 2 日的信。

② E. P. Wigner, "Die Messung quantenmechauischer Operatoren", *Z. Physik* **133**，101—108(1952).

自旋 x 分量。他的证明被两个曾在普林斯顿维格纳的研究室里工作过一段时间的日本物理学家荒木富士弘和柳濑睦夫[①]所推广。下面是普遍定理的一个简化的证明。

若 $\mathscr{H}_1$ 与 $\mathscr{H}_2$ 分别是被观察系统 $\mathfrak{S}$ 与测量仪器 $\mathfrak{A}$ 的希尔伯特空间,幺正算符 $U=U_H(t)$ 作用在组合系统的积空间 $\mathscr{H}_1 \otimes \mathscr{H}_2$ 内,(4)式可以写成

$$U\sigma_k(x) \otimes \alpha(y) = \sigma_k(x) \otimes \alpha_k(y)$$

其中

$$(\sigma_k, \sigma_{k'}) = (\alpha_k, \alpha_{k'}) = \delta_{kk'}. \tag{12}$$

守恒量用自伴算符 B 代表,假设它在下述意义上是加性的:

$$B = B_1 \otimes 1 + 1 \otimes B_2, \tag{13}$$

它满足

$$UB - BU = 0.$$

因此

$$(\sigma_{k'} \otimes \alpha, B(\sigma_k \otimes \alpha)) = (U(\sigma_{k'} \otimes \alpha), UB(\sigma_k \otimes \alpha))$$
$$= (\sigma_{k'} \otimes \alpha_{k'}, B(\sigma_k \otimes \alpha_k))$$

或

$$(\sigma_{k'}, B_1\sigma_k)(\alpha, \alpha) + (\sigma_{k'}, \sigma_k)(\alpha, B_2\alpha)$$
$$= (\sigma_{k'}, B_1\sigma_k)(\alpha_{k'}, \alpha_k) + (\sigma_{k'}, \sigma_k)(\alpha_{k'}, B_2\alpha_k),$$

它表明

$$(\sigma_{k'}, B_1\sigma_k) = 0 \quad 当 \quad k \neq k', \tag{14}$$

将 S 分解为投影算符

①　H. A. Araki and M. M. Yanase, "Measuremeut of quantum mechanical operators", *Phys. Rev.* **120**,622—626(1960).

$$S = \Sigma S_k P_k \tag{15}$$

其中 $$P_k = P_{[\sigma_k]}$$

是值域为由 σ_k 张成的子空间的投影算符,因此

$$P_k \sigma_{k'} = \delta_{kk'} \sigma_{k'}, \tag{16}$$

从(2),(4)和 P_k 的自伴性,可得

$$(\sigma_{k'}, P_k B_1 \sigma_{k''}) = (P_k \sigma_{k'}, B_1 \sigma_{k''}) = \delta_{kk'}(\sigma_{k'}, B_1 \sigma_{k''})$$

$$= \delta_{kk'} \delta_{kk''}(\sigma_{k'}, B_1 \sigma_{k''})$$

$$(\sigma_{k'}, B_1 P_k \sigma_{k''}) = \delta_{kk''}(\sigma_{k'}, B_1 \sigma_{k''}) = \delta_{kk''} \delta_{k'k''}(\sigma_{k'}, B_1 \sigma_{k''}) \tag{17}$$

由于每个 P_k 都同 B_1 对易,S 本身同 B 对易。所以(4)式只有当 S 与所有加性守恒的可观察量是对易时才成立[①]。

但是,正如维格纳先前所指出的,如果测量仪器 $\mathcal{M}$ 很大,这个限制就不严厉了。所谓"大"的意义是,仪器的状态是足够多的态(具有守恒量 B 的不同的量子数)的叠加,或者换句话说,它包含有守恒的可观察量的许多个量子。荒木和柳濑[②]证明,即使 S 同

---

① 阿哈朗诺夫在 1961 年于普林斯顿同维格纳的一次谈话中,提出了反对维格纳、荒木和柳濑这些结果的异议。阿哈朗诺夫否认在非相对论性量子力学中守恒定律对相互作用所加的约束会限制可测性。他主张如果变量是相对于某个参考系而定义的——它们也必须这样定义,因为根据不变性原理不能赋予它们任何绝对意义——就可以对它们进行精确测量而不违反不变性原理。维格纳对阿哈朗诺夫的评论表示很感兴趣("在你的考察中有某种很有价值的东西",维格纳给阿哈朗诺夫的信,1961 年 4 月 18 日),但发现他的推论不完备。阿哈朗诺夫同时也加工了他的测量理论。并在不同场合下讲过课(希伯来大学,耶路撒冷,1972 年春季学期;马克斯-普朗克研究所,慕尼黑,1972 年夏季),又见 Y. Aharonov and A. Peterson, "Difinability and messurability in quantum theory"(预印本),阿哈朗诺夫打算把他关于这个问题及其他方面的想法写成一本书,书名为"A New Approach to Quantum Mechanics"。

② 上页注①文献。

B 不对易，只要 B 具有分立谱并且 B_1 只有有限个本征值，也可以实现对 S 的精确到任意程度的近似测量。不久后，柳濑[1]就能够在普遍情况下为测量的精度定出一个用仪器的"大小"表示的上限，这个"大小"被定义为仪器的测得的量的一个函数（均方值）。

在二十世纪六十年代初期，维格纳对测量问题的物理方面深感兴趣，对其认识论方面或许更有过之。他选了这个题目来为美国国立科学院第 98 届年会撰文，并用这个题目在德奥物理学家的维也纳会议（1961 年 10 月 16—22 日）上讲话[2]。特别有启发的是他的短文"评心灵-肉体问题"[3]，他在此文中提出了后来所谓的"维格纳的朋友的悖论"。维格纳接受了伦敦和鲍厄对测量的主观主义诠释（根据这种诠释，叠加的收缩只有靠观察者的意识来实现），考虑了下述情况。

设一客体 S 的可观察量只有两个本征态 σ_1 与 σ_3，它被一位"朋友"来观察，假定客体的初态是线性组合 $c_1\sigma_1 + c_2\sigma_3$。于是在相互作用之后，客体加观察者这个系统的状态是 $c_1\sigma_1\alpha_1 + c_2\sigma3\alpha_3$，其中 α_1 和 α_2 表示朋友的状态。如果现在维格纳问他的朋友，他是否看到了 S_1（对应于 σ_1 的本征值），比方说这时会看到一次闪

---

[1] M. M. Yanase, "Optimal measuring apparatus", *Phys. Rev.* **123**, 666—668 (1961).

[2] E. P. Wigner, "Theorie der Quantummechanischen Messung", 载于 *Physikertagung*, Wien 1961 (Physik Verlag, Mosbach, 1962).

[3] 发表于 *The Scientist Speculates: An Anthology of Partly-baked Ideas*, L. J. Good, ed. (W. Heinemann, Londen, 1961; Basic, Books, New York, 1962), pp.284—302; 重印于 E. P. Wigner, *Symmetries and Reflections* (Indiana U. P., Bloomington and London, 1967), pp.171—184.

光,则肯定答案的几率将是 $|c_1|^3$,而否定答案的几率是 $|c_2|^2$;在答案为肯定的情况下,客体对维格纳的响应也将是仿佛它是处于态 σ_1。于是,现在的情况就是伦敦和鲍厄[①]所讨论的情况 $(\sum\limits_{j=1}^{2} c_j \sigma_j \alpha_j \alpha_j')$,不过 $\mathfrak{A}$ 换成一个有意识的观察者即"朋友"。那么,在完成整个实验之后,如果维格纳问他的朋友,"在我问你之前你看到了什么?"他将会回答说"我已经告诉过你了,我看到了[或者没看到,视情况而定]S_1"。但是因为这样一来,他是否看到 S_1 的问题在维格纳提问之前他心里就已经决定了,所以结论必定是:紧接着朋友与客体相互作用之后,不要等对两个相互作用着的系统(客体加朋友)的自然的时间演化进程发生任何干扰,态就已经是 $\tau_1=\sigma_1\alpha_1$ 或者 $\tau_2=\sigma_2\alpha_2$,而不是 $\tau=c_1\sigma_1\alpha_1+c_2\sigma_2\alpha_2$(这个态的属性与前二者不同)。维格纳写道,如果我们把"朋友"换成一个原子,它可能被闪光激发也可能不被闪光激发,这种差别将会有可观察的效应,并且无疑地只有 τ 才正确地描述了组合系统的性质;维格纳并补充说:

如果原子换成一个有意识的生物,波函数 τ 就显得荒谬了,因为它意味着我的朋友在回答我的问题之前是处于不省人事的状态,由此可见有意识的生物在量子力学中的作用一定与无生命的测量装置——上述的原子——不同。特别是,如果接受上面的论证,量子力学方程就不是线性的。这个论证意味着"我的朋友"和我有同一类型的印象和感觉——特别是,在

① 672 页注②文献。

与客体相互作用之后,他不会处于对应于波函数 τ 的不省人事的状态。从正统量子力学的观点看来,在这里并不见得会有矛盾;而且如果我们相信,不论我的朋友的意识中所包含的印象是看到一次闪光还是没有看到一次闪光这二者中的哪一个,另一个都没有意义,那就根本没有矛盾。然而,对一位朋友的意识的存在否定到如此地步,这肯定是一种不近人情的态度,它通向唯我论,很少有人会在心里赞同这种态度。[①]

维格纳在这个论据中看到了有迹象表明:意识或精神会影响生命系统的物理化学条件,正如它也受这些条件的影响一样。

此后,维格纳就一心思考着关于精神与物质的共存以及它们可能的相互作用的奥秘。[②] 在发表他的包含“朋友悖论”的主要是哲学内容的论文之后不久,维格纳又写了一篇更技术性的论文[③]“测量问题”,他在这篇文章中回顾了冯·诺伊曼的测量理论,并且证明实际上它是唯一的一种同普遍接受的量子力学相容的理论。他在此文中的主要论题是要证明,关于客体加仪器这个组合系统在测量之后的状态是一个混合态(混合态中每一成分态具有一个确定的指针位置)的假设是同量子力学中的运动方程矛盾的。因

---

①　　692 页注③文献(p.294)。

②　　E. P. Wigner, "Two kinds of reality", *The Monist* **48**, 248—264(1964); 重印于文献 87(1967, *pp*.185—199); "*Epistemology of quantum mechanics——Its appraisal and demands*", *Psychological Issues* **6**, (No.2, Monograph 22), 22—49(1967—1968).

③　　E. P. Wigner, "The Problem of measurement", *Am.J. Phys*.**31**, 6—15(1963).

此如果坚持这种测量程序的必要性,量子力学的普遍接受的表述形式就只能有有限的正确性,特别是它的线性运动方程(薛定谔方程)必须用非线性方程代替。

埃弗雷特在1973年发表的一篇题为"普适波函数理论"的论文中,对维格纳的"朋友悖论"所刻画的概念困难作了一番戏剧性的描述,此文(见后面的文献109)将在下文中讨论。埃弗雷特考虑下述情况。

501

在空间的一个孤立的实验室 L 内,观察者 A 对一个处于态 σ 的系统 S 的可观察量 X 进行测量, σ 不是 X 的诸本征态 ψ_k 中之一,获得结果 x_j 的几率是 $|(\psi_j,\sigma)|^2$。在 t_1 时刻进行测量之后, A 立即在笔记本上记下他的结果,比方说是 x_n。假定在 L 之外的另一个观察者 B 知道在 t_1 之前一点点的 t_0 时刻 L 和它里面的东西(包括 S,A,测量装置和笔记本)的状态 φ。 B 对 t_1 之后一星期的 t_2 时刻会在笔记本上发现什么感兴趣,于是就根据薛定谔方程来计算 t_2 时刻 L 的态 φ。显然 $\varphi(t_2)$ 必须对笔记本上好几个项目都有不为零的几率,否则 A 假设他的测量结果具有不确定性就错了。在 t_2 之后, B 立即走进 L 并翻阅笔记本。作为一个正统的量子理论家,他告诉 A 说,由于就在他进入 L 之前, φ 对于记录得到的结果之外的别的结果的几率还不为零,因此记录的结果到底是多少只有当他看一眼笔记本后才能定下来。他告诉 A 说,直到他(B)介入为止,"他(A)的记录和他关于一星期前所发生的事情的记忆都不是独立的客观存在"。"简而言之, B 的意思是说, A 当前的客观存在全亏了 B 的见义勇为,它驱使 B 为了 A 而介入进来。然而,使 B 愕然不解的是, A 对 B 竟然没有任何本应表示

的尊敬与感激之情；在一场颇为激烈的回答中，A 发挥了他对 B 和他的信念的意见，在结束时 A 粗鲁地刺伤 B 的自尊心，他提醒说，就算 B 的观点是正确的，他也没有什么理由自以为了不起，因为整个当前的情况仍然可能不是客观存在的，而是可能还要取决于又一个观察者将来的行动。"和维格纳一样，埃弗雷特在唯我论中看到了这个困难的一种逻辑上无矛盾、但哲学上很讨厌的解答。埃弗雷特所建议的另一种办法，即他自己的诠释，将在后面讨论。

　　路德维希在他关于量子力学测量问题的纲领性论文[①]中，提出了一个修改量子力学的倡议，这个倡议更接近维格纳所建议的精神。他假设有一个"逆对应原理"，它把宏观物理可观察量定义为量子力学可观察量的推广，使得以量子力学方式表达的宏观系统的某些宏观可观察量代表经典的客观性质。这个方案部分建立在前述他的研究上，部分则以后来的加工[②]为基础。尽管路德维希的说明是根据系综诠释来阐述的，但他承认有可能把他的全部陈述翻译成读者所喜欢的任何诠释的语言，并说在诠释问题上要说服别人不管用什么方法都是困难的。正如对维格纳一样，对于路德维希来说，测量问题也是涉及影响深远的哲学争论的；对此他发表过一篇非专门性的文章[③]。

502

---

① G. Ludwig, "Gelöste und unglöste Probleme des Messprozesses in der Quantenmechanik"，600 页注①文献（1961，第 150—181 页）。

② G. Ludwig, "Zum Ergodensatz und zum Begriff der makroskopischen Observables"，*Z. Physik* **150**，346—374(1958)，**152**，98—115(1958).

③ G. Ludwig, *Das naturwissenschaftliche Weltbild des Christen*（A. Fromm, Osnabrück，1962）；特别见第 7 章（Mikrokosmos und Makrokosmos），pp.72—89。

路德维希想只根据"客观给出的事实"来建立一种通向量子力学的希尔伯特空间表述形式的新方法，这一雄心勃勃的计划已在第八章中讲到过[①]。

路德维希在其把量子力学只建立在非主观的要素的基础上的尝试中，是通过逻辑演绎从显示出非经典特性的宏观现象推出它的基本概念的物理意义。于是他用一个测量理论开始了他对量子力学的概念重建，但是并不预先采用任何确定的本体论。一位著作丰富的科学哲学家邦吉虽然目标相同即完全消除一切主观主义要素，但却提出了完全相反的做法。邦吉在六十年代中期进入加拿大蒙特利尔的麦基尔大学哲学系之前，还在拉普拉塔大学和布宜诺斯艾利斯大学时所写的著作《因果性》和《元科学质疑》[*metascientifio Queries*]中就已讨论过一些量子力学的哲学问题。但他关于这个问题更成熟、技术上更深思熟虑的观念，主要是在 1967 年发表的[②]。

邦吉批评通常诠释中"鬼影幢幢"，并说所有涉及观察者或其活动的问题都应当移交给心理学；他声称，通过在批判实在论 [oritical realism]的基础上重建量子力学的形式体系及其诠释，他

---

① 576 页注③文献。

② M. Bunge，"Strife about complementarity"，*BJPS* **6** 141—154（1955）；"Physics and Reality"，*Dialectica* **19**，195—222(1965)；重印于 *Erkenntnisproblem der Naturwissenschaften*．L. Krüger, ed.(Kiepenheuer & Witsch, Cologne, Berlin，1970)，pp.435—457；*Foundations of Physics*（Springer, Berlin, Heidelberg, New York，1967），第 5 章；"Analogy in quantum theory：From insight to nonsense"，*BJPS* **18**，265—286(1967)；"A ghost-free axiomatization of quantum mechanics"，载于 *Quantum Theory* and Reality, M. Bunge, ed.(Springer, Berlin, Heidelberg, New York，1967)，pp.105—117。

已从量子力学中肃清了"鬼影"。他认为,物理学根据定义是研究物理系统的,而物理系统根据定义则是一些自在的、与观察者无关的实休,即使我们还不能把握它们的本来面目。他对量子力学的表述是建立在一个公理化形式体系上的,包含 17 个原始术语。根据他严格的反主观主义立场,这个形式体系的各个基本概念的意义并不是用测量或观察来规定的,而是从下述事实得出的,即某些抽象符号代表客观存在的物理实体,正如在经典物理学中那样。邦吉对量子力学的重建尽管用的是一种实在论的方法,但仍导出一个几率的、因而是非决定性的理论。事实上他从他的形式体系推出的逻辑结论之一就是玻恩的几率注释,只要把它理解为是指粒子存在于空间一给定区域内的几率而不是在该区域中找到粒子的几率就行了。

　　作为另一个结论,邦吉也导出了海森伯不等式,它在他的理论中是作为客观的散布关系而出现的,但不是统计诠释中的系综的散布关系,而是属于单个粒子的散布关系。邦吉认为,应当把关于一类客观存在的实体的物理理论同用来检验理论的那些半理论半实用的规则和程序的集合清楚地区分开来;也不应当把这个集合的理论部分设想为理论本身的有关部分到观察语言的一一对应的翻译,仿佛后者(理论本身的有关部分)的命题能在前者(集合的理论部分)中得到证实或否定似的。在邦吉看来,他沿着这条路线所建造的测量理论并不是理论的一个不可少的组成部分,而只能说是它的一个附录。此外,用他的话来说,这个测量理论也具有和通常的测量理论相同的致命弱点:它是个一般的理论,因而不涉及真实的测量。

斯图加特高等工业学校的魏德里希提出的理论,与约尔当、路德维希和意大利物理学家们提出的那些测量理论是属于同一类的,这类理论认为,必定为宏观的测量装置固有的统计性质,使得能够在量子理论的框架内解释测量而不用求助于人类意识,因此也可以称之为客观的测量理论。魏德里希主张[①],主要的问题,即由统计算符 $\rho \mathbb{S}\mathfrak{A}$ 表征的客体加仪器这个组合系统的初态向一个混合态的变换,这个混合态由形式为

$$\bar{\rho}\,\mathbb{S}\mathfrak{A} = \sum |d_k|^2 \rho_{\mathbb{S}\mathfrak{A}}^{(k)}$$

504

的统计算符表征(其中 $d_k = \langle \sigma_k | \sigma \rangle$ 是客体初态,$|\sigma_k\rangle$ 是被测量的可观察量的本征矢),可以用下面的假设来说明。令 $\rho = \sum w_k \rho_k$ 描述一个系综 E,E 由处于态 σ_k 的系统 $\mathbb{S}$ 的子系综 E_k 组成,$w_\kappa \geqslant 0$ 是 σ_k(因而也是被测量的可观察量属于 σ_k 的本征值 S_k)出现在 E 中的相对频率或几率;若 $\bar{\rho}$ 描述一个混合态,它与 ρ 的差别是 $\bar{\rho} = \rho + \rho'$,并且若对于任意选取的固定态 ψ

$$\langle \psi | \rho' | \psi \rangle \ll \langle \psi | \rho | \psi \rangle,$$

则 w_k 保持其意义不变;换句话说,ρ 的微小偏离不改变它的解释。通过证明,只要仪器的宏观结构和它同客体系统的相互作用满足某些条件,演化中的统计算符中的非对角项就收敛到零(在弱收敛的意义下),就能够证明上述条件成立。因此,虽然 σ 的各个展开系数之间的位相关系不被幺正的时间演化破坏,魏德里希还是

① W. Weidlich, "Problems of the quantum theory of measurement", *Z. Physik* **205**,199—220(1967).

声称,他已证明了测量结果具有一种客观的(独立于主观的)意义。后来,他与 F. 哈克[①]合作,建立了测量过程的一个简单模型(一些与电磁场相互作用的双能级原子),以确证他的方法。

11.5 潜属性理论

量子力学测量的诠释同整个量子力学的普遍诠释问题联系得多么紧密,在马格瑙的潜变量理论或量子力学测量的"潜属性诠释"中得到了引人注目的强调。它并不是一个关于这种测量过程的详细理论,而是根据他的巨著《物理实在的本性》[②]中概述的科学方法论(P 平面、C 场等)提出的一种量子力学的哲学。马格瑙应邀于 1964 年 3 月 26 日对华盛顿哲学学会作第 23 届约瑟夫·亨利[Joseph Henry]讲座的讲演,他在讲演中评价了流行的各种量子力学诠释的优缺点[③]。

在演讲的结尾,马格瑙叙述了一种诠释,他认为这种诠释从一切已有的证据来看都最为合适:真实的是态函数 ψ,而经典的态可观察量,诸如位置、动量或能量,则可以说是在下述意义下潜藏在

① F. Haake and W. Weidlich, "A model for the measuring process in quantum theory", *Z. Physik* **213**, 451—465(1968), 又, 参见 W. Weidlich and F. Haake, "On the quantum statistical theory of measuring process", *Journal of the Physical Society of Japan* **26**, Supplement, 231—232(1969).

② H. Margenau, *the Nature of Physical Reality* (McGraw-Hill, New York, 1950).

③ H. Margenau, "Advantages and disadvantages of various interpretations of the quantum theory", *Physics Today* **7**, 6—17(1954).

ψ 中：它们的值仅仅是作为对测量的反应才涌现出来。马格瑙在这种观点中看到了一种由来已久的哲学发展的顶峰,看到了伽利略在初级属性(例如形状、大小、位置)和派生属性(例如颜色、声音、味道)之间所作的区分的逻辑推广,初级属性被认为是不能同"拥有"它们的客体分割和分离的,而派生属性则如洛克所定义的那样,"并不是客体本身的什么东西,而是客体的初级属性在我们身上产生各种感觉的能力"。在马格瑙看来,初级属性与派生属性之间的区别,换成了"拥有的"与"潜在的"属性或可观察量之间的区别,前者例如质量或电荷,后者例如量子力学测量理论所涉及的那些可观察量。关于这些可观察量,马格瑙说:"我相信它们'并不是永远在那里',当一个测量动作、一种感知作用迫使它们脱离混沌状态或潜伏状态时,它们就取一些值,'正像'愉快、沉着是人的可观察的品性,但是是不一定时时都表现出来的潜在的品性一样,它们也可以被一个询问的行动、一种心理测量而突然显现出来,或是被破坏掉"。马格瑙甚至猜测,到头来一切物理属性,包括质量和电荷,都会变成位置、动量、能量或自旋这样的"潜在的可观察量"。[①] 马格瑙的潜属性理论提供了海森伯原理的一个简单解释,把散布的原因同应用非对易算符联系起来,而不是同动力学变量本身联系起来。尽管所根据的认识论与方法论基础不同,但是潜属性理论却表现出同前面所讨论的互补性诠释的几种基本表述中的一种有明显的相似。

---

① 又见 117 页注②文献(1968,特别是 p.219)。

事实上,哥本哈根诠释的海森伯说法(如《物理学与哲学》[①]一书中所详述的)也是把量子系统在测量之前的态设想为一组趋势,这种趋势可与亚里士多德的潜能(*potentia*)相比;由于对可观察量的测量是一个"从可能到现实的转变",海森伯的"可能性"概念完全可以和马格瑙的"潜属性"观念联系起来。

马格瑙的潜属性诠释被麦克奈特[②]进一步加工并且被杜兰德用来作为分析量子力学测量过程的方法论背景。杜兰德虽然承认被观察的微观物理客体同用来观察它的手段是分不开的,但他认为[③]有可能把观察者看成是有效地处于被观察系统之外;这个结论的根据是存在有对应性极限,在这个极限上量子描述趋近于经典描述,因而允许作准经典描述,在这种描述中,可观察量对于所有实际目的都用经典方法来处理。按照杜兰德的看法,"相对于经典观测实际上可以做到的精确度来说,独特的量子力学效应是很小的",而且准经典可观察量的测量是使用经典物理学的语言,因此是一个应当在经典物理学的认识论的界限内讨论的问题,它同量子力学并没有什么专门的关联。

因此,对杜兰德来说,量子测量理论的唯一真实的问题在于

---

① 249 页注④文献。

② J. L. McKnight,"Measurement in quantum mechanical system"(博士学位论文,Yale University, 1957);"The quantum theoretical concept of measurement",*Phil, Sci*.**24**, 321—330(1957),"An extended latency interpretation of quantum mechanical measurement",*Phil. Sci*.**25**, 209—222(1958).

③ L. Durand III,"On the theory and interpretation of measurement in quantum mechanical systems"(Institute for Advanced Study, Princeton, N. J., 1958,未发表);"On the theory of measurement in quantum mechanical systems", *Phil. Sci*. **27**, 115—133(1960).

"描绘出一种环境,在这种环境下,我们可以把一个独特的量子力学可观察量 A 同一个可以经典地测量的可观察量 B 的关联说成是导致了对 A 的一次测量"。为了解决这个问题,他对要使用的仪器的类型提出了适当的限制,并且表明客体的可观察量与仪器的可观察量之间的适当的关联,怎样"允许把关于希尔伯特空间中抽象算符期望值的理论陈述(在初始的客体态下算出),转化为关于将在一个准经典观测的系综中找到的结果的统计断言。"

杜兰德的基本上建立在滤波器之上的测量理论,同马格瑙的量子力学的诠释的原则是完全投合的,特别是同他对投影假设的摈弃完全相合;然而,在更细致地分析之后,正如范恩[①]所证明的,杜兰德的理论面对着不可克服的困难。

除马格瑙反对投影假设的那些论据之外,最近为不对易的可观察量建立同时测量程序模型的工作(已在第三章末尾提到过),也间接证实了这个假设是靠不住的。这些模型同量子理论的其余假设并不冲突。马格瑙和他的研究生帕克在一系列文章中声称[②],这些违反不对易的可观察量互不相容这一普遍接受的命题的反例是完全合法的。这种同时测量如果在物理上是可以接受的,就会推翻投影假设;这是由于下述数学事实:态函数一般不能同时是几个非对易算符的本征矢。在统计系综诠释中,一个态矢

507

①　A. I. Fine, "On the general quantum theory of measurement", *Prcceedings of Cambridge Philosophiscal Society* **65**, 111—122(1969).

②　117 页注②文献, J. L. Park, "Quantum theoretical concepts of measurement", *Phil. Sci.* **35**, 205—231, 389—411(1968).

量并不是和单个系统相联系,而是描述一个由全同地制备的系统组成的系综。因此,帕克考察了下述他所谓的"弱投影假设"的合法性:如果在一系综上测量算符 A 所代表的可观察量,那么由测量结果为确定值 α_k 的那些系统所组成的测量后的子系综,就具有密度算符 ρ_{ak},这里 $A\alpha_k = a_k\alpha_k$。但是正如帕克已证明的,若是采用冯·诺伊曼的普遍测量理论,那么即使不用(强)投影假设,甚至弱投影假设也要排除对不对易的可观察量的同时测量。因此帕克得出结论说,必须拒绝冯·诺伊曼所创立的关于量子力学测量的流行观点。帕克自己的方法则是区分两种"测量":一种实质上是规定概念与知觉之间的一个对应规则,这样一来就刚好在直接感觉或"草约"*[protocohs]的 P 平面之外,并且构成科学方法的一个普遍特征,另一个则是量子力学特有的,它描述可观察量与其潜在值之间的关系。

11.6　多世界理论

我们看到,早期的量子测量理论在下述意义上是二元论的:它们假设态函数的行为有两种根本不同的模式(冯·诺伊曼的第一类变化和第二类变化),并使进行观察或测量的可能性取决于是否存在一个外部的宏观仪器,或者最终是否存在一个人类观察者。

在二十世纪五十年代,特别是由于普林斯顿和北卡罗来纳大

---

*　"草约(protocols)"是维也纳学派使用的一个术语,指对直接感觉的记录。——译者注

学的两个相对论科学家小组的工作,使人们的兴趣集中到表述广义相对论的量子理论的各种方法[1]上,这时人们认识到对一个像广义相对论宇宙这样的封闭系统进行量子化的观念,或整个宇宙的态函数的观念,也许是物理上可以接受的、甚至是必要的观念。但是已有的各种二元论的测量理论却否认这些观念(说得轻一些)有任何操作意义;因为这些观念中没有任何外部观察者或任何经典的测量仪器的地位。

因此,广义相对论的量子理论要求对量子测量理论作出影响深远的修改:必须把被看成一个自动机的观察者或测量仪器当作是整个系统的一部分,并且完全摈弃不连续变化或波包"崩溃"的观念。

一个这种类型的一元论的量子测量理论,确实在 1957 年被埃弗雷特提出来了。这个理论原来叫做"相对态"[relative state]表述,实际上是量子力学的一种重新表述,它不仅旨在消除对经典的(宏观的)观察装置或外部的(最终的)观察者的需要,而且还要消除对其形式体系的先验的操作解释的需要。它声称,数学形式体系定义了它本身的诠释,而且尽管它的概念体系具有革命性的全新的特点,却完全重现出通常理论的统计结果。

埃弗雷特的大学阶段是在美国天主教大学学化工。在那里他还听了一门名为"认识论引论"的课,那是他听过的关于哲学或心理学的唯一正式课程。他的研究生阶段是在普林斯顿大学进修数

---

① 例如,参见 Ch.W. Misner,"Feynman quantization of general relativity",*Rev. Mod.Phys.***29**,497—509(1957).

学物理。在读了冯·诺伊曼和玻姆的量子力学教科书之后,他被测量过程在量子力学的通常表述中所起的独特作用所引起的明显的悖论迷住了。在他看来,"下述情况似乎是不真实的:一方面,应当有一种'魔法式'的过程,在这个过程中发生某种剧烈变化(波函数的崩溃);而另一方面在所有其他时间里,又假设系统服从完全自然的连续定律。"[①]他试图要解决这个他认为是通常诠释所固有的不一致性,同普林斯顿研究生院的两个同宿舍的同学讨论了这些问题,一个是迈斯纳[Ch. Misner],他后来成了马里兰大学的教授;另一个是彼得森[A. Peterson],玻尔的助手,当时正在普林斯顿度过一个学年。在这些讨论的过程中,埃弗雷特构想出他的新诠释的基本观点。他把他的观点告诉了惠勒[A. Wheeler],惠勒鼓励他进一步研究这个问题,把它当作博士学位论文。论文的预印本(1956 年 1 月)曾在几位物理学家中间传阅,其中有玻尔、格仑纳沃德、斯特恩和罗森菲尔德,1957 年 3 月 1 日,埃弗雷特把他的论文呈交普林斯顿大学,该年 7 月《物理学评论》又发表了它的删节本[②]。惠勒给它加了一篇评语,强调了埃弗雷特理论是自洽的,尽管它意味着要对我们传统的物理实在观念作根本修改[③]。

---

　　① H. 埃弗雷特给笔者的信,1972 年 9 月 19 日。

　　② H. Everett III, "Relative state formulation of quantum mechanics", *Rev. Mod. Phys.* **29**, 454—462(1957);博士学位论文,普林斯顿大学;重印于 *The Many-Worlds Interpretation of Quantum Mechanics*, B. Dewitt and N. Graham eds.(Princeton University Press, Princeton, 1973);"The theory of univeraal wave function",同上 pp.1—140。

　　③ J. A. Wheeler, "Assessment of Everett's 'relative state' formulation of quantum theory", *Rev. Mod. Phys.* **29**.463—465(1957).

　　埃弗雷特的理论起初被人们普遍忽视了,忽视到这种程度,以至于最近一位评论家称它为"本世纪保守得最好的机密之一"。只是在它发表了十年之后,主要由于德威特[①]及其在北卡罗来纳大学的学派的介绍,"相对态"表述才在较广泛的范围内得到人们注意。埃弗雷特诠释的一个推广也是格拉汉[②]在德威特指导下写的学位论文的主题。加州大学 Santa Barbara 分校的哈脱[③]也独立地得出了格拉汉的部分结论——是关于几率诠释可以从数学形式体系中导出的那些部分。布朗大学的库珀和范费赫滕所提出的理论[④]与埃弗雷特的观念有许多共同之处,这个理论把测量过程"整个地置于量子理论之内",并认为整个系统包括仪器甚至观察者心灵在内都按照薛定谔方程发展。

510

　　在"相对态"表述中,波动力学(它只会连续变化,这种连续变化处处时时都服从线性波动方程)是一个完备的理论,既能描述每一孤立物理系统,也能描述每一个受观察的系统,它把这种系统看

　　①　B. S. De Witt, "The Everett-Wheeler interpretation of quantum mechanics", 载于 *Battelle Rencontres* 1967——*Lectures in Mathematics and Physics*, C. De Witt and J. A. Wheeler, eds.(Benjamin, New York, 1968), pp.318—332; "The many-universes interpretation of quantum mechanics", 在瓦伦那"恩里科·费米"国际物理学校所作的讲演,1970 年 7 月;"Quantum mechanies and reality", *Physics Today* **23**(9 月号), 30—35(1970).

　　②　N. Graham, "The Everett interpretation of quantum mechanics", 博士学位论文, University of North Carolina at Chapel Hill, 1970 年呈交。

　　③　J. B. Hartle, "Quantum mechanics of individual systems", *Am. J. Phys.* **36**, 704—712(1968).

　　④　L. N. Cooper and D. Van Vechten, "On the interpretation of measurement with the quantum theory", *Am. J. Phys.* **37**, 1212—1221(1969).

成是一个更大的孤立系统的一部分。观察者则作为与其他子系统相互作用着的一个物理系统来处理。如果

$$\psi = \sum_{j,k} g_{jk}\sigma_j\alpha_k \tag{18}$$

是一个组合系统 $\mathfrak{S} + \mathfrak{A}$ 的一般态，$\mathfrak{S}$ 和 $\mathfrak{A}$ 是两个子系统（$\mathfrak{A}$ 可以是观察者），σ_j，a_k 分别是 $\mathfrak{S}$ 和 $\mathfrak{A}$ 的态的完备正交归一组，则这些子系统不具有相互独立的确定态（假定至少有两个 g_{jk} 不为零），但是，对于 $\mathfrak{S}$ 的任意态，例如 σ_m，可以唯一地规定一个用 $\psi(\mathfrak{A}$ relσ_m，$\mathfrak{S}$）表示的 $\mathfrak{A}$ 的一个对应的相对态

$$\psi(\mathfrak{A}，\text{rel}\sigma_m，\mathfrak{S}) = N_m \sum_k g_{mk}\alpha_k, \tag{19}$$

其中 N_m 是一个归一化常数。这个相对态与 σ_m 的正变补的基 $\{\sigma_j\}(j\neq m)$ 的选择无关，因此只由 σ_m 唯一决定；在通常理论中，只要已发现 $\mathfrak{S}$ 是处于态 σ_m 中，它就给出在 $\mathfrak{A}$ 上的所有测量结果的条件几率分布。

因为把观察者 $\mathfrak{A}$ 也看作是一个物理系统，它通过与其他系统相互作用而"观察"它们，埃弗雷特认为必须"把这样一个观察者的某些现在的属性同观察者过去经验的特征等同起来。"因此，比方说 $\mathfrak{A}$ 观察到结果 s_m，那么 $\mathfrak{A}$ 的态必定要改变到一个与 s_m 有关的新态。如果组合系统的初态用归一化矢量

$$|\psi_0\rangle = |\sigma\rangle|\alpha\rangle \tag{20}$$

表示，相互作用后的态就是

$$|\psi\rangle = U|\psi_0\rangle, \tag{21}$$

其中 U 是某个幺正算符。

和我们过去的假设相反,按照德威特[①],假设和观察者系统 $\mathfrak{A}$ 相联系的本征值 a 构成一个连续谱,而和客体系统相联系的本征值 s 和以前一样构成一个分立谱较为方便。经过展开,

$$| \sigma \rangle = \sum_s c_s | s \rangle \qquad 其中 c_s = \langle s | \sigma \rangle \qquad (22)$$

$$| \alpha \rangle = \int e_a | a \rangle da \qquad 其中 e_a = a | \alpha \rangle \qquad (23)$$

令 $| s, a \rangle = | s \rangle | a \rangle$,有

$$| \psi_0 \rangle = \sum_s \int c_s e_a | s, a \rangle da. \qquad (24)$$

正交归一性和完备性要求

$$\langle s, a | s', a' \rangle = \delta_{ss'} \delta(a - a') \qquad (25)$$

$$\sum_s \int | s, a \rangle \langle a, s | da = 1, \qquad (26)$$

根据埃弗雷特关于"观察"系统的特殊性质的假设,幺正算符 $\overline{U}$ 的作用必须是这样,使得

$$U(| s \rangle | a \rangle) = | s \rangle | a + gs \rangle \qquad (27)$$

其中 g 是某种可调节的耦合常数。最后这个方程若翻译成通常的语言,就表示:(1)相互作用使 $\mathfrak{A}$ "观察"到 $\mathfrak{S}$ 处于态 $| s \rangle$;(2)由于从 $| a \rangle$ 移到 $| a + gs \rangle$,这个观察结果就"贮存"在 $\mathfrak{A}$ 的"记忆"中。由上面的诸方程可得

---

① 下面我们主要照着德威特加工后的理论来介绍。

$$| \psi \rangle = \sum_s c_s | s \rangle | e[s] \rangle, \tag{28}$$

其中

$$| e[s] \rangle = \int e_a | a + gs \rangle da, \tag{29}$$

由 σ 与 α 的归一化,有

$$\sum_s | c_s |^2 = 1 \quad 且 \quad \int | e_a |^2 da = 1. \tag{30}$$

整个系统的终态(28)是各个态 $|s\rangle|e[s]\rangle$ 的叠加,它们每一个都表示客体系统已经取了客体可观察量的一个可能的值,而观察者系统则已"观察到"正好是这个值。观察者态 $|e[s]\rangle$ 正是相对态 ψ ($\mathfrak{A}$,rel$|s\rangle$,$\mathfrak{S}$),因此由 $|s\rangle$ 唯一确定。若 Δs 代表客体变量相邻的两个值之间的间隔,Δa 定义为

$$(\Delta a)^2 = \int (a - \bar{a})^2 | e_a |^2 da, \tag{31}$$

其中

$$\bar{a} = \int a | e_a |^2 da, \tag{32}$$

则条件

$$\Delta a \ll g \Delta s \tag{33}$$

保证了"观察"是良好的,其意义是它能够区分出相邻的客体值;条件(33)意味着

$$\langle e[s] | e[s'] \rangle = \delta_{ss'} \tag{34}$$

因此观察者系统初始的单个波包分成了许多互相正交的波包,每个波包都与客体系统的一个不同的值相联系。

除了记录在各个观察者态中的"记忆构型"之外,直到这一步

为止,相对态表述只不过是在跟着通常理论的脚印走。但是然后,相对态表述就不像通常理论完全不顾薛定谔方程而声称的那样,确信叠加(28)在相互作用之后立即"崩溃"并"收缩"为它的组分之一,例如以几率$|c_s|^2$收缩为$|s\rangle e[s]\rangle$,而是断言叠加绝不崩溃。为了把这个假设与通常的在测量之后只赋予客体系统(或相关联的仪器系统)的可观察量以一个确定值的经验协调起来,相对态表述大胆地提出:由于相互作用的结果,起初由$|\psi_o\rangle$描述的"世界"分裂为许多同样真实的"世界",它们之中的每一个都对应于叠加$|\psi\rangle$的一个确定的部分。因此在每个单独的"世界"中,一次测量只给出一个结果,虽然一般说来各个"世界"的结果各不相同。正像在古代穆塔卡里姆[Mutakalimun](卡拉姆)的穆斯林学派[1]中关于宇宙的不断分解和再创的大胆假设使宏观现象表现的连续性和空间、时间与物质的原子学说协调起来一样,在埃弗雷特、惠勒、格拉汉和德威特[Everett-Wheeler-Graham]的现代理论或简称EWG理论中,世界不断分裂为极大数量的分支这一大胆程度有过之的假设,也把微观物理过程的连续性同测量中得出各不相同的结果的经验协调起来了。

一个能够存活下来的科学理论,且不说它应当满足一些要求更高的判据(例如波普尔或费耶阿本德提出的那些判据),对它提出的最低要求是逻辑一贯性和与经验一致。因此"相对态"表述(或也可以称为"多宇宙诠释")必须克服一个明显的反对意见,那

---

[1]　见673页注[1]文献(1954,1959,p.61及以下;1960,New York,p.60及以下;1963,1966,p.61及以下)。

就是:我们从来没有感受到这样一种世界分裂。通过证明量子力学定律本身排除"观察到"这种世界分裂的可能性,可以否定掉这个反对意见。还可以援引一个历史类比。对哥白尼的地动说的反对意见,即我们没有感觉到地球旋转的效应,也是通过证明牛顿物理学定律(惯性,引力)排除了(以相对于日常经验来说足够高的近似)地球旋转的可感效应而克服的[①]。

为了证明逻辑一贯性,让我们引入第二个仪器("观察者")$\mathfrak{A}_1$,它既"观察"客体系统$\mathfrak{S}$又"观察"原来的仪器(或"观察者")$\mathfrak{A}$。于是它的态矢量$|a_1,b_1\rangle$用两个指标表征:a_1,其作用如同a之于$\mathfrak{A}$一样,及b_1,它用来测量$\mathfrak{S}$,为了求得包括$\mathfrak{A}$、$\mathfrak{S}$与$\mathfrak{S}_1$的相互作用的结果,我们假设,首先两个仪器都观测系统变量s,从而推广(27)式,有

$$U'(s,a)|a_1,b_1\rangle) = |s\rangle|a+gs\rangle|a_1+gs,b_1\rangle \quad (35)$$

第二步,$\mathfrak{S}_1$再观察$\mathfrak{S}$的记忆库,从而

$$U''(|s,a\rangle|a_1,b_1\rangle) = |s,a\rangle|a_1,b_1+g_{11}a\rangle. \quad (36)$$

若整个系统的态起初是

$$|\psi_0\rangle = |\sigma\rangle|\alpha\rangle|\alpha_1\rangle \quad (37)$$

第一个幺正变换U'将它变成

$$|\psi'\rangle = U'|\psi_0\rangle = \sum_s c_s|s\rangle|e[s]\rangle|e_1[s]\rangle \quad (38)$$

其中

---

① 埃弗雷特在读校样时(706页文献注②,1957,p.460)加了个脚注,在注中作了这种与哥白尼学说的比较,这个脚注是为了回答一个批评而写的,这个批评认为所说的分裂不可能是真的,因为观察者觉察不到任何这种分裂效应。

$$| e[s] = \int e_a \mid a + gs \rangle da \quad 其中 \; e_a = \langle a \mid \alpha \rangle \tag{39}$$

并且

$$| e_1[s] \rangle = \int da_1 \int db_1 e_{a_1, b_1} \mid a_1 + g_1 s, b_1 \rangle \tag{40}$$

其中

$$e_{a_1, b_1} = \langle a_1, b_1 \mid \alpha_1 \rangle. \tag{41}$$

因此测量后的终态是

$$| \psi'' \rangle = U'' \mid \psi' \rangle = \sum_s \int c_s \mid s \rangle e_a \mid a + gs \rangle \mid$$
$$e_1[s, a + gs] \rangle da \tag{42}$$

其中

$$| e_1[s, a] \rangle = \int da_1 \int db_1 e_{a_1, b_1} \mid a_1 + gs, b_1 + g_{11} a \rangle \tag{43}$$

若

$$\Delta a \ll g \Delta s, \quad \Delta a_1 \ll g_1 \Delta s, \quad \Delta a \ll \frac{\Delta b_1}{g_{11}}, \quad 及 \; \Delta b_1 \ll g_{11} g \Delta s, \tag{44}$$

则可得（在良好的近似下）相互作用后的态是

$$\sum_s c_s \mid s \rangle \mid e[s] \rangle \mid e_1[s, \langle a \rangle + gs] \rangle. \tag{45}$$

因此,三重组合系统的终态又是一个线性叠加,它的每一个元素都表明,两个仪器都"观察到"表征这个元素的同一客体值而没有任何其他值,并且一致同意他们的观察结果相同。因此在分裂开的宇宙的一个给定分支中,不会有任何实验能够揭示出在宇宙的另一分支中所得到的测量结果。于是证明了一贯性定理。

　　埃弗雷特研究了在由处于全同状态的全同系统组成的系综上进行重复测量时,对客体变量得到同一结果的统计频率,通过这一研究他导出了 $|c_s|^2$ 的诠释,而未曾给它先验的诠释,并且证明了它的地位正好同通常的量子力学赋予它的那种地位一样。为了导出 $|c_s|^2 = |\langle s|\sigma\rangle|^2$ 的几率诠释,我们仿照格拉汉和德威特,考虑一个由全同独立系统组成的系综,这些系统处于初态

$$|\psi_0\rangle = |\sigma_1\rangle\,|\sigma_2\rangle \cdots |\alpha\rangle \qquad (46)$$

其中

$$c_s = \langle s\,|\,\sigma_k\rangle \qquad (47)$$

对所有的 k 在一系列 N 次测量之后,态变为

$$|\psi_n\rangle = \sum_{s_1,s_2,\cdots} c_{s_1} c_{s_2} \cdots |s_1\rangle\,|s_2\rangle \cdots |e[s_1,s_2,\cdots s_n]\rangle \qquad (48)$$

其中

$$|e[s_1,\cdots,s_n]\rangle = \int da_1 \int da_2 \cdots e_{a_1,\sigma_{a_1}} \cdots$$
$$|a_1 + gs_1, \cdots, a_n + gs_n\rangle \qquad (49)$$

而

$$e_{a_1,a_2},\cdots,\cdots = \langle a_1, a_2, \cdots\,|\,\alpha\rangle. \qquad (50)$$

　　虽然每个系统初始时是处于同一状态,但是一般说来即使在叠加的一个单个组分中仪器对系统也是"观察"到不同的值,因此每个"记忆序列"$[s_1, s_2, \cdots, s_n]$ 就导致这些值的某一分布。表征这个分布的"相对频率函数"由下式定义:

$$f(s_j, s_1, \cdots, s_n) = n^{-1} \sum_{k=1}^{n} \delta_{ss_k}, \qquad (51)$$

函数

$$\delta(s_1 \cdots s_n) = \sum_s \left[f(s; s_1 \cdots s_n) - w_s \right]^2, \tag{52}$$

其中

$$w_s = |c_s|^2, \tag{53}$$

$\delta(s_1 \cdots s_n)$ 量度序列 $s_1 \cdots s_n$ 与一个权重为 w_2 的随机序列之间的方差。对于任意小的 $\varepsilon > 0$，若 $\delta(s_1 \cdots s_n) < \varepsilon$，则序列 $s_1 \cdots s_n$ 是"随机的"，否则就是"非随机的"。若在(48)中略去一切具有非随机记忆序列的元素，并用 $|\psi_n\rangle$ 表示剩下元素的叠加，可以证明对于所有的 ε

$$\lim_{n \to \infty} (|\psi_n\rangle - \psi_n^\varepsilon\rangle) = 0. \tag{54}$$

因此在极限 $N \to \infty$ 下，(48)中的非随机记忆序列在希尔伯特空间中具有"零测度"。他们声称，上面的讨论就表明了通常的几率诠释(玻恩诠释)是形式体系本身的一个结论；就是说，$|c_s|^2$ 是"观察到"系统的可观察量的各个本征值的相对频率或几率。

作为对德威特在《当代物理学》[Physics Today]上对 EWG 理论的介绍的回应，该杂志在几个月后刊登了巴伦泰因、珀尔、瓦尔克、萨克斯、古贺丰树[Toyoki Koga]和盖尔弗的信[1]，批判了这个观点。巴伦泰因是系综诠释的拥护者，他认 EWG 诠释的不平常的特色具体表明了，假设态矢是对单个物理系统而不是对一个系综提供完备描述是不对的；在他看来，说形式体系本身派生出它的诠释，是"没有根据的并且是会使人误解的"。它至多只能提示某种诠释，因为一种形式体系的语义学永远需要一些特殊的解释性假设。珀尔一般来说同意巴伦泰因的意见，他认为一个许多重的

[1] "Quantum mechanics debate", *Physical Today* **24**，36—44(4 月号)(1971).

不可观察的宇宙的观念是"不经济的"。瓦尔克认为,设想一个孤立的事件就使整个宇宙同时发生一次分裂,这个假设和哥本哈根诠释的假设同样成问题;根据哥本哈根诠释的假设,只要我们关于对两个独立系统之一作何种测量的想法一改变,"我们就能改变另一个系统的状态。"

萨克斯尽管承认德威特的陈述及其数学是逻辑一贯的,却怀疑是否有必要采取"如此歪曲物理感觉的极端措施来解决量子理论的逻辑困难",而不去对量子力学形式体系作可能的推广,例如像他自己做的那样。古贺提到朗德对杜安的粒子衍射[①]的想法的加工是建立一种决定论性诠释的有希望的纲领,他怀疑像 EWG 理论中提出的那样"把量子力学绝对化是有益于量子力学的。"最后,盖尔弗指责说,若是我们沿着回溯的时间方向来考虑世界分裂,这种解释就会导致自相矛盾;而由于薛定谔方程的时间对称性,这个回溯方向的分裂过程必须和向前的时间方向的分裂过程同样真实。

德威特在回答中指出,当他宣布偏向 EWG 观点时,他完全是限于在接受通常的形式体系而不对它的规则作(重大)改变的那些诠释中作比较(这是对萨克斯,部分也是对古贺的答复)。事实上,他再次强调,"在当前接受的形式体系框架内,它是唯一允许量子理论在宇宙学的基础中起作用的观念"。德威特答复巴伦泰因和珀尔说,由于我们的测量是在单个系统上进行的,他不认为系综诠

517

---

① 见第 10.3 节。

释是令人满意的。但是,关于形式体系是否真的导出了它自己的诠释这个在哲学上很重要的问题,他承认,"说 EWG 的元定理已得到了严格的证明……那是有些言过其实了",并且承认,这还是一项有待将来"由某个有魄力的分析哲学家来完成"的任务。不过他仍然认为,还没有别的哪种诠释能像它那样不对数学形式体系增添任何东西,而把形式体系本身就看作是量子现象的一个完备描述。

　　多宇宙理论无疑是科学史上曾建立过的最大胆、最雄心勃勃的理论之一。就其大胆而言,它甚至超过了卡拉姆的原子论学说;如前所述,根据这种学说,随着每一个原子过程,宇宙——但只是一个宇宙——被不断地重新创造出。就其论点影响到的范围而言,它实际上是独一无二的。的确,倘若它所主张的数学形式体系引出自己的诠释这一点可以百分之百地成立,那么多宇宙理论就不仅会推翻第一章中所述的我们关于形式体系与诠释的观念,而且它还意味着一切非多宇宙理论(即本书中所叙述的一切其他诠释)在逻辑上全都错了,因为它们实际上全都是关于这同一个形式体系的。

　　单单这些考虑似乎就已表明,刚才所说的主张是不能站住脚的。的确,比方说,人们可以提出疑问:像(54)式所示的取极限过程中所作的那样,只把数值大的系数而不把数值小的系数取为物理上重要的,这一事实是否也许含有某种隐含的解释性假设。

　　另一个原先由巴伦泰因[1]提出的批评,同决定宇宙分裂的分支时可能出现的非唯一性有关。例如,量子态 $\exp(ik \cdot x)$ 若展成勒让德多项式[2],也可以写成 $\sum (2l+1)i^l j_l(kr)P_l(\cos\theta)$,那么究竟是把它解释为一个包含动量为 $\hbar k$ 的系统的单分支的宇宙呢,还是解释为一个具有可数无穷多个独立分支的宇宙,每分支都包含一个具有不同的角动量的系统?如果为了得到唯一性而假定只有那种能使要测量的可观察量对角化的表象才算数,从而给予测量以一种特权地位,这就会"同埃弗雷特的方案的精神相矛盾,提出这一方案的动机部分地说正是由于要反对正统解释中测量的特殊地位(态矢量的收缩)。"

　　巴伦泰因还证明,玻恩的几率诠释[3]或狄拉克对它的推广[4]〔按照这种诠释或推广,在一个(归一化的)态 $|\psi\rangle$ 中,一个可观察量 S 取值 s 的几率为 $|\langle s|\psi\rangle|^2$,其中 $|s\rangle$ 是对应于 s 的(归一化的)本征矢量〕可以从一组更基本的假设中推导出来,不过这一组假设并不是一个纯数学的形式体系,而是嵌入了下述解释性假设:对于相似地制备出的诸系统的一个系综,态函数代表了一切可观察量

　　① L. E. Ballentine, "Can the statistical postulate of quantum theory be derived? ——A Critique of the many-universe interpretation", *Foundations of Physics* **3**, 229—240(1973).

　　② 例如见 L. I. Schiff, *Quantum Mechanics* (McGraw-Hill, New York, 3rd.ed., 1968).p.119; 或 G. N. Watson, *Theory of Bessel Functions* (Macmillan, New York, 1944) p.128.

　　③ 见第 2.4 节。

　　④ P. A. M. Dirac, *The Principles of Quantum Mechanics* (Clarendon Press, Oxford, 2nd.ed., 1935), p.65.中译本:《量子力学原理》(科学出版社,1965)第 74 页。

的统计分布。

多世界诠释还可以因没有充分解释清楚下述问题而受到批评：为什么观察者被定在分裂的宇宙中他碰巧所在的那个分支。例如，若把这个理论用到 EPR 论证的玻姆说法（见第 6.7 节），那么 (6.6) 式右边的两项 $\psi_+(1)\psi_-(2)$ 和 $\psi_-(1)\psi_+(2)$ 就代表两个不同的分支：在一个分支中测量结果对应于 $\psi_+(1)\psi_-(2)$，而在另一个分支中对应于 $\psi_-(1)\psi_+(2)$。这样，尽管 EPR 论证本身不成为问题了，但是又留下了一个问题没有回答：为什么在这种情况的任何实验体现中，观察者总是发现自己在一个而不是在另一个分支中。一个把观察者也包括在内的大尺度的非决定论所涉及的问题，看来同微观物理学的非决定论所引起的问题是大不一样的。

最后，应当提及一个根据纯逻辑-数学理由来否定 EWG 诠释的尝试。穆古尔-舍希特证明，量子力学的形式体系，在剔除了任何解释性元素之后，在形式上是和一整类可以先验地设想的几率空间相容，而量子力学的几率空间只实现了其中一种可能性；于是他声称已经证明，这种形式体系在语法上并不必需量子力学几率空间，如同 EWG 解释的拥护者们原来主张的那样。[①]

519

虽然有几个物理学家看来是同情多世界诠释的原则的（尽管

---

① M. Mugur-Schächter, "The quantum mechanical Hilbert Space Formalism and the quantum mechanical Probability Space of the Outcomes of Measurements", 文献 8—220(1974, pp.288—308)。

还常常有所保留）①，但是肯定不能说它得到了广泛的承认。在大多数物理学家看来，寻找一个逻辑一贯的和言之成理的量子测量理论的问题还并没有解决。没完没了地发表文章提出新的测量理论或对早先提出的观念加以修改，以及围绕这个问题的无休止的讨论和专题会议②，是物理学家们对这个题目普遍感到不满的一个有力标志。可以不夸张地说，它是当前在基础性研究领域中讨论最多的一个问题。因此，我们对这场讨论的介绍只能是肤浅的，或许能对了解各个主要流派的历史渊源有些裨益。要对各种不同的测量理论，诸如 J. Albertson，S. Amai，W. Band，J. M. Burgers，J. Earman，G. G. Emch，I. Fujiwara，K. Gottfried，H. J. Groenewold，M. N. Hack，P. Jesselette，A. Komar，H. P. Krips，E. Lubkin，V. Majernik，H. Mehlberg，P. A. Moldauer，T. E. Phipps，H. Schmidt，H. Stein，J. Vosin，B. L. van der Waerden，H. Wakita 和 G. C. Wick 等人提出的理论（这里只举本章中没有明显提到的一些作者的名字）进行系统的分类并相互加以比较，将会是一个最困难的任务，不过当然不是索然无趣的任务。

让我们对最近关于量子测量理论的某些更一般性的论文再来讲几句，这些论文在科学哲学家看来也许是特别有兴趣的。康乃

---

① 例如，见 H. D. Zeh，"On the interpretation of measurement in quantum theory"，*Foundations of Physics* **1**，69—76(1970)。

② 在 1970 年关于"量子理论基础"的瓦伦那会议上提出的 25 篇论文中，有 13 篇是关于量子理论中的测量问题的。见 384 页注①文献。

尔大学的范恩①声称,他已证明,"测量问题",即一次测量相互作用会不会使客体加仪器的系统处于一个混合态(在组成混合态的每一态中仪器本身处于一个纯态)(假设其初态是一个混合态)的问题,是不能得到一个肯定解答的。范恩所根据的是声称同初等量子力学一致的最普遍的测量理论,从而他关于量子测量问题的不可解性证明就包括了维格纳就冯·诺伊曼类型的测量对这个问题的否定解答和德帕内特、Earman 和希芒尼就朗道类型的测量对这个问题的否定解答作为特例。

520

对于那些对逻辑与量子力学之间的关系感兴趣的人,范弗拉森②的"测量的情态诠释"[modal interpretation of measurement]可能有些意思。关于使用经典概念来说明量子现象的逻辑一贯性的问题,乔治、普里戈京和罗森菲尔德③对大量子系统的一般处理方法,看来有些新内容。他们引入一个由希尔伯特空间与其自身的直积构成的超空间,并在其中构造一种投影超算符,其值域包含密度算符在比原子过程的典型时间大得多的时间间隔内的渐近时间演化;由此他们得以证明,这样得到的渐近的次级动力学(sub-dynamics)显示出宏观行为的特性。由于他们的超空间表象允许

①　A. I. Fine,"Realism in quantum measurements", *Methodology and Science* **1**, 210—220(1968);"On the general quantum theory of measurement", *Proceedings of the Cambridge Philosophical Society* **65**, 111—122 (1969); "Insolubility of the quantum measurement problem", *Phys.Rev.*2D, 2783—2787(1970).

②　B. vau Frassen, "Measurement in quantum mechanics as a consistency problem",(预印本,1970)。

③　C. George, I. Prigogine, and L. Rosenfeld, "The macroscopic level of quantum mechanics", *Kongeliqe Danske Videnskabernes Selskab Matematisk-fysiske Meddelelser* **38**(12), 1—44(1972).

刻画宏观级描述的特征,而且容许对一些条件做出数学表述,这些条件是一个给定物理系统为了使其性质属于宏观级所必须满足的,所以这种表象特别适合于对测量过程提供一种简洁而普遍的解释。

同那些想要推广量子力学的通常形式体系以容纳一个逻辑一贯的量子测量理论的尝试相反,也有人主张应当重新表述量子力学,从根本上排除测量的观念。伦敦的大学学院(University College)的马克斯威尔[①]提出了一种致力于这一目的的论证,其主要理由是,客体加仪器的系统究竟是按照含时间的薛定谔方程发生决定论性的变换,还是发生一个与波包收缩相联系的概率性的变换,正统的量子力学并没有表述出确定这个问题的条件。马克斯威尔认为,测量问题的不可解性的根源,正在于正统理论不可能精确地确定这样的互相排斥的条件。为了要解决测量问题,"就需要发展一种新的完全客观的量子力学方案,在其基本假设中完全不包含测量的观念。"

本章所述的关于量子测量的意见和理论的极为多样和不断变化只不过是对整个量子力学的诠释的根本分歧的一个反映。建立完全协调一致的和胜任的量子测量理论,同达到整个量子力学的满意的诠释,归根结底是一回事。只要它们之中还有一个没有解

---

① N. Maxwell, "A new look at the quantum mechanical problem of measurement", *Am. J. Phys.* **40**, 1431—1435(1972).对此文的一个批评见 *W. Band and J. Frank*,*"Comments concerning 'a new look at the quantum mechanical problem of measurement'"*, *Am. J. Phys.* **41**, 1021—1022(1973).对它的回答见 N. Maxwell, "The problem of measurement ——real or imaginary",同上,1022—1025.

决，另一个也就解决不了。

　　有耐心读完本书的读者，不要期望找到本书所提出的各个问题的最后的答案。因为这里讲的实际上是一个没有结尾的故事。期望过高的读者或许会对这一点感到失望。但是让我们共温法国伦理学家儒贝特(J. Joubert)说过的忠告："争论一个问题而没有解决，要比决定一个问题而不经过争论为好。"

附录 格论

定义 1 一个集合 $S=(a,b,c\cdots)$ 称为半序集,如果在 S 中定义了一个自反的、可递的和反对称的二元关系 $a\leqslant b$(读为"a 小于等于 b"或"a 被包含于 b 中"或"b 包含 a"),即,对 S 的任意的 a、b,c,有:$a\leqslant a$;$a\leqslant b$ 和 $b\leqslant c$ 蕴涵 $a\leqslant c$;$a\leqslant b$ 和 $b\leqslant a$ 蕴涵 $a=b$。$a<b$(读为"a 真正被 b 包含"或"b 真正包含 a")代表 $a\leqslant b$ 及 $a\neq b$。$a\prec b$(读为"b 覆盖 a",)代表 $a<b$ 及 a,b 之间不存在 c 使得 $a<c<b$。

下面用 S 表示一个半序集,T 表示它的一个子集。

定义 2 如果 T 的一个元素被包含于 T 的每一元素中,则它是 T 的最小元素。如果 T 的一个元素包含 T 的每一元素,财它是 T 的最大元素。S 的最小元素(如果存在的话)用 0("零")表示;S 的最大元素(如果存在的话)用 1("一")表示。

定理 1. T 的最小元素如果存在,是唯一的。T 的最大元素如果存在,是唯一的。

定义 3 如果一个元素被包含在 T 的每一个元素中,则它是 T 的一个下界。如果一个元素包含 T 的每一个元素,则它是 T 的一个上界。T 的一切上界的集合的最小元素,如果存在的话,是 T 的最小上界或上确界,符号为 sup T 或 $\vee T$。T 的一切下界的集合的最大元素,如果存在的话,是 T 的最大下界成下确界,符号为 inf T 或 $\wedge T$。

定理 2. sup$T$ 如果存在,是唯一的;inf T 如果存在,是唯一的。

定理 3. $\sup\{a,\sup\{b,c\}\}=\sup\{a,b,c\}$;

　　　　$\inf\{a,\inf\{b,c\}\}=\inf\{a,b,c\}$.

定义 4　一个半序集(具有零元素和一元素),若其中每一对元素都具有上确界和下确界,则称为一个格。一个格是 σ -完备的,若它的每一非空可数子集都有上确界和下确界。一个格是完备的,若它的每一非空子集都有上确界和下确界。一个格是有限的,若它的元素的数目有限。

定理 4. 一个有限格是完备的。

　　下面用 $a\bigcup b$(读为"a 和 b 的并集"或"a 和 b 的析取")表示 $\vee\{a,b\}$;$a\bigcap b$(读为"a 和 b 的交集"或"a 和 b 的合取")表示 $\wedge\{a,b\}$;L 表示一个格。

　　格可以用图(哈塞[Hasse]图)表示如下:若 $a<b$,a 画在 b 之下并从 a 画一线段到 b。例如,一个有五个元素的格由下图之一　524

表示：

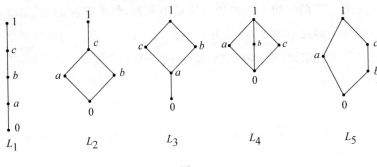

图　8

定义 5　L 的一个元素 a 是一个原子若 $0\prec a$。L 是原子性的,若 L 的每一非零元素包含一个原子。

定理 5. 若 a,b,c 是 L 的元素,则

1. $a\bigcup a=a$　　　　$a\bigcap a=a$　　　　　　　（幂等性）

2. $a\bigcup b=b\bigcup a$　　　$a\bigcap b=b\bigcap a$　　　　（交换性）

3. $a\bigcup(b\bigcup c)=(a\bigcup b)\bigcup c$

　$a\bigcap(b\bigcap c)=(a\bigcap b)\bigcap c$　　　　（结合性）

4. $a\bigcup(a\bigcap b)=a$　　　$a\bigcap(a\bigcup b)=a$　　（吸收性）

5. $a\leqslant b,a\bigcup b=b$ 和 $a\bigcap b=a$ 相互蕴涵

6. $a\leqslant b$ 蕴涵 $a\bigcup c\leqslant b\bigcup c$ 及 $a\bigcap c\leqslant b\bigcap c$。

定理 6. 一个集,若其中定义了两种二元运算 $\bigcup$ 和 $\bigcap$,它们满足上面的条件 2,3 和 4,则这个集相对于由 $a\bigcup b=b$ 所定义的半序关系 $a\leqslant b$ 是一个格。

定义 6 b 是 a 的一个<u>补</u>,如果 $a \cap b = 0$ 而且 $a \cup b = 1$。若 L 的每个元素都至少有一个补,则 L 是<u>有补的</u>。若 L 的每个元素都正好有一个补,则 L 是<u>唯一有补的</u>。

定理 7. 在任何 L 中,$(a \cap b) \cup (a \cap c) \leqslant a \cap (b \cup c)$ 并且
$$a \cup (b \cap c) \leqslant (a \cup b) \cap (a \cup c).$$

定义 7 L 是<u>分配的</u>,如果对 L 的一切 a, b, c,都有 $(a \cap b) \cup (a \cap c) = a \cap (b \cup c)$ 及 $a \cup (b \cap c) = (a \cup b) \cap (a \cup c)$。若 L 是有补的而且是分配的,则 L 是一个<u>布尔格</u>。 525

定理 8:在一个分配格中,$a \cup b = a \cup c$ 及 $a \cap b = a \cap c$ 蕴含着 $b = c$(消去规则)。一个布尔格是唯一有补的。

定理 9. 在一个布尔格中(a' 表示 a 的补):

 1. $0' = 1$ $1' = 0$

 2. $(a')' = a$

 3. $a = b$ 若而且仅若 $a' = b'$

 4. $(a \cup b)' = a' \cap b'$,$(a \cap b)' = a' \cup b'$.

 5. $a \leqslant b$ 若而且仅若 $b' \leqslant a'$

 6. $a \leqslant b$,$a \cap b' = 0$ 和 $a' \cup b = 1$ 相互蕴涵

定理 10. 在任何格中,对于 L 的一切 a, b, c,$a \leqslant c$ 蕴涵着 $a \cup (b$

$\cap c) \leqslant (a \bigcup b) \cap c$。

定义 8 (b, c) 是一个模对或写成 $(b, c)M$，如果对每个 $a \leqslant c$ 都有 $a \bigcup (b \cap c) = (a \bigcup b) \cap c$。一个格是模格，如果它的每两个元素是一个模对，也就是说，如果对于格的一切 $a, b, c, a \leqslant c$ 蕴涵着 $a \bigcup (b \cap c) = (a \bigcup b) \cap c$。

定理 11. 每个分配格都是模格。

定义 9 一个同态是从格 L_1 到格 L_2 的一个映射 $h: L_1 \rightarrow L_2$，使得对于 L_1 的一切 a, b 有 $h(a \bigcup b) = h(a) \bigcup h(b)$ 及 $h(a \cap b) = h(a) \cap h(b)$。一个同构是一个一对一的同态。一个自同构是一个格和它自身的同构。一个对偶同构是一个一对一的映射 $d: L_1 \rightarrow L_2$，使得对于 L_1 的一切 $a, b, a \leqslant b$ 蕴涵着 $d(b) \leqslant d(a)$。一个对偶自同构是一个格和它自身的对偶同构。L 的一个对合对偶自同构是一个这样的对偶自同构 d，使得对 L 的一切 a 有 $d(d(a)) = a$。

定理 12. L 的一个对合对偶自同构对 L 的一切 a, b 满足 $d(a \bigcup b)$ $= d(a) \cap d(b)$ 及 $d(a \cap b) = d(a) \bigcup d(b)$.

定理 13. 对于 L 的一个对合对偶自同构，下面三个陈述是相互等价的：(1) $a \leqslant d(a)$ 蕴涵着 $a = 0$，(2) 对 L 的一切 a 有 $a \cap d(a) = 0$，(3) 对 L 的一切 a 有 $a \bigcup d(a) = 1$。

定义 10　满足上述三条件之一的一个 L 的对合对偶自同构是一 526
个正交填补[orthocomplementation]，L 叫做正交有补的，而 d
(a) 是 a 的正交补 $a^\perp$。作为 a 的一个补，$a^\perp$ 也将简单地用 a' 来
表示。$a\perp b$ 是指 $a\leqslant b'$。

定理 14. L 是正交有补的充分必要条件是：存在有 L 到它自身的
　　　　一个映射 $a\rightarrow a'$，使得对于 L 的一切 a,b，有 $(a')'=a$，a
　　　　$\leqslant b$ 蕴涵着 $b'\leqslant a'$，$a\cap a'=0$ 和 $a\cup a'=1$。

定理 15. $a\perp b$ 蕴涵着 $b\perp a$（a 和 b 正交或不相交）。

定义 11　一个格是弱模格，若它是正交有补格并且 $a\leqslant b$ 蕴涵着 b
$=a\cup(a'\cap b)$。一个格是拟模格，若它是正交有补格并且 $a\leqslant b\leqslant$
c' 蕴涵着 $a=(a\cup c)\cap b$。一个格是正交模格，若它是正交有补的
并且 $a\perp b$ 蕴涵着 $(a,b)M$。

定理 16. 一个正交有补格是弱模格的充分必要条件是，$a\leqslant b$ 蕴涵
　　　　着 $a=b\cap(a\cup b')$。

定理 17. 由上述的三种格的性质（弱模性、拟模性、正交模性）中的
　　　　每一种可以推出其他两种。

定理 18. 一个正交有补的模格是正交模格。在下面，用 L_0 表示一
　　　　个正交有补格，L_{0m} 表示一个正交模格。

定理 19. 在 L_0 中对 L_0 的一切 a,b 有 $L_0 (a \cap b) \cup (a \cap b') \leqslant a$。

定义 12　在 L_0 中,如果 $(a \cap b) \cup (a \cap b') = a$,则称 a 和 b 是相容的或 $a \leftrightarrow b$;如果 $a \cup (a' \cap b) = b \cup (b' \cap a)$,则称 a 和 b 是有公度的或 $a \Leftrightarrow b$;如果在 L_0 中存在有三个相互正交的元素 a_1, b_1 和 c 使得 $a = a_1 \cup c$ 及 $b = b_1 \cup c$,则称 a 和 b 是可同时测量的或 $a \sim b$。

定理 20. 在 L_0 中 $a \leftrightarrow b$ 蕴涵着 $a \leftrightarrow b'$。

定理 21. 在 L_{0m} 中 $a \leftrightarrow b$ 蕴涵着 $b \leftrightarrow a$,并且 $a \leqslant b$ 蕴涵着 $a \leftrightarrow b$。

定理 22. 若一个 L_0 中 $a \leqslant b$ 蕴涵着 $b \leftrightarrow a$,则这个 L_0 是一个 L_{0m}。

定理 23. 在 L_0 中 $a \Leftrightarrow b$ 蕴涵着 $b \Leftrightarrow a$。

527　定理 24. 在 L_{0m} 中,上述三种格元素之间的关系(相容性、有公度性、可同时测量性)中的每一种都可推出另外两种。

定义 13　格 L 的一个子集是 L 的一个子格,若它本身相对于 L 的格运算也是一个格。

定理 25. L 的一族子格的交集也是 L 的一个子格。

定义 14　若 T 是 L 的一个子集,则 T 所生成的格指的是 L 的一切包含 T 的子格的交集。

定理 26. 在 L_0 中,a 和 b 可同时测量的充分必要条件是,由 a,a',b 和 b' 生成的格是布尔格。

定义 15　在 L_0 中,一个元素称为中心元素,如果它和 L_0 的一切元素都可同时测量;所有中心元素的集合称为 L_0 的心;如果 L_0 的心是 $\{0,1\}$,则它称为不可约的。

人名译名对照索引

（数码为原书页码，即本书边码）

图书在版编目(CIP)数据

量子力学的哲学 / (以)雅默著;秦克诚译. —北京:
商务印书馆,2014(2020.8重印)
ISBN 978 - 7 - 100 - 10012 - 0

Ⅰ.①量⋯ Ⅱ.①雅⋯ ②秦⋯ Ⅲ.①量子力学—
物理学哲学—研究 Ⅳ.①O413.1-02

中国版本图书馆 CIP 数据核字(2013)第 121359 号

量子力学的哲学
〔以〕马克斯·雅默 著
秦克诚 译

商 务 印 书 馆 出 版
(北京王府井大街 36 号 邮政编码 100710)
商 务 印 书 馆 发 行
北京艺辉伊航图文有限公司印刷
ISBN 978 - 7 - 100 - 10012 - 0

2014 年 12 月第 1 版 开本 850×1168 1/32
2020 年 8 月北京第 2 次印刷 印张 23⅛
定价:65.00 元